MIKROBIOLOGIE DER LEBENSMITTEL

MILCH UND MILCHPRODUKTE

Herausgegeben von
Herbert Weber

BEHR'S...VERLAG

Die Deutsche Bibliothek – CIP Einheitsaufnahme

Mikrobiologie der Lebensmittel. – Hamburg : Behr.
Milch und Milchprodukte / H. Weber (Hrsg.). – 1996
  ISBN 3-86022-235-X
NE: Weber, Herbert [Hrsg.]

© B. Behr's Verlag GmbH & Co., Averhoffstraße 10, 22085 Hamburg
1. Auflage 1996
unveränderter Nachdruck 1998

Satz und Druck: Fischer Druck + Verlag,
            38300 Wolfenbüttel

Alle Rechte – auch der auszugsweisen Wiedergabe – vorbehalten. Autoren und Verlag haben das Werk mit Sorgfalt zusammengestellt. Für etwaige sachliche und drucktechnische Fehler kann jedoch keine Haftung übernommen werden.

Geschützte Warennamen (Warenzeichen) werden nicht besonders kenntlich gemacht. Aus dem Fehlen eines solchen Hinweises kann nicht geschlossen werden, daß es sich um einen freien Warennamen handelt.

Vorwort

Dieser fachspezifische Band aus der Buchreihe „Mikrobiologie der Lebensmittel" ist als Lehrbuch und Nachschlagewerk konzipiert. Es werden grundlegende mikrobiologische Kenntnisse bei der Veredlung des Rohstoffes Milch zu hochwertigen Lebensmitteln beschrieben. Die Bedeutung der Mikroorganismen für die Qualität, z. B. von Sauermilch, Joghurt und Kefir und auch von verschiedenen Käsesorten, wird vermittelt. Sofern erforderlich, werden auch Beziehungen zu technologischen und prozeßhygienischen Aspekten herausgestellt. Bei der Literaturauswahl konnten in noch stärkerem Maße inzwischen erschienene Übersichtswerke zum tieferen Studium Berücksichtigung finden.

Vorliegendes Buch ist die 3. Auflage der ehemals „Mikrobiologie tierischer Lebensmittel" genannten Einführung, deren letzte Ausgabe vor 8 Jahren erschien. Ehemals erschienen neben diesem Band noch die Bände „Grundlagen der Lebensmittelmikrobiologie" und „Mikrobiologie pflanzlicher Lebensmittel" in jeweils mehreren Auflagen. Die ursprünglich von Dr. Gunther Müller iniziierte Buchreihe wurde in mehrere Sprachen übersetzt und fand sowohl unter Studenten als auch Praktikern und Wissenschaftlern eine weite Verbreitung. Inzwischen wurde die gesamte Buchreihe, die gegenwärtig überarbeitet und weiterentwickelt wird, vom Behr's Verlag Hamburg übernommen.

Diese Neuauflage konnte realisiert werden unter Mitwirkung von fünf neuen Autoren, die auf den von ihnen dargestellten Fachgebieten anerkannt sind in Wissenschaft und Praxis. Alle Kapitel wurden aufgrund des enormen Wissenszuwachses der letzten Jahre völlig überarbeitet und meist erweitert. Wegen des erweiterten Umfangs der einzelnen Kapitel war eine Aufgliederung der Lebensmittel tierischer Herkunft in nunmehr zwei Bände, den „Fleischband" und den „Milchband", erforderlich.

Die ursprüngliche Grundkonzeption der ersten und zweiten Auflage wurde beibehalten. Überschneidungen, die sich beim Zusammenwirken mehrerer Autoren ergeben können, konnten durch die klare Gliederung und Aufteilung der einzelnen Kapitel meist, jedoch nicht immer, verhindert werden.

Möge dieser produktbezogene Band bei Studenten, Praktikern und Wissenschaftlern eine ebenso günstige Aufnahme finden wie die vorausgegangenen Auflagen. Das Wissen und die Erfahrungen scheinen für Führungskräfte aus der milchverarbeitenden Industrie nicht weniger wichtig zu sein als für Studenten der Lebensmitteltechnologie, Mikrobiologie, Lebensmittelchemie und Veterinärmedizin.

Dankbar bin ich allen, die mich bei der Fertigstellung dieses Buches unterstützt haben. Von vielen Seiten habe ich Anregungen und Ergänzungen erhalten. Insbesondere gilt mein Dank allen Autoren für ihre meist spontane Bereitschaft zur Mitarbeit und die meinerseits stets angenehm empfundene Zusammenarbeit. Dem Behr's Verlag gilt mein Dank für die verlegerische Betreuung.

Berlin, im April 1995   Herbert Weber

Die Autoren

Prof. Dr. K. J. Heller	Bundesanstalt für Milchforschung Institut für Mikrobiologie Kiel
Dr. J. Jöckel	Berliner Betrieb für Zentrale Gesundheitliche Aufgaben (BBGes), ehemals: Landesuntersuchungsinstitut für Lebensmittel, Arzneimittel und Tierseuchen Berlin (LAT) Berlin
Dr. I. Otte-Südi	Landwirtschaftliche Untersuchungs- und Forschungsanstalt; Institut für Tiergesundheit und Lebensmittelqualität Kiel
Dr. H. Seiler	Technische Universität München, FML Institut für Mikrobiologie Freising
Prof. Dr. H. Weber	Technische Fachhochschule Berlin Fachbereich Lebensmitteltechnologie und Verpackungstechnik Berlin
Dr. K. Wegner	Hohen Neuendorf
Dr. K. Zickrick	Technische Universität Berlin Fachbereich Lebensmittelwissenschaft und Biotechnologie, Fachgebiet Lebensmittelmikrobiologie und -hygiene Berlin
Dipl.-Biol. R. Zschaler	Leiterin der Abteilung Mikrobiologie, NATEC-Institut für naturwissenschaftlich-technische Dienste GmbH Hamburg

Inhaltsverzeichnis

1	**Mikrobiologie der Rohmilch**	1
	I. OTTE-SÜDI	
1.1	Mikrobielle Kontaminationsquellen	3
1.2	Mikrobiologie des gesunden Euters	5
1.3	Kontamination im Laufe der Milchgewinnung, Maßnahmen zur Gewinnung keimarmer Milch	6
1.4	Mikrobiologie des erkrankten Euters	15
1.4.1	Die euterpathogenen Mikroorganismen	16
1.4.2	Vorbeugung und Behandlung	16
1.4.3	Einfluß auf die Milchzusammensetzung	19
1.4.4	Bedeutung, Erkennung und Bekämpfung der subklinischen Mastitiden	21
1.4.5	Die relevanten Regelungen und Verordnungen	22
1.5	Anlieferungsmilch	23
1.5.1	Sporenbildner in der Anlieferungsmilch	24
1.5.2	Krankheitserreger in der Anlieferungsmilch	25
1.5.3	Verderbniskeime in der Anlieferungsmilch	26
1.5.4	Gesetzliche Anforderungen an den Erzeuger	27
1.6	Abholen und Transport	30
	Literatur	31
2	**Mikrobiologie der pasteurisierten Trinkmilch**	37
	I. OTTE-SÜDI	
2.1	Die zugelassenen Erhitzungsverfahren	39
2.2	Einfluß der Rohmilchqualität (Stapelmilch)	40
2.3	Begriff der Pasteurisation	43
2.4	Folgen der Pasteurisation	45
2.5	Kontaminationsmöglichkeiten im Erhitzer selbst	48
2.6	Haltbarkeit pasteurisierter Milch	50
2.6.1	Die nicht rekontaminierte Milch	50
2.6.2	Die rekontaminierte Milch	53
2.7	Mikrobiologisch-hygienische Anforderungen	58
2.7.1	Gesetzliche Bestimmungen	58
2.7.2	Standarduntersuchungsmethoden	60
2.7.3	Gesundheitliche Aspekte	61
	Literatur	62

3 Mikrobiologie der Sahneerzeugnisse ... 67
J. JÖCKEL

3.1	Definitionen, lebensmittelrechtliche Eingruppierung und wirtschaftliche Bedeutung ...	69
3.1.1	Nationale Vorschriften und EG-Normen ...	69
3.1.2	Herstellung, Absatz und Verbrauch von Sahneerzeugnissen ...	72
3.2	Herstellungstechnologie im Hinblick auf die mikrobiologische Beschaffenheit der Produkte ...	73
3.2.1	Rahmgewinnung ...	73
3.2.2	Rahmerhitzung ...	73
3.2.3	Rahmhomogenisierung ...	76
3.2.4	Abfüllung der Sahne ...	76
3.2.5	Kühlung und Reifung der Sahne ...	77
3.3	Mikrobiologische Beschaffenheit und hygienische Anforderungen ...	77
3.3.1	Produkte direkt nach Herstellung und während Distribution und Lagerung ...	77
3.3.2	Mikrobiologische Normen und Untersuchungsverfahren ...	82
3.4	Besonderheiten beim Aufschlagen von Sahne ...	85
3.4.1	Geräte, Maschinen und Verfahren zum Aufschlagen ...	85
3.4.2	Kühlanforderungen und sonstige Produktpflege ...	90
3.4.3	Reinigung, Desinfektion und mikrobiologische Kontrolle von Aufschlagmaschinen ...	94
3.5	Verzeichnis der Symbole und Abkürzungen ...	100
	Literatur ...	101

4 Starterkulturen in der milchverarbeitenden Industrie ... 105
H. WEBER

4.1	Definition ...	107
4.2	Keimarten, die als Starterkultur in der milchverarbeitenden Industrie eine Priorität einnehmen ...	107
4.3	Handelsformen, Einteilungs- und Qualitätskriterien ...	112
4.4	Einsatzgebiete ...	116
4.4.1	Käse ...	116
4.4.2	Sauermilchprodukte ...	117
4.4.3	Probiotische Milchprodukte ...	117
4.5	Zusammensetzung der Starterkulturpräparate ...	118
4.5.1	Mesophile Starterkulturen (Säureweckerkulturen) ...	119
4.5.2	Thermophile Bakterienkulturen ...	122
4.5.2.1	Joghurtkulturen ...	129
4.5.2.2	Kulturen für Käse mit hohen Nachwärmetemperaturen ...	130
4.5.2.3	Kulturen für Sauermilchquark ...	131

4.5.3	Käsereifungskulturen	131
4.5.3.1	Rotschmierekulturen (*Brevibacterium linens*)	131
4.5.3.2	Propionsäurebakterien	132
4.5.3.3	*Lactobacillus casei*	133
4.5.4	Schimmelpilze	134
4.5.4.1	*Penicillium camemberti*	134
4.5.4.2	*Penicillium roqueforti*	135
4.6	Physiologie	136
4.6.1	Kohlenhydratstoffwechsel	136
4.6.2	Proteolyse und Lipolyse	137
4.6.3	Gasbildung (Kohlendioxyd)	138
4.6.4	Aromabildung	139
4.6.5	Antimikrobielle Substanzen von Milchsäurebakterien	140
4.6.5.1	Milch- und Essigsäure	141
4.6.5.2	Benzoesäure	142
4.6.5.3	Wasserstoffperoxid und seine Derivate	143
4.6.5.4	Bacteriocine	144
4.7	Bakteriophagen	145
4.8	Herstellung der Starterkulturpräparate	146
4.9	Trends und Perspektiven	148
	Literatur	149
5	**Mikrobiologie der Sauermilcherzeugnisse**	**153**
	K. WEGNER	
5.1	Übersicht über die Produkte	157
5.2	Fermentationsbeeinflussende Faktoren	160
5.3	Buttermilch, Sauermilch, saure Sahne	168
5.3.1	Eigenschaften, mikrobiologische Anforderungen	168
5.3.2	Buttermilch	169
5.3.2.1	Eigenschaften, mikrobiologische Anforderungen	170
5.3.2.2	Obligate Mikroflora, Fremdmikroflora	170
5.3.2.3	Einfluß der Produktionsbedingungen	171
5.3.3	Sauermilch, saure Sahne	173
5.3.3.1	Obligate Mikroflora, Fremdmikroflora	173
5.3.3.2	Einfluß der Produktionsbedingungen	174
5.4	Joghurt	179
5.4.1	Sorten, Eigenschaften, mikrobiologische Anforderungen	179
5.4.2	Obligate Mikroflora, Fremdmikroflora	182
5.4.3	Einfluß der Produktionsbedingungen	187
5.5	Kefir	192
5.5.1	Sorten, Eigenschaften, mikrobiologische Anforderungen	193
5.5.2	Obligate Mikroflora, Fremdmikroflora	195
5.5.3	Einfluß der Produktionsbedingungen	198
5.6	Joghurt-, Sauermilch- und Kefirzubereitungen	202

5.6.1	Sorten, Eigenschaften, mikrobiologische Anforderungen	202
5.6.2	Mikrobiologie der Zusätze und ihr Einfluß auf die Produkte	203
5.6.3	Einfluß der Produktionsbedingungen	205
5.7	Andere Sauermilcherzeugnisse und Spezialitäten	207
5.7.1	*Azidophilus*-Erzeugnisse	207
5.7.2	*Bifidus*-Milcherzeugnisse	208
5.7.3	Neuartige Kombinationen	210
5.7.4	Kumys	211
5.7.5	Langmilch (Viili, Taette, Langfil)	212
5.7.6	Ymer (Skyr)	213
5.7.7	Produkte aus dem Mittelmeerraum und Afrika	213
5.7.8	Produkte aus den GUS-Staaten	214
5.7.9	Produkte aus Asien	214
5.8	Haltbarmachung von Sauermilcherzeugnissen	214
	Literatur	218

6 Mikrobiologie der Butter ... 231
H. SEILER

6.1	Definitionen, gesetzliche Regelungen	233
6.2	Technologie	235
6.3	Starterkulturen	239
6.4	Butterfehler	242
6.5	Qualitätskontrolle	249
	Literatur	251

7 Mikrobiologie der Käse ... 255
K. ZICKRICK

7.1	Allgemeine Käsereimikrobiologie	258
7.1.1	Käsereitauglichkeit der Milch aus mikrobiologischer Sicht	258
7.1.1.1	Käsereimilch muß hemmstofffrei sein	258
7.1.1.2	Erhöhter Zellgehalt mindert die Käsequalität	259
7.1.1.3	Keimzahl- und Keimgruppenrelevanz	260
7.1.2	Maßnahmen zur Verbesserung des mikrobiologischen Status der Käsereimilch	261
7.1.2.1	Pasteurisation	261
7.1.2.2	Thermisation	263
7.1.2.3	Peroxid-Katalase-Entkeimung	263
7.1.2.4	Baktofugierung	264
7.1.2.5	Vorreifung der Käsereimilch	266
7.1.3	Bedeutung, Wirkungsweise und Besonderheiten wichtiger Mikroorganismengruppen der Käse	268

7.1.3.1	Milchsäurebakterien	268
7.1.3.2	Enterokokken	271
7.1.3.3	Propionsäurebakterien	275
7.1.3.4	Käseschmierebakterien	277
7.1.3.5	Hefen und Edelschimmelpilze	279
7.1.3.6	Coliforme Bakterien	282
7.1.3.7	*Listeria monocytogenes*	285
7.1.3.8	*Staphylococcus aureus*	287
7.1.4	Die Relevanz der Starterkulturen	288
7.1.5	Allgemeine Keimgruppendynamik und Einflußfaktoren auf die Mikroorganismenpopulation	292
7.2	Spezielle Käsereimikrobiologie	295
7.2.1	Emmentaler	295
7.2.2	Cheddar/Chester	299
7.2.3	Gouda/Edamer (Holländer Käse)	300
7.2.4	Tilsiter	304
7.2.5	Weichkäse mit Schmierebildung	306
7.2.6	Butterkäse	310
7.2.7	Weichkäse mit Edelschimmelpilzwachstum auf der Oberfläche (Weißschimmelkäse)	310
7.2.8	Käse mit Innenschimmelpilzflora	313
7.2.9	Sauermilchkäse	317
7.2.10	Speisequark (Frischkäse)	320
7.2.11	Schmelzkäse	325
7.3	Häufige mikrobiologisch bedingte Käsefehler	327
7.3.1	Frühblähung	327
7.3.2	Spätblähung	328
7.3.3	Fremdschimmelpilzbefall	332
7.4	Mikrobielles Lab	338
7.5	Grundzüge der mikrobiellen Qualitätssicherung in der Käserei	340
	Literatur	342

8 Mikrobiologie der Dauermilcherzeugnisse ... 353
K. J. HELLER

8.1	Einleitung	355
8.2	Sterilmilch, Kondensmilch	357
8.3	Gezuckerte Kondensmilch	361
8.4	UHT-Milcherzeugnisse	363
8.5	Milchpulver	367
8.6	Kasein	370
8.7	Schlußbemerkungen	372
	Literatur	373

Inhaltsverzeichnis

9	**Mikrobiologie von Speiseeis**	375
	R. ZSCHALER	
9.1	Geschichte des Speiseeises	377
9.2	Sorten und Eigenschaften	378
9.3	Mikroflora und mikrobiologische Anforderungen	379
9.4	Rohstoffe und Zusatzstoffe	381
9.5	Fertigprodukte	383
9.6	Herstellung von Speiseeis, Transport, Verkauf	384
9.7	Mikrobiologische Untersuchung von Speiseeis	387
	Literatur	388
	Sachwortverzeichnis	389
	Inserentenverzeichnis	396

ca. 1000 Seiten · DIN-A5-Ordner
DM 198,– inkl. MwSt zzgl. Vertriebskosten
ISBN 3-86022-069-1

Das Handbuch Milch versteht sich als Fachinformationsauslese – in praxisnaher Darstellung und Ausführung wird über die neuesten wissenschaftlichen Erkenntnisse berichtet. Neben den Einstellungen und dem Verhalten des Verbrauchers wird auch das betriebswirtschaftliche und rechtliche Umfeld beleuchtet.

Die Milchwirtschaft – Branche mit hohem Qualitätsstandard

Das Handbuch Milch aus dem Behr's Verlag gibt der Praxis wichtige Hinweise für die Entwicklung und Gestaltung der Produktlinie und zeigt Maßnahmen auf, die zur Erreichung und Sicherung eines hohen Qualitätsstandards in der Milchwirtschaft beitragen.

Interessenten

Das Handbuch Milch bietet eine wertvolle Orientierungshilfe für alle Fachleute der Milchwirtschaft, um dem immer komplexer werdenden Umfeld dieses Wirtschaftszweiges gerecht werden zu können. Es wird somit zu einer wichtigen Informationsquelle für Inhaber, Geschäftsführer, kaufmännische und technische Führungskräfte, Betriebsleiter und Industriemeister.

Herausgeber

Für die Erarbeitung dieses sachbezogenen und praxisorientierten Handbuches haben sich als Autoren Wissenschaftler und Praktiker zusammengefunden. Herausgeber ist **Dipl.-Vw. Eberhard Hetzner**, der als Hauptgeschäftsführer des Milchindustrie-Verbandes im nationalen und internationalen Raum als anerkannter Experte gilt. Gemeinsam mit 18 weiteren Autoren hat er mit dem Handbuch Milch einen täglichen Ratgeber für die Milchwirtschaft geschaffen.

AUS DEM INHALT

Milch als Rohstoff: Einflüsse der Milcherzeuger auf Zusammensetzung und technologische Eigenschaften der Rohmilch · Minore Inhaltsstoffe der Milch

Qualität und Qualitätssicherung: Qualitätsmanagement – Qualitätssicherung · Das HACCP-System in der Produktionskontrolle · Unerwünschte Mikroorganismen und unerwünschte Stoffe in Milch und Milchprodukten · Moderne Methoden zum Nachweis von Stoffwechselprodukten und Bestandteilen von Mikroorganismen · Listerien in Milch und Milchprodukten · Salmonellen in Milch und Milchprodukten

Ernährung mit Milch und Milchprodukten: Milchprotein · Milchfett · Milchzucker · Milchcalcium

Milchbearbeitung: Zweck der Wärmebehandlung · Erhitzungsverfahren · Temperatur-Zeitverläufe · UHT-Verfahren · Sterilisieren in der Verpackung · Ausrüsten der Wärmebehandlung

Vermarktung von Milch und Milcherzeugnissen: Der Innovationsprozeß für Milchprodukte: Rahmenbedingungen, Problembereiche/Entscheidungsfindung · Die Werbung für Milch und Milchprodukte · Verbrauchereinstellung und -verhalten bei Butter, Käse, Milch und Milchfrischprodukten

Molkereistruktur: Rahmenbedingungen der Milchverwertung in Deutschland und ihre strategischen Konsequenzen

Nationale milchwirtschaftliche Rechtsfragen: Marktordnungsrecht und Lebensmittelrecht für Milch und Milcherzeugnisse im vereinigten Deutschland · Milch-Garantiemengenregelung

Der europäische Milchmarkt: Neuausrichtung der europäischen Agrarpolitik · Harmonisierung des EG-Rechts · Die Exportförderung im Rahmen der Milchmarktordnung

Internationale Milchfragen: Milchwirtschaft als Teil der Lebensmittelwirtschaft

BEHR'S...VERLAG

B. Behr's Verlag GmbH & Co. · Averhoffstraße 10 · D-22085 Hamburg
Telefon (040) 22 70 08-18/19 · Telefax (040) 2 20 10 91

**7. stark erweiterte Auflage 1995
unveränderter Nachdruck 1997
167 x 248 mm, Hardcover
572 Seiten, 272 Abb., 59 Übers., 34 Tab.
DM 198,50 inkl. MwSt zzgl. Vertriebskosten
ISBN 3-86022-233-3**

7. stark erweiterte Auflage

Die 7. Auflage ist wieder gründlich überarbeitet, durch wesentlich neue Erkenntnisse und Veränderungen ergänzt und in einigen Abschnitten gestrafft worden, insbesondere hinsichtlich der Rechtsverhältnisse in der Europäischen Union und auch des für die Molkereiunternehmen immer bedeutsamer werdenden Qualitätsmanagements nach den Normen DIN ISO 9000 ff.
Neben dem Rohstoff Milch werden hauptsächlich technologische Themen der Herstellung von Milcherzeugnissen und deren Qualitätssicherung behandelt. Darüber hinaus sind Zusatzstoffe, Imitate, Hilfs- und Nebenprozesse, wie Reinigung und Desinfektion sowie Wasser- und Energieversorgung einer Molkerei dargestellt. Chemie, Physik und Mikrobiologie der Milch und Milchprodukte sowie Untersuchungsmethoden sind nur soweit behandelt, wie es zum Verständnis der Technologie erforderlich ist.

Ein Lehrbuch auch für Praktiker

Das Lehrbuch will all jenen helfen, die komplexen Produktionsverfahren in einem Molkereibetrieb theoretisch zu durchdringen, verstehen und beherrschen zu lernen, die, wie Auszubildende und Studierende, den Einstieg in die Milchwirtschaft beginnen. Den in der Praxis stehenden Fachleuten will es ein Ratgeber sein, Lehrer und Ausbilder sollen bei ihrem verantwortungsvollen Wirken Unterstützung finden.

Der Autor

Dr.-Ing. Edgar Spreer hat das Molkereifach erlernt, war in verschiedenen Molkereien als Fachmann tätig, studierte Milchwirtschaft an der Ingenieurschule Halberstadt und der Humboldt-Universität zu Berlin, wo er auch promovierte, und erfuhr eine pädagogische Ausbildung am Pädagogischen Institut Halle/Saale.
Nahezu 30 Jahre war er mit der Ausbildung von Berufsnachwuchs beschäftigt. Zunächst an der Zentralberufsschule für Brauerei- und Molkereiindustrie Dresden, später an der Technischen Universität Dresden, am Institut für Lebensmittel- und Bioverfahrenstechnik. Kontinuierliche Fermentationsprozesse waren sein Forschungsgebiet; er kann eine Vielzahl an Vorträgen und Veröffentlichungen ausweisen und arbeitete in verschiedenen Gremien mit.
Als Abteilungsleiter für Markt und Ernährung im Sächsischen Staatsministerium für Landwirtschaft, Ernährung und Forsten war es sein Anliegen, eine leistungsfähige Ernährungswirtschaft im Freistaat Sachsen zu strukturieren.
Dr.-Ing. Spreer ist jetzt freiberuflicher Unternehmensberater auf den Gebieten Qualitätsmanagement und Anlagenprojektierung.

Zielgruppen

Das Werk wendet sich an: Fachleute in der Praxis, in Überwachungsbehörden und Untersuchungsämtern sowie im Qualitätsmanagement · Lehrer und Ausbilder · Auszubildende, Meisterschüler, Studierende in der Milchwirtschaft, auch übergreifend in der Landwirtschaft, des Veterinärwesens und in verwandten Zweigen der Ernährungswirtschaft.

AUS DEM INHALT

Einführung zur Technologie · Milch als Rohstoff und Lebensmittel · Milchannahme · Milchbearbeitung · Konsummilchherstellung · Butterherstellung · Käseherstellung · Sauermilcherzeugnisse · Dauermilcherzeugnisse · Molke und Molkeverwertung · Reinigung und Desinfektion · Wasserversorgung und Abwasserbehandlung · Kälteversorgung · Wärmeversorgung · Stromversorgung · Hygiene und Arbeitsschutz

BEHR'S...VERLAG

B. Behr's Verlag GmbH & Co. · Averhoffstraße 10 · D-22085 Hamburg
Telefon (040) 22 70 08/18-19 · Telefax (040) 220 10 91
E-Mail: Behrs@Behrs.de · Homepage: http://www.Behrs.de

1 Mikrobiologie der Rohmilch

1.1 Mikrobielle Kontaminationsquellen
1.2 Mikrobiologie des gesunden Euters
1.3 Kontamination im Laufe der Milchgewinnung. Maßnahmen zur Gewinnung keimarmer Milch
1.4 Mikrobiologie des erkrankten Euters
1.5 Anlieferungsmilch
1.6 Abholen und Transport
　　 Literatur

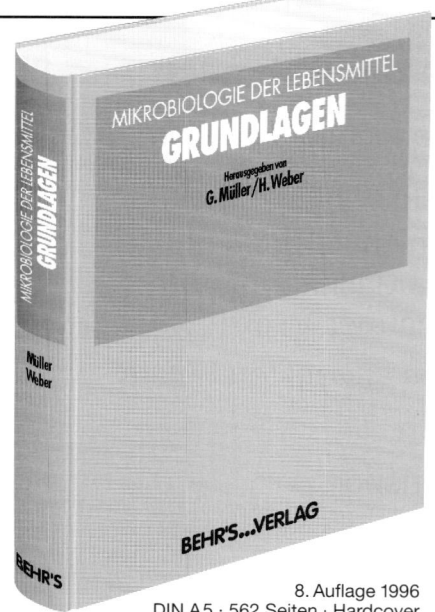

Die Herausgeber
Dr. Gunther Müller, Prof. Dr. Herbert Weber, unter Mitarbeit von Dr. Claudia Müller.

Interessenten
Mikrobiologen · Führungskräfte aus den Bereichen der Industrie, Forschungsanstalten und Untersuchungsbehörden · Lebensmitteltechnologen · Biotechnologen · Lebensmittelchemiker · Veterinärmediziner · Studenten und Dozenten der o.g. sowie angrenzenden Fachgebiete

Aus dem Inhalt
Allgemeine Mikrobiologie
(G. Müller)
Systematik der Bakterien · Chemische Eigenschaften der Bakteriensporen · Actinomyceten · Viroide und Prionen · Wachstum der Mikroorganismen: Bedeutung des molekularen Sauerstoffs, Wachstumskurve und Wachstumsphasen, Enzyminduktion - Enzymrepression

Mikrobielle Lebensmittelvergiftungen
(G. Müller, C. Müller)
Bakterielle Lebensmittelvergiftungen: Salmonellosen, Lebensmittelvergiftungen durch Clostridium perfringens, Staphylokokken-Enterotoxikose, Botulismus, Listeriose, Lebensmittelvergiftungen durch Campylobacter jejuni · Mycotoxinbildung: Aflatoxine, Sterigmatocystin, Patulin · Durch Lebensmittel übertragbare Virus- und Prionenkrankheiten · Durch Lebensmittel übertragbare Parasitenerkrankungen

Verfahrensgrundlagen zur Haltbarmachung von Lebensmitteln
(G. Müller, C. Müller, H. Weber)
Kälte- und Wärmeanwendung · Bestrahlung mit ionisierenden Strahlen · Chemische Konservierung · Keimreduktion durch chemische Mittel · Keimreduktion durch Druckanwendung · Verpackungen in modifizierter und kontrollierter Atmosphäre · Biokonservierung und Schutzkulturen

Betriebshygiene und Qualitätssicherung
(H. Weber)
Qualitätsmanagementsysteme nach DIN EN ISO 9.000–9.004 · Gefahrenanalyse und Überwachung kritischer Stufen (HACCP-Konzept) · Voraussagende Mikrobiologie (Predictive Microbiology) · Reinigungs- und Desinfektionsmaßnahmen · Hygienische Anforderungen an die Wasserversorgung bei der Herstellung von Lebensmitteln · Reinraumtechnik · Hygienische Aspekte bei Mehrwegverpackungen

8. Auflage 1996
DIN A5 · 562 Seiten · Hardcover
DM 79,50 inkl. MwSt zzgl. Vertriebskosten
ISBN 3-86022-209-0

MIKROBIOLOGIE DER LEBENSMITTEL
Grundlagen
Grundlegende mikrobiologische Kenntnisse sind bei der Einschränkung des mikrobiellen Verderbs, der Bekämpfung mikrobiell verursachter Lebensmittelvergiftungen, der Haltbarmachung sowie der Veredlung pflanzlicher und tierischer Rohstoffe zu hochwertigen Lebensmitteln erforderlich. Dieses Wissen benötigen sowohl die Praktiker in der Lebensmittelindutrie, die Wissenschaftler in den Fachinstituten und Forschungseinrichtungen als auch die Studenten in der Ausbildung.
Das bereits in der 8. Auflage vorliegende, völlig überarbeitete Werk liefert einerseits umfassende Grundlagen der Lebensmittelmikrobiologie. Andererseits wurden aus aktuellem Anlaß das Kapitel „Betriebshygiene" und „Qualitätssicherung" bzw. Abschnitte wie „Keimreduktion durch Druckanwendung" sowie „Biokonservierung und Schutzkulturen" neu hinzugefügt. So entstand ein Werk, welches sowohl von der theoretischen Seite als auch unter Berücksichtigung praxisorientierter Aspekte auf dem neuesten wissenschaftlichen Stand die komplexe Materie zusammenfügt.

BEHR'S...VERLAG
B. Behr's Verlag GmbH & Co. · Averhoffstraße 10 · D-22085 Hamburg
Telefon (040) 22 70 08/18-19 · Telefax (040) 22 01 0 91
E-Mail: Behrs@Behrs.de · Homepage: http://www.Behrs.de

1 Mikrobiologie der Rohmilch

I. Otte-Südi

Milch ist ein wäßriges Substrat aus etwa 200 Bestandteilen in dem
- Kohlenhydrate, Mineralstoffe und wasserlösliche Vitamine in gelöster Form,
- Lipide sowie die Vitamine A, D, E, K als Emulsion,
- Proteine in kolloidaler Dispersion

vorliegen. Mit ihrer komplexen Zusammensetzung und hohen Wasseraktivität sowie dem im Neutralbereich liegenden pH-Wert ist Milch ein vorzügliches Nährsubstrat für Mikroben. Während sie im gesunden Parenchym der Milchdrüse steril ist [40, 103], wird sie bei der Gewinnung und Behandlung einer praktisch unvermeidbaren mikrobiellen Kontamination (Saprophytenkontamination) und Keimvermehrung ausgesetzt. Die Milchgewinnng durch das Handmelken und die unmittelbare Verarbeitung der ermolkenen Milch spielen heute keine Rolle mehr, beides zählt zu den Ausnahmefällen. Die gegenwärtige Milcherzeugung, -gewinnung und -verarbeitung ist gekennzeichnet durch

- die Haltung großer Milchviehherden
- den Einsatz von Melkmaschinen
- die Stapelung von Milch mehrerer Melkzeiten im Erzeugerbereich
- den Transport der Rohmilch über längere Distanzen hin zur Molkerei.

In allen genannten Stufen müssen deshalb Voraussetzungen bestehen, die es gewährleisten, daß die Keimzahl der Rohmilch bis zur Verarbeitung auf einem niedrigen Niveau gehalten werden kann. Als Säulen dieser Voraussetzungen sind zu nennen

- eine gesunde Milchviehherde,
- eine effektive Melkhygiene und
- eine durchgängige Kühlung der Rohmilch nach der Gewinnung bis zur eigentlichen Verarbeitung.

1.1 Mikrobielle Kontaminationsquellen

Die von Stadhouders [95] 1975 veröffentlichte Liste (Tab. 1.1) über die in der Rohmilch vorkommenden bzw. vorkommen könnenden Mikrobengruppen hat weiterhin Gültigkeit.

Die pathogenen Bakterien können eventuell über das Melkpersonal oder direkt von der Kuh in die Milch gelangen. Mikroorganismen der Gruppe 2, 3 und 4 stammen vom Euter und der Umgebung der Tiere. Hauptquellen der Gruppe 5, 6, und 7 sind Gerätschaften, mit denen die Milch gewonnen, behandelt, in denen sie gelagert und transportiert wird.

Mikrobielle Kontaminationsquellen

Tab. 1.1   Wichtige Komponenten der Rohmilch-Mikroflora mit Hinweisen auf ihre Herkunft

	Melkpersonal	Subklinische Mastitis	Strichkanal/ Euterhaut	Faeces	Einstreu/Boden	Futtermittel	Stalluft	Melkanlage	Sammeltank
			vermittelt über Euterhaut						
1. Pathogene Bakterien	+	+		+					
Sc. agalactiae		+							
Sc. uberis			+						
Staph. aureus	+	+							
List. monocytogenes					+	+			
Escherichia coli				+	+				
Yersinia enterocolitica				+	+				
Campylobacter jejuni				+	+				
2. Nicht thermoresistente Mikrokokken			+					+	(+)
3. Nicht thermoresistente Coryneforme			+					+	
4. Hefen u. Schimmelpilze					+	+	+		
5. Gram-negative Stäbchen *Pseudomonas*, nicht thermoresistente Achromobakter, *Alcaligenes spp.*, Flavobakterien, *Enterobacteriaceae*				+	+	+		(+)	+
6. Nicht thermoresistente Milchsäurebakterien			+	+			+	+	
7. Thermoresistente Bakterien und Sporen				+	+	+	+	+	

In welcher Größenordnung die einzelnen Mikroben in der Rohmilch auftreten, ist abhängig davon, in welchen Mengen sie in den entsprechenden Kontaminationsquellen vorhanden sind. In den nachfolgenden Abschnitten (1.2 und 1.3) soll zunächst die wichtige Kontaminationsquelle, das erkrankte Euter, mehr oder weniger ausgeklammert und die Mikrobiologie eutergesunder Tiere besprochen werden. Unter Praxisbedingungen ist eine derartige Unterscheidung gegenwärtig nicht realistisch, da die Herdensammelmilch in jedem Falle zu einem gewissen Prozentsatz Milch subklinisch erkrankter Kühe enthält.

1.2 Mikrobiologie des gesunden Euters

Aufgrund seiner anatomischen Struktur schließt der intakte Zitzenkanal das Drüsengewebe nach außen hin ab. Zudem wird ein komplexes Abwehrsystem aktiviert, sobald Fremdbakterien eindringen. Hierzu zählt u. a. das bakteriostastisch bzw. bakterizid wirkende Keratin des Strichkanals [91]. Daß die Milch eutergesunder Kühe nahezu keimfrei ist, konnte mehrfach durch aseptisch gewonnene Viertelgemelke, d. h. unter Umgehung des Strichkanals, bewiesen werden [21, 40, 45, 103]. Im Rahmen eines *Listeria*-Forschungsprogramms ermittelten ASPERGER und Mitarbeiter [5] bei 425 steril entnommenen Viertelgemelken in 159 Proben (37,3 %) keine Mikroorganismen. In den keimhaltigen Gemelken waren Gram-positive Bakterien vorherrschend, so Streptokokken mit 22,2 %. Staphylokokken mit 20,3 % und Mikrokokken mit 17,2 %. Die restlichen Prozente verteilten sich auf *Corynebacterium*, *Escherichia coli* und *Listeria innocua*. Niedrigstwerte (Mittelwerte 30 KbE/ml) wurden selbst bei dem maschinellen Milchentzug erreicht, wenn eine entsprechende Euterreinigung vorgenommen und sterilisierte Melkzeuge verwendet wurden. Die angezüchteten Bakterien wurden als *Micrococcaceae* und *Corynebacterium bovis* identifiziert [58]. Spätestens bei der Passage des Strichkanals wird die Milch mit der dort persistierenden Mikroflora kontaminiert. Normalerweise beträgt die Kontamination 10^2 und 10^3 Keime/ml. Die Mikroflora ist der der Zitzenhaut sehr ähnlich, da sie zweifelsohne von dieser abhängig ist. Die Analyse der Mikroflora von Abstrichen der Zitzenhaut und des Zitzenkanals sowie von Milchproben erbrachten folgende Bakteriengruppen in abnehmender Häufigkeit [19a]:

Koagulase-negative nicht hämolysierende Staphylokokken

Koagulase-positive schwach hämolysierende Staphylokokken

Staphylococcus aureus

Corynebacterium bovis

Aesculin-positive Streptokokken

Aesculin-negative Streptokokken der *viridans*-Gruppe

Bacillus

Actinomyces

Coliforme Bakterien

Pseudomonas

Proteus.

Zu den Besiedlern der äußeren Haut gehören auch psychrotrophe Bakterien und Clostridien, sie fehlen in der Mikroflora des Strichkanals.

1.3 Kontamination im Laufe der Milchgewinnung, Maßnahmen zur Gewinnung keimarmer Milch

Durch die schnelle und positive Entwicklung auf dem Gebiet der Melkgeräte-Hygiene hat die Haut der Zitze bzw. des Euters der Kühe in den vergangenen Jahrzehnten als Kontaminationsquelle zunehmende Bedeutung erlangt. Während des maschinellen Milchentzugs wird das Zitzenende regelmäßig von Milch umspült, so daß die Hautflora dieser Region die Milch verunreinigt. MANSELL und Mitarbeiter [65] zeigten, daß an ungereinigten Zitzenkuppen durchschnittlich $3,0 \times 10^7$ Mikroorganismen haften. Bis zu 20 000 Keime/ml können vom Euter an die Milch abgegeben werden, wenn das Euter vor dem Melken nicht gereinigt wird [17]. Zum Zeitpunkt der Einleitung in den Sammeltank enthält Milch, die unter guten hygienischen Bedingungen ermolken wurde, ca. 10 000 Mikroben/ml. Tab. 1.2 [74] belegt diese Behauptung mit einem detaillierten Bild über die gegenwärtigen Verhältnisse in 8 englischen Milcherzeugerbetrieben.

Tab. 1.2 Gesamtkeimzahlen (KbE/ml) von während des Melkvorganges entnommenen Milchproben. Gegenüberstellung der Ergebnisse aus 8 Milchviehbetrieben, getrennt nach Jahreszeiten [74]

Herden-Nr.	\multicolumn{4}{c}{Winter}				\multicolumn{4}{c}{Sommer}			
	n	nach dem Sammelstück	vor dem Sammeltank	Sammeltank	n	nach dem Sammelstück	vor dem Sammeltank	Sammeltank
1	6	$1,7 \times 10^4$	$2,4 \times 10^4$	$2,2 \times 10^4$	6	$3,3 \times 10^3$	$5,5 \times 10^3$	$5,8 \times 10^3$
2	6	$4,0 \times 10^3$	$5,8 \times 10^3$	$1,0 \times 10^4$	6	$6,0 \times 10^2$	$3,4 \times 10^3$	$1,3 \times 10^4$
3	3	$1,2 \times 10^4$	$1,4 \times 10^4$	$1,7 \times 10^4$	7	$9,0 \times 10^2$	$2,4 \times 10^3$	$3,2 \times 10^3$
4	4	$6,4 \times 10^3$	$9,3 \times 10^3$	$9,8 \times 10^3$	7	$2,4 \times 10^3$	$3,6 \times 10^3$	$4,0 \times 10^3$
5	5	$2,0 \times 10^4$	$2,1 \times 10^4$	$2,3 \times 10^4$	7	$1,5 \times 10^4$	$6,9 \times 10^3$	$6,6 \times 10^3$
6	4	$4,1 \times 10^3$	$6,1 \times 10^3$	$6,7 \times 10^3$	8	$9,0 \times 10^2$	$1,7 \times 10^3$	$1,8 \times 10^3$
7	4	$4,2 \times 10^3$	$7,9 \times 10^3$	$1,1 \times 10^4$	7	$2,1 \times 10^3$	$4,9 \times 10^3$	$6,9 \times 10^3$
8	6	$7,7 \times 10^3$	$4,8 \times 10^3$	$4,7 \times 10^3$	6	$1,1 \times 10^4$	$2,1 \times 10^3$	$2,5 \times 10^3$
	38 $\bar{x}_G$ $7,9 \times 10^3$	$9,8 \times 10^3$	$1,1 \times 10^4$	54 $\bar{x}_G$ $2,4 \times 10^3$	$3,4 \times 10^3$	$4,6 \times 10^3$		

n = Anzahl der Proben $\bar{x}_G$ = geometrisches Mittel
Herdengröße: 85–135 Kühe

Die aufgeführten Ergebnisse wurden mit Hilfe einer In-line-Probenahmetechnik in einer 12monatigen Versuchsperiode gewonnen und zeigen die relative Bedeutung der Kontaminationsquellen Tier, Melkanlage und Sammeltank auf, wie auch die Variationsbreite von Betrieb zu Betrieb und eine deutliche Abnahme der Keimzahlen während der Weidehaltung im Sommerhalbjahr. Diese Dynamik ist auch bei den gleichzeitig miterfaßten coliformen Bakterien und Streptokokken erkennbar (s. Tab. 1.3), bei der Passage durch die Melkmaschine kommt es in beiden Gruppen zu einem Anstieg.

Tab. 1.3 Vorkommen ($\bar{x}_G$) coliformer Bakterien und Streptokokken in während des Melkvorganges entnommenen Milchproben.
Zusammenfassung der Ergebnisse aus 8 Betrieben, getrennt nach Jahreszeiten [74]

Entnahmepunkt	Winter		Sommer	
	Coliforme Bakterien (n = 41) KbE/ml	Streptokokken (n = 41) KbE/ml	Coliforme Bakterien (n = 54) KbE/ml	Streptokokken (n = 54) KbE/ml
Nach dem Sammelstück	12	580	5	80
Vor dem Sammeltank	50	950	32	280
Sammeltank	105	1 090	88	320

n = Anzahl der Proben
Herdengröße : 85–135 Kühe

Unter den Bakterien, die die Zitzen und die übrige Euteroberfläche besiedeln, dominieren die Staphylokokken. Als Faustregel gilt, daß zwischen Staphylokokken, Streptokokken und Gram-negativen Bakterien ein Verhältnis von 100 : 10 : 1 besteht. Die Zitzenoberfläche gilt außerdem als der wichtigste Vermittler von aus der Umgebung stammenden Clostridien [41, 84, 96]. Die Zusammensetzung der „Kontaminanten-Mikroflora" wird generell von der Umgebung der Tiere – Einstreu, Dung, Futter, bei Weidehaltung von Niederschlagsmenge und Bodenbeschaffenheit – bestimmt. Sorgfältige Säuberung und Desinfektion der Zitzen- und der Euterhaut sind erforderlich, um diese Kontaminationsquelle weitestgehend zurückzudrängen. Diese Maßnahmen sind ein unerläßlicher Bestandteil der Melkhygiene und müssen auf den eigentlichen Melkprozeß abgestimmt werden. Umfangreiche Untersuchungen belegen, daß eine der wichtigsten Handhabungen das Abtrocknen der gewaschenen und desinfizierten Haut vor dem Anlegen der Melkbecher ist.

Das Abtrocknen bewirkt außerdem noch die Verringerung der Jodkontamination der Milch aus den in der Regel eingesetzten jodhaltigen Desinfektionsmitteln [84]. Um die Effektivität des angewandten Verfahrens zur Euterreinigung beurteilen zu können, kann die „Vorläufige Anreicherungskeimzahl" (Preliminary incubation count,

Tab. 1.4 Effekt verschiedener Zitzenreinigungen auf den Gesamtkeimgehalt sowie auf die Anzahl coliformer Bakterien und von Clostridien-Sporen in Vorgemelken [84]

Behandlung	Gesamtkeimzahl KbE/ml	Coliforme Bakterien KbE/ml	Clostridien-Sporen (Sporen/l)
1. Keine Reinigung	$9,3 \times 10^3$	$9,2 \times 10^4$	$5,6 \times 10^2$
2. Trockenreinigung mit Zellstofftuch 6 s	$3,7 \times 10^3$	$4,8 \times 10^3$	$2,6 \times 10^2$
3. Nasses Tuch, anschließend Trockenreinigung mit Zellstofftuch 20 s	$3,0 \times 10^3$	$9,4 \times 10^3$	$1,4 \times 10^2$
4. Baumwolltuch (Einzeltuch/Kuh) 6 s	$2,2 \times 10^3$	$2,5 \times 10^4$	$2,1 \times 10^2$
5. Baumwolltuch (Einzeltuch/Kuh) 20 s	$9,7 \times 10^2$	$5,5 \times 10^3$	$1,2 \times 10^2$

[53]) als Routinemethode herangezogen werden. Aus der Gegenüberstellung der ermittelten Werte: gereinigte zu nicht gereinigter Euterhaut ist dann die Tendenz ablesbar [53]. Auf diese Weise ermittelten ADKINSON et al. 1991 [2] durch die Reinigung der Zitzen mit präparierten Einzeltüchern eine Keimzahlreduktion in der Milch um 60 %. Aus der Sicht der gängigen hygienischen Maßnahmen ist die Behaarung der Euterhaut als ungünstig zu beurteilen, da sich in den Haaren Staubpartikel, Kotreste usw. mit hohen Mikrobenanteilen verfangen können. Aus diesen Erfahrungen heraus wird empfohlen, das Euter zweimal jährlich zu scheren. Des weiteren wird dieses Merkmal bei der Milchkuhzüchtung berücksichtigt. Die Eutervorbereitung beinhaltet auch das Vormelken, wodurch die im Zitzenkanal vorhandenen Bakterien entfernt werden. Ein wichtiger Aspekt aller euterhygienischen Maßnahmen ist ihre Wirksamkeit in der vorbeugenden Mastitisbekämpfung. Wiederholt sind enge positive Korrelationen zwischen Eutererkrankungen und der Keimansiedlung insbesondere auf der Zitzenkuppe festgestellt worden. Mechanismen, die mit dem maschinellen Milchentzug verbunden sind, spielen dabei zweifelsohne eine wichtige Rolle [32, 102]. Wenn auch der Kuhstall ein nahezu unerschöpfliches Reservoir an unerwünschten Saprophyten

Kontamination bei der Milchgewinnung

und eventuell sogar an Krankheitserregern darstellt, können in modernen Ställen günstige hygienische Bedingungen und Arbeitsweisen geschaffen werden, die einen niedrigen Keimgehalt der Rohmilch garantieren. Eine 1jährige Untersuchung der zytologischen und bakteriologischen Qualität von Stapelmilch aus 9 gut geführten Milcherzeugerbetrieben (Herdengröße: 60–200 Kühe; ganzjährige Stallhaltung) bestätigt dieses. Das geometrische Mittel der Keimgehalte aller Milchen lag unter 5 000/ml, davon stellten Streptokokken etwa ein Viertel (s. Tab. 1.5).

Tab. 1.5 Zusammenfassung der bakteriologischen Ergebnisse einer 1jährigen Untersuchung in 9 Milcherzeugerbetrieben [47]

Bakteriengruppen		Stapeltankmilch KbE/ml n = 468	Einstreu KbE/ml n = 108
Gesamtkeimzahl	$\bar{x}_G$	$4,2 \times 10^3$	n. u.
	s_g	1,21	
Gram-negative Bakterien	$\bar{x}_G$	$1,9 \times 10^2$	$8,2 \times 10^6$
	s_g	1,43	2,18
Coliforme Bakterien	$\bar{x}_G$	$8,2 \times 10^1$	$1,3 \times 10^6$
	s_g	1,28	2,45
Klebsiella spp	$\bar{x}_G$	n. u.	$1,1 \times 10^4$
	s_g		3,75
Staphylococcus spp	$\bar{x}_G$	$4,2 \times 10^2$	n. u.
	s_g	1,38	
Streptococcus spp	$\bar{x}_G$	$1,1 \times 10^3$	$2,1 \times 10^7$
	s_g	1,34	1,22

n. u. = nicht untersucht
n = Anzahl der Proben
$\bar{X}_G$ = geometrisches Mittel
S_g = geometrische Streuung

Selbst bei diesen niedrigen Gehalten korrelieren einige Rohmilchwerte mit denen der Einstreu, so bei den Gruppen Gram-negative, Coliforme und Streptokokken [47]. Derartige Zusammenhänge hatten STADHOUDERS und Mitarbeiter [96] hinsichtlich des Vorkommens von *Clostridium tyrobutyricum* in Rohmilch einige Jahre vorher festgestellt. Gram-negative Bakterien, Streptokokken, aerobe und anaerobe Sporenbildner passieren normalerweise nur die Euterhaut. Futter, Einstreu, Faeces und Mist sind ihre ursprünglichen Quellen, von dort gelangen sie via Zitzenhaut in

Kontamination bei der Milchgewinnung

die Milch. Mit 6–45 Keimen/l Luft wird der Mikrobengehalt der Kuhstalluft angegeben [8]. Er zeigt über den Tag hinweg erhebliche Schwankungen mit Spitzen während des Einstreuens, der Rauhfuttergabe usw., also besonders in Phasen mit beträchtlicher Staubentwicklung. KURZWEIL und BUSSES [59] Analyse der Mikroflora der Stalluft ergab mehr als ein Drittel Mikrokokken, ihnen folgen coryneforme Bakterien (20,9 %), Streptomyceten (19,4 %) und Sporenbildner (7,9 %), während der Anteil aller Gram-negativen Bakterien zusammen nur 4,5 % betrug. Die Verteilung der Mikroorganismen war ähnlich in den Untersuchungen von BEER und Mitarbeiter [8]: Gram-positive Kokken 50–70 %, Gram-positive Stäbchen 10–40 %, Gram-negative Stäbchen 2–8 %, aerobe Sporenbildner 7–9 % und Pilze 4–10 %. Der gezielte Nachweis von Buttersäurebakterien aus der Stalluft erbrachte selbst in Betrieben, die hauptsächlich Silage verfütterten, sehr niedrige Kontaminationsraten, nämlich von weniger als 0,2 bis 0,4 Sporen/l Luft [95]. Das Vorhandensein pathogener Erreger, wie z. B. *Staphylococcus aureus*, kann als Indikator zur Einschätzung der Stallhygiene angesehen werden [83]. Wenngleich während des Milchentzugs bis zu 20 l Luft pro Liter Milch angesaugt werden können, ist schnell zu errechnen, daß die Stalluft für die mikrobielle Kontamination quantitativ von untergeordneter Bedeutung ist. Aerobe Sporenbildner können jedoch wegen ihrer Thermoresistenz auch bei sehr niedrigen Keimzahlen eine Verderbnisgefahr für wärmebehandelte Produkte darstellen [1, 60, 77]. Keine Rolle spielen in diesem Zusammenhang anaerobe Sporenbildner [96].

Stalluft, -hygiene und die Kühe haben also einen unmittelbaren Einfluß auf den mikrobiellen Kontaminationsgrad der Rohmilch, nimmt man unter diesen Faktoren eine Wichtung vor, so ist das Tier an die 1. Stelle zu setzen.

Es hat sich gezeigt, daß die bakteriologische Qualität der handermolkenen Milch häufig besser ist als die der maschinell gewonnenen [99]. Die Verschlechterung wird auf eine ineffektive Reinigung der Melkgeräte zurückgeführt. Obwohl Melkzeug, Leitungs- und Aufbewahrungssysteme für die Milch, kurzum die „Milchgewinnungstechnologie" im Material, in der Konstruktion usw. ständig vervollkommnet werden, sind sie weiterhin altbekannte Quellen von Saprophyten, insbesondere Gram-negativen psychrotrophen Bakterien. In vielen Großbetrieben sind Systeme mit integrierter Reinigung und Desinfektion (Cleaning-in-place = CIP) vorzufinden. Diese Technologie verlangt ausgebildetes Personal, ähnlich den Molkereifachleuten, damit Mängel oder auftretende Fehler in der Anlage schnell erkannt und beseitigt werden können, nur ist dieses Personal selten vorhanden. So kann die nicht sorgfältige Reinigung zwischen den Melkzeiten, der Einsatz nicht auf das Material abgestimmter Reinigungs- und Desinfektionsmittel, die Verwendung kontaminierten Brauchwassers usw. zu Ablagerungen und zur Vermehrung von Mikroorganismen auf den milchberührten Innenflächen der Melkanlagen und Aufbewahrungsbehältnisse führen. Das Ausmaß der Mikrobenentwicklung kann in Abhängigkeit von verschiedenen Faktoren höchst unterschiedlich sein (Tab 1.6 und 1.7).

In der Literatur sind Werte zu finden, die angeben, daß bis zu 90 % der in der ermolkenen Milch vorhandenen Bakterien vom Melkgerät stammen können.

Tab. 1.6 Vorkommen (in %) verschiedener Bakteriengruppen in Melkzeugspülproben in Abhängigkeit vom Reinigungsverfahren [98]

R.- u. D.-Verfahren	Dampf- oder Heißwasser	Ätznatron-Lösung		Hypochlorit-Lösung		Quaternäre Ammoniumverbindungen		
Kontaminationsgrad	1	1	2	1	2	1	2a	2
Bakteriengruppen								
Streptokokken	0,9	0,0	27,0	4,2	15,5	8,0	4,3	35,1
Mikrokokken	45,6	57,0	33,0	72,8	19,7	32,3	19,5	46,9
Corynebakterien	13,2	10,3	0,0	6,2	2,7	1,0	2,3	1,0
Andere Gram-positive Stäbchen, asporogen	14,0	12,5	2,0	7,3	6,1	3,1	1,2	3,1
Coliforme Bakterien	0,8	1,9	0,0	0,0	6,9	0,0	7,7	3,6
Andere Gram-negative Stäbchen	8,6	12,6	36,0	4,2	40,3	43,7	62,4	10,3
Sporenbildner, aerob	13,8	5,1	2,0	4,7	5,9	10,9	0,6	0,0
Nicht eingruppierbare Mikroorganismen	3,1	0,6	0,0	0,6	2,9	1,0	2,0	0,0
Anzahl der Stämme	1 466	312	200	530	375	192	348	194
Anzahl der Spülproben	68	14	10	23	16	10	16	9

1 = geringer Kontaminationsgrad = < $10^5/m^2$
2 = hoher Kontaminationsgrad = > $2,5 \times 10^6/m^2$
a = Handreinigung mit warmer QAV-Lösung

Mikrokokken, Corynebakterien, Streptokokken, Mikrobakterien, Laktobazillen, aerobe Sporenbildner, Enterobakterien, Pseudomonaden, Aeromonaden und Flavobakterien können in einer Gesamtzahl von 10^4 bis $5,0 \times 10^5$/ml die Rohmilch hierdurch kontaminieren [1, 6, 9, 44, 109]. Die Variation der Mikroflora ist beträchtlich. Bedingt durch eine Reihe von Faktoren ist sie im wesentlichen eine Funktion der Melkgerätereinigung- und -hygiene-Praxis der einzelnen Betriebe. Reinigungsmethoden, Wirkstoffkomponenten der Mittel, Temperatur, Verunreinigungsgrad, alle diese können deutliche Auswirkungen haben (Tab. 1.6 u. 1.7).

Es ist wiederholt ermittelt worden, daß in der Flora von Spülproben mit niedrigem Keimgehalt Mikrokokken, Corynebakterien und gelegentlich auch Streptokokken dominieren, während Streptokokken und Gram-negative Bakterien in Proben mit hohem Keimgehalt vorherrschend sind. Mikrobakterien und Mikrokokken stellen hauptsächlich die Thermoduren-Flora [99]. Für die Mikroflora des Sammeltanks ist das geringe Vorkommen von Streptokokken (0,9 %) und Mikrokokken (11 %) sowie das häufige Vorhandensein von Gram-negativen Stäbchen (bis zu 70 %) selbst in Spülproben mit einer niedrigen Gesamtkeimzahl charakteristisch [25].

Kontamination bei der Milchgewinnung

Tab. 1.7 Vorkommen (in %) verschiedener Bakteriengruppen in Milchleitungsspülproben nach der Reinigung (Hypochlorit-Lösung, temperiert) [25]

Kontaminationsgrad	Betriebsgruppe A		Betriebsgruppe B	
	1	2	1	2
Bakteriengruppen				
Streptokokken	3,8	3,1	68,8	55,3
Mikrokokken	43,2	23,9	17,0	22,2
Corynebakterien	15,6	14,6	1,3	6,1
Andere Gram-positive Stäbchen, asporogen	7,1	8,4	4,0	0,7
Coliforme Bakterien	0,2	10,7	0,9	0,4
Andere Gram-negative Stäbchen	13,9	27,6	1,3	13,0
Sporenbildner, aerob	12,6	9,0	5,8	1,6
Streptomyceten	1,4	0,8	0,8	0,0
Nicht eingruppierbare Mikroorganismen	2,2	1,9	0,1	0,7
Anzahl der Stämme	1 274	522	676	455
Anzahl der Spülproben	57	21	30	19
Anzahl der Betriebe	21	9	5	3

1 = geringer Kontaminationsgrad = $< 10^5/m^2$
2 = hoher Kontaminationsgrad = $> 10^7/m^2$
Gruppe A = Mikrokokken und Corynebakterien dominant
Gruppe B = Streptokokken dominant

Obwohl coliforme Bakterien und aerobe Sporenbildner den kleineren Anteil an der Gesamtflora einnehmen, kann ihre absolute Zahl in einigen Tanks beträchtlich sein. Die Psychrotrophen-Keimzahl war in den Spülproben der Tanks gegenüber denen der Milchleitungen niedriger, allerdings liegt ihr Mikroflora-Anteil höher (80 % gegenüber 40 %). Psychrotrophe Bakterien können bis zu 75 % des Keimgehaltes von Tankspülproben stellen [71]. Sie können sich bei Kühllagerung der Milch vermehren, während die Thermoduren unterhalb von 10 °C ihr Wachstum einstellen. Zur Gewinnung keimarmer Rohmilch gehört somit die Kontrolle der mikrobiologischen Beschaffenheit der Melk- und Tankanlagen zu den Grundregeln. Aus dieser Kenntnis heraus ist an Hand von gewonnenen Spülproben-

Meßwerten zur Beurteilung der Effektivität der Reinigung ein Klassifizierungsschema erstellt worden [12, 98]:

Stufe Gesamtkeimzahl	Beurteilung
< $10^5/m^2$	Sehr gut. Der niedrige Keimgehalt zeigt die effektive Reinigung an.
10^5 bis $5,0 \times 10^5/m^2$	Gut. Ein Standardniveau, das durch die regelmäßige Anwendung anerkannter Reinigungsverfahren aufrechterhalten werden kann.
> $5,0 \times 10^5$ bis $2,5 \times 10^6/m^2$	Noch zufriedenstellend. Das Reinigungsverfahren könnte verbessert werden.
> $2,5 \times 10^6/m^2$	Unbefriedigend. Vorliegen schwerer bakterieller Kontaminationen durch ständige Vernachlässigung einer korrekten Reinigung. In vielen Fällen kann es zum Aufbau einer aktiven Verderbnisflora kommen, wodurch die hygienische Qualität der Sammelmilch beeinträchtigt werden kann.

Um etwa die gleiche Zeit wurde durch Arbeiten von COUSINS [18] sowie COUSINS und MCKINNON [19] die Bedeutung des Sauberkeitsgrades der Anlagen für die mikrobiologisch-hygienische Qualität der Rohmilch relativiert. Es zeigt sich, daß in großen Kuhherden mit einem hohen Milchaufkommen ein signifikanter Keimzahlanstieg in der Sammelmilch erst dann zu verzeichnen war, wenn die Anlagen im höchsten Grade verunreinigt waren. Zahlen aus der bereits zitierten Arbeit von MCKINNON et al. [74] unterstützen diese Annahme: $4,4 \times 10^7$ Bakterien/m^2 und $3,5 \times 10^7$ Bakterien/m^2 wurden in Sommer- bzw. Winterspülproben ermittelt, die Effektivität der Anlagenreinigung war damit in die Kategorie „schlecht" einzuordnen, trotzdem waren die Keimgehalte der Tankmilchen immer sehr niedrig und dieses ganz besonders im Sommer (s. Tab. 1.2).

BRAMLEY und Mitarbeiter [10, 11] betrachten die indirekten Meßmethoden wie Spül- und Tupferproben als unzulänglich und als wenig geeignet, den Reinigungsgrad einer Anlage objektiv beurteilen zu können. Der gute Versuchsaufbau der MCKINNON-Gruppe [72] ermöglicht eine objektive Erfassung der Kontaminationen während der Milchgewinnung unterteilt in einzelne Abschnitte, s. Abb. 1.1.

– Die Bakterienzahl der unmittelbar nach dem Sammelstück entnommenen Milch repräsentiert die Kontamination durch Euterinfektionen und Zitzenoberfläche.
– Hat die Milch das Leitungssystem bis zum Ende passiert, so kommen die bei der Passage aufgenommenen Mikroorganismen hinzu.

Kontamination bei der Milchgewinnung

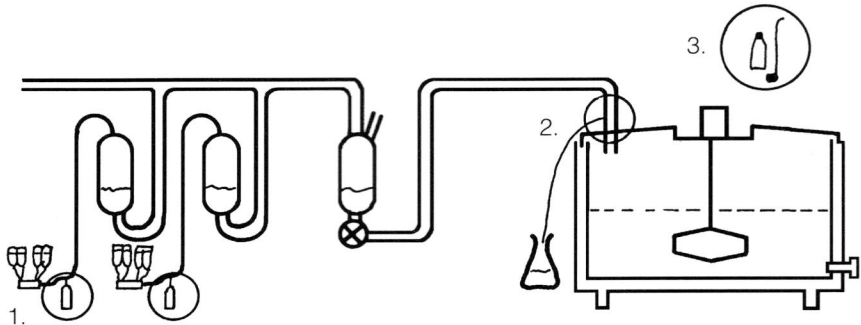

Abb. 1.1 Schema der In-line-Probenahme während der Milchgewinnung [72]

- Der Keimgehalt der Tankmilch ist die Summe aller Kontaminationen einschließlich der der Tankoberfläche [72]. Die Melkanlagen verursachen einen signifikanten Keimzahlanstieg in der Milch zwischen 2 000 bis 3 000/ml und durch den Tank selbst kommen weitere 1 500 bis 2 000 Keime/ml hinzu [74]. Damit wird einmal mehr die von KANDLER 1964 [56] veröffentliche Zahl von ca. 10 000 Keimen/ml Milch für die praktisch unvermeidbare Primärkontamination untermauert. Bei entsprechender Lagerung sind Milchen mit dieser Primärkontamination weniger verderbnisanfällig und nachteilige Einflüsse auf das spätere Produkt sind kaum zu erwarten. Die Milcherzeuger müssen sich in Erkenntnis dieser Zusammenhänge den Anforderungen zur Gewinnung einer Milch guter mikrobiologisch-hygienischer Qualität stellen. So konnte SPILLMANN [94] durch seine 1jährige Untersuchung in der Schweiz umfangreiches Material über den Keimgehalt frisch ermolkener Milch von mehr als 4 500 Betrieben mit recht guten Werten vorlegen. Die ca. 55 000 Milchproben waren folgendermaßen zu unterteilen: 50,59 % enthielten weniger als $3,0 \times 10^4$ KbE/ml, 70,6 % unter $5,0 \times 10^4$ KbE/ml, 84,25 % unter $8,0 \times 10^4$/ml, letztendlich hatten 90,4 % der Proben weniger als $1,0 \times 10^5$ KbE/ml. Die Zusammensetzung keimarmer frisch ermolkener Milch gibt die Tab. 1.8 wieder.

Das Bild wird von den typischen Euterbakterien – Mikrokokken, Staphylokokken – geprägt. Psychrotrophe Protein- und/oder Fett-spaltende Mikroorganismen sowie Milchsäurebakterien, die wichtigsten Verderbniserreger, sind in der Minderzahl. Unmittelbar nach dem Verlassen des Euters sollte die Milch die Eigenschaft besitzen, das Mikrobenwachstum zu hemmen. Die Dauer der Inhibitionsphase wird von der Temperatur und dem eigentlichen mikrobiologischen Status der Milch bestimmt. Diese Phase soll zurückzuführen sein auf mehrere in der Milch unabhängig voneinander existierende antibakterielle Systeme wie die spezifisch wirksamen Immunglobuline und die unspezifisch wirksamen Stoffe Lactoferrin, Lysozym und das Laktoperoxidase-Thiozyanat-Wasserstoffperoxid-System. Ihre postsekretorischen Wirkungen sind allerdings minimal, so daß eher der Erklärung

Tab. 1.8 Zusammensetzung der Mikroflora frisch ermolkener Milch (n = 46, GKZ: ca. 10^3 KbE/ml) [60]

Keimgruppen	Anteile in %
Achromobacter	2,7
Pseudomonas	0,3
Aeromonas	0,4
Enterobacter	0,1
Staphylokokken	21,3
Mikrokokken	55,0
Enterokokken	1,1
Andere Streptokokken	4,7
Coryneforme Bakterien	8,3
Laktobazillen	0,0
Sporenbildner	2,9
Streptomyces	3,2

WALSERS [108] und MEEDERS [76] zuzustimmen ist, daß an Milch adaptierte Bakterien, z. B. Keime aus dem Sammeltank, ihr Wachstum ohne Verzögerung beginnen, während bei Mikroben aus dem Nicht-Milchmilieu eine mehr oder weniger lange Anpassungsphase zu erkennen ist.

1.4 Mikrobiologie des erkrankten Euters

Die mikrobiologisch-hygienische Wertigkeit der Rohmilch wird wesentlich von Mastitiden beeinflußt, d. h. Entzündungen der Eutergewebe, die in der Regel auf bakterielle Infektionen zurückzuführen sind. In der Diagnose werden zwei Formen dieser Erkrankung unterschieden [51]. Man spricht von klinischer Mastitis, wenn die Entzündung des Parenchyms durch einfache Untersuchungen feststellbar ist und/oder die Milch (im Vorgemelk) sichtbare Abnormitäten aufweist. Bei der subklinischen Form der Mastitis kann die Entzündung nur durch Laboruntersuchungen diagnostiziert werden. Entscheidend ist der mikrobiologische Nachweis der Krankheitserreger in kontaminationsfrei gewonnenen Viertelgemelksproben, unterstützt durch die erhöhte Zahl somatischer Zellen in demselben. Unmittelbare milchwirtschaftliche Relevanz haben nicht die klinischen, sondern die durchschnittlich mit einer etwa 10 %igen Häufigkeit vorkommenden subklinischen

Mikrobiologie des erkrankten Euters

Mastitiden (s. 1.4.4). Es ist gesetzwidrig, Milch aus klinisch erkrankten Vierteln dem menschlichen Verzehr zuzuführen (s. 1.4.5). Im Gegensatz dazu wird die Milchmenge und -zusammensetzung auf der Herdensammelmilchebene wesentlich von den äußerlich nicht erkennbaren subklinischen Erkrankungen beeinflußt (s. 1.4.3). Über die von Land zu Land etwas unterschiedliche Einschätzung der derzeitigen Mastitis-Situation der Milchkuhherden sind in einem Bulletin des Internationalen Milchwirtschaftsverbandes [52] vielseitige Informationen enthalten.

Die bakterielle Besiedlung des Drüsengewebes findet meistens über den Zitzenkanal statt und betrifft jeweils ein Viertel. Der Zitzenkanal selbst kann auch bei gesunden Tieren eine hohe Zahl an saprophytären Bakterien enthalten, die bei der Mastitisdiagnose mit dem Vorgemelk abgemolken werden bzw. berücksichtigt werden müssen. Erst das Vorhandensein von Bakterien im Parenchym definiert die Euterinfektion. Abhängig vom Erreger kann die Entzündung sehr unterschiedlich verlaufen, die Veränderung der Milchinhaltsstoffe ist jedoch während der Erkrankung qualitativ sehr ähnlich. Das Fortschreiten einer Sekretionsstörung ist daran zu erkennen, daß die Zusammensetzung des Milchserums der des Blutplasmas immer ähnlicher wird.

1.4.1 Die euterpathogenen Mikroorganismen

Sowohl klinische als auch subklinische Euterentzündungen können von einer Vielzahl von Bakterien verursacht werden, die in zwei Gruppen einzuordnen sind (Tab. 1.9), die der infektiösen (obligaten) Pathogenen und die sogenannten Umweltkeime (fakultative Parasiten). Entscheidend für diese Zweiteilung der Krankheitserreger ist die Infektionsquelle – entzündete Viertel bzw. in der Regel die Umgebung der Tiere. Für die Diagnose wie auch für prophylaktische Maßnahmen (s. 1.4.4) werden so wichtige Anhaltspunkte gegeben. Als Verursacher von infektiösen Mastitiden gelten *Staphylococcus aureus*, *Streptococcus* (Sc.) *agalactiae* und *Sc. dysgalactiae*, während die Koagulase-negativen Staphylokokken, die Umweltstreptokokken, *Corynebacterium bovis* und die Coliformen die wichtigsten „Umweltmastitiden" hervorrufen (s. Tab. 1.9). Die in vielen Punkten abweichende Form einer Eutererkrankung wird von *Actinomyces pyogenes* verursacht (Sommermastitis, Holsteinische Euterseuche), sehr oft unter Beteiligung anderer Bakterien (Mischinfektion).

1.4.2 Vorbeugung und Behandlung

Während bei der Sommermastitis allgemein Insekten für die Übertragung verantwortlich gemacht werden, erfolgt bei „typischen" Mastitiden eine Neuinfektion entweder über die Zitzenöffnung bzw. den Zitzenkanal oder durch Verletzungen. Regelmäßige Desinfektion der Euter (Zitzen) von laktierenden Kühen gehört zu den wichtigsten Maßnahmen der Infektionsbekämpfung. Die weltweit am häufigsten verwendeten Wirkstoffe sind aus Tab. 1.10 zu entnehmen.

Tab. 1.9 Die wichtigsten Mastitis-Erreger [10]

Staphylococcus aureus[1]
Koagulase-negative Staphylokokken
Mikrokokken
Streptococcus agalactiae[1]
Streptococcus dysgalactiae[1]
Streptococcus uberis
Coliforme Bakterien : *Escherichia coli*
   Klebsiella pneumoniae
   Enterobacter aerogenes
Pseudomonas aeruginosa
Corynebakterien   : *Corynebacterium bovis*
   Corynebacterium ulcerans
Actinomyces pygones[2]
Mycoplasma bovis

1) Obligate Pathogene – die von den anderen Keimarten verursachten Entzündungen werden als Umweltmastitiden bezeichnet
2) Verursacher der (atypischen) Sommermastitis, meistens in Mischinfektionen

Eine Dip-Behandlung vor dem Melken gegen die Umweltkeime, nach dem Melken gegen die obligaten Infektionserreger, ist die effektivste Maßnahme. Die Anfälligkeit der Kühe gegenüber Neuinfektionen zeigt übrigens deutliche Unterschiede während der Laktation und ist besonders ausgeprägt nach dem Abkalben und zu Beginn der Trockenstellphase. Unter den heute allgemein üblichen vorbeugenden Maßnahmen gegen chronische subklinische Mastitiden spielt die Antibiotika-Behandlung in der Trockenstellphase eine sehr wichtige Rolle. Antibiotika-Infusionen stellen auch die medikamentöse Behandlung von klinische Symptome zeigenden laktierenden Tieren dar. Im letzteren Fall darf die Milch erst nach einer festgelegten Wartefrist der Herdensammelmilch zugeleitet werden (Hemmstoffgehalt vgl. 1.4.5). Antibiotika zur Bekämpfung von subklinischen Mastitiden während der Laktation einzusetzen, ist nicht üblich, da es weder unter veterinärmedizinischen noch ökonomischen Aspekten zu vertreten ist. Durch sorgfältige veterinärmedizinische Kontrolle, Antibiotikatherapie und Melkhygiene ist es in den letzten Jahrzehnten weltweit in vielen Herden gelungen, die infektiösen Mastitiden wesentlich zu reduzieren und unter Versuchsbedingungen sogar zu eliminieren. Hierbei wies die Bekämpfung von *Sc. agalactiae* im Vergleich zu der von *Staphylococcus aureus* einen größeren Erfolg auf und zwar bedingt durch die mindere Empfindlichkeit der Staphylokokken gegenüber den verwendeten Präparaten. Vergleichbar wirksame Maßnahmen gegen Umweltmastitiden konnten bisher nicht entwickelt werden, vor allem deswegen nicht, weil die fakultativen

Tab. 1.10 Wirkstoff der verwendeten Zitzendesinfektionsmittel in % der behandelten Herden [52]

	A	B	C	D	E	F	andere
Österreich	80		20				
Belgien	65	30				5	
Kanada	50	35	1	1		15	
Schweiz	95				3		2: Chloramin T
Tschechoslowakei	70						30: Benzitrin
Deutschland (W)	95		5				
Dänemark							100: Chloriso-cyanurate
Spanien	50	10	5			35	
Finnland	26	4					70: Salben
England u. Wales	74	17	3			3	
Schottland	79	18	3				
Ungarn	70	10	20				
Israel	80	15	5				
Italien	50	40				5	
Japan	99,5	0,5					
Niederlande	60	40					
Norwegen	100						
Neuseeland	40	25		5		30	
Polen	90	10					
Schweden	60	30				10	
USA	55	15	6	4		16	4: Schutzfilm
Südafrika	60	15				25	

A = Jodophore
B = Chlorhexidin
C = Hypochlorit
D = Quaternäre Ammoniumsalze
E = Glutaraldehyd
F = Dodecylbenzylsulphonate

Pathogenen (s. Tab. 1.9) aus der Umwelt der Milchkühe nicht zu verdrängen sind. Mehrere Hinweise deuten darauf hin, daß die Milchkühe in den vergangenen Jahrzehnten Mastitis-anfälliger geworden sind, durch züchterische Erfolge in Richtung höherer Milchleistung, erhöhter Melkgeschwindigkeit etc. [37, 38]. Hinsichtlich der Mastitis-Vorbeugung gibt es auch in der Melkmaschinen-Technik breiten Raum für die Optimierung, da Neuinfektionen durch die Melkmaschinen auf verschiedenen Wegen verursacht werden können [93]:

1. Durch Übertragung der Erreger von Tier zu Tier

2. durch Kreuzinfektionen zwischen den Vierteln einzelner Kühe,
3. außerdem können Störfälle und Fehlapplikationen zu Zitzenverletzungen führen,
4. und Schwankungen des Vakuums können den Widerstand des Zitzenkanals brechen und die pathogenen Keime bis ins Drüsengewebe katapultieren.

1.4.3 Einfluß auf die Milchzusammensetzung

Klinische Mastitiden können die Milchqualität nicht nur unmittelbar, sondern auch indirekt gefährden, nämlich durch Antibiotika-Reste, die von der medikamentösen Behandlung stammen. Da dieses bei der Einhaltung der strengen und eindeutigen Regelung nicht vorkommen darf, wollen wir uns auf die Auswirkungen der subklinischen Erkrankungen beschränken. Auffallend wenige Untersuchungen sind in der Fachliteratur zu finden, die über den Beitrag von Euterinfektionen zur Flora bzw. zum Gesamtkeimgehalt der Rohmilch gesicherte Aussagen enthalten [10, 11]. Orientierende Angaben sind den Ergebnissen einer Umfrage des Internationalen Milchwirtschaftsverbandes (s. Tab. 1.11) aus dem Jahre 1989 zu entnehmen [52].

Der Beitrag zur Gesamtkeimzahl in der Herdensammelmilch mag allerdings auch bei einer dem Regelfall etwa entsprechenden 10%igen subklinischen Infektion aller Viertel [104] kaum über $1,0 \times 10^4$ KbE/ml liegen [10]. Viel wichtiger sind andere Veränderungen in der Milchzusammensetzung, die beinahe alle Milchinhaltsstoffe betreffen und zum Teil auf Schädigung der sekretorischen Zellen und der Epithelzellen der Blutkapillaren im Drüsengewebe, zum Teil auf die zellulär-immunologische Abwehrreaktion des Organismus zurückzuführen sind [57]. Das breite Spektrum dieser Änderungen könnte mit drei Beispielen: dem Monosaccharid Lactose, dem Enzym N-Acetyl-β-D-Glucosamidinase (NAGase) und den nukleophilen oder polymorpho-nuklearen Leukozyten (PMN) dargestellt werden. Lactose wird in den GOLGI-Apparaten der sekretorischen Zellen des Drüsengewebes synthetisiert und in die sekretorischen Vesikeln abgesondert, wo sie durch einen osmotischen Mechanismus bei der Bestimmung der Milchmenge die zentrale Rolle spielt. Durch infektionsbedingte Funktionsstörungen bzw. Zerstörung dieser Zellen nimmt der Lactosegehalt der Mastitismilch wie auch die Milchmenge signifikant ab [87]. NAGase, die auch in normaler Milch nachzuweisen ist, wird in der Milch subklinisch erkrankter Tiere in einer bis über 5fach erhöhten Menge vorkommen. Diese Zunahme ist mit der Zumischung des Zytoplasmas von zerstörten sekretorischen Zellen des Parenchyms zu erklären [57]. Auch Leukozyten sind normale Milchbestandteile, deren Zahl sich im Falle einer Infektion meistens drastisch erhöht. Dieser Anstieg wird nicht nur in einer erhöhten Gesamtzahl der somatischen Zellen (SZZ) der Milch, sondern noch charakteristischer in einer Änderung des Verhältnisses Lymphozyten: Leukozyten : Epithelzellen von 1 : 1,5 : 14 (normal) auf etwa 1 : 10 : 10 [90] erkennbar. Im Zusammenhang mit der Diagnose von subklinischen Mastitiden wird darauf noch im nächsten Kapitel eingegangen.

Mikrobiologie des erkrankten Euters

Tab. 1.11 Die wichtigsten Verursacher subklinischer Mastitiden [52][1)]

	A	B	C	D	E	F	G	andere
Österreich	2	1						
Australien	1							
Belgien	1	2	3	4				
Kanada	1	2		3			4	
Schweiz	1	4					3	2 = nicht Sc. agalact.
Tschechoslowakei			1					
Deutschland (W)	1	2	3					
Dänemark	1		2	3			4	
Spanien	1	4	5	2				3 = Sc. spp.
Finnland	1		3	4			2	
England u. Wales	1	4	3	2	5			
Schottland	1			2				
Ungarn	1	2						
Irland	1		2	3				
Israel	1	2						
Italien	4	1		2		5		3 = nicht Sc. agalact.
Japan	2						1	3 = Sc.
Niederlande	1	3	4	2				
Norwegen	1		4		5		2	3 = andere Sc.
Polen	2	1	3	4			5	
Schweden	1			4			2	3 = Sc. spp.
USA	1	3					4	2 = nicht Sc. agalact.
Südafrika	2	1					4	3 = nicht Sc. agalact.

1) Rangordnung vom häufigsten zum am wenigsten häufigen
A = *Staphylococcus aureus*
B = *Streptococcus (Sc.) agalactiae*
C = *Sc. dysgalactiae*
D = *Sc. uberis*
E = Coliforme
F = *Actinomyces pyogenes*
G = *Staphylococcus epidermidis*

1.4.4 Bedeutung, Erkennung und Bekämpfung der subklinischen Mastitiden

Subklinische Euterentzündungen verursachen ca. 70–80 % der Verluste, die bei Milchviehherden durch Mastitiden entstehen. Nach neuesten Schätzungen aus den USA kann dieser jährlich ca. 140–300 Dollar pro Kuh ausmachen [34, 79]. Entsprechende Schätzwerte aus Deutschland liegen deutlich niedriger, bei 100–200 DM pro Kuh und Jahr [44, 101]. Es wird angenommen, daß 60–80 % des Schadens durch verminderte Milchmenge (durchschnittlich 600 l/Kuh/Jahr) entsteht. Derartige Schätzungen wie auch die Beurteilung der Eutergesundheit einzelner Herden werden weitgehend aus dem Zusammenhang zwischen Euterentzündung einerseits und somatischer Zellzahl der Herdensammelmilch andererseits abgeleitet [44, 86, 102]. Obwohl eine Zellzahl von über 200 000/ml im Gesamtgemelk mit großer Wahrscheinlichkeit auf ein entzündetes Viertel hindeutet, hängt der Grenzwert für eine Ja/Nein-Entscheidung von einer Reihe weiterer Faktoren ab (Laktationszahl, -stadium, Zucht, Jahreszeit usw.) [vgl. 88, 104]. Das multifaktorielle Wesen der SZZ ist aus Abb. 1.2 gut zu erkennen. In dem Gesamtgemelk sowohl gesunder als auch erkrankter Tiere zeigt die SZZ eine recht große Variation mit überlappenden aber klar unterschiedlichen Häufigkeitsverteilungen.

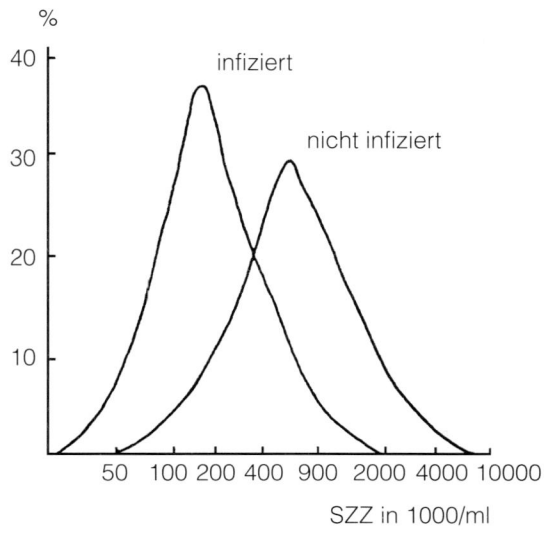

Abb. 1.2   Häufigkeitsverteilung somatischer Zellen in Gesamtgemelken von gesunden und an Mastitis erkrankten Kühen [4]

Mikrobiologie des erkrankten Euters

Für die Diagnose von subklinischen Entzündungen ist also die SZZ nicht geeignet [51] und kann den Einsatz von mikrobiologischen Untersuchungsverfahren [50] nicht ersetzen. Die mikrobiologischen Untersuchungen von subklinischen Mastitiden in den Milchviehherden zeigen in den vergangenen Jahrzehnten einen deutlichen Trend [52], der im wesentlichen auf den Einsatz von Antibiotika bei der Trockenstellung bzw. auf Zitzendesinfektion nach dem Melken zurückzuführen ist. Die Änderungen können wie folgt zusammengefaßt werden:

- Abnahme der Häufigkeit der subklinischen Erkrankungen auf etwa 70 Viertel pro 100 Kühe [46]
- Abnahme der Neuinfektionsrate auf bis zu 40 pro 100 Kühe pro Jahr [7]
- Im Erregerspektrum eine Abnahme der Häufigkeit der „infektiösen" gegenüber den „Umweltkeimen" [39, 92]. Besonders deutlich ist die Zurückdrängung der *Sc. agalactiae* und *Sc. dysgalactiae*-Infektionen, die auf übliche Antibiotikabehandlung besser ansprechen als *Staphylococcus aureus*.
- Eine Zunahme der Umweltmastitiden, die aus der Umgebung der Tiere nicht wegzudenken sind. Einige, wie z. B. die Coli-Mastitis, verlaufen in der Regel als klinische Form.

1.4.5 Die relevanten Regelungen und Verordnungen

Mehrere Bestimmungen sorgen dafür, daß die Mastitis-bedingten unerwünschten Änderungen in der Anlieferungsmilch in engen Grenzen bleiben. Die Milch-Güteverordnung [106] befaßt sich

- mit dem Hemmstoff-Gehalt und
- mit der Zahl der somatischen Zellen

und bestimmt mit ihren Anlagen die entsprechenden Untersuchungsverfahren. Hiernach darf die Anlieferungsmilch keine Antibiotika-Rückstände (Hemmstoffe) aufweisen. Ihr Nachweis ist mit einem erheblichen Abzug im Milchpreis belegt. Leider besitzen jedoch die vorgeschriebenen amtlichen Methoden nicht die erforderliche Emfindlichkeit gegenüber Nicht-Penicillin-Antibiotika. Auch eine Überschreitung der Zellzahl-Grenzwerte ist meldepflichtig und mit einem Abzug im Milchpreis belegt. Der derzeitige Grenzwert liegt bei 300 000/ml und 400 000/ml für die Klasse S bzw. 1. Im internationalen Vergleich gelten diese Bestimmungen dem Durchschnitt entsprechend [52]. Die Milch von klinisch erkrankten Tieren darf laut § 15 des Lebensmittel- und Bedarfsgegenständegesetzes [33] für die Dauer der Ausscheidung von Medikamenten nicht angeliefert werden. Die Verwendung jodhaltiger Zitzendesinfektionsmittel führt zu einer unvermeidlichen Erhöhung des Jodgehaltes der Rohmilch, die jedoch bei den von der Deutschen Veterinärmedizinischen Gesellschaft empfohlenen Behandlungen den unbedenklichen Grenzwert von 150 µg/l (in Problemherden 200 µg/(l) nicht überschreiten wird [44].

1.5 Anlieferungsmilch

Fließt die Milch in den Stapeltank des Hofes, so ist sie hauptsächlich mit Mikroorganismen aus 3 Quellen beladen: den infizierten Eutervierteln, der äußeren Haut der Euter und den Melkanlagen. Jetzt kommen noch die Mikroben der milchberührten Flächen der Tanks hinzu. Welches mikrobiologische Bild erwartet werden kann, soll an neueren Untersuchungen dargelegt werden. 1 971 Farmen in Vermont (USA) waren 1990 an einer einmaligen Statuserhebung beteiligt. Als geometrisches Mittel der Gesamtkeimzahl wurden $1{,}1 \times 10^4$ KbE/ml Milch ermittelt. Hierbei wurden einzelne Bakteriengruppen in folgenden Häufigkeiten nachgewiesen (Tab. 1.12).

Tab. 1.12 Häufigkeit (in %) von verschiedenen Bakteriengruppen in 1971 Farmmilchen aus Vermont (USA) [36]

Bakteriengruppen	Anteil in %
Staphylococcus aureus	48
Staphylococcus spp.	89
Streptococcus agalactiae	32
Streptococcus spp.	99
Coliforme Bakterien	88
Andere Bakterien	98

Die überwiegende Zahl der positiven *Streptococcus agalactiae*-Proben (73 %) enthielt mehr als $1{,}0 \times 10^3$ KbE/ml dieses Bakteriums, bedingt durch dessen hohe Ausschleusungsmenge während der Infektion. Umgekehrt verhält es sich bei *Staphylococcus aureus* infizierten Vierteln, hierbei wird der Erreger in geringerer Zahl ausgeschieden und dokumentiert sich dadurch, daß in 75 % der Proben zwischen $1{,}0 \times 10^2$ und $5{,}0 \times 10^2$ *S. aureus*/ml waren. Die Zahl der zur normalen Euterflora gehördenden anderen Staphylokokken-Arten lagen zwischen $6{,}0 \times 10^2$ und $5{,}0 \times 10^3$ KbE/ml. Die Coliformen und die sog. Umweltstreptokokken erreichten jeweils eine Höhe von mehr als 100 KbE/ml. Die Autoren kommen zu dem Schluß, daß der von ihnen festgestellte Rückgang der *Streptococcus agalactiae*-Infektionsraten, 1985 waren es 47 %, auf eine effektive Mastitiskontrolle zurückzuführen ist, die Zunahme der Umweltmikroorganismen, wie z. B. Coliforme (1985: 73 % > 10^2/ml), aber immer mit einer unzureichenden Euter- und/oder Anlagenreinigung in Beziehung zu bringen ist [36]. Rohmilchen von 70 irischen Farmen wurden 13 Monate hinweg in regelmäßigen Abständen (9–10 Mal/Erhebungszeitraum) auf Krankheitserreger: *Salmonella spp.*, *Listeria spp.*, *E. coli und Yersinia spp.* sowie Mastitiserreger untersucht bei gleichzeitiger Ermittlung der Mesophilen-, Coliformen-Zahlen und der somatischen Zellen. Die Ergebnisse sind mit dem

Anlieferungsmilch

vorher erwähnten Beispiel vergleichbar. Eine Keimzahl von < 3,0 × 10^4 KbE/ml erzielten 63 % der Proben, 13 % der Milchen enthielten > 10^4 Mastitiserreger/ml, die Zellzahl variierte von 4,0 × 10^5/ml bis 8,0 × 10^5/ml. In 60 % der Milchen sind *E. coli*-Zahlen von < 10/ml festgestellt worden. In allen Proben waren coliforme Bakterien vorhanden, wobei der überwiegende Teil (~ 70 %) mit weniger als 100 KbE/ml kontaminiert war. Hierbei ist also ein umgekehrtes Verhältnis zu verzeichnen. 88 % der Vermonter Milchen enthielten über 100 KbE/ml von dieser Bakteriengruppe. Zieht man in Betracht, daß coliforme Bakterien als Indikator für die hygienischen Bedingungen der Milchgewinnung gelten – Milch sollte weniger als 100 KbE/ml davon enthalten – so offenbart der hohe Prozentsatz Schwachstellen in der Melkhygiene und unterstreicht die Schlußfolgerungen der ersten Untersucher. Mastitiserreger (*Staphylococcus aureus*, Mastitisstreptokokken) waren in alle Proben nachweisbar. Die *Staphylococcus aureus*-Zahl bewegte sich im Mittel zwischen 1,2 × 10^3 und 3,5 × 10^3/ml [85], sie lag damit deutlich über den von GOLDBERG und Mitarbeitern [36] ermittelten Werten. Unter den vielen Rohmilchkontaminanten sollen 2 Gruppen noch besonders erwähnt werden, die Sporenbildner und die pathogenen Bakterien.

1.5.1 Sporenbildner in der Anlieferungsmilch

Sie zeichnen sich durch die Thermoresistenz ihrer Sporen aus, deren Auskeimung und Vermehrung bei Milcherzeugnissen zu verkürzter Haltbarkeit (Trinkmilch) oder Fehlprodukten (Spätblähung bei Käse) führen kann. Es ist davon auszugehen, daß alle Rohmilchen Sporenbildner enthalten [68], allerdings ist bez. ihrer Anzahl in der Literatur eine beträchtliche Variationsbreite zu finden. Sie liegt

Tab. 1.13 Vorkommen (in %) von Clostridien-Arten in Rohmilch [62]

Art	Anteil in %
Cl. sporogenes	35
Cl. perfringens	12
Cl. butyricum	11
Cl. tyrobutyricum	8
Cl. beijerinckii	6
Cl. tetanomorphum	7
Cl. pasteurianum	4
Cl. tertium	4
Cl. novyi	2
Cl. species	11

zwischen 1 Spore und $9,0 \times 10^5$ Sporen pro Liter [14, 16, 73]. Zickrick [112] gibt bei Weidehaltung $1,0 \times 10^4$ bis $2,0 \times 10^4$ Sporen/l und während der Stallperiode $1,0 \times 10^5$ bis $2,0 \times 10^5$ Sporen/l an. Etwa 5–6 % der Sporenbildner sind anaerob, also Clostridien [67, 68]. Lehmann und Mitarbeiter [62] identifizierten folgende Arten in der Rohmilch, s. Tab. 1.13.

1.5.2 Krankheitserreger in der Anlieferungsmilch

Wenn in den Sammelmilchen Krankheitserreger vorhanden sind, so treten sie stets in sehr geringen Mengen auf. Ihr Nachweis erfolgt üblicherweise mit Hilfe von Anreicherungsverfahren, so daß fast ausschließlich die Häufigkeit des Vorkommens (s. Tab. 1.14) und sehr selten die absolute Bakterienzahl veröffentlicht werden kann. Bei *Listeria monocytogenes* wird mit 1 Keim/ml gerechnet [54]. Wood und Mitarbeiter [110] stellten bei einer Kuh eine Ausscheidungsrate von ca. 200 *Salmonella muenster* Zellen/ml fest.

Tab. 1.14 Nachweishäufigkeit einiger pathogener Bakterien in Tankmilch von Erzeugerbetrieben

Art	Häufigkeit in %	Referenzen
Campylobacter jejuni	0–12,3	[15, 20, 24, 61, 64, 88]
Listeria monocytogenes	0–45,3	[22, 30, 42, 43, 69, 78, 85, 88]
Salmonella spp.	0–8,9	[48, 70, 85, 88, 111]
Yersinia enterocolitica	4,2–22,7	[80, 85, 88, 89, 100, 107]

Während der Kühllagerung der Milch vermögen sich *Listeria monocytogenes* und *Yersinia enterocolitica* zu vermehren. Beide sind der Gruppe psychrotrophe Bakterien zuzuordnen [23, 35, 55]. Ihre Vermehrung bei unterschiedlichen Temperaturen gibt die Tabelle 1.15 wieder.

Die erhöhte Nachweishäufigkeit in Tankmilchen der Molkereien ist z. T. auf die psychrotrophen Eigenschaften von *Listeria* und *Yersinia* zurückzuführen.

Anlieferungsmilch

Tab. 1.15 Wachstum von *Listeria monocytogenes* und *Yersinia enterocolitica* in Vollmich bei verschiedenen Lagertemperaturen [13]

Lagerzeit in Tagen	*Listeria monocytogenes* (KbE/ml)			*Yersinia enterocolitica* (KbE/ml)		
	4 °C	10 °C	22 °C	4 °C	10 °C	22 °C
0	$1,5 \times 10^1$	$1,5 \times 10^1$	$1,5 \times 10^1$	$1,0 \times 10^1$	$1,0 \times 10^1$	$1,0 \times 10^1$
2	$7,3 \times 10^2$	$1,5 \times 10^5$	$8,8 \times 10^7$	$4,2 \times 10^2$	$7,9 \times 10^5$	$1,7 \times 10^8$
4	$3,5 \times 10^3$	$2,0 \times 10^7$	$3,5 \times 10^8$	$5,5 \times 10^3$	$5,4 \times 10^8$	$1,5 \times 10^9$
6	$4,5 \times 10^3$	$5,5 \times 10^7$	$4,3 \times 10^8$	$1,0 \times 10^4$	$3,3 \times 10^8$	$4,7 \times 10^8$

1.5.3 Verderbniskeime in der Anlieferungsmilch

Zum Zeitpunkt der Anlieferung (Abholung vom Hof) ist die Gesamtkeimzahl in der Regel wesentlich höher und die Zusammensetzung der Bakterienflora eine andere als in der frisch ermolkenen Herdensammelmilch (vgl. Tab. 1.8). Die typischen Verderbnisbakterien (mesophile Milchsäurebakterien und die Gram-negativen Psychrotrophen) spielen in der frischen Sammelmilch eine untergeordnete Rolle. Durch das Wachstum eben dieser Keimarten in den Hofbehältern erhält der bakteriologische Status der Milch die charakteristischen Anlieferungsmerkmale, in denen unter den üblichen Kühlbedingungen die psychrotrophen Keimarten dominieren. Diese Vermehrung in dem Sammeltank kann unter idealen Kühlbedingungen

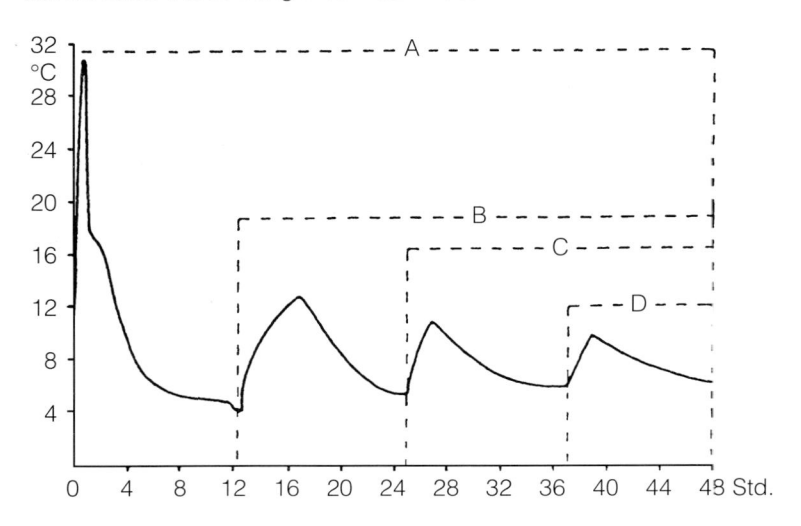

Abb. 1.3 Temperatur-Zeit-Profil eines Kühltanks während der Aufnahme von Milch aus 4 Melkzeiten [82]

Anlieferungsmilch

(2–4 °C), in einem perfekt funktionierenden Kühlsystem, auf praktisch Null reduziert werden. In der Praxis wird dieses jedoch nur in Ausnahmefällen realisiert und zwar aus verschiedenen Gründen [43, 82]. Abb. 1.3 zeigt das Temperatur-Zeit-Profil eines üblichen, auf 4 °C eingestellten Kühltanks über 48 Stunden, d. h. während der Aufnahme von Milch aus 4 Melkzeiten.

Beim ersten Melken ist der Tank leer, die Anfangstemperatur 32 °C und das Tempo des Abkühlens (wenigstens anfänglich) rasch. Das zweite Gemelk wird schon mit der auf den Sollwert abgekühlten Milch vermischt, und die Temperatur steigt kaum über 12 °C. Bei der dritten und vierten Melkzeit wird das Verhältnis frischer zu gekühlter Milch immer kleiner, und dementsprechend sinken auch die maximalen Temperaturen. Die Fläche zwischen der Kurve (Abb. 1.3) und dem Sollwert (4 °C) ist offensichtlich proportional zum Wachstum all derjenigen Bakterien, die sich über 4 °C vermehren können. Unter Praxisbedingungen ist mit dem Auftreten von weiteren und zum Teil wesentlich größeren Temperaturschwankungen zu rechnen, worauf die Vermehrung auch von mesophilen Keimarten zurückgeführt werden kann. Als mögliche Ursache sind z. B. fehlerhaft funktionierende Kühlsysteme, falsch eingestellte Thermostaten, verspätetes Einschalten der Kühlung bei der ersten Melkzeit wie auch Stromausfall zu nennen. Die entscheidende Rolle der Kühlung geht auch aus einer vor kurzem veröffentlichten Arbeit [87] hervor, in der die Gesamtkeimzahlen (GKZ) von Anlieferungsmilchen bei täglicher, 2- und 3tägiger Abholung verglichen wurde.

Abholintervall	GKZ ($\bar{x}_G$)	GKZ < 10^5/ml %
24 Std.	$1,2 \times 10^5$ KbE/ml	51
48 Std.	$2,5 \times 10^5$ KbE/ml	34
72 Std.	$4,5 \times 10^4$ KbE/ml	86

Hierbei ist das auffallend gute Abschneiden der 3tägigen Abholpraxis zweifelsohne mit dem Einsatz von effektiveren Kühlsystemen zu erklären.

1.5.4 Gesetzliche Anforderungen an den Erzeuger

Bei dem Abholen der Milch von dem Erzeugerbetrieb werden in regelmäßigen Abständen Proben gezogen für die Qualitätsbeurteilung der Anlieferungsmilch. Ziel dieser u. a. in der Milch-Verordnung [106] EG-Hygiene Richtlinie [29] und der Milch-Güte-Verordnung [105] vorgeschriebenen Untersuchungen ist es

- die gesundheitliche Unbedenklichkeit sicherzustellen
- die einwandfreie Beschaffenheit zu gewährleisten
- bestimmte Hygiene- und Qualitätsstandards einzuhalten sowie
- nachteiligen Beeinflussungen vorzubeugen.

Anlieferungsmilch

In vieler Hinsicht also Kriterien, die eng mit der Mikrobiologie verbunden sind. Die Anlagen der Milch-Verordnung [106] und die EG-Hygiene-Richtlinie [29] enthalten für alle Stufen der Milchgewinnung ausführliche Hygienevorschriften, die hier weder zusammengefaßt noch im einzelnen beschrieben werden sollen. In der Tab. 1.16 werden einige Anforderungen, die die 3 Rohmilchsorten erfüllen müssen, wiedergegeben.

Tab. 1.16   Normen für die Anlieferungsmilch [29]

1. Rohmilch zur Herstellung von wärmebehandelter Konsummich, fermentierter Milch, Milch mit Labzusatz, gelierter Milch, aromatisierter Milch und Rahm muß zum Zeitpunkt der Anlieferung folgende Normen erfüllen:

Keimzahl   : $\leq 1{,}0 \times 10^5$/ml
Zellzahl   : $\leq 4{,}0 \times 10^5$/ml

2. Rohmilch zur Herstellung von anderen als unter Nr. 1 angegebenen Erzeugnissen muß zum Zeitpunkt der Anlieferung folgende Normen erfüllen:

<u>ab 01.01.1998</u>

Keimzahl   : $\leq 4{,}0 \times 10^5$/ml $\leq 1{,}0 \times 10^5$/ml
Zellzahl   : $\leq 5{,}0 \times 10^5$/ml $\leq 4{,}0 \times 10^5$/ml

3. Rohmilch zur Herstellung von Rohmilcherzeugnissen ohne Wärmebehandlung:

Keimzahl   : $\leq 1{,}0 \times 10^5$/ml
Zellzahl   : $\leq 4{,}0 \times 10^5$/ml
Staphylococcus aureus : $m = 5{,}0 \times 10^2$/ml
$M = 2{,}0 \times 10^3$/ml
$n = 5$
$c = 2$

Generell Einhaltung der EWG-VO Nr. 2377/90 und Nr. 675/92

n = Anzahl der Proben
c = Anzahl der Proben, die M nicht überschreiten dürfen
m = Richtwert
M = Höchstwert

Die derzeitige Unterteilung in 2 Qualitätsstufen setzt allerdings eine getrennte Abholung der Milchen voraus. Dieses führt in vielen Molkereien zu erheblichen organisatorischen Schwierigkeiten, so daß die 2. Qualitätsstufe wahrscheinlich vorzeitig gestrichen wird. Um das gesundheitliche Risiko beim Verzehr von Vorzugsmilch möglichst auszuschließen, ist ihre Erzeugung besonders zu kontrollieren. Die Anforderungen an Vorzugsmilch müssen aus besagten Gründen auch erheblich höher sein (s. Tab. 1.17).

Tab.1.17 Normen für Vorzugsmilch [106]

	m	M	n	c
1. Gesamtkeimzahl	$3{,}0 \times 10^4$ KbE/ml	$5{,}0 \times 10^4$ KbE/ml	5	2
2. Coliforme Bakterien	20 KbE/ml	$1{,}0 \times 10^2$ KbE/ml	5	1
3. *Staphylococcus aureus*	$1{,}0 \times 10^2$ KbE/ml	$5{,}0 \times 10^2$ KbE/ml	5	2
4. *Streptococcus agalactiae* in 0,1 ml	0	10 KbE/ml	5	2
5. Somatische Zellen	$3{,}0 \times 10^5$/ml	$4{,}0 \times 10^5$/ml	5	2
6. *Salmonella spp.* in 25 ml	0	0	5	0
7. Pathogene Mikroorganismen bzw. ihre Toxine dürfen nicht in Mengen vorhanden sein, die die Gesundheit des Verbrauchers beeinträchtigen können.				
8. Sensorische Kontrolle		keine Abweichungen		
9. Phosphatase		positiv		

m = Richtwert
M = Höchstwert
n = Anzahl der Proben
c = Anzahl der Proben, die M nicht überschreiten dürfen

Mikrobiologische Analysen erfordern eine verschleppungsfreie Probenahme und eine Stabilisierung des „Ist-Zustandes" bis zur Untersuchung. Das erste wird heute über moderne Probenahmetechniken am Tankwagen gewährleistet, das letztere kann über Hinzufügung eines Konservierungsmittels zur Milchprobe oder durch Eiswasserkühlung mit entsprechenden Isolierboxen erreicht werden. Für die Bestimmung des Keimgehaltes ist von internationalen Gremien das Koch'sche Plattenverfahren als Referenzmethode festgelegt worden. Die Europäische Union hat dem Rechnung getragen und es in den Analysenkatalog [27] aufgenommen. Mit dem sehr arbeitsaufwendigen Verfahren ist auch eine erhebliche Zeitspanne verbunden, bis das Ergebnis vorliegt. Deshalb wird mit Hilfe anderer Meßprinzipien, die schneller und rationeller sind, die mikrobiologische Kontamiration erfaßt, z. B. fluoreszenzoptische Zählung (Bactoscan), Stoffwechselaktivitätsmessung (Impedanzmethode). Die Verfahren müssen gleichwertige Aussagefähigkeit besitzen wie das Referenzverfahren und sind an diesem auszurichten.

1.6 Abholen und Transport

Die Entwicklung der Mikroflora der Rohmilch ist mit dem Absaugen der Milch aus dem Hofbehälter in den Tankwagen noch nicht abgeschlossen. Unter der Einwirkung von verschiedenen Faktoren, denen sie bis zum Umpumpen in den Silotank der Molkerei ausgesetzt wird, verschlechtert sich ihre mikrobiologische Beschaffenheit im Vergleich dazu, was man aus dem arithmetischen Mittelwert der zusammengemischten Milchen erwarten könnte [3, 31]. Im Regelfall sind die Tankwagen wärmeisoliert und in einer Tour 3–4 Stunden unterwegs. Der Temperatursollwert der Anlieferungsmilch ist 6 °C, und in der Molkerei wird die Milch auf 3–4 °C gekühlt, schon während des Abpumpens in den Vorstapelbehälter des Betriebes. Unter diesen Bedingungen hat AGGER [3] in einem sorgfältig ausgeführten Großversuch einen, hauptsächlich der psychrotrophen Vermehrung zuzurechnenden 50 %igen Anstieg in der Gesamtkeimzahl ermittelt. Unter Praxisbedingungen kann dieser Prozentsatz offensichtlich erheblich höher liegen. Die Aufzählung einiger wichtiger Faktoren, die hierfür verantwortlich sein können, verdient sicherlich auch die Aufmerksamkeit von Mikrobiologen.

- Die mechanische Wirkung des Pumpens führt zur Zerkleinerung der Bakterienaggregate und bewirkt dadurch einen scheinbaren Anstieg der Keimzahl, durch die Erhöhung der koloniebildenden Einheiten/ml.

- Der Tankwagen kann einen Teil der Anlieferung des letzten Hofes nicht mehr aufnehmen. Die Restmilch wird mit den nächsten Gemelken vermischt, wodurch die mikrobiologische Beschaffenheit der nächsten Anlieferung beeinträchtigt wird (Ausfall einer Reinigung, eine Art Beimpfung).

- Mehrere Tankwagen können zur selben Zeit in der Molkerei eintreffen, so daß längere Wartezeiten den Tourenzeiten zugerechnet werden müssen.

- Der Tankwagen kann an einigen Höfen unmittelbar nach einer Melkzeit eintreffen. Entsprechend (vgl. Abb. 1.3) wird die abgesaugte Milch noch nicht abgekühlt sein. Da die Tankwagen selbst kein Kühlsystem besitzen, wird dadurch der gesamte Inhalt erwärmt.

Die Maßnahmen, die eine derartige Minderung der mikrobiologischen Qualität der Rohmilch verhindern, fallen schon unter die Sorgfaltspflicht der verarbeitenden Betriebe. Auch sind die mikrobiologischen Veränderungen der Rohmilch während des Transportes im wesentlichen nicht von denen im Vorstapeltank zu unterscheiden (Kap. 2.2) und werden dort besprochen.

Literatur

[1] ABO-ELNAGA, J. G.: Sporenbildner in der Anlieferungsmilch. Milchwissenschaft **23** (1968) 559–561.
[2] ADKINSON, R. W.; GOUGH, R. H.; RYIAN, J. J.: Use of individual premoistened, disposable wipes in preparing cow teats for milking and resultant raw milk quality and production. Journal of Food Protection **54** (1991) 957–959.
[3] AGGER, P.: The bacteriological influence on raw milk during collection and storage. Kieler Milchwissenschaftliche Forschungsberichte **33** (1981) 363–368.
[4] ANDREWS, R. J.; KITCHEN, B. J.; KWEE, W. S.; DUNCALFE, F.: Relationship between individual cow somatic cell counts and the mastitis infection status of the udder. Australian Journal of Dairy Technology **38** (1983) 71–79.
[5] ASPERGER, H.; URL, B.; BRANDL, E.: Zur Qualitätssicherung bei der Produktion von Weichkäse aus der Sicht der Listerienproblematik. Deutsche Molkerei-Zeitung **37** (1991) 1126–1131.
[6] BACIC, B.; CLEGG, L. F. L.: Studies on the sources of bacteria in raw milk supplies. Milchwissenschaft **22** (1967) 615.
[7] BECK, H. S.; WISE, W. S.; DODD, F. H.: Cost benefit analysis of bovine mastitis in the UK. Journal of Dairy Research **59** (1992) 449–460.
[8] BEER, K.; MEHLHORN, G.; ARNOLD, H.: Die bakterielle Kontamination der Stalluft in Milchviehställen. 1. Mitteilung: Die quantitative bakterielle Kontamination der Stalluft. Monatshefte für Veterinärmedizin **29** (1974) 841–845.
[9] BEYTHIEN, V.: Untersuchungen über den Einfluß der Wasserversorgung auf die hygienische Beschaffenheit der Milch im Erzeugerbetrieb. Dissertation Gießen 1969.
[10] BRAMLEY, A. J.; DODD, F. H.: Mastitis control – progress and prospects. Journal of Dairy Research **51** (1984) 481–512.
[11] BRAMLEY, A. J.; MCKINNON, C. H.; STAKER, R. T.; SIMPKIN, D. L.: The effect of udder infection on the bacterial flora of the bulk milk of ten dairy herds. Journal of Applied Bacteriology **57** (1984) 317–323.
[12] British Standards Institution; British Standard Code of practice for equipment and procedures for cleaning and disinfecting of milking machine installations. BS No. 5226, 1982.
[13] BUDU-AMOAKO, E.; TOORA, S.; ABLETT, R. F.; SMITH, J.: Competitive growth of *Listeria monocytogenes* and *Y. enterocolitica* in milk. Journal of Food Protection **56** (1993) 528–532.
[14] CANNON, R. Y.: Contamination of raw milk with psychrotrophic sporeformers. Journal of Dairy Science **55** (1972) 669–673.
[15] CHRISTOPHER, F. M.; SMITH, G. C.; VANDERZANT, C.: Examination of poultry giblets, raw milk, and meat for *Campylobacter fetus subspecies jejuni*. Journal of Food Protection **45** (1982) 260–262.
[16] CHUNG, B. H.; CANNON, R. Y.: Psychrotophic sporeforming bacteria in raw milk supplies. Jorunal of Dairy Science **54** (1971) 448–452.
[17] COUSINS, C. M.: Disinfection in the production of milk. Vortrag WAVFH, Round Table Conference „Milk Hygiene", Kiel 1975.
[18] COUSINS, C. M.: Milking techniques and microbial flora of milk. 20th International Dairy Congress, Paris 1978.
[19] COUSINS, C. M.; MCKINNON, C. H.: Cleaning and disinfection in milk production, in: Machine Milking, THIEL, C. C. and DODD, F. H. (Eds.), Reading (1979) 286–329.
[19a] CULLEN, G. A.; HERBERT, C. N.: Some ecological observations on microorganisms inhabiting bovine skin, teat canals and milk. British Veterinary Journal **123** (1967) 14–24.
[20] DE BOER, E.; HARTOG, B. J.; BORST, G. H. A.: Milk as a source of *Campylobacter jejuni*. Netherlands Milk and Dairy Journal **38** (1984) 183–194.
[21] DE VRIES, Tj.: The mammary gland. IDF Symposium Bacteriological Quality of Raw Milk 1981, Proceedings 299–302.

Literatur

[22] DOMINGUEZ-RODRIGUEZ, L; GARAYZABAL, J. F. F.; BOLAND, J. A. V.; FERRI, E. R.; FERNANDEZ, G. S.: Isolation de microorganismes du genre *Listeria* à partir de lait cru destine à la consommation humaine. Canadian Journal of Microbiology **31** (1985) 938–941.

[23] DONELLY, C. W.; BRIGGS, E. H.: Psychrotrophic growth and thermal inactivation of *Listeria monocytogenes* as a function of milk composition. Journal Food Protection **49** (1986) 994–998.

[24] DOYLE, M. P.; ROMAN, D. J.: Prevalence and survival of *Campylobacter jejuni* in unpasteurized milk. Applied and Environmental Microbiology **44** (1982) 1154–1158.

[25] DRUCE, R. G.; THOMAS, S. B.: 1972. Bacteriological studies on bulk milk collection: Pipeline milking plants and bulk milk tanks as sources of bacterial contamination of milk – a review. Journal of Applied Bacteriology **35** (1972) 253–270.

[26] Europäische Union: Verordnung (EWG) Nr. 2377/90 des Rates vom 26.06.1990 zur Schaffung eines Gemeinschaftsverfahrens für die Festsetzung von Höchstmengen für Tierarzneimittelrückstände in Nahrungsmitteln tierischen Ursprungs. Amtsblatt der Europäischen Gemeinschaften Nr. L 224 vom 18.08.1990, 1.

[27] Europäische Union: Entscheidung der Kommission vom 14.02.1991 91/180 EWG zur Festlegung bestimmer Analyse- und Testverfahren für Rohmilch und wärmebehandelte Milch. Amtsblatt der Europäischen Gemeinschaften Nr. L 93/1 vom 13.04. 1991, 1–48.

[28] Europäische Union: Verordnung (EWG) Nr. 675/92 der Kommission vom 18.03.1992 zur Änderung der Anhänge I und II der Verordnung (EWG) Nr. 2377/90. Amtsblatt der Europäischen Gemeinschaften Nr. L 73, 19.03.1992, 8.

[29] Europäische Union: Richtlinie 92/46. EWG des Rates vom 16.06.1992 mit Hygienevorschriften für die Herstellung und Vermarktung von Rohmilch, wärmebehandelter Milch und Erzeugnissen auf Milchbasis. Amtsblatt der Europäischen Gemeinschaften Nr.: 268 vom 14.09.1992, 1–32.

[30] FARBER, J. M.; SANDERS, G. W.; MALCOLM, S. A.: The presence of *Listeria spp.* in raw milk in Ontario. Canadian Journal of Microbiology **34** (1987) 95–100.

[31] FLÜCKIGER, E.: Bacterial contamination and multiplication during the transport of milk from the farm to the dairy and during the storage in the dairy. Kieler Milchwirtschaftliche Forschungsberichte **33** (1981) 347–356.

[32] GALTON, D. M.; PETERSSON, L. G.; MERRILL, W. G.; BANDLER, D. K.; SHUSTER, D. E.: Effects of premilking udder preparation on bacterial population, sediment, and iodine residue in milk. Journal of Dairy Science **67** (1984) 2580–2589.

[33] Gesetz über den Verkehr mit Lebensmitteln, Tabakerzeugnissen, kosmetischen Mitteln und sonstigen Bedarfsgegenständen. Bundesgesetzblatt I (1993) 1169.

[34] GILL, R.; HOWARD, W. H.; LESLIE, K. E.; LISSEMORE, K.: Economics of mastitis control. Journal of Dairy Science **73** (1990) 3340–3348.

[35] GILMOUR, A.; WALKER, S. J.: Isolation and identification of *Yersinia enterocolitica* and the *Yersinia enterocolitica*-like bacteria. Journal of Applied Bacteriology. Symposium Supplement (1988) 213S–236S

[36] GOLDBERG, J. J.; PANKEY, J. W.; DRECHSLER, P. A.; MURDOUGH, P. A.; HOWARD, D. B.: An update survey of bulk tank milk quality in Vermont. Journal of Food Protection **54** (1991) 549–553.

[37] GONZALEZ, R. N.; JASPER, D. E.; KRONLUND, N. C.; FARVER, T. B.; CULLOR, J. C.; BUSHNELL, R. B.; DELLINGER, I. D.: Clinical mastitis in two California dairy herds participating in contagious mastitis control programm. Journal of Dairy Science **73** (1990) 648–660.

[38] GRINDAL, R. J.; HILLERTON, J. E.: Influence of milk flow rate on new intramammary infection in dairy cows. Journal of Dairy Research **58** (1991) 263–268.

[39] GROMMERS, F. J.: Host resistance mechanisms of the bovine mammary gland: An analysis and discussion. Netherlands Milk and Dairy Journal **42** (1988) 43–56.

[40] GROSSBERGER, H. H.: Zur experimentellen Gewinnung steriler Rohmilch über ein implantiertes Kathetersystem. Dissertation Freie Universität Berlin 1971.

[41] GUERICKE, S.: Laktatvergärende Clostridien bei der Käseherstellung. Deutsche Milchwirtschaft **44** (1993) 735–739.

[42] HARVEY, J.; GILMOUR, A.: Occurrence of Listeria species in raw milk and dairy products produced in Northern Ireland. Journal of Applied Bacteriology **72** (1992) 119–125.

Literatur

[43] HAYES, P. S.; FEELEY, J. C.; GRAVES, L. M; AJELLO, G. W.; FLEMING, D. W.: Isolation of *Listeria monocytogenes* from raw milk. Applied and Environmental Microbiology **51** (1986) 438–440.
[44] HEESCHEN, W.: Unerwünschte Mikroorganismen und unerwünschte Stoffe in Milch und Milchprodukten. Kapitel 3.3 im Handbuch Milch (Hrsg. E. HETZNER) Hamburg: Behr's Verlag, Loseblattausgabe, 1992.
[45] HEIDRICH, J. H.; MÜLLING, M.; BIRNER, H. N.: Vergleichende bakteriologische Untersuchungen an durch Handmelken und durch Venülenpunktion der Drüsenzisterne gewonnenen Milchen. II. Vergleichende Untersuchungen an Handmelk- und Venülenmilchen. Berlin-Münchener Tierärztliche Wochenschrift **77** (1964) 85–87.
[46] HILL, A. W.: Mastitis, the non-antibiotic approach to control. Journal of Applied Bacteriology. Symposium Supplement (1986) 93S–103S.
[47] HOGAN, J. S.; HOBLET, K. H.; SMITH, K. L.; TODHUNTER, D. A.; SCHOENBERGER, P. S.; HUESTON, W. D.; PRITCHARD, D. E.; BOWMAN, G. L.; HEIDLER, L. E.; BROCKETT, B. L.; CONRAD, H. R.: Bacterial and somatic cell counts in bulk tank milk from nine well managed herds. Journal of Food Protection **51** (1988) 930–934.
[48] HUMPHREY, T. J.; HART, R. J. C.: *Campylobacter* and *Salmonella* contamination of unpasteurised cows milk on sale to the public. Journal of Applied Bacteriology **65** (1988) 463–467.
[49] International Dairy Federation: Factors affecting the keeping quality of heat busted milk – Bulk handling of raw milk. IDF Document No. 130 (1980) 13–24.
[50] International Dairy Federation: Laboraty methods for use in mastitis work. Document No. 132 (1981).
[51] International Dairy Federation: Bovine mastitis – Definition and Guidelines for diagnosis. Bulletin No. 211 (1987).
[52] International Dairy Federation: Mastitis control. Bulletin No. 262 (1991) 15–25.
[53] JOHNS, C. K.: Use of counts after preliminary incubation to improve raw milk quality for a Denver plant. Journal of Milk and Food Technology **38** (1975) 481–482.
[54] JOHNSTON, A. M.: Foodborne illness. Veterinary sources of foodborne illness. The Lancet **336** (1990) 856–858.
[55] JUNTTILA, J. R.; NIEMELA, S. I.; HIRN, J.: Minimum growth temperatures of *Listeria monocytogenes* and non-hemolytic Listeria. Journal of Applied Bacteriology **65** (1988) 321–327.
[56] KANDLER, O.: Keimgehalt der Anlieferungsmilch und die Qualität der Molkereiprodukte. Deutsche Molkerei-Zeitung **85** (1964) 271–274, 314–318, 352–358.
[57] KITCHEN, B. J.: Bovine mastitis: Milk compositional changes and related diagnostic tests. Journal of Dairy Research **48** (1981) 167–188.
[58] KLETER, G.; VRIES, Tj de: Aseptic milking of cows. Netherlands Milk and Dairy Journal **28** (1974) 212–219.
[59] KURZWEIL, R.; BUSSE, M.: Untersuchung des Einflusses neuzeitlicher Stalltypen auf die Bakteriologie der Milchgewinnung. Bayrisches Landwirtschaftliches Jahrbuch **50** (1973) 899.
[60] KURZWEIL, R.; BUSSE, N.: Keimgehalt und Florazusammensetzung der frisch ermolkenen Milch. Milchwissenschaft **28** (1973) 427–431.
[61] LARKIN, L. L.; VASAVADA, P. C.; MARTH, E. M.: Incidence of *Campylobacter jejuni* in raw milk as related to its quality. Milchwissenschaft **46** (1991) 428–430.
[62] LEHMANN et al; zitiert nach GUERICKE, S.: Laktatvergärende Clostridien bei der Käseherstellung. Deutsche Milchwirtschaft **44** (1993) 735–739.
[63] LOVETT, J.; FRANCIS, D. W.; HUNT, J. M.: Isolation of *Campylobacter jejuni* from raw milk. Applied and Environmental Microbiology **46** (1983) 459–462.
[64] LOVETT, J.; FRANCIS, D. W.; HUNT, J. M.: *Listeria monocytogenes* in raw milk: detection, incidence and pathogenicity. Journal of Food Protection **50** (1987) 188–192.
[65] MENSELL, R.; MCKINNON, C. M.; COUSINS, C. M.; ROMANI, M.–R.: Bedding materials as a source of bacterial contamination of milk. National Institute for Research in Dairying, Report 1977–78.

Literatur

[66] MARTH, E. M.: Occurrence of *Yersinia enterocolitica* in raw and pasteurized milk. Journal of Food Protection **46** (1983) 276–278.
[67] MARTIN, J. H.: Significance of bacterial spores in milk. Journal of Milk and Food Technology **37** (1974) 94–98.
[68] MARTIN, J. H.; STAHLY, D. P.; HARPER, W. J.: The incidence and nature of the sporeforming microorganisms in the Ohio milk supply. Journal of Dairy Science **44** (1961) 1161.
[69] MASSA, S.; CESARONI, D.; PODA, G.; TROVATELLI, L. D.: The incidence of Listeria spp. in soft cheeses, butter and raw milk in the province of Bologna. Journal of Applied Bacteriology **68** (1990) 153–156.
[70] MCEWEN, S. A.; MARTIN, S. W.; CLARKE, R. C.; TAMBLYN, S. E.: A prevalence survey of *Salmonella* in raw milk in Ontario 1986–87. Journal of Food Protection **51** (1988) 963–965, 970
[71] MCKENZIE, E.: Thermoduric and psychrotrophic organisms in poorly cleansed milking plants and farm bulk milk tanks. Journal of Applied Bacteriology **36** (1973) 457–463.
[72] MCKINNON, C. H.; BRAMLEY, A. J.; MORANT, S. V.: An in-line sampling technique to measure the bacterial contamination of milk during milking. Journal of Dairy Research **55** (1988) 33–40.
[73] MCKINNON, C. H.; PETTIPHER, G. L.: A survey of sources of heat-resistant bacteria in milk with particular reference to psychrotrophic sporeforming bacteria. Journal of Dairy Research **50** (1983) 163–170.
[74] MCKINNON, C. H.; ROWLANDS G. J.; BRAMLEY, A. J.: The effect of udder preparation before milking and contamination from the milking plant on bacterial numbers in bulk milk of eight dairy herds. Journal of Dairy Research **57** (1990) 307–318.
[75] MCMANUS, C.; LARNIER, J. M.: Salmonella, *Campylobater jejuni* and *Yersinia enterocolitica* in raw milk. Journal of Food Protection **50** (1987) 51–55.
[76] MEEDER, K.: Versuche über die bakterizide Wirkung von Rohmilch aus gesunden, nicht infizierten Eutern. Dissertation München 1964.
[77] MEER, R. R.; BAKER, J.; BODYFELT, F. W.; GRIFFITHS, M. W.: Psychrotrophic *Bacillus spp.* in fluid milk products: A review. Journal of Food Protection **54** (1991) 969–979.
[78] MICKOVA, V.; KONECNY, S.: *Listeria monocytogenes* v potravinach. Veterinarstvi **40** (1990) 327–328.
[79] MILES, H.; LESSER, W.; SEARS, P.: The economic implications of bioengineered mastitis control. Journal of Dairy Science **75** (1992) 596–605.
[80] MOUSTAFA, M. K.; AHMED, A. A.-H.; MARTH, E. M.: Occurence of *Yersinia entercolitica* in raw and pasteurized milk. Journal of Food Protection **46** (1983) 276–278.
[81] NEUMANN, H.-M.: Untersuchungen zur milchhygienischen Bedeutung von *Campylobacter jejuni*. Dissertation Tierärztliche Hochschule Hannover 1986.
[82] OZ, H. H.; FARNSWORTH, R. J.: Laboratory simulation of fluctuating temperature of farm bulk tank milk. Journal of Food Protection **48** (1985) 303–305.
[83] PALMER, J.: Contamination of milk from the milking environment. IDF Symposium on Bacteriological Quality of Raw Milk 1981.
[84] RASMUSSEN, M. D.; GALTON, D. M.; PETERSON, L. G.: Effects of premilking teat preparation on spores of anaerobes, bacteria and iodine residue in milk. Journal of Dairy Science **74** (1991) 2472–2478.
[85] REA, M. C.; COGAN, T. M.; TOBIN, S.: Incidence of pathogenic bacteria in raw milk in Ireland. Journal of Applied Bacteriology **73** (1992) 331–336.
[86] RENEAU, J. K.: Effective use of dairy herd improvement somatic cell in mastitis control. Journal of Dairy Science **69** (1986) 1708–1720.
[87] RENNER, E.: Untersuchungen über mehrere Parameter der Milch zur Feststellung von Sekretionsstörungen. Archiv für Lebensmittelhygiene **27** (1976) 77.
[88] ROHRBACH, B. W.; DRAUGHON, F. A.; DAVIDSON, P. M.; OLIVER, St. P: Prevalence of *Listeria monocytogenes*, *Campylobacter jejuni*, *Yersinia entercolitica* and *Salmonella* in bulk tank milk: risk factors and risk of human exposure. Journal of Food Protection **55** (1992) 93–97.

Literatur

[89] ROY, R. N.: Isolation of *Y. enterocolitica* from cottage cheese and untreated milk, in: MCLOUGHLIN, J. V. and MCKENNA, B. M. (Eds.) Research in Food Science and Nutrition Vol. 2. Basic Studies in Food Science, Boole Presse Dublin 1983.

[90] RUFO, G.: Industria del Latte **4**, 19, 278–287.

[91] SENFT, B.; MEYER, F.; RÖMER, R.: Die Bedeutung der Lipide des Strichkanalkeratins im Abwehrsystem der bovinen Milchdrüse. Milchwissenschaft **45** (1990) 18–21.

[92] SMITH, L. K.; TODHUNTER, D. A.; SCHOENBERGER, P. S.: Environmental mastitis: Cause, prevalence, prevention. Journal of Dairy Science **68** (1985) 1531–1553.

[93] SPENCER, S. B: Recent research and developments in machine milking – A review. Journal of Dairy Science **72** (1989) 1907–1917.

[94] SPILLMANN, H.: Einzelne Kriterien zur Bezahlung der Milch nach Qualitätsmerkmalen und ihre Überprüfung in einem Großversuch. Dissertation ETH-Zürich 1975.

[95] STADHOUDERS, J.: Microbes in milk and dairy products. An ecological approach. Netherlands Milk and Dairy Journal **29** (1975) 104–126.

[96] STADHOUDERS, J.; HUP, G.; NIEUWENHOF, F. F. J.: Silage and cheese quality. Nederlands Instituut voor Zuivelonderzoek (NIZO) Medeling M 19 A 1985.

[97] SUHREN, G.; HEESCHEN, W.: Zur bakteriologischen und zytologischen Beschaffenheit roher (Erzeuger- und Vorstapelebene) und wärmebehandelter Milch der Bundesrepublik Deutschland. Kieler Milchwirtschaftliche Forschungsberichte **44** (1992) 83–102.

[98] THOMAS, S. B.; THOMAS, B. F.: The bacterial content of milking machines and pipeline milking plants. Part II of a review. Dairy Industries International **42** (1977) 16–23.

[99] THOMAS, S. B.; THOMAS, B. F.: The bacterial content of milking machines and pipeline milking plants Part 5: Thermoduric organisms. Dairy Industries International **43** (1978) 17–22.

[100] TIBANA, A.; WARNKEN, M. B.; NUNES, M. P.; RICCIARDI, I. D.; Noleto, A. L. S.: Occurrence of Yersinia species in raw and pasteurized milk in Rio de Janeiro. Journal of Food Protection **50** (1987) 580–583.

[101] TOLLE, A.: Die subklinische Kokkenmastitis des Rindes. Zentralblatt der Veterinärmedizin **B29** (1982) 329–358.

[102] TOLLE, A.; HEESCHEN, W.; HAMANN, J.: Grundlagen einer systematischen Bekämpfung der subklinischen Mastitis des Rindes. Kieler Milchwirtschaftliche Forschungsberichte **29** (1977) 3–103.

[103] TOLLE, A; ZEIDLER, H.: Der kontinuierliche Milchentzug – ein experimentell-chirurgisches Verfahren zur Gewinnung steriler Rohmilch. Milchwissenschaft **21** (1969) 590–591.

[104] VECHT, U.; WISSELINK, H. J.; DEFIZE, P. R.: Dutch national mastitis survey. The effect of herd and animal factors on somatic cell count. Netherlands Milk and Dairy Journal **43** (1989) 425–435.

[105] Verordnung über die Güteprüfung und Bezahlung der Anlieferungsmilch vom 09.07.1980 i. d. F. vom 16.04.1992.

[106] Verordnung über Hygiene- und Qualitätsanforderungen an Milch und Erzeugnisse auf Milchbasis (Milch-VO) vom 24.04.1995, Bundesgesetzblatt I (1995) 544–576.

[107] WALKER, S. J.; GILMOUR, A.: The incidence of *Yersinia enterocolitica* and *Yersinia enterocolitica*-like organisms in raw and pasteurited milk in Northern Ireland. Journal of Applied Bacteriology **61** (1986) 133–138.

[108] WALSER, V.: Untersuchungen über die bakterizide Wirkung roher und keimfreier Frischmilch. Dissertation Bern 1964.

[109] WIESNER, H. U.; HUMKE, E.: Wartung einer Rohrmelkanlage durch Reinigungsautomatik mit Zeitschaltuhr. Deutsche Tierärztliche Wochenschrift **79** (1972) 419–420.

[110] WOOD, D. S.; COLLINS-THOMPSON, D. L.; IRVINE, D. M.; MYHR, A. N.: Source and persistence of *Salmonella muenster* in naturally contaminated cheddar cheese. Journal of Food Protection **47** (1984) 20–22.

[111] WRAY, C.; SOJKA, W. J.: Reviews of the progress of Dairy Science: *Bovine Salmonellosis*. Journal of Dairy Research **44** (1977) 383–425.

[112] ZICKRICK, K.: Mikrobiologie der Rohmilch. In: Mikrobiologie tierischer Lebensmittel. 1. Aufl. Leipzig: VEB Fachbuchverlag 1981.

2 Mikrobiologie der pasteurisierten Trinkmilch

2.1　Die zugelassenen Erhitzungsverfahren
2.2　Einfluß der Rohmilchqualität (Stapelmilch)
2.3　Begriff der Pasteurisation
2.4　Folgen der Pasteurisation
2.5　Kontaminationsmöglichkeiten im Erhitzer selbst
2.6　Haltbarkeit pasteurisierter Milch
2.7　Mikrobiologisch-hygienische Anforderungen
　　　Literatur

um die geforderte Sorgfaltspflicht sicherzustellen, beseitigt Rechtsunsicherheit und schafft somit Entlastung für die Verantwortlichen.

Das HACCP HANDBUCH enthält eine Anleitung zur Errichtung eines kompletten HACCP-Systems in Ausrichtung auf DIN ISO 9000 ff.

Handbuch für die Praxis

Das „HACCP HANDBUCH" ist ein unentbehrlicher Begleiter für alle, die Verantwortung in der Gemeinschaftsverpflegung tragen: Geschäftsführer, Betriebsleiter und Assistenten; Personal-, Sozial- und Wirtschaftsleiter; Küchenchefs, Köche und Ausgabepersonal; Betriebsräte sowie Verantwortliche in der Aus-, Fort- und Weiterbildung.

Aus dem Inhalt

Die Qualitätsverantwortung des Verpflegungsverantwortlichen; Lenkung der HACCP-Dokumente; Auswahl und Beurteilung von Lieferanten; Kennzeichnung; Personalhygiene; Reinigung und Desinfektion; Vorbeugende Wartung; Schädlingsbekämpfung; Entsorgung von Abfällen; Wareneingang; Lagerhaltung; Vorbereitung Fleisch und Fisch; Vorbereitung Tiefkühlprodukte; Vorbereitung Gemüse, Obst; Warme Küche; Kalte Küche; Speisentransport; Speiseausgabe; Überproduktion; Bauliche Voraussetzungen; Qualitätsprüfungen; Korrektur- und Vorbeugungsmaßnahmen; Lenkung von Qualitätsaufzeichnungen; Schulung der Mitarbeiter

Loseblattsammlung
mit Ergänzungslieferungen
(gegen Berechnung, bis auf Widerruf)
2 Bände, DIN A4
DM 149,50 inkl. MwSt., zzgl. Vertriebskosten
ISBN 3-86022-324-0

Einhaltung der Hygienevorschriften: problemlos und schnell

Zur Erfassung der täglich bzw. wöchentlich anfallenden Prüfergebnisse sind Formblätter beigefügt. So sind Auswertungen und Übersichten zur Lieferantenbewertung, Produktsicherheit und Einhaltung der Hygienevorschriften individuell erstellt und dokumentiert.

Viele Pflichten sind mit dem HACCP-System verbunden!
Welche Chancen bietet HACCP?

Die Einführung des HACCP-Systems gibt für Sie eine ideale Voraussetzung,

BEHR'S...VERLAG

B. Behr's Verlag GmbH & Co. · Averhoffstraße 10 · D-22085 Hamburg
Telefon (040) 22 70 08/18-19 · Telefax (040) 22 01 09 1
E-Mail: Behrs@Behrs.de · Homepage: http://www.Behrs.de

2 Mikrobiologie der pasteurisierten Trinkmilch

I. Otte-Südi

2.1 Die zugelassenen Erhitzungsverfahren

In ihrem nativen Zustand ist Milch eine Einweiß-, Energie- und Wirkstoffquelle, die den ernährungsphysiologischen Bedürfnissen des Menschen optimal gerecht wird. Schnelles Verderben, mögliches Vorhandensein pathogener oder toxigener Mikroben sind die Nachteile der Rohmilch.

Verfahren zur Trinkmilchherstellung sollten deshalb

- alle vegetativen Krankheitserreger abtöten
- die Saprophyten-Anzahl deutlich reduzieren
- den Rohmilchcharakter weitestgehend erhalten.

Die Richtlinien 92/46 der Europäischen Union [23] führen vier Trinkmilchsorten auf:

- pasteurisierte
- hochpasteurisierte
- ultrahocherhitzte und
- sterilisierte Milch

Kenndaten der 1. Milchsorte sind

- kurzzeitige Hochtemperatur (mindestens 15 s 71,4 °C) oder Anwendung eines Verfahrens gleicher Wirkung
- Phosphatase-Reaktion negativ
- Peroxidase-Reaktion positiv
- Lactulose nicht nachweisbar
- beta-Lactoglobulin-Gehalt > 2 600 mg/l.

Bei der hochpasteurisierten Milch fehlen Angaben zur Hitzebehandlung. Die negative Peroxidase-Reaktion, ein Gehalt von weniger als 50 mg Lactulose sowie über 2 000 mg Lactoglobulin pro Liter setzen eine kurzzeitige Erhitzung oberhalb 85 °C voraus [23, 30, 62].

Das nachfolgende Fließschema skizziert den üblichen Behandlungsablauf von der Rohmilch bis zur Abfüllung der pasteurisierten Milch.

Einfluß der Rohmilchqualität

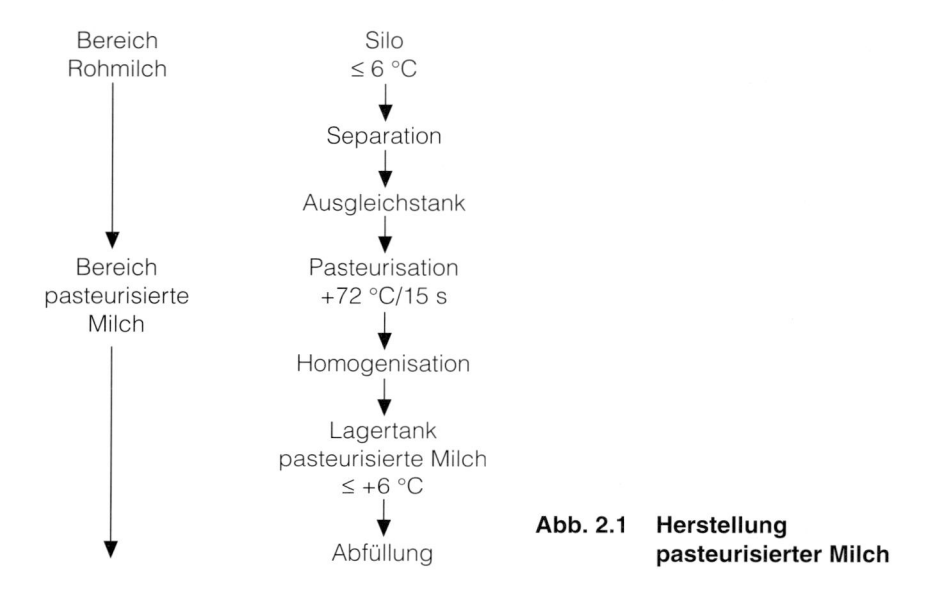

```
Bereich              Silo
Rohmilch             ≤ 6 °C
   │                    │
   │                    ▼
   │                Separation
   │                    │
   │                    ▼
   │                Ausgleichstank
   │                    │
   ▼                    ▼
Bereich              Pasteurisation
pasteurisierte       +72 °C/15 s
Milch                    │
                         ▼
                     Homogenisation
                         │
                         ▼
                     Lagertank
                     pasteurisierte Milch
                     ≤ +6 °C
                         │
   ▼                     ▼
                     Abfüllung
```

Abb. 2.1 **Herstellung pasteurisierter Milch**

Einige Stationen dieses Prozesses sollen einer mikrobiologischen Wertung unterzogen werden. Je weniger drastisch der Eingriff eines Verarbeitungsschrittes ist, um so mehr Merkmale der Rohstoffbeschaffenheit sind für die Qualität des Enderzeugnisses ausschlaggebend. Die schonendste Hitzebehandlung ist die Pasteurisation.

2.2 Einfluß der Rohmilchqualität (Stapelmilch)

Die Konzentration der Molkereiunternehmen führte zu größeren zeitlichen und räumlichen Abständen zwischen Milchgewinnung und Verarbeitung. Milchen guter und weniger guter Qualität werden in der Molkerei zusammengeführt und längere Zeit kühl gelagert. In derartigen Gemischen neigen insbesondere psychrotrophe Bakterien selbst bei niedrigen Ausgangswerten zu einer rapiden Vermehrung. Die Veränderung der Population soll an einigen Beispielen dargelegt werden. Nur Milchen mit deutlich unter 100 000 Mikroben/ml zum Einlieferungszeitpunkt gewährleisten weniger als 500 000/ml vor dem Pasteur, Voraussetzung dafür ist aber, daß die Lagerzeit nicht mehr als 48 h beträgt und die Temperatur +4 °C nicht übersteigt. Die Erhöhung auf 8 °C verkürzt die Lagerzeit erheblich.

Populationen im $1,0 \times 10^5$-Bereich/ml zeigen nach STADHOUDERS [67, 68] Untersuchungen bei +4 °C eine etwa 2 Tage anhaltende Latenzphase allerdings mit einer erkennbaren Dominanz der Psychrotrophen. Am 3. Tag waren bereits Zahlen erreicht, die für die Verarbeitung problematisch sind. Praktisch identisch waren dabei die Mesophilen- und die Psychrotrophen-Zahl. Jahreszeitlich abhängig lag

Einfluß der Rohmilchqualität

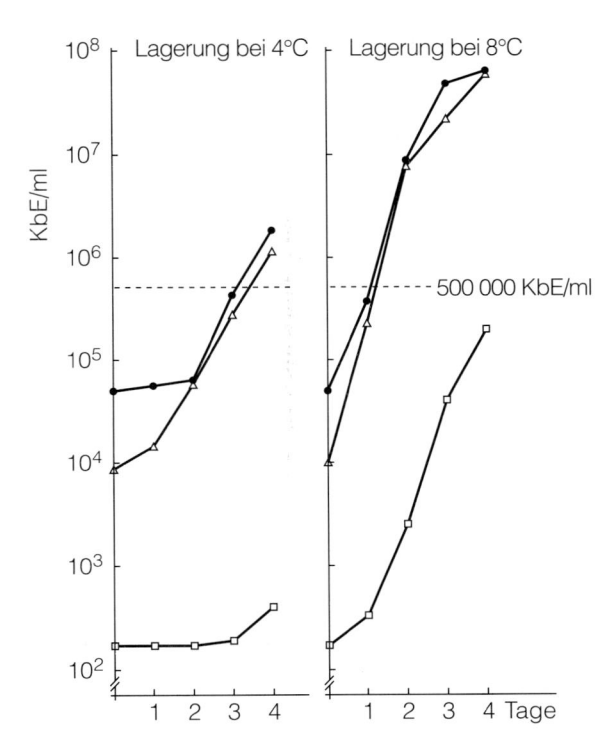

Abb. 2.2 Veränderung der Keimzahl in der Rohmilch bei 4 und 8 °C [17]
● Aerobe mesophile Bakterien, △ psychrotrophe Bakterien,
□ Enterobacteriaceae

der Anteil der Milchen unter 100 000/ml zwischen 42,1 % und 67,1 %, die der dazugehörigen Prozeßmilchen aber nur zwischen 4,8 % und 38,1 % [58].

AGGER [1] nennt 1,6 als durchschnittlichen Faktor des Keimzahlanstieges bei 12- bis 16stündiger Lagerung (3–4 °C), wobei der Prozentsatz der Psychrotrophen zunahm von 39,5 % auf 62,1 %. Von den Veränderungen waren kaum betroffen die thermoduren Mikroben. Damit bestätigten sich frühere Untersuchungen [76]. Die ständige Kühlung der Milch führt zwangsläufig bei der Mikroflora zu einer Selektion Gram-negativer psychrotropher Bakterien. An 1. Stelle steht *Pseudomonas fluorescens* gefolgt von *Ps. fragi* und *Ps. putida*; Enterobacteriaceae, *Achromabacter, Alcaligenes, Flavobacterium* sind von untergeordneter Bedeutung. Die Florazusammensetzung ist also praktisch identisch mit der der anderen Sammelstufen, wie z. B. Tankwagen, allerdings auf einem höheren Niveau. Unter den pathogenen Bakterien, die sich auch bei Kühlbedingungen vermehren können, wird der Anteil der *Listeria monocytogenes*-positiver Proben mit 33,3–81,0 %

Einfluß der Rohmilchqualität

angegeben [12, 24, 32, 79]. Dieses ist im Vergleich zu Tankmilch beim Erzeuger eine Steigerung um das 10fache. In einer Untersuchung aus Ontario (Kanada) war *Yersinia enterocolitica* in 18,2 % der Silotankproben nachweisbar [61].
Die Meinung, daß das Risiko, d. h. die Qualität der pasteurisierten Milch nicht beeinflussende Grenze bei über 10^6/ml liegt, ist heute nicht mehr vertretbar. Eine Reihe negativer Auswirkungen sind damit verbunden:

- geruchs- und geschmackswirksame Stoffe (organische Säuren, Aldehyde, Ketone, Ester, Alkohole, schwefel- und stickstoffhaltige Substanzen) überstehen die Pasteurisierung und beeinflussen die organoleptischen Eigenschaften
- hitzebeständige Stoffwechselprodukte üben insbesondere auf psychrotrophe Rekontaminanten wachstumsfördernde Effekte aus
- die Haltbarkeitsfrist verkürzt sich
- außerdem besteht die latente Gefahr, daß hitzeresistente Bakterientoxine ins Produkt übergehen.

Daß man in den alten Bundesländern um eine Qualitätsverbesserung ständig bemüht war, damit die Negativeffekte belasteter Rohmilchen ausgeschaltet werden können, ist aus umfangreichen Erhebungen der Bundesanstalt für Milchforschung Kiel ablesbar. S<small>UHREN</small> und H<small>EESCHEN</small> [73] stellen darin 2 Prüfzyklen gegenüber. Für Milchen der Vorstapelebene ermittelten sie folgendes:

	1977–1979	1986–1990
Makrokoloniezahl KbE/ml	$n = 785$ $\bar{x}_G = 2{,}9 \times 10^6$ $s_g = 3{,}49$	$n = 1121$ $\bar{x}_G = 5{,}7 \times 10^5$ $s_g = 3{,}19$
Pyruvat mg/kg	$n = 912$ $\bar{x}_A = 2{,}84$ $s_a = 1{,}54$	$n = 1162$ $\bar{x}_A = 1{,}80$ $s_a = 1{,}40$
Lactat mg/kg	$n = 912$ $\bar{x}_A = 34{,}8$ $s_a = 55{,}7$	$n = 676$ $\bar{x}_A = 14{,}9$ $s_a = 1{,}46$

n = Anzahl der Proben
s_a = arithmetische Streuung
s_g = geometrische Streuung
$\bar{x}_G$ = Geometrischer Mittelwert
$\bar{x}_A$ = Arithmetischer Mittelwert

Die nicht identischen Analysenmethoden beider Zeitabschnitte sind für die positive Aussage eher nebensächlich.

Die gemachten Erfahrungen fanden z. B. in Dänemark und in der Schweiz frühzeitig Eingang in Reglementierungen. Nur Herdensammelmilchen, die

$3{,}0 \times 10^4$/ml in der Gesamtkeimzahl,
$5{,}0 \times 10^3$/ml in der Psychrotrophenzahl und
$1{,}0 \times 10^3$/ml in der Thermoresistentenzahl

nicht überschreiten, sind für dänische Trinkmilchen geeignet. Direkt vor der Pasteurisation darf die 4 °C-gelagerte Milch eine Mesophilenzahl von $2,0 \times 10^5$/ml nicht überschreiten, in der Schweiz gilt 300 000/ml als Grenze [2, 36].

Verständlich, daß aus dem gesamten Sachverhalt Fachgremien Konsequenzen zogen. Die Anforderungen an die Rohmilch nach der EG-Hygiene-Richtlinie [19] sind:

- Herdensammelmilch $\leq 1,0 \times 10^5$ Keime/ml
- unmittelbare Kühlung der Milch nach der Annahme im Bearbeitungsbetrieb ($\leq + 6$ °C)
- Bearbeitung binnen 36 Std. nach der Annahme
- bei späterer Bearbeitung Überprüfung des Keimgehaltes; Limit $3,0 \times 10^5$/ml.

Das Wissen um die unterschiedlichen Strukturen der europäischen Milcherzeuger- und Milchwirtschaftsbetriebe berechtigt zu einiger Skepsis, daß alle die Anforderungen erfüllen werden.

Dort, wo die längere Kaltlagerung unumgänglich ist, ist eine Vorbehandlung der Milch unerläßlich. Das Thermisieren (Erwärmung auf 62–65 °C/15–20 s) hat sich dafür als vorteilhaft erwiesen. Die Thermoresistenz der Gram-negativen psychrotrophen Mikroflora der Rohmilch ist generell niedrig. Vom Grundsatz her ähnliche Experimente mehrerer Autoren führten zu vergleichbaren Resultaten. Temperatureinwirkungen zwischen 60 °C und 65 °C für 15 bis 20 s reduzieren die aktiven Gram-negativen Psychrotrophen so stark, daß es bei der anschließenden 5–7 °C-Lagerung zu keiner merkbaren Vermehrung innerhalb von 3 Tagen kommt [35]. Nicht effektiv ist diese Vorbehandlung gegenüber den sehr hitzeresistenten Lipasen und Proteinasen der Psychrotrophen, deshalb erscheint sie unangemessen zu sein für Milchen mit mehr als 10^6 Pseudomonaden/ml. Psychrotrophe aerobe Sporenbildner werden nach der Thermisierung zum Aussporen angeregt, die spätere Pasteurisierung zerstört die vegetativen Zellen, also ein positiver Effekt hinsichtlich der Haltbarkeit.

Selbstverständlich ist es auch mit Nachteilen verbunden. Thermisierte Milch neigt leichter zur Biofilmbildung als nicht thermisierte.

Andere Möglichkeiten der Stabilisierung der Rohmilchqualität wären der Kohlendioxid-Zusatz oder die Aktivierung des Lactoperoxidase-Thiocyanat-Wasserstoffperoxid-Systems, nur deren Zulassung ist auf ganz wenige Länder, z. B. Südafrika, beschränkt [80].

2.3 Begriff der Pasteurisation

Erhitzungsverfahren, deren Temperaturen unter 100 °C liegen und die zu keiner vollständigen Inaktivierung von Mikroorganismen sowie Enzymen führen, werden als Pasteurisation bezeichnet. Sie tötet eine ganze Reihe vegetativer Bakterien, wie z. B. *Mycobacterium tuberculosis*, *Brucella abortus* ab, inaktiviert Polioviren

Begriff der Pasteurisation

und Enzyme. Die Eliminierung vegetativer pathogener Mikroorganismen ist somit gewährleistet.

Tab. 2.1 Temperaturempfindlichkeit einiger pathogener Bakterien in Milch (nach Angaben von [5, 8, 27, 28, 44])

Bakterien Species	Erforderliche Zeit in sec				
	70 °C	72 °C	75 °C	78 °C	80 °C
Salmonella typhosa	6 –7	4 – 5	2– 3	–	2
S. senftenberg 775W	20				
S. dublin	11 –13	6 – 7	2– 3	2	–
Brucella abortus	15 –25	12 –18	8– 9	–	2–3
B. melitensis	22 –29	18 –20	10–12	–	2–4
Streptococcus pyogenes	10	–	–	–	–
Mycobacterium tuberculosis	10 –17	8 –12	5– 8	3–5	2–3
Staphylococcus aureus	12 –15	10 –11	5– 7	3–5	3–4
Listeria monocytogenes	5,3– 9,7	1,6	–	–	–
L. monocytogenes, intrazellulär	2,9–11,7	1,9	–	–	–
Campylobacter jejuni	–	20	–	–	–
Yersinia enterocolitica	–	4	–	–	–
Escherichia coli 055 B 5	–	7	4	3	2

Über die Destruktion der milcheigenen alkalischen Phosphatase ist die ordnungsgemäß durchgeführte Pasteurisation kontrollierbar. Der höhere Sicherheitsstandard in einigen Ländern verlangt die Abtötung der hitzeresistenteren *Coxiella burnetii*, nachprüfbar über die Katalase-Inaktivierung. Obwohl die Brucellose gegenwärtig in einzelnen Rinderherden wieder aufflackert, bleibt die Tilgung der Tuberkulose und Brucellose als Tatsache bestehen. Die Erfolge in der Seuchenbekämpfung haben der Milchpasteurisierung eine andere Wichtung gegeben. Der Schwerpunkt hat sich hin zu den Qualitäts- und Haltbarkeitsauswirkungen verschoben, ohne die gesundheitlichen Aspekte zu vernachlässigen.

2.4 Folgen der Pasteurisation

Mikroorganismen reagieren mit Wachstumseinstellung, Zellschädigung und letztendlich mit dem Zelltod, wenn sie Temperaturen ausgesetzt sind, die über ihrer maximalen Wachstumstemperatur liegen. Je höher die Temperatur, desto stärker die Schädigung. In einer homogenen Population nimmt die Zahl der vermehrungsfähigen Zellen in regelmäßiger Art und Weise ab, je länger eine bestimmte Temperatur auf sie einwirkt. Wenn die in Zeitabständen gewonnenen Daten in ein halblogarithmisches Diagramm übertragen werden, in dem der Logarithmus der Keimzahl gegen die Erhitzungszeit aufgezeichnet wird, so ergibt sich eine Gerade. Aus dieser „Überlebensgeraden" ist eine Zeitkonstante abzulesen, die üblicherweise [71] als die dezimale Reduktionszeit (D-Wert) angegeben wird. In vielen anderen Gebieten wird dieselbe Zeitkonstante als Halbwertszeit ausgedrückt. Der D-Wert ist gleich der Halbwertszeit multipliziert mit 3,32 (vgl. Tab. 2.5 Fußnote). Je höher der Keimgehalt der Rohmilch ist, um so höher ist der Anteil der Mikroben, die die Pasteurisation überleben. Die Abtötungsrate der Kurzzeiterhitzung wird mit über 98 % angegeben. Unter Zugrundelegung dieses Effekts wäre selbst aus Rohmilch minderer Qualität (10^6 Keime/ml) eine akzeptable Trinkmilch ($2,0 \times 10^4$ Keime/ml) zu gewinnen. Aus der Praxis sind aber wesentlich niedrigere Raten bekannt [7, 43]. Der Abtötungseffekt der Erhitzungsverfahren ist abhängig davon, wie hoch der Anteil thermoresistenter Mikroben am Keimgehalt der Rohmilch ist. Dieser bestimmt den Keimgehalt der pasteurisierten Milch.

Der Anteil Thermodurer beträgt bei Rohmilch guter Qualität etwa 10 %. Als Pasteurisierungseffekt ist damit die markante Änderung der Mikroflora auffälliger als die Keimzahlreduzierung. Durch eine Auslese hin zu den thermoduren Mikroorganismen werden die zuvor dominierenden Gram-negativen Psychrotrophen eliminiert. Die Überlebenden sind fast ausschließlich Gram-positiv.

Tab. 2.2 Überlebende Mikroorganismen, geordnet nach steigender Thermoresistenz (Pasteurisierungsbedingungen: 72 °C/15 s oder 63 °C/35 min) nach [68])

- *Alcaligenes tolerans*
- *Streptococcus bovis, S. salivarius* subsp. *thermophilus*
- *Enterococcus faecalis, E. faecium*
- *Bacillus cereus, B. circulans, B. licheniformis, B. pumilus, B. megaterium, B. subtilis*
- *Clostridium (tyro)butyricum, C. perfringens, C. pseudotetanicum, C. sporogenes*
- Ascosporen von *Byssochlamys nivea* u. *Monascus purpurens*

Nach der Kurzzeiterhitzung sind regelmäßig nachzuweisen: *Microbacterium* u. a. coryneforme Bakterien, Mikrokokken (*M. varians, M. caseolyticus, M. luteus, M. flavus*), *Arthrobacter*, Enterokokken (*E. faecalis, E. bovis*), Streptokokken, (*Sc.*

Folgen der Pasteurisation

salivarius subsp. *thermophilus*), Bacillen (*B. subtilis*, *B. licheniformis*, *B. cereus*) und *Alcaligens tolerans*. Einer 80 °C-Erhitzung können *Microbacterium lacticum*, Mikrokokken und Bacillen widerstehen, bei 85 °C werden die Mikrokokken eliminiert. Die Überlebensrate der einzelnen Gruppen variiert beträchtlich. Sporen der Bacillen und Clostridien, *Microbacterium lacticum*, Sporen einiger Hefen und Schimmelpilze überstehen die Pasteurisation unbeschadet, d. h. ihr Übergang in die Trinkmilch ist mit 100 % zu beziffern, für Alcaligenes sind es zwischen 1 % und 10 %, bei Enterokokken, Streptokokken sowie coryneformen Bakterien liegt diese Rate unter 1 %. Streptokokken der serologischen Gruppe N überstehen Temperaturen von 71 °C für 15 bis 40 s. Bei nicht durchgehender Kühlung der pasteurisierten Milch vermehren sie sich rasch und verursachen die Säurekoagulation. Die Hitzeresistenz ist keine starre Spezifität. Sie ist von etlichen Faktoren, wie z. B. Vermehrungstemperatur abhängig.

Dementsprechend sind die gegebenen Aussagen häufig nicht vergleichbar oder widersprüchlich. Bei dem Faktor – Wachstumsstadium der Population – herrscht Übereinstimmung. Die niedrigste Resistenz besitzen Mikroorganismen in der frühen logarithmischen Phase, die höchste im Maximum der stationären Phase. LOTTE VON GAVEL [26] bestätigte dieses 1960 bei Erhitzerprüfungen mit *Lactococcus lactis-*, *Enterococcus faecalis-* und *Microbacterium species*-Kulturen.

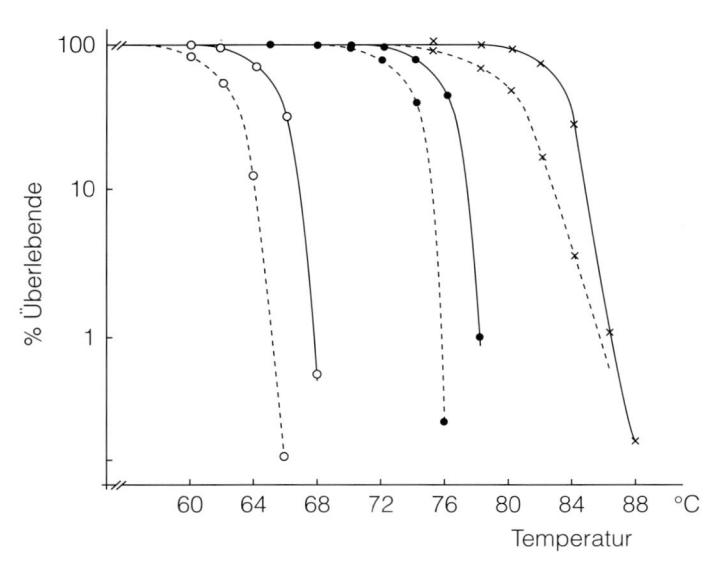

Abb. 2.3   Einsetzen des Absterbens bei 3 aus Erhitzerprüfungen isolierten Bakterien, Einwirkzeit 15 s [26]

  ---- log. Phase   ○ *Lactococcus lactis*
  —— stat. Phase   • *Enterococcus faecalis*
                               × *Microbacterium species*

Folgen der Pasteurisation

Die Versuche machten deutlich: Kontinuierlich fortschreitende Keimverminderungen sind nur bei homogenen Populationen möglich, die Rohmilchflora aber ist alles andere als homogen. Die einheitliche Meinung der Veröffentlichungen ist, daß *Enterobacteriaceae*, Pseudomonaden und Aeromonaden durch Kurzzeit- oder Hocherhitzung mit Sicherheit abgetötet werden. Nur diese Aussage kann nicht als Dogma angesehen werden. In Einzelfällen können coliforme Bakterien, *Escherichia coli* und Pseudomonaden nicht vollkommen geschädigt sein, so daß sie sich unter günstigen Bedingungen reaktivieren können. Gerade die HTST-Erhitzung (High-temperature-short-time) ist bei Rohmilchen weniger effektiv, wenn deren Initialzahl an Pseudomonaden, bedingt durch eine langandauernde Kaltlagerung, hoch ist [75, 76, 78].

Die milcheigenen Enzyme werden durch die Pasteurisierung inaktiviert. Wie bei den Mikroorganismen verläuft die Inaktivierung nach einer Reaktion 1. Ordnung ab.

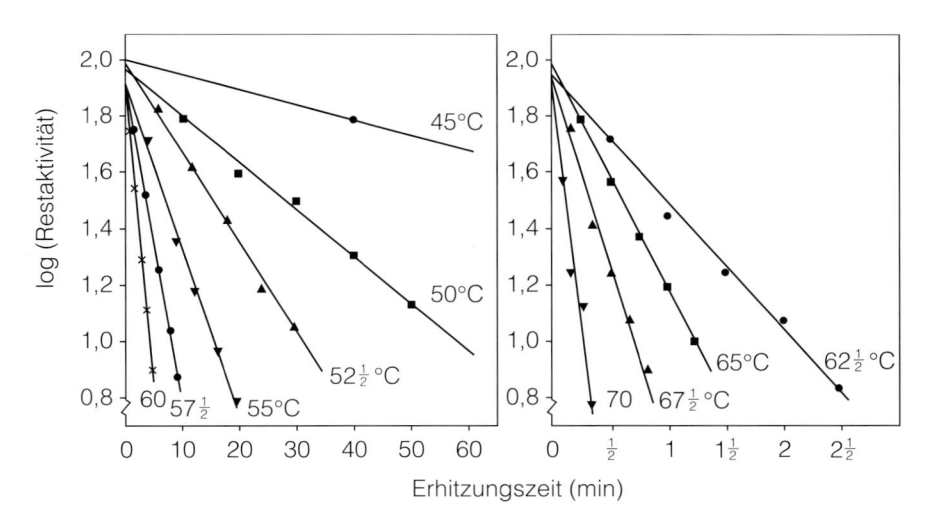

Abb. 2.4 Inaktivierung der milcheigenen Lipoprotein-Lipase bei verschiedenen Hitzebehandlungen [16]

Von den bakteriellen Enzymen in der Milch haben extrazelluläre Lipasen und Proteasen den größten Einfluß auf ihre Haltbarkeit bzw. Qualität. Extrazelluläre Enzyme scheiden die Bakterien ab, um die in der Umwelt befindlichen Nährstoffe erschließen zu können. Bei „Milchbakterien" sind es vorrangig Proteasen und Lipasen. In der Regel sind extrazelluläre Enzyme wesentlich widerstandsfähiger als die zellinternen oder die Bakterienzelle selbst. Diese Regel wird auch von der Hitzeresistenz der extrazellulären Lipasen und Proteasen der Gram-negativen psychrotrophen Bakterien bestätigt. In vielen Fällen überstehen solche Enzyme eine Pasteurisierung, wodurch die Bakterien selbst abgetötet werden. Nähere

47

Kontamination im Erhitzer

Untersuchungen dieser Enzyme haben gezeigt, daß die Hitzeinaktivierung der Proteasen von den meisten Keimarten erst oberhalb 70 °C beginnt und einen einfachen exponentiellen Verlauf aufweist. Dagegen erfolgt die Hitzeinaktivierung der Lipasen einer einzigen Keimart oft in mehreren Phasen, woraus auf eine Heterogenität der Enzymaktivität zu schließen ist. Ein Beispiel hierfür wird in Abb. 2.5 gezeigt.

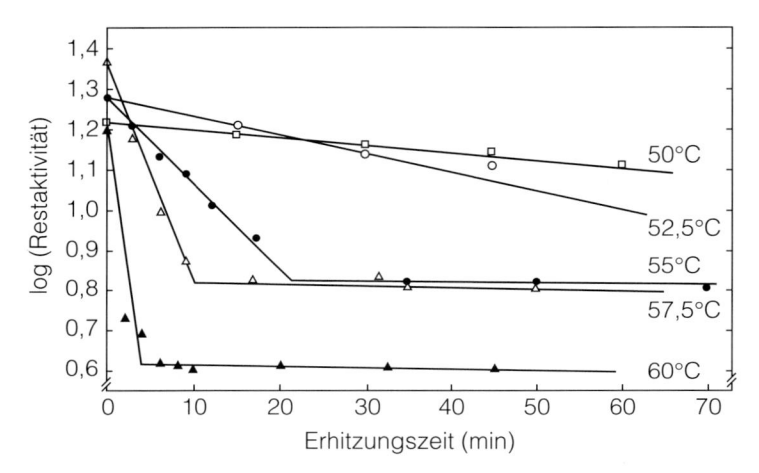

Abb. 2.5 Aktivitätsverlust der extrazellulären Lipase von *Pseudomonas fluorescens* 22 F bei relativ niedrigen Temperaturen [16]

Aus dem Zeitverlauf der Enzyminaktivierung bei verschiedenen Temperaturen ist ersichtlich, daß die 1. Inaktivierungsphase im 50 °C-Bereich liegt, dabei geht etwa 80 % der Gesamtaktivität verloren. Die restlichen 20 % der Lipase-Aktivität kann in diesem Fall (*Ps. fluorescens* 22 F) erst bei wesentlich höheren Temperaturen (150 °C/4,2 min, [16]) zerstört werden.

2.5 Kontaminationsmöglichkeiten im Erhitzer selbst

Hin und wieder werden bei Erhitzeranlagen deutlich niedrigere Abtötungsraten als 90 % ermittelt, die nicht im Zusammenhang mit dem Thermoduren-Gehalt der Rohmilch stehen. Auch können Keimgehalte in pasteurisierten Milchen auftreten, die über denen der Rohmilch liegen. Im mikrobiologischen Bild fällt die Dominanz thermodurer thermophiler Streptokokken auf. Diesem Phänomen wurde nachgegangen: In derartigen Fällen ist *Streptococcus salivarius subsp. thermophilus* im gesamten Rücklauf des Plattenerhitzers nachzuweisen.

Kontamination im Erhitzer

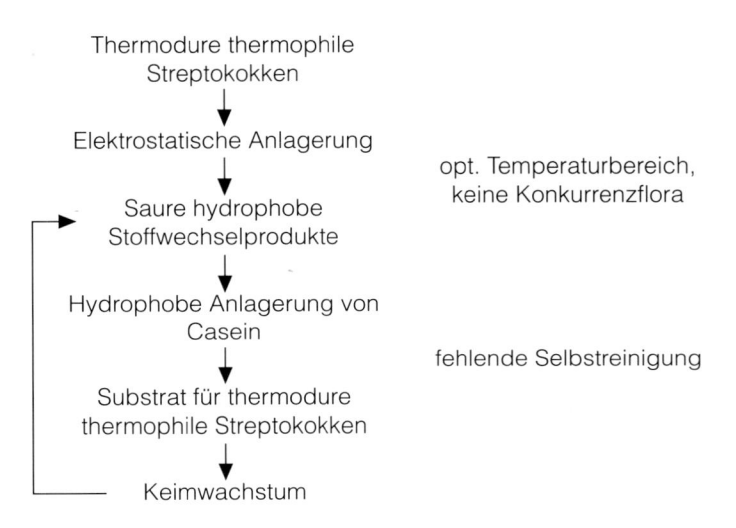

```
Thermodure thermophile
    Streptokokken
          ↓
Elektrostatische Anlagerung          opt. Temperaturbereich,
          ↓                          keine Konkurrenzflora
   Saure hydrophobe
   Stoffwechselprodukte
          ↓
 Hydrophobe Anlagerung von
         Casein                      fehlende Selbstreinigung
          ↓
    Substrat für thermodure
   thermophile Streptokokken
          ↓
      Keimwachstum
```

Abb. 2.6 Fließschema für die Belagbildung durch thermodure thermophile Streptokokken (nach [56])

Das Bakterium haftet unmittelbar an den Edelstahlflächen und vermehrt sich aufgrund der optimalen Wachstumsbedingungen – Temperaturen zwischen 45 °C und 55 °C, Fehlen der Konkurrenzflora – schnell. Die sauren Stoffwechselprodukte forcieren die Ablagerung von Caseinen, womit den Streptokokken ausreichende Nährsubstanz geboten wird. In Bereichen mit geringer Strömungsgeschwindigkeit breitet sich ein Belag flächenhaft aus. An dem Vorgang sind regelmäßig Milchen mit lösungsinstabilen Caseinen beteiligt, d. h. überlagerte, hoch keimbelastete Milchen usw. Als nicht ganz schlüssig wird von einigen Autoren der negative Einfluß hoher Rückgewinnungsraten und langer Betriebszeiten der Pasteure, die Verwendung thermisierter Milchen sowie der Einsatz stark oxidierender Desinfektionsmittel angesehen [4, 34, 41, 42, 52, 56].

Rohmilch kann auch in pasteurisierte Milch übertreten. Es geschieht immer dann, wenn Haarrisse in den Platten der Austauschsektion vorhanden sind. Diese Defekte sind schwer zu lokalisieren. Derartige Milchen verderben schnell und das mikrobiologische Bild ist dem einer Rohmilch sehr ähnlich. Das neuerdings vorgeschriebene Druckgefälle, d. h., auf der Seite einen Überdruck zu schaffen, in die keine Milch übertreten soll, ist eine angemessene Schutzvorrichtung zur Verhinderung derartiger Vorgänge.

2.6 Haltbarkeit pasteurisierter Milch

Haltbar ist die Milch solange, bis keine für den Verbraucher unzumutbaren Veränderungen in Geruch, Geschmack und/oder Konsistenz auftreten (Keeping quality, Shelf life). Dieser Zeitraum ist bei pasteurisierter Milch wesentlich kürzer als bei ultrahocherhitzter oder sterilisierter und ist an spezielle Lagerbedingungen geknüpft. Der Ländervergleich erbringt erhebliche Unterschiede bei den Haltbarkeitsspannen. In den USA ist für Grade A Milch eine Mindesthaltbarkeit von 18 Tagen und länger bei maximaler Lagertemperatur von +7 °C normal. 10–14 Tage, selbstverständlich unter Kühlbedingungen, ist in etlichen europäischen Ländern nicht unüblich. Im Kontrast dazu stehen Garantien von weniger als 5 Tagen, und die gibt es auch in europäischen Ländern. Andere Strukturen in der Milchgewinnung und -verarbeitung sowie im Handel können für diese Unterschiede eine Erklärung sein. Jedoch sind es häufig hygienisch-technische Probleme, die der Produzent nicht bewältigt und die ihn dann zwingen, kürzere Fristen zu geben.

Der mikrobielle Verderb der Trinkmilch wird von 2 Bakteriengruppen bestimmt

– Mikroorganismen, die den Erhitzungsprozeß überlebt haben und

– Mikroorganismen, die nach dem Erhitzungsprozeß in die Milch gelangen (Rekontaminanten).

In beiden Fällen zeigt die Wachstumsrate und dadurch der Verderb eine starke Temperaturabhängigkeit. Im Idealfall wird rekontaminationsfrei abgefüllt, davon soll zunächst die Rede sein.

2.6.1 Die nicht rekontaminierte Milch

Die Einflüsse der Rohmilchqualität auf die Haltbarkeit des Produktes sind bereits in Kapitel 2.2 erwähnt worden. Ca. 10 % der Rohmilchflora überstehen die HTST-Behandlung, höhere Anteile sind immer auf nicht ordnungsgemäß gereinigte und desinfizierte Geräte, die sich sowohl im Verantwortungsbereich des Erzeugers als auch der Molkerei befinden können, zurückzuführen.

In der Praxis gilt noch heute ein möglichst niedriger Bakteriengehalt in frisch pasteurisierter Milch als Garantie für deren gute Haltbarkeit. Erreichbar ist sie nur über eine intensivere Hitzebehandlung als die der Kurzzeiterhitzung. Die Meinung fand zunächst wissenschaftliche Unterstützung, da sich durch die zunehmende Kaltlagerung der Rohmilch der Pasteurisierungseffekt verschlechtert hat [57, 77].

Nur die „Niedrigstzahlen" beseitigten die Haltbarkeitsprobleme in der Regel nicht. Den Praxiserfahrungen wurde in Laborversuchen nachgegangen. Bei Erhitzungsversuchen innerhalb des Pasteurisierungsbereiches werden mit zunehmender Hitzeeinwirkung die Restkeimzahlen ständig kleiner, jedoch waren die kurzzeitpasteurisierten Erzeugnisse denen der hochpasteurisierten in der Haltbarkeit überlegen ([63]; s. Abb. 2.7).

Haltbarkeit der pasteurisierten Milch

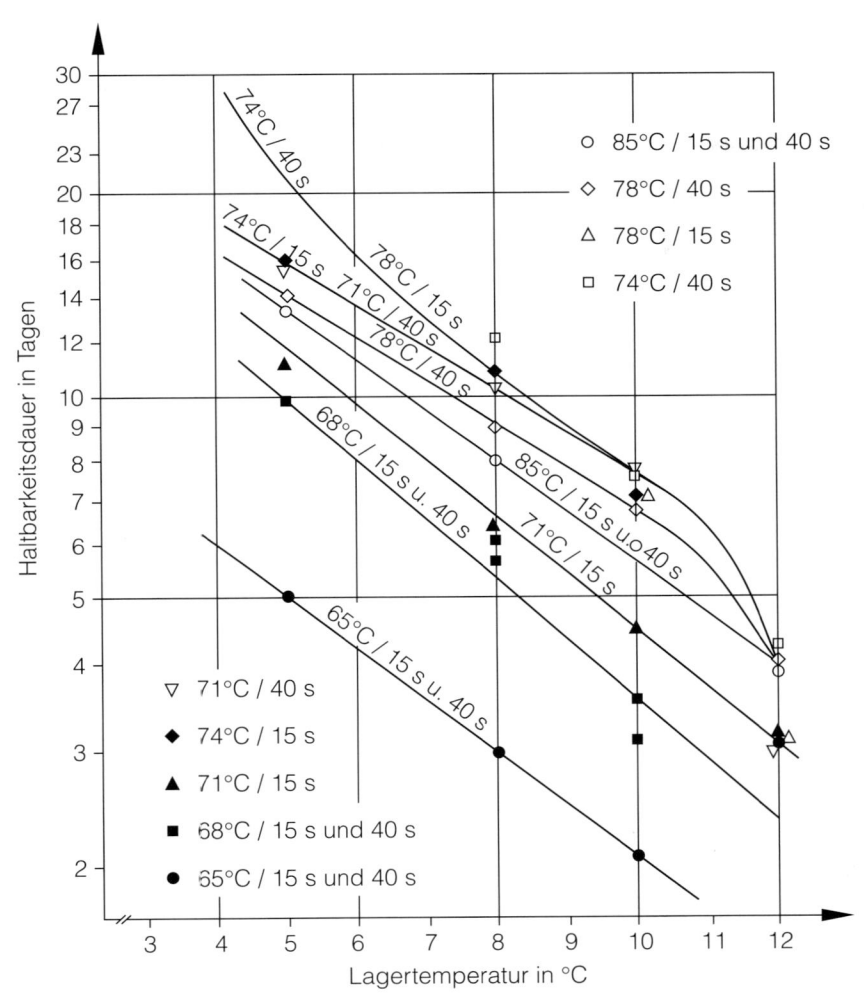

Abb. 2.7 Haltbarkeit von pasteurisierter Vollmilch (GKZ: $2,0 \times 10^4$ KbE/ml) bei verschiedenen Erhitzungs- und Lagerbedingungen [33]

Die These bestätigte sich bei Schweizer „Industrieversuchen". Während einer 1wöchigen 4 °C-Lagerung veränderte sich der Keimgehalt der Milchen nicht. Die 8 °C-Lagerung bewirkte schon nach 4 Tagen einen erkennbaren Anstieg. Trotz niedrigerer Ausgangskeimzahlen wiesen hochpasteurisierte Erzeugnisse über 2 Millionen Keime/ml auf, während die Temperaturen 75 °C und 80 °C eine bessere mikrobiologische Qualität zur Folge hatten [17]. Die Beziehungen zwischen Erhitzungs- und Lagertemperatur sind erkennbar. Sporenbildner und vegetative

Haltbarkeit der pasteurisierten Milch

Mikroorganismen mit hoher Hitzeresistenz repräsentieren die Mikroflora der frischen Pasteurmilch. Dabei spielen anaerobe Sporenbildner, Hefen und Schimmelpilze für die Haltbarkeit keine Rolle und können ausgeblendet werden. Die anderen Bakterien sind mit Ausnahme der Streptokokken der serologischen Gruppe N und *Streptococcus salivarius subsp. thermophilus* mehr oder weniger starke Proteo- und Lipolyten. Ihre Vermehrung und damit Stoffwechselaktivität ist temperaturabhängig. Wird schonend erhitzte Trinkmilch nicht gekühlt, so verdirbt sie in kürzester Zeit durch Säuerung, verursacht durch thermoresistente Streptokokken. Eine mehrtägige Haltbarkeit kann nur garantiert werden, wenn die verschlossene Packung bis zum Verbrauch gekühlt wird. Damit haben nur psychrotrophe Thermodure die Chance zur Vermehrung. Da die Generationszeiten, die diese Gruppe aufweist, unter Kühlbedingungen relativ lang sind, können in diesem Fall längere Haltbarkeiten erwartet werden (Tab. 2.3).

Tab. 2.3 Haltbarkeit pasteurisierter Milch in Abhängigkeit von Thermoduren-Zahl und Lagertemperatur [55]

Thermoduren-Bereich pro ml	Haltbarkeit in Tagen 6 °C	8 °C
10^3	27	17
10^4	23	13
10^5	18	10

Obwohl *Microbacterium lactis*, *Micrococcus spp.*, *Alcaligenes tolerans* in Milch in höherer Anzahl vorhanden sind als *Bacillus spp.*, spielen sie für den Verderb unter Kühlbedingungen eine untergeordnete Rolle. Als Verderbniserreger dominieren Bacillus Arten, die neben der mesophilen gar nicht selten auch eine „psychrotrophe" Form besitzen. Unter ihnen stehen *Bacillus cereus* und einige nahe verwandte Organismen (*B. cereus var. mycoides*, *B. mycoides*, *B. thuringiensis*) an 1. Stelle. Nicht nur, daß die Sporen die Pasteurisierung gut überstehen (UHT-Erhitzung tötet sie ab), sie werden durch die Behandlung zur Auskeimung angeregt. Bei Lagertemperaturen nicht unter +7 °C wird die Haltbarkeit der Milch durch ihr Wachstum bestimmt.

Tab. 2.4 Nachweis von *Bacillus cereus* und zur *Bacillus cereus*-Gruppe gehörenden Stämmen in pasteurisierter Milch nach 7tägiger Lagerung bei verschiedenen Temperaturen [38]

Bacillus Anzahl log Bereich	Prozentsatz in den untersuchten Proben bei den Temperaturen (°C)			
	< 4	4–6	6–8	8–10
< 4	4,1	4,1	4,1	2,0
4 – 5	4,1	8,2	8,2	20,4
5 – 6	4,1	8,2	4,1	20,4
6 – 7	2,0	6,1	4,1	14,3
> 7	2,0	0	0	8,2
	16,3	26,6	20,5	65,3

Obwohl in der Literatur oft als psychrotrophe Sporenbildner bezeichnet, sind sie im eigentlichen Sinne keine Psychrotrophen, da unterhalb von +5 °C das Wachstum völlig ausbleibt. Die Organismen sind ubiquitär. Die in der Rohmilch vorhandenen Sporen stammen nur zum Teil von unzureichend gereinigten Geräten und Behältern der Milcherzeuger bzw. der Molkereien, wichtigere Quellen sind Futtermittel, Einstreu, Erdpartikel usw. In der Milch selbst werden Sporen kaum gebildet, allerdings Oberflächenfilme leerstehender nicht gut gereinigter und desinfizierter Milchleitungen, Tanks usw. sind Idealorte für die Sporulation [3].

GRIFFITHS und PHILLIPS [31] in Schottland und KRUSCH [47] in Schleswig-Holstein haben in frischpasteurisierter Milch mit vergleichbarer Häufigkeit (ca. 20 % der Proben) und im ähnlichen Niveau (1–300 Sporen/l) psychrotrophe Sporenbildner gefunden. Außer der Niedrigtemperaturlagerung (< 5 °C) werden als weitere Maßnahmen gegen den Verderb durch Sporenbildner vor allem empfohlen: die Baktofugation bzw. die Thermisierung der Rohmilch mit anschließender Kühllagerung vor der Pasteurisation [69]. Dem kulturellen Nachweis ist eine Hitzebehandlung 80 °C/10 min vorgeschaltet. Die Selektivmedien erreichen ihre Spezifität durch Polymyxin-B-Sulfat (5–10 µl/ml Medium) [38]. Die Süßgerinnung ist der charakteristische Verderb der Milch, hervorgerufen von ca. 10^7 *Bacillus cereus*-Keimen/ml. Sie wird von der Phospholipase C des *Bacillus cereus* verursacht, die die Fettkügelchen-Membran abbaut und so zur Bildung großer Fettklumpen führt [70].

2.6.2 Die rekontaminierte Milch

Zum gegenwärtigen Zeitpunkt wird die Haltbarkeit der Milch vorrangig bestimmt durch die Kontamination nach der Pasteurisierung (Rekontamination) mit Pseudomonaden, Aeromonaden, *Enterobacteriaceae* und Streptokokken. Durch

Haltbarkeit der pasteurisierten Milch

die in den vorangegangenen Jahrzehnten eingetretenen Veränderungen bei der Trinkmilchverpackung und -lagerung gewannen psychrotrophe Gram-negative Stäbchen zunehmende Bedeutung. Sie spielen beim Verderb kühlgelagerter Milch eine entscheidende Rolle. Bei der heute üblichen Karton- und sogar Glasverpackung bedeutet Rekontamination, solange es um ein ungeöffnetes Behältnis geht, immer Rekontamination im Molkereibetrieb. Die Quellen sind unzureichend gereinigte Milchleitungen, Tanks oder Verpackungen. Massive Rekontaminationen, die auf Leitungen oder Tank zurückzuführen sind, sind ursächlich mit Biofilmbildung verbunden. Das Phänomen wurde im Zusammenhang mit dem Wachstum von thermophilen Streptokokken im Erhitzer selbst (2.5) schon einmal angesprochen. Die Kolonisierung von Oberflächen ist eine allgemeine Tendenz der Bakterien, die in allen natürlichen Habitaten beobachtet wird [9]. Definitionsmäßig ist ein Biofilm die Gemeinschaft verschiedener Bakterienarten, die in einer Polymermatrix eingebettet an einer Oberfläche haftet. In der Regel ist die angesprochene Matrix aus bakteriellen Exopolysacchariden gebildet. Die Exopolysaccharidabsonderung ist eine Eigenart, die bei Gram-negativen Bakterien noch mehr als bei Grampositiven vorhanden ist [72]. Biofilmbildung in Teilen der Anlage, die nach dem Erhitzer folgen, kann zu schweren Rekontaminationen der pasteurisierten Milch führen. Bei optimalen Anlagekonstruktionen ist diese Gefahr durch angemessene Standzeiten und den Einsatz geeigneter Reinigungslösungen (Desinfektionsmittel) zu bekämpfen [56]. Langjährige technologische Kenntnisse über die rekontaminationsfreie Abfüllung sind aus der H-Milch-Herstellungspraxis bekannt. Die Rolle und die Auswirkungen der Rekontamination ist eindeutig geklärt, vor allem durch Versuche, in denen für rekontaminationsfreie Abfüllung der pasteurisierten Milch Sorge getragen wurde. Aus den Versuchsreihen des Dairy Research Center in Reading [64] geht außerdem die Bedeutung der Gram-negativen Rekontaminanten für die Haltbarkeit kühlgelagerter Milch hervor. Die aus 5 verschiedenen Molkereien bezogenen Tankmilchen hatten nach der Laborpasteurisierung durchschnittlich eine 28tägige Haltbarkeit bei +5 °C. Der Verderb nach dieser Zeit war ausschließlich auf das Wachstum Gram-positiver Keimarten zurückzuführen. Die wichtigsten Zusammenhänge zwischen Haltbarkeit und Rekontamination sollen in der Reihenfolge behandelt werden

- Abhängigkeit von der Lagertemperatur
- Einfluß des Rekontaminationsgrades
- Das Psychrotrophen-Spektrum
- Rekontaminationsbekämpfung
- Nachweismethoden
- Die derzeit gültigen Vorschriften.

Die Wachstumsgeschwindigkeit der psychrotrophen Rekontaminanten unterscheidet sich bei optimalen Temperaturen nicht wesentlich von der der sonstigen saprophytären Milchflora. Der Unterschied nimmt mit sinkenden Temperaturen rapide zu. Einerseits bedeutet dieses, daß das Rekontaminationsproblem erst so alt ist wie die Kühllagerung der Milch, andererseits aber auch, daß die Vorteile einer rekontaminationsfreien Abfüllung der pasteurisierten Milch mit der Senkung der Lagertemperatur immer klarer hervortreten.

Tab. 2.5 Einfluß der Temperatur auf die Vermehrung eines psychrotrophen Gram-negativen Bakteriums (*Pseudomonas fragi*) [54]

Temperatur °C	Generationszeit (in Stunden)	30 Generationszeiten[1] (in Tagen)
0	11,3	14,1
2,5	7,7	9,6
5,0	5,0	6,3
7,5	3,5	4,4
10,0	2,6	3,3
20,0	1,1	1,4

[1] 30 Generationszeiten werden benötigt, um 1 Rekontaminanten pro 1 l-Packung auf die Anzahl von 10^6 Keimen pro ml anwachsen zu lassen. (Allgemein gilt Generationszeit × 3,32 = „Dezimale Wachstumszeit")

Tab. 2.5 zeigt den Temperatureinfluß auf die Generationszeit eines typischen psychrotrophen Gram-negativen Bakteriums und Tab. 2.6 denselben auf die eines typischen Thermoduren, der auch bei Kühllagerung noch relativ gut wächst.

Tab. 2.6 Einfluß der Temperatur auf die Vermehrung eines thermoduren Gram-positiven Bakteriums (*Bacillus cereus*)

Temperatur °C	Generationszeit (in Stunden)	30 Generationszeiten (in Tagen)
2	kein Wachstum[1]	–
6	19[1]	24
10	3[1]	3,8
(15)[3]	(6,92)[2]	(8,7)
21	1,28–3,03[2]	1,6–3,8

[1] nach Angaben von [31]
[2] nach Angaben von [59]
[3] kein Wachstum bei 50 % der Isolate

Über die Lagertemperatur-Haltbarkeitsverhältnisse gibt vielleicht die dritte Spalte dieser Tabellen brauchbare Informationen: in 30 Generationszeiten erreicht ein einzelner Keim in einem Liter Milch den Schwellenwert von 10^6 Bakterien pro ml.

Haltbarkeit der pasteurisierten Milch

Die Gegenüberstellung beider Arten zeigt, daß bei Temperaturen über 10 °C die Wachstumsraten sehr ähnlich sind, erst darunter ist der psychrotrophe Organismus im Vorteil. Je kürzer die Generationszeit ist, um so unwichtiger wird die ursprüngliche Keimzahl für die Haltbarkeit. Dieses ist an einer einfachen Modellrechnung nachvollziehbar.

Tab. 2.7 Einfluß des Rekontaminationsgrades auf die Haltbarkeit
Modellrechnung für einen Rekontaminanten mit einer Generationszeit von 5 Std. und eine Packungsgröße von 1 l

Anzahl/Packung	Generationen bis zu 10^6 Keime/ml	Haltbarkeit in Tagen
1	29,9	6,2
10	26,6	5,5
100	23,3	4,8
1 000	19,9	4,2

Ausgehend von einer Anfangskeimzahl von einem Keim pro 1l-Packung wird der Schwellenwert von 10^6 Keimen/ml in 30 Generationszeiten erreicht, mit ursprünglich 10 Keimen pro Packung werden 27 Generationen benötigt usf. Im Vergleich zu den Unterschieden, die die Tabelle darlegt, haben relativ geringfügige Abweichungen in der Lagertemperatur oder genetisch bedingte Veränderungen in der Generationszeit verschiedener Typen derselben Mikrobenart [59] eine viel größere Bedeutung für die Haltbarkeit. Hinsichtlich einzelner Keimarten ist das Verderbnisrisiko durch Rekontaminanten mehr ein alles oder nichts als ein gestaffeltes Phänomen. Die Gram-negativen psychrotrophen Keimarten, die als Rekontaminanten in der pasteurisierten Milch vorkommen können, sind dieselben, die sich auch in kühlgelagerter Rohmilch vermehren [11]. Weltweit sind es Pseudomonaden, die am häufigsten identifiziert werden. Vor allem die Species *Pseudomonas fluorescens* ist es, die nicht nur wegen ihrer häufigen Isolierung, sondern auch wegen ihrer hitzestabilen proteo- und lipolytischen extrazellulären Enzyme eine übergeordnete Rolle spielt. Gram-negative Keimarten, die unter Umständen eine Pasteurisierung überleben können, wie *Alcaligenes tolerans*, vermehren sich unter 5 °C nicht mehr [48]. Diejenigen Gram-positiven Sporenbildner, die als „psychrotroph" bezeichnet werden können, spielen in der Anwesenheit Gram-negativer Rekontaminanten eine untergeordnete Rolle. In der Abwesenheit von Rekontaminanten tritt der allein durch psychrotrophe Bacillen hervorgerufene Verderb später ein, z. B. bei +5 °C erst um 2 Wochen später [64].

Vorausgesetzt, daß die Verpackung der pasteurisierten Milch keine weitere Kontamination zuläßt, sind es wenige technologische Schritte, die den Verunreinigungsgrad bestimmen. Der Schwerpunkt liegt in der Abfülltechnik und der „Bakterienfreiheit" des Verpackungsmaterials. Die Rekontaminationsbekämpfung

Haltbarkeit der pasteurisierten Milch

kann zwei verschiedenen Zielsetzungen folgen. Sind die technologischen Voraussetzungen einer rekontaminationsfreien Abfüllung nicht gegeben, so ist der Grad der Rekontamination ein Spiegelbild des Hygienezustandes des Betriebes.

Die normalerweise im Bereich von 1 bis 100 Rekontaminationskeimen in 100 ml liegende Rate hat keine allzugroßen Auswirkungen auf die Haltbarkeit. Sind die Voraussetzungen vorhanden, kann eine wesentliche Erhöhung der Haltbarkeit aber nur dann garantiert werden, wenn die Verpackung tatsächlich frei ist von Rekontaminanten. In diesem zweiten Fall ist die Häufigkeit der rekontaminierten Verpackungseinheiten durch Kontrolluntersuchungen festzustellen.

Entsprechend der unterschiedlichen Zielsetzungen fallen die derzeit verwendeten Untersuchungsmethoden in zwei Gruppen. Zur Zeit ist der Rekontaminationsgrad und dadurch abhängig auch die Haltbarkeit pasteurisierter Milch weltweit sehr unterschiedlich [39]. Die Entwicklung zeigt auch in Deutschland eindeutig in Richtung vollständiger Rekontaminationsfreiheit. Die Vorreiterrolle spielen dabei die Vereinigten Staaten, Dänemark und die Niederlande. Die erste Untersuchungsmethode, die für den Rekontaminationsnachweis von pasteurisierter Milch mit psychrotrophen Mikroben entwickelt wurde, der sogenannte MOSELEY-Test, ist eine direkte Methode. Hierbei werden pro Verpackungseinheit zwei Proben frisch pasteurisierter Milch gezogen. Die erste Probe dient zur Bestimmung der Gesamtkeimzahl unmittelbar nach der Erhitzung. Aus der zweiten wird nach einer 5- bis 7tägigen +7,2° C-Lagerung eine weitere Gesamtkeimzahl bestimmt [18]. Hiermit wird der direkte Nachweis geführt, ob die Packungen rekontaminationsfrei abgefüllt wurden, da die Keimarten, die sich unter diesen Bedingungen vermehren können, mit sehr großer Wahrscheinlichkeit die Pasteurisierung nicht überstehen können.

Während mit Hilfe dieses Tests in den Vereinigten Staaten schon in den 60er Jahren eine wesentliche Verlängerung der Haltbarkeit erreicht werden konnte, ist der MOSELEY-Test wegen des großen Zeitbedarfs für innerbetriebliche Kontrollen bzw. für Haltbarkeitsvoraussagen nicht besonders geeignet. In den vergangenen 30 Jahren sind verschiedene Alternativen beschrieben und teilweise erfolgreich eingesetzt worden, bisher aber ist keiner die Anerkennung als IDF Standard-Methode gelungen. Das Ziel der Alternativmethoden ist in jedem Fall die Verkürzung der Untersuchungszeit. Dieses ist auf 3 verschiedenen Wegen auch gelungen. Ein Weg ist die Vorinkubation der Milch für 18–24 Std. bei 20–30 °C nach Zugabe eines Hemmstoffes, der das Wachstum thermodurer Gram-positiver selektiv unterdrückt. Als besonders geeignet erwies sich das Benzalkoniumchlorid [48], da es zusätzlich noch den thermoduren Gram-negativen *Alcaligenes tolerans* hemmt. Eine derartige Vorinkubation ist ausreichend, um die psychrotrophen Rekontaminanten so anzureichern, daß sie als koloniebildende Einheiten (VIRGINAN Tech Shelf-Life-Test), bakterielle Adenosin-triphosphat (ATP)-Produzenten [10], Verursacher eines verminderten elektrischen Widerstandes (Impedanz-Werte) bzw. eines positiven Katalase-Tests [66] oder Cytochrom-c-oxidase-Tests [46] nachzuweisen sind.

Die zweite Möglichkeit ist, die Gram-positiven Bakterien nicht während der Präinkubation, sondern in der eigentlichen Nachweis-Phase zu hemmen. Nach diesem Prinzip ist der Weihenstephaner Rekontaminationstiter [45], die ursprüngliche Benzalkonium-Methode aus dem NIZO [48] und das STOKES-RICHARDSON-Verfahren [60] aufgebaut. In diesen 3 Tests dient die 24stündige nicht-selektive Vorinkubation (bei 20–25 °C) zur Anreicherung der Rekontaminanten auf ein Niveau, auf dem sie mit Selektivverfahren schon nachzuweisen sind. Bei den ersten zwei Methoden wird der Nachweis über Bakterienwachstum auf Selektivmedien (Violet-Red-Bile/Plate-Count-Agar bzw. Plate Count/Benzalkoniumchlorid-Agar) geführt. Der STOKES-RICHARDSON-Test, der vor kurzem in einem Ringtest der Association of Official Analytical Chemists ausgewertet wurde [60], arbeitet mit 50 µl Proben der vorinkubierten Milch, die in Mikrotiterplatten in Abwesenheit des Hemmstoffs Benzalkoniumchlorid und des Redoxfarbstoffes Triphenyltetrazoliumchlorid weiter bebrütet werden, bis zum Erreichen eines Keimzahlniveaus (10^6–10^7 Bakterien/ml), bei dem das rote Farbstoff-Präzipitat (reflexionskolorimetrisch) meßbar wird. Methoden der dritten Art benötigen keine Hemmstoffe, um das Wachstum der thermoduren Flora zu unterbinden. Außer dem MOSELEY-Test selbst haben der Pyruvat-Differenztest [74] und der Lipopolysaccharid (LPS)-Differenztest [39] diese Basis. Der Pyruvat-Test ist wie der MOSELEY-Test spezifisch für psychrotrophe Bakterien: der Differenzwert wird aus Messungen vor und nach einer Niedrigtemperatur-Bebrütung (10–12 °C/72 Std.) bestimmt. Bei der LPS-Methode beschränkt sich der Nachweis auf die Zellwandkomponente Gram-negativer Bakterien, so daß eine Zunahme des LPS-Gehalts dem Wachstum Gram-negativer Bakterien gleichzusetzen ist.

Zwei Bestimmungen (vor bzw. nach einer 24stündigen Inkubation bei 20–25 °C) werden vorgenommen, um eine eventuelle Zunahme des hitzestabilen LPS-Gehaltes feststellen zu können.

Ohne eine vergleichende Bewertung dieser unterschiedlichen Meßmethoden zu versuchen, sollte an dieser Stelle betont werden, daß perspektivisch eine Ja/Nein-Entscheidung über die Häufigkeit der Rekontamination bei einer grundsätzlich rekontaminationsfreien Abfüllung benötigt wird. Aus dieser Sicht sind Methoden der ersten Gruppe, in der die Proben schon für die Vorinkubation (durch Hemmstoffzugabe usw.) vorbereitet werden müssen, weniger geeignet, während arbeitsintensive „quantitative" Aussagen über den Rekontaminationsgrad gar nicht nötig sind.

2.7 Mikrobiologisch-hygienische Anforderungen

2.7.1 Gesetzliche Bestimmungen

Die Abwesenheit von pathogenen Bakterien und deren Toxinen sowie von gesundheitlich bedenklichen Stoffen sind Forderungen höchster Priorität. In 2. Linie steht die nach einer guten Haltbarkeit. Direkt oder indirekt sind diese Kriterien verankert in Gesetzen, Verordnungen und Richtlinien. Mit der Richtlinie 85/397 EWG [19] wurde der Anfang gemacht, Erzeugung und Verarbeitung zusammen in eine

Mikrobiologisch-hygienische Anforderungen

gesundheitliche und tierseuchenrechtliche Regelung einzubeziehen. Die Richtlinie 92/46 EWG [23] umfaßt die Hygiene sowohl im Rohmilch- als auch im Molkerei-Bereich und führt mikrobiologische Richt- und Grenzwerte an. Einige Kriterien sind in der Tab. 2.8 aufgenommen.

Tab. 2.8 Mikrobiologisch-hygienische Anforderungen zur Herstellung von pasteurisierter Milch

Erzeugerbereich

Anlieferungsmilch
- Gesamtkeimzahl: $\leq 1{,}0 \times 10^5$ KbE/ml
- Somatische Zellen: $\leq 4{,}0 \times 10^5$ KbE/ml
- Kühlung: nicht erforderlich für Lagerzeiten unter 2 Std.
  mindestens +8 °C für Lagerzeiten bis 24 Std.
  mindestens +6 °C für Lagerzeiten länger als 24 Std.

Molkereibereich

Milchbehandlung bis zur Pasteurisation
- mindestens +10 °C bei Transport gekühlter Milch zur Molkerei
- keine Kühlung bei Wärmebehandlung innerhalb 4 Std. nach Annahme
- mindestens +6 °C bei Wärmebehandlung 4 bis 36 Std. nach Annahme
- Überprüfung des Keimgehaltes bei Wärmebehandlung später als 36 Std. nach Annahme

Frisch pasteurisierte Milch der Molkerei
- Pathogene Bakterien in 25 ml negativ
  $m = 0 \quad M = 0 \quad (n = 5;\ c = 0)$
- Gesamtkeimzahl $\leq 3{,}0 \times 10^4$/ml
- Coliforme Bakterien $m = 0 \quad M = 5$/ml $(n = 5;\ c = 1)$
- 21° C-Keimzahl (nach Lagerung 6° C/5 Tage)
  $m = 5{,}0 \times 10^4$/ml $\quad M = 5{,}0 \times 10^5$/ml $(n = 5;\ c = 1)$
- Phosphatase Test negativ
- Peroxidase Test positiv
- Antibiotika u. Sulfonamide entsprechend EG-VO 2377/90 und 675/92

Handel

Pasteurisierte Milch bis zur Mindesthaltbarkeit
- mindestens +6 °C bei Transport
- keine mikrobiologischen Grenzwerte

n = Anzahl der Proben, m = Schwellenwert für die Keimzahl
M = Höchstwert für die Keimzahl, c = Anzahl der Proben zwischen m und M

In unserer neuen Milchverordnung [52] sind die Richtlinien eingearbeitet worden. Aus allem wird erkennbar, daß die Herstellung pasteurisierter Milch als ein ineinander übergehender Prozeß von der Erzeugung bis hin zur Abgabe anzusehen ist,

Mikrobiologisch-hygienische Anforderungen

in dem die Einzelschritte nicht isoliert betrachtet werden dürfen. Kurz gesagt, sie sind die Kriterien einer integrierten, guten Herstellungspraxis. Auch der Wandel auf dem Milchgebiet ist daraus ablesbar. Während in der Vergangenheit die ermolkene Milch schnell verarbeitet und pasteurisierte in kürzester Zeit wegen eingeschränkter Kühlmöglichkeiten verbraucht werden mußte, ist heute die durchgängige Kühlung ein unverzichtbares Behandlungsverfahren, weil sich u. a. die Zeitspanne zwischen Gewinnung und Verarbeitung sowie Abfüllung und Verzehr deutlich verlängert hat. Ein Kriterium wird vermißt, die mikrobiologische Haltbarkeitsgrenze zum Zeitpunkt des Verbrauchs. Einige Länder setzen in dieser Hinsicht Akzente. Die Schweiz hat gesetzlich das Verkaufsdatum (5. Tag nach Pasteurisation) und das Keimzahllimit im Handel ($1,0 \times 10^5$/ml) festgelegt, wobei der Toleranzwert bei Abgabe an den Handel $1,0 \times 10^4$/ml ist [17].

In Frankreich gilt ein gestaffeltes Schema. Hiernach ist die Zahl der coliformen Bakterien entscheidend, die am 4. Tag nach der Pasteurisation unter 10/ml und am Ende der deklarierten Haltbarkeit unter 100/ml liegen muß. Zusätzliche Untersuchungsergebnisse müssen zu beiden Terminen erst dann vorliegen, wenn der Gesamtkeimgehalt $3,0 \times 10^4$/ml übersteigt. In diesem Falle sind folgende Anforderungen zu erfüllen:

– Negative Phosphatase-Reaktion
– „Faecalcoliforme" in 1,0 ml negativ
– Salmonellen in 250,0 ml negativ.

Keine coliformen Bakterien in 1,0 ml und nicht mehr als $5,0 \times 10^4$/ml mesophile aerobe Keime darf dänische Milch am Ende der deklarierten Haltbarkeit aufweisen (Lagerung: +5 °C) [36].

2.7.2 Standarduntersuchungsmethoden

Mit welchen Methoden kann die Einhaltung der mikrobiologischen Parameter überprüft werden? Die Europäische Union veröffentlichte dazu Analysenmethoden [21]. Sie haben Referenzcharakter. Die Bestimmung des Keimgehaltes erfolgt nach dem Koch'schen Plattenverfahren, wobei Plate-Count-Agar mit Magermilchpulver-Zusatz (PC-M-Agar) als Anzüchtungsmedium dient. Auch in allen weiteren Punkten entspricht die Methode dem IDF-Standard 100 B : 1991 [40]. Allen Mikrobiologen sind die Fehlermöglichkeiten geläufig, die diesem Verfahren innewohnen. Nur präzises Arbeiten führt zu guten Wiederholbarkeiten, die IDF gibt den Variationskoeffizienten mit 12–37 % an. Die 21 °C-Keimzahl entspricht ebenfalls einem IDF Standard [37]. In dieser Methode sind zwei Schritte als kritisch anzusehen, die Temperatur des Mediums beim Vermischen mit der Probe und das verwendete Gußplattenverfahren. Dadurch kann die Anwachsrate der temperaturempfindlichen und sauerstoffabhängigen Gram-negativen Psychrotrophen herabgesetzt sein. Obwohl im Routinelabor mehrere Flüssigmedien (Brillantgrün-Galle-Lactose-Bouillon, Laurylsulfat-Bouillon) für den Coliformen-Nachweis gang und

Mikrobiologisch-hygienische Anforderungen

gäbe sind, hat man sich für den Violet-Red-Bile-Agar entschieden. Grund dafür ist höchstwahrscheinlich die kürzere Untersuchungsdauer. Mit dem Einsatz von Fluorescens-Medien, die entweder nur Methylumbelliferyl-β-D-glucuronid (MUG) oder zusätzlich noch Brom-4-chlor-3-indolyl-β-D-galactopyranosid (x-GAL) enthalten, ist dieser Vorteil aufgehoben.

Der Agar-Diffusion-Blättchen-Test mit *Bacillus stearothermophilus var. calidolactis* zum Nachweis von Antibiotika und Sulfonamiden kann in keiner Weise befriedigen, da er viele dieser Stoffe nicht erfaßt bzw. gegenüber diesen nicht empfindlich genug reagiert. Für die Kontrolle der in den Verordnungen [20, 22] Nr. 2377/90 und Nr. 675/92 festgesetzten Höchstmengen für Tierarzneimittel in Milch fehlen sichere Routinemethoden.

2.7.3 Gesundheitliche Aspekte

Die Pasteurisierung (71,5 °C/15 s) ist ein sicheres Verfahren, um jedes in Rohmilch vorhandene pathogene Bakterium abzutöten. Pasteurisierte Milch gehört damit zu den sicheren Lebensmitteln und ist selten in Ausbrüchen von Lebensmittelvergiftungen involviert. Eine Kontamination mit Krankheitserregern nach der Erhitzung ist grundsätzlich nicht auszuschließen. Sie kann verhängnisvoll werden, wenn der Rekontaminant *Listeria monocytogens* oder *Yersinia enterocolitica* ist. Beide vermehren sich bei der weiteren Kühllagerung und erreichen nach kurzer Zeit die Höhe einer Infektionsdosis. Donnelly und Briggs [14] stellten innerhalb von 48 Std. bei 10 °C einen dramatischen Anstieg der *Listeria monocytogenes*-Zahl in Vollmilch fest, nämlich von $7,9 \times 10^0$/ml auf $5,8 \times 10^6$/ml. Bei pasteurisierter Trinkmilch aus dem Handel wird eine Kontaminationsrate mit *Yersinia enterocolitica* von 0–8 % gefunden [29]. Wie schwierig es ist, die Kontaminationsquelle festzustellen, beweist die Salmonella-Epidemie 1985 in den USA mit ca. 23 000 Erkrankungen, ausgelöst durch ordnungsgemäß pasteurisierte Milch. Obwohl *Salmonella typhimurium* über einen Zeitraum von 19 Tagen in unregelmäßigen Abständen in der Milch auftrat, hat die systematische Überprüfung nicht zweifelsfrei den Kontaminationsherd ermitteln können [51].

Der allgemein vertretenen Meinung, daß die Pasteurisation pathogene Bakterien abtötet, steht ein einziger Vorfall im möglichen Widerspruch: Eine Listeriosis-Epidemie mit 49 Erkrankungen in Boston, Massachusetts 1983 [25]. Die Listeria-Kontamination der pasteurisierten Milch wurde in diesem Fall darauf zurückgeführt, daß die Kühe infiziert waren und die in der Milch vorhandenen Neutrophilen bzw. Makrophagen infektiöse Bakterieneinschlüsse enthielten. Da man für die Reinigung der Rohmilch eine Filtration einsetzte, die die Leukozyten nicht entfernte, und die eingeschlossenen Bakterien gegen Hitzeeinwirkung einen erhöhten Widerstand zeigten, bewirkte die Pasteurisation nicht ihre restlose Abtötung. Die geschilderte Erklärung wird allerdings nicht als stichhaltig angesehen [13, 50]. In den letzten Jahren scheint sich in der Lebensmittelmikrobiologie ein einheitliches Verfahren für die Risikoanalyse bzw. Feststellung der kritischen Schritte im Her-

Literatur

stellungsprozeß (HACCP „hazard analysis and critical control point") durchzusetzen. Aus dieser Sicht stellt die pasteurisierte Milch einen einfachen Fall dar. Wenn die Produktionskontrolle an zwei Punkten zufriedenstellend ist, ist die Milch mikrobiologisch risikofrei. Dieses sind die ordnungsgemäß durchgeführte Erhitzung und das Fehlen einer Rekontamination nach der Pasteurisierung. Während jedoch die Pasteurisierung selbst als klassisches Beispiel eines „kritischen Kontrollpunktes" gilt, kann die Rekontamination nach den HACCP-Prinzipien nur niedriger eingestuft werden [6, 65].

Literatur

[1] AGGER, P.: The bacteriological influence on raw milk during collection and storage. IDF Symposium Bacteriological Quality of Raw Milk 1981, Proceedings 363–368.
[2] Anonym: 3 instrukser angaende maelkekontrol udstedt used hjemmel i lov on maelk og konsummaelkprodukter. Veterinärdirektorratet, Kopenhagen März 1983.
[3] BECKER, H.; TERPLAN, G.: *Staphylococcus aureus* und *Bacillus cereus* in Milchprodukten. Deutsche Molkerei-Zeitung **49** (1987) 1594–1602.
[4] BOUMANN, S.; LUND, D. B.; DRIESSEN, F. M.; SCHMIDT, D. G.: Growth of thermoresistant *Streptococci* and deposition of milk constituents on plates of heat exchangers during long operating times. Journal of Food Protection **45** (1982) 806–812.
[5] BRADSHAW, J. G.; PEELER, J. T.; CORWIN, J. J.; HUNT, J. M.; TIERNEY, J. T.; LARKIN, E. P.; TWEDT, R. M.: Thermal resistance of *Listeria monocytogenes* in milk. Journal of Food Protection **48** (1985) 743–745.
[6] BUCHANAN, R. L.: HACCP: A re-emerging approach to food safety. Trends in Food Science and Technology **1** (1990) 104–107.
[7] BUCHWALD, B.: Die Keimzahl als Kriterium für die Erhitzerleistung. Die Molkerei-Zeitung Welt der Milch **36** (1982) 744–746; 748.
[8] BUNNING, V. K.; CRAWFORD, R. G.; BRADSHAW, J. G.; PEELER, J. T.; TIERNEY, J. T.; TWEDT, R. M.: Thermal resistance of intracellular *Listeria monocytogenes* cells suspended in raw bovine milk. Applied and Environmental Microbiology **52** (1986) 1398–1402.
[9] CARPENTIER, B.; CERF, O.: Biofilms and their consequences with particular reference to hygiene in the food industry. Journal of Applied Bacteriology **75** (1993) 499–511.
[10] COMBRUGGE, J. VAN; WAES, G.: ATP-method. IDF Bulletin **281** (1993) 23.
[11] COUSIN, M. A.: Presence and activity of psychrotrophic microorganisms in milk and dairy products. Journal of Food Protection **45** (1982) 172–207.
[12] DOMINGUEZ-RODRIGUEZ, L.; GARAYZABAL, J. F. F.; BOLAND, J. A. V.; FERRI, E. R.; FERNANDEZ, G. S.: Isolation de microorganismes du genre *Listeria* a partir de lait cru detine a la consomenation humaine. Canadian Journal of Microbiology **31** (1985) 938–941.
[13] DONELLY, C. W.: Concerns of microbial pathogens in association with dairy foods. Journal of Dairy Science **73** (1990) 1656–1661.
[14] DONNELLY, C. W.; BRIGGS, E. M.: Psychrotrophic growth and thermal inactivation of *Listeria monocytogenes* as a function of milk composition. Journal of Food Protection **49** (1986) 994–998.
[15] DREWS, M.; GRASSHOFF, A.; HEESCHEN, W.; PFEUFFER, M.; REUTTER, H.; SUHREN, G.; THOMASOW, J.; TOLLE, A.; WIETHBRAUK, H.: Aktuelle Fragen zur pasteurisierten Konsummilch. Kieler Milchwirtschaftliche Forschungsberichte **35** (1983) 107–236.
[16] DRIESSEN, F. M.: Lipases and proteinases in milk. Occurrence, heat inactivation, and their importance for the keeping quality of milk products. Netherlands Institut voor Zuivelonderzoek (NIZO) Verslag V 236 (1983).
[17] EBERHARD, P.; GALLMANN, P. U.: Haltbarkeit und Qualität von pasteurisierter Milch. Deutsche Molkerei-Zeitung **110** (1989) 1445–1550.

Literatur

[18] ELLIKER, P. R.; SING, E. L.; CHRISTEN, L. J.; SANDINE, W. E.: Journal Milk and Food Technology **27** (1964) 69–75.
[19] Europäische Union: Richtlinie des Rates vom 05.08.1985 85/397 zur Regelung gesundheitlicher und tierseuchenrechtlicher Fragen im innergemeinschaftlichen Handel mit wärmebehandelter Milch. Amtsblatt der Europäischen Gemeinschaften Nr. L 226 vom 24.08.1985, 13–29.
[20] Europäische Union: Verordnung (EWG) Nr. 2377/90 des Rates vom 26.06.1990 zur Schaffung eines Gemeinschaftsverfahrens für die Festsetzung von Höchstmengen für Tierarzneimittelrückstände in Nahrungsmitteln tierischen Ursprungs. Amtsblatt der Europäischen Gemeinschaften Nr. L 224 vom 18.08.1990, 1.
[21] Europäische Union: Entscheidung der Kommission vom 14.02.1991 91/180 EWG zur Festlegung bestimmter Analyse- und Testverfahren für Rohmilch und wärmebehandelte Milch. Amtsblatt der Europäischen Gemeinschaften Nr. L 93/1 vom 13.04.1991, 1–48.
[22] Europäische Union: Verordnung (EWG) Nr. 675/92 der Kommission vom 18.03.1992 zur Änderung der Anhänge I und III der Verordnung (EWG) Nr. 2377/90. Amtsblatt der Europäischen Gemeinschaften Nr. L 73 vom 19.03.1992, 8.
[23] Europäische Union: Richtlinie 92/46/EWG des Rates vom 16.06.1992 mit Hygienevorschriften für die Herstellung und Vermarktung von Rohmilch, wärmebehandelter Milch und Erzeugnissen auf Milchbasis. Amtsblatt der Europäischen Gemeinschaften Nr. L 268 vom 14.9.1992, 1–32.
[24] FERNANDEZ GARAYZABAL, J. E.; DOMINGUEZ RODRIGUEZ, L.; VAZQUEZ BOLAND, J. A.; RODRIGUEZ FERRI, E. F.; BRIONES DIEST, V.; BLANCO CANCELO, J. L.; SUAREZ FERNANDEZ, G.: Survival of Listeria monocytogenes in raw milk in a pilot plant size pasteur. Journal of Applied Bacteriology **63** (1987) 533–537.
[25] FLEMING, D. W.; COCHI, S. L.; MAC DONALD, K. L.; BRONDUM, J.; HAYES, P. S.; PLIKAYTIS, B. D.; HOHNES, M. B.; ANDERIER, A.; BROOME, C. V.; REINGOLD, A. L.: Pasteurized milk as a vehicle of infection in an outbreak of listeriosis. New England Journal of Medicine **312** (1985) 404–407.
[26] GAVEL, V. L.: Pasteurisation als Selektion hitzeresistenter Bakterienarten. Milchwissenschaft **15** (1960) 227–233.
[27] GILL, K. P. W.; BATES, P. G.; LANDER, K. P.: The effect of pasteurization on the survival of Campylobacter species in milk. British Veterinary Journal **137** (1981) 578–584.
[28] GILMOUR, A.; McGUIGGAN, J. T. M.: Thermization of milk. Safety aspects with respect to Yersinia enterocolitica. Milchwissenschaft **44** (1989) 418–422.
[29] GILMOUR, A.; WALKER, S. J.: The isolation and identification of Yersinia enterocolitica and the Yersinia enterocolitica-like bacteria. Journal of Applied Bacteriology **63**, Symposium Supplement (1988) 213S–236S.
[30] GLAESER, H.: Künftige Qualitätsanforderungen an Milch und Milchprodukte in der EG und ihre analytische Kontrolle. Milchwirtschaftliche Berichte aus den Bundesanstalten Wolfpassing und Rotholz **115** (1993) 84–87.
[31] GRIFFITHS, M. W.; PHILLIPS, J. D.: Incidence, source and some properties of psychrotrophic Bacillus spp. found in raw and pasteurized milk. Journal of the Society of Dairy Technology **43** (1990) 62–66.
[32] HARVEY, J.; GILMOUR, A.: Occurrence of Listeria species in raw milk and dairy products produced in Northern Ireland. Journal of Applied Bacteriology **72** (1992) 119–125.
[33] HORAK, F. P.; KESSLER, H. G.: Erhitzungsbedingungen und Haltbarkeit pasteurisierter Milch. Die Molkerei-Zeitung Welt der Milch **37** (1983) 1417–1420.
[34] HUP, G.; BANGMA, A.; STADHOUDERS, J.; BOUMAN, S.: Growth of thermoresistant streptococci in cheese milk pasteurizers. Nordeuropaeisk Mejeri Tidsskrift **48** (1980) 245–251.
[35] INTERNATIONAL DAIRY FEDERATION: The thermization of milk. Bulletin No. 182 (1984).
[36] INTERNATIONAL DAIRY FEDERATION: Monograph on pasteurized milk. Bulletin No. 200 (1986).
[37] INTERNATIONAL DAIRY FEDERATION: Milk – Estimation of numbers of psychrotrophic microorganisms, Rapid colony count technique, 25 hours at 21 °C. Standard 132 A (1991).

Literatur

[38] INTERNATIONAL DAIRY FEDERATION: Bacillus cereus in milk and milk products. Bulletin Nr. 275 (1992).
[39] INTERNATIONAL DAIRY FEDERATION: Catalogue of tests for the detection of post-pasteurization contamination of milk. Bulletin No. 281 (1993).
[40] INTERNATIONAL DAIRY FEDERATION: Milk and milk products Enumeration of microorganisms, Colony count technique at 30 °C. Standard 100 B (1991).
[41] JÄGER, K. H.: Neue Erkenntnisse zu Reinfektionen in Milcherhitzeranlagen mit langen täglichen Betriebszeiten. Deutsche Milchwirtschaft **37** (1989) 180, 184–185.
[42] JEURNINK, Th. H. J. M.: Effect of proteolysis in milk on fouling in heat exchangers. Netherlands Milk and Dairy Journal **45** (1991) 23–32.
[43] KANDLER, U.: Über die Hitzeresistenz und den Nachweis der Mikroflora kurzzeiterhitzter Milch. Milchwissenschaft **15** (1960) 165–171.
[44] KAPLAN, M.; ABDUSSALAM, M. M.; BIJLANGA, G.: Disease transmitted through milk. World Health Monograph Series No. 48 (1982).
[45] KLEEBERGER, A.: Nachweis von Reinfektionskeimen in Konsummilch und Schlagsahne. Molkerei-Zeitung Welt der Milch **30** (1976) 1539–1544.
[46] KROLL, R. G.; RODRIGUES, V. M.: Prediction of the keeping quality of pasteurised milk by the detection of cytochrome c oxidase. Journal of Applied Bacteriology **60** (1986) 21–27.
[47] KRUSCH, U.: Bacillus cereus und die Haltbarkeit von pasteurisierter Milch. Chemie, Mikrobiologie und Technologie der Lebensmittel **10** (1986) 96–98.
[48] LANGEVELD, L. P. M.; CUPERUS, F.: The relation between temperature and growth rate in pasteurized milk of different types of bacteria which are important to the deterioration of that milk. Netherlands Milk and Dairy Journal **34** (1980) 106–125.
[49] LANGEVELD, L. P. M.; CUPERUS, F.; BREEMEN, P. van; DYKERS, J.: A rapid method for the detection of post-pasteurization contamination in HTST pasteurized milk. Netherlands Milk and Dairy Journal **30** (1976) 157–173.
[50] LOVETT, J.; WESLEY, I. V; VANDERMAATEN, M. J.; BRADSHAW, J. G.; FRANCIS, D. W.; GRAWFORD, R. G.; DONNELLY, C. W.; MESSER, J. W.: High-temperature short-time pasteurization inactivates Listeria monocytogenes. Journal of Food Protection **53** (1990) 743–738.
[51] MARGOLIS, J. D.: Salmonellosis outbreak – Hillfarm dairy: Melrose Park II page 24. In: Final Task Force Rep. US Public Health, Service September 13 (1985).
[52] Milch-Verordnung: Verordnung über Hygiene- und Qualitätsanforderungen an Milch und Erzeugnisse auf Milchbasis (Milch-VO) vom 24.04.1995, Bundesgesetzblatt I (1995) 544–576.
[53] MEI VAN DER, H. C.; DEVRIES, J.; BUSSCHER, H. J.: Hydrophobic and electrostatic cell surface properties of thermophilic dairy streptococci. Applied and Environmental Microbiology **59** (1993) 4305–4312.
[54] MOSSEL, A.: Mikrobielle Rekontamination von Milch und Milchprodukten. Deutsche Molkerei-Zeitung **45** (1987) 1456–1464.
[55] MOURGUES, R.; DESCHAMPS, N.; AUCLAIR, J.: Influence de la flore thermo-resistance du lait cru sur la qualité de conservation du lait pasteurise exempt de recontaminations postpasteurisation. Le Lait **63** (1983) 391–404.
[56] NASSAUER, J.; KESSLER, H. G.: Probleme der Oberflächenhaftung am Beispiel thermophiler Streptokokken in Milchpasteuren. Deutsche Molkerei-Zeitung **48** (1986) 82–85.
[57] OLDENBURG, F.: Vorstellungen über die Verbesserung der Trinkmilchqualität, Deutsche Milchwirtschaft **24** (1970) 975–977.
[58] OTERHOLM, Bj.: Changes in bacteriological quality from form to processing. IDF Symposium Bacteriological Quality of Raw Milk 1981, Proceedings, 357–362.
[59] RAJKOWSKI, K. T.; MIKOLAJCIK, E. M.: Characteristics of selected strains of Bac. cereus. Journal of Food Protection **50** (1987) 199–205.
[60] RICHARDSON, G. H.; YUAN, T. C.; SISSON, d. V; STOKES, B. O.: Analysis of total microbial numbers in raw and pasteurized milk using reflectance colorimetry. Collaborative study, International Dairy Federation, Bulletin No. 281 (1993).

Literatur

[61] Schiemann, P. A.: Association of *Yersinia enterocolitica* with the manufacture of cheese an occurrence in pasteurized milk. Applied and Environmental Microbiology **36** (1978) 274–277.
[62] Schlimme, E.; Buchheim, W.; Heeschen, W.: Beurteilung verschiedener Erhitzungsverfahren und Hitzeindikatoren für Konsummilch. Deutsche Molkerei-Zeitung **115** (1994) 64–69.
[63] Schröder, M.; Bland, M. A.: Effect of pasteurization temperature on the keeping quality of whole milk. Journal of Dairy Research **51** (1984) 569–578.
[64] Schröder, M. J. A.; Cousins, C. M.; McKinnon, C. H.: Effect of psychrotrophic post-pasteurization contamination on the keeping quality at 11 °C and 5 °C of HTST-pasteurized milk in the UK. Journal of Dairy Research **49** (1982) 619–630.
[65] Sinell, M. J.: HACCP und Lebensmittelgesetzgebung. Fleischwirtschaft **69** (1989) 1328–1337.
[66] Spillmann, H.; Banhegyi, M.; Schwager, C.; Schmutz, M.: Erfassung von gramnegativen Rekontaminationskeimen in pasteurisierter Milch mit einem Katalasetest. Deutsche Molkerei Zeitung **109** (1988) 762–766.
[67] Stadhouders, J.: Cooling and thermization as a means to extend the keeping quality of raw milk. IDF Symposium Bacteriological Quality of Raw Milk 1981 Proceedings 19–28.
[68] Stadhouders, J.: Microbes in milk and dairy products. An ecological approach. Netherlands Milk and Dairy Journal **29** (1975) 104.
[69] Stadhouders, J.; Hup, G.; Langeveld, L. P. M: Some observations on the germanation, heat resistance and outgrowth of fast-germinating and slow germinating spores of *Bac. cereus* in pasteurized milk. Netherlands Milk and Dairy Journal **34** (1980) 215–228.
[70] Stone, M. J.: The action of the lecithinase of *B. cereus* on the globule membrane of milk fat. Journal Dairy Research **19** (1952) 311–315.
[71] Stumbo, C. R.: Thermobacteriology in Food Processing. 2nd edition 1973, Academic Press, New York.
[72] Suarez, B.; Ferreiros, C. M.; Criado, M. T.: Adherence of psychrotrophic bacteria to dairy equipment surfaces. Journal of Dairy Research **59** (1992) 381–388.
[73] Suhren, G.; Heeschen, W.: Zur bakteriologischen und zytologischen Beschaffenheit roher (Erzeuger- und Vorstapelebene) und wärmebehandelter Milch in der Bundesrepublik Deutschland. Kieler Milchwirtschaftliche Forschungsberichte **44** (1992) 83–102.
[74] Suhren, G.; Heeschen, W.; Tolle, A.: Zur hygienischen Beschaffenheit von Roh- und Trinkmilch in der BRD. Kieler Milchwirtschaftliche Forschungsberichte **32** (1980) 165–185.
[75] Thomas, S. B.; Thomas, B. F.: The bacterial content of milking machines and pipelines plants Part IV: Coli-aerogenes. Dairy Industries International **42** (1977) 25, 28–30, 33.
[76] Thomas, S. B.; Thomas, R. F.: The bacteriological grading of bulk collected milk. Part 7: Thermoduric psychrotrophic and coli-aerogenes colony count. Dairy Industries International **42** (1977) 338–340.
[77] Wauschkuhn, B.; Limmer, H. D.: Betrachtungen über die Keimabtötung bei der Kurzzeiterhitzung der Milch im praktischen Molkereibetrieb. Molkerei- und Käserei-Zeitung **16** (1965) 1499–1506.
[78] Weckbach, L. S.; Langlois, B. E.: Effect of heat treatments on survival and growth of a psychrotroph and on nitrogen fractions in milk. Journal of Food Protection **40** (1977) 857–862.
[79] Wnorowski, T.: The prevalence of Listeria species in raw milk from the Transvaal region. South African Journal of Dairy Science **22** (1990) 15–21.
[80] Wolfson, L. M.; Sumner, S. S.: Antibacterial activity of the lactoperoxidase system: A review. Journal of Food Protection **56** (1993) 887–892.

3 Mikrobiologie der Sahneerzeugnisse

3.1 Definitionen, lebensmittelrechtliche Eingruppierung und wirtschaftliche Bedeutung

3.2 Herstellungstechnologie im Hinblick auf die mikrobiologische Beschaffenheit der Produkte

3.3 Mikrobiologische Beschaffenheit und hygienische Anforderungen

3.4 Besonderheiten beim Aufschlagen von Sahne

3.5 Verzeichnis der Symbole und Abkürzungen

Literatur

Reinigung und Desinfektion in der Lebensmittelindustrie

G. Wildbrett (Hrsg.)

BEHR'S...VERLAG

1. Auflage 1996
unveränderter Nachdruck 1997
Hardcover · DIN A5
360 Seiten · 100 Abb. · 113 Tab.
DM 189,50 inkl. MwSt., zzgl. Vertriebskosten
ISBN 3-86022-232-5

Die technologischen Fortschritte in der Erzeugung, Be- und Verarbeitung sowie Distribution von Lebensmitteln während der letzten Jahrzehnte haben allgemein ihren Niederschlag in Lehr- und Fachbüchern gefunden. Sie behandeln die einschlägigen Verfahren ausführlich, ohne jedoch Reinigung und Desinfektion ihrer Bedeutung entsprechend zu berücksichtigen. Deshalb hielten es die Autoren für notwendig, dieses Spezialgebiet der Lebensmitteltechnologie in einem eigenen Werk darzulegen, nicht zuletzt auch deswegen, weil grundlegende Beiträge fast ausschließlich älteren Datums sind und folglich bei den heutigen, oftmals kurzfristig angelegten Literaturrecherchen nicht auftauchen.

Komplex dargestellt

Ein Blick auf das Inhaltsverzeichnis läßt den Leser rasch die Komplexität der Thematik erkennen. Ihre adäquate Darstellung hätte einen einzelnen Verfasser überfordert. So ist das vorliegende Buch das Ergebnis der Zusammenarbeit mehrerer ausgewiesener Fachleute aus verschiedenen Disziplinen, die ausnahmslos jahrelang an Universitäten Teilbereiche der Betriebshygiene gelehrt haben und die Praxis aus eigener Tätigkeit bzw. Anschauung kennen. Die Autoren waren bestrebt, möglichst spartenübergreifend die unterschiedlichen Branchen der Lebensmittelwirtschaft zu berücksichtigen. Trotzdem liegt der Schwerpunkt auf den Sektoren Milchwirtschaft und Getränkeindustrie, da erstere immer wieder Schrittmacher neuer Entwicklungen war.

Herausgeber und Autoren

Professor Dr. Gerhard Wildbrett (Hrsg.), Dr. oec. troph. Dorothea Auerswald, Professor Dr. Friedrich Kiermeier, Professor Dr. rer. nat. Hinrich Mrozek.

Interessenten

Das Werk wendet sich an: Beratungsingenieure · In der amtlichen Lebensmittelüberwachung Tätige · Fachleute aus den Bereichen des Anlagenbaus · Verfahrenstechniker · Chemische Industrie · Studierende der Lebensmittel- bzw. Ernährungswissenschaft

Aus dem Inhalt

Chemische Hilfsmittel zur Reinigung und Desinfektion · Grundvorgänge bei der Reinigung · Grundvorgänge bei der Desinfektion · Wirksamkeitsbestimmende Faktoren für die Reinigung · Reinigungsverfahren · Desinfektionsverfahren · Kontamination von Lebensmitteln mit Reinigungs- und Desinfektionsmittelresten · Abwasserfragen · Spezielle Probleme an Kunststoffoberflächen · Korrosion · Kontrollmethoden für chemische Hilfsmittel · Kontrolle der Wirksamkeit von Reinigung und Desinfektion · Lebensmittelkontrolle auf Reste von Reinigungs- und Desinfektionsmitteln · Gesetzliche Vorschriften und Richtlinien

BEHR'S...VERLAG

B. Behr's Verlag GmbH & Co. · Averhoffstraße 10 · D-22085 Hamburg
Telefon (040) 22 70 08-18/19 · Telefax (040) 22 01 09 1
E-Mail: Behrs@Behrs.de · Homepage: http://www.Behrs.de

3 Mikrobiologie der Sahneerzeugnisse
J. Jöckel

3.1 Definitionen, lebensmittelrechtliche Eingruppierung und wirtschaftliche Bedeutung

3.1.1 Nationale Vorschriften und EG-Normen

Sahneerzeugnisse (auch als Rahmerzeugnisse bezeichnet) zählen zu den Milcherzeugnissen, die in der Bundesrepublik Deutschland durch die Vorschriften der Verordnung über Milcherzeugnisse [81] gesetzlich reglementiert sind. Die Verordnung stellt Anforderungen an die Herstellung, regelt die Zulassung von Zusatzstoffen, beschreibt die Eigenschaften und bestimmt die Kennzeichnungsvorschriften. Aus Anlage 1 zu § 1 Abs.1 ist zu entnehmen, daß Milcherzeugnisse entweder als sog. Gruppenerzeugnis oder als sog. Standardsorte hergestellt und in den Verkehr gebracht werden dürfen. Während für ein Gruppenerzeugnis nur die in Spalte 1 aufgeführte Bezeichnung und Herstellungsweise vorgeschrieben ist, ergeben sich die Bestimmungen für Bezeichnung, Herstellungsweise und besondere Eigenschaften sowie für den als Unterscheidungsmerkmal geltenden Fettgehalt der jeweiligen Standardsorte aus den Spalten 2–4. Dort wird wiederum teilweise auf Spalte 1 Bezug genommen.

Bei den Standardsorten sind diejenigen berücksichtigt, die bereits am Markt angeboten werden und in der Verkehrsauffassung als Standardsorten anerkannt sind. Der Katalog soll und kann künftige Entwicklungen nicht vorwegnehmen, daher sind später möglicherweise Ergänzungen notwendig. Erzeugnisse, die nicht unter eine Standardsorte fallen, aber den Anforderungen einer Erzeugnisgruppe genügen, können als Gruppenerzeugnis hergestellt und vertrieben werden. Neben den Standardsorten kann es also nicht-standardisierte Gruppenerzeugnisse geben, die aufgrund ihrer geringeren Spezifikationen die Erprobung marktgerechter neuer Erzeugnisse erleichtert [86]. Die Bezeichnungen sowohl für die Gruppenerzeugnisse als auch für die Standardsorten sind als gesetzlich festgelegte Verkehrsbezeichnungen obligatorisch zu verwenden (§ 3 Abs. 3 Nr. 1 der Verordnung über Milcherzeugnisse). Milcherzeugnisse, die weder einer Standardsorte noch einem Gruppenerzeugnis entsprechen, dürfen nicht mit den in der Verordnung abschließend aufgeführten Bezeichnungen in den Verkehr gebracht werden.

Im Sprachgebrauch der Molkereiwirtschaft werden die lebensmittelrechtlich synonymen Bezeichnungen „Sahne(erzeugnisse)" und „Rahm(erzeugnisse)" oft nach technologischen Gesichtspunkten unterschiedlich verwendet. Der Begriff „Rahm" steht häufig in Wortverbindungen für Vor- oder Zwischenprodukte, aus denen andere Erzeugnisse hergestellt werden („Butterungsrahm", „Zukaufsrahm" für Schlagsahne). Er wird auch gewerbeüblich in den Bezeichnungen für den Bearbeitungsschritt der Milchfettgewinnung („Entrahmung") und den dazu und

Definitionen

zur weiteren Behandlung des „Rahmes" eingesetzten Anlagen verwendet („Rahmzentrifuge", „Rahmseparator", „Rahmerhitzer"). Im Kapitel über die Herstellungstechnologie werden diese Gepflogenheiten berücksichtigt und die entsprechenden Fachtermini benutzt. Der Ausdruck „Sahne" wird dagegen vorzugsweise für die lebensmittelrechtliche Kennzeichnung „fertiger" Milcherzeugnisse benutzt („Schlagsahne", „Sahne-Joghurt", „Sahne-Sauermilch").

Ausländische Milcherzeugnisse, die nicht den Vorschriften der Verordnung über Milcherzeugnisse entsprechen, können unter bestimmten Voraussetzungen (§ 6 der VO) in der Bundesrepublik Deutschland in den Verkehr gebracht werden:

- sie müssen nach den Vorschriften des Herstellungslandes produziert und dort verkehrsfähig sein,
- die verwendeten Milchinhaltsstoffe müssen einem Pasteurisierungsverfahren oder einem entsprechenden Erhitzungsverfahren unterzogen worden sein,
- enthaltene zulassungsbedürftige Zusatzstoffe müssen durch Ausnahmegenehmigung nach § 37 Lebensmittel- und Bedarfsgegenständegesetz (LMBG) [26] zugelassen sein,
- Abweichungen im Fettgehalt und in den verwendeten Ausgangsstoffen im Vergleich zu inländischen Erzeugnissen müssen zusätzlich zur üblichen Deklaration kenntlich gemacht werden.

Für Sahneerzeugnisse (Rahmerzeugnisse) sind in Anlage 1 Nr. V der Verordnung über Milcherzeugnisse zwei Standardsorten aufgeführt, die sich in ihrem Fettgehalt unterscheiden: „Kaffeesahne" (auch als Trinksahne, Kaffeerahm, Sahne oder Rahm bezeichnet) enthält mindestens 10 % Fett und „Schlagsahne" (auch als Schlagrahm bezeichnet) muß mindestens 30 % Fett aufweisen. Als weitere Anforderung ist aufgeführt, daß Schlagsahne schlagfähig sein muß. Für diese Eigenschaft ist der Fettgehalt von mindestens 30 % begriffswesentlich, weil bei geringerem Gehalt die Schlagfähigkeit nicht garantiert ist [86]. Bei Sahneerzeugnissen in Fertigpackungen und auch bei loser Abgabe muß der Fettgehalt nach § 3 Abs. 7 der Verordnung über Milcherzeugnisse kenntlich gemacht werden. Die Angaben lauten „mindestens ... % Fett" für Schlagsahne und „ ... % Fett" für Kaffeesahne (§ 4 Abs. 1 der VO).

Sahneerzeugnisse unterliegen in der Bundesrepublik Deutschland dem Gebot der Wärmebehandlung nach der Verordnung über Milcherzeugnisse. Die Vorschrift beruht auf der Ermächtigung nach § 9 Abs. 1 Nr. 1b LMBG und soll eine Gefährdung der Gesundheit durch Milcherzeugnisse verhindern [86]. Das Produkt selbst oder die zur Herstellung verwendete Milch oder Sahne (Rahm) muß erhitzt werden. Die Erhitzungsverfahren ergeben sich aus der Milchverordnung [80] bzw. [87] sowie der Richtlinie (RL) 92/46/EWG [66]. In beiden Vorschriften sind weitgehend gleichartige Anforderungen enthalten, die aus der Anpassung der nationalen an die europäischen Bestimmungen resultieren. Mit Erlaß der Milchverordnung im Jahr 1989 wurde die RL 85/397/EWG „zur Regelung gesundheitlicher und tierseuchenrechtlicher Fragen im innergemeinschaftlichen Handel mit wärme-

Definitionen

behandelter Milch" in deutsches Recht umgesetzt. Sie ist mittlerweile durch die um Hygienevorschriften für Erzeugnisse auf Milchbasis erweiterte RL 92/46/EWG abgelöst und mit Wirkung vom 1. Jan. 1994 aufgehoben. Zu diesem Zeitpunkt sollten die Bestimmungen der RL 92/46/EWG in nationales Recht umgesetzt sein. Die Bundesrepublik kam dem nunmehr nach, indem das Bundesministerium für Gesundheit im März 1994 ein „Arbeitspapier für einen Entwurf einer Verordnung über Hygiene- und Qualitätsanforderungen an Milch und Erzeugnisse auf Milchbasis (Milchverordnung)" vorlegte [11]. Die Verordnung soll aufgrund der umfangreichen Änderungen als „Ablöseverordnung" der geltenden Milchverordnung erlassen werden. Inzwischen gilt die neue Milchverordnung [87]. Bei der Umsetzung in nationales Recht wurde eine weitergehende Harmonisierung und eine bessere Kontrolle durch die zuständigen Behörden ermöglicht.

Nach § 3 Abs. 2 Nr. 5 der Verordnung über Milcherzeugnisse ist die Art der Wärmebehandlung anzugeben; die Deklaration muß alternativ lauten „ultrahocherhitzt" oder „sterilisiert" bzw. „Sterilsahne" oder „wärmebehandelt". Die Angabe „wärmebehandelt" bezieht sich auf eine sonstige Erhitzung von über 50 °C. Sie ist jedoch entbehrlich, wenn nur eine einmalige Pasteurisierung – hierunter fällt auch die Hochpasteurisierung bei 85 °C – durchgeführt wurde. Wird jedoch die Pasteurisierungstemperatur überschritten (UHT-Erhitzung und Sterilisierung bleiben unberührt) oder ein Sahneerzeugnis mehr als einmal erhitzt, besteht die Pflicht zur Kenntlichmachung.

Das Mindesthaltbarkeitsdatum ist gemäß Lebensmittel-Kennzeichnungsverordnung in Verbindung mit den erforderlichen Kühlbedingungen anzugeben. Wird der Hinweis „gekühlt" verwendet, muß die Haltbarkeitsfrist auf der Basis von 10 °C berechnet werden.

Nach Anlage 1 Nr. V der Verordnung über Milcherzeugnisse ist eine Erhöhung der Milch-Trockenmasse nur bei Schlagsahne, nicht jedoch bei Kaffeesahne – auch nicht als Gruppenerzeugnis – möglich. Sie kann bei der Standardsorte durch Wasserentzug erfolgen, beim Gruppenerzeugnis darf die Trockenmasse auch durch Anreicherung mit Milcheiweißerzeugnissen erhöht werden [86].

Zum Aufschäumen von Sahneerzeugnissen ist nach Anlage 2 Nr. 7 zu § 5 Abs. 1 der Verordnung über Milcherzeugnisse Distickstoffoxid, auch in Vermischung mit Kohlendioxid, als Zusatzstoff zugelassen. Dabei wird das Treibgas im Erzeugnis dispergiert, und es bildet sich eine Gas-Flüssigkeitsemulsion aus, bei der das Gas entscheidender Bestandteil des Lebensmittels wird. Es kann nicht entfernt werden, ohne die Struktur des Sahneschaumes zu zerstören. Daher ist verschäumte Schlagsahne keine Schlagsahne i. S. der Verordnung über Milcherzeugnisse, sondern eine Zubereitung eigener Art, auch wenn sie im Volksmund als Schlagsahne bezeichnet wird [86].

Die Sahneerzeugnisse (Rahmerzeugnisse) i. S. der Anlage 1 Nr. V der Verordnung über Milcherzeugnisse, mit denen sich das vorliegende Kapitel befaßt, sind vielseitig verwendbar. Als Abnehmerkreis kommen sowohl Kleinverbraucher als auch Großabnehmer in Frage. In den Haushalten werden Sahneerzeugnisse in flüssiger

Definitionen

Form zur Verfeinerung von Getränken und Speisen verwendet, oder die Schlagsahne wird zum sofortigen Verzehr aufgeschlagen und dient als Garnierung von Desserts und Kuchen. Der Bereich der Großabnehmer reicht von Küchenbetrieben über Backwaren- und Speiseeisindustrie bis zu Bäckereien, Konditoreien, Cafés, Eisdielen und sonstigen Gastronomiebetrieben [43]. Über den beschriebenen Bereich des Verbrauchs und der Verarbeitung der Sahneerzeugnisse im engeren Sinne hinaus bestehen weitere Möglichkeiten der Verwendung von Sahne oder Rahm. Eine Reihe anderer Produkte, insbesondere solche auf Milchbasis, werden aus Rahm hergestellt, oder ihnen wird Sahne oder Rahm in unterschiedlichen Mengen zugesetzt. Zu nennen sind v. a. Butter, gesäuerte Erzeugnisse wie saure Sahne, Sahne-Sauermilch, Sahne-Joghurt, Sahne-Kefir, Dauermilcherzeugnisse, Käse und Speiseeis. Zur mikrobiologischen Beschaffenheit dieser Erzeugnisse wird auf die entsprechenden Kapitel dieses Buches verwiesen.

3.1.2 Herstellung, Absatz und Verbrauch von Sahneerzeugnissen

Die wirtschaftliche Bedeutung der Sahneerzeugnisse kann anhand des Geschäftsberichtes des Milchindustrie-Verbandes [61] dargelegt werden. Herstellung und Absatz der Sahneerzeugnisse nahmen in der Bundesrepublik Deutschland in den zurückliegenden Jahren ständig zu. Im Jahr 1970 wurden 211 000 t hergestellt, im Jahr 1980 lag die Menge bei 326 000 t, und sie erhöhte sich bis zum Jahr 1991 auf 548 000 t. Im Vergleich der EG-Mitgliedstaaten ist Deutschland der mit Abstand größte Produzent von Sahneerzeugnissen. Seit der Erfassung der Quoten der 12 Länder im Jahr 1986 betrug der deutsche Anteil jährlich etwa zwischen 45 und 50 % der Gesamtproduktion der Europäischen Gemeinschaft.

Als weitere statistische Kenngröße zur Abschätzung der wirtschaftlichen Bedeutung kann der durchschnittliche individuelle Verzehr von Sahneerzeugnissen herangezogen werden. Er betrug im Jahr 1987 6,3 kg pro Kopf der deutschen Bevölkerung und stieg bis zum Jahr 1991 im früheren Bundesgebiet um 23 % auf 7,8 kg an [61]. Bezieht man die neuen Bundesländer in die Berechnung ein, so ergibt sich für das Jahr 1991 nur eine unterproportionale absolute Zunahme des Verbrauchs. Der Durchschnittsverzehr des vereinigten Deutschlands reduzierte sich dadurch auf den Pro-Kopf-Wert von 6,8 kg Sahneerzeugnissen. Im Jahr 1992 kam es jedoch wieder zu einem Anstieg auf 7,0 kg pro Kopf der Bevölkerung.

Unter den von Molkereien hergestellten Sahneerzeugnissen nimmt das Produkt Schlagsahne mit einem Fettgehalt von mindestens 30 % eine dominierende Stellung ein. Der mengenmäßige Absatz lag im Jahr 1987 bei fast 77 % und betrug im Jahr 1992 noch fast 71 %. Der relative Absatz der Kaffeesahne nahm im genannten Zeitraum kontinuierlich von 10,8 auf 15,2 % zu, während sich der Anteil der übrigen Sahne (Fettgehalt zwischen 21 und 29 %) kaum veränderte und zwischen 12 und 13 % schwankte [61].

3.2 Herstellungstechnologie im Hinblick auf die mikrobiologische Beschaffenheit der Produkte

3.2.1 Rahmgewinnung

Zur Entrahmung der Rohmilch werden Zentrifugen und Separatoren eingesetzt, wobei die Milch auch gleichzeitig gereinigt wird [20]. Die Zentrifugierung wirkt sich auch auf die mikrobiologische Beschaffenheit des Rahmes aus. Nach dem Zentrifugieren sind im Rahm deutlich weniger *Bacillus cereus* enthalten als in der Magermilch [9]. Darüber hinaus kommt es aber bei der Rahmgewinnung durch die Zerschlagung von Keimzusammenballungen (Mikrokolonien) zu einer relativen Keimanreicherung und erhöhter Wachstumsaktivität [63]. Die Entrahmungsschärfe sollte so eingestellt werden, daß der gewünschte Fettgehalt sofort annähernd erreicht wird. Der Restfettgehalt in der Magermilch kann durch Separierung von auf 45–50 °C erwärmter Milch im Vergleich zur Entrahmung bei Tiefkühltemperaturen verringert werden, wogegen kaltseparierter Rahm aber bessere Aufschlageigenschaften aufweist [31, 32, 46]. Eine verbesserte Schaumstabilität wird auch durch die Erhöhung des Fettgehaltes über die für Schlagsahne vorgeschriebenen 30 % hinaus erreicht [37, 38]. Die Hersteller tragen dem Rechnung, indem der Fettgehalt häufig höher eingestellt wird. Bei den letztjährigen Qualitätsprüfungen der Deutschen Landwirtschafts-Gesellschaft e. V. (DLG) enthielt die überwiegende Anzahl der Schlagsahneproben Werte zwischen 31 und 35 %, in Einzelfällen wurden sogar 40–41 % nachgewiesen [67, 68].

3.2.2 Rahmerhitzung

Sahne unterliegt als Milcherzeugnis in der Bundesrepublik Deutschland dem Gebot der Wärmebehandlung nach der Verordnung über Milcherzeugnisse [81]. Das Produkt selbst oder die zur Herstellung verwendete Milch oder Sahne muß erhitzt werden. Die Erhitzungsverfahren ergeben sich aus der Milchverordnung [87] bzw. der RL 92/46/EWG [66]. In beiden Vorschriften sind weitgehend gleichartige Anforderungen enthalten, die aus der Angleichung der nationalen an die europäischen Bestimmungen resultieren. Nach den vereinheitlichten Normen besteht die Möglichkeit, entweder die Pasteurisierung, die Ultrahocherhitzung oder die Sterilisierung durchzuführen.

Vor der eigentlichen Erhitzung kann der Rahm durch eine Erwärmung auf 70–75 °C/1 h thermisiert werden [46, 77]. Durch diesen Prozeß kommt es zu einer Verminderung der Aktivität oder zur Inaktivierung von Enzymen. Besonders relevant ist dieser Vorgang wegen der in Sahne vorhandenen fettspaltenden Lipasen, die Ranzigkeit verursachen können. Außerdem werden durch die Thermisierung auch Keime abgetötet, wodurch sich die mikrobiologische Haltbarkeit des Produktes erhöht.

Herstellungstechnologie

Bei der Pasteurisierung von Sahne, insbesondere von Schlagsahne, sollten schärfere Erhitzungsbedingungen angewandt werden als bei Trinkmilch. Das Fett und die höhere Viskosität wirken nämlich als wärmeisolierender Schutz für die Keime [47, 50]. Daher wird Sahne meist durch Hocherhitzung pasteurisiert [63], für die nach der Milchverordnung 85 °C als Mindesttemperatur bei einer effektiven Heißhaltezeit von mindestens 4 s vorgeschrieben sind. Der Peroxidasenachweis muß nach der Erhitzung negativ sein. Die Bedingungen der nach der RL 92/46/EWG als vergleichbar anzusprechenden „Hochpasteurisierung" sind weniger präzise gefaßt: Es sind über die kurzzeitige Hochtemperaturerhitzung (71,7 °C/ $\geq$ 15 s oder vergleichbare Relation) hinausgehende Temperaturen möglich, die mit einer negativen Peroxidasereaktion einhergehen.

In der Molkereipraxis werden allerdings deutlich höhere Temperaturen bei der Sahnepasteurisierung angewandt. Sie liegen häufig bei 100–120 °C, wobei Haltezeiten von 14 s bis 2 min üblich sind [20, 34, 63, 77]. Bei zweistufiger Hocherhitzung wird das Produkt nach der ersten Wärmebehandlung über 18–24 h bei 5 °C zwischengelagert und dann erneut erhitzt [71].

Die Pasteurisierung zielt auf eine graduelle Entkeimung ab. Mit steigender Temperatur werden Mikroorganismen stufenweise abgetötet, in jedem Fall aber reichen die Pasteurisierungsbedingungen aus, um pathogene Bakterien auszuschalten [19, 47, 50]. Nichtthermodure Keime, also die meisten Saprophyten, werden schon bei 72 °C innerhalb von 15 s abgetötet. Thermodure wie Mikrokokken und Coryneforme werden dagegen erst bei 80 °C und einer Haltezeit von 10 min inaktiviert. Vegetative Formen der Sporenbildner überleben sogar diese Erhitzungsbedingungen [24, 57]. Die Sporen von *Bacillus*-Arten wie *Bacillus pumilus*, *Bacillus cereus* und *Bacillus subtilis* überstehen die Rahmerhitzung. Bei Temperaturen ab 100 °C ist jedoch mit einer beginnenden Reduzierung zu rechnen [9, 19]. Außer den technologisch unerwünschten Keimen werden auch Lipasen und Proteinasen inaktiviert. Dadurch wird der enzymatischen Fett- und Eiweißzersetzung vorgebeugt [61].

Die Ultrahocherhitzung (UHT-Erhitzung) wird sowohl im direkten als auch im indirekten Verfahren durchgeführt. Angewandt werden Temperaturen im Bereich von 135–150 °C mit Haltezeiten von 2–8 s [46, 47, 56]. Diese Angaben decken sich weitgehend mit den nach der Milchverordnung vorgeschriebenen Erhitzungsbedingungen für die UHT-Behandlung (135–150 °C/1 s; bei längeren Heißhaltezeiten muß die Anlage mit einem automatischen Sicherheitssystem ausgerüstet sein, das eine Mehrfacherhitzung ausschließt) und den Festlegungen der RL 92/46/EWG für dieses Verfahren ($\geq$ 135 °C/$\geq$ 1 s).

Bei der Direkterhitzung wird Dampf von Trinkwasserqualität mit dem zu erhitzenden Gut intensiv vermischt. Dabei muß durch Rückgewinnung oder Entfernung des überschüssigen Dampfes sichergestellt werden, daß sich der Wassergehalt des behandelten Produktes nicht verändert [47, 66, 80]. Diese Gefahr besteht bei der indirekten Erhitzung nicht. Bei beiden Methoden muß jedoch mit erhitzungsbedingten Verlusten an Enzymen und Proteinen gerechnet werden. Kochge-

Herstellungstechnologie

schmack tritt v. a. dann auf, wenn die ultra-hocherhitzte Sahne (H-Sahne) in luftdichten Packungen ohne Kopfraum abgefüllt wird [47, 48, 50].

Diesen nachteiligen Einflüssen steht jedoch der erwünschte positive Effekt der mikrobiologischen Stabilität gegenüber. Sämtliche Verderbniserreger und ihre Sporen, sogar die Sporen thermophiler *Bacillus*-Arten werden durch die UHT-Erhitzung inaktiviert [39]. Allerdings sind zu deren Eliminierung in natürlich kontaminierter Schlagsahne in Abhängigkeit vom Fettgehalt Erhitzungsbedingungen von 138 °C/10 s bis 146 °C/2 s notwendig. Fehlerfrei erhitzte und aseptisch abgefüllte Produkte sind über einen längeren Zeitraum ohne Kühlung haltbar. Dem trägt der sowohl nach der Milchverordnung als auch nach der RL 92/46/EWG vorgesehene Belastungstest Rechnung, wonach ultrahocherhitzte Produkte in ungeöffneter Packung innerhalb einer 15tägigen Lagerung bei 30 °C keine nachteiligen Veränderungen erfahren dürfen. Dazu ist keine absolute Keimfreiheit notwendig. Nach der Milchverordnung werden für H-Milch bzw. nach der RL 92/46/EWG für „wärmebehandelte Erzeugnisse auf Milchbasis" nach Ablauf der Bebrütung Keimzahlen von 10 KbE/0,1 ml toleriert. Das Produkt muß jedoch frei sein von pathogenen Mikroorganismen und solchen Keimen, die sich innerhalb der Haltbarkeitsfrist unter „normalen" Lagerungsbedingungen vermehren könnten. Derartige Haltbarkeitsbedingungen können als „kommerzielle Sterilität" bezeichnet werden [2, 84].

Die Sterilisierung ist nach den Vorschriften der Verordnung über Milcherzeugnisse nach der Abfüllung des Produktes vorzunehmen. Die Behältnisse sind mit einem keimdichten Verschluß zu versehen, der bei der Autoklavierung unverletzt bleiben muß. Erhitzungsbedingungen sind nach der Milchverordnung und nach der RL 92/46/EWG für die Sterilisierung nicht vorgegeben. Einheitliche Festlegungen wären auch nicht sinnvoll, weil die Erhitzungsbedingungen im Einzelfall auf Material, Format und Größe des Behältnisses, auf Typ und Bauart des Autoklaven sowie auf das Produkt auszurichten sind. Nach Literaturangaben liegen die Sterilisierungstemperaturen für Sahne im Bereich von 109–115 °C und die Haltezeiten zwischen 20 und 40 min [47, 50]. Bei derartigen Erhitzungsbedingungen wird eine vollständige Inaktivierung der Enzyme erreicht. Auch die gesamte Mikroflora (incl. der Sporen) wird abgetötet. Nach Milchverordnung und RL 92/46/EWG wird für sterilisierte Produkte die gleiche Haltbarkeit wie für UHT-Erzeugnisse gefordert. Infolge der intensiven Hitzebelastung kommt es allerdings zu unerwünschten chemischen Veränderungen, die Karamelgeschmack verursachen und mit Bräunungsreaktionen einhergehen. Des weiteren treten nachteilige Veränderungen der physikochemischen Eigenschaften insbesondere von Schlagsahne auf: Es bilden sich Klumpen aus, die Schlagfähigkeit verschlechtert sich, und der Sahneschaum ist weniger standfest [50].

3.2.3 Rahmhomogenisierung

Durch die Homogenisierung von Rahm soll ebenso wie bei Trinkmilch das Aufrahmen verhindert bzw. verzögert werden. Die Einflüsse auf die Produkteigenschaften sind jedoch unterschiedlich. Als positive Effekte sind Verbesserungen des Geschmacks und der Lagerstabilität zu nennen. Letzteres trifft insbesondere für sterilisierte und ultrahocherhitzte Schlagsahne zu, weshalb für diese Produkte die Homogenisierung trotz der ebenfalls eintretenden negativen Auswirkungen zu empfehlen ist. Nachteilig beeinflußt die beim Homogenisieren erzielte starke Viskositätserhöhung die Aufschlageigenschaften der Schlagsahne und die Stabilität des Sahneschaumes [2, 46, 47, 50, 77]. Bei Kaffeesahne bewirkt die Homogenisierung eine Verringerung der Flockungsstabilität [27, 28]. Eiweiß wird als zusätzliches Membranmaterial an die Fettkügelchen gelagert und fällt zusammen mit diesen im sauren, heißen Kaffee als sichtbare Flocken aus. Die Flockungsstabilität kann jedoch durch eine Kombination aus Homogenisierung und Erhitzung bzw. durch eine zweistufige aseptische oder nichtaseptische Homogenisierung bei Erhitzung im unteren UHT-Bereich verbessert werden [13].

Einflüsse des Homogenisierens auf die mikrobiologische Beschaffenheit von Sahneerzeugnissen bestehen nach der ausgewerteten Fachliteratur nicht.

3.2.4 Abfüllung der Sahne

Für die Abfüllung von Sahneerzeugnissen werden überwiegend Fertigpackungen hergestellt, die mit entsprechender Kenntlichmachung in den Verkehr gebracht werden. Sie bestehen aus unterschiedlichen Materialien (Kunststoff, beschichteter Karton, Glas, Metall) und werden als Einwegbehältnisse (Schalen, Becher, Flaschen, Blockpackungen, Dosen – auch als Aerosoldosen, Schlauchbeutel, Eimer) oder als Mehrwegpackungen (Flaschen) vertrieben [56]. Die Packungsgröße ist abhängig von der Zielgruppe der Abnehmer bzw. Verbraucher. Die Bandbreite reicht von Portionspackungen mit 10 g über Haushaltspackungen mit 100–250 g bis zu Gewerbepackungen mit mehreren Kilogramm Inhalt. Bei loser Abgabe verwenden die Hersteller oder Abfüller häufig Kannen aus Kunststoff oder Container aus Edelstahl als Transportbehältnisse. Sie sind für industrielle oder gewerbliche Großabnehmer bestimmt, welche die Sahneerzeugnisse in diversen Produkten verarbeiten.

Technologie und Zeitpunkt der Abfüllung richten sich nach der Art der Hitzebehandlung. Zum Sterilisieren muß das Produkt nach den Vorschriften der Verordnung über Milcherzeugnisse schon vor der Haltbarmachung abgefüllt und keimdicht verschlossen werden. Bei UHT-Sahneerzeugnissen ist die aseptische Abfüllung in sterile, mit Lichtschutz versehene Packungen in Verbindung mit der Hitzebehandlung essentiell für die längere Haltbarkeit. Produkte, die im direkten UHT-Verfahren erhitzt werden, sollten in Packungen mit Kopfraum abgefüllt werden [46]. Es steht dann genügend Sauerstoff zur Verfügung, um den bei der Hitzebehandlung entstandenen Kochgeschmack im Verlauf der Lagerung abzubauen. Für pasteurisierte Sahne empfiehlt sich die Heißabfüllung bei 70–75 °C unter weitgehend sterilen Bedingungen und die kurzfristige Heißhaltung nach der Versiegelung. Dadurch werden Rekontaminationen erschwert bzw. beim Abfüllvorgang ins Produkt gelangte Keime inaktiviert.

Das rekontaminationsfreie Arbeiten nach der Hitzebehandlung stellt das zentrale Problem in bezug auf die mikrobiologische Beschaffenheit und Haltbarkeit der Endprodukte dar [63, 64, 71]. Dabei spielen die Reinigung und Desinfektion der Anlagen sowie die Sauberkeit bzw. Dekontamination der Verpackungsmittel die größte Rolle. Als Rekontaminanten kommen insbesondere psychrotolerante gramnegative Bakterien wie Pseudomonaden, Enterobakteriazeen und coliforme Keime vor. Es werden aber auch Vertreter der Gattungen *Aeromonas*, *Alcaligenes* und *Achromobacter* sowie Milchsäurestreptokokken, Enterokokken, Staphylokokken, Bazillen (auch *Bacillus cereus*) und Clostridien in abgefüllter Sahne festgestellt. Schimmelpilze und Hefen kommen dagegen in Sahneerzeugnissen seltener vor [9, 10, 54, 63, 71].

3.2.5 Kühlung und Reifung der Sahne

Die Kühlung unmittelbar nach der Abfüllung verbessert die physikalischen Eigenschaften von Schlagsahne. Es sollen schnellstmöglich Temperaturen unter 5 °C erreicht werden. Dadurch und während der weiteren Tiefkühllagerung, die auch als Reifung oder Alterung der Schlagsahne angesprochen wird, verfestigt sich das Milchfett. Es bilden sich gleichmäßig kleine Kristalle der einzelnen Fettfraktionen aus, durch welche das Aufschlagvolumen und die Standfestigkeit des Sahneschaumes erhöht werden. Die Schockkühlung vermindert bei UHT-Schlagsahne zudem die Rahmpfropfenbildung und Aufrahmung im Verlauf der Lagerung, die sich negativ auf die Luftrückhaltung beim Aufschäumen auswirken [1, 2, 20, 46, 53, 55, 77]. Der Einfluß unterschiedlicher Kühlungsverfahren ist jedoch für das Aufschlagverhalten von Schlagsahne im Vergleich zu anderen technologischen Maßnahmen nur von untergeordneter Bedeutung [37].

3.3 Mikrobiologische Beschaffenheit und hygienische Anforderungen

3.3.1 Produkte direkt nach Herstellung und während Distribution und Lagerung

Roher Rahm enthält in Abhängigkeit von der bakteriologischen Qualität der Rohmilch meist deutlich unter 10^6 KbE/g, aber es sind auch Keimgehalte von 10^8 KbE/g möglich. Daher muß die Erhitzung unmittelbar im Anschluß an die Gewinnung vorgenommen werden. Das Hauptziel dabei ist, die pathogenen Keime abzutöten. Als Nebeneffekt tritt eine starke Reduzierung der anderen Mikroorganismen ein. Unter Pasteurisierungsbedingungen werden v. a. gramnegative Bakterien wie

Mikrobiologische Beschaffenheit

Enterobakteriazeen und Pseudomonaden bzw. Coliforme inaktiviert. Zur Eliminierung thermoresistenter grampositiver Bakterien, darunter die vegetativen Formen der Sporenbildner, muß allerdings die Hocherhitzung angewandt werden. Ein Teil der *Bacillus cereus*-Sporen wird bei der Hitzebehandlung auf 105 °C abgetötet. Durch die UHT-Behandlung und die Sterilisierung werden auch die Sporen meso- und thermophiler *Bacillus*- und *Clostridium*-Arten erfaßt, so daß die Produkte mikrobiologisch stabil sind [9, 19, 24, 39, 47, 48, 50, 57].

In durch Hocherhitzung pasteurisierter Sahne finden sich direkt nach der Wärmebehandlung nur noch wenige Mikroorganismen. Es handelt sich dabei überwiegend um Sporen der Gattung *Bacillus*, die in Keimzahlen von < 60/g bis zu Gehalten um 100/g vorkommen [54, 71]. Der Spezies *Bacillus cereus* kommt innerhalb der Gruppe der Sporenbildner eine herausragende Bedeutung zu. Ihr Vorkommen gilt als Indikator zur Bewertung der hygienischen Verhältnisse bei der Herstellung von Sahneerzeugnissen [63]. Nach neueren Untersuchungen [9, 10] enthält ein Großteil der abgefüllten Packungen „wärmebehandelter" Sahne rechnerisch bis zu 2,5 *Bacillus cereus*-Sporen pro 200 oder 250 ml. Ein derartiger Sporengehalt kann jedoch innerhalb einer 18–19tägigen Kühllagerung bei 7 °C wegen einer allenfalls geringfügigen Vermehrung als hygienisch unbedenklich eingestuft werden und wirkt sich sensorisch nicht nachteilig auf das Produkt aus. Wenn höhere Ausgangskonzentrationen vorliegen und die Kühlkette unterbrochen wird, können, wie durch entsprechende Lagerungsversuche nachgewiesen wurde, innerhalb von 8,5 Tagen 10^6 KbE/ml erreicht werden. Bei weiterer Zunahme der Keimzahlen verursachen *Bacillus cereus* das Ausflocken von Rahm in Kaffee und die sog. Süßgerinnung der Sahne [57]. Bei der Süßgerinnung handelt es sich um eine proteolytisch bedingte Koagulation des Kaseins mit fortschreitendem Eiweißabbau. Die Veränderungen gehen mit sensorischen Abweichungen wie bitter, altkäsig und ansauer einher, der pH-Wert des Produktes sinkt nur unwesentlich auf 6,2–6,6 ab. Der Fehler soll bei 82 % aller verdorbenen pasteurisierten und aseptisch abgefüllten Milch- und Sahnepackungen auftreten.

Zusätzlich zu den die Hitzebehandlung überdauernden Keimen wirken sich Rekontaminanten haltbarkeitslimitierend auf Sahneerzeugnisse aus. Als Rekontaminationskeime kommen v. a. psychrotolerante gramnegative Bakterien wie Pseudomonaden, Enterobakteriazeen, Coliforme, *Alcaligenes*, *Aeromonas* und *Achromobacter* sowie grampositive Bakterien wie Streptokokken, Enterokokken, Mikrokokken, Staphylokokken und Bazillen in Betracht. Die Keime gelangen über Tanks, Rohrleitungen, Abfüllanlagen, Verpackungsmaterial oder bei defekten Wärmetauschern durch rohen Rahm in die hitzebehandelte Sahne. Die Reinfektionskeime liegen meist nur in geringer Konzentration vor; bis zu 100 KbE pro 100 ml pasteurisierte Schlagsahne werden als befriedigend bezeichnet. In Ausnahmefällen können jedoch auch Infektionsraten von 10^4 bis > 10^5 KbE/g erreicht werden [21, 54, 63, 71]. Nach den Prüfbestimmungen der DLG werden allerdings Sahneproben von der Prämierung ausgeschlossen, wenn sie Coliforme in 0,1 ml enthalten [17]. Dies war bei der Prüfung im Jahr 1991 bei zwei von 138 pasteurisierten und wärmebehandelten Proben Sahne und Schlagsahne der Fall [67]. Den

Mikrobiologische Beschaffenheit

Rekontaminanten bieten sich wegen des Fehlens der originären antagonistisch wirkenden Milch- bzw. Sahneflora gute Entwicklungsmöglichkeiten. Sie sind außerdem an die Kälte adaptiert und in der Lage, bei Temperaturen von < 7 °C gut zu wachsen. Bei 5–7 °C betragen die Generationszeiten nur 4–7 h [24]. In den ersten Tagen nach der Herstellung verhalten sich die Thermoduren und die Rekontaminanten in ihrer Keimkinetik gleichartig: sie vermehren sich nur langsam. Vom 6. – 10. Tag dominiert meist die produkttypische Flora, die Rekontaminanten setzen sich etwa vom 12. Tag an mit Keimzahlen ab 10^6/g durch [71].

Der Verderb von Sahneerzeugnissen durch die psychrotrophe Rekontaminationsflora geht auf deren fett- und eiweißspaltende Eigenschaften zurück und wird mit Keimzahlen ab 10^6/g in Verbindung gebracht. Aufgrund der Anhäufung von Stoffwechselprodukten aus den Bakterienzellen können sensorische Fehler wie faulig, muffig, sauer, gärig und fruchtig auftreten. Es sind aber auch die in der Sahne vorliegenden bakteriellen Enzyme, welche die Erhitzung überstanden haben, an Geruchs- und Geschmacksveränderungen beteiligt. Proteasen, Lipasen und Lactasen verursachen Abweichungen, die als ranzig, tranig, buttersäureartig, alt und bitter anzusprechen sind [71, 72].

Bei Untersuchungen an Sahneproben aus dem Handel wurden bei einem nicht unbedeutenden Teil der Proben sehr hohe Keimzahlen von 10^6–10^9/g festgestellt. Wenn auch die aufgeschlagene Sahne mit erfaßt wurde, wies sie meist eine schlechtere bakteriologische Qualität auf als das flüssige Ausgangsprodukt. Größere Sahnegebinde (Mehr-Kilogramm-Packungen oder lose Sahne in Kannen) stellen ein größeres Hygienerisiko dar als kleine Abpackungen. Sie weisen meist eine schlechtere Ausgangsbeschaffenheit auf und bergen die Gefahr nachträglicher Verunreinigungen, weil sie nach dem Anbrechen nicht sofort aufgebraucht werden. Die bei den Untersuchungen auffälligen Proben wurden aufgrund der mikrobiologischen Befunde als hygienisch unbefriedigend bzw. in Verbindung mit sensorischen Abweichungen und in Abhängigkeit von deren Intensität nach § 17 LMBG als wertgemindert oder nicht zum Verzehr geeignet beurteilt. In einigen Fällen wurden Schlagsahneproben mit hohen Gehalten an *Bacillus cereus* auch nach § 8 LMBG als gesundheitsgefährdend beanstandet [6, 20, 22, 43, 44, 60, 64, 71].

Als weitere Ursache für hohe Keimgehalte und dadurch eintretende verminderte Haltbarkeit flüssiger Sahne muß eine unzureichende Kühlhaltung während der Lagerung und Distribution in Betracht gezogen werden. Sie unterliegt als leicht verderbliches Lebensmittel einer beschleunigten mikrobiologischen Zersetzung und kann daher nur unter Kühllagerung vor einem vorzeitigen Verderb bewahrt werden [3]. Die Aufbewahrungstemperaturen übersteigen häufig 10 °C, sollten jedoch max. 7 °C betragen oder sogar darunter liegen. Unter derartig strikten Kühlbedingungen wird die von Herstellern für pasteurisierte Sahne vorgegebene Haltbarkeitsfrist von 7–12 Tagen meist erreicht, häufig sogar um mehrere Tage überschritten. Nicht selten beträgt die Lagerfähigkeit, v. a. bei tieferen Temperaturen, bis zu vier Wochen [1, 2, 10, 43, 44, 46, 54, 57, 63, 71, 77]. Bei den DLG-Sahneprüfungen der Jahre 1991 und 1992 waren bei den meisten der eingesand-

Mikrobiologische Beschaffenheit

ten Proben Mindesthaltbarkeiten von 5–16 (max. 27) Tagen bzw. 9–20 (max. 38) Tagen deklariert [67, 68].

UHT-Sahne, die aseptisch abgefüllt wurde, ist unter bakteriologischen Gesichtspunkten wesentlich länger haltbar als pasteurisierte oder sonst wärmebehandelte Sahne. Es werden Fristen von sechs Wochen bis sechs Monate für möglich gehalten [1, 2, 46]. Auch hier kann der Vergleich mit den letztjährigen Qualitätsprüfungen der DLG herangezogen werden [67, 68]: Die Haltbarkeitsangaben lagen meist zwischen 53 und 85 bzw. 76 und 85 Tagen. Die längste Lagerdauer betrug 140 bzw. 170 Tage. Unter Berücksichtigung von im Verlauf der Lagerung eintretenden chemisch-physikalischen Veränderungen dürfte ein Zeitraum von 8–10 Wochen allerdings realistischer sein als wesentlich längere Vorgaben. Diese Einschätzung wird durch frühere gesetzliche Bestimmungen der Bundesrepublik Deutschland untermauert: Nach der bis zum 23. 6. 1989 geltenden Ersten Verordnung zur Ausführung des Milchgesetzes mußte ultrahocherhitzte Milch in ungeöffneter Packung bei Zimmertemperatur mindestens 6 Wochen haltbar sein. Die selben Anforderungen waren auch an UHT-Sahne zu stellen. Durch die nunmehr maßgebliche Milchverordnung, die hinsichtlich der Wärmebehandlungsverfahren auch Milcherzeugnisse erfaßt, und nach der RL 92/46/EWG sind die Haltbarkeitskriterien geändert. Utrahocherhitzte und sterilisierte Erzeugnisse müssen danach so haltbar sein, daß sie während einer 15tägigen Lagerung bei 30 °C in der ungeöffneten Packung bei Stichprobenkontrollen keine feststellbaren nachteiligen Veränderungen aufweisen. Die früheren und die heutigen gesetzlichen oder sonstigen normativen Vorgaben sind Mindestanforderungen, die durchaus zulassen, daß die Produkte – wie in der Molkereipraxis üblich – mit einer wesentlich längeren Mindesthaltbarkeitsfrist ausgestattet werden.

Die mikrobiologische Belastung von Sahneerzeugnissen ist nicht nur hinsichtlich der Lagerfähigkeit und des Verderbs relevant, sondern muß auch unter dem Aspekt möglicher Gesundheitsbeeinträchtigungen nach Verzehr gesehen werden. Milch und Milchprodukte unterliegen in der Bundesrepublik Deutschland dem Erhitzungsgebot und strengen Kühlbedingungen. Sie sind deshalb für die Übertragung von Zoonosen weniger prädestiniert als andere vom Tier stammende Lebensmittel. Trotzdem treten vereinzelt Erkrankungen nach Genuß von Milch und Milcherzeugnissen auf.

Über Salmonelleninfektionen bzw. das Vorkommen von Salmonellen in Sahneerzeugnissen in der Bundesrepublik Deutschland und in anderen Ländern ergibt sich nach Zitaten in einer Übersichtsarbeit [5] folgende Chronologie:

– 1928 – Paratyphus-Epidemie in England mit 383 Erkrankten,

– 1932 – Paratyphus-Epidemie in Innsbruck durch Genuß von Schlagsahne in einem Kaffeehaus,

– 1936 publiziert – Typhusfälle in Deutschland nach Verzehr von Schlagsahne, Sahnecremes und Sahneeis aus Konditoreien,

– 1951 – zwei Erkrankungsfälle in der Bundesrepublik Deutschland durch *Salmonella Bredeney*,

Mikrobiologische Beschaffenheit

- 1964 publiziert – Isolierung von *Salmonella Typhi* aus einer defekten Dose sterilisierter Sahne (ohne Erkrankungsfälle),
- 1974 – Krankheitsausbruch in Schweden durch *Salmonella Thyphimurium* in einem pasteurisierten Sahneerzeugnis,
- 1978 – 26 Erkrankungsfälle in der Bundesrepublik Deutschland durch *Salmonella Enteritidis* nach Verzehr von Joghurt-Sahne-Torte,
- 1979 – 10 Erkrankungsfälle in der Bundesrepublik Deutschland nach Verzehr von Schlagsahne oder Sahnetorte.

Nach den *Salmonella*-Jahreserhebungen in tierärztlichen Institutionen [40, 41] wurden in den Jahren 1991 und 1992 jeweils bei 0,1 % (81 von 76 624 bzw. 107 von 79 995 Proben) untersuchter Milch und Milchprodukten Salmonellen festgestellt. Der Statistik ist jedoch nicht zu entnehmen, ob unter den positiven Proben auch Sahneerzeugnisse enthalten waren.

Im Jahr 1993 traten in Berlin Erkrankungen nach Verzehr von Käse-Sahne-Torte aus einer Konditorei auf [58]. In der inkriminierten Probe wurden im Direktansatz mit Rambach-Agar 10^7 KbE/g *Salmonella Enteritidis* nachgewiesen. Bei weiteren fünf als Verfolgsproben eingesandten Torten mit Sahne wurde die gleiche Serovariante festgestellt – allerdings nur nach Anreicherung in 25 g Probenmaterial. Bei den Ermittlungen stellte sich heraus, daß im Betrieb ein Dauerausscheider tätig war.

Daß sich neben Salmonellen auch andere Krankheitserreger wie *Staphylococcus aureus*, *Bacillus cereus* und *Listeria monocytogenes* in Sahne vermehren können, ist durch diverse Publikationen belegt [10, 23, 44, 57, 60, 70]. Die Möglichkeit der Keimvermehrung besteht v. a. dann, wenn die Keime nachträglich in das Produkt gelangt sind, und die erforderlichen Kühltemperaturen nicht eingehalten werden. Im Fall der Anwesenheit von *Listeria monocytogenes* schützen allerdings auch niedrige Temperaturen nicht vor der Vermehrung der Erreger, sie können sich noch bei 4 °C vermehren. Wegen ihrer Thermolabilität – sie werden bei Pasteurisierungsbedingungen von 71–72 °C/15 s abgetötet – muß beim Vorkommen in ordnungsgemäß erhitzten Milcherzeugnissen (bzw. der zur Herstellung verwendeten Milch) davon ausgegangen werden, daß sie aus ökologischen Nischen des Betriebes stammen [70, 75, 76]. Bei den toxinogenen Keimen *Bacillus cereus* und *Staphylococcus aureus* muß zusätzlich zur Vermehrung die Toxinbildung im Medium eintreten, um Krankheitssymptome nach dem Verzehr hervorzurufen [12, 73]. Dazu sind optimale Bedingungen erforderlich, z. B. muß das Substrat gut belüftet sein, damit die Enterotoxine ausgebildet werden. Unter normalen Lagerungsbedingungen ist die Belüftung für die Toxinproduktion offensichtlich unzureichend. Im Falle des für Milcherzeugnisse bedeutsamen diarrhöischen *Bacillus cereus*-Toxins kommt ein weiterer Aspekt hinzu: die Empfindlichkeit gegen die Inaktivierung durch im Medium vorliegende proteolytische Enzyme. Diese Umstände dürften wesentlich dazu beitragen, daß nur vereinzelt über Entero-Intoxikationen nach Verzehr von Schlagsahne berichtet wird [29].

Mikrobiologische Beschaffenheit

Opportunistische Keime – darunter fallen Gattungen der *Enterobacteriaceae* wie *Proteus*, *Providencia*, *Citrobacter*, *Klebsiella*, *Enterobacter*, *Edwardsiella*, aber auch andere Keime wie *Pseudomonas spp.* und *Aeromonas spp.* – müssen ebenfalls als Ursachen für lebensmittelbedingte Erkrankungen angesehen werden [7, 22, 51, 73]. Manche Stämme der Erreger werden unter ganz bestimmten Bedingungen pathogen. Wenn sie in hohen Keimzahlen vorliegen und von entsprechend disponierten Verbrauchern aufgenommen werden, treten sog. unspezifische Lebensmittelvergiftungen auf. Die Symptome ähneln denen, die durch Salmonellen hervorgerufen werden. In Sahneerzeugnissen können Opportunisten nach Rekontamination und unzureichender Kühllagerung in hohen Keimzahlen vorkommen, daher besteht ein potentielles Gesundheitsrisiko.

3.3.2 Mikrobiologische Normen und Untersuchungsverfahren

Gesetzlich festgelegte Keimzahlen für Sahneerzeugnisse existierten in der Bundesrepublik Deutschland früher nicht [30, 69]. Der Entwurf einer bundeseinheitlichen Lebensmittelhygiene-Vorschrift aus dem Jahr 1977 sah als Höchstwerte für Sahneerzeugnisse eine Gesamtkeimzahl von $5 \cdot 10^5$/ml und das Freisein von coliformen Keimen in 0,01 ml vor [59]; die Verordnung wurde jedoch nicht erlassen.

In der ehemaligen DDR mußte nach den „Technischen Güte- und Lieferbedingungen" (TGL-Standard 24981) bei erhitztem Zukaufsrahm der Grenzwert 10^5/ml für mesophile Bakterien und für Coliforme die Maßgabe „negativ in 0,01 ml" eingehalten werden. Für das Endprodukt Schlagsahne galt die gleiche Anforderung für Coliforme, die Keimzahl durfte den Grenzwert von $5 \cdot 10^4$/ml nicht überschreiten [63].

In der Schweiz wurden Toleranzwerte für flüssigen und geschlagenen Rahm vorgeschrieben. Für Flüssigrahm gilt auf der Erzeugerstufe der Wert von 10^4 KbE/g aerobe mesophile Keime. Bei der Abgabe im Einzelhandel oder im Gastgewerbe werden 10^5 KbE/g aerobe mesophile Keime und jeweils 10 KbE/g Enterobakteriazeen und *Staphylococcus aureus* toleriert. Für geschlagenen Rahm betragen die Toleranzwerte für aerobe mesophile Keime 10^6 KbE/g, für *Staphylococcus aureus* 10^2 KbE/g und für *Escherichia coli* 10^1 KbE/g [78].

Als allgemeingültige Anforderungen für Lebensmittel können in der Bundesrepublik Deutschland die Vorschriften des LMBG [26] genannt werden. In § 8 sind Verbote zum Schutz der Gesundheit enthalten. Sie beziehen sich auf Herstellung und Behandlung von Lebensmitteln für andere. Lebensmittel dürfen nicht so beschaffen sein, daß ihr Verzehr geeignet ist, die Gesundheit zu schädigen. Unter mikrobiologischen Gesichtspunkten fallen hierunter alle Mikroorganismen bzw. ihre Stoffwechselprodukte, die alimentär bedingte Erkrankungen hervorrufen können – also Infektions-, Intoxikations- und Toxi-Infektionserreger. Die für Sahneerzeugnisse relevanten Vertreter wurden oben behandelt.

Mikrobiologische Beschaffenheit

Die seit dem 1. Jan. 1994 verbindliche RL 92/46/EWG [66], die in nationales Recht umgesetzt wurde [87], enthält im Anhang C, Kap. II für bestimmte Erzeugnisse auf Milchbasis mikrobiologische Anforderungen. Sahneerzeugnisse sind zwar nicht explizit genannt, ihre Zuordnung ist jedoch aufgrund der aufgeführten Produkte oder Produktgruppen möglich. Die „obligatorischen Kriterien" beziehen sich auf die pathogenen Keime *Salmonella* und *Listeria monocytogenes*. Salmonellen dürfen in „sämtlichen Erzeugnissen außer Milchpulver" bei der Untersuchung von 5 Proben in jeweils 25 g nicht nachweisbar sein (für Milchpulver gelten schärfere Bedingungen). Für *Listeria monocytogenes* ist vorgeschrieben, daß Einzelproben in 1 g von diesen Keimen frei sein müssen. Die Überprüfung ist jedoch nicht zwingend erforderlich für Erzeugnisse auf Milchbasis, die nach der Verpackung wärmebehandelt werden (UHT- und Sterilsahne). Im übrigen dürfen „Krankheitserreger und ihre Toxine nicht in Mengen vorhanden sein, welche die Gesundheit der Verbraucher beeinträchtigen". Normen für „analytische Kriterien", welche die Nachweiskeime für mangelnde Hygiene (*Staphylococcus aureus* und *Escherichia coli*) erfassen, sind für Sahneerzeugnisse nicht abzuleiten. Für die „Indikatorkeime" Coliforme und Keimzahl sind Richtwerte im Rahmen von Stichprobenplänen vorgesehen. Für „Flüssigerzeugnisse auf Milchbasis" dürfen Coliforme nur in $c = 2$ von $n = 5$ Proben zwischen dem Schwellenwert $m = 0$ KbE/ml und dem Höchstwert $M = 5$ KbE/ml liegen. Für „wärmebehandelte, nicht fermentierte Flüssigerzeugnisse auf Milchbasis" gilt nach 5tägiger Bebrütung bei 6 °C die Anforderung für den bei 21 °C zu ermittelnden Keimgehalt: $n = 5$, $c = 2$, $m = 5 \cdot 10^4$ KbE/ml, $M = 1 \cdot 10^5$ KbE/ml. Ferner müssen „wärmebehandelte Erzeugnisse auf Milchbasis" nach 15tägiger Bebrütung bei 30 °C <10 KbE/0,1 ml aufweisen. Die beiden letztgenannten Normen sind insofern widersprüchlich, als sie sich beide auf „wärmebehandelte" Erzeugnisse beziehen, ohne die Art der Wärmebehandlung zu definieren. Aufgrund der vorgegebenen Keimzahlen können im ersten Fall nur (einmal) pasteurisierte (Sahne-)Erzeugnisse mit Kühlanforderungen erfaßt sein, deren Erhitzungsverfahren nicht kenntlich zu machen ist. Deklarationspflichtig „wärmebehandelte" Sahneerzeugnisse sind intensiver als nur einmal pasteurisierte Erzeugnisse erhitzt und weisen danach deutlich niedrigere Keimgehalte auf. Die Anforderung nach der Bebrütung (der verschlossenen Behältnisse) bei 30 °C kann dagegen nur für ultrahocherhitzte und sterilisierte Erzeugnisse gelten. Diese Klarstellungen stützen sich auch auf die Vorschriften der alten Milchverordnung [80], wonach der Belastungstest durch die Bebrütung eindeutig für diese Erzeugnisse vorgesehen war. Auch der zur Änderung eingebrachte „Richtlinienvorschlag" [82] und die neue Milchverordnung [87], welche die supranationalen mikrobiologischen Normen der RL 92/46/EWG in nationales Recht überführt hat, präzisieren den Belastungstest für ultrahocherhitzte und sterilisierte Erzeugnisse auf Milchbasis.

Die aus der RL 92/46/EWG auszugsweise wiedergegebenen Normen sind auf den Zeitpunkt abgestellt, bei dem die Erzeugnisse den Herstellbetrieb verlassen. Kriterien für Milcherzeugnisse im Handelsbereich sollen nach Art. 31 der Richtlinie noch erarbeitet werden [35].

Mikrobiologische Beschaffenheit

In Ermangelung allgemein gültiger Richt- und Grenzwerte auf der Endverbraucherstufe wurden in Publikationen individuelle Vorschläge aufgrund der jeweiligen Untersuchungen unterbreitet. Im Raum Braunschweig waren für Schlagsahne $3 \cdot 10^5$/ml Gesamtkeime und $3 \cdot 10^2$/ml Coliforme festgelegt [69]. Für Berlin wird seit mehreren Jahren nach folgenden mikrobiologischen Kriterien verfahren: Eine Beanstandung i. S. der Lebensmittelhygiene-Verordnung [79] – hygienisch nachteilige Beeinflussung – liegt dann vor, wenn hygienisch relevante Keime wie Coliforme, Enterobakteriazeen oder Pseudomonaden in hohen Keimzahlen ($> 10^5$ KbE/g) vorliegen. Der interne Richtwert bleibt dann unberücksichtigt, wenn Infektionserreger oder in erheblicher Konzentration toxinogene Keime (Beanstandung nach § 8 LMBG) oder sensorische Fehler in Verbindung mit sonstigen Abweichungen (Beanstandung nach § 17 LMBG) festgestellt werden [36, 43, 44]. Nach den Prüfbestimmungen der DLG sind Sahneerzeugnisse dann von der Prämierung ausgeschlossen, wenn sie in 0,1 ml coliforme Keime enthalten.

Die Variationsbreite der Bewertung von Sahneerzeugnissen aufgrund mikrobiologischer Kriterien verdeutlicht die Notwendigkeit, die Beurteilungsgrundlagen zu vereinheitlichen. Dabei sollte berücksichtigt werden, daß außerhalb von Rechtsnormen Richt- und Warnwerte wünschenswert sind. Sie müssen so angelegt sein, daß sie sowohl für Überprüfungen im Rahmen der innerbetrieblichen Qualitätssicherung als auch für Kontrollen der amtlichen Lebensmittelüberwachung geeignet sind. Die Überschreitung eines Richtwertes bei Untersuchungen durch Überwachungsbehörden sollte zu belehrenden Hinweisen, Entnahmen von Nachproben oder zu außerplanmäßigen Betriebskontrollen führen. Die Nichteinhaltung eines Warnwertes berechtigt zur Ergreifung lebensmittelrechtlicher Maßnahmen unter Wahrung der Verhältnismäßigkeit der Mittel [30]. Offensichtlich findet das Prinzip von Stichprobenplänen aufgrund von Richt- und Warnwerten auch Eingang in Rechtsnormen. Nach dem Entwurf der Ablöseverordnung für die Milchverordnung [11] und der neuen Milchverordnung [87] sind die Parameter „m" als Schwellenwert und „M" als Höchstwert für die Keimzahl definiert.

Als mikrobiologische Untersuchungsverfahren kommen in erster Linie national oder international standardisierte Techniken infrage. Für die wichtigsten Krankheitserreger und sonstigen Mikroorganismen, auch für Keimzahlbestimmungen, stehen Methoden der ISO (International Organization for Standardization), des IMV (Internationaler Milchwirtschaftsverband), der ICMSF (International Commission on Microbiological Specifications for Food), des DIN (Deutsches Institut für Normung e. V.) und nach § 35 LMBG (Amtliche Sammlung von Untersuchungsverfahren) zur Verfügung. Diese konventionellen Techniken erfordern meist einen erheblichen Aufwand an Zeit, Material und Arbeit. Als Alternativen bieten sich Routinemethoden an, die auf modifizierten kulturellen Nachweisen, Impedanzmessung, molekularbiologischen oder enzymimmunologischen Methoden beruhen [4]. Sie sollten als sog. Screening-Tests eingesetzt werden, deren positiver Nachweis – zumindest im Falle von Krankheitserregern – kulturell zu bestätigen ist. Die RL 92/46/EWG sieht vor, daß Referenzverfahren und ggf. Kriterien für Routineverfahren festzulegen sind. Solange dies noch nicht geschehen ist, kann jedes international anerkannte Verfahren als Referenzverfahren eingesetzt werden [35].

3.4 Besonderheiten beim Aufschlagen von Sahne

Der Vorgang des Aufschäumens von Schlagsahne muß als potentiell kontaminationsträchtig angesehen werden. Die verwendeten Geräte oder Maschinen weisen bei unzureichender Säuberung Lebensmittelrückstände oder Schmutz auf, die zu einer ständigen Infektionsquelle für das zu bearbeitende Produkt werden. Auch dem Betrieb und der Handhabung von Aufschlagmaschinen sowie der Produktpflege ist erhebliche Bedeutung beizumessen. Daher wird den mit dem Aufschlagprozeß zusammenhängenden hygienischen Besonderheiten ein eigenes Kapitel gewidmet.

3.4.1 Geräte, Maschinen und Verfahren zum Aufschlagen

Die Methoden des Aufschlagens oder Aufschäumens lassen sich nach dem Funktionsprinzip in drei Verfahren untergliedern [53]:
1. Blasenbildung durch Vorrichtungen, die abwechselnd in die gasförmige und flüssige Phase eintauchen. Als Aufschlagvorrichtungen dienen Anschlagmaschine, Schlagbesen, Handmixer und Planetenrührwerk.
2. Blasenbildung an luftdurchströmten Öffnungen, die mit Schlagsahne bedeckt sind. Die Aufschlagvorrichtung ist der sog. Sahnebläser.
3. Lösen von Gasen in der Schlagsahne, wobei als Aufschäumvorrichtungen Gasapparat, Mussator, Sahneapparat und Spraydose infrage kommen.

In gewerblichen und industriellen Betrieben ist das dritte Verfahren am weitesten verbreitet. Die verschiedenen Maschinen lassen sich zwei Typen zuordnen [42, 52]:

a) Maschinen mit Mischpatronen oder Mischkopf, bei denen Luft und Sahne gleichzeitig durch das Mischsystem transportiert werden. Beim Passieren verteilt sich eine große Menge Luftbläschen unter Druck sehr fein in der Sahne. Die Mischvorrichtung kann als profilierter Stab ausgebildet sein, oder sie besteht aus einer Vielzahl perforierter Plättchen oder aus mehreren Walzen und ist von einem Mantel eng umschlossen. Beispiele für bekannte Fabrikate dieses Maschinentyps sind Fortuna, Jetwip, Miniwip, Profimat, Mussana und Sanomat.

b) Maschinen mit Druckgefäß, bei denen die Sahne durch von einem Kompressor erzeugte Preßluft in eine Säule mit vielen kleinen Glaskügelchen gefördert wird. Durch die Bewegung der Kügelchen verteilt sich die Luft feindispers in der Sahne. Als gängiges Gerät wird das Fabrikat Mussator genannt.

Beiden Maschinentypen ist gemeinsam, daß das Sahne-Luft-Gemisch beim Austritt aus der Entnahmevorrichtung unter Volumenzunahme entspannt und als steifgeschlagener Sahneschaum gezapft werden kann.

Kompressionsgeräte sind selten im Einsatz, Automaten mit Mischpatrone, Mischwalze oder Mischkopf sind dagegen führend am Markt. Sie werden in kleiner

Aufschlagen von Sahne

Bauweise in Bäckereien, Konditoreien, Eisdielen, Cafés und Restaurants oder als Maschinen mit größerem Durchsatz in industriellen Betrieben verwendet [42, 43, 44]. Die weiteren Ausführungen über Aufschlagmaschinen befassen sich daher mit diesem Maschinentyp.

Die einzelnen Fabrikate dieses Typs verfügen neben der typbestimmenden Mischvorrichtung und der Ausgabevorrichtung über weitere wesentliche Bauteile:
- eine Wanne oder ein Behältnis zur Aufnahme des Sahnevorrates,
- eine elektrisch angetriebene Pumpe mit Ansaugvorrichtungen für Sahne und Luft,
- eine Kältemaschine mit Thermostatregelung und Kontrollthermometer,
- eine Isolierverschäumung des Gehäuses im oberen Maschinenteil.

Aufnahmen diverser Maschinen (Abb. 3.1–3.4) sollen die Bauweise verdeutlichen. Abb. 3.1 zeigt eine Sahne-Aufschlagmaschine mit fest eingebauter Edelstahlwanne, in welche die flüssige Schlagsahne eingefüllt wird. Am Boden der Sahnewanne befindet sich eine Auslaßöffnung, die mit einem Rohrstutzen an der Gehäusefront endet. Die Öffnung ist von innen mit einem an einem Kunststoffstab befindlichen Stopfen mit O-Ring verschlossen. Der Verschluß des Auslaufrohres an der Gehäusefront besteht aus einem weiteren, mit O-Ring besetzten Kunststoffstopfen. Zur Reinigung der Maschine muß die Schlagsahne abgelassen werden. Die Pumpe, eine Zahnradpumpe, befindet sich direkt über dem Sahnevorrat. Sie ist mit dem Antriebsrad auf die horizontal aus der rückwärtigen Wand der Sahnewanne herausragende Antriebswelle aufgesteckt. Die Sahne wird über einen sog. Pumpenregler und die Luft über ein Membranventil angesaugt. Das Sahne-Luft-Gemisch wird in die Mischvorrichtung gefördert, die teilweise aus dem Gehäuse herausragt. Dieser Teil und die Ausgabevorrichtung mit Garniertülle enden in einem aus Kunststoff gefertigten Frontverschluß. An der Vorderseite der Maschine befindet sich der Zapfschalter, das Kontrollthermometer und der Tropfensammler. Die Abdeckung der Sahnewanne besteht aus einem klappbaren Kunststoffdeckel, der

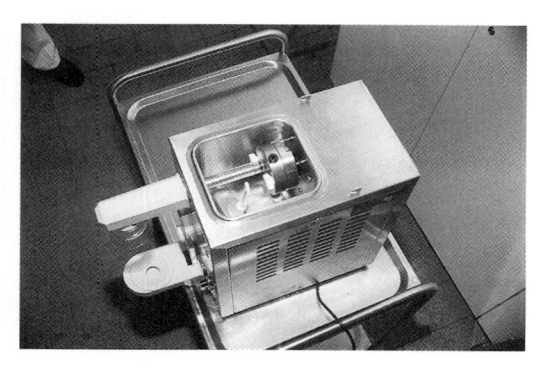

Abb. 3.1 Sahne-Aufschlagmaschine des Mischpatronentyps mit integrierter Sahnewanne

Aufschlagen von Sahne

für die Aufnahme entfernt wurde. In Abb. 3.2 ist eine Aufschlagmaschine mit herausnehmbarem Vorratsbehälter für die flüssige Schlagsahne dargestellt. In der Wanne neben dem Vorratsbehälter ist die Pumpe, ebenfalls eine Zahnradpumpe, auf die vertikal aus dem Wannenboden ragende Antriebswelle aufgesteckt. Über

Abb. 3.2   Sahne-Aufschlagmaschine des Mischpatronentyps mit herausnehmbarem Behälter für die Vorratssahne

die Ansaugvorrichtung, einen flexiblen Kunststoffschlauch mit Metallstutzen, wird die Sahne aus dem Vorratsbehälter in die Pumpe gefördert. Dem Sahnestrom wird über ein Mischventil Luft zudosiert, und das Sahne-Luft-Gemisch gelangt in die Mischvorrichtung. Sie ist, ebenso wie die Ausgabevorrichtung, außerhalb des Gehäuses von einem isolierenden Metallmantel umschlossen. An der Gehäusefront befinden sich der Zapfschalter und die Lämpchen für die Funktionskontrollen. Abb. 3.3 zeigt eine Maschine in Seitenansicht, bei der die Verkleidung entfernt ist. Im oberen Bildteil ist die Isolierung der Sahne- und Pumpenwanne zu erkennen. Im darunter liegenden Teil des Gehäuses befinden sich die Aggregate der Kälte-

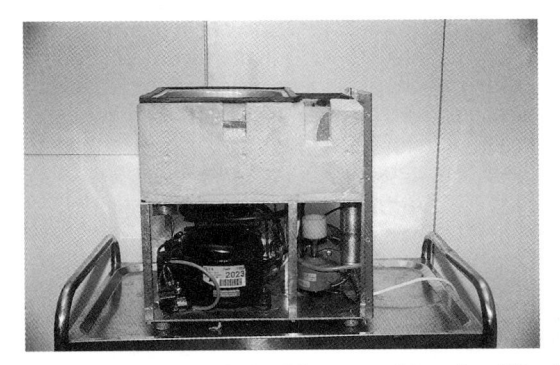

Abb. 3.3   Sahne-Aufschlagmaschine des Mischpatronentyps (ohne Verkleidung): Isolierung, Kältemaschine, Pumpenmotor

Aufschlagen von Sahne

maschine (links) und der Pumpenmotor mit Kupplung (rechts). Auf Abb. 3.4 ist ein Ausschnitt des Oberteils einer Maschine zu sehen. Die Isolierverschäumung der Sahnewanne wurde teilweise entfernt, um den Verlauf der Kühlmittelleitung und den Sitz des Thermostatfühlers sichtbar zu machen. Die Kühlmittelleitung, ein Kupferrohr, ist mäanderförmig um die Sahnewanne verlegt und zusammen mit dem vertikalen Rohr zur Aufnahme des Thermostatfühlers mittels zwei Metallbändern an der Außenseite fixiert. Der Wannenboden ist nicht in den Verlauf der Kühlmittelleitung einbezogen. Der aus seiner Halterung herausgezogene Thermostatfühler ist als Metalldraht auf der Isolierung zu erkennen.

Abb. 3.4   Sahne-Aufschlagmaschine des Mischpatronentyps: Isolierverschäumung, Thermostatfühler mit Sitz und Kühlmittelleitung

Die Effektivität der Kühlung des Sahnevorrates und der sahneführenden Bauteile ist sowohl für Aufschlagvolumen und Standfestigkeit des Sahneschaumes als auch unter hygienischen Gesichtspunkten relevant. Es muß nach DIN 10 507 [16] sichergestellt sein, daß unter den üblichen Betriebsbedingungen (Umgebungstemperatur 25 °C) der Sahnevorrat im Gerät bei max. 5 °C und der in der Ausgabevorrichtung befindliche Sahneschaum bei max. 15 °C gehalten werden können. Soweit die Kapazität der Kältemaschine sowie die Isolierung des Gehäuses und einzelner Bauteile entsprechend ausgelegt sind, lassen sich die Temperaturvorgaben einhalten. Schwierig oder gar unmöglich wird es, wenn die aus dem Gehäuse herausragende Misch- und Ausgabevorrichtung nicht in den Kältekreislauf einbezogen ist, die Pumpe nicht abgeschirmt ist, oder die Fühler für Thermostat und Kontrollthermometer an „falschen" Meßpunkten eingebaut sind [43]. Abb. 3.5 zeigt eine derartige Maschine. Das Kontrollthermometer ist ausgebaut und im Bild unten rechts zu erkennen. Sein Sitz befindet sich in der quadratischen Aussparung der Isolierung oben rechts an der Frontseite. Der spiralig aufgerollte Flüssigkeitsfühler liegt der gekühlten Wannenwandung direkt an und zeigt deshalb deren Temperatur an. Sie weicht jedoch erheblich von der Produkttemperatur im separaten Vorratsbehälter, die im hinteren Teil der Wanne einge-

Aufschlagen von Sahne

stellt wird, ab. Seit einiger Zeit sind sogar Geräte auf dem Markt, bei denen der Hersteller aus Kostengründen die Kältemaschine eingespart hat. Der Sahnevorrat soll nur mit plattenförmigen Kühlelementen, die eine Kältemischung (verschiedene in Wasser gelöste Salze) enthalten, gekühlt werden (Abb. 3.6). Folglich bleibt die Kältewirkung an den übrigen Bauteilen unzureichend. Derartige Fabrikate entsprechen nicht den nach DIN 10 507 an Sahne-Aufschlagmaschinen zu stellenden Anforderungen. Der Benutzer sollte sich darüber im klaren sein, daß er mit dem Kauf eines solchen Gerätes ein höheres hygienisches Risiko eingeht als mit einem DIN-gerechten Fabrikat.

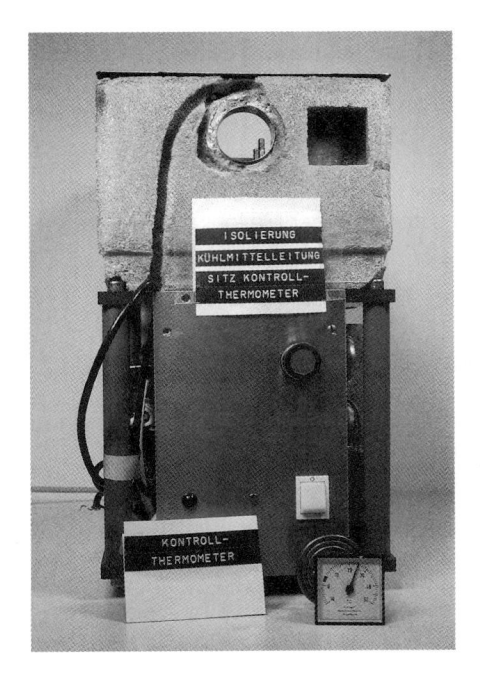

Abb. 3.5 Sahne-Aufschlagmaschine des Mischpatronentyps
(ohne Verkleidung) mit falsch eingebautem Kontrollthermometer

Als weitere wesentliche konstruktionsbedingte Merkmale von Sahneaufschlagmaschinen sind die Eignung der verwendeten Werkstoffe für den vorgesehenen Verwendungszweck sowie die Wartungs- und Reinigungsfreundlichkeit zu beachten [16, 43, 52, 83]. Die Materialien müssen korrosionsbeständig gegen Produkt, Reinigungs- und Desinfektionsmittel, abriebfest, unempfindlich gegen auftretende Temperaturen und alterungsbeständig sein. Verschleißteile müssen schnell austauschbar sein. Eine leicht und effektiv durchzuführende Reinigung und Desinfektion ist unter hygienischen Aspekten relevant, aber auch aus wirtschaftlichen

Aufschlagen von Sahne

Abb. 3.6 Sahnespender ohne Kältemaschine
1: Kühlelemente in der Wanne für den Vorratsbehälter

Gründen sinnvoll. Bei der Notwendigkeit täglicher Hygienemaßnahmen kann der erforderliche zeitliche Aufwand nur bei Einsatz derartiger Maschinen in vertretbaren Grenzen gehalten werden.

3.4.2 Kühlanforderungen und sonstige Produktpflege

Die Thermostate der Kältemaschinen sind entweder herstellerseits oder werden nach Herstellerangaben durch den Betreiber auf eine bestimmte Kälteleistung eingestellt. Sie soll es ermöglichen, vorgekühlte Schlagsahne (auch „Rohsahne" [16] genannt), die in den Vorratsbehälter eingefüllt wird (dann „Behältersahne" [16] genannt), bei max. 5 °C zu halten. Ihre Aufschlageigenschaften sind bei dieser Temperatur optimal. Bei höherer Temperatur besteht die Gefahr, daß die mikrobiologische und chemisch-physikalische Beschaffenheit der aufgeschlagenen Sahne nachteilig beeinflußt wird [1, 2, 8, 16, 42, 45, 60, 72].

Die Einhaltung der Kühlanforderungen ist in der Praxis keineswegs die Regel. Trotz der vom Hersteller empfohlenen Thermostateinstellung liegt die tatsächlich in der Behältersahne herrschende Temperatur häufig mehr oder weniger deutlich über den Vorgaben [43]. Zum Vergleich sind die bei Untersuchungen an Aufschlagmaschinen ermittelten Temperaturverläufe (Mittelwerte und Standardabweichungen von 30 bzw. 28 Betriebstagen) zweier Maschinen graphisch dargestellt (Abb. 3.7). Die Thermostate beider Fabrikate waren so eingestellt, daß die Kontrollthermometer den Optimalbereich von 0–5 °C anzeigten. Bei Gerät D stimmten SOLL- und IST-Temperatur schon kurz nach der Inbetriebnahme überein. Bei Gerät C kam es dagegen auf der Thermostatstufe 2 innerhalb von fünf Stunden zu einem stetigen Anstieg der im Behälter gemessenen Temperatur. Am Ende der achtstündigen Betriebszeit lagen im Mittel etwa 9 °C vor, der Maximalwert dieser Versuchsreihe betrug 11,2 °C. Änderungen der Thermostateinstellung brachten

Aufschlagen von Sahne

nicht den erwarteten Erfolg. Erst auf der höchsten Regelstufe 7 wurde die Behältersahne auf unter 5 °C gekühlt. Die Kältemaschine lief dann jedoch fast im Dauerbetrieb und die Wandung der Sahnewanne vereiste. Es mußten also Konstruktionsfehler vorliegen, welche die erheblichen Kühlmängel verursachten. Sie betrafen den Einbau der Regel- und Meßfühler des Thermostaten bzw. des Kontrollthermometers, die an falschen Meßpunkten plaziert waren (siehe auch Abb. 3.5). Außerdem war die Isolierung des Gehäuses gegen die Umgebungstemperatur und die

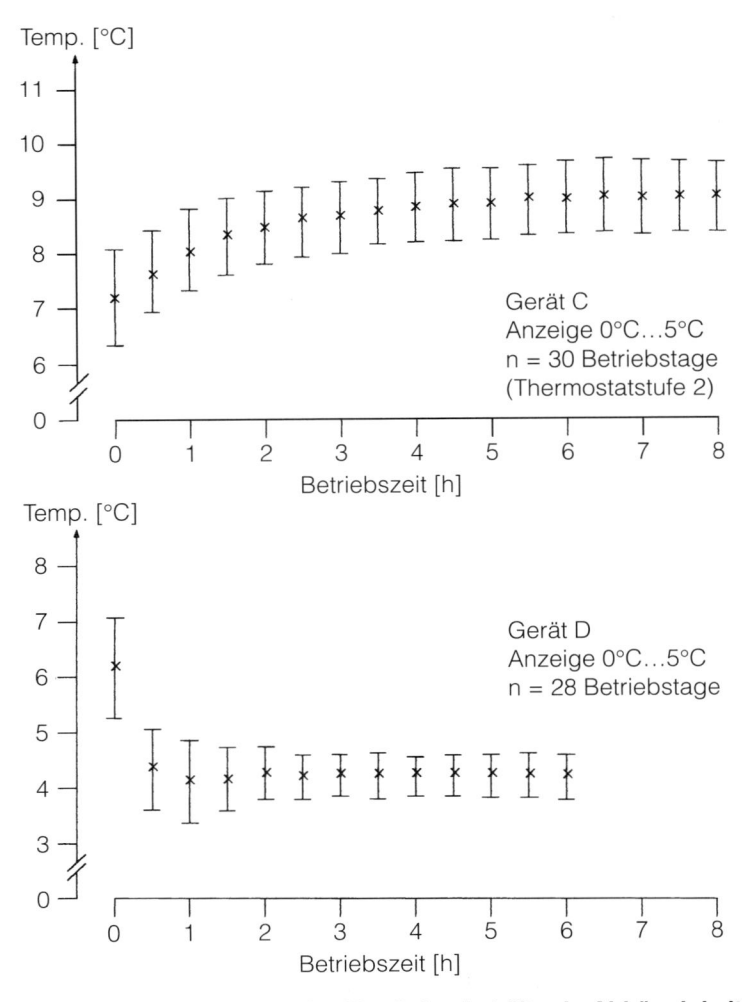

Abb. 3.7 **Temperaturverlauf im Sahnebehälter in Abhängigkeit von der täglichen Verweilzeit (Mittelwerte und Standardabweichungen)**

Aufschlagen von Sahne

wärmeerzeugenden Aggregate der Maschine nicht ausreichend. Nachdem die Konstruktionsmängel durch provisorische Um- und Einbauten beseitigt waren, wurde schon auf der Thermostatstufe 3 eine mittlere Temperatur von 4,4 °C im Vorratsbehälter erreicht. Das Gerät genügte nach den Optimierungsmaßnahmen den Anforderungen, die an die Kühlung der Behältersahne zu stellen sind.

Auch bei Untersuchungen von Sahneproben aus dem gewerblichen Bereich wurden häufig Kühlungsmängel festgestellt [43]. Soweit die in den überprüften Betrieben vorhandenen Maschinen über Kontrollthermometer verfügten, zeigten sie bis auf wenige Ausnahmen max. 5 °C an. Von tatsächlich in 60 Behältern gemessenen Temperaturen lagen 17 über 7 °C. Als Höchstwert wurden zweimal 10 °C registriert. Ob bei diesen Extremfällen Konstruktionsmängel vorlagen, oder die Thermostate der Geräte von den Betreibern nicht richtig eingestellt waren, ließ sich nicht nachvollziehen. Zur Sorgfaltspflicht des Gewerbetreibenden gehört es aber, regelmäßig die Temperatureinstellung und -einhaltung zu überprüfen und in Verdachtsfällen auch selbst Temperaturmessungen vorzunehmen.

Als besonders kritischer Kontrollpunkt einer Sahneaufschlagmaschine muß die Ausgabevorrichtung eingestuft werden [44]. Sie ragt mit Teilen der Mischvorrichtung aus dem Gehäuse heraus und ist der Umgebungstemperatur ausgesetzt. Nach jedem Zapfvorgang verbleibt Sahne in der Portioniereinheit. Insbesondere der Sahnerest in der Garniertülle erwärmt sich mit zunehmender Standzeit, wenn zwischenzeitlich keine Schlagsahne gezapft wird. Im Rahmen der o. a. Untersuchungen an Aufschlaggeräten [43] wurde im Sahnerest der Tülle regelmäßig die Temperatur gemessen. Bei der am besten kühlenden Maschine (Fabrikat A) lag der Mittelwert von 160 Messungen bei 10,99 °C, der Maximalwert betrug 13,6 °C. Die Maschine, bei der sich der Sahnerest in der Garniertülle am stärksten erwärmte (Fabrikat D), wies eine Höchsttemperatur von 21,2 °C (Mittelwert 18,15 °C aus 95 Messungen) auf. Sie lag damit nur knapp unter der max. Umgebungstemperatur von 25 °C. Dabei muß hervorgehoben werden, daß sich die hohen Temperaturen schon nach 30–40 min Wartezeit einstellten. Auch in der gewerblichen Praxis kommen derartige und noch längere Standzeiten zwischen den Sahnezapfungen vor, und sie wiederholen sich im Verlauf eines 8- bis 10stündigen Betriebstages. Da die einzelnen Geräte während der Versuche gleichartigen Umgebungstemperaturen ausgesetzt waren, lassen die Meßwerte direkt auf die Effektivität der Kühlung schließen. Erst bei Neukonstruktionen der letzten Jahre umschließt die Kühlmittelleitung auch das Mantelrohr der Mischvorrichtung und reicht bis an die Ausgabevorrichtung heran. Abb. 3.8 zeigt eine solche Sahne-Aufschlagmaschine mit gekühltem Auslauf. Durch die wesentlich bessere Wärmeableitung dürfte sich die Temperatur in der Ausgabevorrichtung nur noch mäßig erhöhen. Nach den Anforderungen, die an DIN-gerechte Aufschlagmaschinen gestellt werden, ist die Produkttemperatur der in der Ausgabevorrichtung befindlichen aufgeschlagenen Sahne bei einer Umgebungstemperatur von 25 °C auf 15 °C limitiert (16). In der Anlage A zu DIN 10507 wird unter den Hinweisen für den Benutzer von Sahneaufschlagmaschinen vorgeschlagen, nach einer Standzeit von > 2 h ohne Sahnezapfung vor der erneuten Zapfung zwei Garniertüllenfüllungen zu verwerfen. Darauf kann nur verzichtet werden, wenn sich in der Garniertülle eine Temperatur von < 15 °C einhalten läßt.

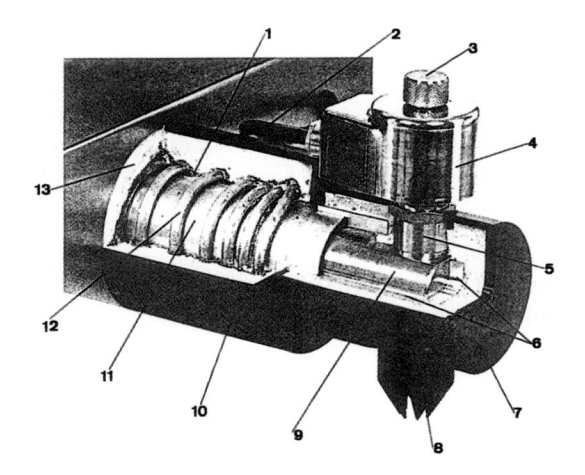

Abb. 3.8 Sahne-Aufschlagmaschine des Mischpatronentyps mit gekühltem Auslauf

1: Reflexionsschicht zwischen Isolierverschäumung und Kühlschlange
2: Elektrische Zuleitung für Magnetventil
3: Rändelmutter – Magnetventil
4: Magnetventil
5: Verlängerungsstück für Magnetventil
6: Kältemantel – Ausgangsstück (Aluminium)
7: Ausgeschäumte Isolierbuchse (Ausgangsstück)
8: Garniertülle (Kunststoff)
9: Ausgangsstück (Edelstahl)
10: Außenmanschette
11: Kühlmittelleitung (Kühlschlange – Kupfer)
12: Isolierung mit PU-Schaum

Zur Produktpflege gehört, wie oben schon ausgeführt, die Rohsahne so vorzukühlen, daß sie als Behältersahne in der Aufschlagmaschine bei max. 5 °C gehalten werden kann [16, 42]. In Gewerbebetrieben wird diese Anforderung häufig nicht eingehalten. Bei Kontrollen wies ein Sechstel (10 von 60) der Packungs- oder Kannensahne Temperaturen > 10 °C auf [44]. Da pasteurisierte oder sonst wärmebehandelte Sahneerzeugnisse nur begrenzt haltbar sind, sollten nur frisch abgefüllte Produkte bezogen werden. Schon bei Einkauf oder Lieferung ist es wichtig, auf die Lagerungs- und Transporttemperaturen zu achten. Nicht ausreichend gekühlte oder kurz vor dem Datumsablauf stehende Schlagsahne sollte aus Gründen möglicher Keimbelastung zurückgewiesen werden. Häufig werden unter Kostengesichtspunkten größere Sahnegebinde eingekauft, die nach dem Anbrechen nicht alsbald aufgebraucht werden. Hier besteht die Gefahr nachträglicher

Aufschlagen von Sahne

bakterieller Verunreinigungen. Es ist vom hygienischen Standpunkt her sinnvoller, kleinere, dem Verbrauch angepaßte Packungen zu verwenden. Wenn ungünstige Voraussetzungen vorliegen, ist es auch zumutbar, die Rohsahne vor dem Einfüllen in die Aufschlagmaschine auf sensorische Abweichungen (Aussehen, Geruch, Geschmack) zu prüfen.

Die aufgeführten hygienischen Mindestanforderungen wurden schon mehrfach publiziert bzw. dem Gewerbe zugänglich gemacht [14, 15, 22, 36, 43, 44, 85]. Ihre Beachtung bietet in Verbindung mit der Funktionstüchtigkeit der Maschinen und deren regelmäßiger Reinigung und Desinfektion die Gewähr dafür, daß eine hygienisch einwandfreie aufgeschlagene Sahne erzeugt werden kann.

3.4.3 Reinigung, Desinfektion und mikrobiologische Kontrolle von Aufschlagmaschinen

Die ordnungsgemäße Säuberung der Aufschlagmaschinen hat eine erhebliche Bedeutung für die mikrobiologische Beschaffenheit des Endproduktes. Aus lebensmittelhygienischer Sicht muß zwischen Reinigung, Desinfektion und Nachbehandlung unterschieden werden. Ziele dieser Maßnahmen sind die Beseitigung von Verschmutzungen, die Eliminierung von lebensmittelvergiftenden und -verderbenden Mikroorganismen sowie die Entfernung der Rückstände an Reinigungs- und Desinfektionsmittel [62]. Die Maschinenhersteller liefern Reinigungsanweisungen im Rahmen der Betriebsanleitungen mit. Bei früheren Untersuchungen [43] wurden allerdings diverse Mängel dieser Anweisungen festgestellt. Sie waren unvollständig und für Laien schwer verständlich abgefaßt. Die Häufigkeit der durchzuführenden Hygienemaßnahmen war ebenso unbestimmt wie Angaben über Temperatur, Konzentration, Volumen und Einwirkzeit der Reinigungs- und Desinfektionslösungen. Es stellte sich bei den Laborversuchen sehr schnell heraus, daß die aus den Reinigungsvorgaben abgeleiteten Konditionen nicht sachgerecht waren: Eine tägliche Verweilzeit der Sahne in den Geräten von 24 h war zu lang bemessen, und eine zwei- bis dreimalige Reinigung pro Woche war zu wenig. Unter solchen Bedingungen kann es v. a. in der aufgeschlagenen Sahne zu einer deutlichen Keimanreicherung kommen.

Aus der oben zitierten Untersuchung [43] sind Beispiele für die Keimdynamik bei zweimaliger Reinigung der Geräte innerhalb einer viertägigen Betriebswoche graphisch dargestellt (Abb. 3.9 und 3.10). In unbeimpfter wärmebehandelter Schlagsahne aus dem Handel stieg die aerobe Koloniezahl von $\log_{10}$ KbE/g = 3,3 ($2 \cdot 10^3$ KbE/g) im Mittel von vier Wochendurchgängen auf den Wert von $\log_{10}$ KbE/g ≈ 8,0 (ca. 10^8 KbE/g) an (Abb. 3.9). Zu ähnlichen Ergebnissen kam es in H-Schlagsahne, die mit etwa 10^3 KbE/g *Escherichia coli* beimpft worden war (Abb. 3.10). Während sich die Keime in der gekühlt aufbewahrten Packungssahne nicht vermehrten, lag am Ende des vierten Betriebstages nach sechs Wochendurchgängen der *Escherichia coli*-Mittelwert bei $\log_{10}$ KbE/g = 4,93 (etwa 10^5 KbE/g – Gerät D) bzw. bei $\log_{10}$ KbE/g = 6,67 (etwa $5 \cdot 10^6$ KbE/g – Gerät A). Die

Aufschlagen von Sahne

vorgeschriebenen Hygienemaßnahmen waren also völlig unzureichend. Zudem erwies sich eine Reinigungsmethode, bei der die Aufschlagmaschine demontiert und die Einzelteile manuell gesäubert werden sollten, als sehr umständlich, zeitaufwendig und kontaminationsträchtig. Deshalb wurde eine Methode zur Reinigung und Desinfektion der Maschinen im Betriebszustand (RIB- bzw. DIB-Methode) entwickelt. Die Geräte wurden mit dieser Durchflußmethode täglich nach einer Betriebszeit von 8 h unter Verwendung der von den Herstellern mitgelieferten Spezialreiniger gesäubert.

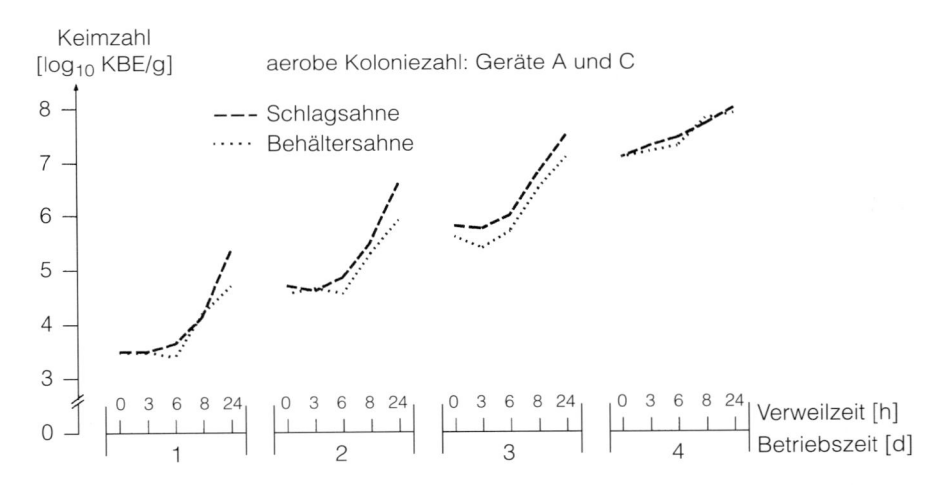

Abb. 3.9 Unbeimpfte Sahne: Keimdynamik in Abhängigkeit von täglicher Verweilzeit und wöchentlicher Betriebszeit bei zweimaliger Reinigung der Geräte pro Woche (Mittelwerte aus 4 Wochendurchgängen mit n = 4 Einzelwerten)

Am Beispiel des Gerätes A kann die Wirksamkeit der Methode erläutert werden (Abb. 3.11). Als Ausgangsprodukt diente wieder künstlich mit etwa 10^3 KbE/g *Escherichia coli* kontaminierte H-Schlagsahne. Über jeweils vier Betriebswochen wurden für die Säuberung die Präparate F, M und S eingesetzt. Bei den beiden ersten handelte es sich um sog. Desinfektionsreiniger, bei denen nach dem Vorspülen in einem Arbeitsgang gereinigt und desinfiziert wird. Das Präparat S war dagegen ein ausschließliches Reinigungsmittel, das durch ein spezielles Desinfektionsmittel ergänzt werden mußte. Am Anfang und Ende eines jeden Betriebstages wurden in der aufgeschlagenen Sahne und zum Vergleich in der kühlgelagerten Packungssahne die *Escherichia coli*-Keimzahlen ermittelt. Nach Reinigung bzw. Desinfektionsreinigung und Nachspülen wurde ein Liter steriles Leitungswasser durch die Geräte gepumpt und die darin enthaltenen Keime

Aufschlagen von Sahne

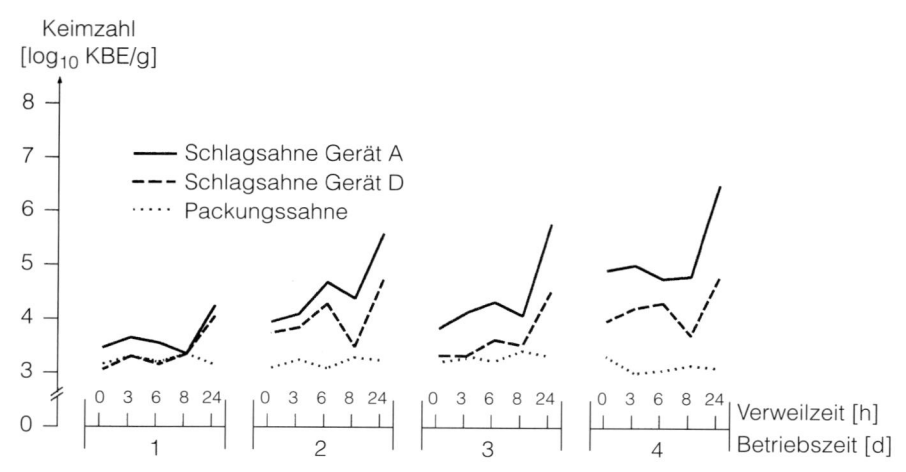

Abb. 3.10 Beimpfte Sahne: Verlauf der *E.coli*-Keimzahlen in Abhängigkeit von täglicher Verweilzeit und wöchentlicher Betriebszeit bei zweimaliger Reinigung der Geräte pro Woche (Mittelwerte aus 6 Wochendurchgängen mit n = 2...6 Einzelwerten)

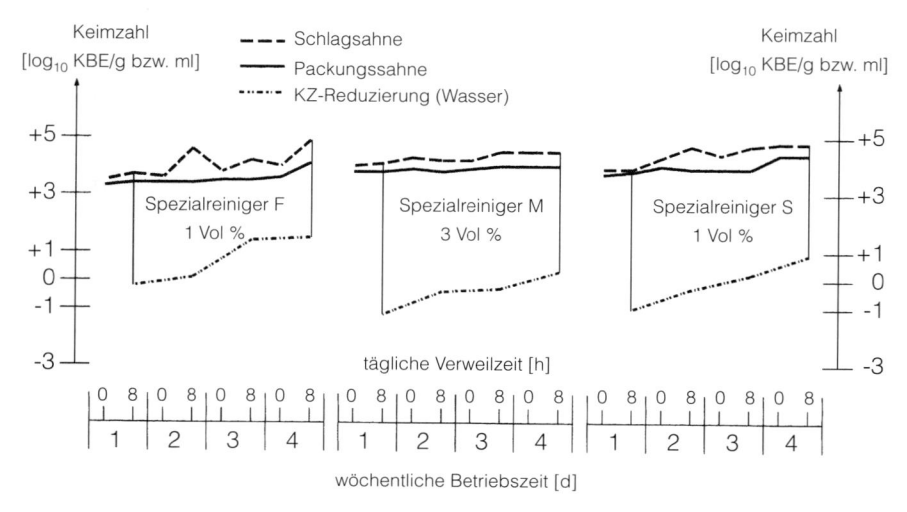

Abb. 3.11 Gerät A. Optimierte RIB- bzw. DIB-Methode bei täglicher Anwendung – Reinigungseffekt und Einfluß auf die *E. coli*-Vermehrung in beimpfter Schlagsahne – Tages- und Wochenverlauf (Mittelwerte aus n = 3...4 Einzelwerten)

durch Titer bestimmt. Aus der Differenz der Keimzahl in der aufgeschlagenen Sahne und dem Titer im Wasser ließ sich die Verminderung der Keime errechnen. Sie betrug in allen Fällen mehrere Zehnerpotenzen: ungefähr 3,5 $\log_{10}$-Stufen bei Spezialreiniger F, etwa 5 $\log_{10}$-Stufen bei den Reinigern M und S. Die absolute Keimzahlerniedrigung kann als „Dezimale Keimreduktion" (D-Wert) bezeichnet werden und gilt als Maß für die Entkeimungswirkung nach Reinigung und/oder Desinfektion [18]. Besonders hervorzuheben ist, daß die Effektivität der Hygienemaßnahmen im Wochenverlauf nachlassen kann. Daher sollten weitere Schritte zur Reduzierung bzw. Eliminierung der Keime (separate Desinfektion oder verstärkte Desinfektionsreinigung) angewandt werden.

Reinigungsmaßnahmen täglich durchzuführen, wurde auch schon früher gefordert [14, 25, 36, 42]. Für die Wirksamkeit spielt die Temperatur der Gebrauchslösung eine wesentliche Rolle. Nur handwarme Lösungen sind nicht ausreichend, weil sie durch die kalten Maschinenteile zu stark abgekühlt werden. Es ist vielmehr notwendig, schon für die Vorreinigung auf 50 °C temperiertes Wasser zu verwenden, um Fettrückstände abzulösen. Die nachfolgende Reinigung sollte bei Temperaturen zwischen 45 und 65 °C erfolgen. Bei heißeren Lösungen besteht die Gefahr, daß Eiweiß verhärtet und Kunststoffteile in den Maschinen sich verformen, verspröden oder brüchig werden [18, 42, 52].

Die Abkühlung der Reinigungslösung während des Spülvorganges kann anhand von Temperaturmessungen belegt werden (Tab. 3.1 [43]). Die statistischen Kenngrößen Mittelwert, Standardabweichung und Extremwerte der Temperatur resultieren aus 20 (Gerät A), 34 (Gerät B) bzw. 35 Reinigungsgängen (Gerät C) mit jeweils zwei Litern Lösung. Die Geräte waren jeweils durch die Vorreinigung mit 50 °C heißem Wasser schon vorgewärmt. Der mittlere Abkühleffekt zwischen der Temperatur der angesetzten Lösung (T_0 im Behälter) und der Temperatur am Ende des Durchpumpens (T_2, Tülle, Durchlauf ganz) lag zwischen $\Delta T = 3,58$ K bei Gerät C und $\Delta T = 6,31$ K bei Gerät A. Daß die Abkühlung durch die Menge der Reinigungslösung vermindert werden kann, zeigen die Versuche mit dem von zwei auf drei Liter erhöhten Volumen bei Gerät A. Bei 15maligem Durchspülen konnte mit $\Delta T = 4,53$ K ein wesentlich geringerer durchschnittlicher Abkühleffekt erreicht werden als bei dem Verfahren mit zwei Litern.

Die Reinigung und Desinfektion von Aufschlagmaschinen in betriebsbereitem Zustand hat den Vorteil, daß die Demontage entfällt. Außerdem kommen gereinigte und desinfizierte Maschinenteile weder mit den Händen noch mit Lappen oder sonstigen Gegenständen in Berührung, durch die sie rekontaminiert werden könnten [52]. Bei der manuellen Reinigung der Einzelteile besteht im Gegensatz zur mechanischen Methode die Möglichkeit, den Reinigungserfolg optisch zu kontrollieren [49]. Trotzdem sollte die Durchlaufmethode bevorzugt werden. Aufgrund eigener Erfahrungen ist es als Nachteil anzusehen, daß bestimmte Maschinenfabrikate wegen konstruktiver Besonderheiten nur im demontierten Zustand gereinigt und desinfiziert werden können. Allein die Anzahl der zu demontierenden, zu reinigenden und wieder zusammenzubauenden sahneführenden Maschinenteile (Abb. 3.12) sollte dem Benutzer den Arbeitsaufwand verdeutlichen.

Aufschlagen von Sahne

**Tab. 3.1 Optimierte RIB-/DIB-Methode
Ermittlung des Abkühleffektes
(Mittelwerte, Standardabweichungen und Extremwerte)**

Geräte/Anzahl der Reinigungen (Flüssigkeitsmenge)		Behälter vor Durchlauf T_0 [°C]	Tülle/ Durchlauf halb T_1 [°C]	Tülle/ Durchlauf ganz T_2 [°C]	Abkühleffekt bei Reinigung $\Delta T = T_2 - T_0$ [K]
Gerät A	$\bar{X}$	51,44	46,51	44,83	6,31
n = 20	S	0,58	1,02	0,92	0,64
(2 Liter)	X_{min}	50,2	44,9	43,2	5,2
	X_{max}	52,5	48,9	47,2	7,6
Gerät A	$\bar{X}$	51,15	48,05	46,62	4,53
n = 15	S	0,72	0,57	0,77	0,37
(3 Liter)	X_{min}	50,3	47,2	45,4	3,8
	X_{max}	52,6	49,1	48,3	5,2
Gerät B	$\bar{X}$	51,28	47,75	46,62	4,66
n = 34	S	1,09	1,21	0,69	3,4
(2 Liter)	X_{min}	49,4	45,2	45,4	0,80
	X_{max}	54,6	50,3	48,2	6,6
Gerät C	$\bar{X}$	50,85	49,09	47,27	3,58
n = 35	S	0,66	0,66	0,59	0,39
(2 Liter)	X_{min}	49,6	48,0	45,9	2,9
	X_{max}	52,4	50,6	48,4	4,3

Die mit der oben beschriebenen RIB- bzw. DIB-Methode erzielte dezimale Keimreduktion lag in einem Bereich, der unter Praxisbedingungen bei Einsatz von Desinfektionsmitteln (D-Werte zwischen 3 und 4) erwartet wird [18, 33]. Geht man davon aus, daß regelmäßig (zwei- bis dreimal in der Woche oder häufiger) nach der üblichen Reinigung bzw. kombinierten Reinigung und Desinfektion eine verstärkte Desinfektionsreinigung oder eine separate Desinfektion der Aufschlagmaschinen vorgenommen wird, kann die Effektivität der Hygienemaßnahmen noch deutlich verbessert werden. Es wird dann eine dezimale Keimreduktion von $D \geq 6$ $\log_{10}$-Einheiten erreicht [43].

Die diskutierten Empfehlungen im Zusammenhang mit der Reinigung und Desinfektion der Aufschlagmaschinen finden sich in der DIN 10 507 [16] wieder. In der Norm werden im Rahmen der Betriebsanleitung Reinigungs- und Desinfektionshinweise für die Maschinen in Form eines Hygieneplanes gefordert. Die Maßnahmen sind täglich durchzuführen, und die Verfahren zur Reinigung und Desinfektion sind vom Hersteller vorzugeben. Durchflußverfahren sind vorzugsweise anzuwenden. Durch einen Praxistest muß die Wirksamkeit der Methode nachgewiesen werden. Dazu wird die zu prüfende Aufschlagmaschine mit künstlich kontaminierter

Aufschlagen von Sahne

Abb. 3.12 Sahneführende Bauteile von Pumpe, Misch- und Ausgabevorrichtung mit Garniertülle einer Aufschlagmaschine des Mischpatronentyps

Schlagsahne betrieben, nach dem vorgesehenen Verfahren gereinigt und desinfiziert und danach mit sterilem Wasser durchgespült. Aus der Keimzahl in der Sahne und im Wasser kann der Reinigungseffekt quantifiziert werden. Die Desinfektion bzw. die Reinigung und Desinfektion sind als ausreichend zu bewerten, wenn eine Keimreduktion um 5 $\log_{10}$-Stufen erreicht wird.

Die mikrobiologische Kontrolle von Sahneaufschlagmaschinen durch die Lebensmittelüberwachung sollte in Form von sog. Stufenkontrollen durchgeführt werden [44]. Dabei wird je eine Probe Behältersahne, frisch aufgeschlagene Sahne und (sofern vorhanden) Rohsahne aus Packung oder Kanne entnommen. Die Untersuchungsergebnisse dieser Proben lassen Rückschlüsse auf die Ursachen von Keimanreicherungen zu. Weist nämlich die aufgeschlagene Sahne höhere Keimzahlen oder ein anderes Keimspektrum auf als die Behälter- oder Rohsahne, deutet der Befund auf einen nicht einwandfreien hygienischen Zustand der Aufschlagmaschine hin. Wird dagegen schon in der Rohsahne bei identischer Mikroflora eine vergleichbar hohe Keimbelastung wie in den Proben der beiden anderen Kontrollstufen gefunden, kann die Verantwortlichkeit nicht ohne weiteres dem Betreiber der Sahne-Aufschlagmaschine angelastet werden. Es besteht dann die Möglichkeit, daß schon die Rohsahne kontaminiert war, und es während Lagerung und Distribution zur Keimvermehrung kam. In diesem Zusammenhang sollte es selbstverständlich sein, Temperaturmessungen bei der Probenahme durchzuführen. Zumindest aber sollte die Temperaturanzeige von Aufschlagmaschine und Kühleinrichtung für den Sahnevorrat kontrolliert und im Entnahmeprotokoll vermerkt werden. Es ist sachdienlich, schon bei der Probenahme die für

Symbole und Abkürzungen

die Funktionsfähigkeit sowie die Reinigung und Desinfektion der Aufschlagmaschine verantwortlichen Mitarbeiter zu ermitteln. Dabei ist auch zu prüfen, ob eine gründliche Einweisung dieser Personen erfolgte.

Die umfangreichen Kontrolltätigkeiten sind nicht nur im Hinblick auf spätere Belehrungen oder für die Verfolgung von Beanstandungen unumgänglich, sie schützen auch den Gewerbetreibenden vor falscher Anschuldigung und dienen letztlich dem Schutz des Verbrauchers.

3.5 Verzeichnis der Symbole und Abkürzungen

c	Anzahl der Proben mit einer Keimzahl zwischen m und M
d	Zeiteinheit Tag
D, D-Wert	Dezimale Keimreduktion bei Reinigung und Desinfektion
DIB	Desinfektion im Betriebszustand
g	Masseneinheit Gramm
h	Zeiteinheit Stunde
H	Haltbares Produkt nach Ultrahocherhitzung
K	Temperatureinheit Kelvin
KbE	Koloniebildende Einheiten
KbE/g	KbE pro Gramm
KbE/ml	KbE pro Milliliter
kg	Masseneinheit Kilogramm
l	Volumeneinheit Liter
$\log_{10}$	Dekadischer Logarithmus
m	Schwellenwert für die Keimzahl
M	Höchstwert für die Keimzahl
min	Zeiteinheit Minute
ml	Volumeneinheit Milliliter
n	Anzahl der Proben
pH-Wert	Negativer dekadischer Logarithmus der Wasserstoffionenkonzentration
RIB	Reinigung im Betriebszustand
S	Standardabweichung
s	Zeiteinheit Sekunde
spp.	*species* (Plural), mehrere nicht näher bezeichnete Arten einer Gattung
t	Masseneinheit Tonne
T_0	Temperatur der Reinigungsflüssigkeit vor Durchlauf
T_1	Temperatur der Reinigungsflüssigkeit nach halbem Durchlauf
T_2	Temperatur der Reinigungsflüssigkeit am Ende des Durchlaufs
ΔT	Temperaturdifferenz
UHT	Ultra-High-Temperature
Vol %	Volumenanteil in Prozent
x_{max}	Maximalwert

Literatur

x_{min}	Minimalwert
$\bar{x}$	Arithmetischer Mittelwert
%	Prozent (vom Hundert)
§	Paragraph
°C	Temperatureinheit Grad Celsius

Literatur

[1] AGGARWAL, M. L.: Commercial sterilization and aseptic packaging of milk products. Journal of Milk and Food Technology **37** (1974) H. 5, 250.
[2] AGGARWAL, M. L.: Ultra-pasteurization of whipping cream. Journal of Milk and Food Technology **38** (1975) H. 1, 36.
[3] Ausführungsvorschriften zur Verordnung über die hygienische Behandlung von Lebensmitteln vom 19. Juni 1992 (Berliner ABl., 2177).
[4] BECKER, H.; SCHALLER, G.; TERPLAN, G.: Konventionelle und alternative Verfahren zum Nachweis verschiedener pathogener Mikroorganismen in Milch und Milchprodukten. dmz Lebensmittelindustrie und Milchwirtschaft **113** (1992) H. 32–33, 956.
[5] BECKER, H.; TERPLAN, G.: Salmonellen in Milch und Milchprodukten. Journal of Veterinary Medicine Reihe B, **33** (1986) H. 1, 1.
[6] BEERWERT, W.: Mikrobiologischer Status und Haltbarkeit der pasteurisierten Schlagsahne. Molkerei-Zeitung Welt der Milch **31** (1977) H. 18, 553.
[7] BERGANN, T.: Die Bedeutung beweglicher Aeromonaden als Lebensmittelvergifter. 3. Weltkongreß Lebensmittelinfektionen und -intoxikationen Berlin (1992) Proceedings Vol. I, 475.
[8] BLUMENTHAL, A.: Einige Beobachtungen zum hygienisch-bakteriologischen Zustand von pasteurisiertem Vollrahm. Mitteilungen aus dem Gebiete der Lebensmitteluntersuchung und Hygiene **59** (1968) H. 3, 25.
[9] BUCK, J.; SCHÜTZ, M.; WIESNER, H.-U.: Kontrolle einer Produktionslinie für Schlagsahne nach HACCP unter besonderer Berücksichtigung von *Bacillus cereus*. Deutsche Milchwirtschaft **42** (1991) H. 50,1661.
[10] BUCK, J.; SCHÜTZ, M.; WIESNER, H.-U.: *Bacillus cereus* in wärmebehandelter Schlagsahne. Archiv für Lebensmittelhygiene **43** (1992) H. 2, 41.
[11] Bundesministerium für Gesundheit: Arbeitsentwurf einer Verordnung über Hygiene- und Qualitätsanforderungen an Milch und Erzeugnisse auf Milchbasis (Milchverordnung) – Stand 11. März 1994, Schreiben vom 14. 3. 94, Gesch.-Z.: 422-751-305.
[12] CHRISTANSSON, A.: The toxicology of *Bacillus cereus*. Ref. in Milchwissenschaft **48** (1993) H. 6, 337.
[13] DAMEROW, G.: Kaffeesahne ohne Stabilisator. Deutsche Milchwirtschaft **42** (1991) H. 16, 483.
[14] Deutscher Konditoren-Bund: Hygiene-Fahrplan für die Schlagsahne-Herstellung. Mönchengladbach (1988).
[15] Deutscher Konditoren-Bund: Hygieneplan für den Sahneposten. Stand Juli 1992.
[16] DIN Deutsches Institut für Normung e. V.: Deutsche Norm 10 507 Lebensmittelhygiene, Sahneaufschlagmaschinen, Mischpatronentyp, Hygieneanforderungen, Prüfung, Beuth Verlag GmbH Berlin (1994).
[17] DLG Deutsche Landwirtschafts-Gesellschaft e. V.: Prüfbestimmungen für Milch und Milchprodukte einschließlich Speiseeis, 33. Aufl., Frankfurt/M. (1994).
[18] EDELMEYER, H.: Reinigung und Desinfektion bei Gewinnung, Verarbeitung und Distribution von Fleisch, 1. Aufl., Holzmann Verlag Bad Wörishofen (1985).
[19] EIBEL, H.; KESSLER, H. G.: The storage stability of pasteurized cream. Milchwissenschaft **26** (1984) H. 11, 648.
[20] EMDE, H.: Haltbarkeitsfristen bei Schlagsahne. Deutsche Milchwirtschaft **26** (1975) H. 9, 261.

Literatur

[21] ERDMAN, I. E.; THORNTON, H. R.: Psychophilic bacteria in Edmonton milk and cream. Canadian Journal of Technology **29** (1951), 232.
[22] FAHRENHORST-REISSNER, B.; SCHULZE-SCHLEITHOFF, N.: Hygienische Problematik bei geschlagener Sahne aus Sahneautomaten. Archiv für Lebensmittelhygiene **40** (1989) H. 3, 68.
[23] FLOTZ, V. D.; MICKELSEN, R.; MARTIN, W. H.; HUNTER, C. H.: The incidence of potentially pathogenic Staphylococci in dairy products at the consumer level. Journal of Milk and Food Technology **23** (1960), 280.
[24] FLÜCKIGER, E.: Reinigung und Entkeimung bei der Milchverarbeitung. Schweizerische Gesellschaft für Lebensmittel-Hygiene, 13. Arbeitstagung, Zürich (1980).
[25] FLÜCKIGER, E.; SIEGENTHALER, U.: Cleaning and disinfection of cream whipping machines. Schweizerische Milchzeitung **96** (1970) H. 79, 633.
[26] Gesetz über den Verkehr mit Lebensmitteln, Tabakerzeugnissen, kosmetischen Mitteln und sonstigen Bedarfsgegenständen (Lebensmittel- und Bedarfsgegenständegesetz – LMBG) – Bekanntmachung der Neufassung vom 8. Juli 1993 (BGBl. I, 1169).
[27] GEYER, S.; KESSLER, H. G.: Herstellung flockungsstabiler Kaffeesahne. Deutsche Molkerei-Zeitung **109** (1988), H. 34–35, 1028, 1060.
[28] GEYER, S.; KESSLER, H. G.: Einfluß einzelner Milchbestandteile auf das Ausflocken von Kaffeesahne in heißem Kaffee. Milchwissenschaft **44** (1989) H. 5, 284.
[29] GILMOUR, A.; HARVEY, J.: Staphylococci in milk and milk products. Journal of Applied Bacteriology Symposium Supplement (1990), 147S.
[30] GRÄF, W.; HAMMES, W.; HENNLICH, G.; KRÄMER, J.; PÖHLERT, W.; RIETMÜLLER, V.; RUSCHKE, R.; SCHUBERT, R.; SINELL, H.-J.; STEUER, W.; ZSCHALER, R.: Mikrobiologische Richt- und Warnwerte zur Beurteilung von Lebensmitteln. Bundesgesundheitsblatt **31** (1988) H. 3, 93.
[31] GROSSERHODE, J.: Physikalisch-chemische Veränderung der Milchinhaltsstoffe durch Tiefkühlung der Milch. Deutsche Milchwirtschaft **25** (1974) H. 20, 686.
[32] GROSSERHODE, J.: Chemisch-physikalische und technologische Veränderungen der Rohmilch durch Tiefkühlung. Deutsche Milchwirtschaft **26** (1975) H. 7, 198.
[33] GROSSKLAUS, D.: Grundlagen der Hygiene in der Gemeinschaftsverpflegung. Archiv für Lebensmittelhygiene **27** (1976) H. 6, 210.
[34] HAFENMEYER, H.; GÜTTER, H.: Schlagsahneherstellung mit dem Alfa-Laval-Kaltmilchseparator. Deutsche Molkerei-Zeitung **89** (1968) H. 21, 950.
[35] HEESCHEN, W.: Konzepte und Wege des EG-Milchhygienerechts an der Schwelle zum gemeinsamen Markt. Deutsche Veterinärmedizinische Gesellschaft e. V., Bericht der 33. Arbeitstagung des Arbeitsgebietes Lebensmittelhygiene, Garmisch-Partenkirchen (1992), 224.
[36] HENNIES, A.: Gemeinsame Innungsversammlung Berliner Bäcker und Konditoren. Deutsche Bäcker Zeitung **73** (1986) H. 44, 1539.
[37] HINRICHS, J.; HÖNIG, B.; KESSLER, H. G.: Einfluß der Herstellungstechnologie auf die Schaumstabilität von pasteurisierter Schlagsahne. Deutsche Milchwirtschaft **43** (1992) H. 39, 1191.
[38] HINRICHS, J.; HÖNIG, B.; KESSLER, H. G.: Einfluß der Herstellungstechnologie auf die Schaumstabilität von UHT-Schlagsahne. Deutsche Milchwirtschaft **43** (1992) H. 41, 1304.
[39] HORAK, F. P.; KESSLER, H. G.: Die Abtötung von meso- und thermophilen Sporen bei der Herstellung von H-Milch und H-Sahne. Chemie, Mikrobiologie, Technologie der Lebensmittel **7** (1981) H. 2, 42.
[40] Institut für Veterinärmedizin des Bundesgesundheitsamtes (Robert v. Ostertag-Institut): *Salmonella*-Jahreserhebung in tierärztlichen Institutionen 1991. Schreiben vom 21.12.92, Gesch.-Z.: F -5260-02-3986/92.
[41] Institut für Veterinärmedizin des Bundesgesundheitsamtes (Robert v. Ostertag-Institut): *Salmonella*-Jahreserhebung in tierärztlichen Institutionen 1992. Schreiben vom 3.1.94, Gesch.-Z.: F - 5260-02-1/94.
[42] JAGBERGER, R.: Schlagsahneautomaten bestanden den Hygienetest – regelmäßige fachgerechte Reinigung unabdingbar. Deutsche Bäcker Zeitung **74** (1987) H. 15, 444.

Literatur

[43] JÖCKEL, J.: Untersuchungen zur Verbesserung der hygienischen Qualität von mit Aufschlagmaschinen aufgeschäumter Schlagsahne. Dissertation Technische Universität Berlin (1991) D 83 FB 13 Nr. 295.
[44] JÖCKEL, J.; KIRSCHFELD, R.; LINDEMANN, U.; HÖPKE, H.-U.: Hygienische Qualität von Schlagsahne – Stufenkontrollen in Betrieben mit Sahne-Aufschlagmaschinen. Archiv für Lebensmittelhygiene **43** (1992) H. 5, 115.
[45] KAMMERLEHNER, J.: Untersuchungen über verschiedene Einflüsse auf die physikalischen Eigenschaften von Schlagrahm. Deutsche Molkerei-Zeitung **94** (1973) H. 38, 1516, H. 40, 1637.
[46] KAMMERLEHNER, J.: Schlagrahm (pasteurisiert, ultrahocherhitzt) – Verbesserung der Festigkeit, Vermeidung des Absetzens. Deutsche Molkerei-Zeitung **95** (1974) H. 48, 1758, H. 49, 1789, H. 50, 1820.
[47] KESSLER, H. G.: Lebensmittel-Verfahrenstechnik: Schwerpunkt Molkereitechnologie, Verlag Kessler Freising (1976).
[48] KESSLER, H. G.: In Sachen „neue UHT-Technologien – neue Verfahren". Molkerei-Zeitung Welt der Milch **38** (1984) H. 33, 1043.
[49] KESSLER, H. G.: Untersuchungen an einem Carpigiani-Schlagautomaten. Süddeutsche Versuchs- und Forschungsanstalt für Milchwirtschaft Weihenstephan, Prüfbericht vom 11. Nov. 1985.
[50] KIERMEIER, F.; LECHNER, E.: Milch und Milcherzeugnisse, Verlag Parey Berlin, Hamburg (1973).
[51] KIESEWALTER, J.; SEIDEL, G.; PFEIFER, I.: Beitrag zur lebensmittelmikrobiologischen Bedeutung einiger Gattungen der *Enterobacteriaceae*. 3. Weltkongreß Lebensmittelinfektionen und -intoxikationen Berlin (1992) Proceedings Vol. I, 158.
[52] KIM, J. C.: Die Reinigung von Schlagsahnemaschinen. Deutsche Bäcker Zeitung **74** (1987) H. 15, 450.
[53] KIRST, E.: Der Einfluß lipolytischer Vorgänge auf die Qualitätseigenschaften von Schlagsahne. Bäcker und Konditor **29** (1981) H. 9, 282.
[54] KLEEBERGER, A.: Nachweis von Reinfektionskeimen in Konsummilch und Schlagsahne. Molkerei-Zeitung Welt der Milch **30** (1976) H. 50, 1539.
[55] KOEHNEN, K.: Herstellung, Qualität und Absatz von Schlagsahne. Deutsche Molkerei-Zeitung **86** (1965) H. 12, 436.
[56] KOEHNEN, K.: Schlagsahne in bewährter Qualität. Molkerei-Zeitung Welt der Milch **36** (1982) H. 38, 1013.
[57] KRUSCH, U.: Entwicklung von *Bacillus cereus* in keimarmer Milch. Molkerei-Zeitung Welt der Milch **44** (1990) H. 4, 89.
[58] Landesuntersuchungsinstitut für Lebensmittel, Arzneimittel und Tierseuchen Berlin, Unveröffentlichte Untersuchungsergebnisse (1993).
[59] MARCY, G.; ADAM, W.: Zum Problem der Wertung bakteriologischer Befunde cremehaltiger Konditoreiwaren. Deutsche Lebensmittel-Rundschau **76** (1980) H. 7, 225.
[60] MARCY, G.; MOSSEL, D. A. A.: Schlagsahne aus hygienischer Sicht. Archiv für Lebensmittelhygiene **35** (1984) H. 3, 56.
[61] Milchindustrie-Verband:Geschäftsbericht Tl. 2 Zahlen, Daten, Fakten, Bonn (1992/93).
[62] MROZEK, H.: Allgemeine Grundlagen der Reinigung und Desinfektion. Schweizerische Gesellschaft für Lebensmittel-Hygiene, 13. Arbeitstagung, Zürich (1980).
[63] MÜNCH, H. D.; SAUPE, C.; SCHREITER, M.; WEGNER, K.; ZICKRICK, K.: Mikrobiologie tierischer Lebensmittel, 1. Aufl., Verlag Deutsch Thun, Frankfurt/M (1981).
[64] OTTE, I.; SUHREN, G.; HEESCHEN, W.; TOLLE, A.: Zur Mikroflora von Molkerei-Desserts und Schlagsahne. Milchwissenschaft **34** (1979) H. 8, 463.
[65] REUTER, G.: 3. Liste der nach den Richtlinien der DVG geprüften und als wirksam befundenen Desinfektionsmittel für den Lebensmittelbereich (Handelspräparate) – Stand: 1. Juli 1993, Deutsches Tierärzteblatt **41** (1993) H. 8, 636.
[66] Richtlinie 92/46/EWG des Rates vom 16. Juni 1992 mit Hygienevorschriften für die Herstellung und Vermarktung von Rohmilch, wärmebehandelter Milch und Erzeugnissen auf Milchbasis (ABl. EG Nr. L 268, 1).

Literatur

[67] RIEDEL, C.-L.: 41. DLG-Qualitätsprüfung für Sahne und Schlagsahne 1991. dmz Lebensmittelindustrie und Milchwirtschaft **112** (1991) H. 50, 1555.
[68] RIEDEL, C.-L.: Ergebnisse der 42. DLG- Schlagsahneprüfung 1992. dmz Lebensmittelindustrie und Milchwirtschaft **113** (1992) H. 50, 1590.
[69] ROEMMELE, O.; DANNEEL, M.: Die hygienisch-bakteriologische Untersuchung von Trinkmilch, Milcherzeugnissen, Trockenkindermilch und Speiseeis. Archiv für Lebensmittelhygiene **15** (1964) H. 1, 1.
[70] ROSENOW, E. M.; MARTH, E. M.: Growth of *Listeria monocytogenes* in skim, whole, and chocolate milk, and in whipping cream during incubation at 4, 8, 13, 21, and 35 DEG C. Journal of Food Protection **50** (1987) H. 6, 452.
[71] SCHAAL, E.: Überprüfung der im Verkehr befindlichen Schlagsahne. Deutsche Milchwirtschaft **35** (1984) H. 22, 849.
[72] SCHULTZE, W. D.; OLSON, J. C.: Studies on psychrophilic bacteria. Journal of Dairy Science **43** (1960) H. 3, 346, 351.
[73] SINELL, H.-J.: Einführung in die Lebensmittelhygiene, Verlag Parey Berlin, Hamburg (1980).
[74] SINELL, H.-J.: Mikrobiologische Normen in Lebensmitteln aus hygienischer Sicht. Fleischwirtschaft **65** (1985) H. 6, 672.
[75] STEINMEYER, S.; TERPLAN, G.: Listerien in Lebensmitteln – eine aktuelle Übersicht zu Vorkommen, Bedeutung als Krankheitserreger, Nachweis und Bewertung. dmz Lebensmittelindustrie und Milchwirtschaft **111** (1990) H. 5, 150.
[76] TERPLAN, G.: Vorkommen von Listerien in milchwirtschaftlichen Betrieben sowie Milchprodukten. Deutsche Milchwirtschaft **40** (1989) H. 9, 268.
[77] THOMSEN, W.: Schlagsahne – länger haltbar und trotzdem ein Frischprodukt. Deutsche Milchwirtschaft **25** (1974) H. 21, 729.
[78] Verordnung über die hygienisch-mikrobiologischen Anforderungen an Lebensmittel, Gebrauchs- und Verbrauchsgegenstände vom 1. Juli 1987 (Schweiz – AS 1987-590, 1).
[79] Verordnung über die hygienische Behandlung von Lebensmitteln vom 23. Aug. 1977 (Berliner GVBl., 1858) i. d. F. der 3. ÄndV vom 24.5.1988 (Berliner GVBl., 851).
[80] Verordnung über Hygiene- und Qualitätsanforderungen an das Gewinnen, Behandeln und Inverkehrbringen von Milch (Milchverordnung) vom 23. Juni 1989 (BGBl. I, 1140) i. d. F. der ÄndV vom 24.3.1993 (BGBl. I, 409).
[81] Verordnung über Milcherzeugnisse vom 15. Juli 1970 (BGBl. I, 1150) i. d. F. der Änderungen nach der Milchverordnung vom 24.4.1995 (BGBl. I, 544).
[82] Vorschlag für eine Richtlinie des Rates zur Änderung der RL 92/46/EWG, Dok. KOM (93) 715 endg. vom 10. Jan. 1994 – Ratsdok. 4195/94 – Schreiben Bundesministerium für Gesundheit vom 16.3.94, Gesch.-Z.: 422-7525-10/13.
[83] WESTPHAL, U.: Ein kontinuierlicher Schaummischer zum Aufschlagen von Dessertprodukten. Deutsche Molkerei-Zeitung **106** (1985) H. 28, 890.
[84] WIESE, W. VON : Möglichkeiten und Grenzen aseptischer Verpackung von vorerhitzten Milcherzeugnissen und anderen Lebensmitteln unter Berücksichtigung von gmp/ghp. Deutsche Veterinärmedizinische Gesellschaft e. V., Bericht der 30. Arbeitstagung des Arbeitsgebietes Lebensmittelhygiene, Garmisch-Partenkirchen (1989) 349.
[85] Zentralverband des Deutschen Bäckerhandwerks e. V.: Hygieneplan für den Sahneposten. Stand Febr. 1993.
[86] ZIPFEL, W.: Kommentar der gesamten lebensmittel- und weinrechtlichen Vorschriften, Bd. III, EL 86, Beck'sche Verlagsbuchhandlung München (1993).
[87] Verordnung über Hygiene- und Qualitätsanforderungen an Milch und Erzeugnisse auf Milchbasis (Milchverordnung) vom 24.04.1995 (BGBl. I, 544).

4 Starterkulturen in der milchverarbeitenden Industrie

4.1 Definition

4.2 Keimarten, die als Starterkultur in der milchverarbeitenden Industrie eine Priorität einnehmen

4.3 Handelsformen, Einteilungs- und Qualitätskriterien

4.4 Einsatzgebiete

4.5 Zusammensetzung der Starterkulturpräparate

4.6 Physiologie

4.7 Bakteriophagen

4.8 Herstellung der Starterkulturpräparate

4.9 Trends und Perspektiven

Literatur

Hygienepraxis bei der Lebensmittelherstellung
Herausgeber: H. Meyer

Loseblattsammlung
mit Ergänzungslieferungen
(gegen Berechnung bis auf Widerruf)
DIN A5 · ca. 420 Seiten
DM 189,– inkl. MwSt., zzgl. Vertriebskosten
ohne Bezug Ergänzungslieferungen DM 236,–
ISBN 3-86022-118-3

Forderungen des Gesetzgebers

Durch die europäische Einigung werden auch die gesetzlichen Formen und die Anforderungen an die Lebensmittelhygiene neu geordnet und gestrafft. Die Auflagen werden klarer beschrieben, der Prävention ein hoher Stellenwert eingeräumt und die Dokumentation der Aktivitäten wie auch die Schulung der Mitarbeiter zwingend gefordert. Der damit verbundene nicht unbeträchtliche Aufwand hat auch positive Seiten, z. B. als Argumentationshilfe bei Verhandlungen mit Geschäftspartnern oder Behörden.

Nutzen für die Wirtschaft

Bei der Gewinnung, Herstellung und Verteilung von Lebensmitteln spielen neben den rechtlichen vor allem auch wirtschaftliche Gesichtspunkte eine große Rolle, wenn nicht sogar die größte Rolle. So verlangen ökonomische Grundsätze eine Minimierung aller Fehler.

Gute Herstellpraxis

Mit der vorliegenden Loseblattsammlung Hygienepraxis bei der Lebensmittelherstellung werden die Grundlagen und Anforderungen an die praktische Betriebshygiene und die Bewertung der Guten Herstellpraxis ausführlich dargestellt.
Die Ausführungen beginnen mit den rechtlichen Grundlagen für die Hygieneanforderungen. Immer dann nämlich, wenn größere Budgetbeträge für deren Durchsetzung benötigt werden, ist die Notwendigkeit solcher Maßnahmen nachzuweisen.

Eine Schlüsselfunktion bei der Qualitätsbeherrschung in der Lebensmittelwirtschaft nimmt der Mensch ein, deshalb wurden nicht nur die Hygieneanforderungen an das Personal behandelt, sondern auch die Menschenführung; denn ebenso wichtig wie die persönliche Hygiene ist auch das Vertrauen und das Verständnis der Mitarbeiter. Gerade letzteres wird in der gesetzlichen Auflage über die Schulung deutlich gemacht.

Fachübergreifende Bedeutung

Die Gliederung des Werkes zeigt auf, daß eine effektive Umsetzung präventiver Hygienemaßnahmen nur im Verbund geschehen kann. Allein fachübergreifendes Denken und Handeln wird dieser Aufgabe gerecht. Das Erkennen, Bewerten und Beherrschen möglicher Kontaminationsquellen (kritischer Punkte) ist in Zukunft die Basis für die Beherrschung der Hygiene.

Herausgeber und Autor

Dr. Heinz Meyer unter Mitarbeit von neun weiteren Autoren.

Interessenten

Qualitätssicherungsbeauftragte · Produktionsleiter und deren Mitarbeiter · Produktentwickler · Produktingenieure · Maschinenbauer · Architekten · Bautechniker · Installateure · Überwachungs- und Zulassungsstellen · Lebensmittelimporteure/-exporteure

Aus dem Inhalt

Rechtsgrundlagen der Betriebshygiene:

Rechtsquellen des betrieblichen Hygienerechts · Rechtliche Anforderungen an die praktische Betriebshygiene · Hygienerechtliche Betriebsorganisation · Sanktionen bei Verstößen gegen Hygienevorschriften

Hygiene, ein Grundpfeiler für die Qualitätssicherung: Lebensmittelhygiene · Mikrobiologische Grundlagen der Hygiene

Unser Umfeld – Kontaminationsmöglichkeiten bei der Herstellung von Lebensmitteln: Die Luft (Erscheint als Ergänzungslieferung) · Das Wasser · Der Mensch · Reinigung und Desinfektion · Schädlinge und ihre Bekämpfung

Die Technik: Gebäude · Maschinen und Apparate · Glossar (Erscheint als Ergänzungslieferung) · Adressen (Erscheint als Ergänzungslieferung)

BEHR'S...VERLAG

B. Behr's Verlag GmbH & Co. · Averhoffstraße 10 · D-22085 Hamburg
Telefon (040) 22 70 08/18-19 · Telefax (040) 22 01 09 1
E-Mail: Behrs@Behrs.de · Homepage: http://www.Behrs.de

4 Starterkulturen in der milchverarbeitenden Industrie

H. WEBER

4.1 Definition

Die Senatskommission zur Prüfung von Lebensmittelzusatzstoffen und Lebensmittelinhaltsstoffen der Deutschen Forschungsgemeinschaft definiert „Starterkulturen" folgendermaßen:

„Starterkulturen sind aufgrund spezifischer Eigenschaften selektierte, definierte und lebensfähige Mikroorganismen in Reinkultur oder Mischkultur. Sie werden Lebensmitteln in der Absicht zugesetzt, das Aussehen, den Geruch und Geschmack und die Haltbarkeit zu verbessern" [12].

In vielen Bereichen der Lebensmittelindustrie hat die Anwendung von Starterkulturen inzwischen einen festen Platz. Zu nennen sind die Nutzung der alkoholischen Gärung von Reinzuchthefen bei der Herstellung von Wein und Bier. Ferner finden Starterkulturen zunehmend Eingang in die fleischverarbeitende Industrie. Weiterhin verwendet man bei der milchsauren Vergärung von Sauerkraut, Obst- und Gemüsesaft Starterkulturen mit definierter Zusammensetzung. Nicht zu vergessen ist der Sauerteig, eine Kombination aus Laktokokken mit homo- und heterofermentativen Laktobazillen und Hefen.

Die in der milchverarbeitenden Industrie gebräuchlichen Starterkulturen (Kurzform: Starter) werden eingesetzt aufgrund der damit zu erzielenden Veränderungen im Substrat, z. B. Säuerung, Aromabildung, Eiweißabbau. In Bezug auf ihre Hauptfunktion werden ferner häufig Namen wie **Säuerungskultur** oder **Säureweckerkultur** (Kurzform **Säurewecker**), **Aromakultur** oder **Reifungskultur** verwendet.

4.2 Keimarten, die als Starterkultur in der milchverarbeitenden Industrie eine Priorität einnehmen

Vorrangig werden Milchsäurebakterien eingesetzt, die den Gattungen *Lactobacillus* [40], *Lactococcus* [62], und *Leuconostoc* [14] zuzuordnen sind (Tabelle 4.1). Nicht vergessen werden sollte die Gattung der Bifidobakterien [61], deren Keimarten seit einigen Jahren auch Eingang in die milchverarbeitende Industrie gefunden haben.

Bei allen Milchsäurebakterien handelt es sich um grampositive, Katalase-negative, mikroaerophile bis anaerobe Kokken oder Stäbchen. Bifidobakterien sind abweichend von den Milchsäurebakterien obligat anaerob und weisen in der Regel eine irreguläre Zellform auf. Als ein charakteristisches Fermentationsend-

Keimarten als Starterkulturen

Tab. 4.1 Systematik und wichtige Eigenschaften der in der Milchwirtschaft verwendeten milchsäurebildenden Keimarten (Grampositiv, Katalase-negativ) (Hunger, 1988)

	Kokken, mikroaerophil						Stäbchen, mikroaerophil bis anaerob								Pleomorphe Stäbchen obligat anaerob		
Gattung	Lactococcus			Strepto-coccus	Leuconostoc		Thermobakterien				Lactobacillus Streptobakt.		Betabakterien		Bifidobacterium		
Spezies	L. cremoris	L. lactis	L. diacetylactis	S. thermophilus	Lc. cremoris	Lc. dextranicum	Lb. lactis	Lb. bulgaricus	La. helveticus	La. acidophilus	La. casei	La. plantarum	La. brevis	La. fermentum	B. bifidum	B. longum	B. breve
Milchsäuregärung obligat homofermentativ	+	+	+	+	–	–	+	+	+	+	–	–	–	–	–	–	–
obligat heterofermentativ	–	–	–	–	+	+	–	–	–	–	–	–	+	+	+	+	+
fakultativ heterofermentativ	–	–	–	–	–	–	–	–	–	–	+	+	–	–	–	–	–
Milchsäure-konfiguration	L(+)	L(+)	L(+)	L(+)	D(–)	D(–)	D(–)	D(–)	DL	DL	L(+)	DL	DL	DL	L(+)	L(+)	L(+)
Zitratvergärung	–	–	+	–	+	±	–	–	–	–	±	–	–	–	–	–	–
Temperatur-optimum (°C)	30	30	30	40–43	8–24	20–30	40–42	40–42	40–42	37–40	30	30	30	37–40	37–40	37–40	37–40

L. = Lactococcus lactis ssp. · S = Streptococcus salivarius ssp. · Lc. = Leuconostoc mesenteroides ssp.
La. = Lactobacillus · Lb. = Lactobacillus delbrückii spp. · B. = Bifidobacterium

Keimarten als Starterkulturen

produkt bilden Milchsäurebakterien Milchsäure, weiterhin besteht ein hoher Anspruch an Nährstoffen in Form von Aminosäuren und Vitaminen. Neben der morphologischen Unterscheidung dieser Keimarten erfolgt eine physiologische Unterscheidung nach den Endprodukten der Glucosefermentierung. Die homofermentativen Milchsäurebakterien wandeln Glucose fast stöchiometrisch in Milchsäure um, die heterofermentativen Milchsäurebakterien bilden neben Milchsäure auch Essigsäure, Ethanol und Kohlendioxid. Weitere Differenzierungskriterien sind die Konfiguration der gebildeten Milchsäure (D(–)- und L(+)-Milchsäure) und die biochemischen Eigenschaften (z. B. die Fermentation diverser Kohlenhydrate).

Neben den Milchsäurebakterien finden auch Propionsäurebakterien, Rotschmiere-Kulturen (z. B. *Brevibacterium linens*), Schimmelpilz- und Hefekulturen Anwendung in der milchverarbeitenden Industrie. In erster Linie handelt es sich hier um Zusatzkulturen, die bei der Produktreifung spezielle Eigenschaften hervorrufen sollen.

Die Hauptaufgabe der Milchsäurebakterien ist die Bildung von Milchsäure aus dem Milchzucker, der Lactose. Die durch Starterkulturen freigesetzte Menge an Milchsäure liegt je nach Keimart zwischen 0,7 bis 2,0 %, so daß eine Koagulation des Caseins – die Dicklegung – bei dessen isoelektrischem Punkt (pH 4,6–4,8) erfolgen kann. Darüber hinaus wirkt Milchsäure antagonistisch auf viele saprophytäre und pathogene Bakterien, d. h., diese Keime können sich nicht mehr vermehren. Neben Milchsäure und Essigsäure können Milchsäurebakterien weitere antagonistisch wirksame Substanzen freisetzen wie Wasserstoffperoxid, weitere organische Säuren und Bacteriocine [22, 23].

Eine weitere wichtige Aufgabe fällt den Milchsäurebakterien durch die Bildung von Aromakomponenten zu. Beispielhaft seien die Bildung von Diacetyl (die Hauptkomponente des Butteraromas) und Acetaldehyd (ein wichtiger Bestandteil des Joghurtaromas) genannt. Das Diacetyl entstammt dem von *Lactococcus lactis ssp. lactis biovar. diacetylactis* und von *Leuconostoc mesenteroides ssp. cremoris* verstoffwechselten Zitrat. Von Bedeutung für die Praxis ist, daß die Diacetylproduktion immer mit der Bildung von Kohlendioxid verbunden ist. Acetaldehyd leitet sich sowohl aus dem Kohlenhydrat- als auch dem Proteinstoffwechsel her.

Durch die proteolytische Aktivität nehmen die Kulturen mit dem eingesetzten Labenzym während der Reifung Einfluß auf die Struktur, Konsistenz und das Aroma eines Käses. Die proteolytischen Systeme der Milchsäurebakterien sind wichtig für die Bereitstellung von Peptiden und Aminosäuren, die ein ausreichendes Wachstum in dem Substrat Milch zulassen. Bei proteinasenegativen Mutanten würde bald ein Stillstand der Milchsäuregärung erfolgen, da der natürliche Aminosäuregehalt der Milch gering ist. Die Lochbildung im Käse erfolgt durch das von zitratvergärenden und heterofermentativen Milchsäurebakterien sowie von Propionsäurebakterien freigesetzte Kohlendioxid.

Aus den Tab. 4.2 und 4.3 sind die in der milchverarbeitenden Industrie eingesetzten Kulturen sowie Hinweise auf die gewünschten Funktionen ersichtlich.

Genetische Untersuchungen zeigen, daß verschiedene Eigenschaften der Milchsäurebakterien genetisch nicht in Chromosomen, sondern in Plasmiden kodiert

Keimarten als Starterkulturen

Tab. 4.2 Starterkulturen für fermentierte Milcherzeugnisse (ohne Käse) (modifiziert nach Wiesby, 1992/94)

Produktgruppe	Produktbeispiele	Kulturentypen	Zusammensetzung der Kultur	Funktion
Butter	Sauerrahmbutter	DL[1] – Kulturen	L. cremoris, L. lactis L. diacetylactis Lc. cremoris	Säuerung Aroma (Diacetyl)
Buttermilch-erzeugnisse	Gesäuerte Buttermilch	DL[1]–, L[2]–Kulturen	L. cremoris, L. lactis L. diacetylactis Lc. cremoris	Säuerung Aroma (Diacetyl)
Sauermilch-erzeugnisse	Dickmilch Sauerrahm	L[2]–, DL[1]–, D[3]–Kulturen	L. cremoris, L. lactis L. diacetylac Lc. cremoris	Säuerung Aroma (Diacetyl)
	Mildsaure Produkte	MSK-Kulturen	S. thermophilus, La. acidophilus ±Lb. bulgaricus, ± Bifidobacterium sp.	Milde Säure, z. T. Polysaccharid-bildung ± Aroma (Acetaldyhd)
Joghurt-erzeugnisse	Joghurt, Joghurt mild, stichfest, gerührt	Joghurtkulturen	S. thermophilus, Lb. bulgaricus, Lb. lactis ± La. helveticus	Säuerung, z. T. Polysaccharidbildung Aroma (Acetaldyhd)
Kefir-erzeugnisse	Kefir	Kefirkulturen	L. cremoris, L. lactis Lc. cremoris, La. kefir, La. brevis Candida kefir	Säuerung Aroma (Diacetyl) Ethanol- und CO_2-Bildung

L. = Lactococcus lactis ssp.
Lc. = Leuconostoc mesenteroides ssp.
La. = Lactobacillus
Lb. = Lactobacillus delbrückii ssp.
S. = Streptococcus salivarius ssp.

[1]–[3] siehe Tab. 4.3

Keimarten als Starterkulturen

Tab. 4.3 Starterkulturen für Käse (modifiziert nach Wiesby, 1992/94)

Produktgruppe	Produktbeispiele	Kulturentypen	Zusammensetzung der Kultur	Funktion
Frischkäse	Speisequark	L[2]-, D[3]-, DL[1]-Kulturen	vgl. L-, D-, DL-Kulturen	Säuerung, Aroma (Diacetyl)
	Cottage Cheese	O[4]-Kulturen	L. cremoris, L. lactis	Säuerung
		L-Kulturen	vgl. L-Kulturen	Säuerung, Aroma (Diacytel)
Weichkäse	Camembert, Brie	L[2]-, DL[1]-Kulturen MSK-Kulturen, Oberflächenkultur Penicillium candidum	vgl. L-, DL- und MSK-Kulturen	Säuerung, Aroma (Diacetyl, Proteolyse) Oberflächenreifung
	Romadur	wie Camembert, Brie, anstelle von P. candidum als Oberflächenkultur Brevibacterium linens	vgl. Camembert, Brie	Säuerung, Aroma (Diacetyl, Proteolyse) Oberflächenreifung
	Feta	O[4]-, L[2]-Kulturen	vgl. O- und L-Kulturen	Säuerung, evtl. schwaches Aroma
Halbfester Schnittkäse	Edelpilzkäse, Roquefort	L[2]-, DL[1]-Kulturen, P. roqueforti	vgl. L- und DL-Kulturen	Säuerung, Aroma (Diacetyl, Proteolyse) Pilzadern
Schnittkäse	Edamer, Gouda Tilsiter	L[2]-, D[3]-, DL[1]-Kulturen bei Tilsiter auch als Oberflächenkultur Brevibact. linens	vgl. L-, D- und DL-Kulturen	Säuerung, Aroma (Diacetyl, Proteolyse), Oberflächenreifung
Hartkäse	Emmentaler, Bergkäse, Gruyere	Emmentaler-Kulturen, Propionsäurebakterien	S. thermophilus, ± La. helveticus, ± Lb. lactis, ± Lb. bulgaricus	Säuerung, Proteolyse, Aroma (Propionsäure), Lochbildung (CO$_2$)
Sauermilch-käse	Cheddar/Chester	O[4]-Kulturen	L. cremoris, L. lactis	Säuerung
	Harzer, Mainzer	Schnellsäuernde Kulturen	S. thermophilus, La. helveticus, Lb. bulgaricus Oberflächenkulturen: Brevibacterium linens, P. candidum, Geotrichum candidum, Penicillium candidum	Säuerung, Proteolyse Oberflächenreifung

[1] DL-Kulturen: Zusammengesetzt aus L. cremoris, L. lactis, L. diacetylactis, Lc. cremoris
[2] L-Kulturen: Zusammengesetzt aus L. cremoris, L. lactis, Lc. cremoris
[3] D-Kulturen: Zusammengesetzt aus L. cremoris, L. cactis, L. diacetylactis
[4] O-Kulturen: Zusammengesetzt aus L. cremoris, L. lactis

L. = Lactococcus lactis ssp.
La. = Lactobacillus
Lb. = Lactobacillus delbrückii ssp.
Lc. = Leuconostoc mesenteroides ssp.
S. = Streptococcus salivarius ssp.

sind (Tab. 4.4). Fast alle Arten und Stämme verfügen über eine Anzahl **Plasmide**, das sind kleinere, außerhalb der Chromosomen gelegene Struktureinheiten, die aus DNA bestehen. Anzahl und Art der Plasmide scheinen stammspezifisch zu sein (Plasmidprofil). So wurden in Lactokokken bis zu 15 Plasmide unterschiedlicher Größe nachgewiesen [1]. Vielen Plasmiden konnte bis heute jedoch keine Funktion zugeschrieben werden (kryptische Plasmide). Durch Bestimmung von Plasmidprofilen ist es möglich, einzelne Stämme zu definieren und in Mehrstammkulturen wiederzufinden [1, 76, 10, 50].

Tab. 4.4 Auf Plasmiden festgelegte Erbinformationen mesophiler Milchsäurestreptokokken (Teuber, 1984)

Erbinformation für	Technologische Funktion	Größe der Plasmide	Identifizierte Gene
1. Lactoseverwertung	Bildung von Milchsäure	20–60 Mdal	Phospho-β-Galactosidase
2. Proteaseaktivität	Hydrolyse von β-Casein Käse-Textur	?	–
3. Aromabildung	Synthese von Diacetyl aus Citrat	5,2 Mdal	Citrat-Permease
4. Bacteriocin	Hemmung anderer Milchsäurestreptokokken	37–75 Mdal	–
5. Restriktion von Bakteriophagen	Resistenz gegen Phagen	10 Mdal	–
6. Hemmung von Phagen-Adsorption	Resistenz gegen Phagen	34 Mdal	–
7. Schleimbildung	Konsistenz von Sauermilchprodukten	?	–
8. Resistenz gegen Antibiotika	?	18 Mdal	–

4.3 Handelsformen, Einteilungs- und Qualitätskriterien

Hinsichtlich der Stamm- und Artenzusammensetzung wird unterschieden zwischen
– Ein-Stamm-Starterkulturen (single strain starter cultures) – ein Stamm einer Species,
– Ein-Species-Starterkultur (single species,multiple strains starter cultures) – Eine Kultur mit mehr als einem Stamm der gleichen Species,

Handelsformen, Einteilung, Qualitätskriterien

- Mehr-Species-Starterkultur (multiple species starter culture) – Mehr als ein Stamm verschiedener Species.

Weiterhin werden die Starterkulturen in der milchverarbeitenden Industrie nach ihrem optimalen Wachstumstemperaturbereich in mesophile und thermophile Kulturen unterteilt. Der Temperaturbereich der mesophilen Keime erstreckt sich von 18–32 °C, der der thermophilen Keime von ca. 35–45 °C. Als Faustformel können alle Laktokokken(*Lactococcus lactis ssp. cremoris, L. lactis ssp. lactis, L. lactis ssp. lactis biovar. diacetylactis*) und Leuconostoc-Spezies (*L. mesenteroides ssp. cremoris, L. mesenteroides ssp. dextranicum, L. lactis*) den mesophilen sowie die Mehrheit der in der Milchpraxis verwendeten Laktobazillen und *Streptococcus salivarius ssp. thermophilus* den thermophilen Kulturen zugerechnet werden. Klassische Beispiele mesophiler Mehr- und Vielstammkulturen wären die Butterei-, Frisch-, Weich-, Schnittkäserei- und Sauermilchkulturen, entsprechend für die Thermophilen seien die Joghurt-, Sauermilch- und Hartkäsereikulturen genannt.

Die von Kulturenbetrieben oder -laboratorien versandten Kulturen werden als Stammkulturen, die Laborkulturen in den Betrieben als Mutterkulturen bezeichnet. Im Betriebslaboratorium werden auch die Intermediärkulturen, d. h. das Impfmaterial für die **Betriebskultur (Betriebsstarter, Betriebssäurewecker)** hergestellt, die in großen Mengen unmittelbar für die Herstellung der Produkte verwendet wird. Der Betriebssäurewecker dient letztendlich als Impfer für die Prozeßmilch (Abb. 4.1). Unter Einbeziehung der heutigen Auslieferungsformen für Starterkulturen kann folgende Einteilung vorgenommen werden [82]:

- Flüssigkulturen
- Gefriergetrocknete Kulturen
- Konzentrierte, tiefgefrorene Kulturen.

Flüssigkulturen stellen die klassische Handelsform der Starterkulturen in der milchverarbeitenden Industrie dar. Flüssige Kulturen erleiden während des meist länger als 24 Stunden andauernden Transportes vom Kulturenhersteller zum Kunden trotz Kühlung Aktivitätsverluste, bei Mehr- und Vielstammkulturen tritt leicht eine Entmischung ein. So ging die Starterkulturenindustrie bald dazu über, flüssige Kulturen gefrierzutrocknen, zu lyophilisieren. Bei diesem Verfahren wird die flüssige Kultur schnell bei –40 °C tiefgefroren und im Vakuum getrocknet. Der Vorteil dieser Methode ist, daß unter Umgehung der flüssigen Phase das gefrorene Eis direkt verdampft (sublimiert) wird. Das getrocknete Pulver einer nicht konzentrierten Kultur enthält je nach Kultur und Keimart 10^8 bis 10^{10} lebensfähige Keime pro Gramm [20, 21]. In einem lyophilisierten Konzentrat liegt die Keimzahl bei 5×10^9 bis $>10^{11}$ pro Gramm.

Gefriergetrocknete Kulturen weisen folgende Vorteile auf:
- durch das geringere Gewicht und Volumen können die Kulturen leichter und problemloser verschickt werden,
- ohne Aktivitätsverlust können die Kulturen bei 4 bis 8 °C mehrere Monate und bei –20 °C mindestens 6 Monate gelagert werden.

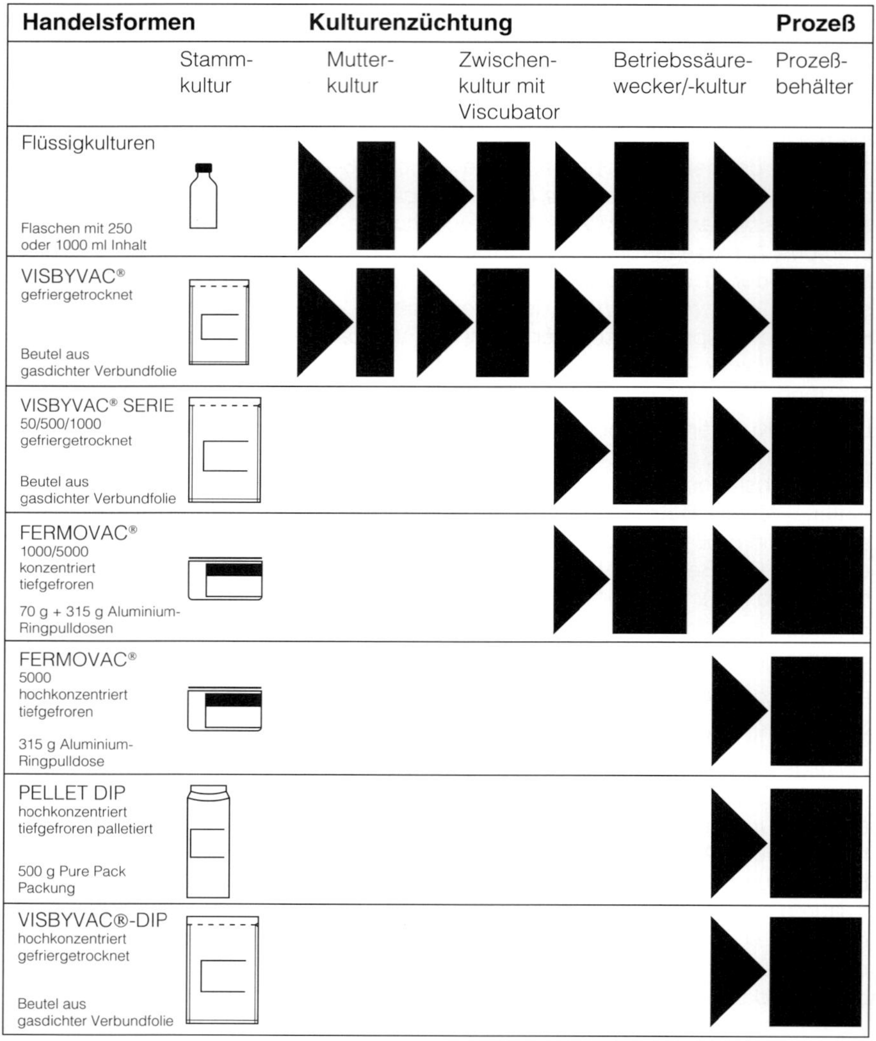

Handelsformen, Einteilung, Qualitätskriterien

Handelsformen	Kulturenzüchtung				Prozeß
	Stamm-kultur	Mutter-kultur	Zwischen-kultur mit Viscubator	Betriebssäure-wecker/-kultur	Prozeß-behälter
Flüssigkulturen Flaschen mit 250 oder 1000 ml Inhalt	▶■	▶■	▶■	▶■	▶■
VISBYVAC® gefriergetrocknet Beutel aus gasdichter Verbundfolie	▶■	▶■	▶■	▶■	▶■
VISBYVAC® SERIE 50/500/1000 gefriergetrocknet Beutel aus gasdichter Verbundfolie			▶■	▶■	▶■
FERMOVAC® 1000/5000 konzentriert tiefgefroren 70 g + 315 g Aluminium-Ringpulldosen			▶■	▶■	▶■
FERMOVAC® 5000 hochkonzentriert tiefgefroren 315 g Aluminium-Ringpulldose				▶■	▶■
PELLET DIP hochkonzentriert tiefgefroren palletiert 500 g Pure Pack Packung				▶	■
VISBYVAC®-DIP hochkonzentriert gefriergetrocknet Beutel aus gasdichter Verbundfolie				▶■	

Abb. 4.1 Kulturenzüchtung im Molkereibetrieb (nach Wiesby, 1992/94)

Eine gefriergetrocknete Kultur wird wie eine flüssige Kultur eingesetzt, d. h. über Mutter- und Zwischenkultur wird der Betriebssäurewecker hergestellt (Abb. 4.1). Seit mehr als einem Jahrzehnt werden getrocknete mesophile und thermophile Kulturen für die Direktbeimpfung der Betriebssäureweckermilch angeboten. Hier sind 5–50 Gramm getrocknetes Pulver für die Dicklegung von 500–1 000 Liter

Handelsformen, Einteilung, Qualitätskriterien

Betriebskulturmilch ausreichend. Für diesen Prozeß sind pro Gramm Kulturenpulver 10^9 bis 10^{11} lebensfähige Keime notwendig. Auch die Direktbeimpfung der Prozeßmilch bei der Herstellung diverser Käsesorten ist möglich, d. h., man geht ohne eine separat gezüchtete Impfkultur direkt in Produktion (Abb. 4.1).

Bei der dritten Handelsform handelt es sich um konzentrierte, tiefgefrorene Kulturen. Die Bakterien werden auch hier in einem auf Magermilchbasis beruhenden Medium gezüchtet. 70 g einer konzentrierten tiefgefrorenen Kultur ist für die Direktbeimpfung von 500 – 1 000 Liter Betriebskulturmilch ausreichend. Durch die Abfüllung größerer Kulturmengen in Dosen (sogenannte DIP-Kulturen = Direct in process) bzw. in Tüten (sogenannte Pellet Kulturen, tiefgefrorene Kulturen in pelletierter Form) sind diese Kulturenformen für den Direkteinsatz bei der Produktion diverser Käsesorten und Sauermilchprodukte geeignet. Die Produktionsgrößen belaufen sich hier auf 5 000–10 000 Liter Prozeßmilch pro Einheit (Abb. 4.1).

In Tabelle 4.5 sind die wichtigsten Qualitätsmerkmale für Starterkulturen zusammengestellt.

Tab. 4.5 Qualitätskriterien für Starterkulturen

Gruppe	Einzelkriterien
Wachstum	Nährstoffansprüche, Vermehrungsgeschwindigkeit, maximale Keimzahl, Temperaturspektrum, pH-Bereich, Symbiose, Metabiose, stimulierende Wirkung, Stimulierbarkeit, Stammgleichgewicht, Morphologie (mikroskopisch, makroskopisch), Pigmentbildung
Biochemische Aktivität	Glykolyse, Proteolyse, Lipolyse, Bildung von Aromastoffen, Verursachen von Aromafehlern, Konstanz der Merkmale
Resistenzverhalten	Chemikalien, Hemmstoffe anderer Mikroorganismen, andere Hemmfaktoren (z. B. aus Futter), Bakteriophagen
Reinheit	Zahl der nicht spezifischen Keime
Sensorische Eigenschaften	Konsistenz, Gasbildung, Aroma, Aromafehler

4.4 Einsatzgebiete

Sauerrahmbutter, Sauermilcherzeugnisse und alle Käsesorten außer Schmelzkäse sind Lebensmittel, die nicht ohne die Mitwirkung von Mikroorganismen hergestellt werden können. Die Stoffwechselaktivitäten von Bakterien, an erster Stelle Milchsäurebakterien, und einigen Pilzen führen in Verbindung mit den Herstellungsverfahren zu den charakteristischen Eigenschaften der Produkte, die durch Veränderungen in Aussehen, Textur, Aroma und Nährwert gekennzeichnet sind. Die folgenden Ausführungen unterscheiden drei Produktgruppen der Milchwirtschaft: Käse, Sauermilchprodukte und probiotische Produkte.

4.4.1 Käse

Je nach Käsetyp werden unterschiedliche Bakterienkulturen, aber auch Hefen und Schimmelpilze eingesetzt. Die Bakterienkultur erfüllt hier mehrere Aufgaben, die in verschiedenen Produktionsstadien von Bedeutung und teilweise für die Käsesorte charakteristisch sind:

- Gerinnung der Milch durch Säuerung oder kombinierte Säure-Enzym-Wirkung;
- Geschmacksentwicklung durch proteolytische Prozesse, die Bildung von Aromakomponenten (z. B. Diacetyl, Propionsäure) sowie Lipolyse (Fettspaltung, z. B. durch Blauschimmel);
- Texturentwicklung (Säuerungsverhalten und proteolytischer Eiweißabbau, Lochbildung durch Gasformation (DL-Kulturen/Propionibakterien);
- konservierende Wirkung durch Bildung von Säure und teilweise Bacteriocinen;
- entsäuernde Wirkung auf der Oberfläche (z. B. durch *Geotrichum candidum*);
- proteolytische Oberflächenreifung und Oberflächenschutz (Brevibakterium, Schimmelkulturen).

Im Verlauf der Käseherstellung und -reifung laufen diese Vorgänge – teilweise im Wechselspiel mit Enzymen – kombiniert oder nacheinander ab. Die damit verbundenen ökologischen Zusammenhänge sind noch heute Thema wissenschaftlicher Arbeiten. Je nach Käsesorte und Produktionstechnologie müssen Kulturentypen ausgewählt und können kombiniert werden. Bei Verwendung eines Direktbeimpfungssystems aus definierten Ein- und Mehr-Species-Kulturen wird eine flexible und individuelle Produktoptimierung ermöglicht. Ein gleichbleibendes Beimpfungsmaterial in allen Produktionsansätzen ist dadurch gewährleistet.

Ein typisches Produktionsrisiko im Käsereibereich sind Bakteriophagen. Abhilfe schafft hier – neben betriebshygienischen Maßnahmen – die Verwendung von Langzeit-Phagen-resistenten Stämmen und Kulturen.

Neuere Entwicklungen im Käsereibereich sind Reifungskulturen aus selektierten milchwirtschaftlichen Kulturen, die Laktose nicht abbauen und somit nur über proteolytische Enzyme bei der Käsereifung aktiv sind [57].

4.4.2 Sauermilchprodukte

Die für Sauermilchprodukte eingesetzten Bakterienkulturen werden in drei Klassen eingeteilt:
- mesophile Starterkulturen: optimale Wachstumstemperatur 22–24 °C (z. B. für Dickmilch, Buttermilch, Sauerrahm);
- thermophile Starterkulturen: optimale Wachstumstemperatur 38 bis 45 °C (z. B. für Joghurt);
- probiotische Bakterienkulturen (z. B. für „Joghurt mild").

4.4.3 Probiotische Milchprodukte

Probiotische Milchprodukte haben in den vergangenen Jahren rapide Wachstumsraten in verschiedenen europäischen Ländern und den USA verzeichnet. Die Bezeichnung „probiotisch" ist aus dem Griechischen abgeleitet („für Leben") und steht im Gegensatz zu „antibiotisch". Beschrieben wird damit nach Fuller [13] „eine echte Nahrungsmittelergänzung, welche positiv auf den Wirtsorganismus (Mensch) wirkt, indem das intestinale mikrobielle Gleichgewicht verbessert wird".

Bakterien physiologischen Ursprungs wurden selektiert, an das Wachstum in Milch adaptiert und gezüchtet. Nach Aufnahme über Milchprodukte können diese Keime dann – vorausgesetzt ist eine entsprechende Mindestkeimzahl im Produkt (>10^6 KBE/g) und eine Überlebensfähigkeit bei der Magen-Darm-Passage – zu einer Besiedlung der Darmflora führen und dadurch unerwünschte gramnegative Keime zurückdrängen. Es wurden zahlreiche Wirkungsgebiete untersucht, die in Zusammenhang mit einer positiven Beeinflussung der Darmflora stehen [59, 85, 35].

Über die Wirksamkeit sogenannter Probiotika wird z. T. kontrovers diskutiert, es bestehen jedoch Hinweise auf positive Effekte. Gesundheitsbezogene Werbeaussagen sind nach dem gegenwärtigen Kenntnisstand wissenschaftlich jedoch nicht ausreichend fundiert und daher noch nicht möglich [23].

Für diese Produkte werden *Bifidobacterium ssp.*, *Lactobacillus acidophilus* und *Lactobacillus casei ssp.* als Reinkultur oder Kombination mit anderen Spezies eingesetzt. Bei der Fermentation entstehen beim Einsatz von heterofermentativen Bifidobakterien neben Milchsäure sensorisch interessante Stoffwechselprodukte wie Essigsäure und in kleinen Mengen auch Ameisen-, Bernsteinsäure und Ethanol. Die Bakterien werden sowohl für die Fermentation als auch ohne Fermentation in Milchprodukten eingesetzt und haben weltweit zu einer besonderen Marktpositionierung der Produkte geführt [26].

4.5 Zusammensetzung der Starterkulturpräparate

In der Milchwirtschaft werden mesophile Säuerungskulturen vor allem für die Rahmsäuerung und die Herstellung von Frisch-, Schnitt- und Weichkäse sowie Dickmilch eingesetzt. Starterkulturen mit thermophilen Milchsäurebakterien werden für die Produktion von Hartkäse, Butterkäse, Joghurt mild, Joghurt und Sauermilchquark benötigt. Darüber hinaus sind Propionsäurebakterien-, Rotschmierebakterien-, Hefe- und verschiedene Edelschimmelpilzkulturen für jeweils einschlägige Käse erforderlich. Eine Sonderstellung hinsichtlich der mikrobiellen Besetzung, des biochemischen Leistungsspektrums und des Einsatzes nehmen die traditionellen Kefirkulturen ein. Sogenannte „Probiotische Kulturen" werden zur Herstellung diverser Milchprodukte eingesetzt. Tab. 4.6 gibt einen Überblick über einzelne Bakterienspezies, die in der Milchwirtschaft Verwendung finden.

Tab. 4.6 Ausgewählte Bakterienspezies für den Einsatz in der Milchwirtschaft (modifiziert nach Reiner und Puls, 1993)

Praktische Klassifikation	Spezies	Anwendungsgebiet
Thermophile Kulturen	*Streptococcus salivarius ssp. thermophilus*	Joghurt, div. Käse
	Lactobacillus delbrückii ssp. bulgaricus	Joghurt, div. Käse
	Lactobacillus helveticus	Käse, Molkenentzuckerung
	Lactobacillus delbrückii ssp. lactis	Käse
Mesophile O-Kultur	*Lactococcus lactis ssp. lactis*	Käse, Sauermilch
	Lactococcus lactis ssp. cremoris	Käse, Sauermilch Eiweiß
Mesophile DL-Kultur	*Lactococcus lactis ssp. lactis biovar diacetylactis*	Käse, Sauermilch
	Leuconostoc mesonteroides ssp. cremoris	Käse, Sauermilch
	Leuconostoc mesenteroides ssp. dextranicum	Käse, Sauermilch
	Leuconostoc lactis	
Probiotische Kultur	*Bifidobacterium ssp.*	Diverse Milchprodukte
	Lactobacillus acidophilus	
	Lactobacillus casei ssp.	
Propionikultur	*Propionibacterium freudenreichii ssp.*	Großlochkäse
Oberflächenkultur	*Brevibacterium linens*	Rotschmiere-Käse
	Brevibacterium casei	
Schimmelkultur	*Penicillium candidum*	Weißschimmelkäse
	Penicillium camemberti	Weißschimmelkäse
	Geotrichum candidum	Weißschimmelkäse
	Penicillium roquefortii	Blauschimmelkäse
Käsereifungskultur	*Micrococcus ssp.*	Käsereifung
	Pediococcus ssp.	Käsereifung

Zusammensetzung der Starterkulturpräparate

Die Spezies ist die systematische Grundkategorie von Bakterien. Dafür wird eine Übereinstimmung in „wesentlichen artcharakteristischen Merkmalen" sowie eine DNA/DNA-Homologie von mindestens 70 % zugrundegelegt.

Eine Spezies umfaßt eine unvorstellbar große Zahl von Stämmen, also Mutanten mit geringfügig abweichenden Merkmalen. Für Stämme gilt eine DNA/DNA-Homologie von > 95 %. Daraus ergeben sich unterschiedliche Eigenschaftsausprägungen, die im Rahmen der Produktvorschriften kulturenseitige Auswahlmöglichkeiten einräumen.

Die Auswahl der geeigneten Stämme innerhalb einer Bakterienspezies ermöglicht die Justierung der Endprodukteigenschaft. Waren früher Vielstamm-Mischkulturen mit eher zufälligen Eigenschaftsprofilen im Einsatz, gehen die Kulturenhersteller heute dazu über, Kulturen aus „definierten Einzelstämmen" zu entwickeln: Die einzelnen Stämme sind in ihren Eigenschaften und genetischen Informationen genau erfaßt und werden erst nach dem Züchtungs- und Konzentrationsprozeß im optimalen Verhältnis mit weiteren Stämmen gleicher oder verschiedener Spezies kombiniert [57].

4.5.1 Mesophile Starterkulturen (Säureweckerkulturen)

Die mesophilen Starterorganismen [20, 21, 54, 9, 63] sind Einstamm-, Mehrstamm- oder Mischkulturen aus Laktokokken und *Leuconostoc*, die ein Wachstumsoptimum zwischen 18 °C und 30 °C haben und bei 45 °C nicht mehr wachsen. Die Zusammensetzung mesophiler Starterkulturen kann entsprechend den Anforderungen der einzelnen Produkte wechseln.

Aus der Gattung Lactococcus sind *L. lactis ssp. lactis*, *L. lactis ssp. cremoris* und *L. lactis ssp. lactis biovar diacetylactis* von besonderer Bedeutung. Tab. 4.7 enthält eine Auflistung mesophiler Milchsäurebakterien einschließlich ihrer Unterscheidungsmerkmale und Funktionen.

Bei mesophilen Bakterienkulturen wird hinsichtlich des Glukoseabbaus zwischen homo- und heterofermentativen Spezies unterschieden. Homofermentative Bakterien (*L. lactis ssp cremoris*, *L. lactis ssp. lactis*) bauen den Milchzucker zum Energiegewinn ausschließlich zu Laktat, also Milchsäure, ab. Das Aroma der Produkte ist rein säuerlich, kann aber durch proteolytische Randerscheinungen gewisse Modifikationen erfahren.

Homofermentative Kulturen in Kombinationen mit den citratabbauenden Spezies *Leuconostoc mesenteroides ssp. cremoris* und *Lactococcus lactis ssp. lactis biovar. diactylactis* führen zu weiteren charakteristischen Stoffwechselprodukten: Citrat wird zu der typischen Aromakomponente wie Diacetyl abgebaut. Als Beiprodukt entsteht Kohlendioxid, welches positiv durch ein prickelnd frisches Mundgefühl wahrgenommen wird, jedoch zu unerwünschten Verpackungsbombagen führen kann.

Zusammensetzung der Starterkulturpräparate

Tab. 4.7 Unterscheidungsmerkmale und Funktionen mesophiler Milchsäurebakterien (modifiziert nach Dally, 1983; Hunger, 1988)

Spezies	Glukoseabbau	Milchsäure-konfiguration	Wachstum in Lackmus-milch[1]	Temperatur-optimum (°C)	Acetaldehyd-bildung	Zitrat-vergärung	NH$_3$ aus Arginin	Funktion der Kultur
Lactococcus lactis ssp. cremoris	homofermentativ	L(+)	RAC	30	–	–	–	Säure
L. lactis ssp. lactis	homofermentativ	L/+)	RAC	30	–	–	+	Säure
L. lactis ssp. lactis biovar. diacetylactis	homofermentativ	L(+)	RAC	30	+	+	+[2]	Säure, Aroma
Leuconostoc mesenteroides ssp. cremoris	heterofermentativ	D(–)	NC	18–24	–	+	–	Aroma
Ln. mesenteroides ssp. dextranicum	heterofermentativ	D(–)	NC	20–30	–	±	–	Aroma
Ln. lactis	heterofermentativ	D(–)	A±C	n. b.	–	+	–	Aroma

[1] R = Reduktion
A = Säure
C = Koagulation
NC = keine Änderung

[2] wenige Stämme bilden kein NH$_3$ aus Arginin

n. b. = nicht bestimmt

Zusammensetzung der Starterkulturpräparate

Bei der Herstellung von Dickmilch wird sterilisierte Magermilch mit einer mesophilen Kultur beimpft und bei 28 °C für ca. 16 Stunden bebrütet. Die Dicklegung erfolgt am isoelektrischen Punkt des Milchproteins bei einem pH-Wert von 4,7. Dafür sind Kulturen mit folgenden Eigenschaften gefragt: gute und sichere Säuerungsaktivität, gute Aromabildung bei minimaler Gasbildung, keine Off-flavour-Entwicklung (kontrollierte proteolytische Aktivität) und gute Viskositätsentwicklung [57].

Lactococcus lactis ssp. cremoris

L. lactis ssp. cremoris hat runde bis ovale, in Richtung der Kette verlängerte Zellen mit einem Durchmesser von 0,6 ... 1,0 µm. Bei Kultivierung in Milch bildet er häufig lange Ketten, aber auch Diplokokken. *L. lactis ssp. cremoris* gilt als verbreitetster und wichtigster Starterorganismus. Er wird überall bevorzugt eingesetzt, wo milde Säurebildung und sämige Konsistenz erreicht werden sollen. Man findet ihn in Ein- und Mehrstammkulturen für die Käseproduktion, aber auch in Mehrstamm- und Mischkulturen für Butter, Sauermilch und saure Sahne.

Lactococcus lactis ssp. lactis

L. lactis ssp. lactis tritt meist in Form von Diplokokken oder kurzen Ketten auf; seltener kommen längere Ketten vor. Seine ovalen, in der Richtung der Kette verlängerten Zellen haben einen Durchmesser von 0,5 ... 1,0 µm. Weitere Merkmale sind Tab. 4.7 zu entnehmen. *L. lactis ssp. lactis* ist als Säurebildner für die meisten fermentierten Milchprodukte geeignet. In Mehrstammkulturen wächst er gemeinsam mit *L. lactis ssp. cremoris*, *L. lactis ssp. lactis biovar. diacetylactis* und *Leuconostoc*-Arten. Einzelne Stämme neigen zur Bitterstoffbildung und sind daher für Käsereikulturen ungeeignet.

Lactococcus lactis ssp. lactis biovar. diacetylactis

Als Unterart unterscheidet sich *Lactococcus lactis ssp. lactis biovar. diacetylactis* von *L. lactis ssp. lactis* nur dadurch, daß er in Gegenwart von einem vergärbaren Kohlenhydrat Citrat unter Bildung von Kohlendioxid, Acetoin und Diacetyl abbaut. Er ist homofermentativ, da Glucose über den Fructose-1.6-Biphosphat-Weg (Glykolyse) abgebaut wird. Weitere Merkmale sind in Tab. 4.7 enthalten.

Die Eignung von *L. lactis ssp. lactis biovar. diacetylactis* als Starterorganismus wird nicht einheitlich bewertet. Geeignet ist er besonders für Käse mit Lochbildung (starke CO_2-Bildung) sowie für saure Frischprodukte, in denen schnelle Säure- und Aromabildung erwünscht ist. In Mehrstamm- und Mischkulturen neigt er dazu, andere Arten und Stämme, besonders bei höheren Temperaturen, zu verdrängen. Bei zu starker CO_2-Bildung kann es dann in der Käserei zu unerwünschtem Bruchauftrieb oder, z. B. bei Cheddar, zu sehr offener Textur des Käses kommen. Acetaldehydbildende Stämme können joghurtähnlichen Geschmack verursachen. Andererseits sind bei vielen Stämmen Hemmwirkungen gegenüber unerwünschten und pathogenen Mikroorganismen beschrieben worden, deren Nutzung neue Einsatzmöglichkeiten erschließen kann.

Zusammensetzung der Starterkulturpräparate

Gattung *Leuconostoc*

Von der Gattung *Leuconostoc* wird in Starterkulturen am häufigsten *L. mesenteroides ssp. cremoris* eingesetzt. Dieses Bakterium hat kugelige bis linsenförmige Zellen, die meist in langen Ketten wachsen, in denen die Zellen paarweise angeordnet erscheinen. Er ist heterofermentativ; der Glucoseabbau erfolgt über den Hexose-Monophosphat-Weg. Bei der Kultur in Milch tritt nur geringe Säuerung auf; Lackmusmilch wird nicht koaguliert. In Gegenwart eines vergärbaren Kohlenhydrats wird Citrat abgebaut. Dabei entstehen Acetat, Brenztraubensäure und CO_2; Brenztraubensäure wird in Acetoin und Diacetyl umgebildet. Diacetylbildung in merklichen Mengen wird erst nach der Senkung des pH-Wertes auf 4,5 beobachtet. Das Aromabildungsvermögen von *L. mesenteroides ssp. cremoris* kann daher am besten in Mehrstammkulturen ausgenutzt werden. Der Einsatz von *Leuconostoc mesenteroides ssp. cremoris* ist vor allem dort günstig, wo ein mildes, länger anhaltendes Aroma erwünscht ist, z. B. bei Lagerbutter.

4.5.2 Thermophile Bakterienkulturen

Thermophile Starterkulturen haben ein Temperaturoptimum von 37 °C und mehr. Im eigentlichen Sinne sind sie nicht thermophil, sondern thermotroph, da das Temperaturoptimum thermophiler Bakterien 45 °C und darüber betragen muß.

Zu den thermophilen Starterorganismen gehören u. a. *Streptococcus salivarius ssp. thermophilus*, *Lactobacillus delbrückii ssp. bulgaricus*, *Lactobacillus helveticus* und *Lactobacillus delbrückii ssp. lactis*.

Streptococcus salivarius ssp. thermophilus

Streptococcus salivarius ssp. thermophilus [3] bildet kugelige oder ellipsoide Zellen mit einem Durchmesser von 0,7 ... 0,9 µm; er wächst in Paaren oder langen Ketten. Beim Abbau von Lactose wird L(+)-Milchsäure gebildet; der End-pH-Wert beträgt 4,5 ... 4,0. Charakteristisch sind der weite Temperaturbereich von 20 ... 50 °C, die hohe Wärmeresistenz (15 min bei 75 °C und 30 min bei 65 °C werden überlebt) sowie die Unfähigkeit, Maltose abzubauen und bei einer NaCl-Konzentration von 3 % zu wachsen. *S. salivarius ssp. thermophilus* ist in Milch und Milchprodukten beheimatet; die Isolierung neuer Stämme gelingt vor allem aus Rohmilch. Serologisch hat *S. salivarius ssp. thermophilus* kein Gruppenantigen; die starke Abgrenzung von anderen Streptokokkenarten ergibt sich aus sehr spezifischen Eigenschaften der Lactatdehydrogenase [1].

Als Starterorganismus ist *S. salivarius ssp. thermophilus* in erster Linie in Mehrstamm- oder Mischkulturen zusammen mit *L. delbrückii ssp. bulgaricus* (Joghurt, Sauermilchquark, Emmentaler) enthalten. *S. salivarius ssp. thermophilus* und *L. delbrückii ssp. bulgaricus* gehen dabei eine Symbiose ein und stimulieren sich gegenseitig.

Durch spezifische Bakteriophagen kann *S. salivarius ssp. thermophilus* lysiert werden; es gibt auch lysogene Stämme [78]. Charakteristisch ist eine außerordentlich große Empfindlichkeit gegenüber Antibiotica: Noch 0,01 I.E. Penicillin cm^{-3} und 5 µg Streptomycin cm^{-3} führen zu einer nachweisbaren Hemmung. In der Käserei gelangt *S. salivarius ssp. thermophilus* auch allein in Form von Ein- oder Mehrstammkulturen zum Einsatz. Für die Herstellung der Starterkultur ist sterilisierte Milch (auch UHT-Milch) gut geeignet; die leichte Anreicherung mit Aminosäuren durch die Erhitzung wirkt sich stimulierend aus. Die Impfmenge beträgt 0,1 ... 0,5 %, die Bebrütungstemperatur 37 ... 40 °C, die Bebrütungszeit etwa 9 h. Bei Kühllagerung (5 ... 1 °C) ist eine Subkultivierung der Mutterkultur in Abständen von einer Woche ausreichend.

Für die Herstellung von Sauermilcherzeugnissen sind Stämme besonders wertvoll, die durch eine auf Polysaccharidbildung beruhende Viskositätsbildung charakterisiert sind und dadurch eine besonders viskose, kremige Konsistenz herbeiführen können. Auch sollte bei der Stammauswahl darauf geachtet werden, daß bei der Subkultivierung die Variation der Säuerungsaktivität möglichst gering (< 10 %) ist.

Lactobacillus delbrückii ssp. bulgaricus

Lactobacillus delbrückii ssp. bulgaricus wächst in Form von verhältnismäßig langen Stäbchen, die eine Tendenz zur Bildung von Fäden haben und weniger als 2 µm breit sind. Die Stäbchen sind meist einzeln oder in Paaren angeordnet; mittels Methylenblaufärbung sind im Plasma häufig Granula nachweisbar. Durch homofermentativen Milchzuckerabbau wird D(−)-Milchsäure bis zu einer Menge von 1,8 % gebildet. Es besteht eine enge Verwandtschaft mit *L. delbrückii ssp. lactis*. *L. delbrückii ssp. bulgaricus* baut lediglich weniger Zuckerarten ab; bezüglich Morphologie und Milchsäurebildung gibt es keine Unterschiede.

Auch *L. delbrückii ssp. bulgaricus* ist gegen zahlreiche Antibiotica empfindlich, ebenso ist das Vorkommen homologer Phagen nachgewiesen.

Wichtig ist die Bildung von Acetaldehyd als hervorstechende Aromakomponente des Joghurts (s. u.). In der Emmentalerkäserei, in der *L. delbrückii ssp. bulgaricus* ebenfalls eingesetzt wird, ist Acetaldehyd unerwünscht.

Die Isolierung neuer, brauchbarer Stämme gelingt meist aus Rohmilch. Bei der Stammauswahl sind u. a. folgende Kriterien besonders zu beachten.

- gute Säuerungsaktivität (aber möglichst ohne Tendenz zu starkem Nachsäuern [42]),
- Symbiose mit *S. salivarius ssp. thermophilus*,
- Acetaldehydbildung (angemessen bei Stämmen für Joghurt, wenig bei Stämmen für Käse),
- Fehlen von homologen Bakteriophagen.

Die Kultivierung von *L. delbrückii ssp. bulgaricus* als Einzelorganismus erfolgt in sterilisierter Milch (Impfmenge 1 ... 2 %, 9 h, 37 ... 40 °C). Die Subkultivierung braucht bei Kaltlagerung (5 bis 1 °C) nur einmal wöchentlich zu erfolgen.

Zusammensetzung der Starterkulturpräparate

Lactobacillus delbrückii ssp. lactis

Wegen seiner großen Ähnlichkeit ist *Lactobacillus delbrückii ssp. lactis* schwer von *L. delbrückii ssp. bulgaricus* zu unterscheiden. Wahrscheinlich ist er auch in den gleichen Produkten anzutreffen, und so kann auf die unter *L. delbrückii ssp. bulgaricus* enthaltenen Angaben verwiesen werden.

Lactobacillus helveticus

Die Stäbchen von *Lactobacillus helveticus* erreichen eine Länge von 2,0 ... 6,0 µm und kommen einzeln oder in Ketten vor. Bei einer Anfärbung mit Methylenblau sind keine Granula im Plasma nachweisbar. Durch homofermentative Glycolyse wird DL-Milchsäure bis zu einer Menge von 2,5 % bei Kultivierung in Milch gebildet. Die Isolierung von *L. helveticus*-Stämmen kann insbesondere aus dem Labmagen von Kälbern (wahrscheinlich der natürliche Lebensraum) oder auch aus saurer Rohmilch erfolgen. Während früher *L. helveticus* mit dem Naturlab (extrahierte Kälbermägen) in den Emmentaler Käse gelangte, werden heute vorherrschend Starterkulturen, meist als Mischkulturen mit *S. salivarius ssp. thermophilus*, eingesetzt.

Die Kultivierung von *L. helveticus* kann in steriler Molke oder Milch erfolgen. Die Impfmenge beträgt 1 ... 2 %, die Bebrütungszeit 6 h und die Bebrütungstemperatur etwa 42 °C. Die Subkultivierung kann bei Kaltlagerung (1 ... 5 °C) in Abständen von einer Woche erfolgen. Ein Maximum an Säurebildung wird durch Anwesenheit einer Begleitflora von Streptokokken, meist *S. salivarius ssp. thermophilus*, erreicht.

Lactobacillus acidophilus

Lactobacillus acidophilus [38, 42] kann wie folgt beschrieben werden [40]: Grampositive, Katalase negative, anaerobe bis mikroaerophile nicht sporenbildende Stäbchen. Stäbchen mit abgerundeten Ecken, Größe in der Regel 0,6–0,9 x 1,5–6 Mikron; einzeln, in Paaren und in kurzen Ketten auftretend. Mit wenigen Ausnahmen gutes Wachstum bei 45 °C; homofermentativ und Bildung von rechts- und linksdrehender Milchsäure. Die fermentierten Kohlenhydrate sind in Tab. 4.8 aufgeführt.

L. acidophilus hat komplexe Ansprüche an das Wachstumsmedium. So sind Ca-Pantothenat, Folsäure, Niacin und Riboflavin essentiell für das Wachstum. Isoliert wurde *L. acidophilus* aus dem Intestinaltrakt des Menschen und von Tieren, der menschlichen Mundhöhle und der Vagina.

In den letzten Jahren stellte sich anhand genetischer Untersuchungen (DNA-Homologie, Mol % G+C der DNA) der Zellwandanalyse sowie des elektrophoretischen Verhaltens von Enzymen (elektrophoretische Beweglichkeit der L-LDH) heraus, daß die aufgrund phänotypischer, also stoffwechselphysiologischer Eigenschaften beschriebene Spezies *L. acidophilus* eine Gruppe mehrerer, genetisch nicht miteinander verwandter Keimarten darstellt. Diese Gruppe enthält neben *L. acidophilus* die Keimarten *L. crispatus*, *l. gasseri* und *L. amylovorus*. Das heißt, daß der „*L. acidophilus*-Phänotyp" eine verläßliche Differenzierung anhand

Zusammensetzung der Starterkulturpräparate

Tab. 4.8 Eigenschaften und Herkunft von Laktobazillen des „*Lactobacillus acidophilus*-Phänotyps" (Hunger, 1989, modifiziert nach Kandler und Weiß, 1986)

	L. acidophilus	*L. gasseri*	*L. crispatus*	*L. amylovorus*
Fermentierung von Hexosen	– – –	obligat homofermentativ		– – –
Milchsäurekonfiguration	DL	DL	DL	DL
Amygdalin	+	+	+	$+_w$
Arabinose	–	–	–	–
Cellobiose	+	+	+	+
Fruktose	+	+	+	+
Galaktose	+	+	+	+
Glukonat	–	–	–	–
Laktose	+	d	+	–
Maltose	+	d	+	+
Mannit	–	–	–	–
Mannose	+	+	+	+
Melizitose	–	–	–	–
Melibiose	d	d	–	–
Raffinose	d	d	–	–
Rhamnose	–	–	–	–
Ribose	–	–	–	–
Salicin	+	+	+	$+_w$
Saccharose	+	+	+	+
Sorbit	–	–	–	–
Trehalose	d	d	–	+
Xylose	–	–	–	–
Aesculinhydrolyse	+	+	+	$+_w$
Wachstum bei 15 °C	–	–	–	–
NH$_3$ aus Arginin	–	–	–	ND

Herkunft: Intestinaltrakt von Menschen und Tieren, menschliche Mundhöhle und Vagina

Legende:
+ = 90 % oder mehr % sind positiv; – = 90 % oder mehr % sind negativ;
d = 11–89 % der Stämme sind positiv; $+_w$ = schwach positiv; ND = nicht bestimmt

bestehender stoffwechselphysiologischer Tests (z. B. „Bunte Reihe") zwischen den genannten Genotypen nicht zuläßt [20, 21].

In neuerer Zeit ist die Anzahl der Sauermilchgetränke und diätetischen Erzeugnisse, die *L. acidophilus* enthalten, im Steigen begriffen. Es sind zahlreiche spezielle

Zusammensetzung der Starterkulturpräparate

Verfahren zur Herstellung derartiger Produkte entwickelt worden. *L. acidophilus* produziert bei der Fermentierung von Kohlenhydraten ein Milchsäureracemat. Somit weisen *L. acidophilus*-Sauermilchprodukte im Gegensatz zu Joghurt einen verminderten Anteil an linksdrehender Milchsäure auf. Da *L. acidophilus* nur ein relativ schwacher Säurebildner ist, ist das Risiko einer Produktübersäuerung vermindert.

Bifidobacterium

Bifidobakterien wurden erstmals 1953 aus Faeces von Kleinkindern isoliert [17] und als *Lactobacillus bifidus var. pennsylvanicus* benannt. Durch Katabolisierung der Oligonucleotide der ribosomalen RNA konnte inzwischen die Annahme bestätigt werden, daß Bifidobakterien mit Laktobazillen keine Verwandtschaft aufweisen [71]. Somit wurde die bereits in der 8. Ausgabe von Bergey's Manual (1974) vollzogene Zuordnung der Bifidobakterien zu einer eigenen Gattung bestätigt.

Der Name „Bifidobakterien" bedeutet soviel wie „zerklüftetes, zerrissenes, stäbchenartiges".

Bifidobakterien sind Gram-positive, nicht sporenbildende, unbewegliche, in der Regel anaerob wachsende Prokaryonten [61]. In ihrer Zellmorphologie sind sie je nach Wachstumsmedium sehr variabel (polymorph). Es können kurze Stäbchen, dünne Zellen mit gepunkteten Enden auftreten, jedoch auch ovoide, tropfenförmige Zellen, lange Zellen mit Verzweigungen, einzeln oder in Ketten mit vielen Elementen, sternförmigen Aggregaten, „V"- und „Y"-artiger Form oder pallisadenartigen Arrangements (Abb. 4.2 und Abb. 4.3).

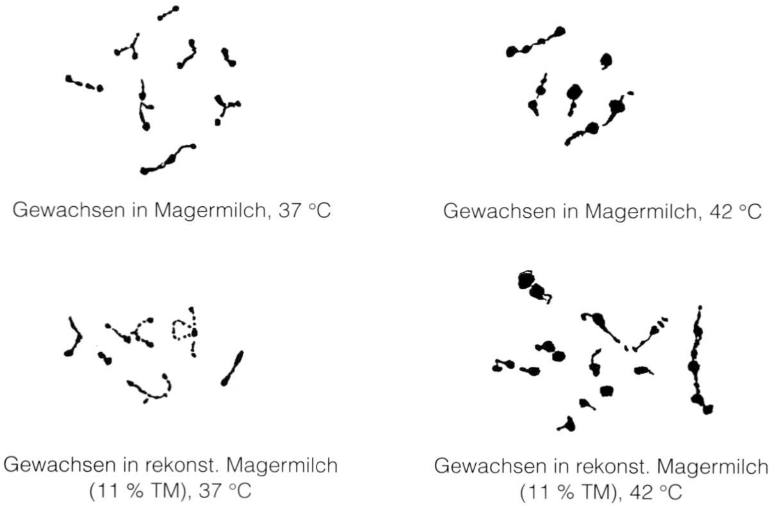

Gewachsen in Magermilch, 37 °C   Gewachsen in Magermilch, 42 °C

Gewachsen in rekonst. Magermilch (11 % TM), 37 °C   Gewachsen in rekonst. Magermilch (11 % TM), 42 °C

**Abb. 4.2 Zellmorphologie von *Bifidobacterium longum 2*
(1 200fach, Methylenblaufärbung)**

Wiesby Pelletkultur   Gewachsen auf RCM-Agar,
                      37 °C, anerob

**Abb. 4.3 Zellmorphologie von *Bifidobacterium infantis* 420
(1 200fach, Methylenblaufärbung)**

Essig- und Milchsäure wird im molaren Verhältnis von 3 : 2, Kohlendioxid hingegen nicht produziert; jedoch können geringe Anteile Ameisensäure, Äthanol und Bernsteinsäure gebildet werden.

Auch heterofermentative Lactobacillen vermögen Essigsäure zu produzieren, jedoch erfolgt hier die Fermentation von Hexosen zu Milch-, Essigsäure und Kohlendioxid im molaren Verhältnis von 1 : 1 : 1. Bei Lactobacillen und Bifidobakterien liegen also zwei völlig verschiedene Abbauwege von Hexosen vor.

Das Temperaturoptimum der Bifidobakterien liegt zwischen 37 und 40 °C, das Minimum bei 25 bis 28 °C und das Maximum bei 45 °C.

Der optimale pH-Bereich für das Anfangswachstum liegt zwischen pH 6,5 bis 6,7, bei pH 4,5 bis 5,0 soll das Wachstum stark reduziert sein. Für ihr Wachstum benötigen Bifidobakterien ein komplexes Angebot an speziellen Wuchsstoffen, bei denen es sich zumeist um Vitamine, Aminosäuren und Peptide handelt.

Zwischen den einzelnen Spezies der Gattung *Bifidobacterium* kann nach dem Fermentationsvermögen unterschieden werden. In Tab. 4.9 ist die Kohlenhydratfermentierung diverser Bifidobakterien-Spezies aufgeführt [20, 21].

Neben *L. acidophilus* sollen Bifidobakterien bei Stillkindern mit 99 % den Hauptteil der züchtbaren Keime der Intestinalflora darstellen. Bifidobakterien begleiten den Menschen sein Leben lang und weisen je nach Altersgruppe unterschiedliche Zusammensetzungen auf. Bei gestillten Kindern ist die dominierende Keimart wohl *B. infantis*, die im Dickdarm einen relativ niedrigen pH von 5,0 bis 5,5 aufrecht erhält und so die Vermehrung von pathogenen Keimen verhindert. Die Darmflora von mit Flaschenmilch ernährten Kindern hingegen ist der von Erwachsenen ähnlich, der Stuhl ist neutral oder alkalisch. Es wird auch über eine erfolgreiche Implantierung von *B. bifidum* in den Darmtrakt neugeborener Säuglinge durch Flaschenernährung berichtet [zitiert nach 20, 21].

Insgesamt konnte gezeigt werden, daß Bifidobakterien wohl einer Infektion des Intestinaltraktes durch Salmonellen, Shigellen und enteropathogene *E. coli*-Keimen vorbeugend entgegenwirken können. Antagonistisch wirksam ist hier neben

Zusammensetzung der Starterkulturpräparate

Tab. 4.9 Kohlenhydratfermentierung* und Herkunft von diversen Bifidobakterien-Spezies (modifiziert nach Scardovi, 1986 und Hunger, 1989)

	B. bifidum	B. longum	B. infantis	B. breve	B. adoles- centis
L-Arabinose	−	+	−	−	+
Cellobiose	−	−	−	d	+
Fructose	+$_b$	+	+	+	+
Galaktose	+	+	+	+	+
Glukonat	−	−	−	−	−
Glucose	+	+	+	+	+
Laktose	+	+	+	+	+
Maltose	−$_a$	+	+	+	+
Mannit	−	−	−	d	d
Mannose	−	d	d	+	d
Melezitose	−	+	−	d	+
Melibiose	d	+	+	+	+
Raffinose	−	+	+	+	+
Ribose	−	+	+	+	+
Saccharose	d$_c$	+	+	+	+
Salicin	−	−	−	+	+
Sorbit	−	−	−	d	d
Trehalose	−	−	−	d	d
Xylose	−	d	d	−	+
Stärke	−	−	−	−	+
Inulin	−	−	d	d	d
Herkunft: Faeces von Kleinkindern	+	+	+	+	
Faeces von Erwachsenen	+	+		+	+
Menschl. Vagina	+		vereinzelt		

* Legende:
+ = 90 % oder mehr % sind positiv; − = 90 % oder mehr % sind negativ;
d = 11–89 % sind positiv; $_a$ = einige Stämme fermentieren Maltose;
$_b$ = einige Stämme fermentieren Fruktose nicht; $_c$ = bei positivem Ergebnis langsame Fermentation; (+) = vereinzelt.

Zusammensetzung der Starterkulturpräparate

der Milchsäure wohl die Essigsäure, die besonders auf Gram negative Keime hemmend wirkt. Auch über den Nachweis und die Gewinnung einer antibakteriellen Substanz, dem „Bifidin", aus *B. bifidum* wird berichtet [20, 21].

Zur prophylaktischen und therapeutischen Behandlung werden von der Pharmaindustrie seit vielen Jahren *L. acidophilus*- und Bifidus-Präparate angeboten. Zum Teil bestehen hoffnungsvolle Ansätze, aber gesicherte wissenschaftliche Beweise stehen noch aus. Man kann jedoch wohl annehmen, daß oral verabreichte *L. acidophilus*- und Bifidobakterienkeime nach einer Bestrahlungs- und Antibiotikabehandlung eine gestörte Darmflora wieder zu regenerieren und zu normalisieren helfen [20, 21].

4.5.2.1 Joghurtkulturen

Joghurt war z. B. früher in Deutschland ein kräftig gesäuertes Sauermilchprodukt mit einem ausgeprägten Joghurtaroma. Seit mehr als 10 Jahren und in den letzten Jahren noch zunehmend, wird ein weniger kräftig gesäuerter Joghurt favorisiert.

Nach der Änderung der Milcherzeugnisse-Verordnung der Bundesrepublik Deutschland vom November 1990 ist die definierte Standardsorte „Joghurt" durch das überwiegende Vorhandensein der traditionellen Milchsäurebakterien *Strepto-*

Fertignährböden

in Flaschen und Röhrchen, z. B. sämtliche Nährmedien gemäß „Trinkwasser-" und „Mineral- und Tafelwasser-Verordnung"; mit ausführlicher Gebrauchsanleitung.

Nährkartonscheiben

(NKS) in 50 und 80 mm Durchmesser, 27 verschiedene Typen für alle Bereiche mikrobiologischer Analytik, z. B. ECD-NKS mit MUG für den E.-coli-Direktnachweis. Sonderanfertigung nach Absprache.

Rufen Sie uns an – wir beraten Sie gerne und kostenlos!

DR. MÖLLER & SCHMELZ GmbH
Gesellschaft für angewandte Mikrobiologie

Robert-Bosch-Breite 10, D-37079 Göttingen
Tel. 05 51/6 67 08, Telex 9 6 795 musmik d, Fax 05 51/6 88 95

Herstellung und Vertrieb von Verbrauchsmaterial und Geräten für die Mikrobiologie und Biotechnologie.

coccus salivarius ssp. *thermophilus* und *Lactobacillus delbrückii* ssp. *bulgaricus* charakterisiert. Wird *Lb. delbrückii* ssp. *bulgaricus* durch andere Bakterienspezies wie z. B. *Lb. delbrückii* ssp. *lactis*, *Lb. casei* oder Bifidobakterien ersetzt, so handelt es sich nach der deutschen Verordnung um ein „Joghurt mild"-Produkt.

Joghurt wird traditionell durch Fermentation (37 bis 42 °C) aus sterilisierter Milch nach Beimpfung mit einer thermophilen Kultur von *Streptococcus salivarius* ssp. *thermophilus* und *Lactobacillus delbrückii* ssp. *bulgaricus* hergestellt, die folgende Anforderungen erfüllen soll:

- rasche und sichere Säuerungsaktivität,
- definiertes und standardisiertes Aromaprofil,
- guter Viskositätsaufbau ohne Schleimigkeit und
- minimale Nachsäuerung nach der Kühlung.

Den beiden Spezies, die in Symbiose miteinander wachsen, kommen im Verlauf der Fermentation folgende Aufgabenschwerpunkte zu: *S. salivarius* ssp. *thermophilus* schafft die Basisbedingungen für das Wachstum von *L. delbrückii* ssp. *bulgaricus* durch Reduzierung des Redoxpotentials und Bildung von Stimulationssubstanzen. Durch langsame Säuerung im pH-Bereich 5,5 bis 4,5 wird ein feinporiges Caseinnetzwerk mit guter Wasserbindung gebildet, was zu einer hohen Endproduktviskosität führt. Die Bildung von Polysacchariden durch entsprechende Stämme von *S. salivarius* ssp. *thermophilus* unterstützt diese Eigenschaft.

L. delbrückii ssp. *bulgaricus*, der im zweiten Teil des Fermentationsprozesses zunehmend aktiv wird, ist wesentlich am Aufbau des typischen Joghurtaromas, unter anderem durch die Bildung von Acetaldehyd, beteiligt. Darüber hinaus entwickelt diese Spezies eine starke Säuerungsaktivität. Die unerwünschte Nachsäuerung von Joghurt im Handel ist auf die Wirkung dieser Spezies zurückzuführen.

Durch Kombination von definierten Einzelstämmen mit entsprechenden Eigenschaften können die Geschmacksintensität, das Nachsäuerungsverhalten und die Viskosität durch die Wahl eines optimierten Kulturenprogrammes beeinflußt werden [57].

Der Hauptteil Acetaldehyd entsteht aus der Aminosäure Threonin (sowie einigen weiteren Aminosäuren), die durch die Aldolase von *L. delbrückii* ssp. *bulgaricus* zu Acetaldehyd umgewandelt wird. Geringere Mengen Acetaldehyd bildet *S. salivarius* ssp. *thermophilus* über die Glykolyse.

4.5.2.2 Kulturen für Käse mit hohen Nachwärmetemperaturen

Diese Kulturen müssen Temperaturen von 52 ... 57 °C überleben, wenn sie in der Reifungsperiode nach dem Brucherwärmen wirksam werden sollen. Das Zusammenwirken mehrerer Bakterienarten ist erforderlich, um die typische Reifung und Beschaffenheit zu erreichen. Innerhalb dieser Käsegruppe ist Emmentaler

Zusammensetzung der Starterkulturpräparate

Käse weltweit am bekanntesten [43]. In der modernen Großproduktion werden diese Bakterienarten fast ausschließlich in Form von Kulturen zugesetzt. An der Reifung beteiligt sind:

- *Streptococcus salivarius ssp. thermophilus:* Milch- und Käsebruchsäuerung, Stimulierung der Laktobazillen und Propionsäurebakterien,
- *Lactobacillus helveticus, L. delbrückii ssp. bulgaricus, L. delbrückii ssp. lactis:* Milch- und Käsebruchsäuerung, Stimulierung der Streptokokken und Propionsäurebakterien, Proteolyse im reifenden Käse,
- *Propionibacterium*-Arten: Bildung der Emmentaler-Lochung sowie typischer Aromabestandteile.

Zusätzlich zu den genannten Mikroorganismen werden mitunter Buttereikulturen sowie Kulturen von *L. casei* eingesetzt.

4.5.2.3 Kulturen für Sauermilchquark

Verwendet werden Säuerungskulturen, die in ihrer Zusammensetzung und ihren Eigenschaften im wesentlichen den Joghurtkulturen entsprechen.

4.5.3 Käsereifungskulturen

4.5.3.1 Rotschmierekulturen *(Brevibacterium linens)*

An der Ausbildung einer gelblichen bis rötlichen Oberflächenschmiere bei Schnitt- und Weichkäsen, z. B. Tollenser (Tilsiter), Steinbuscher und Romadur, ist vor allem *Brevibacterium linens*, das Rotschmierebakterium, zusammen mit anderen coryneformen Bakterien, pigmentierten Mikrokokken und Hefen beteiligt. Auf Weichkäse mit Schimmelbildung (Camembert, Brie) entwickelt es sich in späteren Reifungsstadien, nachdem durch die Schimmelpilzflora (*Penicillium ssp.*) eine Entsäuerung der Käseoberfläche erfolgt ist, zunächst als rötlichgelber Rand und später auf der ganzen Käseoberfläche. *B. linens* verfügt über proteolytische und lipolytische Enzyme, die in den Käse diffundieren und durch Eiweiß- und Fettabbau ein charakteristisches, pikantes Aroma hervorrufen [11, 36].

Die Gattung Brevibacterium wird der Gruppe der koryneformen Bakterien zugeordnet, die sehr verschiedenartige, meist proteolytisch aktive Mikroorganismen umfaßt. Ihre taxonomische Stellung im Bakteriensystem ist unsicher; verwandt sind die Gattungen Arthrobacter, Corynebacterium und Microbacterium. Charakteristische Merkmale von Brevibacterium linens sind [7]:

- obligatorisch aerobes Wachstum auf komplexen Nährmedien (Verwertung zahlreicher Stickstoff- und Kohlenstoffquellen),
- Bildung von meist kokkenähnlichen Kurzstäbchen verschiedener Größe mit Veränderungen ihrer Form im Verlaufe eines Entwicklungszyklus,

Zusammensetzung der Starterkulturpräparate

- wechselnde Pigmentierung (weißlich, grau, kremfarben, gelb, braungelb, orange, rot, braunrot), auch vom Nährmedium abhängig,
- ausgeprägte proteolytische Aktivität (extrazelluläre Proteinasen und Aminopeptidasen, Hydrolyse von Gelatine, Casein und Stärke),
- katalasepositiv, grampositiv,
- Temperaturoptimum bei 25 °C (aber auch psychrotrophes Wachstum),
- hohe pH-Toleranz (pH 6,0 ... 10,0) mit Optimum bei pH 6,0,
- hohe Kochsalztoleranz bis zu 15 %.

Die Isolierung von Stämmen erfolgt am besten aus der Schmiere von Käsen, denen keine Kulturen zugesetzt wurden. Hinsichtlich der Pigmentierung sind insbesondere gelbbraune Farbtöne erwünscht. Der Eiweißabbau darf nicht zu kräftig sein; vor allem sind Stämme mit stärkerer Ammoniakfreisetzung unerwünscht.

Rotschmierekulturen werden in den Molkereien normalerweise nicht weiterkultiviert, sondern unmittelbar bei der Herstellung von Sauermilchkäse, Camembert, Brie, Steinbuscher, Romadur und weiteren Schnittkäsen mit Schmierebildung eingesetzt. Dabei gilt der Zusatz der Kultur zur Käsereimilch als unökonomisch; zweckmäßiger ist das Besprühen oder Abwaschen (Käse mit Schmierebildung) der Käse mit einer verdünnten Kultur [11, 81].

4.5.3.2 Propionsäurebakterien

Propionsäurebakterien sind für die Entwicklung des charakteristischen Aromas und die typische Lochbildung in Emmentaler Käse unentbehrlich. Ursprünglich wurden sie der Gruppe der Aktinomyzeten und verwandter Mikroorganismen zugeordnet; innerhalb dieser Gruppe gehören sie zu der Familie Propionibacteriaceae und der Gattung Propionibacterium. Die Propionsäurebakterien bevorzugen anaerobe Bedingungen, sind aber in gewissem Umfang aerotolerant und können bei Sauerstoffanwesenheit langsam und in untypischer Form wachsen. Charakterisiert sind sie als grampositive, katalasepositive, nicht sporenbildende Stäbchen, die meist Pleomorphie (kokkenähnlich, fadenförmig, gekrümmt bis V-förmig, Y-förmig durch Verzweigung) aufweisen. Wichtige Stoffwechselprodukte sind die in wechselndem Verhältnis gebildete Propionsäure, Essigsäure und Kohlendioxid; ferner entstehen häufig in geringeren Mengen Isovalerian-, Ameisen-, Bernstein- oder Milchsäure.

Als Kulturen gelangen in erster Linie Subspezies von *P. freudenreichii* zum Einsatz. Da es bei den einzelnen Stämmen zahlreiche Übergangsformen (Zuckervergärung, andere biochemische Eigenschaften) gibt, ist die eindeutige Zuordnung zu einer Art oft mit Schwierigkeiten verbunden. Für die Isolierung und Reinzucht von Propionsäurebakterien ist die Einhaltung anaerober Bedingungen und die Verwendung von wachstumsfördernden Nährmedien wichtig.

Zusammensetzung der Starterkulturpräparate

Um einen erfolgreichen Einsatz der Kultur zu gewährleisten, sind folgende Faktoren zu beachten [43]:

- **pH–Wert**. Das pH–Optimum liegt zwischen 6,0 und 7,0; bei pH 5,0 wachsen Propionsäurebakterien meist schwach.
- **Salztoleranz**. Die Salztoleranz wird unterschiedlich beurteilt und kann bis zu 6 % betragen. Es besteht eine Korrelation zwischen pH-Wert und Salzkonzentration (niedrigerer pH-Wert, stärkere Kochsalzempfindlichkeit).
- **Temperatur**. Propionsäurebakterien wachsen im Temperaturbereich von 13 ... 43 °C, jedoch wird bei niedrigen Temperaturen mehr Gas als bei höheren Temperaturen gebildet.

Propionsäurebakterien sind gegenüber Hemmfaktoren sehr empfindlich. Hemmend wirken u. a. Nisin, Penicillin, Streptomycin, Breitbandantibiotica, Stoffwechselprodukte anderer Bakterien sowie Essigsäure und Propionsäure als eigene Stoffwechselprodukte. Andererseits wird eine stimulierende Wirkung des Wachstums, der Propionsäure- und Gasbildung durch Eisen, Magnesium, Mangan und Cobalt in Spuren sowie durch die gemeinsame Kultivierung mit verschiedenen Laktokokken, Streptokokken und Laktobazillen beobachtet. Wachstum und Gasbildung werden auch durch Mikrokokken stark stimuliert, so daß es zur Nachgärung und, damit verbunden, zur Rißbildung im Käse kommen kann. Wesentlich für Wachstum und Stoffwechsel der Propionsäurebakterien ist das Vorhandensein von genügend frei verfügbarem Wasser [18, 44, 81].

4.5.3.3 Lactobacillus casei

Lactobacillus casei wächst in Form von kürzeren oder längeren Stäbchen mit meist eckigen Enden, die weniger als 1,5 µm breit sind und zur Kettenbildung tendieren. Mit einer Optimaltemperatur von 30 °C gehört es zu den mesophilen Starterkulturen. 15 °C und 45 °C bieten normalerweise keine Wachstumsmöglichkeiten. Milchsäure wird in Form des razemischen Gemischs gebildet, jedoch ist die L(+)-Milchsäure vorherrschend und bewirkt Rechtsdrehung des polarisierten Lichtes. Im Vergleich zu den Milchsäurestreptokokken hat *L. casei* eine etwa doppelt so hohe proteolytische Aktivität. In Schnittkäsen gewinnt *L. casei* bei fortschreitender Reifung zahlenmäßig eine vorherrschende Stellung. Den mesophilen Laktobazillen wird bei der Schnittkäsereifung eine besondere Bedeutung eingeräumt [5].

Kulturen von *L. casei* sind handelsüblich und werden u. a. bei der Herstellung von Emmentaler, Edamer, Chester und weiteren Käsesorten verwendet. Generell durchgesetzt haben sie sich noch nicht, da *L. casei* während der Käseproduktion durch Kontamination in den Fertigungseinrichtungen in ausreichender Zahl in den Käsebruch gelangt.

Zusammensetzung der Starterkulturpräparate

4.5.4 Schimmelpilze

Im Vergleich zu den Starterkulturen ist die Einsatzbreite von Pilzkulturen verhältnismäßig gering. Sie umfaßt vor allem
- *Penicillium camemberti*
- *Penicillium roqueforti:* die Schimmelentwicklung im Inneren von Roquefort und ähnlichen Käsen.

Seltener werden Hefen der Gattungen *Candida* und *Saccharomyces*, die in bestimmten Sauermilchgetränken enthalten sind, als Kulturen hergestellt.

4.5.4.1 *Penicillium camemberti*

Penicillium camemberti bildet einen Schimmelpilzrasen auf der Oberfläche verschiedener Weich- und Frischkäse sowie Sauermilchkäse, z. B. Camembert, Brie, Neufchâteler, Harzer. Ein wesentliches Merkmal besteht in der Ausbildung eines verhältnismäßig hohen Luftmycels. Dieser Schimmelpilz wird deshalb im System der Penizillien der Untergruppe Lanata (= wollig) zugeordnet. Während der **blaue Camembertschimmel** zunächst weiße Kolonien bildet, die sich nach etwa einer Woche blaugrün verfärben, bleibt das Mycel des weißen Camembertschimmels (häufig P. caseicolum oder candidum genannt) ständig weiß; erst nach Ausbildung der Konidien wird die Oberfläche leicht kremfarben. Die Unterseite aller drei Formen ist weiß bis leicht gelblich gefärbt.

P. camemberti wächst streng aerob; Sauerstoffmangel kann zum wachstumsbegrenzenden Faktor werden. Dies ist sowohl bei der Kulturengewinnung als auch bei der Käsereifung zu beachten (Bemessung der Reifungskapazitäten). Die Abschnürung der **Konidien** auf den Philiaden der septierten Konidiophoren beginnt nach etwa sieben Tagen; ein Maximum an Konidien wird erst später in Abhängigkeit vom Nährmedium und von der Bebrütungstemperatur erreicht. Die Größe der rundlichen bis ellipsoiden Konidien beträgt 0,3 ... 4,5 µm; Abweichungen nach unten und oben kommen vor.

Die Mitwirkung der Pilze bei der Reifung und Aromabildung in den Käsen ist vor allem von ihrer proteolytischen Aktivität abhängig. *P. camemberti* verfügt über ein extrazelluläres proteolytisches System, das aus einer sauren Protease (pH-Optimum bei 4,0) und einer neutralen Proteinase (pH-Optimum bei 6,5) besteht. Die Wirksamkeit beider Enzyme im Käse ist zeitlich verschoben; d. h., die saure Proteinase wirkt zuerst, die neutrale Proteinase mit zunehmender Entsäuerung des Käses am stärksten. Für den weiteren Abbau der Peptide sind extra- und intrazelluläre Peptidasen vorhanden. Das zur Caseinhydrolyse befähigte System konnte in allen *P. camemberti*-Stämmen nachgewiesen werden; allerdings gibt es quantitativ große Unterschiede in der proteolytischen Aktivität. Auch lipolytische Aktivität ist in den meisten Fällen vorhanden [4, 47].

Die Sporensuspensionen werden in Abhängigkeit von der Konidiendichte und der produzierten Käsesorte in unterschiedlicher Menge zur Käsereimilch gegeben

Zusammensetzung der Starterkulturpräparate

oder auf die frisch geformten Käse aufgesprüht. Eine Menge von ca. 2×10^{10} auskeimfähigen Sporen sind für 5 000 bis 10 000 l Kesselmilch ausreichend. Zum Zwecke des Aufsprühens kann die Originalkultur im Verhältnis 1 : 5 verdünnt werden. Gutes Wachstum des Schimmelpilzrasens ohne Fremdkontaminationen ist nicht allein von der Qualität der Kulturen, sondern in ebenso hohem Maße von dem gebotenen Wachstumsmilieu (Säureführung, Salzgehalt, Temperatur, relative Luftfeuchte, Abtrocknen der Käse u. a.) abhängig.

Befürchtungen, daß *P. camemberti* in Käse Mycotoxine bilden könnte, die sich für den Menschen schädlich auswirken, haben sich bisher nicht bestätigt [64].

4.5.4.2 *Penicillium roqueforti*

Der Roquefortschimmel *Penicillium roqueforti* wird für die Produktion von Roquefort-, Edelpilz-, Stilton- und Gorgonzolakäse sowie weiteren Käsevarietäten benötigt. Der aerobe Pilz wächst im Luftraum zwischen den Bruchpartikeln. Roquefort-, Edelpilz- und Gorgonzolakäse werden zusätzlich bei Reifungsbeginn mit Stahlnadeln durchstochen, um das Eindringen von Luft in das Innere zu begünstigen. Während früher der Pilz durch natürliche Kontamination in den Käse gelangte, werden in den Käsereien heute meist Kulturen eingesetzt.

Im Gegensatz zu den Camembert-Schimmelpilzen hat *P. roqueforti* ein wesentlich niedrigeres Luftmycel, und auch die Konidienträger sind wesentlich kürzer. Die rundlichen Konidien haben einen Durchmesser von 4 ... 6 µm und werden in großer Menge in Form von langen Ketten abgeschnürt. Die Einzelkolonie hat im Inneren eine grüne Konidiendecke, der Rand (ohne Konidien) ist weiß, die Unterseite gelb. *P. roqueforti* neigt, besonders bei nicht optimalen Kultivierungsbedingungen, zur Mutation mit abartiger Färbung (grau, bräunlich u. a.). Für die kulturenherstellenden Betriebe ist daher die ständige Selektion geeigneter Stämme sehr wichtig.

Die meisten *P.-roqueforti*-Stämme sind kräftige Eiweiß- und Fettspalter. Bei der Eiweißspaltung werden Caseine unter Freisetzung größerer Mengen Aminosäuren und Peptide mit niedriger relativer Molekülmasse abgebaut. Im Zusammenhang mit der Proteolyse werden häufig Bitterstoffe gebildet; der Grad der Bitterstoffbildung ist von Stamm zu Stamm unterschiedlich und muß bei der Stammselektion berücksichtigt werden.

Die Isolierung neuer Stämme bereitet keine Probleme, da *P. roqueforti* überall verbreitet ist und sich zum Beispiel auch auf verschimmelndem Brot häufig als Kontaminant einstellt.

Roquefortkulturen werden in den Betrieben meist zur Käsereimilch zugesetzt (z. B. Suspensionen in Kochsalzlösung in Mengen von 100 ... 200 cm^{-3} mit $1–8 \times 10^9$ lebensfähigen Sporen auf 1 000 l Käsereimilch). Das optimale Wachstum des Schimmels im Käse wird sehr stark durch das gebotene Milieu während der Reifung beeinflußt [55].

Mehrere von *P. roqueforti* gebildete Mycotoxine treten jedoch nicht beim Wachstum in Käse auf bzw. sind durch sehr geringe Toxizität für den Menschen gekennzeichnet, so daß ein Risiko nach den jetzigen Kenntnissen für den Menschen beim Genuß von Edelpilzkäsen nicht besteht [55].

4.6 Physiologie

4.6.1 Kohlenhydratstoffwechsel

Die wichtigsten Schritte beim Kohlenhydratstoffwechsel der Starterorganismen sind:
- **Spaltung der Lactose** durch β-Galactosidase in Glucose und Galactose,
- Abbau von Glucose und Galactose durch **Glycolyse** bis zum Pyruvat (Brenztraubensäure) über den Glucose-Biphosphat-Weg (EMBDEN-MAYERHOF-Weg) bzw. den Glucose-Monophosphat-Weg (Direktoxydation der Glucose),
- Reduktion des Pyruvats durch Lactatdehydrogenase zu Milchsäure – **Milchsäuregärung**, oder in geringerem Maße
- oxydativer Abbau des Pyruvats zu Kohlendioxid und Wasser (Veratmung).

Der Abbau von Lactose zu Milchsäure ist die wichtigste Funktion der Starterorganismen bei der Herstellung fermentierter Milcherzeugnisse. Es handelt sich dabei um sehr komplizierte Vorgänge unter Mitwirkung zahlreicher Enzyme.

Während der Zuckerabbau durch die homofermentativen Laktokokken über den EMBDEN-MAYERHOF-Weg zu einem Gleichgewicht von L(+)- und D(–)-Milchsäure führt, in dem die L(+)-Milchsäure meist vorherrschend ist, entsteht durch die heterofermentativen Leuconostoc-Arten über den Glucose-Monophosphat-Weg in erster Linie D(–)-Milchsäure. Die Bezeichnungen D und L weisen auf die Konfiguration am asymmetrischen Kohlenstoffatom der Milchsäure hin, die nach ihrer Struktur eine 2- Hydroxy-Propionsäure ist. Die Zeichen + und – beziehen sich auf die optische Aktivität der Isomeren; + bedeutet Rechtsdrehung, – Linksdrehung des polarisierten Lichtes. Während L(+)-Milchsäure im tierischen und menschlichen Körper ein normales Stoffwechselprodukt ist, entsteht D(–)-Milchsäure nur im Stoffwechsel von Mikroorganismen. Die D(–)-Milchsäure ist daher für Mensch und Tier artfremd. Ihre Verwertbarkeit im menschlichen Organismus soll durch eine geringere Abbaukapazität begrenzt sein. Inwieweit dadurch bei einer sehr einseitigen Kost mit Sauermilcherzeugnissen ernährungsphysiologisch ungünstige Folgen durch Anreicherung der D(–)-Milchsäure eintreten können, ist umstritten. Es gibt jedoch Bestrebungen, die Aufnahme von D(–)-Milchsäure, insbesondere bei Säuglingen und Kleinkindern, zu begrenzen [39]. Für die Einsatzfähigkeit von Säureweckerorganismen und -kulturen ist die quantitative Seite der Milchsäurebildung, ausgedrückt durch die Säuerungsaktivität und die Gesamtmenge der gebildeten Milchsäure, von besonderer Bedeutung.

Die Säuerungsaktivität ist dadurch gekennzeichnet, wie schnell eine Kultur hinsichtlich Säurebildung und Zellvermehrung die Anlaufphase (Lag-Phase) überwindet und wie steil der logarithmische Teil der Wachstumskurve ansteigt. Bei der Gegenüberstellung einer säurungsaktiven und weniger säuerungsaktiven Kultur können die Dicklegungszeit und der nach 24 h erreichte pH-Wert durchaus fast identisch sein, dagegen sind Beginn und Verlauf der logarithmischen Wachstumsphase sehr verschieden. Kulturen mit guter Säuerungsaktivität sind bei der Produktion aller fermentierten Milcherzeugnisse erwünscht, da der schnelle Säuerungsverlauf das Aufkommen unerwünschter Kontaminationsfloren unterdrückt, den Produktionsablauf oft beschleunigt und vor allem in der Käserei durch schnellen Lactoseabbau günstige Voraussetzungen für die übrigen Reifungsvorgänge schafft [81].

4.6.2 Proteolyse und Lipolyse

Außer der Fähigkeit zur Glycolyse haben die Säureweckerorganismen eine deutliche, wenn auch im Vergleich zu typischen eiweißabbauenden Mikroorganismen geringe Fähigkeit zur Proteolyse. Der Eiweißabbau, vorwiegend des Caseins, führt über Polypeptide und Oligopeptide bis zu freien Aminosäuren; er kann auch auf der Stufe der Polypeptide stehen bleiben. Die Laktokokken bewirken eine Anreicherung der Milch mit freien Aminosäuren bis nur etwa 0,03 %. Obwohl es sehr viele Einzelkenntnisse über die durch Säureweckerorganismen ausgelösten proteolytischen Vorgänge sowie über dafür verantwortliche Enzymsysteme, deren Funktionsweise und Lokalisation gibt, kann von einem vollen Verständnis des Ablaufs und der Bedeutung der Proteolyse noch nicht gesprochen werden. Nicht genügend bekannt ist auch, welche Verbindungen für die Aminosäuresynthese und damit für optimales Wachstum der Organismen benötigt werden [76].

Die Laktokokken verfügen über zellwandgebundene Proteinasen, die micelläres Casein (wahrscheinlich nur P-Casein) zu Peptiden hydrolysieren; zellwandgebundene Peptidasen bauen die Peptide weiter zu Aminosäuren ab. Für den Bau- und Intermediärstoffwechsel verfügen die Zellen über Proteinasen und Peptidasen als Endoenzyme [76]. Wie die Fähigkeit zum Lactoseabbau ist auch die Proteinaseaktivität teilweise plasmidkodiert; es konnte aber kein bestimmtes Plasmid mit der Fähigkeit zur Proteolyse in Verbindung gebracht werden. Die Fähigkeit zur Proteinase-Bildung geht ziemlich häufig spontan verloren. Die Beziehungen zwischen Proteinasebildung und Lactoseabbau bedürfen noch weiterer Aufklärung.

Nach den gegenwärtigen Kenntnissen besteht die **Bedeutung der proteolytischen Aktivität** der Säureweckerorganismen vor allem in folgendem:

- Bedarfsdeckung der Bakterien an essentiellen Stickstoff- und Schwefelverbindungen (dadurch Förderung von Wachstum und Glycolyse),
- Versorgung anderer Mikroorganismen mit verwertbaren Eiweißabbauprodukten,
- Bildung von typischen Aromastoffen, aber auch unerwünschten Geschmackskomponenten (z. B. in Käse und Butter).

Physiologie

Die Hauptbedeutung der Proteolyse besteht darin, aus dem Casein niedermolekulare Stickstoffverbindungen freizusetzen, die durch die Zellwand durchgängig und für die Zelleiweißsynthese verwertbar sind. Proteolytisch aktive Stämme sind in der Lage, Stämme mit geringer proteolytischer Aktivität im Wachstum zu stimulieren. Nicht zufriedenstellend gelöst ist die Frage, welche Bedeutung die proteolytische Aktivität der Säureweckerorganismen für die Käsereifung hat. Die zeitweilige Empfehlung, möglichst stark proteolytische Stämme einzusetzen, kann zwar zu einer Reifungsbeschleunigung führen, aber auch zu fehlerhafter Konsistenz und zu unerwünschten Geschmackskomponenten. Dabei tritt Bittergeschmack als Fehler besonders in den Vordergrund; verantwortlich dafür werden die sogenannten „Bitterpeptide" gemacht. Die Aufklärung der Entstehung dieses Fehlers ist Gegenstand zahlreicher Untersuchungen gewesen. Wesentlich für einen einwandfreien Reifungsablauf ist eine ausgeglichene Proteolyse, die oft durch Kombination stärkerer und schwächerer proteolytischer Stämme erreicht werden kann. Die Ansprüche an die proteolytische Aktivität der Kulturen sind von Käsesorte zu Käsesorte sehr verschieden; hieraus leitet sich die Notwendigkeit stärker differenzierter Käsereikulturen ab. Unerwünscht sind Stämme mit höherer proteolytischer Aktivität in Buttereikulturen. Die Proteolyse führt besonders bei längerer Lagerung zu einer käsigen Geschmacksrichtung in der Butter.

Untersuchungen zufolge haben Starterorganismen auch **lipolytische Aktivität**, deren Stärke von Stamm zu Stamm sehr unterschiedlich ist (fehlend bis deutlich nachweisbar). Besonders bei *Lactococcus lactis ssp.lactis biovar. diacetylactis* wurden viele Stämme mit beachtlicher lipolytischer Aktivität nachgewiesen; auch verschiedene Leuconostoc-Stämme zeigten Lipolyse [79]. Die Lipolyse führt zunächst zu Glycerol und freien Fettsäuren, letztere werden zu geschmacks- und geruchsintensiven β-Ketosäuren und Methylketonen umgewandelt. Es werden Triglyceride mit kurzkettigen Fettsäuren, vor allem aber Mono- und Diglyceride gespalten, die in Milch, Käse oder Butter nach Einwirkung von Milchlipasen oder Lipasen anderer Bakterien verstärkt anzutreffen sind. Die Bedeutung der Lipolyse durch Starterorganismen wird noch widersprüchlich beurteilt [72]. Während schwache Lipolyse sich auf das Aroma von Käse günstig auswirken soll, führt stärkerer Fettabbau stets zu Aromafehlern [81].

4.6.3 Gasbildung (Kohlendioxyd)

Kohlendioxyd kann durch heterofermentative Milchsäurebakterien nach zwei Stoffwechselwegen entstehen:

(a) Glucose ⟶ Ethanol + CO_2 (+ 1 ATP)

(b) Glucose ⟶ Milchsäure + Essigsäure + CO_2 (+ $NADH_2$).

Je nach dem Einsatzgebiet der Kulturen ist die Kohlendioxidbildung notwendig bzw. mehr oder weniger unerwünscht. Für die typische Käselochung bei zahlreichen Käsesorten ist CO_2-Bildung erforderlich; andererseits darf sie nicht so stark sein, daß es zu Bruchauftrieb und zu offener Textur des Käses kommt. In Sauermilch-

Physiologie

getränken wirkt die Anwesenheit von Kohlendioxid in gewissen Grenzen geschmacksbildend (leicht prickelnder Geschmack). Unerwünscht ist Kohlendioxid in allen fermentierten Milcherzeugnissen, die in gasundurchlässige Verpackungen abgefüllt werden, da es dann Blähungen hervorruft [68]. Diesen Erfordernissen müssen die Säureweckerkulturen durch entsprechende Auswahl der Stämme und Arten angepaßt werden [81].

4.6.4 Aromabildung

Viele Stoffwechselprodukte der Starterorganismen sind aromagebend. Derartige Verbindungen entstehen als Haupt- oder Nebenprodukte bei der Glycolyse, Proteolyse, Lipolyse oder anderen Stoffwechselvorgängen. Die bei der homofermentativen Glycolyse vorherrschend entstehende Milchsäure verursacht den säuerlichen Geschmack vieler fermentierter Milcherzeugnisse, der aber ohne gleichzeitige Anwesenheit von Diacetyl oder anderen Aromasubstanzen oft als fad oder herbsäuerlich empfunden wird. Bei der heterofermentativen Glycolyse entstehen außer Milchsäure auch Kohlendioxid, Essigsäure, Ethanol, Propionsäure, Diacetyl, Acetaldehyd und weitere Verbindungen. Der Citronensäureabbau führt insbesondere zu Diacetyl, Acetoin und 2,3-Butylenglycol. Besonders viele aromaintensive Abbauprodukte werden bei der Proteolyse gebildet, anzuführen sind u. a. Peptide (einschließlich Bitterpeptide), Aminosäuren sowie schwefelhaltige Verbindungen (Mercaptane, Dimethyldisulfid). Die Lipolyse setzt Fettsäuren (z. B. Buttersäure, Capron-, Capryl-, Caprinsäure, Myristinsäure, Ölsäure) und ihre Abbauprodukte frei, die sich als Geschmacksfehler bemerkbar machen können. Auf die besonders wichtigen Aromastoffe Diacetyl (Hauptkomponente des Butteraromas) einschließlich Acetoin und 2,3-Butylenglycol sowie Acetaldehyd soll nachfolgend eingegangen werden.

Diacetyl ($CH_3CO\text{-}CO\text{-}CH_3$) und **Acetoin** ($CH_3\text{-}CO\text{-}CHOH\text{-}CH_3$) sind nichtsaure Fermentationsprodukte. Diacetyl ist bekannt vom Butteraroma, und es ist am Geschmacksprofil von fermentierten Milchprodukten beteiligt. Die bei der Herstellung von Milchprodukten verwendeten Starterkulturen beeinflussen über die Diacetylproduktion die Aromabildung in positiver Weise. Das Acetoin, auch Acetmethylcarbinol genannt, und das 2,3-Butylenglycol haben keine Aromaeigenschaften, sind aber mit dem Diacetyl eng verwandt und können daraus durch stufenweise Reduktion gebildet werden.

Diacetyl entsteht infolge Abbaus des Citrates der Milch durch Buttereikulturen. Diacetyl und Acetoin werden stets nebeneinander gebildet, dabei überwiegt immer bei weitem der Anteil an Acetoin. Die Diacetyl- und Acetoinbildung setzt erst bei erniedrigtem pH-Wert (< 6,0) ein. Die Hauptmenge wird zwischen pH 5,5 und pH 4,3 gebildet, wenn bereits Milchsäure in größerer Menge vorhanden ist.

Diacetyl wirkt hemmend auf gramnegative Bakterien, allerdings für sich allein erst in Konzentrationen, die sensorisch nicht einmal bei Sauerrahmbutter und Käse toleriert werden. Bemerkenswert ist, daß Milchsäurebakterien nicht bzw. erst ab deutlich höheren Konzentrationen gehemmt werden als andere grampositive Keime.

Physiologie

Acetaldehyd ist ein wichtiger Aromabestandteil in Joghurt. In Säuerungskulturen, Buttermilch und saurer Sahne tritt jedoch bei Überproduktion von Acetaldehyd ein unerwünschter, joghurtähnlicher Geschmack auf, der auch als Grüngeschmack bezeichnet wird [81].

4.6.5 Antimikrobielle Substanzen von Milchsäurebakterien

Das primäre Konservierungsereignis in fermentierten Milcherzeugnissen ist die Absenkung des pH-Wertes durch die Bildung der Milchsäure. Für diese Haltbarmachung sind Milchsäurebakterien verantwortlich. Neben Milchsäure können von

Tab. 4.10 Antimikrobiell wirkende Faktoren von Milchsäurebakterien und Bifidobakterien in Milcherzeugnissen (Hunger, 1992)

Substanz	Funktion	Antagonistische Aktivität
Milchsäure	Erhöhung der Wasserstoffionenkonzentration	Bakteriozid, bakteriostatisch
Essigsäure	Störung des bakteriellen Stoffwechsels durch die undissoziierte Säure	(Enterobakterien, Clostridien Pseudomonaden unter anderem)
Ameisensäure		
Benzoesäure		Fungizid, fungistatisch, Bakteriozid, bakteriostatisch
Diacetyl		Bakteriostatisch (*Mycobacterium, E. coli* und andere)
Kohlendioxid	Anaerobe Bedingungen	Bakteriostatisch, fungistatisch (Aerobe und fakultativ anaerobe Mikroorganismen, Schimmelpilze)
Reduzierende Substanzen	Senkung des Redoxpotentials, Sauerstoffzehrung	Bakteriostatisch (Aerobe und fakultativ anaerobe Mikroorganismen)
Wasserstoffperoxid	Sauerstoffradikale, Bildung hemmender Oxidationsprodukte in Milch (Lactoperoxidase-System)	Bakteriozid, bakteriostatisch (*E. coli*, Salmonellen, Pseudomonaden, Staphylokokken)
Bacteriocine und bacteriocinartige Substanzen	Einwirkung auf den bakteriellen Stoffwechsel	Bakteriozid (Milchsäurebakterien, Bazillen, Clostridien, *L. monocytogenes*)

Physiologie

diesen Bakterien auch andere antagonistisch wirksame organische Säuren wie Essig-, Ameisen-, Benzoesäure und andere bakteriostatische/bakteriozide und/ oder fungistatische/fungizide Verbindungen wie Wasserstoffperoxid, Diacetyl und Bacteriocine freigesetzt werden. Tab. 4.10 gibt einen Überblick über antimikrobiell wirkende Faktoren von Milchsäurebakterien und Bifidobakterien in Milcherzeugnissen.

4.6.5.1 Milch- und Essigsäure

Das dominierende Stoffwechsel-Endprodukt bei der Vergärung des Milchzuckers, der Laktose, ist die Milchsäure. Je nach Milchsäurebakterienart können neben Milchsäure auch Essigsäure und andere organische Säuren sowie Ethanol und Kohlendioxid freigesetzt werden. Bifidobakterien setzen bei der Zuckervergärung Milch- und Essigsäure im molaren Verhältnis 2 : 3 frei.

Durch die freigesetzten organischen Säuren senken die Milchsäurebakterien den pH-Wert der Milch von 6,7 bis 6,8 in den sauren Bereich (vgl. Tab. 4.11). So schaffen diese Bakterien für Fäulnisbakterien wie Enterobakterien, Clostridien, Pseudomonaden und für pathogene Keime wie Staphylokokken, Enterobakterien mit Salmonellen, hämolisierende Streptokokken und andere ein ungünstiges Milieu. Diese verhindern den schnellen Verderb von Milcherzeugnissen und die Entwicklung von Krankheitserregern [22, 23]. Abgesehen von der hohen Wasserstoffionenkonzentration durch gebildete organische Säuren ist auch das undissoziierte Säuremolekül wirksam. So dringt z. B. die Milchsäure als fettlösliche Säure in undissoziierter Form in die Bakterienzellen ein, beeinflußt den Grundstoffwechsel und erniedrigt den intrazellulären pH-Wert.

Tab. 4.11 Säurebildung durch Milchsäurebakterien und Bifidobakterien in Milch (nach Hunger, 1992)

Milchsäurebakterien	% Milchsäure
Lactobacillus delbrueckii ssp. lactis	1,5
Lactobacillus delbrueckii ssp. bulgaricus	1,7–1,8
Lactobacillus helveticus	1,2–2,4
Lactobacillus acidophilus	0,8
Lactobacillus casei	0,5–0,8
Lactococcus lactis	0,5–0,7
Streptococcus salivarius ssp. thermophilus	0,6–0,8
Leuconostoc mesenteroides ssp. cremoris	0,1–0,2
Bifidobakterien	% Milch- und Essigsäure
Bifidobacterium bifidum	0,2–0,6
Bifidobacterium longum	0,3–0,6

Physiologie

Eine Kontamination eines sauren Milchproduktes mit Hefen und Schimmelpilzen kann zu einer Entsäuerung durch Alkalisierung oder durch Milchsäureabbau führen. Somit entfällt die konservierende Wirkung der Milchsäure, und Fäulniserreger und pathogene Keime finden optimale Entwicklungsbedingungen. Bei Labkäse (Emmentaler, Edamer, Camembert) mit pH 5,3 bis 5,8 ist zwar die Wachstumsmöglichkeit für Fäulniserreger und potentiell pathogene Keime vorhanden, hier ist jedoch – zumindest bei Hartkäse – eine konservierende Wirkung durch die niedrige Wasseraktivität gegeben [22, 23].

4.6.5.2 Benzoesäure

Bereits vor gut 20 Jahren wurde von japanischen Wissenschaftlern darauf hingewiesen, daß Benzoesäure einen natürlichen Bestandteil von fermentierten Milchprodukten darstellt. Es wurde festgestellt, daß Hippursäure die Vorstufe der Benzoesäure darstellt.

Benzoesäure, ihre Salze und Ester kommen natürlicherweise in Pflanzen vor, vor allem in Früchten und Beeren, aber auch in Gemüse. Nach der Nahrungsaufnahme durch Säugetiere verbindet sich die Benzoesäure an der inneren Mitochondrienmembran der Leberzellen mit der Aminosäure Glycin zur Hippursäure (Abb. 4.4), die dann zum Beispiel in der Kuhmilch nachweisbar ist. Für den Hippursäuregehalt läßt sich ein deutlicher jahreszeitlicher Einfluß feststellen, der auf der unterschiedlichen Fütterung während des Jahres beruht. Bis zu 64 mg Hippursäure pro kg sind nachweisbar, es wurden jedoch auch 196 mg Hippursäure pro kg gefunden [69].

Es konnte nachgewiesen werden, daß durch die Tätigkeit gewisser Mikroorganismen die Hippursäure in Benzoesäure und Glycin gespalten wird. So wird berichtet, daß

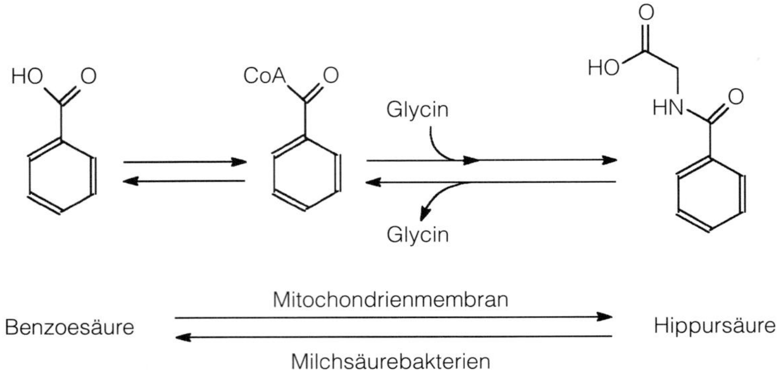

Abb. 4.4 Stoffwechsel der Benzoesäure und Hippursäure (nach Sieber et al. 1989, modifiziert nach Hunger, 1992)

nach Inkubation von *Lactobacillus casei* in Magermilch die Hippursäure verschwindet und Benzoesäure auftritt. Dieses zeigt sich auch bei anderen Lactobazillen und Lactococcen.

Die Benzoesäure in fermentierten Sauermilchprodukten läßt sich auf die Wirkung der Milchsäurebakterien auf die Hippursäure der Milch zurückführen. In der Schweiz wurde für Milcherzeugnisse provisorisch ein Toleranzwert von 50 mg Benzoesäure festgelegt [22, 23].

4.6.5.3 Wasserstoffperoxid und seine Derivate

Einige Milchsäurebakterien setzen während des Wachstums in Gegenwart von Sauerstoff über verschiedene Stoffwechselwege Wasserstoffperoxid frei (Abb. 4.5). Eine leichte Anreicherung von Wasserstoffperoxid in der Milch ist möglich, da Milchsäurebakterien nicht über das Peroxid spaltende Enzym Katalase verfügen. Laktobazillen produzieren im allgemeinen mehr Wasserstoffperoxid als Lactococcen.

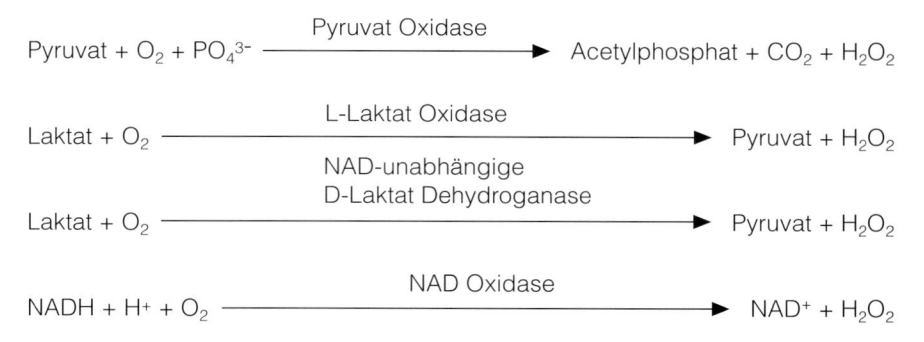

$$\text{Pyruvat} + O_2 + PO_4^{3-} \xrightarrow{\text{Pyruvat Oxidase}} \text{Acetylphosphat} + CO_2 + H_2O_2$$

$$\text{Laktat} + O_2 \xrightarrow{\text{L-Laktat Oxidase}} \text{Pyruvat} + H_2O_2$$

$$\text{Laktat} + O_2 \xrightarrow{\text{NAD-unabhängige D-Laktat Dehydroganase}} \text{Pyruvat} + H_2O_2$$

$$NADH + H^+ + O_2 \xrightarrow{\text{NAD Oxidase}} NAD^+ + H_2O_2$$

Abb. 4.5 Mechanismen zur Wasserstoffperoxidbildung durch Milchsäurebakterien (nach Daeschel, 1989; Hunger, 1992)

Ein bakteriozider Effekt von Wasserstoffperoxid beruht auf einer Zerstörung des Zellplasmas und der stark oxidierenden Wirkung für die bakterielle Zelle. Die Hemmung von nahrungsmittelpathogenen Keimen kann zumindest teilweise der Wasserstoffperoxidaktivität zugeschrieben werden [22, 23].

Wasserstoffperoxid kann zudem mit anderen Substanzen reagieren. Dabei werden hemmende Verbindungen freigesetzt. In Rohmilch und in reduziertem Umfang in pasteurisierter Milch können aus dem bakteriellen Wasserstoffperoxid unter Katalyse der milchoriginären Laktoperoxidase und Thiocyanat (Lactoperoxidase-System) für Mikroorganismen hemmende Sauerstoffradikale freigesetzt werden. Zum Teil und in Verbindung mit anderen antibakteriell wirksamen Substanzen sowie bakterieller Katalase kann das Wachstum von Clostridien, Staphylokokken, Pseudomonaden und anderer psychrotropher Keime unterdrückt werden [22, 23].

4.6.5.4 Bacteriocine

Bacteriocine sind Proteine oder Peptide, die von Bakterien gebildet werden und solche Bakterien inaktivieren, die mit dem Produzentenstamm mehr oder weniger nahe verwandt sind [73].

Bacteriocine stellen eine heterogene Klasse antibakterieller Wirkstoffe dar, die sich in ihrem Wirkstoffspektrum und -mechanismus sowie biochemischen Eigenschaften beträchtlich unterscheiden. Bei zahlreichen Milchsäurebakterien ist eine zumeist auf Bacteriocinen beruhende antibakterielle Aktivität nachgewiesen worden (Tab. 4.12).

Tab. 4.12 Bacteriocine und bacteriocinhaltige Substanzen von Milchsäurebakterien (Lindgreen et al., 1990; Klaenhammer, 1988)

Spezies	Bakteriozin, bakteriozinartige Substanz
Lactococcus lactis ssp. lactis	Nisin
Lc. Lactis ssp. cremoris	Diplococcin
Lactobacillus acidophilus	Acidolin
	Lactacin B
	Lactocin F
Lb. helveticus	Lactocin 27
	Helveticin J
Lb. plantarum	Lactolin
	Plantaricin
Lb. fermentum	Proteid
Lb. bulgaricus	Bulgarican

Da Bacteriocine meist genetisch auf Plasmiden codiert sind, bieten sie sich als relativ leicht zugängliche Erbinformationen für einen Gentransfer an.

Das bekannteste Bacteriocin ist wohl Nisin. Nisin wurde als die erste antibakteriell wirksame Substanz der Laktokokken beschrieben, die eine praktische Anwendung aufweist und heute das erste kommerziell genutzte Bacteriocin darstellt. Diese Substanz setzt sich aus einer Gruppe von Polypeptid-Antibiotika zusammen, wirkt abakteriozid auf grampositive Keime und verhindert die Auskeimung von Clostridium und Bacillussporen. So wurde berichtet, daß Nisin produzierende Starterkulturen die Spätblähung in Hartkäse verhindern. Auch sollen Nisin und/oder Nisin produzierende Laktokokken *Listeria monocytogenes* unterdrücken [37]. Nachteilig für die praktische Anwendung von Bacteriocinen ist jedoch, daß sie in der Regel nur ein eng begrenztes Wirkungsspektrum aufweisen. Das heißt, daß die Bacteriocine von Milchsäurebakterien auch gegen nah verwandte Spezies gerichtet sind und somit auch die Starterkultur unterdrücken können. Daher wären Bacteriocine bildende Stämme für die milchverarbeitende Praxis nur unter Vorbehalt einsetzbar [22, 23].

4.7 Bakteriophagen

Eines der größten Probleme der milchverarbeitenden Industrie sind die durch Bakteriophagen verursachten Säuerungsstörungen. Dieses Phänomen wurde zuerst bei der Verwendung von Einzelstammkulturen beobachtet und kann 70–80 % der Produktionsstörungen ausmachen.

Bakteriophagen sind Parasiten von Bakterien ohne eigenen Stoffwechsel, welche Bakterienzellen angreifen und zur eigenen Vermehrung benutzen.

Bei den Milchsäurestreptokokken wurden zwar morphologisch unterscheidbare Phagentypen beschrieben [46], jedoch ist die Bakterien-Phagen-Wechselbeziehung sehr spezifisch, d. h. jeder Phage hat sein eigenes, mehr oder weniger breites Wirkungsspektrum. Erschwerend kommt hinzu, daß Milchsäurebakterien Träger von temperenten Phagen sein können [74]. Somit handelt es sich um eine sehr komplexe Situation, mit der sich die Wissenschaft intensiv befaßt.

Um das Phagenrisiko zu minimieren oder zu verhindern, wurden in den letzten Jahren viele Vorschläge unterbreitet, die sich aber oft nur als bedingt anwendbar erwiesen. Es kristallisieren sich jedoch einige Möglichkeiten heraus, die einen guten Phagenschutz gewährleisten sollen. Diese sind:

- das aseptische Arbeiten,
- die Direktbeimpfung,
- Wechsel der Kulturen mit definierten Mehrstammkulturen aus Langzeit-Phagenresistenten Stämmen,
- die Anwendung eines geeigneten Kulturenmediums.

Wichtig ist z. B., daß die Säureweckerzüchtung in einem separaten Raum abseits des Produktionsbereiches erfolgt, so daß jede „Crosskontamination" unterbunden wird. Zudem müssen die Kulturentanks bzw. Käsewannen und die Leitungssysteme gewissenhaft gereinigt und anschließend desinfiziert werden [75].

Phagen können auch durch Luft übertragen werden. Nachgewiesen wurden bis zu 5 Phagen pro m^3 Luft. Daher ist es ratsam, den Betriebsstartertank oder den Kulturenraum unter einem leichten Überdruck mit Phagen-sterilfiltrierter Luft zu halten. Auch das Betriebspersonal muß über die Kontaminationsmöglichkeiten durch Phagen unterrichtet sein und entsprechende Hygienemaßnahmen bei der Handreinigung, dem Schuhwerk und der Arbeitskleidung beachten. Ein potentieller Phagenträger ist die besonders bei der Käseproduktion anfallende Molke. Sie sollte daher vollständig abgeführt und erhitzt (30 Minuten bei 90 °C) werden.

Einer Phagenanreicherung kann man auch durch Reduzierung der Impfpassage bei der Kulturenzüchtung begegnen. Dieses wird bei der Verwendung von Kulturen für die Direktbeimpfung der Kessel- bzw. Prozeßmilch erreicht.

Eine weitere wichtige Maßnahme für die Phagenverminderung ist ein Wechsel der Kulturen nach dem Rotationsverfahren. Durch den Austausch von definierten, möglichst Langzeit-Phagenresistenten und in dem Phagenspektrum voneinander abweichenden Kulturen erreicht man, daß die für diese Stämme spezifischen Phagen nicht mehr ihre Wirtsstämme vorfinden. So bleibt ihre Zahl relativ begrenzt und wird durch Desinfektionsmaßnahmen weiter vermindert. Diese Art definierter Kulturen hat, neben einer einfachen und schnellen Kontrolle auf Phagen, den Vorteil, daß nach dem Auftreten virulenter Phagen phagensensitive Stämme auswechselbar sind.

Ein weiterer Aspekt in der Phagenbekämpfung war die Entdeckung, daß die Mehrzahl der Phagen Calcium für die Vermehrung benötigt. Durch die Verwendung von Ingredenzien in dem Betriebskulturenmedium, die durch Komplexbildung die freie Verfügbarkeit von Calcium vermindern und somit eine Vermehrung der Phagen einschränken, wurden gute Resultate erzielt [16, 19].

Heute werden vielfach Anstrengungen unternommen, auch durch genetische Eingriffe eine möglichst breite und stabile Phagenresistenz zu erreichen. Vorrangig ist hier zu klären, was die hohe Phagenresistenz einiger Milchsäurebakterienstämme verursacht. Dieses könnte die durch Prophagen bewirkte Immunität gegenüber bestimmten Phagentypen, weiterhin eine Änderung der Phagenrezeptoren auf der Bakterienzellwand oder das Vorkommen von Restriktions- oder Modifikationssystemen sein. Die Chancen für den Gentransfer von Langzeit-Phagenresistenzen sehen für Milchsäurestreptococcen gut aus. So wurde über erfolgreiche Funktionsübertragungen durch Konjugation, Transduktion mit temperenten Phagen und über Protoplastenfusion berichtet [77]. Inwieweit diese Vorhaben zu phagensicheren und technologisch geeigneten Säureweckerkulturen führen, wird die Zukunft zeigen [2].

4.8 Herstellung der Starterkulturpräparate

Die großtechnische Herstellung (Züchtung) von Bakterien, die als Starterkulturen Verwendung finden, erfolgt in Fermentern, wobei von standardisiertem Impfmaterial und einer im Labor hergestellten Impfsuspension ausgegangen wird. Im Fermenter werden folgende Parameter kontrolliert: Temperatur, Sauerstoffgehalt, pH-Wert, Redoxpotential, Drehzahl, Druck und Schaum. Zur Ernährung der Mikroorganismen während des Wachstums verwendet man ein Substrat (Nährmedium) aus Zucker, Eiweiß, Vitaminen und Salzen.

Die Substrate werden während des Wachstums der Bakterien in Produkte wie Milchsäure, Essigsäure, Kohlendioxid und andere Abbauprodukte umgesetzt.

Eingesetzt wird neben dem traditionellen Batch-Fermentationsverfahren, welches in einem geschlossenen System stattfindet, auch moderne Züchtungsverfahren mit halboffenen oder offenen Systemen. Bei halboffenen oder offenen Systemen kann während des Wachstums der Mikroorganismen Substrat in den Prozeß hineingegeben werden. Bei offenen Systemen können über eine Trennvorrichtung wie Separator oder Filter Stoffwechselprodukte der Mikroorganismen abgetrennt werden. Die steriltechnischen Anforderungen an solche Anlagen sind sehr hoch, da sie kontinuierlich bzw. halbkontinuierlich betrieben werden.

Die Aufarbeitung der gewonnenen Biomasse untergliedert sich in die Haltbarmachung, die Mischungsherstellung und die Abfüllung. Zur Haltbarmachung werden je nach späterem Anwendungszweck folgende Verfahren eingesetzt: Gefrieren, Einfrieren in Flüssigstickstoff, Gefriertrocknung oder Wirbelschichttrocknung.

Zur Herstellung der Starterkulturenmischung werden einzelne Reinstämme mit Trägerstoffen vermischt und standardisiert. Die Verpackung der Starterkultur erfolgt je nach Hersteller in Beutel, Dosen oder Foliencontainer. Wichtige Anforderungen an die Verpackung sind Gasdichtigkeit und Lichtundurchlässigkeit, da Sauerstoff und Licht die Haltbarkeit der Starterkultur negativ beeinflussen [52].

Schimmelpilzstarterkulturenpräparate werden in der Regel über Anzucht der Schimmelpilzstämme auf halbfesten bzw. festen Nährsubstraten gewonnen. Nach der Versporung werden die Sporen und Teile des Pilzmyzels geerntet und in eine wäßrige Suspension überführt. Nach der Homogenisierung kann die erhaltene Sporensuspension standardisiert werden. Der Einsatz im milchwirtschaftlichen Betrieb erfolgt als Flüssigkultur (Kühllagerung bei 4 °C) oder als gefriergetrocknete Kultur (Lyophilisation und Vermischung mit Trägerstoff).

4.9 Trends und Perspektiven

Im Rahmen qualitätsstandardisierender und -sichernder Maßnahmen in der Lebensmittelindustrie, neuerdings an ISO-Normen orientiert, müssen biotechnologische Zusatzstoffe strengen Standards gerecht werden. Gefordert werden definierte Beimpfungsmaterialien, die im Produktionsprozeß verläßlich zu standardisierten Endprodukten führen. Dies ist im Bereich der Starterkulturen kritisch, da es sich um lebende Mikroorganismen mit rascher Vermehrung und – damit einhergehend – Infektions- und Mutationsrisiken handelt. Vor diesem Hintergrund muß jede Form der anwenderinternen Kulturenfortpflanzung an Bedeutung verlieren, da ökologische Verschiebungen, Mutationen, Verluste an genetischer Information und Infektionen in Mischkulturen nicht oder nur bedingt kontrollierbar sind. Direktbeimpfungssysteme aus definierten Einzelstämmen erhalten hier einen festen Platz in der Lebensmittelindustrie und stellen den Hersteller von Starterkulturen als Fachmann in die Verantwortung.

Zukünftig zeichnen sich u.a. folgende Schwerpunkte für die Entwicklung neuer Molkereikulturen ab, die das gegenwärtige Angebot erweitern und ergänzen könnten:

– Starter für Sauermilcherzeugnisse, deren nachgewiesene probiotische, gesundheitsfördernde Wirkung wissenschaftlich untermauert ist;

– Kulturen für Sauermilcherzeugnisse, die noch bessere genußorientierte Vorzüge, neue sensorische Profile und konsistenzverbessernde Eigenschaften (letztere auch im unteren sauermilchrelevanten pH-Bereich) aufweisen. Mit diesen Kulturen erzielt man auch ohne Stabilisatorzugabe (Gelatine, Stärke u. a.) eine Verbesserung der Viskosität in gerührten Magermilchprodukten;

– Säuerungskulturen mit stärker ausgeprägten mikrobistatischen oder partiell mirkobiziden Wirkungen gegenüber der produktfremden Flora, um die Haltbarkeit von fermentierten Milcherzeugnissen weiter zu erhöhen.

– Käsereikulturen, die *Listeria monocytogenes* besonders auf Weich- und Sauermilchkäsen hemmen oder gar am Wachstum hindern;

– Käsereikulturen für Hartkäse und feste Schnittkäse, die Clostridien hemmen oder am Auskeimen hindern und damit Spätblähungen entgegenwirken;

Literatur

- Kulturen, die auch in ultrafiltrierter Milch mit erheblich angereicherter Trockenmasse normales Wachstum und unverminderte physiologische Leistungen zeigen;
- Käsereikulturen, die Fremdschimmelpilzwachstum unterdrücken (durch maximales Wachstum von *Penicillium camemberti* oder durch Säuerungskulturen für Hart- und Schnittkäse mit mykostatischer Wirkung).

Schließlich könnten gentechnologische Verfahren durch Entwicklung neuartiger Eigenschaften weitere Anwendungsgebiete erschließen. Dieses Gebiet bleibt unzugänglich, solange der Gesetzgeber diese Verfahren nicht zugelassen hat, und Neuentwicklungen bleiben dann „natürlichen Zufallsmutationen" überlassen. Gegenwärtig läßt sich auch nicht voraussagen, wie, wann und in welchem Umfang es gelingen wird, Vorbehalte, Risiken und gesetzliche Barrieren, die ihren Einsatz erschweren, abzubauen [20, 21, 86, 57].

Literatur

[1] ANDRESEN, A.; GEIS, A., KRUSCH, U.; TEUBER, M.: Plasmidmuster milchwirtschaftlich genutzter Starterkulturen. Milchwissenschaft **39** (1984) 140–143.
[2] ARENDT, E. K.; COFFEY, A. G.; FITZGERALD, G. F.; HAMMES, W. P.: Bakteriophagen den Kampf ansagen. Lebensmitteltechnik **26** (1994), 40–44.
[3] ACCOLAS, J. P.: Taxonomic features and identification of *Lactococcus bulgaricus* and *Streptococcus thermophilus*. IDF-Bulletin, Brüssel, Document 145 (1982).
[4] AUBERGER, B.; MONTALS, M.; LENOIR, J.: Untersuchung des Amonopeptidasesystems von *Penicillium caseicolum*. Int. Dairy Congress, Moskau (1982), Vol. 1, Book 2, 276.
[5] BEHNKE, U.; WEGNER, K.: Beiträge zur Reifung von Tollenser Käse in Folie im Vergleich zur herkömmlichen Technologie. 2. Mitteilung: Biochemische Untersuchungen. Nahrung **16** (1972) 659–670.
[6] Bergey's Manual of Systematic Bacteria. Vol 2, Baltimore/London: Williams and Wilkins (1986).
[7] BOYAVAL, P.; DESMAZEAUD, M. J.: Le point des connaissances sur *Brevibacterium linens*. Lait **63** (1983) 187–216.
[8] COGAN, T. M.: Some aspects of metabolism of dairy starter cultures. Irish Food Sci. Technol. **7** (1983) 1–14.
[9] DALY, C.: The use of mesophilic cultures in the dairy industry. Antonie van Leeuwenhoek **49** (1983) 297–312.
[10] DAVIS, F. L., GASSON, M. J.: Review of the progress of dairy science: genetics of lactic acid bacteria. J. Dairy Research **48** (1981) 363–376.
[11] DEMETER, K. J.: Über Kultur und Anwendung des Käserot-Bakteriums (Bact. linens). Molkerei-Zeitung, Welt der Milch **6** (1952) 208–209, 317.
[12] Deutsche Forschungsgemeinschaft: Starterkulturen und Enzyme für die Lebensmitteltechnik. Mitteilung XI der Senatskommission zur Prüfung von Lebensmittelzusatz- und -inhaltsstoffen. Weinheim: VHC,1987.
[13] FULLER, R.: Probiotics. J. Sppl. Bact. (Symp. Suppl.), 1S–7S, 1986.
[14] GARNIE, E. J.: Genus Leuconostoc. Bergey's Manual of Systematic Bacteria. Vol. 2, Baltimore/London: Williams and Wilkins, 1071–1075 (1986).
[15] GASSON, M. J.: Progress and potential in the biotechnology of lactic acid bacteria. FEMS Microbiology Reviews, Vol. **12/1**–3, 3–19 (1993).
[16] GULSTROM, T. J., PEARCE, L. E.; SANDINE, W. E.; ELLIKER, P. R.: J. Dairy Science **62** (1979), 208–221.
[17] GYÖRGY P.; ROSE, C. S.: J. Bacteriol. **69** (1955) 483–490.

Literatur

[18] HETTINGA, D. H.; REINBOLD, G. W.: The Propionic acid Bacteria – review. J. Milk Food Technol. **35** (1972) 295–301, 358–372, 437–447.
[19] HUNGER, W.: Bakteriophagen in der milchverarbeitenden Industrie. Deutsche Molkereizeitung **51/52** (1986) 1765–1769.
[20] HUNGER, W.: Starterkulturen in der milchverarbeitenden Industrie – Neue Erkenntnisse und ihre Überprüfung in der Anwendungstechnologie. Enzyme in der Lebensmitteltechnologie. 2. Symposium, GBT Monographie, Band 11 (Kroner, Lösche, Schmid) (1988) 17–28.
[21] HUNGER, W.: Bifidobakterien und *Laktobacillus acidophilus* für Sauermilchprodukte. Dt. Molkerei-Zeitung **110** (1989).
[22] HUNGER, W.: In: Die biologische Konservierung von Lebensmitteln (Herausgeber: L.I. DEHNE, K. W. BÖGL): Spezielle Aspekte bei Milcherzeugnissen. SozEp-Heft **4**/1992, Berlin, 1992.
[23] HUNGER, W.: Sauermilchprodukte mit speziellen Bakterienkulturen. dmz, Lebensmittelindustrie und Milchwirtschaft (1993) 4–8.
[24] International Dairy Federation: Yogurt – Identification of characteristic microorganisms (*Lactobacillus delbrueckii subsp. bulgaricus & Streptococcus thermophilus*) – Simplified method. International Standard IDF **146** (1991).
[25] International Dairy Federation: Butter, fermented milks and fresh cheese – contaminating non-lactic acid bacteria. International standard IDF/FIL **153** (1991).
[26] HUNGER; PEITERSEN, N.: New technical aspects of the preparation of starter cultures. In: International Dairy Federation: New technologies for fermented milks. IDF/FIL Brüssel, Bulletin Nr. **277** (1992) 17–21.
[27] International Dairy Federation: Fermented milks: Science and technology. IDF/FIL Brüssel, Bulletin Nr. **227** (1988).
[28] International Dairy Federation: Lactic acid starters standard of identity. International standard IDF **149** (1991) provisional.
[29] International Dairy Federation: Milk and Milk products – Microorganismus – colony count at 30 °C) International standard IDF/FIL **100** B (1991).
[30] International Dairy Federation: Milk and milk based products – Enumeration of *Staphylococcus aureus* in products other than dried milks – Colony count technique at 37 °C. International standard IDF/FIL **145** (1990).
[31] International Dairy Federation: Milk and milk products – Detection of *Listeria monocytogenes*. International standard IDF/FIL **143** (1990).
[32] International Dairy Federation: Standard of identity of lactic acid starters – Report of group D 38, D-Doc 255 (1994).
[33] International Dairy Federation: Milk and milk products – Detection of Salmonella. International Standard IDF/FIL **93** A (1985/1990).
[34] KANDLER, O.; WEISS, N.: In: Bergey's Manual of Systematic Bacteriology, Vol. 2 Baltimore: Williams & Wilkins, (1986) 1220–1224.
[35] KANBE, M.: Uses of Intestinal Lactic Acid Bacteria and Health. In: NAKAZAWA, Y.; HOSONO, A.: Functions of Fermented Milk. London, 1991.
[36] KEOGH, B. P.: Microorganisms in dairy product – friends and foes. Protein-Calory-Advisory Group: Bulletin **6** (1976), 34–41.
[37] KLAENHAMMER, T. R.: Bacteriocins of lactic acid bacteria. Biochemie 70 (1988) 337–349.
[38] KLUPSCH, H.-J.: Bioghurt – Biogarde – Saure Milcherzeugnissen mit optimalen Eigenschaften. North European Dairy J. **49** (1983) S. 29–32.
[39] KLUPSCH, H.-J.: L(+)- und D(–)-Milchsäure in Sauermilcherzeugnissen. Dt. Milchwirtschaft **33** (1982) 268–272.
[40] KANDLER, O.; WEISS, N.: Bergey's Manual of Systematic Bacteriology, Vol. 2, Baltimore: Williams and Wilkins, (1986)1209–1234
[41] KURMANN, J. A.: Neuere Erkenntnisse zur Kultur der Bifidobakterien im milchverarbeitenden Betrieb. Schweizer. Milchzeitung **107** (1981) 29–30.

Literatur

[42] Kurmann, J. A.: Die Übersäuerung der Joghurtgallerte, ein häufig auftretender und zu wenig beachteter Produktionsfehler, dessen Entstehen und Bekämpfung. Dt. Molkerei-Zeitung **103** (1982), 690–698.
[43] Langsrud, T.; Reinbold, G. W.: Flavor development and microbiology of Swiss Cheese – a review. J. Milk. Food Technol. **36** (1973) 487–490, 531–542, 593–609, **37** (1974) 26–41.
[44] Langsrud, T.; Reinbold, G. W.; Hammond, E. G.: Proline production by *Propionibacterium shermanii*. J. Dairy Science **60** (1977) 16–23.
[45] Law, B. A.; Sharpe, M. E.: Streptococci in the dairy industry. In: Skinner, F. A.; Oesual, L. B.: Streptococci. Academic Press, (1987) 263–278.
[46] Lembke, J.; Krusch, U.; Lompe, A.; Teuber, M.: Zbl. Bakt. Hyg., I. Abt. Orig. CI (1980) 79–91.
[47] Lenoir, J.: The surface flora and its role in the ripening of cheese. IDF-Bulletin, Brüssel, Document **171** (1984) 3–20.
[48] Lindgreen, S. E.; Dobrogosz, W. J.: Antagonistic activities of lactic acid bacteria in food and feed fermentation. FEMS Micobiological Reviews **87** (1990) 149–164.
[49] Marshall, V. M.; Cole, W. M.; Mabbitt, L. A.: Fermentation of specially formulated milk with single strains of bifidobacteria. J. Society Dairy Technology **35** (1982) 143–144.
[50] McKay, L. L.: Functional properties of plasmids in lactic streptococci. Antonie van Leeuwenhoek **49** (1983) 259–274.
[51] McKay, L. L.; Baldwin, K. A.: Application for biotechnology: present and future improvements in lactic acid bacteria. FEMS Microbiology Reviews, Vol. **87/1 + 2** (1990) 3–14 .
[52] Metz, M.: Großtechnische Herstellung von Starterkulturen. Lebensmitteltechnik **25** (1993) 12–13.
[53] Pettersen, L.: Überlebensfähigkeit von *Lactobacillus acidophilus* NCDO 1748 im menschlichen Magen-Darm-Trakt. XXI International Dairy Congress, Moskau (1982) Vol. 1, Book 2, 301.
[54] Pettersen, H.-E.: Starters for fermented milks. Section 2: mesophilic starter cultures. Fermented milks: science and technology, IDF/FIL Brüssel, Bulletin Nr. **227** (1988).
[55] Philipp, S.: *Penicillium roqueforti* – Eigenschaften und Bedeutung für die Käseindustrie. Dt. Milchwirtschaft **32** (1981) 46–49.
[56] Puhan, Z.: Treatment of milk prior to fermentation. Fermented milks science and technology, IDF/FIL Brüssel, Bulletin Nr. **227** (1988) 66–74.
[57] Reiner, Th.; Puls, M.: Starterkulturen in der Lebensmittelindustrie. ZFL **44** (1993) 331–338.
[58] Riemelt, I.: Taxonomie und Nomenklatur milchwirtschaftlich genutzter Bakterien. Milchwirtschaft **44** (1993) 81–82.
[59] Robinson, R. K. (Hrsg.): Therapeutic Properties of Fermented Milks. London, 1991.
[60] Sandine, W. E.: Looking backward and forward at the practical application of genetic researches on lactic acid bacteria. FEMS Microbiology Reviews **46** (1987) 205–220.
[61] Scardovi, V.: Bergey's Manual of Systematic Bacteriology, Vol. 2, Baltimore: Williams and Wilkins, (1986) 1418–1434.
[62] Schleifer, K. H.; Kraus, J.; Dvorak, C.; Kilpper-Bälz, R.; Collins, M. D.; Fischer, W.: Syst. Appl. Microbiol. (1985) 183–195.
[63] Schleifer, K. H.: Recent changes in the taxonomy of lactic acid bacteria. FEMS Microbiology Reviews **46** (1987), 201–203.
[64] Scott, P. M.: Toxins of Penicillium species used in cheese manufacture. J. Food Protection **44** (1981) 702–710.
[65] Shahani, K. M.; Vakil, J. R. Kilara, A.: Natural antibiotic activity of *Lactobacillus acidophilus* and *bulgaricus*. Cultured Dairy Products J. **11** (1976) 14–17.
[66] Shahani, K. M.; Vakil, J. R.; Kilara, A.: Natural antibiotic activity of *Lactobacillus acidophilus* and *bulgaricus*. II. Isolation of acidophilin from *L. acidophilus*. Cultured Dairy Products J. **12** (1977) 8–11.

Literatur

[67] SHARMA, N.; GANDHI, D. N.: Preparation of aciophilin. I. Selection of the starter culture. Cultured Dairy Products J. **16** (1981) 6–10.
[68] SHARPE, M.-E.: Lactic acid bacteria in the dairy industrie. J. Society Dairy Technology **32** (1979) 9–18.
[69] SIEBER, R.; BÜTIKOFER, U., BOSSET, J. O.; RÜEGG, M.: Benzoesäure als natürlicher Bestandteil von Lebensmitteln – eine Übersicht. Mitt. Gebiete Lebensm. Hyg. **80** (1989) 345–362.
[70] SMANCZNY, T.; KRÄMER, J.: Säuerungsstörungen in der Joghurt- und Biogarde-Produktion, bedingt durch Bacteriocine und Bacteriophagen von *Streptococcus thermophilus*. Dr. Molkerei-Zeitung **105** (1984) 614–618.
[71] STRACKEBANDT, E.; LUDWIG, W.; SEEWALDT, E.; SCHLEIFER, K.-H.: Int J. Syst. Bacteriol. **33** (1983) 173–180.
[72] STADHOUDERS, J.: Dairy starter cultures. Milchwissenschaft **29** (1974) 329–337.
[73] TAGG, J. R.; DAJANI, A. S.; WANNAMAKER, L. W.: Bacteriocins of Grampositive bacteria. Bact. Reviews **40** (1976) 722–756.
[74] TEUBER, M.; LEMBKE, J.: Antonie van Leeuwenkoek **49** (1983) 283–295.
[75] TEUBER, M.: Grundriß der praktischen Mikrobiologie für das Molkereifach. Band 59/60 (1983), Th. Mann, Gelsenkirchen-Buer.
[76] TEUBER, M.: Starterkulturen – zum Stand der Forschung und Praxis. Dt. Molkerei-Ztg. **105** (1984) 1456–1462.
[77] TEUBER, M.: Kieler Milchwissenschaftliche Forschungsberichte **39** (1987) 265–274.
[78] TAMINE, A. Y.; DEETH, H. C.: Yoghurt: technology and biochemistry. J. Food Protection **43** (1980) 939–977.
[79] UMANSKIJ, M. S.; BOROVKOVA, Y. A.: Lipolytic Activity of lactic acid and propionic bacteria. Ref.: Dairy Science Abstr. **42** (1980) Nr. 1706.
[80] USTUNOL, Z.; HICKS, C. L.; O'LEARY, J. O.: Effect of commercial internal pH control media on cheese yield, starter culture growth and activity. J. Dairy Sci. **69** (1986)15.
[81] WEGNER, K.: Milchwirtschaftliche Kulturen. In: Mikrobiologie tierischer Lebensmittel. Thun: Harry Deutsch, 1987.
[82] WIESBY: Gesamtlieferprogramm. Niebüll, 1992/94.
[83] WIESBY: Produktmusterhandbuch. Niebüll 1994.
[84] WHITEHEAD, W. E.; AYRES, J. W.; SANDINE, W. E.: Symposium: Recent developments in dairy starter cultures: Microbiology and physiology. J. Dairy Sci. **76** (1993) 2344–2353.
[85] YUKUCHE, H.; GOTO, T.; OKONOGO, S.: The Nutritional and Physiological Value of Fermented Milks and Lactic Milk Drinks. In: NAKAZAWA, Y.; HOSONO, A.: Functions of Fermented Milk. London, 1991.
[86] ZICKRICK, K.: Starterkulturen für die Milchwirtschaft. Lebensmitteltechnik **25** (1993) 14–15.

5 Mikrobiologie der Sauermilcherzeugnisse

5.1	Übersicht über die Produkte
5.2	Fermentationsbeeinflussende Faktoren
5.3	Buttermilch, Sauermilch, saure Sahne
5.4	Joghurt
5.5	Kefir
5.6	Joghurt-, Sauermilch- und Kefirzubereitungen
5.7	Andere Sauermilcherzeugnisse und Spezialitäten
5.8	Haltbarmachung von Sauermilcherzeugnissen
	Literatur

Wichtigkeit. Das Ziel ist die Gewährleistung eines gesundheitlich unbedenklichen, qualitativ hochwertigen und bekömmlichen Erzeugnisses, das für den menschlichen Genuß tauglich und für den freien Warenverkehr geeignet ist.
Aktualisiert wurde dieses Standardwerk durch Rechtsvorschriften mit Kommentierung.
Durch regelmäßige Ergänzungslieferungen wird das Werk erweitert und auf den neuesten Stand gebracht.

Interessenten

Das Handbuch Lebensmittelhygiene als umfassendes Kompendium des aktuellen Fachwissens ist ein praxisnahes Nachschlagewerk für alle im Lebensmittelbereich Tätigen: Führungskräfte und Praktiker aus den Bereichen Lebensmittelgewinnung und -verarbeitung · Überwachungsbehörden und Untersuchungsämter · Verantwortliche in der Qualitätssicherung · Lebensmittelmikrobiologen · Lebensmitteltechnologen · Rückstandsforscher und Toxikologen · Auszubildende und Studierende im Bereich der Lebensmittelwissenschaften.

Loseblattsammlung
mit Ergänzungslieferungen
(gegen Berechnung, bis auf Widerruf)
DIN A5 · ca. 1200 Seiten
DM 198,50 inkl. MwSt., zzgl. Vertriebskosten
ohne Bezug Ergänzungslieferungen DM 259,–
ISBN 3-86022-178-7

Bedeutung der Hygiene

Die hygienische Qualität der Lebensmittel wird vom Konsumenten immer wieder kritisch in Frage gestellt. Daher kommt dem Erkennen, Bewerten und Vermindern von Risiken für die Gesundheit des Menschen durch unerwünschte Mikroorganismen und unerwünschte Stoffe in der Nahrung eine besondere Bedeutung zu.

Qualitätssicherung

Lebensmittelhygienische Maßnahmen müssen eine einwandfreie Urproduktion sichern und die Umstände und Bedingungen, die zu hygienischen Gefährdungen bzw. zu Qualitätsbeeinträchtigungen führen, erforschen. Weiterhin müssen sie Verfahren angeben, die zur Kontrolle bei der Gewinnung, Herstellung, Behandlung, Verarbeitung, Lagerung, Verpackung, dem Transport und der Verteilung von Lebensmitteln eingesetzt werden können.
Das Prinzip einer produktionsbegleitenden Qualitätssicherung ist dabei von besonderer

Herausgeber und Autoren

Herausgeber und Autor des Werkes ist Prof. Dr. W. Heeschen, Leiter des Instituts für Hygiene der Bundesanstalt für Milchforschung in Kiel.
Weitere Autoren:
Prof. Dr. J. Baumgart, Dr. A. Blüthgen, RA D. Gorny, Prof. Dr. G. Hahn, Dr. P. Hammer, Prof. Dr. H.-J. Hapke, Prof. Dr. R. Kroker, Prof. Dr. H. Mrozek, Dr. Dr. h.c. E. Schlimme, Prof. Dr. H.-J. Sinell, Prof. Dr. A. Wiechen, Dipl.-Biol. R. Zschaler.

Aus dem Inhalt

Verderbnis- und Krankheitserreger · Mikrobieller Verderb · Durch Lebensmittel übertragbare Infektions- und Intoxikationskrankheiten und Parasitosen · Hefen und Schimmelpilze als Verderbniserreger · Rückstände und Verunreinigungen · Agrochemikalien · Tierarzneimittelrückstände · Bedeutung von Rückständen der Reinigungs- und Desinfektionsmittel · Radionuklide

BEHR'S...VERLAG

B. Behr's Verlag GmbH & Co. · Averhoffstraße 10 · D-22085 Hamburg
Telefon (040) 22 70 08/18-19 · Telefax (040) 22 01 091
E-Mail: Behrs@Behrs.de · Homepage: http://www.Behrs.de

5 Mikrobiologie der Sauermilcherzeugnisse

K. WEGNER

Das Säuern und Dickwerden sind die auffälligsten Veränderungen, die bei jeder Milch sehr bald wahrzunehmen sind, wenn sie in der Wärme aufbewahrt wird. Höchstwahrscheinlich hat der Mensch sehr bald, nachdem er Milch von Tieren zu seiner Nahrung gemacht hatte, diese Veränderungen beobachtet. Und er stellte auch fest, daß gesäuerte Milch wohlschmeckend, gut verdaulich und länger haltbar ist. Also stellte er Milch gezielt in Gefäßen oder Behältnissen aus Häuten zur Säuerung auf. So konnten sich bestimmte Mikroorganismen darin ansiedeln und die Milch immer wieder in dasselbe Produkt umwandeln. Saure Milchprodukte gehören zu den ältesten Milcherzeugnissen: Bereits in der altägyptischen, biblischen und griechisch-römischen Geschichte wird über sie berichtet (zit. [155, 187, 240]).

Alle Sauermilcherzeugnisse entstehen durch Milchsäuregärung und weitere Stoffwechselvorgänge (leichte Proteolyse, Bildung von Aromastoffen, Kohlendioxid u. a.) verschiedener Milchsäurebakterien; weitere Bakterien, Hefen u. a. Pilze können beteiligt sein.

Weltweit gibt es über 200 Sauermilcharten, die jedoch oft untereinander sehr ähnlich sind und großenteils nur regionale Bedeutung haben. Einige Produkte haben sich hingegen allgemein durchgesetzt und werden großtechnisch produziert: Joghurt, Sauermilch und Buttermilch, saure Sahne, Kefir sowie Azidophilus-Milch in verschiedenen Varianten.

Die molkereimäßige Herstellung von Sauermilcherzeugnissen geht auf etwa 1900 zurück, seitdem es die Wärme- und Kältetechnik der Betriebe erlaubt, jedes Sauermilchprodukt unter jeglichen Klimabedingungen herzustellen. Eine starke Aufwärtsentwicklung zeigt sich seit 1950 [155]. Neben den Naturprodukten werden immer mehr aromatisierte Erzeugnisse hergestellt: Zubereitungen mit Früchten, Säften, Zucker und vielen anderen Aromastoffen. Der Pro-Kopf-Verbrauch, besonders von Joghurterzeugnissen, hat in etlichen Ländern eine beachtliche Größenordnung erreicht [102].

Sauermilcherzeugnisse sind ernährungsphysiologisch wertvoll und haben weitere günstige Eigenschaften, die ihren regelmäßigen Verzehr, aber auch ihre Nutzung für andere Zwecke – z. B. für die Anreicherung verschiedener Lebensmittel – wünschenswert machen [103, 104, 108, 183, 220, 240]. Die Bildung von Milchsäure führt zur Senkung des pH-Wertes und zur feinflockigen Gerinnung des Milcheiweißes. Da Milchsäurebakterien auch schwach Eiweiß abbauen, wird dem Verdauungssystem des Menschen ein etwas aufbereitetes Eiweiß angeboten. Beides zusammen führt zu besserer Verdaulichkeit durch gute Magenverträglichkeit und leichte Resorption im Darm. Die Milchsäure fördert Darmperistaltik und Calciumresorption; der Stoffwechsel wird angeregt. Durch den verringerten Lactosegehalt sind Sauermilcherzeugnisse auch für den Anteil der Erdbevölkerung besser als süße Milch verträglich, der Milchzucker schlecht verwerten kann oder Intoleranzerscheinungen zeigt.

Mikrobiologie der Sauermilcherzeugnisse

Schon seit langem wird davon ausgegangen, daß saure Milchprodukte durch spezifische Wirkungen für diätetische Zwecke geeignet sind. Deshalb wird über die mögliche Verwendung von Mikroorganismen als gesundheitsfördernde oder therapeutisch wirkende Lebensmittelbestandteile in neuerer Zeit sehr intensiv geforscht. In diesem Zusammenhang ist der Begriff **probiotische Kulturen** geprägt worden. Diese Kulturen sollen bestimmte Anforderungen erfüllen [72, 103, 104, 128, 200]:

– normale Bewohner des menschlichen Darms,
– Überleben im oberen Intestinaltrakt (saures Milieu im Magen),
– Überleben und möglichst Vermehrung im Darm, gegebenenfalls Ansiedlung im Darm,
– Überleben und Erhaltung der Aktivität im Trägerlebensmittel bis zum Verzehr.

Die Sauermilcherzeugnisse sind für derartige Mikroorganismen sehr günstige Trägerlebensmittel. Vor allem werden folgende Wirkungen angestrebt:

– Förderung der mikrobiologischen Balance im Darm des Wirtes und Ansiedlung der zugeführten Mikroorganismen,
– Hemmwirkung auf pathogene und unerwünschte Darmmikroorganismen,
– Verbesserung der Resorption von Nahrungsbestandteilen.

Die wichtigsten Mikroorganismen, von denen spezifische Wirkungen erwartet werden, sind ausgewählte Stämme von natürlichen Darmbewohnern: *Lactobacillus acidophilus* und Bifidobakterien. Aber auch die üblichen Starterorganismen der Sauermilcherzeugnisse und andere Bakterien werden auf probiotische Wirkungen überprüft, z. B. *Lactobacillus casei subsp. casei*, *Pediococcus acidilactici* und der hygienisch umstrittene *Enterococcus mesenteroides subsp. faecalis* [62].

Ein wesentlicher Impuls für die Entwicklung neuer Sauermilcherzeugnisse ist dadurch entstanden, daß die Starterorganismen **zwei isomere Formen der Milchsäure** produzieren: L(+)-Milchsäure und D(–)-Milchsäure [96, 153]. Vorwiegend L(+)-Milchsäure bilden die Gattungen *Lactococcus* (Milchsäurestreptokokken) und *Bifidobacterium*. Während *Lactobacillus acidophilus* das DL-Racemat produziert, entsteht beim Wachstum von *Lactobacillus delbrueckii subsp. bulgaricus* sowie bei der Gattung *Leuconostoc* vorwiegend D(–)-Milchsäure. L(+)-Milchsäure ist im menschlichen Organismus ein normaler Bestandteil (Muskelstoffwechsel) und deshalb ziemlich unbegrenzt verwertbar. Dies trifft für D(–)-Milchsäure, die ausschließlich im Bakterienstoffwechsel entsteht, nicht zu. Ihre Verwertbarkeit ist begrenzt, und bei starker Überdosierung sind gesundheitliche Nachteile nicht auszuschließen [103]. Einer FAO/WHO-Empfehlung zufolge [65] sollten deshalb nicht mehr als 100 mg D(–)-Milchsäure je kg Körpergewicht und Tag aufgenommen werden, und Kleinkindernahrung sollte keine D(–)-Milchsäure enthalten. Da Joghurt und Joghurtzubereitungen durch den *Lactobacillus delbrueckii subsp. bulgaricus* am meisten D(–)-Milchsäure enthalten (25 … 53 %), wurden **Modifikationen des Joghurts** entwickelt, in denen *Lactobacillus delbrueckii subsp. bulgaricus* teilweise oder ganz durch *Lactobacillus acidophilus* ersetzt ist. Näheres dazu unter 5.4.2 und 5.6.1 [96, 103, 153]. Auch die Herstellung von milderen Joghurterzeugnissen konnte so erreicht werden.

Wie alle anderen Lebensmittel müssen auch Sauermilcherzeugnisse **hygienisch einwandfrei verarbeitet** werden [112, 130, 152, 253]. Wegen des niedrigen pH-Wertes ist das Gesundheitsrisiko durch Kontamination mit pathogenen Bakterien jedoch verhältnismäßig gering. Um den **Verderb** zu verhindern, kommt es vor allem darauf an, eine Kontamination mit Hefen und Schimmelpilzen auszuschließen. Diese Organismen vermehren sich bei pH-Werten unter 4,5 sehr gut und wachsen zum großen Teil psychrotroph [193]. Unter Umständen können sich auch pathogene Bakterien vermehren, wenn der Säuerungsprozeß durch sehr niedrige Starterkulturmengen längere Zeit dauert. Daher sind für Hefen und Schimmelpilze, für coliforme Bakterien, Salmonellen und *Listeria monocytogenes* auch im Rahmen der EG **Endproduktkriterien** (maximal zulässige Keimzahlen) festgelegt [89]. Da die extensive Endproduktkontrolle als sehr aufwendig und nicht immer effektiv eingeschätzt wird, ist die Einführung des HACCP-Systems (Hazard analysis critical control point system) auch für Sauermilcherzeugnisse zweckmäßig. Das Prinzip des Systems besteht darin, kritische Punkte im Produktionsprozeß aufzudecken, die für Kontaminationen mit negativen Konsequenzen für das Endprodukt anfällig sind, und dort schwerpunktmäßig Kontrollen durchzuführen [89, 112, 130].

Sauermilcherzeugnisse sind technologisch, mikrobiologisch und auch ernährungsphysiologisch eine höchst interessante Produktgruppe. Auch in neuerer Zeit hat es deshalb mehrfach Veröffentlichungen gegeben, in denen über das Gesamtgebiet berichtet wird [58, 107, 108, 128, 158, 218].

5.1 Übersicht über die Produkte

Im Jahre 1992 hat der Internationale Milchwirtschaftsverband zwei neue, internationale Beschaffenheitsstandards herausgegeben: für Sauermilcherzeugnisse [109] und für Milcherzeugnisse aus Sauermilcherzeugnissen, die nach der Fermentation erhitzt werden [110]. Diese enthalten Forderungen an die Mikroorganismen wesentlicher Produkte, an die Rohstoffe und wahlweisen Zusätze, an die Klassifikation und Kennzeichnung. Sie sind so gehalten, daß sie den Gegebenheiten vieler Länder entsprechen, und es wird eine allgemeine Definition gegeben.

Auf den Standard über hitzebehandelte Sauermilcherzeugnisse wird unter 5.8 einzugehen sein. Da es in der deutschen Gesetzgebung – Milcherzeugnis-Verordnung [262] – keine allgemeine Definition gibt, sondern eine Auflistung der Produkte als Anlage, ist die Anwendung der internationalen Standards von allgemeinem Nutzen.

Einen **Überblick über wichtige Sauermilcherzeugnisse** gibt Tabelle 5.1; die Aufgliederung ist soweit wie möglich nach der Charakteristik der angewendeten Starterkulturen (s. unter Kapitel 4) vorgenommen worden. Die zahlreichen Spezialitäten sind zum größten Teil nicht in der Tabelle enthalten; hierzu sei auf Abschnitt 5.7 verwiesen. Darüber hinaus werden in neuerer Zeit zunehmend modifizierte

Übersicht der Produkte

Sauermilcherzeugnisse hergestellt, die entweder in ihrer Zusammensetzung stärker verändert sind oder mittels neuer Mikroorganismenkombinationen [108, 128] – probiotische Kulturen – hergestellt werden. Imitierte Produkte können aus Sojamilch (gequollene Sojabohnen, blanchiert und gemahlen) mit verschiedenen Zusätzen (Lactose, Molke) und Vergärung mit geeigneten Starterkulturen hergestellt werden [199]. Umgekehrt sind auch Sojaproteine zwecks Herstellung joghurthaltiger Getränke zur Milch zugesetzt worden. Auch gibt es Bemühungen, durch Zusatz von Molkenproteinen das Casein-Molkenprotein-Verhältnis zu verändern und das Produkt dadurch der Humanmilch anzugleichen [137]. Nicht zuletzt gibt es Bemühungen, zusätzlich zum Lactoseabbau durch die Mikroorganismen durch Enzymeinsatz (β-Galactosidase) eine weitere Senkung des Lactosegehaltes im Endprodukt zu erreichen [88].

Tab. 5.1 Hauptgruppen der Sauermilcherzeugnisse [31, 96, 240, 262]

Grundprodukte	Beispiele für spezielle Erzeugnisse	Verwendete Mikroorganismen
Buttermilch	Reine Buttermilch Buttermilch Fruchtbuttermilch[1)	Mesophile Milchsäurebakterien: *Lactococcus lactis subsp. lactis*, *Lactococcus lactis subsp. cremoris*, *Lactococcus lactis subsp. lactis biovar. diacetylactis*, *Leuconostoc*-Arten
Sauermilch	Sauermilch Trinksauermilch Sauermilch, dickgelegt Fruchtsauermilch Fruchtdickmilch[1)	
Saure Sahne	Saure Sahne sämig Saure Sahne stichfest Crème fraîche	
Joghurt	Joghurt, sämig Joghurt, trinkfertig Joghurt, stichfest Sahnejoghurt Fruchtjoghurt	Thermophile Milchsäurebakterien: *Lactobacillus delbrueckii subsp. bulgaricus*, *Streptococcus thermophilus*
Joghurt, mild	s. unter Joghurt[1)	Thermophile Milchsäurebakterien: *Streptococcus thermophilus*, *Lactobacillus acidophilus*, (*Lactobacillus delbrueckii subsp. bulgaricus*)

Übersicht der Produkte

Tab. 5.1 Hauptgruppen der Sauermilcherzeugnisse [31, 96, 240, 262]
(Fortsetzung)

Grundprodukte	Beispiele für spezielle Erzeugnisse	Verwendete Mikroorganismen
Azidophilus-Erzeugnisse	Bioghurt Acidophilusmilch Acidophilin	*Lactobacillus acidophilus*, fakultativ andere mesophile und thermophile Milchsäurebakterien, auch Hefen
Bifidus-Milcherzeugnisse	Biogarde-Produkte Biokys	*Bifidobacterium bifidum*, andere Bifidobakterien, zusätzlich andere thermophile oder mesophile Milchsäurebakterien
Kefir	Kefir, sämig Kefir, stichfest Kefir, mild Fruchtkefir[1]	Kefirkörner, darin: Laktobazillen, Laktokokken, Hefen
Sonstige Sauermilcherzeugnisse	Kumys Langfil Viili Ymer	Mesophile Milchsäurebakterien (auch fadenziehende Stämme) Hefen, weißer Milchschimmel

[1] Alle aromatisierten Produkte sind unter der Bezeichnung „saure Milchmischerzeugnisse" zusammengefaßt

Die **hygienesichernden Maßnahmen** für Sauermilcherzeugnisse sind durch das Lebensmittel- und Bedarfsgegenständegesetz vom 8. Juli 1993 [173] geregelt. Obligatorisch zu prüfen ist auf

- coliforme Bakterien – Indikatororganismen,
- Salmonellen – pathogen,
- *Listeria* – pathogen,
- Hefen und Schimmelpilze – Verderbsorganismen, bei Kefirprodukten ohne Bedeutung.

Gemäß § 35 des zitierten Gesetzes gibt es eine amtliche Sammlung von Untersuchungsverfahren, nach denen alle amtlichen Prüfungen und Schiedsprüfungen durchzuführen sind [173]. Nicht unbedingt von Vorteil ist die Parallelität mit Prüfstandards anderer Organisationen: DIN-Normen, ISO-Standards, FAO/WHO-Normen, Prüfstandards des Internationalen Milchwirtschaftsverbandes. Letztere können besonders bei Exporten und Importen als Grundlage für die Untersuchungen vereinbart werden.

Fermentationsbeeinflussende Faktoren

Umfangreiche Vorschläge für die Qualitätsprüfung und -sicherung macht der Internationale Milchwirtschaftsverband [108]; Hinweise auf Prüfverfahren für einzelne Mikroorganismengruppen sind nachstehend aufgeführt:

- Probenahme [120],
- Vorbereitung der Proben [53, 122, 173],
- Salmonellen [51, 117, 173],
- Listeria [116, 173],
- Staphylokokken [43, 44, 45, 119, 173],
- coliforme Bakterien [33, 34, 118, 173],
- Kontaminationsbakterien [101],
- Hefen und Schimmelpilze [32, 125, 173].

Bei DLG-Prüfungen gehen die Untersuchungen auf coliforme Bakterien sowie Hefen und Schimmelpilze in die allgemeine Punktbewertung ein [33]:

Coliformen-Nachweis		Punkte	Hefen und Schimmelpilze/ml	Punkte
1,0 ml	0,1 ml			
–	–	5	bis 100	5
+	–	4	> 100 bis 200	4
+	+	1	> 200	2

Kefir ohne Bewertung der Hefen

Auf die Vielfalt weiterer standardisierter Methoden, Schnellmethoden und automatisierter Methoden soll mittels einiger Literaturangaben hingewiesen werden: [13, 35, 36, 37, 38, 39, 40, 46, 47, 52, 73, 80, 106, 108, 109, 111, 114, 121, 123, 124, 126, 127, 134, 136, 160, 173, 174, 192, 265].

5.2 Fermentationsbeeinflussende Faktoren

Die Herstellung von Sauermilcherzeugnissen ist ein technisch-mikrobiologischer Prozeß; sie gehört zu den klassischen Verfahren der Biotechnologie. Mikrobiologische und technologische Abläufe unter Einschluß der Rohstoffqualität bestimmen die Beschaffenheit der Fertigprodukte. Diese enge Verknüpfung muß beachtet werden, auch wenn hier die Mikrobiologie der Sauermilcherzeugung im Vordergrund steht.

Wachstum und Stoffwechsel der Mikroorganismen werden von einer Anzahl Begleitumstände positiv oder negativ beeinflußt:

Fermentationsbeeinflussende Faktoren

Eigenschaften der Milch als Rohstoff

Die Rohmilchbeschaffenheit wirkt sich in vielfältiger Weise auf Herstellung und Qualität der Sauermilcherzeugnisse aus [14, 68, 108, 146, 241, 252]. Die Rohmilch – in erster Linie Kuhmilch, selten Büffel- oder Schafmilch – muß vor allem ein günstiges Nährmedium für die Starterorganismen sein, so daß sich diese optimal vermehren und optimale Stoffwechselaktivität entwickeln können. Zusammengefaßt spricht man von der Gärungsdisposition oder Gäranlage der Milch, die vor allem von den nachstehenden Faktoren beeinflußt wird.

Laktationsstadium. Beobachtungen zufolge kann die Milch frischmelkender Kühe stimulierend auf das Wachstum der Starterorganismen wirken.

Futter. Übergang zur Grünfütterung kann stimulierend, umgekehrt der Übergang zur Winterfütterung verzögernd auf die Säuerungsaktivität der Mikroflora wirken. Unbalancierte Fütterung führt nicht selten zu einer Störung des Säuren-Basen-Gleichgewichtes in der Milch und zur Verschlechterung der Gärungsdisposition. Ähnlich kann sich Überdüngung, z. B. mit Nitraten, Harnstoff oder Gülle, auswirken.

Hemmstoffe. Diese können originär in der Milch enthalten sein oder als Kontamination auf verschiedenen Wegen in die Milch gelangen: Tierarzneimittel, Desinfektionsmittel, Verunreinigung der Umwelt.

Die Starterorganismen der Sauermilcherzeugnisse reagieren durchweg sehr empfindlich auf Antibiotika-Rückstände [108, 250]. Penicillinkonzentrationen nahe der Wirkungsschwelle verhindern das Mikroorganismenwachstum zwar nicht völlig, aber Säuerung und Aromabildung durch die Starterorganismen sind gestört. Die regelmäßige Prüfung der Milch auf Hemmstoffe nach einschlägigen Methoden [48, 49, 50, 105, 115, 173] ist daher unumgänglich.

Hemmend wirken sich auch Mastitiden oder Allgemeinerkrankungen der Milchkühe, z. B. fieberhafte Erkrankungen, aus. Auch MKS-Schutzimpfungen können Milch säuerungsträge machen.

Mikrobiologische Beschaffenheit. Ein möglichst niedriger Mikroorganismengehalt ist erwünscht, da die Kontaminationsorganismen durch ihren Stoffwechsel Veränderungen in der Milch hervorrufen: u. a. erhöhte Mengen an Enzymen, Peptiden und Aminosäuren. Diese können auf unerwünschte Weise stimulierend auf Starterorganismen wirken, so daß es z. B. zu gesteigerter Säuerungsaktivität mit erheblicher Nachsäuerung in Joghurt kommt [146, 241]. Umgekehrt muß mit der Bildung von Hemmstoffen gerechnet werden, die wachstumsverzögernd auf die obligate Mikroflora wirken. Gefährlich ist ein hoher Gehalt an psychrotrophen Bakterien, deren Proteinasen und Lipasen hitzestabil sind und auch nach Abtötung der Organismen Konsistenzmängel in Buttermilch, Sauermilch, saurer Sahne und Joghurt auslösen können: weiche Gallerte, Absetzen und Geschmacksfehler (bitter) [215]. Unerwünschte Kontaminanten sind auch **Bakteriophagen**, die sich – wenn sie die Erhitzungsschranke umgehen können – unter Umständen sehr negativ auf das Fermentationsgeschehen auswirken [129, 238].

Fermentationsbeeinflussende Faktoren

Sensorische Eigenschaften. Fehlerfreie Rohmilch ist wichtig, weil stärkere Abweichungen im Geruch und Geschmack ins Endprodukt eingehen können. Hohe Sicherheit bietet die ausschließliche Verarbeitung von Rohmilch, die in allen Punkten den Rechtsvorschriften, d. h. der **Milchverordnung** [261] und der **Milch-Güteverordnung** [260] entspricht. Die Milch sollte stets den Grundanforderungen an Rohmilch für Konsummilch entsprechen:

– Einstufung in Klasse 1,
– somatische Zellen < 400 000,
– Keimzahl < 100 000 [45, 46],
– Gefrierpunkt > –0,515 °C,
– Hemmstoffe nicht nachweisbar.

Eignung der Starterkulturen

Wichtige Mikroorganismen, die in Starterkulturen für Sauermilcherzeugnisse vorkommen, sind nebst einigen Wachstumskriterien in Tab. 5.2 zusammengestellt. Einzelheiten dazu können im Kapitel 4 sowie im Zusammenhang mit den verschiedenen Produkten nachgelesen werden; s. auch [97, 98].

Tab. 5.2 Starterorganismen für Sauermilcherzeugnisse [nach 108, 128, 240]

Art/Gattung (Leistung)	Ältere Namen	Wachstumstemperatur in °C			Milchsäurekonfiguration	Gärungstyp homofermentativ	hetero-	Milchsäuremenge in %	End-pH-Wert	Impfmenge in %
		Minimum	Optimum	Maximum						
Lactobacillus delbrueckii subsp. bulgaricus (Säuerung, Aroma)	Lactobacillus bulgaricus	22	45	52	D(–)		+	1,5–1,8	3,8	0,5–3,0
Lactobacillus delbrueckii subsp. lactis (Säuerung)	Lactobacillus lactis	18	40	50	D(–)		+	1,5–1,8	3,8	0,5–2,0
Lactobacillus delbrueckii subsp. helveticus (starke Säuerung)	Lactobacillus helveticus	22	42	54	D, L		+	1,5–2,2	3,8	1,0–2,0

Fermentationsbeeinflussende Faktoren

Tab. 5.2 Starterorganismen für Sauermilcherzeugnisse [nach 108, 128, 240] *(Fortsetzung)*

Art/Gattung (Leistung)	Ältere Namen	Wachstumstemperatur in °C			Milchsäurekonfiguration	Gärungstyp		Milchsäuremenge in %	End-pH-Wert	Impfmenge in %
		Minimum	Optimum	Maximum		homofermentativ	heterofermentativ			
Lactobacillus acidophilus (Säuerung, Antibiose)	Bacillus acidophilus	27	37	48	D, L	+		0,3–1,9	4,2	4,0–5,0
Lactobacillus kefir (Kefirkörner, Säuerung)	Lactobacillus caucasicus	8	32	43	D, L		+	1,2–1,5		
Lactobacillus brevis (Kefirkörner)		8	30	42	D, L		+	1,2–1,5		
Lactobacillus casei subsp. casei (Kefirkörner)	Lactobacillus casei		30		D, L	+		1,2–1,5		
Streptococcus thermophilus (Säuerung)	Streptococcus salivarius subsp. thermophilus	22	40	52	L(+)	+		0,6–0,8	4,5	1,0–3,0
Lactococcus lactis subsp. lactis (Säuerung)	Streptococcus lactis	8	30	40	L(+)	+		0,5–0,7	4,6	0,5–2,0
Lactococcus lactis subsp. cremoris (Säuerung, Aroma, Konsistenz)	Streptococcus cremoris	8	22	37	L(+)	+		0,5–0,7	4,6	0,5–2,0
Lactococcus lactis subsp. lactis biovar. diacetylactis (Säuerung, Aroma)	Streptococcus diacetylactis	8	22–28	40	L(+)	+		0,5–0,7	4,6	0,5–2,0
Leuconostoc mesenteroides subsp. cremoris (Aroma)	Leuconostoc cremoris	4	20–28	37	D(−)		+	0,1–0,2	5,6	0,5–5,0
Leuconostoc mesenteroides subsp. dextranicum (Aroma)	Leuconostoc dextranicum	4	20–28	37	D(−)		+	0,1–0,2	5,6	0,5–5,0

Fermentationsbeeinflussende Faktoren

Tab. 5.2 Starterorganismen für Sauermilcherzeugnisse [nach 108, 128, 240] *(Fortsetzung)*

Art/Gattung (Leistung)	Ältere Namen	Wachstumstemperatur in °C			Milchsäure-konfiguration	Gärungstyp homo- hetero-fermentativ	Milchsäuremenge in %	End-pH-Wert	Impfmenge in %
		Minimum	Optimum	Maximum					
Gattung Bifidobacterium (bifidum, infantis u. a.) (Darmbewohner, Diätetik)		22	37	48	D, L		0,1–1,4	4,5	4,0–5,0
Hefen (Kefir und Kumys)		Gattung Kluyveromyces Gattung Saccharomyces Gattung Candida (Synonym Torulopsis)			Lactose-vergärend, sporenbildend nicht Lactose-vergärend, sporenbildend Lactose-vergärend, nicht sporenbildend				
Schimmelpilze		Geotrichum candidum			weißer Milchschimmel, Oberflächenschimmel auf Viili (finnische Langmilch)				

Wie aus Abb. 5.1 ersichtlich ist, gibt es trotz aller Verschiedenheit der sauren Milchprodukte im einzelnen ein Grundschema für ihre Herstellung. Dabei ist grundsätzlich zu unterscheiden zwischen stichfesten und gerührten (sämigen oder trinkbaren) Produkten. Während erstere vor der Bebrütung oder nach kurzer Vorbebrütung abgefüllt werden, erfolgt bei letzteren die Abfüllung erst nach der Bebrütung im Tank und dem Ausrühren.

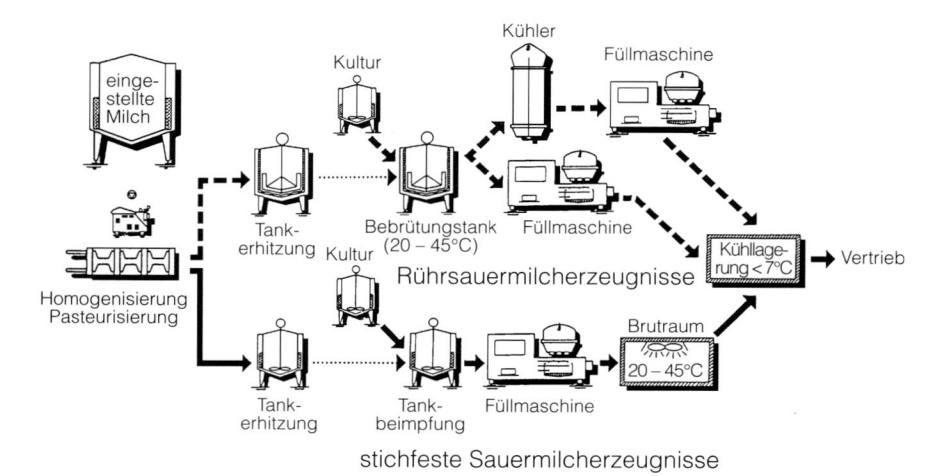

Abb. 5.1 Schema der Herstellung von Sauermilcherzeugnissen (nach [108])

Fermentationsbeeinflussende Faktoren

Weltweit gesehen, ist das Spektrum der Milchrohstoffe für Sauermilcherzeugnisse sehr erweitert: Vollmilch, teilentrahmte oder entrahmte Milch, konzentrierte Milch oder Milchpulver, konzentrierte Molke oder Molkenpulver, Milchproteine (Casein, Caseinate, Molkenproteine, lösliche Milchproteine), Sahne, Butter oder Milchfett. Alle Bestandteile müssen aus pasteurisierten Produkten hergestellt sein. Der Proteingehalt soll mindestens 2,8 % bzw. 33 % der fettfreien Milchtrockenmasse betragen [128].

Das Homogenisieren wirkt sich günstig auf Konsistenz und Fettverteilung aus; auch werden Zusammenballungen von Mikroorganismen zerschlagen und diese so empfindlicher gegen die Erhitzung. Auch das Erhitzen wirkt sich günstig auf die Konsistenz der Produkte aus. Der Haupteffekt besteht aber darin, daß alle vegetativen, einschließlich der hitzeresistenten Mikroorganismen, die teilweise sehr hitzebeständigen mikrobiellen Enzyme und alle Bakteriophagen [238] abgetötet werden. Die übliche Kurzzeiterhitzung reicht dafür nicht aus: Im internationalen Maßstab werden Temperaturen von 80 bis 140 °C (UHT-Behandlung) mit zur Temperatur umgekehrt proportionalen Heißhaltezeiten (30 min bis 5 s) angewandt. Häufige Kombinationen sind bei

Joghurt: 90 ... 100 °C, 5 ... 20 min,

Butter-, Sauermilch: 80 ... 100 °C, 15 s bis 30 min [128].

In neuerer Zeit werden zur Konzentrierung der Milch auch die Ultrafiltration bzw. Umkehrosmose verwendet; letztere wäre durch die allgemeine Trockenmasseanreichung eine Methode der Wahl, während bei der Ultrafiltration eine selektive Anreicherung stattfindet, die eher für spezielle Produkte geeignet erscheint. Angaben gibt es zur Herstellung von Joghurt [30, 186], Kumys [207] und Ymer [278].

Die Abkühlung sollte nur auf 1 ... 2 °C über die Bebrütungstemperatur erfolgen, da sie durch die Beimpfung mit der Starterkultur etwas gesenkt wird.

Fermentationsbedingungen

Die Fermentationsbedingungen müssen an die Erfordernisse der verschiedenen Produkte angepaßt werden; es gibt aber einige Grundregeln.

Der Fermentationsablauf soll so weit wie möglich standardisiert werden und nicht von Tag zu Tag variieren. Sind durch neue Bedingungen, z. B. Gärungsdisposition der Milch, Aktivität der Kultur oder Qualitätsfehler, Veränderungen notwendig geworden, dann sollte möglichst nur der auslösende Parameter (z. B. Impfmenge, Bebrütungstemperatur oder -zeit u. a.) zur Korrektur verwendet werden.

Die Starterkulturen müssen regelmäßig auf Leistungsvermögen und Kontaminationsfreiheit überprüft werden.

Beginn und Ablauf der Kühlung beeinflussen nachhaltig Konsistenz, Aromabildung und Nachsäuerung der Produkte. Sie soll weder schockartig noch zu

Fermentationsbeeinflussende Faktoren

langsam erfolgen und unterhalb des Fällungs-pH-Wertes (< 4,7 ... > 4,0) sehr bald eingeleitet werden. Es muß stets bis unter 10 °C gekühlt werden; während der Kühlung ist eine pH-Senkung um 0,2 ... 0,3 als normal zu betrachten.

Aromatisierende Zusätze, die bei stichfesten Produkten vor, bei gerührten Produkten in der Regel nach der Fermentation zugegeben werden, sind häufig eine Quelle für Kontamination. Große Sorgfalt und eine hohe Kontrolldichte sind notwendig.

Produktbehandlung nach der Fermentation

Während dieser Produktionsstadien ist die schonende Behandlung der Gallerte besonders wichtig, damit es nicht zur Kornvergröberung und Synärese kommt. In der Nähe des isoelektrischen Punktes des Caseins (pH 4,62) ist die Empfindlichkeit besonders ausgeprägt, und sie wird durch hohe Bebrütungstemperaturen noch verstärkt.

Ebenso wichtig ist es, mikrobielle Rekontamination zu vermeiden, da das Produkt, zusätzlich zu den Risiken durch aromatisierende Zusätze, oft kurzzeitig nicht hermetisch von Umwelteinflüssen abgeschlossen ist.

Besonders der Bereich Abfüllung und Verpackung ist gefährdet. Als Kontaminationsquellen für Pilzsporen oder vegetative Mikroorganismen kommen Luftstaub, aber auch die Verpackung selbst und nicht zuletzt das Verschlußmaterial in Frage. Thermoformung der Verpackung hat sich im Hinblick auf Kontaminationsfreiheit besser bewährt als vorgeformte Packungen. Blitzerhitzung der Verschlüsse mittels Infrarotstrahlen bzw. H_2O_2-Behandlung sind geeignete Verfahren zur Vermeidung von Rekontamination, ebenso die Verpackung im Tunnel, in dem mit Hilfe von Sterilluft aseptische Bedingungen herrschen [108].

Durch den Gehalt an Milchsäure sind die Sauermilchprodukte gegen die **Vermehrung pathogener Mikroorganismen** im wesentlichen geschützt; nur in den frühen Stadien bei zu langsamer Säuerung ist sie nicht völlig auszuschließen.

Als Indikatororganismen gelten Enterobakterien, speziell coliforme Bakterien, die jedoch als fehlerverursachende, technische Schädlinge kaum Bedeutung haben und nicht lange lebensfähig bleiben [76].

Die **gefährlichste Kontaminationsflora** sind Hefen und Schimmelpilze, die sowohl bei den niedrigen pH-Werten als auch psychrotroph wachsen [240]. Die Folgen sind Gärung und Verschimmeln im Zusammenhang mit weiteren starken sensorischen Fehlern: Blähung, gäriger oder muffiger Geruch und Geschmack, Ranzigkeit u. a. Unter Umständen können auch Wildstämme von Milchsäurebakterien die Produkte kontaminieren und zu unerwünschter, kräftiger Nachsäuerung führen [240].

Um die erwünschte Haltbarkeit von 3 bis 4 Wochen garantieren zu können, muß eine ununterbrochene Kühlkette im Temperaturbereich von 2 bis maximal 10 °C unbedingt eingehalten werden.

Fermentationsbeeinflussende Faktoren

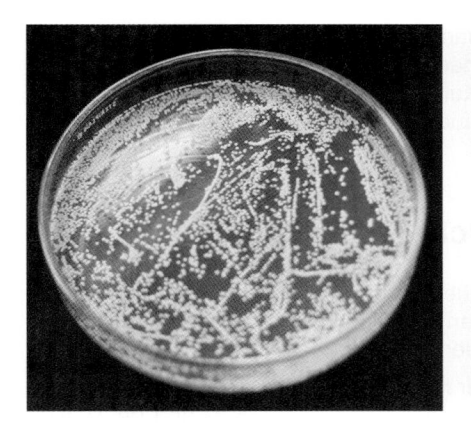

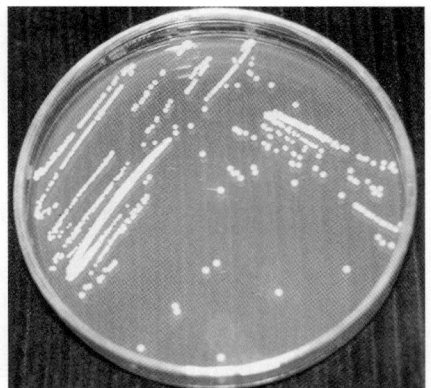

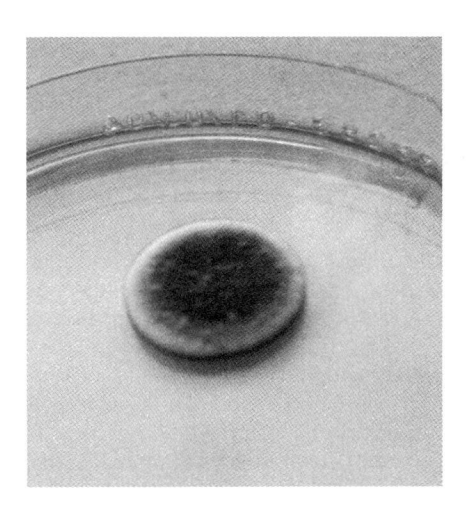

Abb. 5.2 Von Sauermilcherzeugnissen isolierte Hefen und Schimmelpilze

Schon seit längerer Zeit wird intensiv daran gearbeitet, die mikrobiellen Abläufe bei der Produktion noch sicherer zu machen. Es geht dabei u. a. um bessere Kontrolle der Prozeßabläufe, neuartige Kulturenbereitung, kontinuierliche Fermentation sowie um die Einführung neuer, auch genetisch veränderter Mikroorganismen [108, 128].

5.3 Buttermilch, Sauermilch, saure Sahne

Die Gemeinsamkeit von Buttermilch, Sauermilch und saurer Sahne besteht darin, daß Säuerung und Aromabildung bei allen Produkten von mesophilen, säure- und/oder aromabildenden Milchsäurebakterien ausgelöst wird.

Buttermilch ist ursprünglich das bei der Herstellung von Sauerrahmbutter abgetrennte, flüssige Produkt mit einem Fettgehalt von 0,3 ... 0,5 % und deutlichem Butteraroma.

Sauermilch wird aus Magermilch, süßer Buttermilch oder im Fettgehalt eingestellter Milch (1,5 ... 10 %) durch Säuerung mit geeigneten Starterkulturen gewonnen, und **saure Sahne** entspricht in wesentlichen Merkmalen der Sauermilch mit dem Unterschied, daß der Fettgehalt mindestens 10 % betragen muß und bis zu 40 % betragen kann.

Alle genannten Produkte werden, mit Ausnahme der natürlichen Buttermilch, in stichfester oder trinkbarer Form (saure Sahne: sämig) hergestellt, und es sind auch aromatisierte Zubereitungen erhältlich.

Crème fraîche weist insofern Besonderheiten auf, als sie mindestens 30 % Fett enthalten muß und nach der Erhitzung und Beimpfung mit der Starterkultur gerührt wird, ehe die Bebrütung bei 20 °C erfolgt. Es entsteht ein mildsaures, cremiges Produkt, das auch mit Gewürzen oder Kräutern aromatisiert wird.

5.3.1 Eigenschaften, mikrobiologische Anforderungen

Trotz der Ähnlichkeit hat jedes Produkt gewisse Besonderheiten; es muß also seiner Benennung entsprechend „typisch" sein. Insgesamt sind bei Qualitätsprüfungen mehr als 30 sensorische Fehler zu bewerten. Der weitaus größere Teil ist mit technisch-mikrobiologischen Mängeln in Verbindung zu bringen [31].

International werden die **Qualitätsanforderungen** durch den IDF-Standard 163 : 1992 [109] geregelt, der jedoch für die gesetzlichen Bestimmungen in einzelnen Ländern einen weiten Spielraum zuläßt. Wesentlich ist die Forderung nach einer hohen Anzahl lebender typischer Mikroorganismen zum Zeitpunkt des Verkaufs, und milde Produkte mit geringer Nachsäuerung werden meist besser bewertet. Dickungsmittel (Stabilisatoren) sind bei reinen Produkten im allgemeinen nicht zugelassen; die gewünschte Konsistenz wird durch Anreicherung mit fettfreier Milchtrockenmasse erreicht [122]. Eine Zusammenstellung wichtiger

Buttermilch, Sauermilch, saure Sahne

Qualitätsmerkmale enthält Tabelle 5.3; es handelt sich um mittlere Werte, die für viele Länder zutreffen.

Tab. 5.3 Qualitätsmerkmale von Buttermilch, Sauermilch und saurer Sahne [nach 96, 126, 128, 242]

Merkmal	Buttermilch	Gesäuerte Buttermilch	Sauermilch	Saure Sahne
Fett (in %)	bis 1,0	bis 1,0 Vollmilchprodukt: 2,5...5,0	bis 1,0 Vollmilchprodukt: 2,5...5,0	10,0...40,0
°SH	bei 32 (24...40)	30...38	30...40	um 30 (24...36)
pH	4,8...4,4	4,6...4,4	4,7...4,0	4,8...4,4
Säuregehalt (in %)	nicht unter 0,4 %	nicht unter 0,6 %	nicht unter 0,6 %	
Sensorische Eigenschaften	mildsauer, flüssig	mildsauer, sämig bis flüssig	mildsauer, stichfest oder sämig	mildsauer stichfest oder kremig-sämig
Lebende obligate Mikroorganismen (je ml)	keine Anforderung	mindestens 10^7	$10^6...10^8$	keine Anforderung
Pathogene Mikroorganismen	keine	kein	keine	keine
Koliforme Bakterien (je ml)	bis 10	bis 10	bis 10	bis 10
Eumyzeten (je ml)	bis 10^2	bis 10^2	bis 10^3	bis 10^2
Andere Fremdmikroorganismen (je ml)	höchstens 10^5	keine Anforderungen	Bacillus cereus: höchstens 10^3	höchstens 10^5
Haltbarkeit (Tage)	10...28	10...28	10...28	10...28

5.3.2 Buttermilch

Als Buttermilch gilt nachstehend ausschließlich das bei der Herstellung von Sauerrahmbutter anfallende, bereits gesäuerte Produkt, nicht aber die Verarbeitung von süßer Buttermilch, die der Herstellung von Sauermilch entspricht.

Buttermilch, Sauermilch, saure Sahne

5.3.2.1 Eigenschaften, mikrobiologische Anforderungen

Buttermilch wird bereits während der biologischen Rahmsäuerung für die Herstellung von Sauerrahmbutter vorgebildet. Bei der Butterung wird sie als wässerige Phase von der Fettphase getrennt. Sie ist dann ein nahezu fertiges Produkt, das nur noch geringfügig weiterbearbeitet werden muß.

Wichtige **qualitätsbestimmende Eigenschaften** sind

- angenehmer, mildsaurer und reiner Geruch und Geschmack mit deutlichem Butteraroma,
- leicht sämige, nicht dünnflüssige Konsistenz: kein Wasserzusatz bei „reiner Buttermilch", maximal 10 % Wasser- bzw. 15 % Magermilchgehalt bei „Buttermilch",
- Einhaltung der mikrobiologischen Kennziffern:

    keine pathogenen Keime,

    coliforme Bakterien in 0,1 ml negativ,

    höchstens 200 Hefen und Schimmelpilze/ml,

- nur leichte sensorische Fehler.

Die Zweckmäßigkeit des Coliformennachweises als Hygieneindikator für Buttermilch ist angezweifelt worden: coliforme Bakterien sterben im sauren Milieu ziemlich schnell ab; daher ist ihr Nachweis schon 48 h nach der Herstellung kaum noch in einen Zusammenhang mit der Produktionshygiene zu bringen [76]. Bereits vorliegende, alternative Methoden sind jedoch nicht überzeugend und deshalb kaum eingeführt [100, 101].

Qualitätsfehler der Buttermilch (Näheres unter 5.3.2.2) haben sehr oft mikrobiologische Ursachen. Die Mikroflora der Rohmilch, die Beschaffenheit der Buttereikulturen, der Ablauf der Rahmsäuerung, der Butterungsvorgang, die Kühlung und mikrobielle Kontamination sind von Bedeutung. Technisch-mikrobiologischen Vorgängen und mikrobieller Kontamination nach der Buttermilchgewinnung kommen daher größere Bedeutung zu.

5.3.2.2 Obligate Mikroflora, Fremdmikroflora

Buttermilch enthält dieselben Mikroorganismenarten wie die für die Butterherstellung verwendeten Starterorganismen. Je nach dem Einsatz von D-, DL- oder L-Kulturen müssen neben *Lactococcus lactis subsp. lactis* und *Lactococcus lactis subsp. cremoris* auch *Lactococcus lactis subsp. lactis biovar. diacetylactis* und/ oder *Leuconostoc mesenteroides subsp. cremoris* bzw. *Leuconostoc mesenteroides subsp. dextranicum* vorhanden sein. Die Relationen der Mikroorganismen sind jedoch im Vergleich zu den Starterkulturen und zur Butter verändert. Inwieweit die häufige Nachsäuerung der Buttermilch mit Vermehrung oder Relationsverschiebung der Arten einhergeht, ist noch nicht belegt.

Buttermilch, Sauermilch, saure Sahne

Das Vorkommen, besonders aber die **Vermehrung einer Fremdmikroflora** wird durch das saure Milieu in Buttermilch bestimmt. Während gewisse Mikroorganismengruppen gefördert werden, finden andere keine Entwicklungsmöglichkeiten. Zu den letzteren gehören die meisten kontaminierenden Bakterien: coliforme, eiweißspaltende Bakterien (einschließlich psychrotrophe Bakterien und Bazillen), die gemäß Untersuchungsergebnissen [198] nur etwa 2,5 % der gesamten Kontaminationsmikroflora ausmachen. Eine massive Kontamination mit diesen Bakterien spricht daher für starke Vermehrung in einem frühen Stadium der Säuerung, z. B. der Rahmreifung. Auf die mögliche **Vermehrung kontaminierender Milchsäurebakterien** mit Übersäuerung als Folgeerscheinung wurde bereits verwiesen [241]. Psychrotrophe Bakterien können sich eventuell bei längerer Aufbewahrung der Buttermilch wieder vermehren, wenn der Säuregehalt durch Hefenwachstum vermindert ist.

Die typische, an das pH-Milieu angepaßte Kontaminationsmikroflora sind **Hefen und Schimmelpilze** [86,198].

Hefen führen besonders dann zu Qualitätseinbußen, wenn das Wachstum der obligaten Mikroflora behindert war oder abgeschlossen ist. Da sie in der Lage sind, bei niedrigen pH-Werten (< 3,5) und sehr tiefen Temperaturen (< 0 °C) zu wachsen, bietet bei hohen Anfangskeimzahlen auch die Kühllagerung keinen Schutz. Fehler und Verderb werden durch Proteolyse, Lipolyse und Zuckervergärung mit Gasbildung verursacht, so daß es zur Aufblähung der Packungen kommen kann. Höchste Verarbeitungshygiene ist das beste Mittel zur wirksamen Hefenbekämpfung; mit niedrigen Temperaturen kann die Vermehrung nur verlangsamt werden. Am häufigsten werden Arten der Gattungen *Kluyveromyces, Saccharomyces, Debaryomyces* und *Candida* nachgewiesen (s. auch unter 5.3.3.1).

Auch **Schimmelpilze** können in Buttermilch wachsen, besonders dann, wenn die Kontamination bereits in der Starterkultur oder im Rahm stattgefunden hatte. Der weiße Milchschimmel (*Geotrichum candidum*) ist häufiger Kontaminant, Arten der Gattungen *Penicillium, Fusarium, Alternaria* und *Mucor* [167] kommen vor.

5.3.2.3 Einfluß der Produktionsbedingungen

Nachstehend werden besondere Zusammenhänge zwischen Qualitätsmängeln der Buttermilch und mikrobiologischen Fehlleistungen bei der Butterherstellung betont, weil – wie schon gesagt – wesentliche Fehler frühzeitig ausgelöst werden.

Häufige mikrobiologisch bedingte Fehler sind: Übersäuerung, zu wenig oder fehlerhafte Säuerung, Viskositätsmängel, Gärung, fehlerhafter Geruch und Geschmack, zu wenig Aroma. Bei der Untersuchung zahlreicher Butterproben wurden Molkenabsetzen (bei 50 % der Proben), wenig Aroma (21 %), dumpf, alt (21 %), zu sauer (14 %) als häufigste Fehler beschrieben [86]; vgl. auch Teil 5.3.3.2.

Übersäuerung. Die zu scharf-saurem Geruch und Geschmack sowie meist auch zum Absetzen führende Übersäuerung wird durch

Buttermilch, Sauermilch, saure Sahne

- Verbuttern des Rahms bei zu niedrigem pH-Wert bzw.
- Nachsäuern der Buttermilch

verursacht. Der pH-Wert des Rahms sollte bei der Butterung 4,8 möglichst nicht unterschreiten, und die Buttermilch sollte beim Ablassen einen pH-Wert von 4,6 ... 4,4 erreichen. Bei niedrigen pH-Werten ist die Kontraktion der Eiweißteilchen zu stark: Die Folge davon ist das Absetzen. Die Milchsäurebakterien stellen ihren Stoffwechsel erst bei tieferen pH-Werten ein, und es kommt zum Nachsäuern. Um die Aktivität der Starterbakterien zu unterbrechen, ist daher schnelle Kühlung, möglichst auf 5 ... 2 °C einzuleiten und die Kühlkette bis zum Verkauf möglichst nicht zu unterbrechen.

Unzureichende oder fehlerhafte Säuerung. Zu unzureichender Säuerung kommt es vor allem durch Verbutterung von Rahm mit zu hohem pH-Wert (> 5,2). Das Eiweiß kann oberhalb des isoelektrischen Punktes des Caseins (pH 4,62) unvollständig und grobflockig ausfallen und sich später auf dem Serum absetzen. Dieser Mangel kann in Grenzen durch Nachreifen der Buttermilch im Tank kompensiert werden. Die Grenze zwischen unzureichender und fehlerhafter Säuerung ist fließend. Letztere liegt vor, wenn schädliche Einflüsse wie Hemmstoffe, Bakteriophagen, Inaktivität der Starterkultur, starke Vermehrung von Kontaminationsorganismen zu unzureichender Säuerung geführt haben oder umgekehrt wegen zu geringer Säuerung wirksam werden konnten. Die Folge sind oft zusätzliche sensorische Fehler: gäriges, scharf-saures Aroma (auch Eiweißzerreißen und -auftrieb) durch Hefen und coliforme Bakterien, dumpfer bis muffiger Geruch und Geschmack durch Schimmelpilze, alt-süßlich-faulige oder käsige Aromarichtung durch eiweißabbauende Bakterien.

Viskositätsmängel. Die häufigsten Viskositätsmängel sind Absetzen, Klumpigkeit oder wäßrig-dünne Beschaffenheit. Das Absetzen ist oft unmittelbare Folge der beschriebenen Säuerungsstörungen; allerdings gibt es auch nichtmikrobielle Ursachen: Lufteinschlag beim Umpumpen, zu tiefe Kühlung bei hohem Luftgehalt. Klumpigkeit und Wäßrigkeit sind, wenn letztere nicht auf zuviel Fremdwasser zurückzuführen ist, mittelbare Folgen von unzureichender Säuerung. Klumpigkeit entsteht durch grobe Caseinausfällung bei zu hohem pH-Wert, aber auch durch unzureichendes Rühren im Sammeltank. Zu Wäßrigkeit kommt es durch unvollständige Caseinausfällung, wenn bei zu hohem pH-Wert verbuttert wurde und die vollständige Fällung auch nicht durch Nachsäuern erreicht wird. Wäßrigkeit ist stets mit schwachem Aroma verbunden.

Zu wenig Aroma. Das Butteraroma ist schwach ausgebildet, wenn die Butterung mit Rahm erfolgte, der noch nicht bis zur Butterungsreife gesäuert war, so daß sich die aromabildenden Starterbakterien nicht genügend entwickeln konnten. Dasselbe kann eintreten, wenn die Aromabakterien durch Bakteriophagen vernichtet worden sind. Mangels Diacetyl schmeckt die Buttermilch dann leer oder fadsauer, auch weil es an Kohlendioxid fehlt, das ebenfalls von den Aromabakterien gebildet wird.

Wie gezeigt werden konnte, sind nicht Kontaminationsorganismen in erster Linie für Buttermilchfehler verantwortlich. Meist sind es Säuerungsanomalien in frühen

Produktionsstufen, und die ungenügende Säuerung fördert sekundär das Wachstum von Schadorganismen.

5.3.3 Sauermilch, saure Sahne

Neben der Sauermilch in engerem Sinne sind wegen Ähnlichkeit der Technologie auch saure Sahne und die aus süßer Buttermilch gewonnenen Produkte hier zu behandeln. Wesentliche Merkmale sind:
- Herstellung in stichfester (Dickmilch) oder trinkbarer Form,
- Einsatz von magerer oder im Fettgehalt eingestellter Milch,
- meist Erhöhung des Gehaltes an fettfreier Milchtrockenmasse,
- Anwendung von Butterei- oder Spezial-Starterkulturen, die sich fördernd auf das Aroma auswirken.

Für die Herstellung von Sauermilch kann reine Süßrahmbuttermilch, aber auch ein Gemisch mit Magermilch oder eingestellter Milch verwendet werden.

5.3.3.1 Obligate Mikroflora, Fremdmikroflora

Bei der Auswahl von Starterkulturen spielt die **Aromabildung** (Butteraroma) eine wichtige Rolle. Sehr oft werden Buttereikulturen verwendet. Dann besteht die obligate Mikroflora aus *Lactococcus lactis subsp. lactis* und/oder *Lactococcus lactis subsp. cremoris* sowie *Lactococcus lactis subsp. lactis biovar. diacetylactis* und/oder *Leuconostoc*-Arten als Aromabildner. Seltener werden die genannten Arten als Einstammkulturen verwendet; dies gilt besonders für die Aromabildner, die zur Aromaverstärkung zusätzlich eingesetzt werden können. Neben herkömmlichen Starterkulturen gelangen konzentrierte Kulturen, tiefgefroren oder lyophilisiert, zum Einsatz: für die Herstellung der Betriebssäurewecker oder unmittelbar für die Milchsäuerung.

Um volles Aroma und gute Konsistenz der Produkte zu erreichen, muß der Betrieb die Zusammensetzung der Starterkultur (D-, DL-, L-Kultur) kennen, weil er seine Produktionsweise auf das jeweilige Kultivierungsoptimum einstellen oder aber die Kulturen entsprechend seinen Produktionsgegebenheiten auswählen muß.

D-Kulturen bilden Diacetyl schneller und auch bei höheren Temperaturen. Die Produktion kann dabei durch Bebrütung bis 27 °C beschleunigt werden. Andererseits besteht stärkere Tendenz zum Übersäuern und Absetzen. Nicht wenige Stämme von *Streptococcus lactis subsp. lactis biovar. diacetylactis* bilden **Diacetylreduktase**, die auch bei Kühllagerung wirksam ist und Aroma wieder abbaut [69].

Mit **L-Kulturen** kann bei niedrigen Temperaturen (20 ... 23 °C) und längerer Bebrütungszeit ein milderes, angenehmes Aroma erreicht werden: Die Tendenz zum Aromaabbau ist geringer.

Buttermilch, Sauermilch, saure Sahne

Bei **DL-Kulturen** sollten ebenfalls keine hohen Bebrütungstemperaturen angewendet werden, das sich sonst *Lactococcus lactis subsp. lactis biovar. diacetylactis* zu stark entwickelt (dominiert) und das Wachstum von *Leuconostoc*-Stämmen unterdrückt, so daß diese für die Aromabildung nicht wirksam werden können.

Eine zunehmende Rolle spielt *Lactobacillus acidophilus* (s. unter 5.7.1) auch für Sauermilch und saure Sahne, indem er zusammen mit Laktokokken – auch unter diätetischen Aspekten – eingesetzt wird (zit. [94, 179]). Auf die Möglichkeit, saure Sahne mit immobilisierten Milchsäurebakterien [25] oder Kefirkörnern (zit. [179]) herzustellen, sei hingewiesen. Auch die Sauermilchherstellung mit Direktsäuerung und getrennter Aromaproduktion ist beschrieben worden [263], allerdings wird das Erzeugnis als sauermilchähnliches Produkt bezeichnet. Eine künstliche Aromatisierung von Sauermilch unter Anwendung eines Aromakonzentrates aus *Leuconostoc-mesenteroides-subsp.-cremoris*-Kultur mit Zusatz von 6 ... 8 mmol Essigsäure wurde erprobt [90].

Die **Kontaminationsflora** umfaßt – ähnlich wie bei Buttermilch – in erster Linie Hefen und Schimmelpilze [69, 138, 167, 198], außerdem psychrotrophe Fremdbakterien und coliforme Bakterien [235, 242, 264]. Die Anzahl der Fremdbakterien, unter denen Pseudomonas-Arten überwiegen [264], nimmt bei Kühllagerung langsam ab, während bei Hefen ein beträchtlicher Anstieg zu beobachten ist. Letztere sind daher, wie bei den anderen Sauermilcherzeugnissen, die typische, vermehrungsfähige und schädigende Mikroflora. Schimmelpilzkontamination tritt vergleichsweise in geringem Umfang auf: Vor allem wurden *Penicillium*, *Aspergillus* und *Mucor* nachgewiesen, darunter auch toxische *Aspergillus*-Stämme [138, 167, 264].

Gründliche Untersuchungen gibt es über die Beziehungen zwischen der psychrotrophen Kontaminationsflora, der Kühllagerung und der Diacetylreduktion [69, 222, 264].

5.3.3.2 Einfluß der Produktionsbedingungen

Für den Ablauf der Herstellung von Sauermilch und saurer Sahne gilt prinzipiell das in Abb. 5.1 gezeigte Schema.

In allen Verarbeitungsstufen werden mikrobielle Vorgänge wirksam; umgekehrt wirkt sich die Verfahrensweise auf mikrobiologische Prozesse aus. Einen Überblick über wichtige Einflußfaktoren vermittelt Tab. 5.4.

In Abbildung 5.3 sind günstige bzw. ungünstige Wirkungen bei bestimmten Produktionsschritten gegenübergestellt. Beim Auftreten von Fehlern muß stets nach den Zusammenhängen gesucht werden.

Die erwünschten Eigenschaften der Rohmilch sind unter 5.2, die Herstellung der Starterkulturen in Kapitel 4 behandelt worden. Das **Erhitzen der Milch** muß intensiver als bei der üblichen Kurzzeiterhitzung erfolgen, um einerseits die Abtötung der vegetativen Rohmilchflora, der Bakteriophagen und unerwünschter Enzyme zu

Tab. 5.4 Technisch-mikrobiologische Einflußfaktoren bei der Herstellung von Sauermilch und saurer Sahne [nach 14, 69, 86, 108, 128, 218, 226, 242]

Produktionsstadium	Einflußfaktor	Wirkung
Herstellung der Starterkultur	Kulturenmilch	Säuerungsaktivität der Starterkultur
	Kulturtyp (L, DL, D)	Impfmenge, Bebrütungstemperatur und -zeit, Aromabildung und -beständigkeit
	Erhitzen der Kulturenmilch	Abtötung von Mikroorganismen und Bakteriophagen, Inaktivierung von Hemmstoffen und Enzymen, Förderung der Starteraktivität
	Bakteriophagen	Störung von Säuerung und Aromabildung, sensorische Fehler, Mißlingen der Produktion
	mikrobielle Kontamination	schlechtere mikrobiologische und sensorische Beschaffenheit der Endprodukte
Vorbereitung der Milch	Fett- und Trockenmasseeinstellung	
	Homogenisieren	Verteilung von Mikroorganismenzusammenballungen
	Erhitzen	wie Erhitzung der Kulturenmilch
	Kühlen auf Fermentationstemperatur	Fermentationsablauf
	Reinigung, Desinfektion	Verhinderung mikrobieller Kontamination
Fermentation	Kulturentyp (L, DL, D)	Impfmenge, Bebrütungstemperatur und -zeit
	Impfmenge	Säuerungsablauf, Aromabildung, Hemmung von Bakteriophagen und Kontaminationsflora
	Bebrütungstemperatur und -zeit	
Nachbehandlung	Kühlen	Unterbrechung der Fermentation, Aromabildung und -erhaltung, Haltbarkeit, sensorische Eigenschaften

Buttermilch, Sauermilch, saure Sahne

Tab. 5.4 Technisch-mikrobiologische Einflußfaktoren bei der Herstellung von Sauermilch und saurer Sahne [nach 14, 69, 86, 108, 128, 218, 226, 242] *(Fortsetzung)*

Produktionsstadium	Einflußfaktor	Wirkung
Nachbehandlung	Ausrühren, Homogenisieren, Belüftung	Konsistenz, Aromabildung und -erhaltung
	Abfüllen	Gefahr der Rekontamination
	Reinigung, Desinfektion	Verhinderung von Rekontamination
	Kühllagerung, Einhaltung der Kühlkette	Haltbarkeit, sensorische Eigenschaften, Wachstumshemmung der Rekontaminationsflora

sichern und andererseits das Wachstum der obligaten Mikroflora zu fördern. Die Empfehlungen für Zeit-Temperatur-Kombinationen gehen weit auseinander: 82 ... 135 °C (UHT), 2 ... 30 min (UHT: 4 ... 6 s); 3 ... 10 min bei 90 ... 95 °C werden als günstig angesehen [14, 93]. Sahne wird wegen der höheren Viskosität meist intensiver als Milch erhitzt: z. B. 90 °C, 5 min, häufig Ultrahocherhitzung nach Homogenisierung bei 50 ... 60 °C.

Die durch schnelles Kühlen erreichte **Bebrütungstemperatur** muß an den Typ der eingesetzten Starterkultur angepaßt werden. Es sollte nur auf 1 ... 3 °C über der Bebrütungstemperatur gekühlt werden, da durch Zusatz von Betriebssäurewecker (nicht konzentrierte Kulturen) die Temperatur etwas gesenkt wird. Für *Leuconostoc*-haltige Starterkulturen (L, DL) ist eine Temperatur bei 20 ± 2 °C am günstigsten, da *Leuconostoc* den Aromabestandteil Diacetyl bei tieferen Temperaturen optimal bildet, selbst in der Phase der Kühlung, aber langsam. Leichter Temperaturabfall gegen Ende der Bebrütung ist günstig. Auch bei D-Kulturen sind Temperaturen um 22 °C günstiger; höhere Temperaturen bis 27 °C zwecks Produktionsbeschleunigung sind möglich. Das Risiko der Übersäuerung, des späteren Absetzens und des Aromaabbaus durch Diacetylreduktase ist jedoch höher.

Als **Impfmengen** für die Betriebs-Starterkulturen werden 0,5 ... 5,0 % angegeben; dabei sollten 1 ... 2 % als Richtwert gelten.

Eine genauere Festlegung der **Bebrütungszeit** bereitet Schwierigkeiten, da sie in Abhängigkeit von Impfmenge, Bebrütungstemperatur und Gärungsdisposition der Milch Variationen unterworfen ist (14 ... 18 h bei 20 ... 22 °C, 7 ... 8 h bei 27 °C). Am günstigsten ist es, den pH-Wert (oder die SH-Zahl) als Richtwert für die Beendigung der Bebrütung zu wählen; automatisierte Systeme basieren auf der

Buttermilch, Sauermilch, saure Sahne

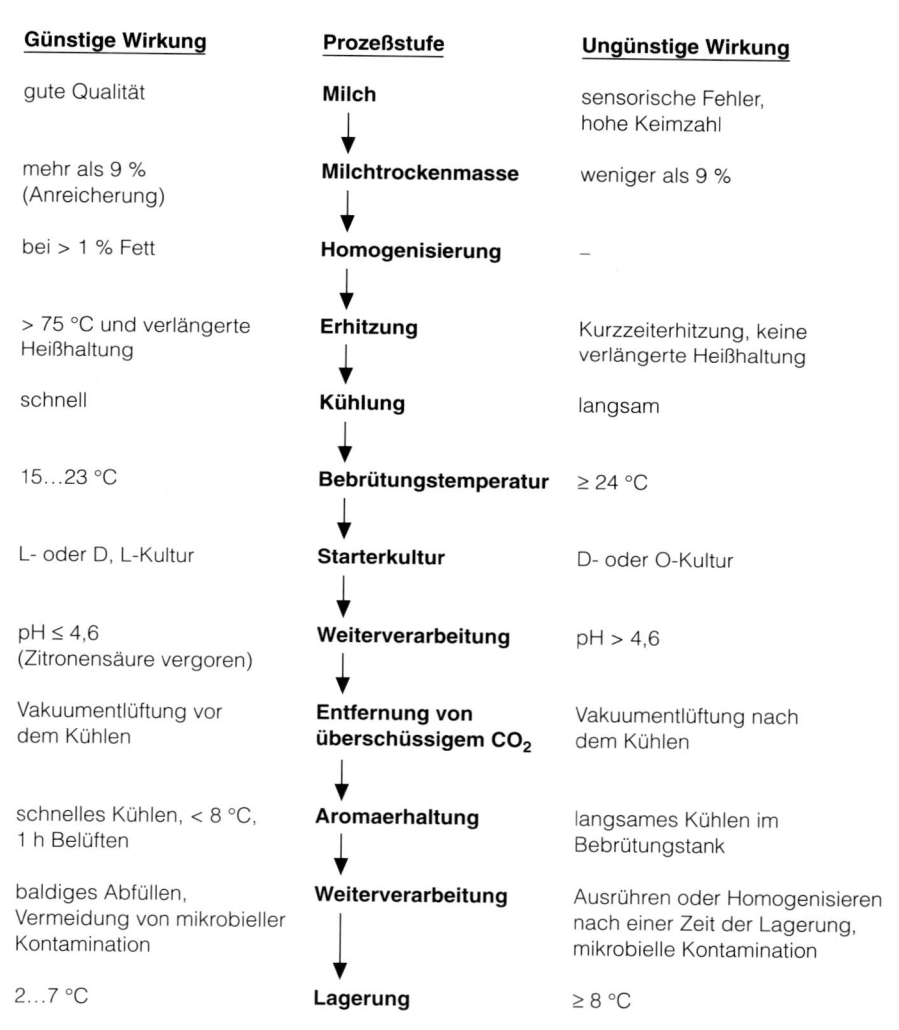

Günstige Wirkung	Prozeßstufe	Ungünstige Wirkung
gute Qualität	**Milch** ↓	sensorische Fehler, hohe Keimzahl
mehr als 9 % (Anreicherung)	**Milchtrockenmasse** ↓	weniger als 9 %
bei > 1 % Fett	**Homogenisierung** ↓	–
> 75 °C und verlängerte Heißhaltung	**Erhitzung** ↓	Kurzzeiterhitzung, keine verlängerte Heißhaltung
schnell	**Kühlung** ↓	langsam
15...23 °C	**Bebrütungstemperatur** ↓	≥ 24 °C
L- oder D, L-Kultur	**Starterkultur** ↓	D- oder O-Kultur
pH ≤ 4,6 (Zitronensäure vergoren)	**Weiterverarbeitung** ↓	pH > 4,6
Vakuumentlüftung vor dem Kühlen	**Entfernung von überschüssigem CO_2** ↓	Vakuumentlüftung nach dem Kühlen
schnelles Kühlen, < 8 °C, 1 h Belüften	**Aromaerhaltung** ↓	langsames Kühlen im Bebrütungstank
baldiges Abfüllen, Vermeidung von mikrobieller Kontamination	**Weiterverarbeitung** ↓	Ausrühren oder Homogenisieren nach einer Zeit der Lagerung, mikrobielle Kontamination
2...7 °C	**Lagerung**	≥ 8 °C

Abb. 5.3 Günstige und ungünstige Wirkungen bei der Herstellung von Sauermilcherzeugnissen

pH-Messung. Er sollte bei Sauermilch etwa 4,6, bei saurer Sahne etwa 4,8 betragen; so wird auch gute Aromabildung im Produkt erreicht.

Die sich anschließende, schnelle **Kühlung** auf < 8 °C schützt vor Übersäuerung, die CO_2-Entfernung und Entlüftung vor dem Homogenisieren und Ausrühren (nach dem Kühlen) sichern eine gute Konsistenz und schützen vor Aromaverlusten.

Buttermilch, Sauermilch, saure Sahne

Bei der **Abfüllung** sind vor allem kontaminationsverhindernde Maßnahmen (s. unter 5.2) vonnöten.

In neuerer Zeit gibt es, ähnlich wie bei Joghurt, Versuche zur kontinuierlichen Gestaltung des Produktionsablaufes: Zweikammerfermentation über eine Dialysemembran, wobei die Diacetylbildung in der sogenannten „Aromakammer" durch Citratvergärung mittels Leuconostoc-Stämmen erreicht wird. Das Citrat diffundiert dabei aus der „Gärkammer" durch die Membran in die Aromakammer, und das entstandene Diacetyl zurück in die Gärkammer. Es soll ein nahezu konstanter Diacetylgehalt im kontinuierlich fermentierten Produkt erreicht werden [150]. Eine Verringerung der lebenden Zellen in saurer Sahne kann erreicht werden, indem die Säuerung mittels immobilisierter Milchsäurebakterien (in Alginatbetten eingeschlossen) erfolgt, die nachträglich wieder entfernt werden können. So verbleibt nur ein herausgelöster Anteil der Milchsäurebakterien in der Sahne [203].

Bei der weiteren Behandlung von Sauermilch und saurer Sahne kommt der **Kühlhaltung** (Temperaturen < 10 °C, besser 6 ... 2 °C) die größe Bedeutung zu, um lange Haltbarkeit bei vollem Aroma ohne sensorische Fehler zu bewahren.

Die **Entstehung einiger sensorischer Fehler** kann wie folgt umrissen werden [31, 69, 222, 226]:

- **Übersäuerung** (sauer, scharf-sauer). Zu langes Bebrüten, zu langsames Kühlen, Nichteinhalten der Kühlkette, seltener mikrobielle Kontamination.
- **Zu wenig Säure** (leer, unrein). Zu kurze Bebrütung, zu niedrige Bebrütungstemperatur, schlechte Gärdisposition der Milch, ungenügende Aktivität der Starterkultur, Hemmstoffe, Bakteriophagenkontamination.
- **Absetzen.** Zu hohe Bebrütungstemperatur, zu niedriger oder zu hoher pH-Wert am Ende der Bebrütung (> 4, 8, < 4,6), ungenügende Aktivität der Starterkultur, Hemmstoffe, Bakteriophagenkontamination.
- **Klumpenbildung.** Zu grobe Gerinnung bei zu wenig Säurebildung, unzureichendes Ausrühren.
- **Gärig, hefig.** Massive Kontamination mit Hefen oder coliformen Bakterien (Starterkulturen, während der Produktion, besonders beim Abfüllen), verstärkt durch ungenügende Säuerung oder Nichteinhaltung der Kühlkette.
- **Faulig, käsig, ranzig, alt.** Massives Wachstum von psychrotrophen, eiweiß- oder fettspaltenden Mikroorganismen, verstärkt bei ungenügender Säuerung oder Nichteinhaltung der Kühlkette.
- **Joghurtaroma** (beißig). Bei Dominieren von *Lactococcus-lactis-subsp.-lactis-biovar.-diacetylactis*-Stämmen: Einsatz von D- oder DL-Kulturen und zu hohe Bebrütungstemperatur; zuviel Bildung von Acetaldehyd im Verhältnis zu Diacetyl. Auch bei Verwendung von zu alter Rohmilch [226].
- **Zu wenig Aroma** (leer, unrein). Zu kurze Bebrütung, bei L-Kulturen zu hohe Bebrütungstemperatur, Verarmung der Starterkultur an aromabildenden Bakterien, Bakteriophagenkontamination, Wirkung der Diacetylreduktase (Hefen, Bak-

terien, Stämme von *Lactococcus lactis subsp. lactis biovar. diacetylactis*), Mangel an Zitronensäure.

5.4 Joghurt

Joghurt ist eines der ältesten Sauermilchprodukte. In verschiedenen Varianten spielt er für die Ernährung der auf dem Balkan, im Mittelmeerraum und im mittleren Osten beheimateten Völker seit Jahrtausenden eine wichtige Rolle. Der Name stammt aus dem Türkischen (jugurt), und es gibt zahlreiche synonyme Namen für joghurtartige Produkte, z. B. Jahourt, Jaert, Laban Zabady, Labneh, Leben, Dahi, Doogh, Mazun, Tarag [2, 108, 250]. Zu seiner Herstellung im Haushalt wurden Schaf-, Ziegen-, Büffel- und Kuhmilch verwendet. Aus dem Getränk wurden des öfteren eingedickte Produkte hergestellt, um die Haltbarkeit zu verlängern: z. B. Kishk in Ägypten. Aus dem in irdenen Töpfen aufgestellten Joghurt verdunstet Wasser, und das so eingetrocknete Produkt wird mit Mehl und Salz vermischt und an der Sonne getrocknet. Es ist lange haltbar und kann mit Wasser rekonstituiert werden [2]. Die Naturprodukte haben keine einheitliche Mikroflora; es ist immer eine Begleitflora vorhanden. Die Hauptorganismen sind aber stets *Streptococcus thermophilus* und *Lactobacillus delbrueckii subsp. bulgaricus*. Durch den Identitätsstandard des Internationalen Milchwirtschaftsverbandes [109] ist Joghurt als ein Produkt aus diesen beiden Mikroorganismenarten definiert. In der Herstellungspraxis hält man sich jedoch wenig an diese Definition: Es gibt in 35 Ländern nicht weniger als 74 Varianten joghurtartiger Produkte, für die mehr als 15 Mikroorganismen verwendet werden [108].

Die molkereimäßige Herstellung von Joghurt geht auf das Ende des 19. Jahrhunderts zurück. Dem Joghurt kommt eine gewisse diätetische Wirkung zu, die auf die Milchsäure, das fein geronnene und leicht abgebaute Eiweiß, den sehr hohen Calciumgehalt und weitere Stoffwechselprodukte der Joghurtgärung zurückzuführen ist. Dagegen bedürfen andere vermutete Wirkungen (gegen pathogene Bakterien, gegen Magen-Darm-Erkrankungen, für die Stärkung des Immunsystems) noch eindeutigerer Beweise [92, 211].

Mengenmäßig nimmt Joghurt die Spitzenposition unter allen Sauermilcherzeugnissen ein, und über die Mikrobiologie, Technologie und Technik ist umfassend berichtet worden [250].

5.4.1 Sorten, Eigenschaften, mikrobiologische Anforderungen

International ist Joghurt als ein festes oder trinkbares Erzeugnis definiert, das
- aus im Fettgehalt eingestellter Milch,
- mit oder ohne Trockenmasseanreicherung,
- auch homogenisiert,
- auch mit Stabilisatoren versetzt

Joghurt

durch Vergärung mit einer prosymbiotischen, gemischten Starterkultur aus *Streptococcus thermophilus* und *Lactobacillus delbrueckii subsp. bulgaricus* hergestellt wird. Joghurt sollte mindestens 0,7 % Säure, als Milchsäure berechnet, enthalten, und beim Verkauf sollten mindestens 10^7/g lebende, charakteristische Mikroorganismen vorhanden sein.

Allein aus dieser Definition ergibt sich die Möglichkeit, zahlreiche Joghurtsorten herzustellen. Eine Einteilung von Joghurt in Sorten, die nach verschiedenen Kriterien vorgenommen werden kann, ist aus Tab. 5.5 zu entnehmen.

Tab. 5.5 Joghurtsorten [nach 31, 70, 91, 108, 250]

Fettgehalt	Einteilung nach Trockenmassegehalt	Zusätzen	Behandlung
Sahnejoghurt (≥ 10,0 %)	Trinkjoghurt (< 12 %)	Naturjoghurt (ohne, außer zuweilen Stabilisator)	Normaljoghurt (fermentiert, gekühlt)
Vollfetter Joghurt (≥ 3,0 %)	Rührjoghurt und stichfester Joghurt (etwa 12 %)	Milder Joghurt (veränderte Mikroflora, auch mit weiteren Zusätzen)	wärmebehandelter Joghurt (55…65 °C, 71…74 °C)
Fettreduzierter Joghurt (0,5…3,0 %)	Konzentrierter Joghurt (bis 24 %)	Fruchtjoghurt (Obsterzeugnisse)	UHT-erhitzter Joghurt (125…140 °C)
Magerer Joghurt (< 0,5 %)			Trinkjoghurt (Thermisierung bei 55…65 °C, dann Homogenisierung)
	Joghurtpulver (etwa 96 %)	Aromatisierter Joghurt (andere Lebensmittel, Aromen)	
			Gefrorener Joghurt (< –12 °C)
		Diätjoghurt (spezielle Mikroflora, spezielle Zusätze, Wegnahme von Bestandteilen)	Joghurt mit reduziertem Lactosegehalt (Milchbehandlung mit β-Glucosidase)

Nicht nur die Mikroflora von Joghurt ist variiert worden, sondern auch für Herstellung und Zusammensetzung wurden zahlreiche Abwandlungen erprobt.

An erster Stelle ist der **Einsatz anderer Produkte für die Trockenmasseanreicherung** anstelle von Eindampfung oder Milchpulverzusatz zu nennen. Berichtet wird über die Verwendung von Molkenproteinen verschiedener Reinheitsgrades [156, 175, 205, 256, 258] sowie von Caseinaten und Molkenprotein-Caseinat-Mischungen [91, 175, 266]. Dabei kann immer nur ein gewisser Anteil des unveränderten Milchproteins ohne Nachteil für die Beschaffenheit des Endproduktes ausgetauscht werden. Über die möglichen Anteile gibt es unterschiedliche Angaben, und über Beziehungen zu mikrobiologischen Vorgängen fehlen jegliche Hinweise. Hingegen sind Versuche, milchfremde Lebensmittelproteine (z. B. Erbsen- oder Sojaprotein) einzusetzen, bislang gescheitert [175].

Die neueren Verfahren zur Milchkonzentrierung – Ultrafiltration, Umkehrosmose – sind für Joghurt im allgemeinen positiv zu bewerten [19, 30, 79, 186, 231, 257]. Die Umkehrosmose gilt als die bessere Lösung, da es zur Konzentrierung ohne Veränderung der Feststoffanteile in der Milch kommt. Die Rekombination von Milch dürfte nur dort interessant sein, wo es an Trinkmilch fehlt; die Ergebnisse konnten nicht in jedem Fall überzeugen [87, 223]. Halbkontinuierliche Verfahren sind eingeführt [232, 251], kontinuierliche in der Erprobung [23, 151]; bei letzteren stellt die Erhaltung des mikrobiellen Gleichgewichts das größte Problem dar. Um den Restlactosegehalt weiter zu senken, wurde auch Lactosehydrolyse mittels β-Galactosidase angewendet, sowohl bei Milch vor der Fermentation als auch im Zusammenwirken mit der Starterkultur während der Fermentation; es kann zu einer gewissen Verstärkung der Süße kommen [133, 250, 266]. Joghurt-Ersatzprodukte wurden vor allem in Regionen hergestellt, in denen die arme Bevölkerung den Preis für normalen Joghurt nicht bezahlen kann: Sogurt aus Sojamilch, Ca-Acetat, Gelatine, Lactose + Kultur [27]; Soja-Molken-Joghurt aus Sojamilchpulver, Molkenpulver, Ca-Sulfat + Kultur [259].

Joghurtprodukte, die aromatisierende Zusätze (Fruchtjoghurt usw.) enthalten, werden in Deutschland als **saure Milchmischerzeugnisse** benannt [31]; international sind jedoch unterschiedliche Bezeichnungen üblich. Zwischen den aromatisierten Joghurt-, Sauermilch- und Kefirerzeugnissen ergibt sich eine deutliche Parallelität. Da auch die Beeinflussung der mikrobiologischen Vorgänge durch die Zusätze sehr ähnlich ist, können alle sauren Milchmischerzeugnisse gemeinsam (s. Abschnitt. 5.6) behandelt werden.

Die wichtigsten **sensorischen Eigenschaften** von **stichfestem Joghurt** sind die gleichmäßige, porzelanartige geronnene, gallertige Konsistenz und der reine, mild- bis kräftig-saure Geruch und Geschmack mit typischem Joghurtaroma.

Rührjoghurt entspricht im Geruch und Geschmack dem festen Joghurt; dagegen ist die Konsistenz gleichmäßig sämig.

Das **Aroma von Joghurt** ist komplexer Natur: Neben Acetaldehyd (31 ... 76 mg/kg), Aceton und Ethanol sind weitere Ketone, Ester, Fettsäuren (C_2 ... C_{10}) sowie Essigsäure daran beteiligt. Seitdem eine zu hohe Aufnahme von D(–)-Milchsäure (> 100 mg/Tag/kg Körpergewicht) als bedenklich gilt [65], wird durch Veränderung der Starterkulturen [152, 153, 183, 184, 186, 191) sowie geeignete technologische Maßnahmen [170] versucht, den Gehalt an D(–)-Milchsäure niedrig zu halten.

International werden zahlreiche mikrobiologische oder mikrobiologisch bedingte Kriterien zur **Charakterisierung der Joghurtbeschaffenheit** verwendet: s. Tab. 5.6. Zur Qualitäts- und Hygienebewertung werden jedoch wenig Kennwerte herangezogen:

Joghurt

- coliforme Bakterien als Indikatororganismen,
- pathogene Bakterien (*Salmonella*, *Listeria*, Staphylokokken),
- Hefen und Schimmelpilze als Verderbserreger,
- pH-Wert (oder SH-Zahl).

Tab. 5.6 Joghurt – mikrobiologische und mikrobiell bedingte Qualitätsmerkmale [nach 29, 128, 170]

Merkmal	gut	ausreichend	ungenügend
Streptococcus thermophilus/ml	$> 10^8$	$10^7 ... 10^8$	$< 10^{7\ x)}$
Lactobacillus delbrueckii subsp. *bulgaricus*/ml	$> 10^8$	$10^7 ... 10^8$	$< 10^7$
Coliforme Bakterien/ml	10^0	$10^0 ... 10^1$	$> 10^1$
Mesophile, aerobe Fremdbakterien/ml	$< 10^3$	$10^3 ... 5{,}0 \times 10^4$	$> 5{,}0 \times 10^4$
Hefen/ml	$< 10^1$	$10^1 ... 10^2$	$> 10^2, > 10^{4\ xx)}$
Schimmelpilze/ml	$< 10^0$	$10^0 ... 10^1$	$> 10^1$
pH-Wert	4,5...4,3	4,6...4,5 4,2...4,0	$> 4{,}6$ $< 4{,}0$
Soxhlet-Henkel-Zahl	38...50	27...38 50...60	< 27 > 60
Haltbarkeit (bei $\leq 6\,°C$)	> 10 Tage	4...10 Tage	< 4 Tage

x) Untersuchung nach [131, 132]   xx) beim Verkauf

Coliforme Bakterien sterben bei Kühllagerung infolge des niedrigen pH-Wertes schnell ab. Bereits nach 48 h soll der Nachweis nicht mehr sinnvoll sein, da nicht mehr die Hygiene der Produktionsbedingungen widergespiegelt wird [76].

Die **Haltbarkeit von Joghurt** ist ein für Hersteller und Verbraucher besonders wichtiges Qualitätsmerkmal. Durch einwandfreie Produktionsbedingungen und Kühlkette (5 ... 2 °C) ist eine Haltbarkeit bis zu 4 Wochen ohne Wärmebehandlung des fertigen Produktes zu erreichen [108].

5.4.2 Obligate Mikroflora, Fremdmikroflora

Die obligate Mikroflora von Joghurt besteht aus *Lactobacillus delbrueckii* subsp. *bulgaricus* und *Streptococcus thermophilus*. Da *Lactobacillus delbrueckii* subsp. *lactis* und *Lactobacillus delbrueckii* subsp. *helveticus* nur in wenigen Merkmalen abweichen und außerdem Zwischenformen vorkommen, können sie im weiteren

Joghurt

Sinne zur Joghurtmikroflora gerechnet werden [4]. Für Joghurtstarter [108] geeignete Stämme müssen vor allem

- angemessene Säuerungsaktivität,
- gutes Aromabildungsvermögen,
- Schleimbildung,
- geringe Tendenz zum Nachsäuern

aufweisen, da diese Kriterien die Joghurtbeschaffenheit maßgeblich beeinflussen. Joghurt-Starterkulturen sind flüssig, lyophilisiert oder als Konzentrate in Form von gemischten Kulturen oder auch als Einzelstämme verfügbar. Letztere werden erst für die Betriebskultur bzw. Joghurtproduktion in geeigneten Mengenverhältnissen zusammengefügt. Dadurch läßt sich das Artengleichgewicht gut ausbalancieren. Andererseits bieten gemischte Kulturen den Vorteil, daß zwischen beiden Arten eine Symbiose (Komplementärstoffwechsel) besteht. Zur Aufklärung der Symbiosebeziehungen wurde viel Forschungsarbeit geleistet [15, 23, 56, 57, 201]; die heutigen Erkenntnisse sind in Abb. 5.4 dargestellt.

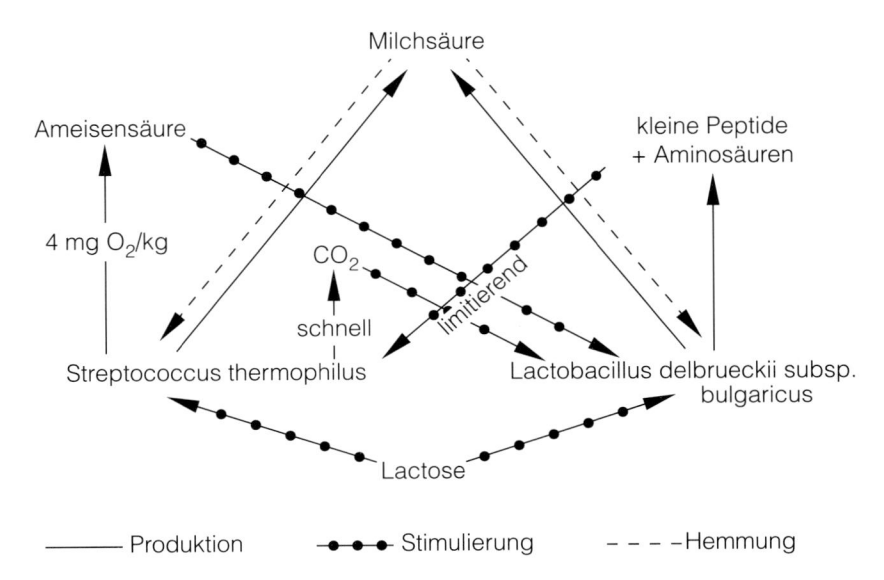

Abb. 5.4 Komplementärstoffwechsel von *Streptococcus thermophilus* und *Lactobacillus delbrueckii subsp. bulgaricus* (nach [57])

Auch an der **Bildung von Acetaldehyd** und weiteren Aromakomponenten in Joghurt sind beide Mikroorganismen beteiligt, wie aus Tab. 5.7 hervorgeht.

Die engen Stoffwechselbeziehungen machen verständlich, daß sich die gemeinsame Kultivierung von *Lactobacillus delbrueckii subsp. bulgaricus* und *Strepto-*

Joghurt

Tab. 5.7 Bildung von Carbonylverbindungen durch Joghurtstarterkulturen [108]

Verbindung (mg/l)	Lactobacillus delbrueckii subsp. bulgaricus	Streptococcus thermophilus	Mischkulturen
Acetaldehyd	1,4...12,2	1,0... 8,3	**2,0...41,0**
Aceton	0,3... 3,2	0,3... 5,2	1,3... 4,0
Acetoin	0,0... 2,0	1,5... 7,0	2,2... 5,7
Diacetyl	0,5...13,0	0,1...13,0	0,4... 0,9

coccus thermophilus günstig auf Wachstum und Aromabildung auswirkt: höhere Populationsdichte. Durch geeignete Kultivierungsbedingungen (s. Kapitel 4) ist es gut möglich, das Artengleichgewicht zu erhalten. Das Verhältnis von Stäbchen : Kokken soll 1 : 1 bis 1 : 2 betragen. Zur Kontrolle kann das mikroskopische Bild herangezogen werden (s. Abb. 5.5); auch der kulturelle Nachweis ist möglich, aber wesentlich aufwendiger [132, 190].

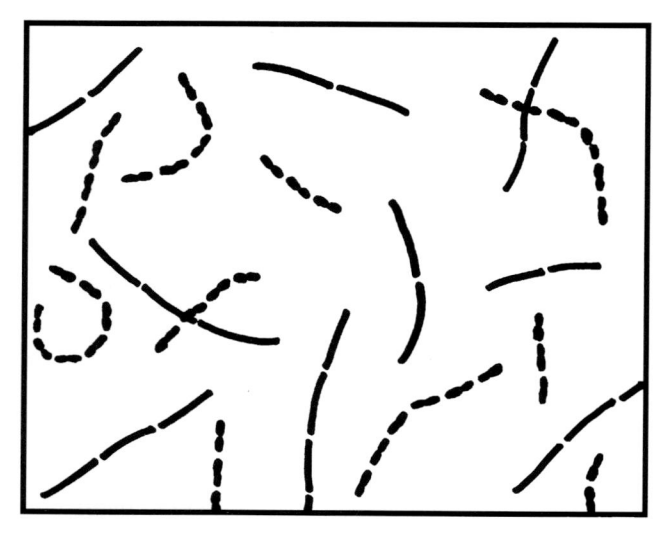

Abb. 5.5 Joghurtmikroflora

In dem Bemühen, mild-aromatischen Joghurt herzustellen und den Gehalt an D(-)-Milchsäure zu senken, sind **Starterkulturen anderer Zusammensetzung** erprobt und teilweise, meist mit veränderten Herstellungsverfahren verknüpft, auch eingeführt worden.

Joghurt

Einige Beispiele für Starterkulturen, die von der klassischen Joghurtkultur abweichen, seien angeführt:
- Joghurtkultur mit definiertem Anteil von *Lactobacillus delbrueckii* subsp. *bulgaricus* [153],
- Ersatz von *Lactobacillus delbrueckii* subsp. *bulgaricus* durch *Lactobacillus acidophilus* [95, 96, 184],
- Joghurt-Starterkultur mit *Lactobacillus acidophilus* als zusätzliche Art [96, zit. 108],
- Ersatz von *Lactobacillus delbrueckii* subsp. *bulgaricus* durch *Lactobacillus acidophilus* und *Bifidobacterium bifidum* [152, 153, 271],
- Zusatz von *Bifidobacterium spp.* zu verschiedenen Starterkulturvarianten für Joghurterzeugnisse [zit. 108],
- Mitverwendung von *Pediococcus acidilactici* [zit. 108],
- Mitverwendung von *Lactobacillus casei* subsp. *casei* [zit. 108],
- Enterokokken für joghurthaltiges Produkt [66].

Aus alledem wird deutlich, daß sehr unterschiedlich zusammengesetzte Erzeugnisse unter dem Namen Joghurt in Verkehr gebracht werden, die zu der eindeutigen Definition von FAO/WHO [65] und Internationalem Milchwirtschaftsverband [109, 110] in Widerspruch stehen.

Die Gefahr, daß in Joghurt und ähnlichen Erzeugnissen eine **pathogene oder schädliche Fremdmikroflora** auftritt, ist bei einwandfreier Verarbeitungspraxis ziemlich gering. Die intensive Hitzebehandlung und schnelle Säuerung schließen die Vermehrung artfremder Mikroorganismen nahezu aus, sofern sie nicht mit der Starterkultur eingeschleppt wurden. Erst durch Rekontamination entstehen für die prinzipiell hygienesicheren Produkte gewisse Gefahren.

Pathogene Bakterien

Über das Vorkommen von pathogenen Bakterien und deren Möglichkeiten zum Überleben und Wachstum gibt es nicht wenige Untersuchungen:
- Salmonellen [176, zit. 218],
- Staphylokokken [8, 9],
- Coliforme und Enterokokken [8, 76, 176],
- *Listeria monocytogenes* [5, 234],
- *Yersinia enterocolitica* [6, 182],
- *Bacillus cereus* [55, 100].

Da es Widersprüche zwischen den Untersuchungsergebnissen gibt, ist eine Risikobewertung nicht ganz einfach. In Handelsproben wurden verschiedentlich pathogene Bakterien nachgewiesen, jedoch ist über Epidemien oder Endemien, die eindeutig durch Joghurt ausgelöst wurden, nichts bekannt geworden.

Joghurt

Erhöht wird das potentielle Risiko durch abweichende Technologien, bei denen mit sehr geringen Impfmengen und dementsprechend langen Bebrütungszeiten gearbeitet wird [100]; kontaminierende pathogene Bakterien haben dann bessere Entwicklungsmöglichkeiten.

Psychrotrophe Bakterien

In Joghurt werden psychrotrophe Bakterien nicht selten in Anzahlen von 10^4 ... 10^5/ml nachgewiesen; sie sollen daher als Indikatoren für mangelhafte Qualität dienen können [8]. Das Vorhandensein ihrer Abbauprodukte in der Verarbeitungsmilch kann zu schnellerer Säuerung, aber auch zu Fehlern wie sauer, bitter, unrein, fruchtig führen [31]. In Milch mit hohem Sauerstoffgehalt kann sich *Bacillus cereus* vor und während der Fermentation bis zum pH-Wert 6,0 schnell vermehren und in Trinkjoghurt zu Konsistenzfehlern (Ursache: Süßgerinnung vor der Säuredicklegung) führen, wobei der Sauerstoff sich gleichzeitig hemmend auf die obligate Mikroflora auswirkt [55]. Auch wird über eine Kontamination mit *Lactobacillus bifermentans* (nicht eindeutig definierte Art) berichtet, die bereits in der Starterkultur stattfindet. Der *Lactobacillus* wächst psychrotroph und bildet neben DL-Milchsäure auch Essigsäure und weitere Verbindungen, die zu Übersäuerung und Geschmacksfehlern führen [148, 170].

Hefen, Schimmelpilze

Weniger als 10 Hefen/ml und 1 Schimmelpilz/ml im Endprodukt werden zu Recht als Indikator für einwandfreie Produktionshygiene angesehen, da sie im sauren Milieu und psychrotroph wachsen und am häufigsten zu mikrobiellem Verderb führen: Vergärung von Glucose, Fructose, Saccharose, Galactose und Lactose, Caseinhydrolyse, Blähungen durch CO_2-Bildung [141, 167, 218, 241, 247]. Die in Joghurt nachgewiesenen Hefen gehören zahlreichen Gattungen und Arten an: *Kluyveromyces, Candida, Saccharomyces, Rhodotorula, Pichia, Debaryomyces, Sporobolomyces* [247]. In Joghurt können auch Nichtlactosevergärer häufig Lactose als Rohstoffquelle verwerten [241]. Als kontaminierende Schimmelpilze können die Gattungen *Mucor, Rhizopus, Aspergillus* und *Penicillium* auftreten, die meist auf der Joghurtoberfläche als Kolonien sichtbar werden [138, 141, 167, 218].

Bakteriophagen

Zu Problemen können auch homologe Bakteriophagen von *Lactobacillus delbrueckii* subsp. *bulgaricus* und *Streptococcus thermophilus* führen [168, 238, 243]; letztere lassen sich in mindestens 7 morphologische Typen einteilen. Säuerungsstörungen und Texturfehler sind die Folgen des Bakteriophagenangriffs.

5.4.3 Einfluß der Produktionsbedingungen

Bei der Joghurtherstellung wird die Produktqualität in besonders auffälliger Weise von den technisch-mikrobiologischen Produktionsbedingungen bestimmt [14, 91, 170, 218, 242, 250]. Prinzipiell folgt die Joghurtproduktion dem in Abb. 5.1 wiedergegebenen Ablaufschema.

Auswahl der Rohmilch

Bei der Rohmilch muß, unter Berücksichtigung der unter 5.2 genannten Faktoren, besonders darauf geachtet werden, daß die **Milch frei von Antibiotika** ist, da *Streptococcus thermophilus* sehr empfindlich auf Hemmstoffe, besonders auf Penicillin, reagiert. *Lactobacillus delbrueckii* und Mischkulturen reagieren im allgemeinen nicht ganz so empfindlich [108]. Bereits 0,004 IE Penicillin/ml Milch können sich negativ auswirken. Die Wirkung von Antibiotika kann, im Gegensatz zu anderen fermentationshemmenden Faktoren [68], nicht durch das nachfolgende Erhitzen aufgehoben werden.

Vorbehandlung der Milch

Die **Einstellung des Fettgehaltes** ist für die mikrobiellen Abläufe von untergeordneter Bedeutung.

Anders die **Erhöhung der Trockenmasse**: Neben der allgemeinen Konsistenzverbesserung (Gallerte, Sämigkeit, verminderte Tendenz zum Molkenabsetzen) sowie milderem Geruch und Geschmack wird durch den höheren Eiweißgehalt das Wachstum der Joghurtmikroorganismen stimuliert und das Aroma verbessert. Die Anreicherung sollte 1,0 ... 2,5 % betragen; sie kann durch Eindampfen oder durch Zusatz von Magermilchpulver, Magermilchkonzentrat oder auch Casein erreicht werden.

Durch die **Homogenisierung** wird vor allem eine bessere Joghurttextur erreicht und das Aufrahmen vermieden, jedoch entstehen als unerwünschte Ergebnisse auch stärkere Angriffsmöglichkeiten für mikrobielle Lipasen und Proteinasen.

Durch die **Hitzebehandlung der Milch** wird

- die pathogene und technisch schädliche Mikroflora mit Ausnahme der Bakteriensporen abgetötet,
- ein leichter Eiweißabbau erreicht, der u. a. auch das Wachstum der Starterorganismen stimuliert,
- Sauerstoff aus der Milch entfernt, wodurch die mikroaerophile Joghurtmikroflora ebenfalls stimuliert wird,
- eine teilweise Denaturierung der Molkenproteine erreicht, die sich in einer Texturverbesserung des Koagulums äußert.

Joghurt

Nicht inaktiviert werden hitzetolerante Proteinasen und Lipasen verschiedener psychrotropher Mikroorganismen, die u. U. später Aromaprobleme auslösen.

Für die Wahl der **Erhitzungstemperatur und -zeit** gibt es viele Empfehlungen, die darin übereinstimmen, daß die übliche Kurzzeiterhitzung nicht ausreichend ist. Die Temperaturangaben umfassen den Bereich von 65 bis 135 °C (UHT); dabei muß ein gewisses Temperatur-Zeit-Verhältnis (umgekehrt proportional) gewahrt werden. Gängige Verfahren sind 3 ... 6 min bei 90 ... 95 °C; diese lassen sich auch in kontinuierliche Produktionsweisen einordnen [14, 250].

Fermentationsbedingungen

Besondere Aufmerksamkeit muß den Fermentationsbedingungen, d. h. dem gärungstechnischen Ablauf der Milchsäuregärung, gewidmet werden, da dieser vorrangig über die späteren Eigenschaften des Joghurts (Säure, Aroma, Lagerungsfähigkeit) entscheidet.

Besonders wichtig sind die Impfbedingungen für die Betriebsstarterkultur, die Bebrütungstemperatur und -zeit sowie die Abkühlbedingungen: Ein nicht zu saurer, fester oder gut sämiger Joghurt mit langer Haltbarkeit und typischem, an Acetaldehyd gebundenem Aroma soll entstehen.

Die Acetaldehydbildung wird besonders vom Anteil des *Lactobacillus delbrueckii subsp. bulgaricus* an der Bakterienpopulation bestimmt. Andererseits ist der *Lactobacillus* der stärkere Säurebildner, produziert D(–)-Milchsäure und begünstigt Übersäuerung. Es kommt darauf an, ein ausgewogenes Verhältnis von *Lactobacillus delbrueckii subsp. bulgaricus* und *Streptococcus thermophilus* zu entwickeln.

Impfbedingungen für die Starterkultur. Bei der Beimpfung der Milch muß unbedingt aseptisch gearbeitet werden.

Impfmenge. Als Impfmenge werden minimal 0,1 % und maximal 7 % angegeben. In Abhängigkeit von der Aktivität der Starterkultur ist es möglich, in diesem gesamten Bereich einen normalen Gärungsablauf zu erreichen. Zu bedenken ist, daß niedrige Impfmengen längere Säuerungszeiten überhaupt und auch verstärkte Säuerung durch *Streptococcus thermophilus* bedingen, ehe das pH-Wachstumsoptimum für *Lactobacillus delbrueckii subsp. bulgaricus* (pH 5,5) erreicht ist: Ein zwar mildes, aber aromaarmes, untypisches Produkt kann das Ergebnis sein. Auch besteht bei langer Säuerungszeit stets die Gefahr, daß unerwünschte, eventuell auch pathogene Mikroorganismen mitwachsen und Qualitätsrisiken oder gesundheitliche Gefahren auslösen. Bei hohen Impfmengen werden dagegen das Wachstum von *Lactobacillus delbrueckii subsp. bulgaricus* und die Aromabildung gefördert, hingegen ist die Gefahr des Übersäuerns größer, und Übersäuerung verdeckt wiederum das Aroma [170]. Empfehlenswert ist eine Impfmenge von 2,0 ... 3,0 %, bei der sich unterschwellige Hemmstoffwirkungen nicht mehr bemerkbar machen und normale Aktivitätsschwankungen der Starterkulturen ausgeglichen werden.

Joghurt

Bebrütungstemperatur. Die Grenzwerte der angewandten Bebrütungstemperaturen sind 32 °C (sogenannte Langzeitreifung von 7 ... 8 h) und 46 °C. Aus den Temperaturoptima beider Arten

- *Streptococcus thermophilus* 40 °C,
- *Lactobacillus delbrueckii subsp. bulgaricus* 45 °C,

wird deutlich, in welchem Bereich die Temperaturen liegen sollten. Während niedrige Temperaturen (< 42 °C) durch Förderung von *Streptococcus thermophilus* leicht untypische, aromaarme Produkte ergeben, bringen hohe Temperaturen (> 45 °C) Gefahren, daß zwar aromatische, aber zu saure Erzeugnisse mit Tendenz zu bitterem Geschmack entstehen. Allgemein bewährt haben sich Temperaturen von 42 ... 45 °C, bei denen *Streptococcus thermophilus* gute Säuerungsaktivität aufweist und für *Lactobacillus delbrueckii subsp. bulgaricus* schnell gute Wachstumsbedingungen schafft.

Bebrütungszeit. Unter Beachtung von Impfmenge und Bebrütungstemperatur ist die Bebrütungsdauer so zu bemessen, daß eine gute Gallerte entsteht, genügend Aroma gebildet werden kann sowie Übersäuern und Molkenabsetzen vermieden werden. Obwohl in modernen Anlagen fast ausschließlich der pH-Wert automatisch den Endpunkt der Bebrütung bestimmt, sollten doch alle Bebrütungsparameter so abgestimmt sein, daß die Bebrütung nicht vor drei Stunden abgebrochen wird. Erst dann ist *Lactobacillus delbrueckii subsp. bulgaricus* so stark vertreten, daß gute Voraussetzungen für kräftige Aromabildung gegeben sind. Das Bebrütungsende soll in der Nähe des isoelektrischen Punktes des Caseins, d. h. bei pH 4,7 ... 4,6 (Minimum 4,5) stattfinden. Beim isoelektrischen Punkt hat das Casein amphoteren Charakter, der mit minimaler Löslichkeit verbunden ist und somit das Ausfällungsoptimum darstellt. Bei Fortsetzung der Bebrütung bis zu niedrigeren pH-Werten wird die Kontraktionskraft der Caseingallerte verstärkt und die Gefahr, daß sich Molke absetzt, vergrößert.

Abkühlbedingungen. Der Joghurt wird gekühlt, um weiteres Wachstum und Säuerungsvermögen der Mikroorganismen möglichst völlig zu unterbinden. Trotzdem ist eine pH-Senkung im Produkt bis zu 0,5 Einheiten nicht zu vermeiden. Ein End-pH-Wert von 4,5 ... 4,2 (4,0 als äußersten Grenzwert) sollte angestrebt werden. Um die gewünschte Beschaffenheit des jeweiligen Produktes zu erreichen, wird bei Rührjoghurt und stichfestem Joghurt unterschiedlich verfahren.

Rührjoghurt. Es wird im Bebrütungstank auf 15 ... 12 °C gekühlt und dabei vorsichtig gerührt, damit der Joghurt die gewünschte, sämige Konsistenz erhält. Dann wird im Durchlauf (Plattenkühler) schonend bis unter 10 °C gekühlt und das Produkt in Puffertanks zur Abfüllung – weiterhin unter schonendem Rühren – bereitgestellt. Während der Lagerung im Kühlraum wird eine weitere Temperatursenkung auf 5 ... 2 °C erreicht.

Stichfester Joghurt. Die beimpfte Milch wird in die Verbraucherpackungen abgefüllt und, auf Paletten gestapelt, in Bruträumen bis zum gewünschten pH-Wert bebrütet. Der Brutraum kann als Brut-Kühlraum ausgestattet sein: Die Kühlung auf 5 ... 2 °C dauert aber länger als in Kühltunnels mit anschließender Lagerung im

Joghurt

Kühlraum. In jedem Fall müssen die Paletten sehr vorsichtig bewegt werden, um Synärese zu vermeiden.

Neuere Technologien

Neben der herkömmlichen, diskontinuierlichen Joghurtproduktion [14, 91, 170, 218] gewinnen moderne und kontinuierliche Herstellungsverfahren zunehmend Bedeutung.

Halbkontinuierliche Verfahren sind bereits seit längerem eingeführt: Eindampfung, Erhitzung, kontinuierliche Zudosierung der Starterkultur, Vorreifung und Abfüllung sind so aufeinander abgestimmt, daß bei stichfestem Joghurt erst in den Brutkammern, bei Rührjoghurt in den Reifungstanks eine Unterbrechung der Kontinuität erforderlich wird und durch CIP-Reinigung mikrobielle Kontamination ausgeschlossen werden kann [14, 232].

Bei den **modernen Verfahren**, die sich nicht nur auf Joghurt beziehen, gibt es keinen Produktionsschritt, der nicht Neuerungen unterworfen ist. Der Internationale Milchwirtschaftsverband hat in einer Monographie [151] den Stand von Wissenschaft und Technik unter verschiedenen Aspekten dargestellt, und es geht fraglos auch darum, die industrielle Nutzung der wissenschaftlich-technologischen Kenntnisse voranzutreiben.

Vermeidung von Rekontamination

Im Interesse einwandfreier sensorischer Beschaffenheit und ausreichender Haltbarkeit muß die Rekontamination mit Hefen und Schimmelpilzen vermieden werden. Besondere Aufmerksamkeit verdienen die Kulturenbereitung, die Fermentationstanks und die Abfüllstrecke. Durch gründliche Reinigung und Desinfektion, Abschirmung nach außen und gegebenenfalls Keimfiltration der Luft soll so aseptisch wie möglich gearbeitet werden. Bei der Verpackung waren unmittelbar zuvor hitzegeformte Behältnisse weitaus kontaminationssicherer als vorfabrizierte Packungen [141].

Bei den Joghurt-Fertigprodukten können bis zum Verbraucher nicht wenige mikrobiologische und mikrobiell ausgelöste Fehler bis zur Unverkäuflichkeit der Produkte auftreten. Eine zusammenfassende Übersicht über die Entstehung dieser Fehler ist aus Tab. 5.8 ersichtlich.

Tab. 5.8 Häufige Fehlerursachen bei der Joghurtproduktion [8, 28, 29, 31, 55, 96, 147, 154, 170, 218, 238, 241, 250]

Fehler	Ursachen
Weiche Gallerte bei stichfestem Joghurt	Proteolyse in der Verarbeitungsmilch Antibiotica u. a. Hemmstoffe Bakteriophagen zu geringe Milcherhitzung zu geringe Trockenmasseerhöhung ungenügende Säuerungsaktivität der Starterkultur keine schleimbildenden Stämme in der Starterkultur Kühlbeginn oberhalb pH 4,7 zu schnelle Kühlung End-pH-Wert > 4,5
Ungenügende Viskosität des Rührjoghurts	zu heftiges Rühren Lufteinschlag beim Rühren Rühren bei zu hohen Temperaturen keine Homogenisierung der Verarbeitungsmilch s. außerdem unter weiche Gallerte
Molkeabscheidung	zu hohe Bebrütungstemperaturen zu hohe Lagertemperaturen Erschütterung während oder nach der Gerinnung massive mikrobielle Kontamination s. außerdem unter weiche Gallerte
Saurer bis scharfsaurer Geschmack	geringer Fettgehalt zu geringe Eiweißanreicherung Kühlbeginn unterhalb pH 4,6 zu langsames Kühlen zu hohe Lagertemperaturen unterbrochene Kühlkette Dominieren von *Lactobacillus delbrueckii subsp. bulgaricus* zu hohe Bebrütungstemperatur (> 45 °C) geringes Aromabildungsvermögen der Starterkultur Kontamination mit Lactobacillus-Wildstämmen
Zu wenig Säuerung, leer	Antibiotica, andere Hemmstoffe, Bakteriophagen zu geringer Anteil von *Lactobacillus delbrückii subsp. bulgaricus* geringe Säuerungsaktivität der Starterkultur Kühlbeginn oberhalb pH 4,7

Kefir

Tab. 5.8 Häufige Fehlerursachen bei der Joghurtproduktion [8, 28, 29, 31, 55, 96, 147, 154, 170, 218, 238, 241, 250] *(Fortsetzung)*

Fehler	Ursachen
Zu wenig Aroma, leer	Bakteriophagen geringes Aromabildungsvermögen der Starterkultur zu geringer Anteil von *Lactobacillus delbrückii subsp. bulgaricus* zu geringe Impfmenge zu niedrige Bebrütungstemperatur zu lange Bebrütungszeit zu schnelles Kühlen
Gärblasen, Gärung, bitterer Geschmack	massive Kontamination mit Hefen oder coliformen Bakterien Antibiotica, andere Hemmstoffe, Bakteriophagen Proteolyse in der Verarbeitungsmilch hohe proteolytische Aktivität der Starterkultur zu starke Entwicklung von *Lactobacillus delbrueckii subsp. bulgaricus* zuviel *Lactobacillus delbrueckii subsp. bulgaricus* in der Starterkultur Kühlbeginn unter pH 4,6 zu langsames Kühlen zu hohe Lagerungstemperatur
Grießige Konsistenz	Kühlbeginn oberhalb pH 4,7 zu starkes Rühren mit Lufteinschlag
Fauliges, käsiges unreines Aroma	Proteolyse in der Verarbeitungsmilch zu geringe Milcherhitzung Säuerungsstörungen jeglicher Art massive Kontamination mit psychrotrophen Bakterien
Muffiger Geruch und Geschmack	massive Hefen- oder Schimmelpilzkontamination

5.5 Kefir

Im Gegensatz zu den besprochenen Sauermilcherzeugnissen enthält Kefir außer Milchsäurebakterien auch Hefen, so daß bei der Fermentation Milchsäuregärung und alkoholische Gärung nebeneinander ablaufen. Kefir ist ein sehr altes Sauermilchgetränk; seine Herkunft verliert sich in der Vorzeit. Besonders interessant ist er dadurch, daß zu seiner Herstellung die Kefirkörner – eigenartig geformte, ziemlich feste, weißliche Gebilde – benötigt werden.

Kefir

Zuerst wurde Kefir im nördlichen Kaukasus bereitet; das Dorf Karatschejeff am Fuße des Elbrus gilt als Herkunftsort. Im Kaukasus wurde Kefir in Höhen von 1 000 bis 2 500 Metern unter relativ kühlen Bedingungen (5 ... 23 °C) hergestellt. Die Kefirkörner befanden sich in Lederbeuteln, Milch wurde zugegeben, und die Fermentation dauerte mehrere Tage, wobei der Inhalt durch Stoßen des Beutels immer wieder vermischt wurde. Dann wurde das Getränk abgelassen und erneut frische Milch eingefüllt. Da bei niedrigen Temperaturen die alkoholische Gärung der Hefen, bei höheren Temperaturen die Milchsäuregärung vorherrschte, muß der Naturkefir wechselnd den Charakter eines alkoholischen Sprudels (um 1 % Alkohol) oder einer Sauermilch mit wenig Alkohol ($\leq 0{,}2$ %) gehabt haben. Lange Zeit blieb die Kefirbereitung ein Geheimnis der Kaukasusbewohner. Erst am Anfang unseres Jahrhunderts wurden Kefirkörner, dem Vernehmen nach auf abenteuerliche Weise, in die Moskauer Molkerei gebracht. Damit war der Anfang der molkereimäßigen Herstellung gemacht, und es sei auch gesagt, daß Kefir frühzeitig für therapeutische Zwecke (Magen-Darm-Störungen) verwendet wurde [83, 108, 208].

In Rußland und anderen Nachfolgestaaten der UdSSR war und ist Kefir das am meisten verzehrte Sauermilchprodukt. Er wird in jeder größeren Molkerei hergestellt, und die Produktion betrug bis zu 1,2 Mill. t/Jahr [103, 108, 165]. Seine Bedeutung wird durch zahlreiche Veröffentlichungen nachgewiesen [21, 22, 108, 162, 163, 165, 272]. In anderen Ländern ist die Produktion weitaus niedriger, und es kann auch keineswegs gesagt werden, daß der im Handel erhältliche Kefir dem Verbraucher ein richtiges Bild von typischem Kefir vermittelt [54].

Kefir wird heute nach mindestens drei Verfahren hergestellt:

– traditionell durch Vergärung von Milch mit Kefirkörnern (nur als Getränk),
– mittels Gäransatzes, d. h. einer durch Vergärung von Milch mit Kefirkörnern gewonnenen Starterkultur (stichfest oder trinkbar),
– mittels gelieferter, lyophilisierter Starterkulturen [169, 208] oder tiefgefrorener Konzentrate [96, 98, 157] für die Herstellung der Betriebsstarterkultur bzw. den unmittelbaren Einsatz für die Kefirbereitung.
Diese Starterkulturen enthalten typische Kefirorganismen.

Wie bei Joghurt erfolgt – vor allem bei stichfesten Produkten – eine Erhöhung der Trockenmasse (bis über 12 %) mit Milchpulver oder anderen Milcheiweißpräparaten (zit. [180, 272]); auch werden gefriergetrocknete Produkte (zit. [180]) hergestellt.

5.5.1 Sorten, Eigenschaften, mikrobiologische Anforderungen

Kefir wird mit verschiedenem Fettgehalt (10 %, um 3,5 %, 1,3 ... 2,5 %, bis 0,3 %) als stichfestes, sämiges oder trinkbares Produkt hergestellt [31, 165, 187]. Eine deutsche Variante ist „Kefir mild", die sich dadurch auszeichnet, daß sie typischem Kefir nicht entspricht.

Aussagen über **Eigenschaften und Zusammensetzung** sind nicht ganz einfach, weil durch die variierenden Starterkulturen und Herstellungsverfahren die Produktbeschaffenheit recht unterschiedlich ist. Am typischsten ist das mit Kefirkörnern hergestellte, sämige Getränk: rein-säuerlich, schwach hefig, durch den Kohlendioxidgehalt prickelnd-erfrischend, auch schwach schäumend. Die Mikroorganismen der Kefirkörner lösen im Temperaturbereich von etwa 12 ... 30 °C mehrere chemische Umsetzungen nebeneinander aus:

- homo- und heterofermentative Milchsäuregärung: Milchsäure, andere Säuren und Kohlendioxid aus Lactose,
- alkoholische Gärung: Ethanol und Kohlendioxid,
- geringe Proteolyse: Peptide und Aminosäuren,
- Bildung von nicht genau definierbarem Kefiraroma, an Hefe erinnernd.

In seiner Zusammensetzung unterscheidet sich Kefir nicht sehr von Joghurt, abgesehen von dem höheren Kohlendioxid- und dem geringen Ethanolgehalt. Der ernährungsphysiologische Wert dürfte im wesentlichen anderen Sauermilcherzeugnissen entsprechen. Trotzdem werden dem Kefir diätetische und therapeutische Wirkungen nachgesagt [108].

Die Angaben über die mikrobiologischen und chemischen Kennziffern sind verschiedenen Quellen zufolge [108, 128, 165, 169, 187, 208, 218] Schwankungen unterworfen:

- Laktokokken/ml $10^7 \ldots 10^9$,
- Gttg. *Leuconostoc*/ml 10^7,
- Laktobazillen/ml $10^7 \ldots 10^9$,
- Essigsäurebakterien/ml keine, 10^4,
- Hefen/ml $10^4 \ldots 10^6$,
- Milchsäure 0,6 ... 0,9 %,
- Anteil L(+)-Milchsäure 50 ... 92 %,
- Ethanol 0,1 ... 1,5 %.

Kritisch wird vermerkt, daß in deutschem Kefir diese erwünschten Kennziffern, die für sensorisch makellosen Kefir sprechen, selten eingehalten werden [54, 64, 169, 265]. Häufig sind Hefen nicht in ausreichender Anzahl bzw. gar nicht vorhanden. Als Ergebnis wird ein sauermilchähnliches Produkt, das den Namen Kefir nicht verdient, in den Verkehr gebracht. Durch die Einführung der Sorte „Kefir mild" wird dieser Mangel zusätzlich begünstigt, und der Verbraucher wird über den wahren Kefircharakter getäuscht. Von 144 Proben, die von neun Herstellern stammten, konnten in 91 % keine Hefen nachgewiesen werden [265]. Proben mit nur 0,002 % Alkohol kamen vor, wenn Kefir mit Gäransätzen oder anderweitig nicht unmittelbar mit Kefirkörnern hergestellt wurde; nur in Berührung mit Körnern hergestellte Produkte können demzufolge als „richtiger Kefir" bezeichnet werden [169].

Wegen der komplexen Zusammensetzung der Kefirmikroflora bereitet es Schwierigkeiten, **Grenzwerte für unerwünschte Mikroorganismen und Indikatororganismen** festzulegen, zumal eine Abgrenzung von der obligaten Mikroflora schwierig ist. Kefir darf keine pathogenen Bakterien enthalten; bei anderen Mikroorganismen sind die Anforderungen von Land zu Land unterschiedlich [128]:

- Coliforme Bakterien/ml $\quad$ $0 \ldots 10^1$ (10^4),
- Pilze/ml[1) $\quad$ $0 \ldots 10^1$ (10^4),
- Fremdbakterien/ml[1) $\quad$ bis 10^2.

[1)] meist nicht untersucht

Unerwünscht sind auch zu viele Essigsäurebakterien: $> 10^5$/ml [165]; eine selektive, kulturelle Nachweismethode ist beschrieben worden [84]. Für die **Haltbarkeit** von Kefir werden Zeiträume von 3 (unverpackt) bis zu 25 Tagen (verpackt) angegeben [128].

5.5.2 Obligate Mikroflora, Fremdmikroflora

Grundlage der Kefirproduktion sind die Kefirkörner (Abb. 5.6), auch Kefirpilze oder Kefirknollen genannt. Sie werden unmittelbar in Kontakt mit Milch oder mittelbar für die Gewinnung von Betriebskulturen oder speziellen Kefirkulturen verwendet, in denen die Mikroflora der Kefirkörner enthalten ist.

Abb. 5.6 Kefirkörner

Kefirkörner haben eine weißliche Farbe und eine typisch unregelmäßige Form. Der Durchmesser soll 1 ... 6 mm betragen, kann aber auch größer sein. Die kleinen, wegen besserer Gäreigenschaften erwünschten Formen haben Ähnlich-

Kefir

keit mit gequollenen Reiskörnern. Aktive Kefirkörner schwimmen auf der Milchoberfläche. Sie entstehen durch Symbiose der darin enthaltenen Mikroorganismen und haben eine **spezifische submikroskopische Feinstruktur**. Diese wurde mehrfach elektronenmikroskopisch dargestellt: Die nicht sehr übereinstimmenden Ergebnisse sprechen dafür, daß es methodisch bedingte oder echte Variationen gibt [24, 59, 185, 196, 208, 239]. Die Struktur der Körner ist schwammig-faserig, die dichteste Population wird an oder nahe der Körnchenoberfläche gefunden. Die Stützsubstanz, als **Kefiran** bezeichnet, ist ein Polysaccharid aus gleichen Anteilen Galactose und Glucose, das sich in heißem Wasser löst. Es handelt sich dabei um Kapselmaterial von Laktobazillen, wahrscheinlich von *Lactobacillus brevis* [217, 270].

Tab. 5.9 Mikrobiologische Zusammensetzung des Kefirkornes. Nach [83] und [63, 96, 109, 143, 163, 208]

Laktobazillen ($10^8...10^9$/g)

Homofermentativ	Heterofermentativ
Lactobacillus acidophilus	*Lactobacillus brevis*
Lactobacillus casei subsp. *casei*	*Lactobacillus buchneri*
	Lactobacillus fermentum
Lactobacillus kefiranofaciens	*Lactobacillus kefir*

Kokkenförmige Milchsäurebakterien ($10^7...10^8$/g)

Lactococcus lactis subsp. *lactis*	*Leuconostoc lactis*
Lactococcus lactis subsp. *lactis* biovar. *diacetylactis*	*Leuconostoc mesenteroides* subsp. *mesenteroides*
Lactococcus lactis subsp. *cremoris*	*Leuconostoc mesenteroides* subsp. *cremoris*
	Leuconostoc mesenteroides subsp. *dextranicum*

Hefen ($10^7...10^8$/g)

Lactose-verwertend	Lactose-nicht-verwertend
Candida kefir	*Saccharomyces cerevisiae*
Kluyveromyces marxianus subsp. *marxianus*	*Saccharomyces unisporus*
Kluyveromyces marxianus subsp. *lactis*	*Zygosaccharomyces florentinus*
	Torulaspora delbrueckii
Brettanomyces anomalus	*Candida valida*
	Candida holmii
	Candida tenui

Essigsäurebakterien ($10^7...10^8$/g)

Acetobacter pasteurianus

Kefir

Während bis zum Ende der 70er Jahre bestehende Unklarheiten über die typische Kefir-Mikroflora durch zahlreiche synonyme Bezeichnungen zum Ausdruck kommen, sind inzwischen als Ergebnis gründlicher Untersuchungen die wichtigsten Gärungserreger definiert und teilweise als neue Arten charakterisiert worden [23, 63, 93, 143, 169, 239]. Ein Überblick über die Mikroflora in Kefirkörnern wird in Tab. 5.9 gegeben. Zu vermerken ist, daß die Mikroorganismenpopulation in den Kefirkörnern variiert, so daß es viele Möglichkeiten für die „richtige" Mikroflora des Kefirkorns gibt. Eben wegen dieser Variabilität konnten im Beschaffenheitsstandard des Internationalen Milchwirtschaftsverbandes [109] nur verhältnismäßig allgemeine Angaben zur **Beschaffenheit von Kefirkulturen** gemacht werden.

Wie schon gesagt, hat es die Kenntnis der Kefirmikroflora möglich gemacht, auf die Kefirkörner als Mutterkultur zu verzichten und Starterkulturen zusammenzustellen, die typische Vertreter der Kefirmikroflora enthalten [96, 157, 169].

Allgemein ist jedoch im Kefirgetränk bzw. stichfesten Kefir eine Umschichtung der Mikroflora festzustellen, die zur

- Abnahme der Arten,
- Zunahme der Kokken,
- Zunahme der Laktobazillen,
- Abnahme der Hefen bis zum Verschwinden

führt. Dies wird um so ausgeprägter, wenn mehrere Stufen vom Kefirkorn bis zum Endprodukt durchlaufen werden [169].

Die meisten Mängel im Gäransatz und Endprodukt entstehen durch Kultivierungsfehler. Bei einwandfreien Hygienebedingungen spielt die **Fremdmikroflora** eine untergeordnete Rolle. Als Kontaminationsorganismen kommen coliforme Bakterien, Kahmhefen, Schimmelpilze und auch Essigsäurebakterien in Frage [21, 163, 165].

Coliforme Bakterien. Bei unzureichender Produktionshygiene können sich coliforme Bakterien in der Kefir-Mutterkultur (Körner), im Gäransatz und im Fertigprodukt einstellen. Gasblasen sind allerdings selten auf coliforme Bakterien, sondern meist auf zuckervergärende Hefen zurückzuführen [163].

Kahmhefen. Als Folge langer Bebrütung bei niedrigen Temperaturen können Kahmhefen in Form einer gelblich-weißen, schleimigen Schicht auf der Kefiroberfläche wachsen und im Produkt ein unangenehmes, stark hefiges Aroma verursachen.

Schimmelpilze. Wie bei anderen Sauermilcherzeugnissen ist das Abfüllen ein Risikobereich für die Kontamination mit Schimmelpilzen. Unter anderem wurde auch weißer Milchschimmel auf der Oberfläche gefunden.

Essigsäurebakterien. Diese nehmen dann den Charakter einer Fremdmikroflora an, wenn sie sich infolge von zu niedrigen Bebrütungstemperaturen in Anwesenheit von Sauerstoff übermäßig vermehren können und dann im Kefir bei erniedrigtem pH-Wert einen scharf-sauren Geschmack verursachen.

Kefir

5.5.3 Einfluß der Produktionsbedingungen

Die industrielle Kefirproduktion umfaßt drei bis vier Stufen, sofern nicht die erste Stufe durch den Bezug von einsatzbereiten Spezialkulturen entfällt:
1. Gewinnung und Vermehrung der Kefirkörner als Mutterkultur,
2. + 3. Gewinnung des 1. (und 2.) Gäransatzes als Betriebsstarterkultur – bei kleinen Chargen bereits die Kefirproduktion,
4. Herstellung von Kefir – stichfest oder gerührt.

Die Herstellungsbedingungen variieren von Land zu Land, aber es sind in den letzten Jahrzehnten Anstrengungen unternommen worden mit dem Ziel, die Kefirproduktion optimal zu standardisieren und der Produktion unspezifischer sauermilchartiger Erzeugnisse entgegenzuwirken [22, 60, 81, 82, 83, 91, 108, 163, 165, 208].

Gewinnung von Kefirkörnern (Mutterkultur)

Bei der Kultivierung der Kefirkörner geht es um die Biomassevermehrung und Erhaltung der biochemischen Aktivität. Die größte Massevermehrung kann mit zerkleinerten Körnern und einer Bebrütung bei 20 °C erreicht werden; auch die Milchsäuregärung und alkoholische Gärung sind besonders intensiv. Nach 4 bis 5 Wochen können die Körner zwecks Vermehrung für Gäransätze abgetrennt werden [22].

Traditionelle Herstellung von Kefir (Abb. 5.7, links)

Bei der traditionellen Kefirbereitung dienen die Kefirkörner direkt als Betriebskultur. Es werden 2 ... 3 % Körner zur Milch gegeben und 18 ... 24 h bei etwa 18 ... 22 °C bebrütet. Gelegentliches Rühren fördert die Gärung durch den Übergang von Bakterien und Hefen in die Milch. Nach dem Ende der Bebrütung werden die Kefirkörner durch Sieben abgetrennt. Das Kefirgetränk soll 24 Stunden – lose oder in Flaschen abgefüllt – bei 10 ... 15 °C nachreifen.

Herstellung der Betriebskultur (Abb. 5.7, Mitte)

Zur Herstellung der Betriebskultur (Gäransatz) werden **Kefirkörner oder kommerzielle Kefirkulturen** verwendet. Bei letzterem müssen die Vorschriften des Lieferanten beachtet werden; mitunter sind mehrere Starter getrennt zu kultivieren [157, 187]. Die Herstellung der **Betriebskultur mit Kefirkörnern** hat bei optimaler Gewinnung der Körner hohe Konstanz der mikrobiellen Population und Robustheit gegen äußere Einflüsse (Milchzusammensetzung, Hemmstoffe, Bakteriophagen) zur Folge. Sie hat Ähnlichkeit mit der traditionellen Kefirherstellung. Nach ausreichen der Erhitzung der Milch – mindestens 2 min bei 85 ... 95 °C – wird schnell auf die Bebrütungstemperatur abgekühlt. Das Milch-Korn-Verhältnis soll 30 : 1 bis

Kefir

Traditionell   **Industriell**

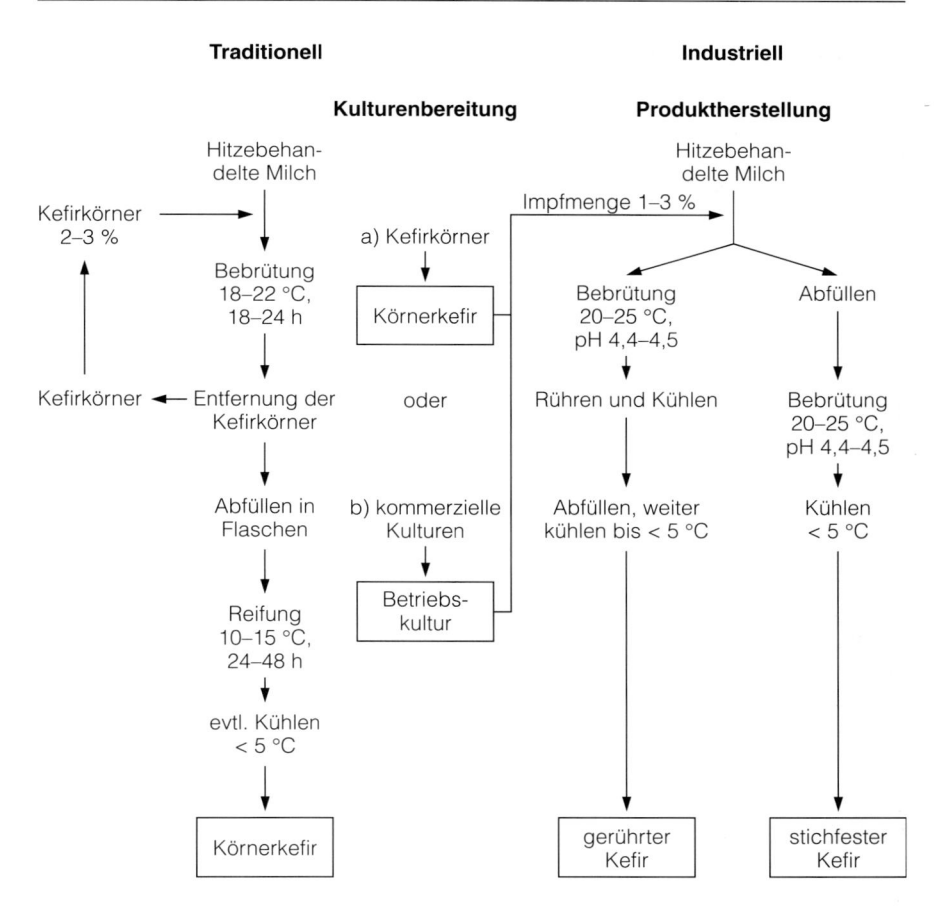

Kulturenbereitung   **Produktherstellung**

```
                    Hitzebehan-                                    Hitzebehan-
                    delte Milch                                    delte Milch
Kefirkörner ─────────►                      Impfmenge 1–3 %
  2–3 %                      a) Kefirkörner
                         │
                    Bebrütung                           Bebrütung           Abfüllen
                    18–22 °C,    ┌─────────────┐       20–25 °C,
                    18–24 h      │ Körnerkefir │       pH 4,4–4,5
                         │       └─────────────┘           │
Kefirkörner ◄── Entfernung der        oder           Rühren und Kühlen    Bebrütung
                Kefirkörner                                               20–25 °C,
                         │                                                pH 4,4–4,5
                    Abfüllen in  b) kommerzielle     Abfüllen, weiter      Kühlen
                    Flaschen        Kulturen        kühlen bis < 5 °C      < 5 °C
                         │             │
                    Reifung         Betriebs-
                    10–15 °C,       kultur
                    24–48 h
                         │
                    evtl. Kühlen
                    < 5 °C
                         │
                  ┌─────────────┐                  ┌──────────┐        ┌──────────┐
                  │ Körnerkefir │                  │ gerührter│        │stichfester│
                  └─────────────┘                  │  Kefir   │        │  Kefir   │
                                                   └──────────┘        └──────────┘
```

Abb. 5.7   Traditionelle und industrielle Kefirherstellung (nach [83])

50 : 1 betragen. Die Bebrütung erfolgt 18 Stunden bei 18 ... 20 °C, dann wird auf 8 ... 10 °C gekühlt, und es schließt sich eine 24-stündige Reifung an. Danach werden die Kefirkörner abgetrennt, und der Gäransatz für die Kefirproduktion ist fertig. Schonendes Rühren begünstigt das Herauslösen von Mikroorganismen, besonders von Hefen und Essigsäurebakterien, aus den Körnern.

Die **Aufbewahrung der Kefirkörner** bis zur Verwendung für den nächsten Gäransatz muß bei tiefen Temperaturen (5 °C) in steriler Milch oder Molke erfolgen. Kontaminationen müssen vermieden werden, da sie die Beschaffenheit der Kefirkörner, der Betriebskultur und des Fertigproduktes schädigen. Einen Überblick über Fehler, die bei der Herstellung von Gäransätzen ausgelöst werden können, vermittelt Tab. 5.10. Die Einsatzmenge als Betriebskultur beträgt 1 ... 2 %.

Kefir

Tab. 5.10 Fehlerentstehung bei der Herstellung von Kefir-Gäransätzen und gerührtem Kefir [108, 163, 165]

Fehler	Ursachen
Unspezifischer Sauermilchgeschmack	zu wenig Hefen, aromabildende Bakterien und Essigsäurebakterien zu hohe Bebrütungstemperaturen zu große Impfmengen zu kurze Bebrütungszeit Auswaschen der Kefirkörner
Erhöhte Gasbildung, Schäumen	zu viele Hefen oder aromabildende Bakterien Hemmstoffe in der Milch zu niedrige Bebrütungstemperaturen zu lange Bebrütungszeit Verhältnis Kefirkörner : Milch kleiner als 1 : 30
Absetzen von Molke	Durchmischen des Gäransatzes nach Einsetzen der Dicklegung
Aktivitätsverringerung der Starterkultur (Kefirkörner)	Hemmstoffe in der Milch Auswaschen der Kefirkörner längere Kühllagerung der Kefirkörner in der Starterkultur
Geschmacksfehler	wie die vorstehend genannten Mängel, vor allem zu lange Kühllagerung der Kefirkörner in der Starterkultur
Weiche bis schleimige Konsistenz der Kefirkörner[x)]	zu starke Entwicklung von Hefen Kontamination mit Kahmhefen zu niedrige Bebrütungstemperatur zu lange Bebrütungszeit

[x)] meist Ersatz der Kultur erforderlich

Bei umfangreicher Kefirproduktion kann es notwendig sein, aus dem Gäransatz (I) einen weiteren Gäransatz (II) herzustellen. Dafür werden 2 ... 3 % von Gäransatz (I) verwendet; im übrigen erfolgt die Herstellung wie beschrieben. Für die Kefirproduktion werden 3 ... 5 % des Gäransatzes (II) benötigt. Es muß betont werden, daß durch jede zusätzliche Passage die mikrobielle Population untypischer und die Gefahr, Sauermilch statt Kefir zu produzieren, größer wird.

Herstellung von gerührtem Kefir und stichfestem Kefir (Abb. 5.7, rechts)

Für die **Produktion von gerührtem Kefir** werden zur erhitzten (95 °C, 5 min) und gegebenenfalls zuvor homogenisierten Milch 1 ... 3 % Betriebskultur gegeben. Die Bebrütung erfolgt unter schonendem Rühren 18 ... 20 h bei 20 ... 25 °C. Sie

Kefir

wird bei pH 5,5 ... 5,4 abgebrochen. Nach Kühlen und schonendem Rühren wird abgefüllt und danach auf ≤ 5 °C weitergekühlt.

Eine Trockenmasseanreicherung ist bei gerührtem Kefir nicht notwendig, wohl aber bei **stichfestem Kefir**: bis auf etwa 12 %. Die Bebrütung und nachfolgende Kühlung erfolgen wie bei stichfestem Joghurt in der Verbraucherpackung in Brut-Kühl-Kammern bis zur gewünschten Beschaffenheit.

Einen Überblick über Faktoren, die sich nach russischen Erfahrungen positiv bzw. negativ auf die Kefirqualität auswirken, wird in Tab. 5.11 gegeben.

Tab. 5.11 Qualitätsbeeinflussung bei der Kefirproduktion [108]

Günstig	Produktionsschritt	Ungünstig
> 8 %	Fettfreie Trockenmasse	< 8 %
70 °C, 12,5...17,5 MPa	Homogenisierung	keine
85...87 °C, 5...10 min 90...95 °C, 2...3 min	Erhitzung	weniger intensiv
22...25 °C	Bebrütungstemperatur	> 25 °C
I (aus Kefirkörnern gewonnen)	Betriebskultur (Gäransatz)	II (aus I gewonnen)
8...12 h	Bebrütungszeit	< 8 h
36...40 SH	Säure nach der Fementation	< 36 SH, > 40 SH
Reifen bei langsamer Kühlung (8...12 h)	Aroma, Geschmack	schnelle Kühlung
Geringe mechanische Beanspruchung des Koagulums beim Abfüllen	Konsistenz	starke mechanische Beanspruchung des Koagulums beim Abfüllen
< 8 °C	Lagerung	≥ 8 °C

Besondere Herstellungsverfahren

Wie bei anderen Sauermilcherzeugnissen gibt es auch bei Kefir Versuche, durch Modifikation der eingeführten Herstellungsverfahren Vorteile zu erzielen. Vor allem geht es dabei um den Austausch der Kefirkörner als Mutterkultur durch Spezialkulturen, die Organismen der Kefirkörner enthalten [75, 204, 311]; derartige Kulturen werden angeboten [98, 157]. Andere Bemühungen gehen dahin, bei der Trockenmasseanreicherung das Milchpulver durch andere Milchbestandteile, z. B. durch Natriumcaseinat oder Molkenpulver (zit. [180]) zu ersetzen. Ultrafiltration und Umkehrosmose sind versucht worden (zit. [180]), Kefirpulver wurde hergestellt (zit. [180]), und die Herstellung von Kefir aus UHT-Milch führte zu guten Ergebnissen [189].

5.6 Joghurt-, Sauermilch- und Kefirzubereitungen

Die Produktion von Sauermilcherzeugnissen mit geschmacksgebenden Zusätzen hat sehr stark zugenommen, so daß diese Produkte heute den Hauptanteil aller Sauermilcherzeugnisse ausmachen. Neben Joghurt werden auch Buttermilch, Kefir und spezielle Produkte mit aromatisierenden Zusätzen hergestellt. In Deutschland werden sie unter der Bezeichnung „Saure Milchmischerzeugnisse" zusammengefaßt [31]. Eine gemeinsame Besprechung ist gerechtfertigt, weil ein großer Teil der Zusätze die mikrobiologischen Vorgänge in allen Produkten ähnlich beeinflußt.

5.6.1 Sorten, Eigenschaften, mikrobiologische Anforderungen

Die sauren Milchmischerzeugnisse werden wie die Naturprodukte stichfest, gerührt oder als Getränk hergestellt.

Das für die Naturprodukte charakteristische Aroma tritt infolge von Überlagerung durch die aromatisierenden Zusätze häufig in den Hintergrund.

Als Zusätze zugelassen sind alle Lebensmittel, die im Gemisch mit den reinen Produkten eine attraktive sensorische Beschaffenheit ergeben, ferner andere Zusatzstoffe, die zur besseren Beschaffenheit beitragen oder diätetisch notwendig sind [109, 242, 262].

- Milchpulver, Buttermilchpulver, Milcheiweißpräparate (z. B. Caseinate, Molkenproteine, Molkenpulver), Sahne, Butter, Milchfett,
- Zucker (Saccharose, Glucose, Lactose, Fructose),
- **aromagebende Lebensmittel:** Obst und Gemüse (frisch, gefroren, erhitzt, getrocknet), Obst- und Gemüsesäfte, -pulpe oder -püree, Obst- und Gemüsekonserven, Getreideprodukte, Honig, Schokolade, Kakao, Nüsse, Kaffee, Tee, natürliche Gewürze und Würzstoffe, Kräuter,
- natürliche, naturidentische und künstliche Aromen (entsprechend den gesetzlichen Vorschriften),
- natürliche, aus Lebensmitteln gewonnene Farbstoffe (mengenbegrenzt),
- Stabilisatoren (mengenbegrenzt): am häufigsten Gelatine, Stärke, Johannisbrotkernmehl, Pektin, ferner u. a. Agar-Agar, Carrageen, Guargummi, Alginate,

- Konservierungsmittel: nur durch Übergang aus Aromabestandteilen (nicht in Deutschland),
- Zuckeraustauschstoffe und Süßstoffe (mengenbegrenzt, vor allem für Diätprodukte): Sorbit, Sorbitsirup, Acesulfam K, Aspartam [267], Cyclamate, Saccharine.

Zusammen dürfen die Zusätze **nicht mehr als 30 % der Gesamtmasse** betragen. Zucker gelangt oft bereits mit anderen Zusätzen ins Produkt: auch dosiert, um zusätzliche Zuckerzugabe zu umgehen. Soweit Konservierungsmittel mit den Zusätzen in die Produkte gelangen, ist es entscheidend, daß sie das Wachstum der obligaten Mikroflora nicht behindern [65, 250].

Die meisten zugesetzten Produkte können die mikrobiologische Beschaffenheit der Endprodukte beeinflussen (s. unter 5.6.2); dennoch gelten meist die Anforderungen an die Naturprodukte, mit der Ausnahme, daß niedrigere pH-Werte und zuweilen mehr Hefen und coliforme Bakterien toleriert werden [29, 128, 170]:

- Milchsäurebakterien/ml 10^6 ... 10^8 (10^9)
- coliforme Bakterien/ml 0 ... 10^1 ... 10^4,
- Pilze/ml 0 ... 10^1 ... 2×10^3 ... 10^4.

5.6.2 Mikrobiologie der Zusätze und ihr Einfluß auf die Produkte

Die aromagebenden und sonstigen Zusätze können saure Milchmischerzeugnisse in zweifacher Beziehung beeinflussen:

- Sie sind selbst mikrobiell belastet und können dadurch zur Kontaminationsquelle werden.
- Sie können auf die obligate Mikroflora fördernd oder hemmend wirken und dadurch Einfluß auf den Verarbeitungsablauf nehmen.

Die vorliegenden Ergebnisse über Einflüsse der Zusätze sind das Resultat von Untersuchungen, die durch gehäufte Reklamationen bei den Fertigprodukten (Bombagen, Gärung, Schimmelbildung, Aromafehler) ausgelöst worden sind. In vielen zugesetzten Produkten wurden Hefen, Schimmelpilze sowie eiweiß- und fettabbauende Bakterien gefunden [248], dabei haben sich Schwerpunkte herauskristallisiert.

Obst- und Gemüseerzeugnisse

Nur verhältnismäßig selten werden Obst und Gemüse als Rohprodukte verarbeitet und im Betrieb für den Einsatz vorbereitet. Üblich sind einsatzbereite Produkte, die bereits in entkeimtem Zustand geliefert werden. Nichtsdestoweniger sind sie verhältnismäßig häufig mikrobiell belastet [108, 159, 177, 194] und können die Ursache für Beanstandungen sein [159, 241]. Hefen verschiedener Gattungen, aber auch Schimmelpilze wie Mucor und unter Umständen Bakterien spielen dabei eine wesentliche Rolle. Ein mit Hefen kontaminierter, 900-kg-Fruchtcontainer

Joghurt-, Sauermilch-, Kefirzubereitungen

kann unter Umständen zum Verderb von 50 000 Bechern Fruchtjoghurt führen [230]. Die Verarbeitungsbetriebe müssen deshalb regelmäßig Kontrollen der gelieferten Gebinde, besonders nach dem Anbruch, durchführen [195]. Der Hefengehalt in Fruchtcontainern kann durch Messung des CO_2-Gehaltes mit verschiedenen Methoden bestimmt werden [230].

Aus der Sicht von Fruchtlieferanten ergeben sich bezüglich Hefen folgende kritische Punkte [159]:

- Vorkommen von hitzeresistenten und osmotoleranten Hefen,
- Hefenester im Container,
- Kontamination in angebrochenen Containern,
- Probenahme im Container nicht repräsentativ,
- zu spätes Auftreten der hefebedingten Produktfehler.

Hefen und Schimmelpilze werden auch in Trockenobst, Trockengemüse, Konfitüre, Nüssen und Gewürzen in Mengen von etwa 10^2 je ml oder g gefunden [194, 218, 248]. Die gefundenen Hefen gehören vielen Arten an [167, 241].

Getreideprodukte

Müsli und ähnliche Getreideprodukte werden meist erst beim Verzehr zugegeben; bei der Mitverarbeitung in Joghurt wurden jedoch in Abhängigkeit von der Lagerungstemperatur Blähungen beobachtet [67].

Zucker (Saccharose)

Weißzucker (Raffinade) kann durch Besatz mit Hefen unter Umständen zur Kontaminationsquelle werden. Vor allem aber ist er ein Wachstumsstimulator für Hefen, Schimmelpilze und andere Mikroorganismen.

Hefen sind zweifellos die verbreitetsten und risikoreichsten Kontaminationsorganismen in sauren Milchmischerzeugnissen. Um sich stark vermehren zu können, müssen sie nicht Lactose vergären, weil durch die Zusätze genügend andere leicht vergärbare Zucker (Glucose, Fructose, Saccharose) eingebracht werden.

Die **Gefahren durch Hefenkontamination** sind größer als bei den naturellen Produkten: Gärung und Blähungen sind häufige, schwerwiegende Fehler.

Bei den **Anforderungen an die Zusätze** müssen Qualität und Haltbarkeit der Endprodukte im Vordergrund stehen. Besonders beachtet werden sollten Eigenschaften, die sich sekundär (vor allem bei Obstprodukten) auch mikrobiologisch günstig auswirken [14]:

- keine Konservierungsmittel,

- hohe Dichte (konservierende Wirkung von hohem Zuckergehalt),
- pH-Wert von 3,6 ... 3,0, darunter Gefahr späteren Absetzens, darüber verstärkte Nachsäuerung,
- gute sensorische Beschaffenheit.

Darüber hinaus sollten die Zusätze regelmäßig auf mikrobiologische Kriterien überprüft werden [195]:
- Anzahl der Hefen und Schimmelpilze,
- Anzahl der coliformen Bakterien,
- Bakterienzahl.

Nicht sehr viel ist darüber bekannt geworden, inwieweit die obligate Mikroflora durch spezielle Inhaltsstoffe der Zusätze beeinflußt wird. An zahlreichen Starterkulturen wurde untersucht, inwieweit sich Saccharose auf das Wachstum der Joghurtmikroflora auswirkt. Demzufolge fördert Saccharose bis zu einem Gehalt von 7 % (9 %) sowohl Wachstum als auch Proteolyse; bei höheren Zuckergehalten war dies nicht zu beobachten [77, 237]. Diese Stimulierung muß sich auf *Streptococcus thermophilus* beziehen, da *Lactobacillus delbrueckii* subsp. *bulgaricus* nicht Saccharose vergärt. Nicht nachgewiesen werden konnte, daß Fruchtzusatz von Himbeeren, Erdbeeren und schwarzen Johannisbeeren stimulierend wirkt, wohl aber Tomatensaft [254]. Untersucht wurde auch, inwieweit Bifidobakterien in Joghurtkultur mit Früchte-, Kakao-, Mokka- oder Toffeezusatz überleben. Während Früchte keinen Einfluß hatten, bewirkten die anderen Zusätze eine deutliche Senkung der *Bifidus*-Population nach 21 Tagen Kühllagerung [219].

5.6.3 Einfluß der Produktionsbedingungen

Saure Milchmischerzeugnisse werden prinzipiell nach dem gleichen Verfahren wie die reinen Produkte hergestellt. Dabei sind die Zusätze entsprechend ihren Eigenschaften in den Produktionsprozeß einzuordnen. Noch mehr als bei den naturellen Produkten muß darauf geachtet werden, daß
- eine angemessene Konsistenz erreicht wird,
- ein typisch-aromatisches Erzeugnis entsteht,
- Übersäuerung vermieden wird,
- Kontaminationen durch die Zusätze und während der Produktion ausgeschlossen werden [170].

Soweit Zusätze mit der Milch erhitzt werden können, wird dadurch zusätzliche Sicherheit gewonnen. Dies ist aber im wesentlichen auf Zucker und Stabilisatoren beschränkt. Alle anderen Zusätze müssen durch vorherige, schonende Wärmebehandlung von Mikroorganismen befreit werden, so daß sie kein Kontaminationsrisiko sind.

Die **Zugabe der aromagebenden Zusätze** erfolgt nach zwei Varianten. Bei stichfesten Produkten müssen sie vor der Bebrütung zudosiert werden, während die Zusätze bei sämigen oder trinkbaren Produkten erst nach Bebrütung und vor dem Abfüllen zudosiert werden.

Für den Einsatz der Zusätze gelten folgende Grundregeln:

- **Rohe Früchte und Fruchtzubereitungen** sowie auch Gemüse, Kräuter oder Nüsse müssen im Betrieb schonend erhitzt werden; im allgemeinen sind Temperaturen von 65 ... 70 °C (bis 20 min) ausreichend.
- Bei Zusätzen mit hohem Zuckergehalt (Konfitüren, Sirupe) ist zu berücksichtigen, daß die konservierende Wirkung des Zuckers nach dem Einmischen durch die Verdünnung verlorengeht und die Vermehrung inaktiver Mikroorganismen erneut möglich wird.
- Zusätze mit Konservierungsmittel werden am besten vermieden. Sie sind ungeeignet, sobald die Konzentration nach dem Einmischen ausreicht, um eine Wachstumshemmung der obligaten Mikroflora auszulösen.

Fruchtzubereitungen werden meist einsatzbereit von speziellen Herstellern bezogen, d. h., sie enthalten die notwendige Menge Zucker und sind durch Erhitzen im Herstellerbetrieb entkeimt. Für den Verarbeitungsbetrieb entstehen Risiken, wenn durch Untersterilisation die Keimfreiheit nicht gewährleistet ist oder es in angebrochenen Containern zur Rekontamination, vor allem durch Hefen, kommt [159].

Bei derartigen **Störfällen**, die meist durch Hefengehalt im Endprodukt erkannt werden, muß zunächst eine Prüfung der Fruchtzubereitung am Containerstutzen durchgeführt werden. Ist sie negativ, dann soll eine Probe vom Ventil vor der Zudosierung entnommen werden. Fällt diese Prüfung auch negativ aus, dann muß durch eine Stufenkontrolle der Ort der Rekontamination festgestellt werden. Durch die jeweils geeigneten Maßnahmen (Nichtverwendung des Containers, Reinigung und Desinfektion) kann die Kontaminationsquelle ausgeschaltet werden [230].

Bei der **Gestaltung des Produktionsablaufes** kommt es darauf an, ein nicht übersäuertes, aromareiches Produkt herzustellen, dessen Konsistenz zufriedenstellend ist. Dafür gibt es einige Regeln von ziemlich allgemeiner Gültigkeit [170].

Eine Überlagerung der Aromamerkmale des Naturproduktes ist nicht völlig zu vermeiden, kann aber verringert werden. **Übersäuerung gefährdet Aroma und Konsistenz**, darf also nicht vorkommen. Sehr saure Früchte (pH unter 3,0) hemmen *Streptococcus thermophilus*; die resultierende Dominanz von *Lactobacillus delbrueckii subsp. bulgaricus* löst Übersäuerung aus [91]. Die Bebrütung sollte bei Temperaturen im unteren möglichen Bereich erfolgen und so rechtzeitig abgebrochen werden, daß unter Berücksichtigung des Weitersäuerns während des Kühlprozesses ein End-pH-Wert von 3,7 möglichst nicht unterschritten wird [14, 170]. Wenn Übersäuerung nicht vermieden wird, muß zur Konsistenzerhaltung mehr Stabilisator als eigentlich notwendig zugesetzt werden. Das Ergebnis ist – und keineswegs selten – ein etwas leimiges, nicht wirklich stichfestes Produkt, das außerdem eine scharf-saure Geschmacksnote hat.

Kontaminationsorganismen, vor allem Hefen, können sich – nicht zuletzt durch den Zuckergehalt – besser als in den Naturprodukten vermehren. Durch Ausschaltung aller Kontaminationsquellen wird das Kontaminationsrisiko weitgehend ausgeschlossen.

Schnelle **Kühlung** auf ≤ 6 °C ist ein dringliches Gebot, und die **Einhaltung der Kühlkette** bis zum Verkauf im Einzelhandel sowie **Maßnahmen zur Haltbarkeitsverlängerung** (s. unter 5.8) gewinnen angesichts der guten Wachstumsbedingungen für die kontaminierende Mikroflora besondere Bedeutung.

5.7 Andere Sauermilcherzeugnisse und Spezialitäten

Das Sortiment der Sauermilcherzeugnisse ist in den letzten Jahrzehnten immer umfangreicher geworden; nicht zuletzt durch Produkte, die durch Kombination von seit langem genutzten Mikroorganismen mit neu eingeführten Arten entstanden sind.

5.7.1 *Azidophilus*-Erzeugnisse

Als *Azidophilus*-Erzeugnisse werden nachstehend alle Produkte verstanden, in denen **Lactobacillus acidophilus als Darmkeim** spezifische Funktionen ausüben soll. Diese Abgrenzung ist zweckmäßig, weil *Lactobacillus acidophilus* unter anderen Gesichtspunkten vor allem für Joghurterzeugnisse eingeführt ist (s. unter 5.4.2). Das Schrifttum über diese Bakterienart, deren **antibiotische Wirkung** seit längerem bekannt ist, nimmt an Umfang ständig zu. Dabei geht es besonders um die weitere Aufklärung von Fragestellungen, um deren Beantwortung man seit langem bemüht ist [10, 95, 103, 104, 108, 128, 149, 220]:

- Isolierung und Verwendbarkeit von echten Intestinalstämmen,
- Überleben im sauren Milieu bei der Passage des Magens,
- Überleben und Vermehrung im Darm,
- Ansiedlung im Darm und Beseitigung von Störungen im Gleichgewicht der Darmflora,
- Aufklärung der biochemischen Leistungen: antibakterielle Wirkungen, Einfluß auf Stoffwechselvorgänge (Cholesterin, Hypertonie, Krebsprophylaxe u. a.),
- Kombinierbarkeit mit milchspezifischen Arten und Stämmen,
- Entwicklung geeigneter Produktionsverfahren,
- Erhaltung von Lebensfähigkeit und Aktivität im Trägerlebensmittel.

Die Möglichkeit einer gemeinsamen Kultivierung mit eingeführten Milchsäurebakterien ist von besonderer Bedeutung, weil dadurch die Einführung in Sauermilcherzeugnisse mit ihren allgemein anerkannten, ernährungsphysiologischen Eigenschaften erleichtert wird. Die vorliegenden Untersuchungsergebnisse zeigen, daß

Andere Sauermilcherzeugnisse u. Spezialitäten

die vorstehenden Forderungen erfüllbar sind, allerdings nur mit ausgewählten Stämmen. Daher ist der Isolierung und Nutzbarmachung wertvoller Stämme viel Arbeit gewidmet worden; weitere neue Möglichkeiten scheinen sich durch Anwendung der Gentechnologie zu eröffnen [103, 108, 128]. Das Gesagte gilt ganz allgemein auch für *Bifidus*-Milcherzeugnisse (s. unter 5.7.2) sowie neuartige Kombinationen (s. unter 5.7.3).

Mit der Herstellung von speziellen *Azidophilus*-Milchprodukten sollen vor allem diätetische und therapeutische Wirkungen erzielt werden. Aber es sollen auch Produkte entstehen, die solche Wirkungen mit allgemein erwünschten Eigenschaften verbinden: mildsauer, möglichst kein Nachsäuern, hoher Anteil an L(+)-Milchsäure.

Inzwischen wird eine beträchtliche Anzahl von Produktvarianten hergestellt [108, 191]:

- süße *Azidophilusmilch*: Zusatz von *Lactobacillus-acidophilus*-Konzentraten zu Trinkmilch,
- reine *Azidophilusmilch*,
- *Azidophilus*-Sauermilch,
- *Azidophilus*-Joghurtprodukte,
- *Azidophilus*-Kefirprodukte und -Sauermilchprodukte mit Hefenzusätzen,
- pasten- und quarkartige Produkte,
- *Azidophilus*-Milchpulver,
- Säuglings- und Kleinkinderpräparate,
- spezielle diätetische Erzeugnisse.

Die Entwicklung zahlreicher kombinierter Produkte wird auch dadurch verständlich, daß die Alleinkultivierung unter betrieblichen Bedingungen nicht unproblematisch ist, weil Milch nur langsam gesäuert wird und es dadurch leichter zu Produktionsstörungen durch Wachstum von Kontaminationsorganismen kommt.

Für *Azidophilus*-Produkte gibt es durchweg spezielle Starterkulturen und Herstellungsvorschriften, die hier nicht wiedergegeben werden können. Es sei deshalb auf einschlägiges Schrifttum, insbesondere auf zusammenfassende Arbeiten [152, 155, 158, 161, 164, 191] sowie auf die umfangreichen Veröffentlichungen des Internationalen Milchwirtschaftsverbandes [103, 104, 107, 108, 128] verwiesen.

5.7.2 *Bifidus*-Milcherzeugnisse

Die Gattung *Bifidobacterium* gehört zur normalen Bakterienpopulation im Darm des Menschen und vieler Säugetiere. Im menschlichen Darm sollen sie mengenmäßig mit $10^8 \ldots 10^{10}$ Zellen/g Darminhalt dominieren; bei zu geringer Population und Dominanz anderer Bakterienarten kann es zu Störungen der Darmfunktion

Andere Sauermilcherzeugnisse u. Spezialitäten

kommen. Bifidobakterien können auch Milch säuern und dicklegen. Unter anaeroben Bedingungen werden Essigsäure, Milchsäure und in geringen Mengen auch Ameisensäure, Bernsteinsäure und Ethanol gebildet [128, 150]. Es liegt deshalb nahe, Bifidobakterien in (diätetischen) Milchprodukten zu verwenden – um Dysbiosen im Darm – mikrobielles Ungleichgewicht mit Verdauungsstörungen – zu beheben.

Bifidus-Milcherzeugnisse werden selten mit Bifidobakterien allein, sondern in den meisten Fällen mit anderen Milchsäurebakterien hergestellt, weil Bifidobakterien die Milch zu langsam säuern und der Anteil Essigsäure zu hoch ist. Das erste Verfahren zur Herstellung von Sauermilch geht auf das Jahr 1968 zurück [227].

Inzwischen ist viel Forschungsarbeit geleistet worden, und man weiß mehr über die Voraussetzungen, unter denen Bifidobakterien erfolgreich und gesundheitsfördernd verwendet werden können [108, 128, 158, 171, 172, 219]. Für den Einsatz in Milcherzeugnissen kommen die Arten

– *Bifidobacterium bifidum*,
– *Bifidobacterium infantis*,
– *Bifidobacterium breve*,
– *Bifidobacterium longum*

tierischer und menschlicher Herkunft in Frage. Sie müssen bestimmte Anforderungen erfüllen, ehe sie verwendet werden dürfen. An erster Stelle ist zu sichern, daß sie nach dem Verzehr nicht schädigend auf den menschlichen Organismus wirken. Weiterhin müssen sie, gegebenenfalls mit Hilfe wachstumsfördernder Zusätze, in Milch wachsen. Die Kombination mit üblichen Milchsäurebakterien muß möglich sein, und sie müssen bei pH 4,4 ... 4,1 säurefest sein, damit sie noch beim Verzehr der Produkte in ausreichender Anzahl vorhanden sind.

Im Beschaffenheitsstandard des Internationalen Milchwirtschaftsverbandes [109] wird **Sauermilch mit Bifidobakterien** wie folgt definiert:

Kultur: *Bifidobacterium spp.* in Kombination mit anderen Mikroorganismen (Laktobazillen, Laktokokken, *Leuconostoc*-Arten).

Zusammensetzung: Nicht weniger als 0,6 % Säure, als Milchsäure berechnet. Mindestens 10^7 koloniebildende Einheiten/g der Kulturorganismen zum Zeitpunkt des Verkaufs. Bei optimaler Beschaffenheit nicht weniger als 10^6 Bifidobakterien/g zum Zeitpunkt des Verkaufs.

Seit den 70er Jahren ist eine Anzahl von Sauermilchprodukten in den Handel gekommen [108, 152, 171]; einen Überblick vermittelt Tab. 5.12. Aber nicht nur im gesamten Spektrum der Sauermilcherzeugnisse, sondern auch in Sauerrahmbutter, Quark und anderen Käsearten können Bifidobakterien zur obligaten Mikroflora werden.

Andere Sauermilcherzeugnisse u. Spezialitäten

Tab. 5.12 Sauermilcherzeugnisse mit Bifidobakterien (nach [108])

Produkt	Mikroorganismen
Bifidus-Milch	*Bifidobacterium bifidum* oder *Bifidobacterium longum*
Bifighurt	*Bifidobacterium bifidum*, *Streptococcus thermophilus*
Biogarde	*Bifidobacterium bifidum*, *Lactobacillus acidophilus* (mit oder ohne schleimbildende Streptokokken)
Biogarde Sauermilch	Laktokokken mit Bifidobakterien und *Lactobacillus acidophilus*
Spezial-Joghurt	*Bifidobacterium bifidum (Bifidobacterium longum)*, *Streptococcus thermophilus*, *Lactobacillus delbrueckii* subsp. *bulgaricus*
Spezial-Joghurt	wie voriger, zusätzlich *Lactobacillus acidophilus*
Cultura, Cultura drink	*Bifidobacterium bifidum*, *Lactobacillus acidophilus*
Mil-Mil	*Bifidobacterium bifidum*, *Bifidobacterium breve*, *Lactobacillus acidophilus*
Progurt	*Streptococcus lactis* subsp. *lactis* biovar. *diacetylactis*, *Streptococcus lactis* subsp. *lactis*, *Lactobacillus acidophilus* und/oder *Bifidobacterium bifidum*

Bei der Herstellung können prinzipiell zwei Wege beschritten werden:
- gemeinsame Kultivierung mit anderen Milchsäurebakterien,
- Zusatz der Bifidobakterien in der erforderlichen Menge zum Produkt (als Konzentrat o. ä.).

Einzelheiten müssen den Vorschriften der Kulturenlieferanten oder dem Schrifttum entnommen werden [152, 158, 171]. *Bifidus*-Erzeugnisse sind wie andere Sauermilchprodukte vor Kontamination zu schützen [142]. Für den quantitativen Nachweis in geeigneten Nährmedien müssen anaerobe Bedingungen eingehalten werden [211].

5.7.3 Neuartige Kombinationen

Moderne Technologien für die Starterkulturen und angepaßte Produktionstechnologien eröffnen für Lebensmittel auf der Basis von Sauermilcherzeugnissen fast unerschöpfliche Variationsmöglichkeiten, die noch keineswegs voll ausgeschöpft werden.

Die Direktbeimpfung mit Kulturenkonzentraten ist weitgehend eingeführt; nicht aber sind es die Möglichkeiten zur Verwendung von neuartig variierten Mehr-

Andere Sauermilcherzeugnisse u. Spezialitäten

stammkulturen mit verschiedenen, definierten Stämmen, die für Produkte mit speziellen Eigenschaften genutzt werden können. Dabei spielen die Selektion und der Einsatz weiterer Mikroorganismenarten und -stämme eine wesentliche Rolle für probiotische (gesundheitsfördernde) Nahrungsmittel [128].

Applikationsseitig sind für die Verwertung von Sauermilcherzeugnissen in Spezialerzeugnissen vor allem folgende Richtungen interessant [108]:

- Babynahrung,
- Diätetik (Reduktion oder Anreicherung von Bestandteilen, spezielle Kulturen),
- Getränke,
- Milch-Gemüse-Mischungen,
- Zutaten für verschiedene Lebensmittel: Suppen, Soßen, Bonbons, Kakaoerzeugnisse, Getreide- und Bäckereiprodukte, Brotaufstriche, Liköre, Fleischerzeugnisse.

In anderen Regionen spielen vor allem Kombinationen von Sauermilcherzeugnissen mit Soja (Sojamilch) eine beachtenswerte Rolle: Milch-Sojamilchgemische werden mit verschiedenen Milchsäurebakterien gesäuert. Durch aromagebende Zusätze entsteht eine breite Produktpalette, die oft joghurtartigen Milcherzeugnissen entspricht [11, 197, 209].

5.7.4 Kumys

Aus Stutenmilch bereiteter Kumys ist ein uraltes Getränk, das im östlichen Europa und in Teilen Asiens verbreitet war. Skytische Nomaden, die in Ostrußland und Mittelasien umherstreiften, tranken Stutenmilch in Form von Kumys bereits fünf Jahrhunderte vor Christi Geburt.

Noch heute wird es in größeren Mengen in GUS-Staaten aus Stutenmilch, aber auch aus Kuhmilch hergestellt [108, 147, 164, 206].

Die **Mikroflora von Kumys** besteht in erster Linie aus thermophilen Laktobazillen und Hefen der Gattung *Saccharomyces*, ist jedoch von Kultur zu Kultur nicht einheitlich. Fast immer vorhanden sind:

- *Lactobacillus delbrueckii subsp. bulgaricus*,
- *Saccharomyces lactis*, aber auch nicht Lactose-vergärende Arten,
- *Kluyveromyces marxianus*.

Weitere Arten (Laktobazillen, Laktokokken, Streptokokken, Hefen) werden von Fall zu Fall gefunden. In neuerer Zeit werden die Bakterien- und Hefenstämme stets nach ihrer antibiotischen Aktivität gegen Krankheitserreger und unerwünschte Bakterien ausgewählt [108, 245].

Der Beschaffenheitsstandard des Internationalen Milchwirtschaftsverbandes sagt über die **Merkmale von Kumys** folgendes aus [109]:

Kultur: *Lactobacillus delbrueckii* subsp. *bulgaricus* und *Kluyveromyces marxianus* (Stämme mit hoher antibiotischer Aktivität gegen *Mycobacterium tuberculosis*).

Zusammensetzung: Säuregehalt als Milchsäure berechnet mindestens 0,7 %, Ethanolgehalt nicht weniger als 0,5 %. Minimale Anzahl der Milchsäurebakterien 10^7/g, der Hefen 10^4/g zum Zeitpunkt des Verkaufs.

Für die **Herstellung von Kumys** werden die Gärungserreger als Mutterkultur getrennt kultiviert, als Betriebsstarterkultur dagegen oft gemeinsam, in anderen Fällen aber ebenfalls getrennt zur Milch gegeben.

In Rußland u. a. GUS-Staaten wird Kumys wie folgt bereitet [108, 164, 178]:

- Erhitzung der Milch (90 ... 95 °C, 5 min),
- Abkühlung auf Bebrütungstemperatur (26 ... 28 °C),
- Zusatz der Starterkultur,
- Rühren zur Sättigung der Milch mit Luft (15 ... 20 min) zwecks Förderung des Hefenwachstums,
- Bebrütung bis pH 4,7 ... 4,5,
- Rühren (30 ... 60 min, Aromaförderung) und Abfüllen in Kronkorkflaschen,
- Lagerung 2 h bei 20 °C, dann Kühllagerung bei 4 °C.

Das Ergebnis ist ein feingeronnenes, homogenes, säuerlich-alkoholisches Getränk mit leichtem Hefegeschmack, das 0,7 bis 0,8 % Milchsäure und 0,5 ... 3,3 % Ethanol bei einem pH-Wert von etwa 4,0 enthält. In Mitteleuropa wird das genannte Verfahren etwas variiert [69, 206, 208].

Kumys wird auch **aus Kuhmilch** nach modifizierten Verfahren, wenn auch in geringer Menge produziert. Um den typischen Charakter von Kumys zu bekommen, ist eine Anpassung der Kuhmilchzusammensetzung an die von Stutenmilch notwendig, die auf verschiedenen Wegen erreicht wird [70, 78, 108, 164, 207].

5.7.5 Langmilch (Viili, Taette, Langfil)

Viili ist ein in Finnland sehr beliebtes Sauermilcherzeugnis, während Taette in Norwegen und Langfil in Schweden eine Tradition haben. Alle drei Produkte sind durch eine dehnbare Konsistenz gekennzeichnet, die durch spezielle Stämme von *Lactococcus lactis* subsp. *cremoris* hervorgerufen wird, wenn sie bei niedrigen Temperaturen (< 20 °C) bebrütet werden.

Bei **Viili** [155, 268] enthält die Starterkultur außer *Lactococcus lactis* subsp. *cremoris* auch *Lactococcus lactis* subsp. *lactis*, *Lactococcus lactis* subsp. *lactis* biovar. *diacetylactis* und *Geotrichum candidum*, den weißen Milchschimmel. Bei der molkereimäßigen Herstellung wird im Fettgehalt eingestellte Milch 20 ... 30 min bei 83 °C erhitzt, auf 17 °C gekühlt und in den Beimpfungstank überführt. Dort werden 3 ... 4 % Starterkultur in freiem Zulauf zugegeben; die Vermischung erfolgt schonend durch Intervallrührung (3 min Rühren, 5 min Stillstand), um die spätere, zähe Konsistenz zu sichern. Nach dem Abfüllen in Becher wird in Brutkammern 24 h bei 17 ... 19 °C bebrütet; anschließend wird das Produkt bei etwa 6 °C gelagert.

Viili hat eine weiße bis gelbliche, durch das Schimmelpilzwachstum charakteristische, samtige Oberfläche. Sein Gefüge ist ziemlich fest und dehnbar, aus einem abgetrennten Stück soll nach 2 min möglichst keine Molke austreten. Geruch und Geschmack sind rein mildsäuerlich mit leicht prickelnder Note. Dem Schimmelpilz kommt wegen enzymatischer Aktivität (Glykolyse, leichte Fettoxydation) besondere aromabildende Bedeutung zu; durch aerobes Wachstum verhindert er stärkere Autooxydation des Fettes. Viili wird pur, gezuckert, mit Früchten, Konfitüre oder Cornflakes verzehrt.

Taette und Langmilch entsprechen im wesentlichen dem finnischen Viili; Herstellung und Beschaffenheit sind nicht an Vorhandensein von *Geotrichum candidum* gebunden [155].

5.7.6 Ymer, Skyr

Bei Ymer – in Dänemark handelsüblich – und Skyr – isländische Nationalspeise – ergibt sich die Frage, inwieweit sie als Sauermilch oder eher als quarkartige Produkte einzuordnen sind. In Island ist die häusliche Herstellung unter Verwendung einer Restmenge von Skyr noch heute verbreitet, und es gibt etliche Varietäten [236].

Für die molkereimäßige Herstellung [206] wird Buttereistarterkultur verwendet. Nach der Dicklegung der Milch wird Molke abgezogen, so daß ein Trockenmassegehalt von 15 ... 17 % erreicht wird. Der gewünschte Fettgehalt wird durch vorherige Einstellung oder durch Sahnezugabe erreicht. Das Produkt wird homogenisiert und in Becher abgefüllt.

Modern ist die Herstellung von **Ymer aus ultrafiltrierter Milch** [225]. Dafür wird die Milch erhitzt und bis auf einen Trockenmassegehalt von etwa 20 % eingedickt. Nach erneuter Erhitzung (83 °C, 5 min) erfolgt eine Homogenisierung. Die weitere Verarbeitung entspricht der üblichen Herstellungsweise; Molkenabzug ist natürlich nicht notwendig.

5.7.7 Produkte aus dem Mittelmeerraum und Afrika

Im Mittelmeerraum haben sich die weltweit produzierten Sauermilcherzeugnisse – vor allem Joghurt – ebenfalls eingebürgert. Daneben haben sich jedoch im Ursprungsgebiet des Joghurts zahlreiche Spezialitäten erhalten, die teils häuslich, teils in Molkereien hergestellt werden [1, 2, 8, 61, 108, 109, 162, 188]. Auch die Anwendung moderner Verfahren (Ultrafiltration) ist bei einigen Erzeugnissen erprobt worden [94, 249].

5.7.8 Produkte aus den GUS-Staaten

Sauermilcherzeugnisse erfreuen sich in vielen GUS-Staaten großer Beliebtheit; an der Spitze steht Kefir. Es gibt aber auch nationale Produkte, die auf bestimmte Regionen beschränkt sind. Darüber hinaus sind viele Produkte neu entwickelt worden; keineswegs alle haben kommerzielle Verbreitung erreicht [108, 155, 164, 272].

5.7.9 Produkte aus Asien

Japan. Ein neben Joghurterzeugnissen in Japan (und Korea) viel verzehrtes Produkt ist **Yakult** [108, 155]. Magermilch mit Zusätzen von Glucose und Glycin wird mit 2 ... 3 % einer *Lactobacillus-casei-subsp.-casei*-Kultur (37 ... 38 °C, 6 ... 7 Tage) vergoren. Nach Mischung mit Aromazusätzen und Milch ist es, mit Wasser 1 : 4 verdünnt, ein erfrischendes Getränk. Zur Wachstumsstimulierung der Laktobazillen werden in Japan zusätzlich Algenextrakte zugesetzt.

Indien. Das für Indien typische Sauermilcherzeugnis ist **Dahi**, ein joghurtartiges Produkt. In Haushalten und Restaurants wird Dahi/Dahee bereitet, das die Joghurtmikroflora und daneben eine Anzahl anderer Mikroorganismen enthält [108]. Aus Dahi wird **Shrikhand** bereitet: ein konzentriertes, mit Zucker gesüßtes Produkt, das durch Erhitzen eine geleeartige, halbfeste Konsistenz bekommt. Der Geschmack ist süß und etwas säuerlich. Zusätzlich zur Joghurtkultur wird *Propionibacterium freudenreichii subsp. shermanii* verwendet, um Schimmelpilzwachstum zu hemmen [108, 202]. Neuerdings wurde auch eine Mischkultur aus Laktokokken für die Herstellung von Dahi aus Büffelmilch verwendet. Durch intensive Erhitzung (90 °C, 10 min), Kühlung und Bebrütung in Flaschen mit schonender Zweiterhitzung der Gallerte konnte ein Produkt hergestellt werden, das bei 5 °C bis zu 30 Tagen haltbar ist [26].

5.8 Haltbarmachung von Sauermilcherzeugnissen

Eine möglichst lange Haltbarkeit der Sauermilcherzeugnisse ist notwendig, weil durch Zentralisierung der Produktion die Verkaufsregionen so gewachsen sind, daß oft nur noch einmal wöchentlich geliefert werden kann. Zudem wird auch vom Handel und Verbraucher eine lange Haltbarkeit gefordert.

Eine Haltbarkeitsverlängerung ist in erster Linie durch **Ausschaltung des Wachstums und der enzymatischen Aktivität der Mikroflora** möglich. Dabei geht es sowohl um die obligate Mikroflora als auch um die Fremdmikroorganismen. Es wird angestrebt, eine Haltbarkeit von 4 Wochen und darüber, nach Möglichkeit auch ohne Einhaltung einer Kühlkette, zu erreichen. Mehrere Wege, auch kombiniert, können dabei beschritten werden:

Haltbarmachung von Sauermilcherzeugnissen

- Einsatz von Spezialkulturen mit wenig Tendenz zur Nachsäuerung nach Beendigung der Bebrütung [97, 98, 170],
- streng aseptisches Arbeiten [14, 91, 144, 242],
- Inaktivierung der Mikroorganismen durch thermische Behandlung des Fertigproduktes [3, 71, 110, 154, 155, 158, 228],
- Kühlung auf sehr niedrige Temperaturen und strikte Einhaltung der Kühlkette [170],
- Gefrieren [20].

Die **Anwendung von Spezialkulturen** mit geringer Tendenz zum Nachsäuern ist nicht unproblematisch. Die eingesetzten Stämme müssen einerseits bei Bebrütungstemperatur normale Aktivität aufweisen, andererseits durch das Kühlen schnell inaktiviert werden, und das Aromabildungsvermögen in der Kälte darf nicht völlig verlorengehen. Einige Erfolge wurden durch Starterkulturen mit veränderter Population erzielt, jedoch meist auf Kosten der Produktidentität. Der **Einsatz schleimbildender Stämme** ist besonders im Zusammenwirken mit einer thermischen Behandlung von Sauermilchprodukten zweckmäßig, da durch die Schleimbildung die Gallertestabilität erhöht und die Tendenz zur Entmischung verringert wird.

Bei der **aseptischen Produktion** muß jede Rekontamination vermieden werden. Dies gilt besonders für Hefen und Schimmelpilze, die sich im sauren Milieu gut vermehren. Die Ausrüstung für aseptische Produktion muß diesen Anforderungen entsprechen. Es gibt dafür verschiedene anlagen- und verfahrenstechnische Lösungen [12, 14, 232]. Es ist möglich, vor allem bei Joghurterzeugnissen, bei Temperaturen von $\leq 10\ °C$ eine Haltbarkeit bis zu 6 Wochen zu erreichen.

Nicht zu unterschätzen ist der **Einfluß einer schnellen Kühlung** auf 5 ... 1 °C mit ununterbrochener Kühlkette, sofern eine kontaminationsarme bis -freie Produktion gesichert ist. Ohne thermische Behandlung kann eine Haltbarkeit von 3 ... 4 Wochen erreicht werden.

Dennoch ist die **thermische Behandlung der Fertigprodukte** die am meisten angewandte Methode zur Haltbarkeitsverlängerung, vor allem für sämige, aber auch für stichfeste Produkte. Es kommt darauf an, die Emulsionsstabilität (Vermeiden einer körnigen Ausflockung) und die erwünschten geschmacklichen Eigenschaften zu erhalten. Thermische Behandlung steht der Definition der FAO/WHO für Joghurt entgegen, derzufolge das Produkt lebende Bakterien enthalten soll [65]. Für die Technik einer thermischen Behandlung wirkt sich u. a. günstig aus, daß die Starterorganismen im sauren Bereich bereits bei ziemlich niedrigen Temperaturen inaktiviert werden: z. B. über 99 % bei 60 ... 65 °C und Heißhaltung von 5 min. Durch Maßnahmen zum Herabsetzen der Kontraktionstendenz und Erhöhung der Gallertefestigkeit ist es möglich, die thermische Nachbehandlung ohne größere Probleme anzuwenden. Die Auswirkung einiger Faktoren auf die Erhitzbarkeit fertiger Sauermilcherzeugnisse ist in Tab. 5.13 zusammengestellt.

Tab. 5.13 Faktoren mit Einfluß auf die Zweiterhitzung von Sauermilcherzeugnissen – nach [155, 158, 228]

Einflußfaktoren	Wirkungen		Maßnahmen
	positiv	negativ	
Fettgehalt	hoch	niedrig	niedrige Fettgehalte durch Stabilisatoren kompensieren
Caseingehalt	niedrig	hoch	angepaßter Einsatz von Stabilisatoren
Stabilisatoren	ja	nein	Einsatz an die Erfordernisse angepaßt
Schleimbildende Starterkulturen	ja	nein	Einsatz – soweit verfügbar
Erhitzung der Verarbeitungsmilch	hoch	niedrig	Temperaturen ab 90 °C, UHT-Erhitzung
Heißhaltung der Verarbeitungsmilch	lange	kurz	mindestens 2 min
Kühlung nach der Fermentation	ja	nein	Zwischenkühllagerung
pH-Wert vor der Zweiterhitzung	niedrig	hoch	Maximum von pH 4,5 nicht überschreiten, Minimum durch zu sauren Geschmack bestimmt
Zweiterhitzung	niedrig, kurz	hoch, lange	Anpassung an die Erfordernisse, Kompensation durch Stabilisatoren

Aber auch die thermische Behandlung führt nur zum Ziel, wenn gleichzeitig zumindest annähernd aseptische Produktionsbedingungen herrschen. In Abb. 5.8 sind gängige Verfahren zur Herstellung von haltbarem Joghurt schematisch dargestellt.

Das **Gefrieren** als haltbarkeitsverlängerndes Verfahren hat nur für speiseeisartige Produkte Bedeutung gewonnen [20].

Haltbarmachung von Sauermilcherzeugnissen

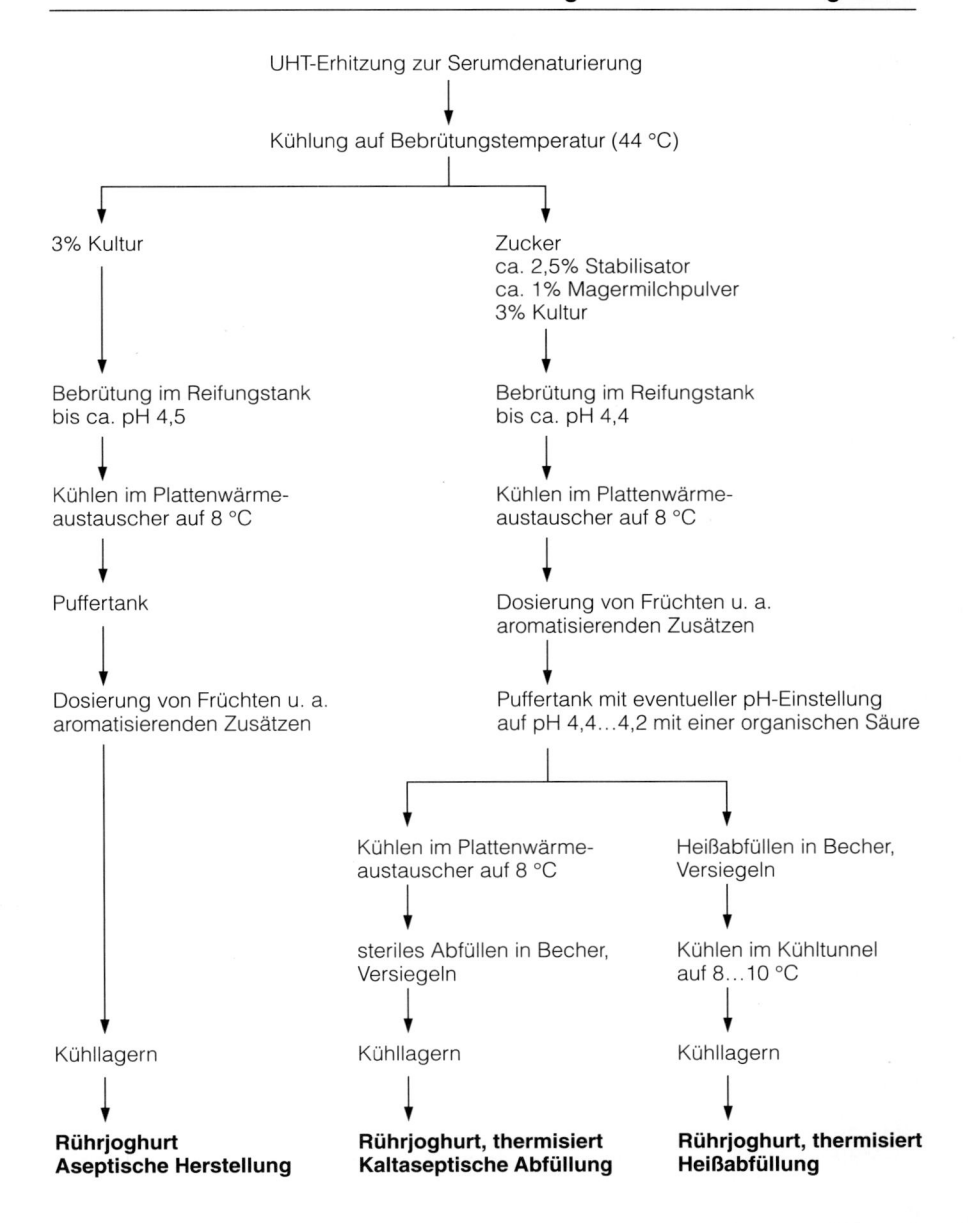

```
                    UHT-Erhitzung zur Serumdenaturierung
                                    ↓
                    Kühlung auf Bebrütungstemperatur (44 °C)
                    ↓                               ↓
            3% Kultur                       Zucker
                                            ca. 2,5% Stabilisator
                                            ca. 1% Magermilchpulver
                                            3% Kultur
                    ↓                               ↓
            Bebrütung im Reifungstank       Bebrütung im Reifungstank
            bis ca. pH 4,5                  bis ca. pH 4,4
                    ↓                               ↓
            Kühlen im Plattenwärme-         Kühlen im Plattenwärme-
            austauscher auf 8 °C            austauscher auf 8 °C
                    ↓                               ↓
            Puffertank                      Dosierung von Früchten u. a.
                                            aromatisierenden Zusätzen
                    ↓                               ↓
            Dosierung von Früchten u. a.    Puffertank mit eventueller pH-Einstellung
            aromatisierenden Zusätzen       auf pH 4,4...4,2 mit einer organischen Säure
                                            ↓                       ↓
                                    Kühlen im Plattenwärme-     Heißabfüllen in Becher,
                                    austauscher auf 8 °C        Versiegeln
                                            ↓                       ↓
                                    steriles Abfüllen in Becher,    Kühlen im Kühltunnel
                                    Versiegeln                      auf 8...10 °C
                    ↓                       ↓                       ↓
            Kühllagern              Kühllagern              Kühllagern
                    ↓                       ↓                       ↓
            Rührjoghurt             Rührjoghurt, thermisiert    Rührjoghurt, thermisiert
            Aseptische Herstellung  Kaltaseptische Abfüllung    Heißabfüllung
```

Abb. 5.8 Verfahren für die Herstellung von Joghurt mit verlängerter Haltbarkeit (nach [91])

Literatur

[1] ABOU-DONIA, S. A.; ATTIA, I. A.; KHATTAB, A. A.; u. a.: Characteristics of labneh manufactured using different lactic starter cultures. Egyptian J. of Food Science **20** (1992) H. 1, 1–2.
[2] ABOU-DONIA, S. A.: Egyptian fresh fermented milk products. New Zealand J. Dairy Science and Technology **19** (1984) H. 1, 7–18.
[3] ABRAHAMSEN, R. K.: Termisering av syrnede meieriprodukter. Meieriposten **79** (1990) H. 9, 270–275.
[4] ACCOLAS, J. F.: Taxonomic features and identification of *Lactobacillus bulgaricus* and *Streptococcus thermophilus*. IDF-Bulletin, Brussels, Document 145 (1983).
[5] AHMED, A. A. H.: Behaviour of *Listeria monocytogenes* during preparation and storage of yoghurt. Assiut Veterinary Medical J. **22** (1989) H. 43, 76–80.
[6] AHMED, A. A. H.; MOUSTAFA, M. K.; EL-BASSIONI, T.: Growth and survival of *Yersinia enterocolitica* in yoghurt. J. of Food Protection **49** (1986) H. 12, 983–985.
[7] AL-MASHHADI, A. S.; SAADI, S. R.; ISMAIL, A.; u. a.: Traditional fermented dairy products in Saudi Arabia. Cultured Dairy Products J. **22** (1987) H. 1, 24–26, 28, 33.
[8] ARNOTT, D. R.; DUITSCHAEVER, C. L.; BULLOCK, D. H.: Microbiological evaluation of yoghurt produced commercially in Ontario. J. Milk and Food Technology **37** (1974) H. 1, 11–13.
[9] ATTAIE, R.; WHALEN, P. J.; SHAHANI, K. M.; u. a.: Inhibition of growth of *Staphylococcus aureus* during production of *acidophilus* yoghurt. J. of Food Protection **50** (1987) H. 3, 224–228.
[10] AYEDO, A. D.; ANGELO, I. A.; SHAHANI, K. M.: Effect of ingesting *Lactobacillus acidophilus* milk upon fecal flora and enzyme activity in humans. Milchwissenschaft **35** (1980) H. 12, 730–733.
[11] BACHMANN, M. R.; KARMAS, E.: Novel cultured buttermilk compositions and method of preparation. United States Patent (1988) US 4 748 025.
[12] BARUA, N. N.; HAMPTON, R. J.: Aseptic yoghurt. United States Patent (1986) US 4 609 554.
[13] BAUMGART, J.: Schnellnachweis von Mikroorganismen. Molkereitechnik **68** (1985) 51–58.
[14] BAUSTIAN, H.: Technologie zur Herstellung von Joghurt und Sauermilcherzeugnissen. Dt. Milchwirtschaft **32** (1981) H. 14, 487–493.
[15] BAUTISTA, A. D.; DAHIYA, R. S.; SPECK, M. L.: Identification of compounds causing symbiotic growth of *Streptococcus thermophilus* and *Lactobacillus bulgaricus* in milk. J. Dairy Research **33** (1966) H. 4, 299–307.
[16] BAYOUMI, S.; REUTER, H.: The use of glucono-deltalactone in the manufacture of yoghurt from UF-milk concentrate. Kieler milchwirtschaftliche Forschungsberichte **41** (1989) H. 3, 159–165.
[17] BERTELSEN, E.: Reid vid syrningsstörningar. Svenska mejeritidningen **20** (1968). 409–416.
[18] BESTER, B. H.: Behaviour of coliform bacteria during manufacture of cultured milk. Suid-Afrikaanse Tydskrif vir Suivelkunde **23** (1991) H. 2, 37–41.
[19] BEYER, H. J.; KESSLER, H. G.: Optimierte Magermilch- und Vollmilchjoghurttechnologie. Dt. Milchwirtschaft **39** (1988) H. 30, 992–995.
[20] BIELECKA, M.; PRZWOZNA, A.; KOWALCZUK, J.: Survival rate of yoghurt cultures during production and storage of yoghurt ice-cream. Acta alimentaria Polonica **14** (1988) H. 3–4, 163–168.
[21] BOGDANOV, V.: Von der Kefirkultur und der Herstellung besten Kefirs (Orig. Russ.). Molochnaya Promyshlennost **22** (1961) H. 2, 19–21.
[22] BOLGAR, I.; KOVAL, L.: Einige Besonderheiten der Kefirpilze (Orig. Russ.). Molochnaya Promyshlennost **27** (1966) H. 2, 32–33.

Literatur

[23] BOTTAZZI, B.; BATTISTOTTI, B.; VESCOVO, M.: Continuous production of yoghurt cultures and stimulation of *Lactobacillus bulgaricus* by formic acid. Milchwissenschaft **26** (1971) H. 4, 214–219.
[24] BOTTAZZI, V.; BIANCHI, F.: A note on scanning electron microscopy of mirco-organisms associated with the kefir granule. J. Applied Bacteriology **48** (1980) H. 2, 265–268.
[25] CHAMPAGNE, C. F.; CÔTÉ, C. B.: Cream fermentation by immobilized lactic acid bacteria. Biotechnology Letters **9** (1987) H. 5, 329–332.
[26] CHANDER, H.; BATISH, V. K.; MOHAN, M.; u. a.: Effect of heat processing on bacterial quality of dahi – an Indien fermented dairy product. Cultured Dairy Products J. **27** (1992) H. 2, 8–9.
[27] CHENG, Y. J.; THOMPSON L. D.; BRITTIN, H. C.: Sogurt, a yoghurt-like soybean product: development and properties. J. of Food Science **55** (1990) H. 4, 1178–1179.
[28] COUSIN, M. A.; MARTH, E. A.: Cottage cheese and yoghurt manufactured from milks precultured with psychrotrophic bacteria. Cultured Dairy Products J. **12** (1977) H. 2, 15–18, 30.
[29] DAVIS, J. G.; ASHTON, T. R.; MCCASKILL, M.: Enumeration and viability of *L. bulgaricus* and *Str. thermophilus* in yoghurt. Dairy Industries **36** (1971) H. 10, 569–573.
[30] DAVIES, F. L.; UNTERWOOD, H. M.; SHANKAR, P. H.: Recent development in yoghurt starters. I. The use of milk concentrates by reverse osmosis for the manufacture of yoghurt. J. Society Dairy Technology **30** (1977) H. 1, 23–28.
[31] Deutsche Landwirtschafts-Gesellschaft e.V.: DLG-Prüfbestimmungen für Milch und Milcherzeugnisse einschließlich Speiseeis, 33. Auflage. Frankfurt am Main (1994).
[32] DIN 10 186: Mikrobiologische Milchuntersuchung; Bestimmung der Anzahl von Hefen und Schimmelpilzen; Referenzverfahren. (11.1991)
[33] DIN 10 172, Teil 1: Mikrobiologische Milchunterschung; Bestimmung der coliformen Keime; Verfahren mit flüssigem Nährmedium. (11.1991)
[34] DIN 10 172, Teil 3: Mikrobiologische Milchuntersuchung; Bestimmung der coliformen Keime; Verfahren mit festem Nährboden. (05.1988)
[35] DIN 10 183, Teil 1: Mikrobiologische Milchunterschung; Bestimmung der *Escherichia coli*; Verfahren mit flüssigem Nährmedium. (05.1991)
[36] DIN 10 183, Teil 2: Mikrobiologische Milchunterschung; Bestimmung der *Escherichia coli*; Membran-Agar-Verfahren. (05.1991)
[37] DIN 10 183, Teil 3: Mikrobiologische Milchunterschung; Bestimmung der *Escherichia coli*; Fluoreszenzoptisches Verfahren mit paralleler Bestimmung coliformer Keime. (08.1991)
[38] DIN 10 192, Teil 1: Mikrobiologische Milchunterschung; Bestimmung der Keimzahl; Referenzverfahren. (04.1984)
[39] DIN 10 192, Teil 2: Mikrobiologische Milchunterschung; Bestimmung der Keimzahl, Vereinfachtes Koch'sches Plattenverfahren. (02.1983)
[40] DIN 10 192, Teil 3: Mikrobiologische Milchunterschung; Bestimmung der Keimzahl; Ösen-Platten-Verfahren. (02.1983)
[41] DIN 10 195, Teil 1: Mikrobiologische Milchunterschung; Bestimmung der Mikrokoloniezahl; Optische Mikrokoloniezählung. (12.1985)
[42] DIN 10 195, Teil 2: Mikrobiologische Milchuntersuchung, Bestimmung der Mikrokoloniezahl; Elektronische Mikrokoloniezählung (Routineverfahren). (03.1984)
[43] DIN 10 178, Teil 1: Mikrobiologische Milchunterschung; Bestimmung Koagulasepositiver Staphylokokken; Verfahren mit selektiver Anreicherung. (06.1988)
[44] DIN 10 178, Teil 2: Mikrobiologische Milchunterschung; Bestimmung Koagulasepositiver Staphylokokken; Titerverfahren. (04.1988)
[45] DIN 10 178, Teil 3: Mikrobiologische Milchuntersuchung; Bestimmung Koagulasepositiver Staphylokokken; Koloniezählverfahren. (04.1988)
[46] DIN 10 198, Teil 1: Mikrobiologische Milchuntersuchung; Bestimmung präsumtiver *Bacillus cereus*; Koloniezählverfahren. (09.1991)
[47] DIN 10 198, Teil 2: Mikrobiologische Milchuntersuchung; Bestimmung präsumtiver *Bacillus cereus*; Verfahren mit selektiver Anreicherung. (09.1991)

Literatur

[48] DIN 10 182, Teil 1: Mikrobiologische Milchuntersuchung; Nachweis von Hemmstoffen in Milch; Referenzverfahren. (10.1981)
[49] DIN 10 182, Teil 2: Mikrobiologische Milchuntersuchung; Nachweis von Hemmstoffen in Milch, Routineverfahren (Brillantschwarz-Reduktionstest). (10.1982)
[50] DIN 10 182, Teil 3: Mikrobiologische Milchuntersuchung; Nachweis von Hemmstoffen in Milch (Agar-Diffusionstest). (10.1983)
[51] DIN 10 181: Mikrobiologische Milchuntersuchung; Nachweis von Salmonellen; Referenzverfahren. (03.1983)
[52] DIN 10 197: Mikrobiologische Milchuntersuchung; Nachweis von Staphylokokken-Thermonuclease; Referenzverfahren. (05.1988)
[53] DIN 10 191: Mikrobiologische Milchuntersuchung; Vorbereitung der Proben; Verfahren für Milch und flüssige Milcherzeugnisse. (10.1986)
[54] DRATHEN, M.: Untersuchungen zur mikrobiologischen, ernährungsphysiologischen und sensorischen Qualitätsbeurteilung von Kefir. Dissertation: Justus-Liebig-Universität Giessen, BRD (1987).
[55] DRIESSEN, F. M.; STADHOUDERS, J.: Ein neuer Fehler im Rührjoghurt. Nordeurop. mejeritidningen **46** (1980) H. 10, 229–230.
[56] DRIESSEN, F. M.; KINGMA, F.; STADHOUDERS, J.: Evidence that *Lactobacillus bulgaricus* in yoghurt is stimulated by carbon dioxyde produced by *Streptococcus thermophilus*. Netherlands Milk and Dairy J. **36** (1982) H. 2, 135–144.
[57] DRIESSEN, F. M.; KINGMA, F.; STADHOUDERS, J.: Hol yoghurtbacterien alkaar helpen grocien. Zuivelzicht **74** (1982), 176–178.
[58] DRIESSEN, F. M.; LOONES, A.: Development in the fermentation process (Liquid, stirred and set fermented milks). Proceedings of the XXIII International Dairy Congress, Montreal, October 8–12 1990, Vol. 3, 1937–1953.
[59] DUITSCHAEVER, C. L.; KEMP, N.; SMITH, A. K.: Microscopic studies on the microflora of kefir grains and of kefir made by different methods. Milchwissenschaft **43** (1988) H. 8, 479, 481.
[60] DUITSCHAEVER, C. L.; KEMP, N.; EMMONS, D.: Comparative evaluation of five procedures for making kefir. Milchwissenschaft **43** (1988) H. 6, 343–345.
[61] EL-SAMRAGY, Y. A.: The manufacture of zabady from goat milk. Milchwissenschaft **43** (1988) H. 2, 92–94.
[62] EL-SAMRAGY, Y. A.; FAYED, E. O.; ALY, A. A.; u. a.: Properties of Labneh-like product manufactured using *Enterococcus* starter cultures as novel dairy fermentation bacteria. J. Food Protection **51** (1988) H. 5, 386–390, 396.
[63] ENGEL, G.: Mikrobiologische Charakterisierung von Kefir – Mykologie. Dt. Molkerei-Zeitung **105** (1984) H. 41, 1338–1340.
[64] ENGEL, G.; KRUSCH, U.; TEUBER, M.: Mikrobiologische Zusammensetzung von Kefir. I. Hefen. Milchwissenschaft **41** (1986) H. 4, 418–421.
[65] FAO/WHO: Code of principles concerning milk and milk products. Food standards programm. CX 5/70; 16th session, Rome, Italy (1973).
[66] FAYED, E. O.; HAGRASS, A. E. A.; ALY, A. A.; u. a.: Use of *enterococci* starter culture in the manufacture of a yoghurt-like product. Cultured Dairy Products J. **24** (1989) H. 1, 16–18, 20–21, 23.
[67] FOSCHINO, R.; OTTOGALLI, G.: Episodio di bombaggio in yogurt ai cereali causato da muffe del genere *Mucor*. Annali di Microbiologia ed Enzymologia **38** (1988) H. 1, 147–153.
[68] FRANK, H. K.: Milcheigene Faktoren, die das Wachstum von Joghurt-Bakterien beeinflussen können. Milchwissenschaft **24** (1969) H. 5, 269–277.
[69] FRANK, J. F.: Improving the flavor of cultured buttermilk. Cultured Dairy Products J. **19** (1984) H. 3, 6–9.
[70] GALLMANN, P.; PUHAN, Z.: Kumys – Fermentationsverfahren und Stoffwechselprodukte. Chemie, Mikrobiologie, Technologie der Lebensmittel **9** (1986) H. 5/6, 178–183.
[71] GAVIN, M.: Die kombinierte Wirkung von Hitze und Säure auf die Haltbarkeit von Joghurt. Milchwissenschaft **21** (1966) H. 2, 85–87.

[72] GILLILAND, S. E.; PEITERSEN, N.; HUNGER, W.: New technical aspects for preparing starter cultures for fermented milks. Proceedings of the XXIII International Dairy Congress, Montreal, October 8–12 1990, Vol. 3, 1925–1936.
[73] GLAESER, H.: Beurteilung der mikrobiologischen Qualität von Sauermilchprodukten mit Hilfe statistischer Verfahren. Dt. Molkerei-Zeitung **107** (1986) H. 30, 1003–1007.
[74] GNINGÚE, P. M.; ROBLAIN, D.; THONART, P.: Études microbiologiques et biochemiques du mbânik, lait fermenté traditionnel sénégalais. Cerevisia and Biotechnology **16** (1991) H. 3, 32–40.
[75] GOBBETTI, M.; ROSSI, J.; TOBA, T.: Batch production of kefir. Analysis of the relationships among the biological components of the system. Brief communications of the XXIII International Dairy Congress, Montreal, October 8–12 1990, Vol. II, 391.
[76] GOEL, M. C.; KULSHRESDA, D. C.; MARTH, E. A.; u. a.: Fate of coliforms in yoghurt, buttermilk, sour cream and cottage cheese during refrigerated storage. J. Milk and Food Technology **34** (1971) H. 1, 54–58.
[77] GRANDI, J. G.; JAIMES, I. J. B.: Der Einfluß von Rohrzucker auf die Zusammensetzung der Mikroflora während der Joghurtkultur (Orig. Portugiesisch). Revista do Instituto de Laticínios Cândido Tostes **41** (1986) H. 246, 29–35.
[78] GUAN, J.; BRUNNER, J. R.: Koumiss produced from a skim milk – sweet whey blend. Cultured Dairy Products J. **22** (1987) H. 1, 23.
[79] GUIRGIS, N.; VERSTEEG, K.; HICKEY, M. W.: The manufacture of yoghurt using reverse osmosis concentrated skim milk. Australian J. of Dairy Technology **42** (1987) H. 1/2, 7–10.
[80] HABERMEHL, K.-O. (Editor): Rapid methods and automation in microbiology and immunology. Berlin: Springer-Verlag (1985).
[81] HÄFLIGER, M.; SPILLMANN, H.; PUHAN, Z.: Einfluß des Rührens auf die Mikroflora des Kefirs unter besonderer Berücksichtigung der Essigsäurebakterien. DMZ, Lebensmittelindustrie und Milchwirtschaft **112** (1991) H. 28, 858–866.
[82] dto. Schweizerische Milchwirtschaftliche Forschung **20** (1991) H. 4, 55–62.
[83] HÄFLIGER, M.; SPILLMANN, H.; PUHAN, Z.: Kefir – ein faszinierendes Sauermilchprodukt. DMZ, Lebensmittelindustrie und Milchwirtschaft **112** (1991) H. 13, 370–372, 374–375.
[84] HÄFLIGER, M.; SPILLMANN, H.; PUHAN, Z.: Selektiver Nachweis zur Identifizierung von Essigsäurebakterien in Kefirkörnern und Kefir. DMZ, Lebensmittelindustrie und Milchwirtschaft **112** (1991) H. 17, 500–501, 504–508.
[85] HAMZAWI, L. F.; KAMALY, K. M.: The quality of stirred yoghurt enriched with wheat grains. Cultured Dairy Products J. **27** (1992) H. 3, 26, 28–29.
[86] HANISCH, Ute: Untersuchungen über Qualitätskriterien der Buttermilch. Dt. Milchwirtschaft **34** (1983) H. 32, 1055–1059.
[87] HASSAN, H. N.; MISTRY, V. V.: Production of low fat yoghurt from a high milk protein powder. J. Dairy Science **74** (1991) Suppl. 1, 96.
[88] HAYASHI, S.: Changes in fermented milk products and associated technolgical developments. Reports of Research Laboratory – Technical Research Institute, Snow Brand Milk Products Co. (1992) No. 97, 49–66.
[89] HEESCHEN, W. H.: End-product criteria for milk and milk products. 2.1. The European Community. IDF-Bulletin, Brussels, No. 276 (1992), 22–28.
[90] HEMPENIUS, W. L.; LISKE, B. J.; HARRINGTON, R. B.: Taste panel studies of flavor levels in sour cream. J. Dairy Science **52** (1969), 588–593.
[91] HERRMANN, M.; BYLUND, G.; DAMEROW, G.: Handbuch der Milch- und Molkereitechnik (ALFA-LAVAL). Glinde b. Hamburg: ALFA-LAVAL Industrietechnik GmbH 1986.
[92] HEWITT, D.; BANCROFT, A. J.: Nutritional value of yoghurt. J. Dairy Research **52** (1985) H.1, 197–207.
[93] HIROTA, T.: Microbiological studies on kefir grains. Reports of Research Laboratory, Snow Brand Milk Products Co. (1987) No. 84, 67–128.
[94] HOFI, M. A.: Labneh (concentrated yoghurt) from ultrafiltrated milk. Scandinavian Dairy Industry **2** (1988) H. 1, 50–52.

Literatur

[95] HULL, R. R.; ROBERTS, A. V.; MAYES, J. J.: Survival of *Lactobacillus acidophilus* in yoghurt. Australian J. of Dairy Technology **39** (1984) H. 4, 164–166.
[96] HUNGER, W.: Rechts- und linksdrehende Milchsäure und ihr Vorkommen in Sauermilchprodukten. Dt. Molkerei-Zeitung **105** (1984) H. 20, 654–656.
[97] HUNGER, W.: Sauermilchprodukte hergestellt mit „Mild säuernden Kulturen". Dt. Molkerei-Zeitung **106** (1985) H. 26, 826–833.
[98] HUNGER, W.: Starterkulturen in der milchverarbeitenden Industrie – neue Erkenntnisse und ihre Überführung in die Anwendungstechnologie. GBF-Monographien **11** (1989), 17–28.
[99] ILIC, D. B.; ASHOOR, S. H.: Stability of vitamins A and C in fortified yoghurt. J. Dairy Science **71** (1988) H. 6, 1492–1498.
[100] International Dairy Federation: *Bacillus cereus* in milk and milk products. IDF-Bulletin, Brussels, No. 275 (1992).
[101] International Dairy Federation: Butter, fermented milks and fresh cheese – contaminating non-lactic-acid bacteria. International Standard: IDF 153 (1991).
[102] International Dairy Federation: Consumption statistics 1990. IDF-Bulletin, Brussels, No. 270 (1992).
[103] International Dairy Federation: Cultured dairy foods in human nutrition. IDF-Bulletin, Brussels, No. 159 (1983).
[104] International Dairy Federation: Cultured dairy Products in human nutrition; Dietary Calcium and health. IDF-Bulletin, Brussels, No. 255 (1991).
[105] International Dairy Federation: Detection and confirmation of inhibitors in milk and milk products. IDF-Bulletin, Brussels, No. 258 (1991).
[106] International Dairy Federation: Detection of Penicillin by a disc assay technique. International Standard: IDF 57 (1970).
[107] International Dairy Federation: Fermented milks. IDF-Bulletin, Brussels, No. 179 (1984).
[108] International Dairy Federation: Fermented milks – science and technology. IDF-Bulletin, Brussels, No. 227 (1988).
[109] International Dairy Federation: General standard of identity for fermented milks. International Standard: IDF 163 (1992).
[110] International Dairy Federation: General standard of identity for milk products obtained from fermented milks heat-treated after fermentation. International Standard: IDF 164 (1992).
[111] International Dairy Federation: Guidelines for the preparation and use of export certificates for milk and milk products. International Standard: IDF 158 (1992).
[112] International Dairy Federation: Hygiene management in dairy plants. IDF-Bulletin, Brussels, No. 276 (1992).
[113] International Dairy Federation: *Listeria monocytogenes* in food. IDF-Bulletin, Brussels, No. 223 (1988).
[114] International Dairy Federation: Methods of analysis for milk and milk products (3rd edition). IDF-Bulletin, Brussels, No. 248 (1990).
[115] International Dairy Federation: Milk and milk products. Detection of inhibitors. IDF-Bulletin, Brussels, No. 220 (1987).
[116] International Dairy Federation: Milk and milk products. Detection of *Listeria monocytogenes*. International Standard: IDF 143 (1990).
[117] International Dairy Federation: Milk and milk products – Detection of *Salmonella*. International Standard: IDF 93A (1985).
[118] International Dairy Federation: Milk and milk products: Enumeration of coliforms. International Standard: IDF 73A (1985).
[119] International Dairy Federation: Milk and milk based products – Enumeration of *Staphylococcus aureus* – Colony count technique at 37 °C. International Standard: IDF 145 (1990).
[120] International Dairy Federation: Milk and milk products – Methods of sampling. International Standard: IDF 50B (1985).

Literatur

[121] International Dairy Federation: Milk and milk products – Microorganisms – Colony count at 30 °C. International Standard: IDF 100B (1991).
[122] International Dairy Federation: Milk and milk products – Preparation of samples and dilutions for microbiological examination. International Standard: IDF 122B (1992).
[123] International Dairy Federation: Milk and milk products – Psychrotrophes (estimated number) (rapid method). International Standard: IDF 132A (1991).
[124] International Dairy Federation: Milk and milk products – Sampling – Inspection by variables. International Standard: IDF 136A (1992).
[125] International Dairy Federation: Milk and milk products – Yeasts and moulds. International Standard: IDF 94B (1990).
[126] International Dairy Federation: Milk, dried milk, yoghurt and other fermented milks – Benzoic and sorbic acid content. International Standard: IDF 129 (1987).
[127] International Dairy Federation: Modern microbiological methods for dairy purposes. Proceedings of a seminar in Santander (Spain) 22–24 May 1989. IDF – special issue No. 8901 (1989).
[128] International Dairy Federation: New technologies for fermented milks. IDF-Bulletin, Brussels, No. 277 (1992)
[129] International Dairy Federation: Practical Phage control. IDF-Bulletin, Brussels, No. 263 (1991).
[130] International Dairy Federation: Recommendations for the hygienic manufacture of milk and milk based products. IDF-Bulletin, Brussels, No. 292 (1994).
[131] International Dairy Federation: Yoghurt – Enumeration of characteristic microorganisms – Colony count technique at 37 °C. International Standard: IDF 117A (1988).
[132] International Dairy Federation: Yoghurt – Identification of characteristic microorganisms (*Lactobacillus delbrueckii subsp. bulgaricus* and *Streptococcus salivarius subsp. thermophilus*) – simplified method. International Standard: IDF 146 (1991).
[133] Ismail, A. A.; Mogensen, G.; Poulsen, P. R.: Organoleptic and physical properties of yoghurt made from lactose hydrolyzed milk. J. Society of Dairy Technology **36** (1983) H. 2, 52–55.
[134] Jaksch, P.: Nachweis von Hefen in Joghurt und Frischkäse mittels indirekter Leitfähigkeitsmessung. DMZ, Lebensmittelindustrie und Milchwirtschaft **112** (1991) H. 32/33, 992–996.
[135] Jandal, J. M.: Kishk as fermented dairy product. Indian Dairyman **41** (1989) H. 9, 479–481.
[136] Jarvis, B.: A philosophical approach to rapid methods for industrial food control. In: Rapid methods and automation in microbiology and immunology (edited by Habermehl, K.-O.). Berlin: Springer-Verlag 1985, 593–602.
[137] Jelen, P.; Buchheim, W.; Peters, K.-H.: Heat stability and use of milk with modified casein: whey protein content in yoghurt and cultured milk products. Milchwissenschaft **42** (1987) H. 7, 418–421.
[138] Jodral, M.; Salmerow, J.; Garrido, M. D.; u. a.: Influence of the evolution of the pH on contaminating mycoflora of heat-treated fermented milk. Scienca e Tecnica Lattiero-Caseario **42** (1991) H. 3, 161–170.
[139] Jönsson, H.; Petterson, H. E.: Studies on the secret acid fermentation in lactic starter cultures with special interest in α-acetolactic acid. 2. Metabolic studies. Milchwissenschaft **32** (1977) H. 10, 513–516.
[140] Joghurt- und Saure-Sahne-Eis. Gordian **90** (1990) H. 11, 202–203.
[141] Jordano, R.: Relationship between airborne contamination by yeasts and moulds and packaging system in commercial yoghurt. Microbiologie, Aliments, Nutrition **5** (1987) H. 3, 253–255.
[142] Jordano, R.; Medina, L. M.; Salmeron, J.: Contaminating mycoflora in fermented milk. J. of Food Protection **54** (1991) H. 2, 131–132.
[143] Kandler, O.; Kunath, P.: *Lactosebacillus kefir sp. nov.*, a component of the microflora of kefir. Systematic and Applied Microbiology **4** (1983) H. 2, 286–294.

Literatur

[144] Kann auf Sorbinsäure in Fruchtzubereitungen verzichtet werden? Dt. Molkerei-Zeitung **103** (1982) H. 41, 1390–1391.
[145] Kao, H.: Preparing naturally sweet yogurt with *Saccharomycopsis spp.* and *Rhizopus spp.* United States Patent (1987) US 4 714 616.
[146] Kielwein, G.: Relationship between the bacteriological quality of raw milk and that of pasteurized milk, cream, and fermented milk products. Kieler Milchwirtschaftliche Forschungsberichte **34** (1982) H. 1, 174–177.
[147] Kielwein, G.; Daun, U.: Ein neues Getränk nach Nomadenart auf der Basis von Kuhmilcheiweiß. Dt. Molkerei-Zeitung **99** (1978) H. 22, 764–766.
[148] Kielwein, G.; Melling, H.: Ein Beitrag zur Haltbarkeit von Sauermilch, Joghurt und Speisequark. Dt. Molkerei-Zeitung **99** (1978) H. 29, 1023–1025.
[149] Klaver, F. A. M.; Kingma, F.: Sauermilchprodukte – hergestellt mit Bifidobakterien und/ oder *L. acidophilus*. Dt. Molkerei-Zeitung **110** (1989) H. 22, 678, 680–682, 684–685.
[150] Klaver, F. A. M.; Kingma, F.; Timmer, J. M. K.; u. a.: Interactive fermentation of milk by means of a membrane dialysis fermenter: buttermilk. Netherlands Milk and Dairy J. **46** (1992) H. 1, 19–30.
[151] Klaver, F. A. M.; Kingma, F.; Timmer, J. M. K.; u. a.: Interactive fermentation of milk by means of a membrane dialysis fermenter: yoghurt. Netherlands Milk and Dairy J. **46** (1992) H. 1, 31–44.
[152] Klupsch, H.-J.: Bioghurt – Biogarde – Saure Milcherzeugnisse mit optimalen Eigenschaften. north european dairy j. **49** (1983) H. 2, 29–32.
[153] Klupsch, H.-J: Gehalt und Bedeutung von L(+)- und D(–)-Lactat in sauren Milchprodukten. Dt. Milchwirtschaft **33** (1982) H. 6, 268–272.
[154] Klupsch, H.-J.: Haltbarmachung von sauren Milchprodukten. Dt. Milchwirtschaft **20** (1969) H. 30, 1482–1483.
[155] Klupsch, H.-J.: Herstellung haltbarer saurer Milchgetränke. Grundlagen, Mikrobiologie, Technologie, Kontrolle. Molkerei-Zeitung Welt der Milch **34** (1980) H. 29, 965–969.
[156] Klupsch, H.-J.: Milchpulver in sauren Milchprodukten. Molkereitechnik **82/83** (1989), 133–142.
[157] Klupsch, H.-J.: Produktverbesserung am Beispiel Kefir. Dt. Molkerei-Zeitung **105** (1984) H. 15, 466–468, 473.
[158] Klupsch, H.-J.: Saure Milcherzeugnisse, Milchmischgetränke und Desserts, 2. Auflage. Gelsenkirchen-Buer: Th. Mann 1993.
[159] Kneifel, W.: Zur Problematik des Hefennachweises in Fruchtzubereitungen, Sauermilch- und Dessertprodukten. Dt. Milchwirtschaft **43** (1992) H. 29, 911–913.
[160] Knispel, M.; Lippert, S.; Rochus, R.; u. a.: Schnellnachweis von Mikroorganismen – Verfahren für das Betriebslabor? Lebensmitteltechnik **22** (1990) H. 1/2, 44, 47–48.
[161] Koroleva, N. S.; Semenikina, V. F.; Ivanova, L. N.; u. a.: Milk products cultured with *Lactobacillus acidophilus* and *bifidobacteria* for infants (Orig. Russ.). Molochnaya Promyshlennost **49** (1982) H. 6, 17–20.
[162] Koroleva, N. S.: Ursachen der Bildung von Gasbläschen im Kefir (Orig. Russ.). Molochnaya Promyshlennost **21** (1960) H. 12, 19.
[163] Koroleva, N. S.; Bavina, N. A.: Einflüsse der Kulturbedingungen von Kefirpilzen auf die Mikroflora und die biologischen Eigenschaften von Kefir-Säureweckern. XVIII. Internationaler Milchwirtschaftskongress (1970) Bd. 1 D, 416.
[164] Koroleva, N. S.: Zur Technologie und Mikrobiologie der fermentierten Milcherzeugnisse. Milchwirtschaft **22** (1967) H. 9, 545–551.
[165] Koroleva, N. S.; Bavina, N. A.: Empfehlungen für die Züchtung von Kefirpilzen zur Herstellung von Kefirkulturen und Kefir. Milchforschung – Milchpraxis **19** (1977) H. 2, 34–35.
[166] Kosikowska, M.; Lipinska, E.; Jakubczyk, E.; u. a.: Die Wirkung von schleimbildenden Stämmen auf die rheologischen Eigenschaften von Joghurt (Orig. Polnisch). Rocz. Inst. Przemyslu Mleczarskiego **19** (1977) H. 3, 93–103.
[167] Krapf, J.: Mucor-Infektionen bei Sauermilchprodukten und Weichkäsen. Dt. Molkerei-Zeitung **107** (1986) H. 5, 116–118.

[168] KRUSCH, U.; NEVE, H.; LUSCHEL, B.; u. a.: Characterization of virulent bacteriophages of *Streptococcus salivarius subsp. thermophilus* by host specifity and electron microscopy. Kieler Milchwirtschaftliche Forschungsberichte **39** (1987) H. 3, 155–167.
[169] KRUSCH, M.: Mikrobiologische Charakterisierung von Kefir – Bakteriologie, Keimzahlen, Hauptgärprodukte. Dt. Molkerei-Zeitung **105** (1984) H. 41, 1332–1336.
[170] KURMANN, J. A.: Die Übersäuerung der Joghurtgallerte, ein häufig auftretender und zu wenig beachteter Produktionsfehler, dessen Entstehung und Bekämpfung. Dt. Molkerei-Zeitung **103** (1982) H. 21, 690–698.
[171] KURMANN, J. A.: Neuere Erkenntnisse zur Kultur der Bifidobakterien im milchverarbeitenden Betrieb. Schweizerische Milchzeitung **107** (1981) H. 6, 29–30.
[172] LAROIA, S.; MARTIN, J. H.: Bifidobakteria as possible dietary adjuncts in cultured dairy products – a review. Cultured Dairy Products J. **25** (1990) H. 4, 18, 20–22.
[173] Lebensmittel- und Bedarfsgegenständegesetz vom 8. Juli 1993 – § 35: Amtliche Sammlung von Untersuchungsverfahren (LBGG § 35). Berlin: Beuth Verlag, Loseblattsammlung (1982 ff.).
[174] LECHNER, F.: Nachweis von Hefen und Schimmelpilzen. Dt. Milchwirtschaft **43** (1992) H. 32, 1005–1008.
[175] LORENZEN, P. C.: Untersuchungen zur Substitution der originären Milchproteine durch Lebensmittelproteinkonzentrate in der Joghurtherstellung. Kieler Milchwirtschaftliche Forschungsberichte **45** (1993) H. 2, 137–143.
[176] LUCCA, L.: Das Überleben von pathogenen Enterobakterien (Orig. Italienisch). Latte **4** (1975) H. 4, 232–236.
[177] MAIMER, E.; BUSSE, M.: Die Hefen von Fruchtzubereitungen. Dt. Milchwirtschaft **41** (1990) H. 25, 847, 850–851.
[178] MAMBETALIEV, B. D.: Die Produktion von Kumys (Orig. Russisch). USSR-Patent (1990) SU 1 544 341.
[179] MANN, E. J.: Sauerrahm – eine Literaturübersicht. Molkerei-Zeitung Welt der Milch **37** (1983) H. 23, S. 897–899.
[180] MANN, E. J.: Kefir and koumiss. Dairy Industries **48** (1983) H. 4, 9–10.
[181] MANN, E. J.: *Listeria monocytogenes* in milk and milk products. Dairy Industries International **53** (1988) H. 11, 10–11, 21.
[182] MANTIS, A.; KAIDIS, P.; KARAIOANNOGLOU, P.: Survival of *Yersinia enterocolitica* in yoghurt. Milchwissenschaft **37** (1982) H. 11, 654–656.
[183] MARSHALL, V. M.: Starter cultures for milk fermentation and their characteristics. J. Society of Dairy Technology **46** (1993) H. 2, 49–56.
[184] MARSHALL, V. M.; COLE, W. M.: Threonine aldolase alcohol dehydrogenase activities in *Lactobacillus bulgaricus* and *Lactobacillus acidophilus* and their contribution to flavour production. J. Dairy Research **50** (1983) H. 3, 375–379.
[185] MARSHALL, V. M.; COLE, W. M.; BROOKER, B. E.: Observations on the structure of kefir grains and the distribution of the microflora. J. Applied Bacteriology **57** (1984) H. 3, 491–497.
[186] MARSHALL, V. M.; COLE, W. M.; VEGA, R. J.: A yoghurt-like product made by fermenting ultrafiltered milk containing elevated whey proteins with *Lactobacillus acidophilus*. J. Dairy Research **49** (1982) H. 4, 665–670.
[187] MAYR, W.: Saure Milcherzeugnisse.
Allgemeines über saure Milcherzeugnisse. Dt. Milchwirtschaft **32** (1981) H. 16, 577–578; H. 43, 1295–1296.
Dickmilch/Sauermilch. Dt. Milchwirtschaft **32** (1981) H. 50, 1947–1948.
Joghurterzeugnisse. Dt. Milchwirtschaft **33** (1982) H. 16, 565–568.
Kefir. Dt. Milchwirtschaft **34** (1983) H. 8, 252–253.
[188] MEHANNA, A. S.: An attempt to improve some properties of Zabadi by applying low temperature long incubation period in the manufacturing process. Egyptian J. of Dairy Science **19** (1991) H. 2, 221–229.
[189] MERIN, U.; ROSENTHAL, I.: Production of kefir from UHT milk. Milchwissenschaft **41** (1986) H. 7, 395–396.

Literatur

[190] MILLARD, G. E.; MCKELLAR, A. C.; HOLLEY, R. A.: Counting yoghurt starters. Dairy Industries International **54** (1989) H. 7, 37.
[191] MILLER, B.: Milchprodukte hergestellt mit *Lactobacillus acidophilus*.
   – Sauermilch und Pastmilch mit *Lactobacillus acidophilus*. Dt. Molkerei-Zeitung **102** (1981) H. 40, 1304–1306.
   – Sauermilchprodukte mit *Lb. acidophilus* und thermophilen Milchsäurebakterien. Dt. Molkerei-Zeitung **102** (1981) H. 43, 1425–1426.
   – Sauermilchprodukte mit *Lb. acidophilus*, mesophilen Milchsäurebakterien, sowie Hefen. Dt. Molkerei-Zeitung **102** (1981) H. 48, 1615–1617.
   – Milchpulver. Dt. Molkerei-Zeitung **102** (1981) H. 50, 1684–1686.
[192] MISRA, A. K.; KUILA, R. K.: Enumeration of *Bifidobacterium bifidum* in fermented milks. Asian J. of Dairy Research **10** (1991) H. 1, 19–24.
[193] MOSSEL, A.: Mikrobielle Kontamination von Milch und Milchprodukten. Dt. Molkerei-Zeitung **108** (1987) H. 45, 1456–1464.
[194] MÜLLER, G.: Mikrobiologie pflanzlicher Lebensmittel. 4. Auflage. Leipzig: VEB Fachbuchverlag 1988.
[195] MÜLLER, H. P.: Qualitätskontrolle der Fruchtgrundstoffe für die Herstellung von Fruchtquark. Dt. Molkerei-Zeitung **103** (1982) H. 26, 884–887.
[196] NEVE, H.: Analysis of kefir grain starter cultures by scanning electron microscopy. Milchwissenschaft **47** (1992) H. 5, 275–278.
[197] OOSTEN, C. W. VAN; VERHUE, W. M. M.: Fermented food product. European Patent Application (1990) EP 0 386 817 A1.
[198] OTTE, I.; SUHREN, G.; HEESCHEN, W.; u. a.: Zur Mikroflora von Buttermilch, saurer Sahne und Speisequark. Milchwissenschaft **34** (1979) H. 11, 669–671.
[199] PATEL, A. A.; GUPTA, S. K.: Fermentation of blanched-bean soymilk with lactic cultures. J. Food Protection **45** (1982) H. 7, 620–623.
[200] PEITERSEN, N.: Probiotic starter cultures for food products. Ref.: Dairy Science Abstracts **55** (1993) H. 2, No. 1217.
[201] PEREZ, P. F.; ANTONI, L. G. DE; AÑON, M. C.: Formate production by *Streptococcus thermophilus* cultures. J. Dairy Science **74** (1991) H. 9, 2850–2854.
[202] PRAJAPATI, J. P.; UPADHYAY, K. G.; DESAI, H. K.: Effect of post production heat treatment on microbiological quality of „Shrikhand". In: Brief Communications of the XXIII International Dairy Congress, Montreal, October 8–12 (1990) Vol. II, 529.
[203] PREVOST, H.; DIVIES, C.: Cream fermentation by a mixed culture of *Lactococci* entrapped in two-layer calcium alginate gel beds. Biotechnology Letters **14** (1992) H. 7, 583–588.
[204] PETTERSON, H.-E.; CHRISTIANSSON, A.; EKELUND, K.: Making kefir without grains. Nordisk Mejeriindustri, Helsingborg (1985) H. 8, Sonderheft: Scandinavian J. Dairy Technology and Know-how (1985) H. 2, 58–60.
[205] PLOCK, J.; KESSLER, H. G.: Molkenproteinpräparate – Verwendung als Zusatzstoff in Sauermilcherzeugnissen. DMZ, Lebensmittelindustrie und Milchwirtschaft **113** (1992) H. 31, 928–932.
[206] PUHAN, Z.: Einige ausländische Sauermilcherzeugnisse. Schweizerische Milchzeitung **99** (1973) H. 20, 149.
[207] PUHAN, Z.; GALLMANN, P.: Anwendung der Ultrafiltration zur Herstellung von Kumys. Nordeurop. mejeritidningen **46** (1980) H. 8/9, 220–224.
[208] PUHAN, Z.; VOGT, O.: Hefehaltige Sauermilchprodukte – Technologie und Stoffwechsel. Dt. Molkerei-Zeitung **106** (1985) H. 3, 68, 70–76.
[209] RAJOR, R. B.: Soy-Ghurt, low-cost nourishing food. Indian Dairyman **42** (1990) H. 9, 386–389.
[210] RAO, D. R.; SHAHANI, K. M.: Vitamin content of cultured milk products. Cultured Dairy Products J. **22** (1987) H. 1, 6–10.
[211] RASIC, J. L.: Culture media for detection and enumeration of *Bifidobacteria* in fermented milk products. IDF-Bulletin, Brussels, No. 252 (1990) 24–31.
[212] RASIC, J. L.: Nutritive value of yogurt. Cultured Dairy Products J. **22** (1987) H. 3, 6–9.

Literatur

[213] Ray, P.; Spreer, E.; Raeuber, H. J.: Hydrodynamische Bedingungen einer kontinuierlichen Joghurtfermentation. Lebensmittelindustrie **37** (1990) H. 2, 60–63.
[214] Reuter, G.: Bifidobacteria cultures as components of yoghurt-like products. Bifidobacteria and Microflora **9** (1990) H. 2, 107–118.
[215] Riber, R. F.: Three major areas that cause defects in cultured dairy products. Cultured Dairy Products J. **24** (1989) H. 4, 6, 7–9.
[216] Richter, E. R.: Biosensor – Applications for dairy industry. J. Dairy Science **75** (1992) Suppl. 1, 139.
[217] Rivière, J. W. M. La; Koiman, P.; Schmidt, K.: Kefiran, a novel polysaccharide produced in the kefir grains by *Lactobacillus brevis*. Archiv Mikrobiologie **59** (1967) H. 1/3, 269–278.
[218] Robinson, R. K.: Dairy microbiology, Vol. 2: The microbiology of milk products. London: Applied Science Publishers (1981).
[219] Robinson, R. K.: Survival of *Bifidobacterium bifidum* in „health-promoting" yoghurts. Suid-Afrikaanse Tydskrif vir Suivelkunde **22** (1990) H. 2, 43–45.
[220] Robinson, R. K. (Editor): Therapeutic properties of fermented milks. London: Elsevier Applied Science 1991.
[221] Romero, C.; Goicoechea, A.; Jiménez Perez, S.: Herstellung von Joghurt aus ultrafiltrierter Milch. Dt. Molkerei-Zeitung **109** (1988) H. 50, 1706–1709.
[222] Sadowsky, A. W.; Gordin, S.; Foreman, I.: Psychrotrophic growth of microorganisms in a cultured milk product. J. Food Protection **43** (1980) H. 7, 765–768.
[223] Salji, J. P.; Saadi, S. R.: The validity of coliform test is questionable. Cultured Dairy Products J. **21** (1986) H. 1, 16–17, 20–21.
[224] Salji, J. P.; Sawaya, W. N.; Sahadi, S. R.; u. a.: The effect of heat treatment on quality and shelf life of plain liquid yoghurt. Cultured Dairy Products J. **19** (1984) H. 3, 10–14.
[225] Samuelson, E. G.; Ulrich, P.: Processing of „ymer" based on ultrafiltration. XXI International Dairy Congress, Moscow (1982), Vol. 1, Book 2, 288–289.
[226] Sandine, W. E.; Daly, C.; Elliker, P. R.; u. a.: Causes and control of culture-related flavor defects in cultured dairy products. J. Dairy Science **55** (1972) H. 7, 1031–1039.
[227] Schuler-Malyoth, R.; Ruppert, A.; Müller, P.: Ein Überblick über die theoretischen und praktischen Grundlagen einer Anwendung von Bifiduskulturen in der Milchwirtschaft. II. Die Technologie der Bifiduskultur im milchverarbeitenden Betrieb. Milchwissenschaft **23** (1968) H. 9, 554–558.
[228] Schulz, M. E.: Die Grundlagen der Technologie der Haltbarmachung. Milchwissenschaft **21** (1966) H. 2, 68–80.
[229] Seiler, H.; Wendt, A.: Die CO_2-Messung in Fruchtcontainern. Dt. Milchwirtschaft **43** (1992) H. 6, 158–159, 162.
[230] Seiler, H.; Wendt, A.: Hefen in Fruchtzubereitungen und Sauermilchprodukten, Störfallanalysen. DMZ, Lebensmittelindustrie und Milchwirtschaft **112** (1991) H. 49, 1517–1522.
[231] Shankar, P. A.; Davies, F. L.: Recent developments in yoghurt starters. I. The use of milk concentrates for the manufacture of yoghurt. J. Society Dairy Technology **30** (1977) H. 1, 23–28.
[232] Siegenthaler, E.; Stettler, P.; Fröhlich, M.: Das aseptjomatic®-System zur infektionsfreien und rationellen Fabrikation von Joghurt, Fruchtjoghurt und anderen Sauermilcherzeugnissen. Nordisk mejeritidschrift **35** (1969) H. 7, 133–135.
[233] Sinha, R. P.; Modler, H. W.; Emmons, D. B.: Changes in acidity and starter bacteria in commercial yoghurts during storage. Cultured Dairy Products J. **24** (1989) H. 2, 12–14.
[234] Siragusa, G. R.; Johnson, M. G.: Persistance of *Listeria monocytogenes* in yoghurt as determined by direct plating and enrichment methods. International J. of Food Microbiology **7** (1988) H. 2, 147–160.
[235] Sklan, D.; Rosen, B.; Keller, P.; u. a.: Fate of coliform bacteria in buttermilk. J. Milk Food Technology **37** (1974) H. 2, 99–100.

Literatur

[236] SKYR, an Icelandic national dish. Nordisk Mejeriindustrie **11** (1984) H. 8, 64–65.
[237] SLOCUM, S. A.; JASINSKI, E. M.; ANANTESWARAN, R. C.; u. a.: Effect of sucrose on proteolysis in yogurt during incubation and storage. J. Dairy Science **71** (1988) H. 3, 589–595.
[238] SMACZNY, T.; KRÄMER, J.: Säuerungsstörungen in der Joghurt-, Bioghurt- und Biogarde-Produktion, bedingt durch Bakteriocine und Bakteriophagen von *Streptococcus thermophilus*. II. Verbreitung und Charakterisierung der Bakteriophagen. Dt. Molkerei-Zeitung **105** (1984) H. 19, 614–618.
[239] SOBCZAK, E.; KOCON, J.: Morphologie der in den Kefirkörnern vorkommenden Mikroorganismen im Elektronenmikroskop. Zentralblatt Mikrobiologie, 2. naturwiss. Abt., **137** (1982) H. 8, 623–635.
[240] SPILLMANN, H.: Sauermilchprodukte – Mikrobiologische und hygienische Aspekte. Schweizerische Milchwirtschaftliche Forschung **10** (1981) H. 4, 76–82.
[241] SPILLMANN, H.; GEIGES, O.: Identifikation von Hefen und Schimmelpilzen aus bombierten Joghurt-Packungen. Milchwissenschaft **38** (1983) H. 3, 129–132.
[242] SPREER, E.: Technologie der Milchverarbeitung, 5. Auflage. Leipzig: VEB Fachbuchverlag 1984.
[243] STADHOUDERS, J.; HASSING, F.; LEENDERS, J. G. M.; u. a.: Storing van de suurforming dvor bacteriofagen bi de bereiding van yoghurt. Zuivelzicht **77** (1985) H. 2, 40–43.
[244] STEBER, F.; KLOSTERMEYER, H.: Wärmebehandlung und deren Kontrolle bei Fruchtzubereitungen (FZB) und Konfitüren. Molkerei-Zeitung Welt der Milch **41** (1987) H. 11, 289–290, 292–295.
[245] STOJANOVA, N. G.; PONOMARJOWA, O. J.; SPIRIDONOW, W. A.: Antibiotische Eigenschaften von Kumys. XXI Internationaler Milchwirtschaftskongress, Moskau (1982), Bd. 1, Buch 1, 308–309.
[246] STORCK, W.; HARTWIG, H.: Qualitätsfehler bei Milch und Milcherzeugnissen. Hildesheim: Verlag Th. Mann 1965.
[247] SURIYARACHCHI, V. R.; FLEET, J. H.: Occurrence and growth of yeasts in yoghurts. Applied and Environmental Microbiology **42** (1981) H. 4, 574–579.
[248] SZAKALY, S.; OBERT, G.; AL-KHAFAJI, K. M.: Microbial contamination of additives in Hungarian Dairying. XXI International Dairy Congress, Moscow (1982), Vol. 1, Book 1, 292.
[249] TAMIME, A. Y.; DAVIES, G.; CHEHADE, A. S.; u. a.: The production of Labneh by ultrafiltration: a new technology. J. Society Dairy Technology **42** (1989) H. 2, 35–39.
[250] TAMIME, A. Y.; DEETH, C.: Yoghurt – technology and biochemistry. J. Food Protection **43** (1980) H. 12, 939–977.
[251] TAMIME, A. Y.; GREIG, R. I. W.: Some aspects of yoghurt technology. Dairy Industries **44** (1979) H. 9, 8–27.
[252] TERPLAN, G.: Bakteriologisch-hygienische Beurteilung von Sauermilcherzeugnissen. Dt. Molkerei-Zeitung **90** (1969) H. 40, 1996–2000.
[253] TEUBER, M.: Microbiological problems facing the dairy industry. IDF-Bulletin, Brussels, No. 276 (1992) 6–9.
[254] THORNHILL, P; COGAN, T. M.: Effect of fruit on growth of *Lactobacillus bulgaricus* and *Streptococcus thermophilus*. J. Dairy Research **44** (1977) H. 1, 155–158.
[255] TOBA, T.; VEMURA, H.; MUKAI, T.; u. a.: A new fermented milk using capsular polysaccharide producing *Lactobacillus kefiranofaciens* isolated from kefir grains. J. Dairy Research **58** (1991) H. 4, 497–502.
[256] TOMITA, M.; SHIMAMURA, S.; TOMIMURA, T.; u. a.: Yoghurt containing high purity whey protein. European Patent Application (1992) EP 0 519 127 A1.
[257] TOPPINO, P. M.; NANI, R.; CABRINI, A.: Produktion von Joghurt mit niedriger Acidität. Haltbarkeit bei 25 °C und 4 °C (Original Italienisch). Industria del Latte **13** (1977) H. 2, 3–10.
[258] TRATNIK, L.; KRŠ EV, L.: Production of fermented beverages from milk with demineralized whey. Milchwissenschaft **43** (1988) H. 11, 695–698.
[259] VARGAS, L. H. M.; REDDY, K. V.; SILVA, R. S. F. DA; u. a.: Shelf-life studies on soy-whey yoghurt – a combined sensory, chemical and microbiological approach. Lebensmittel-Wissenschaft und -Technologie **22** (1989) H. 3, 133–137.

Literatur

[260] Verordnung über die Güteprüfung und Bezahlung der Anlieferungsmilch (Milch-Güteverordnung) vom 9. Juli 1980 (mit Änderungsverordnungen). In: Loos/Nebe – Das Recht der Milchwirtschaft, Bd. 5. Hamburg: Behr's Verlag (Loseblattsammlung).

[261] Verordnung über Hygiene- und Qualiätsanforderungen an das Gewinnen, Behandeln und Inverkehrbringen von Milch (Milchverordnung) vom 23.06.1989. BGBl I (1989) Nr. 29, 1140–1157.

[262] Verordnung über Milcherzeugnisse (Milcherzeugnisverordnung, MilchErzV) vom 15.07.1970 (und Änderungsverordnungen). In: Loos/Nebe – Das Recht in der Milchwirtschaft, Bd. 5. Hamburg: Behr's Verlag (Loseblattsammlung).

[263] Walker, D. K.; Gilliland, S. E.: Buttermilk manufacture using a combination of direct acidification and citrate fermentation by *Leuconostoc cremoris*. J. Dairy Science **70** (1987) H. 10, 2055–2062.

[264] Wang, J. J.; Frank, J. F.: Characterization of psychrotrophic bacterial contamination in commercial buttermilk. J. Dairy Science **64** (1981) H. 11, 2154–2160.

[265] Weiss, W.; Burgbacher, G.: 100 Jahre Kefir in Deutschland – nach wie vor ein Problem. Untersuchung von „Kefir" aus Molkereien und Handel sowie dessen Problematik. Dt. Milchwirtschaft **37** (1986) H. 4, 81–84, 89–90.

[266] Whalen, C. A.; Gilmore, T. M.; Spurgeon, K. A.; u. a.: Yogurt manufactured from whey-caseinate blends and hydrolized lactose. J. Dairy Science **71** (1988) H. 2, 299–305.

[267] Wiese, E.: NutraSweet in Milchprodukten. Molkerei-Zeitung Welt der Milch **41** (1987) H. 11, 298–301.

[268] Winter, J.; Seppälä, E.: Viili – ein Sauermilcherzeugnis aus Finnland. Milchforschung – Milchpraxis **21** (1979) H. 2, 45.

[269] Ymer – ein Produkt für den deutschen Markt? Deutsche Milchwirtschaft **39** (1988) H. 10, 310–320.

[270] Yokoi, H.; Watanabe, T.: Optimum culture conditions for production of kefiran by *Lactobacillus sp.* KPB-167B isolated from Kefir grains. J. of Fermentation and Bioengineering **74** (1992), H. 5, 327–329.

[271] Zbikowski, Z.: Study of use of *Bifidobacterium bifidum* and *Lactobacillus acidophilus* in yoghurt production. Zit.: Dairy Science Abstracts **44** (1982) H. 8, No. 5576.

[272] Zobkova, Z. S.; Bogdanova, E. A.; Kocergina, I. I.: Neue Sorten Vollmilcherzeugnisse. Milchforschung – Milchpraxis **20** (1978) H. 5, 107–108.

6 Mikrobiologie der Butter

6.1 Definitionen, gesetzliche Regelungen
6.2 Technologie
6.3 Starterkulturen
6.4 Butterfehler
6.5 Qualitätskontrolle
Literatur

3. neu bearbeitete und
aktualisierte Auflage 1994
unveränderter Nachdruck 1998
2 Bände, Hardcover, DIN A5, 1776 Seiten
DM 279,– inkl. MwSt., zzgl. Vertriebskosten
ISBN 3-86022-122-1

Ausführliche Information für die Praxis

Das aktuelle Grundwissen über Lebensmittel und ihre Inhaltsstoffe ist heute über eine unübersehbare Anzahl von Quellen verstreut und damit selbst Fachleuten schwer zugänglich.

Das Lebensmittel-Lexikon enthält in zwei Bänden rund 13.000 Begriffe aus dem Bereich Nahrung. Vier Herausgeber – Dr. Alfred Täufel, Prof. Dr. Waldemar Ternes, Dr. Liselotte Tunger und Prof. em. Dr. Martin Zobel – haben mit 27 Autoren sowohl Lebensmittel als auch weitgehend alle bisher bekannten Nahrungsinhaltsstoffe erfaßt.

Der Leitfaden ist die lebensmittel- und ernäh-rungswissenschaftliche Betrachtungsweise. Mit den ebenfalls dargestellten Aspekten der Lebensmittelchemie, -technologie und -hygiene ergibt sich das umfassende Kompendium des aktuellen Fachwissens.

Systematisches Wissen über Lebensmittel

Das Lebensmittel-Lexikon liefert Ihnen zu jedem Stichwort: Definition, Art, Sorte, die wissenschaftlichen Namen (binäre Nomenklatur), Zusammensetzung, Herkunft, Bedeutung für die menschliche Ernährung, ernährungswissenschaftliche Bedeutung, Verarbeitung, Verwendung. Zu Nahrungsinhaltsstoffen werden beschrieben: Chemische Struktur, chemische, physikalische und lebensmitteltechnologische Eigenschaften, Vorkommen, Gewinnung, Verwendung, Bedeutung, physiologische Wirkung. Das gleiche gilt für Zusatzstoffe und Kontaminanten.

Interessenten

Die Nachschlagemöglichkeit für alle, die in
- Lehre
- Praxis
- Forschung und Entwicklung

mit Lebensmitteln und Ernährung befaßt sind. Fachleute und andere an den Zusammenhängen zwischen Gesundheit und Ernährung Interessierte aus den Bereichen

- Agrarwissenschaften
- Botanik, Ernährungsindustrie
- Gastronomie
- Gemeinschaftsverpflegung
- Gesundheitswesen
- Hauswirtschaft
- Lebensmittelchemie
- Lebensmittelhandel
- Lebensmitteltechnologie

finden im Lebensmittel-Lexikon Sachwissen schnell, einfach, übersichtlich und konzentriert.

BEHR'S...VERLAG

B. Behr's Verlag GmbH & Co. · Averhoffstraße 10 · D-22085 Hamburg
Telefon (040) 22 70 08/18-19 · Telefax (040) 22 01 09 1
E-Mail: Behrs@Behrs.de · Homepage: http://www.Behrs.de

6 Mikrobiologie der Butter

H. Seiler

6.1 Definitionen, gesetzliche Regelungen

Die Butter ist ein Lebensmittel von hohem ernährungsphysiologischem Wert; sie findet überwiegend Verwendung als Brot- und Gebäckaufstrich sowie als Back- und Bratmittel. Die Jahresproduktion in den 12 EU-Ländern beträgt $1{,}6 \times 10^6$ t. Der Pro-Kopf-Verbrauch zeigt ein deutliches Nord-Süd-Gefälle. In Deutschland oder Frankreich werden 6,8 kg, in Italien nur 2 kg durchschnittlich verzehrt. In den letzten Jahren wurden Umsatzrückläufe bis zu 2,5 % p. a. registriert. Ca. 40 % des Absatzes werden von der EU-Gemeinschaft gestützt.

Butter wird beim Butterungsvorgang aus Milchfett (Rahm) durch Umwandlung der flüssigen Öl-in-Wasser (OW)-Emulsion in eine feste Wasser-in-Öl (WO)-Emulsion hergestellt. Laut Butterverordnung im Lebensmittelrecht (§ 63) ist Butter „das aus Milch, Sahne oder Molkensahne, auch unter Verwendung von Wasser und Speisesalz gewonnene plastische Gemisch, aus dem beim Erwärmen auf mindestens 45 °C überwiegend eine klare Milchfettschicht und im geringen Maße eine Wasser und Milchbestandteile enthaltende Schicht abgeschieden werden". Es sind drei Buttersorten definiert: Süßrahmbutter, die aus nicht gesäuerter Milch, Sahne oder Molkensahne hergestellt ist, der auch nach der Butterung keine Bakterienkulturen zugesetzt wurden und deren pH-Wert im Serum 6,4 nicht unterschreitet. Sauerrahmbutter, die aus bakteriell gesäuerter Milch etc. hergestellt ist und deren pH-Wert im Serum 5,1 nicht übersteigt. Mildgesäuerte Butter, die weder der Definition für Sauerrahm- noch der für Süßrahmbutter entspricht und einen pH-Wert im Serum von nicht mehr als 6,3 aufweist. Butter gilt als „gesalzen", wenn sie mehr als 0,1 Gew.% NaCl enthält. Der Rohstoff Milch, Sahne oder Molkensahne muß in der Regel einem Pasteurisierungsverfahren unterworfen worden sein [25]. Molkensahne ist das bei der Entrahmung von Molke anfallende Produkt. Es darf nicht zur Herstellung von Markenbutter verwendet werden.

Die Butter besteht aus 80–85 % Fett, 14–16 % Wasser und 0,5–2 % fettfreier Trockenmasse (ca. 0,7 % Lactose, 0,7 % Eiweiß, 0,12 % Mineralstoffe, 0,2 % Phospholipide, 0,05 % Vitamine, 0,2 % Sterole, 0,12 % freie Fettsäuren) [53]. Für die Herstellung der beiden gesäuerten Sorten ist die Verwendung von spezifischen Bakterienkulturen vorgeschrieben. Der mildgesäuerten Butter darf nur Milchsäure, die aus Milchsäurebakterien-Kulturen gewonnen wurde, oder E 270-Milchsäure zugesetzt werden. Als weiterer Zusatzstoff ist nur E 160a Beta-Carotin erlaubt. Für die Lagerung und den Transport der Butter ist eine Temperatur von 10 °C vorgegeben. Die Butter wird im Rahmen der amtlichen Güteprüfung (§ 11 der Butter-VO) von der Deutschen Landwirtschaftsgesellschaft (DLG) hinsichtlich der Kriterien Geruch, Geschmack, Textur, Aussehen, Wasserverteilung, Streichfähigkeit und pH-Wert im Serum bewertet und den Handelsklassen Deutsche Markenbutter, Deutsche Molkereibutter und Deutsche Kochbutter zugeordnet.

Definitionen, gesetzliche Regelungen

Deutsche Landbutter wird nicht in Molkereien, sondern beim Milcherzeuger aus der in diesem Betrieb gewonnenen Milch hergestellt. Weitere Milchstreichfetterzeugnisse sind unter den Begriffen Dreiviertelfettbutter (60–62 Gew. % Fett = fettreduziert) und Halbfettbutter (40–42 Gew. % Fett = fettarm) auf dem Markt (§ 61a, VO über Milcherzeugnisse [25]).

Mikrobiologische Untersuchungen sind nicht vorgeschrieben. In § 15 der Butterverordnung heißt es lediglich ziemlich pauschal, daß Milch, Rahm und Fertigprodukt laufend auf ihre Qualität zu prüfen sind. Auch die amtliche Butterprüfung sieht keine diesbezüglichen Analysen vor. Der Butter zugesetztes Wasser muß eine Qualität entsprechend der Trinkwasserverordnung aufweisen (EU-Richtlinie 80/778: Gesamtkeimzahl < 100/ml; Coliforme in 100 ml negativ [38]). Eine hohe Qualität der Rohmilch wird heute über den Milchauszahlungspreis erzielt. Preisabzüge werden bei einer Gesamtkeimzahl von >100 000/ml vorgenommen. Die EU-Richtlinie 92/46 begrenzt die Keimzahl und die somatischen Zellen von Rohmilch zur Buttergewinnung auf 400 000/ml und 500 000/ml [39]. Ab 1998 reduzieren sich diese Werte auf 100 000 und 400 000. Allerdings liegen heute schon die mittleren Keimzahlen der Rohmilch – beispielsweise in Bayern – bei ca. 30 000/ml. Die Butter muß entsprechend dieser Richtlinie in 1 g frei von *Listeria monocytogenes* und in 25 g frei von *Salmonella* spp. sein. Die EU-Richtlinie gibt auch detaillierte Vorgaben über hygienische Anforderungen, die an einen Produktionsbetrieb zu stellen sind, beispielsweise Beschaffenheit von Fußböden, Wänden, Türen, Raumluft, Arbeitsgeräten und Lagerräumen, Reinigungs- und Desinfektions (R & D)-Maßnahmen oder Personalhygiene.

Als Milchfetterzeugnisse gelten Butterreinfett (Butterschmalz, ≥ 99,8 Gew. % Fett), Butterfett (Butteröl, ≥ 96 Gew. % Fett) und fraktioniertes Butterfett (≥ 99,8 Gew. % Fett). Keine Butter im Sinne der Butterverordnung sind die Butterzubereitungen Schinken-, Kräuter-, Kaviar-, Lachs-, Sardellen-, Krebs-, Petersilie- oder Knoblauchbutter. Kakaobutter ist in der Kakaoverordnung definiert. Bei den Erzeugnissen Buttercreme und Butterkuchen darf als Fett nur Milchfett verwendet werden. Angesichts des rückläufigen Fettkonsums werden Produktvariationen – fett- und cholesterinreduzierte Aufstriche, Mischfette, Milchfettsubstitute (z. B. Simplesse), Milchstreichfette mit *Lactobacillus acidophilus*- und *L. bifidus*-Zusatz oder Mischungen mit Zucker, Vanillin, Zichorie, Sanddorn, Kaffee, Schokolade, Fruchtsäften, Fruchtkonzentraten und Beerenextrakten – an Bedeutung zunehmen [12, 28]. Die Markennamen Gras-, Sonntags-, Tee-, Tafel-, Faßbutter etc. sind Fantasiebezeichnungen, die beim Verbraucher eine besonders naturnahe Herstellung oder besondere Qualität suggerieren und ihn an das firmenspezifische Produkt binden sollen. Buttermilchprodukte sind die bei der Verbutterung von Milch und Sahne anfallenden flüssigen Erzeugnisse; sie können auch nachträglich mit Milchsäurebakterien gesäuert werden. Es wird zwischen „reiner Buttermilch" und „Buttermilch" (ohne/mit Zusatz von Wasser und Magermilch) unterschieden. Saure Buttermilch und Naturjoghurt sind, mit Ausnahme der verwendeten Kulturen, mikrobiologisch sehr ähnlich.

Die Margarine- und Mischfettverordnung (§ 67) des Lebensmittel- und Bedarfsgegenständegesetzes [25] regelt die Beimischung von Milchfett zu Pflanzenfetten. In den Margarineerzeugnissen Margarineschmalz (≥ 99 Gew. % Fett), Margarine (≥ 80 %), Dreiviertelfettmargarine (60–62 %) und Halbfettmargarine (40–42 %) darf der Höchstfettgehalt an Milchfett 3 % betragen. Die Mischfetterzeugnisse Mischfettschmalz (≥ 99 Gew. % Fett), Mischfett (≥ 80 %), Dreiviertelmischfett (60–62 %) und Halbmischfett (40–42 %) haben einen Milchfettanteil am Gesamtfett von 15 (20 bei Halbmischfett) –25 %, 45–55 % oder 65–75 %. Dem Rat der Europäischen Gemeinschaft liegt ein Verordnungsvorschlag für Streichfette vor, in dem neben der traditionellen Butter auch eine rekombinierte Butter beschrieben wird. Dieses Produkt entspricht im Mindest- bzw. Höchstgehalt an Fett, Wasser und fettfreier Trockenmasse der traditionellen Butter, ist aber durch ein Rekombinierungsverfahren hergestellt. Dieses Produkt kommt der Konsistenz von Margarine nahe [6].

6.2 Technologie

Für das Verständnis der Mikrobiologie der Butter ist ein kurzer Blick auf den Herstellungsprozeß notwendig. Die Butterproduktion in dem Molkereibetrieb beginnt mit der Stapelung der Rohmilch bei < 5 °C. Falls die Lagerzeit 24 h deutlich übersteigt, wird ein Thermisierungsschritt (64–68 °C/15–30 s) erforderlich. Für die Entrahmung wird die Milch zur Viskositätsemiedrigung des Milchfetts auf 40–55 °C erwärmt. Gebräuchliche Entrahmungsseparatoren arbeiten mit 4 000–7 000 U/min und haben eine Stundenleistung von 25 000 Liter. Schmutz, somatische Zellen und Bakterienklumpen werden über den Zentrifugenschlamm abgetrennt. Die erwünschte Rahmkonzentration variiert in Abhängigkeit vom Verarbeitungsprozeß. Folgende Konzentrationen sind gebräuchlich: Butterfertiger: 25–35 %; kontinuierliches Butterungsverfahren: 30–50 %; Sauerrahmbutter 35–40 %; Süßrahmbutter: 38–42 %; Alfa-Verfahren: 82 %. Durch Rückmischen wird der Rahm standardisiert und dann in die Lagertanks überführt. Dort kann bei Temperaturen von 3–5 °C und leichtem Rühren zur Vermeidung einer Aufrahmung einige Zeit gestapelt werden. Bei sofortiger Weiterverarbeitung wird auf die Zwischenkühlung verzichtet. Zugekaufter Rahm soll wegen des Verkeimungsrisikos durch den Transport in der Milchsammel- und Milchentrahmungsstation vor der Auslieferung bei 85–90 °C thermisiert und dann auf 3–5 °C gekühlt werden. Bei dieser Temperatur hat auch der Transport zu erfolgen. Die zu fordernde mikrobiologische Qualität des Zukaufrahms entspricht der Norm für die Anlieferungsmilch. Nach der Rahmerhitzung bei 95–110 °C ohne Heißhaltezeit folgt die Rahmreifung [20, 55].

Das Milchfett liegt in Kugelform mit 0,1–20 µm Durchmesser vor; die Tröpfchen sind von einer mehrschichtigen, 5–10 nm dicken Membran umgeben. Das Fett besteht aus einem Gemisch von heterogenen gesättigten und ungesättigten Triglyceriden. Der Schmelzbereich liegt zwischen –40 °C und +38 °C. Man findet ausgeprägte Kristallisationspunkte bei 11–15 °C und 16–20 °C mit korrespondierenden Schmelzpunkten bei 14–19 °C und 19–24 °C und spricht deshalb von

Technologie

nieder- und höherschmelzender Milchfettfraktion. Unter Rahmreifung versteht man die Trennung des Milchfetts in einen flüssigen und einen kristallinen Anteil. Anzahl und Struktur der Kristalle beeinflussen die Streichfähigkeit der Butter; ohne Kristalle erhielte man lediglich ein Butteröl. Außerdem leiten die Fettkristalle eine mechanische Zerstörung der Membran ein. Schließlich ist ein bestimmtes quantitatives Verhältnis von festem zu flüssigem Fett auch für die schnelle Agglomeration der Butterkörner erforderlich.

Das für die Butter zu erzielende Verhältnis von Fest- zu Flüssigfett hängt von der chemischen Fettzusammensetzung ab. Im Winter ist der Anteil gesättigter Fettsäuren höher als im Sommer. Dies würde zu einer harten, wenig streichfähigen Butter führen. Man muß deshalb in Jahreszeiten mit Stallfütterung den Anteil des kristallinen Fetts niedriger als in Jahreszeiten mit Weidenfütterung halten. Der Anteil ungesättigter Fettsäuren kann durch Fütterung mit pflanzlichen Ölen, beispielsweise Sonnenblumen- oder Saflorkernen ohne geschmackliche Einbußen bei der Butter erhöht werden [22, 46]. Es wurden Verfahren der Temperaturführung entwickelt, mit denen sich Struktur, Größe und Anzahl der Kristalle steuern lassen. Eine die Kristallisation einleitende niedrige Temperatur führt zu vielen Kristallisationskeimen, aus denen sich durch Anschmelzen und erneutem Abkühlen letztlich konzentrische Kristallschalen formen. Bei der Butterung brechen diese auf; die Schalenfragmente gleiten wie Schuppen in der flüssigen Fettfraktion. Diese Strukturbildung erhöht die Streichfähigkeit. Erwärmt man den Rahm jedoch zunächst knapp über den Erstarrungspunkt der 2. Fettfraktion, bilden sich nur einige wenige Kristallisationskeime. Durch rasches Abkühlen wachsen diese – ähnlich Eiskristallen – zu großen, vernetzten, polymorphen Kristallen, die allseitig von flüssigem Fett umgeben sind. Nach dem Aufbrechen der Fettkügelchen verzahnen sich diese Kristalle, was die Streichfähigkeit reduziert. Das leichte Rühren während der Rahmreifung fördert den Kristallisationsvorgang. Alle Temperierungsschritte haben technologisch so zu erfolgen, daß es zu keiner lokalen Übererwärmung kommt [35, 36, 40]. Es gibt kein einheitliches Temperaturprogramm für die Rahmreifung. Die Temperaturführung wird in der Praxis entsprechend der Jodzahl – einer Nachweismethode für den Anteil ungesättigter Fettsäure – eingestellt. Pauschal seien folgende Temperaturverläufe genannt: Kalt-Warm-Kalt-Verfahren für hartes Winterfett: 6–8 °C/2 h, Erwärmung auf 18–21 °C, evtl. Kulturenzusatz, Haltezeit 2 h, 13–16 °C/10–20 h, Butterung bei 13–17 °C; Warm-Kalt-Kalt-Verfahren für weiches Sommerfett: Temperierung auf 19–21 °C, evtl. Kulturenzusatz, Haltezeit 2 h, 16 °C/2–3 h, 8–10 °C/14–18 h, Butterung bei 10–14 °C. Die Lagerzeiten für die Rahmreifung können sich bei der Sauerrahmbutterproduktion verlängern. Sie werden von einer ausreichenden Kulturenentwicklung, d. h. Säure- und Aromaproduktion bestimmt. Wie man sieht, sind bei diesem Verarbeitungsprozeß Temperatur-Zeit-Kombinationen üblich, bei denen mesophile und psychrotrophe Rekontaminationskeime vermehrungsfähig sind.

Nach abgeschlossener Rahmreifung schließt sich die Butterung an [21]. Diese erfolgt meist im kontinuierlichen dreistufigen Verfahren – Butterungszylinder, Nachbutterungszylinder sowie Abpressen und Kneten. Durch Schlagen des Rahms werden die Fetttröpfchen-Membranen zerstört, das Butteröl fließt aus und verklebt das kristalline Fett. Es entstehen Butterkörner mit 1–4 mm Durchmesser und einem Wasseranteil von 30 %. Zu große oder zu kleine Butterkörner erhöhen den Wassergehalt und erschweren die Wasserfeinverteilung in der Butter. Die Buttermilch wird durch Kneten bis zu einem Wasseranteil der Butter von <16 % entfernt. Das Wasser muß so fein dispergiert sein, daß der Tröpfchendurchmesser 5 µm unterschreitet [19]. Dies gewährleistet eine hohe mikrobiologische Stabilität, da einzelne Rekontaminationskeime isoliert werden und sich dann nur noch unwesentlich vermehren können. Bei einem mittleren Tröpfchendurchmesser von 10 µm enthält 1 g Markenbutter 3×10^8 Wassertröpfchen. In diesem Fall ist selbst in einer ausgesprochen schlechten Butter mit 10^6/g Kontaminationskeimen in der Wasserphase nur jedes dreihundertste Tröpfchen mit einem Keim besetzt; entsprechend erniedrigt ist der potentielle Mikroorganismenzuwachs [34]. Bei schlecht gekneteter Butter mit einem Tröpfchendurchmesser von 100 µm reduziert sich die Tropfenzahl auf 3×10^4. Hier ist bereits bei einer mittleren Fremdkeimzahl jedes Wassertröpfchen mit einem Keim besetzt; der Keimzuwachs ist unbegrenzt. Andererseits ist zu bedenken, daß mit zunehmender Verringerung der Tröpfchengröße die Fett-Wasser-Grenzfläche zunimmt. In den genannten Beispielen liegen 1 000 cm² bzw. 10 cm² Grenzfläche vor. Bei hoher Wasserfeinverteilung haben deshalb geringere Gesamtmengen von Lipasen oder anderen flavorschädlichen Bestandteilen sensorische Auswirkungen.

Der Butterungsprozeß kann zur Reduzierung des Luftanteils durch Anlegen eines Vakuums von 50–300 Torr unterstützt werden. Ein dadurch von 5–7 Vol. % auf 1 Vol. % erniedrigter Lufteinschluß verringert die Tendenz zum Ranzigwerden durch Fettoxidation, verhindert das Wachsen obligat aerober Keime und verbessert die Buttertextur. Das früher übliche ein- bis zweimalige Waschen der Körner der Sauerrahmbutter zur Erniedrigung des Lactose- und Eiweißanteils entfällt heute meist aufgrund dieser mit moderner Technik erzielbaren, hohen Wasserfeinverteilung. Falls dennoch gewaschen wird, soll dies nach Möglichkeit mit Trinkwasser von 4–6 °C geschehen; die Waschwassermenge entspricht der abgetrennten Buttermilchmenge.

Die mikrobiologische Reifung bei der Sauerrahmbutter bedingt gegenüber der Süßrahmbutter geringe Unterschiede im Butterungsprozeß. Durch die pH-Erniedrigung sind die Fettmembranen deutlich instabiler, was den Butterungsprozeß beschleunigt. Aufgrund der damit verbundenen geringeren mechanischen Belastung wird der Fettübertritt in die Buttermilch reduziert. Die Viskosität der Butter ist dadurch erhöht, weshalb man eine geringfügig höhere Butterungstemperatur wählen sollte.

In einigen Ländern wird gesalzene Butter mit einem NaCl-Anteil von 1,5–2 %, vereinzelt sogar bis zu 3,5 %, bevorzugt. Gesalzen wird erst nach dem Butterungsprozeß, da ansonsten ein erheblicher Salzanteil in die Buttermilch übertreten würde. Dies wäre ein unnötiger Salzverlust, vor allem aber ist gesalzene Buttermilch nicht verwertbar. Das Salz kann entweder als feinkörniges Siedesalz mit 30–50 nm Korngröße, als aufgeschwemmter Salzbrei (bis 55 % Salzgehalt) oder als

Technologie

vorher aufgekochte Sole (bis 26 % Salzgehalt) in die Butter eingearbeitet werden. Die Salzlösung sollte frisch bereitet werden; einer Entmischung ist durch ständiges Rühren vorzubeugen. Nachdem die Butter beim heutigen Butterungsprozeß nur bis zu 12 % Wassergehalt entwässert werden kann, und das Gesetz den Wasseranteil von Qualitätsbutter auf 16 % begrenzt, sind der beizumengenden Salzlösung quantitative Grenzen gesetzt. Beim Zusatz einer 50 %igen Salzaufschwemmung kann nur ein Maximalgehalt von ca. 2 %, mit der Salzsole nur von 1 % eingestellt werden. Das Salz wird sich in der Butter vorwiegend in der wäßrigen Phase lösen, womit sich dort eine lokal relativ hohe Salzkonzentration von $\geq$ 9 % einstellt. Diese wirkt bakteriostatisch. Aufgrund der erwähnten hohen Wasserfeinverteilung ist es aber nicht gewährleistet, daß jedes Wassertröpfchen Kontakt mit der Salzlösung hat. Somit liegt in der Praxis eine Mischung aus Wassertröpfchen mit sehr hoher Salzkonzentration und salzfreien Tröpfchen vor. Die theoretische, aus der mittleren Salzkonzentration zu erwartende Bakteriostase wird nicht erreicht.

Sauerrahmbutter ist gewöhnlich ungesalzen oder enthält höchstens 0,5 % NaCl. Die Ursache hierfür ist die oxidierende Wirkung der Kombination aus Salz und niedrigem pH-Wert; die Butter erhielte einen fischigen Geschmack. Die beste Lagerfähigkeit besitzt gesalzene Butter mit einem pH-Wert von 6,8. Eine inhomogene Verteilung des Salzes macht die Butter wasserlässig, da ungelöstes Salz aufgrund seiner hygroskopischen Eigenschaft Wasser zieht.

Die fertige Butter muß sofort in beschichteter Aluminiumfolie, plastikbeschichtetem Papier oder Pergamentpapier luftblasenfrei verpackt und auf 5 °C/$\geq$ 24 h gekühlt werden. Längeres Liegenlassen der unverpackten Butter birgt die Gefahr der Oberflächenaustrocknung, womit die Butter brüchig würde. Gefügebrüche vergrößern die Oberfläche und somit die Qualitätsrisiken durch Luft-, Licht-, Staub- oder Spritzwasserzutritt. Verpackungsstoffe mit hohen Werten für Licht-, Luft- und Wasserdampfsperre sind vorzuziehen. Butter, Milchhalbfette und Butterschmalz werden auch in Plastikbechern angeboten. Diese Becher können sich in den Verpackungsmaschinen elektrostatisch aufladen und dabei Staub anziehen. Hiergegen sind technische Vorkehrungen zu treffen [49, 56].

Die effektive Reinigung und Desinfektion der Buttereianlagen ist durch den festhaftenden Fettbelag erschwert. Die Produktentfernung erfolgt durch eine Vorspülung mit Heißwasser und Dampf. Eine Behandlung mit heißem R & D-Mittel sowie eine Heißwassernachspülung schließen sich an. Das Nachspülwasser ist durch geeignete Sensoren, beispielsweise für Leitfähigkeit und pH-Wert, auf Chemikalienfreiheit zu prüfen. In älteren Anlagen mit polierten oder leicht grobkörnigen produktberührenden Metalloberflächen wird im Gegensatz zu modernen Anlagen mit sandgestrahlten Oberflächen die Verwendung von silikathaltigen R & D-Mitteln empfohlen. Silikatbeläge auf der Gerätewandung verringern die Produkthaftung aufgrund eines verbleibenden Wasserfilms. In diesem Fall wird – was vom hygienischen Standpunkt sehr bedenklich ist – nur mit Kaltwasser nachgespült; das Wasser darf nicht abtrocknen. Auf die Freispülung der R & D-Komponenten ist bei Kaltwassernachspülung besonders gut zu achten. Kesselstein wird mit 1 %iger chloridfreier Salpetersäurelösung von 70 °C entfernt.

Die Haltbarkeit der Butter wird von der Lagertemperatur bestimmt, z. B. 10 d bei 20 °C, 20 d bei 15 °C, 30 d bei 10 °C, 60 d bei 5 °C, 150 d bei –10 °C und 300 d bei –20 °C [44, 52]. Nach einer Lagerung von 30 d/10 °C beträgt der Diacetyl- und Acetoingehalt nur noch 30–40 % des Ausgangswertes. Der begrenzende Lagerungsfaktor ist die Fettoxidation durch Licht, Luftsauerstoff, Schwermetalle oder Mikroorganismen. Das verschiedentlich vorgeschlagene Zusetzen der Konservierungsmittel Sorbinsäure, Benzoesäure, Propionsäure, Natamycin, Nisin oder Nystatin, der Antioxidantien Tocopherol, Ascorbinsäure, Ascorbylpalmitat, Betain, Propylgallat, Octylgallat, Dodecylgallat, Butylhydroxyanisol, Butylhydroxykresol, Butylhydroxytoluol, Butylhydroxyphenol, Ethoxyquin, Hydroxyguajacol, Kümmelöl oder Thymianöl, der Schwermetallkomplexbildner Lecithin, Aminosäuren, Citronen-, Phosphor-, Citracon- oder Fumarsäure sowie von Enzymen ist in Deutschland nicht zulässig; ebensowenig erlaubt ist das Imprägnieren von Packmaterial zur Vermeidung des Schimmelwachstums auf der Butteroberfläche. Die ausgewiesene Mindesthaltbarkeit beträgt bei Verbraucherpackungen ca. 30 d. In der Regel kommt die Butter nach 2–4 d Lagerzeit im Großhandel und 3–12 d Verweilzeit im Einzelhandel, also spätestens nach 16 d in die Hand des Verbrauchers, so daß diesem eine Restlaufzeit von mindestens 2 Wochen verbleibt. Bei ausländischer Butter kann sich diese Zeitspanne aufgrund einer längeren Verweildauer im Großhandel bis auf wenige Tage reduzieren. Obwohl das aufgedruckte Mindesthaltbarkeitsdatum kein Verfallsdatum ist, und die Butter in aller Regel bei Einhaltung der Kühlkette auch noch einige Zeit danach verzehrsfähig bleibt, wird überlagerte Ware im Einzelhandel nicht angeboten [13].

6.3 Starterkulturen

Nur die naturgesäuerte Sauerrahmbutter wird durch mikrobiologische Säuerung des Butterungsrahms hergestellt. Durch den Kultureneinsatz soll der Rahm reifen, auf einen niedrigen pH-Wert abfallen und sich mit Butteraroma anreichern. Folgende Milchsäurebakterien-Starterkulturen kommen zur Anwendung:

Lactococcus lactis subsp. *cremoris* (*Lactococcus cremoris*)

Lactococcus lactis subsp. *lactis* (*Lactococcus lactis*)

Lactococcus lactis subsp. *lactis* var. *diacetylactis* (*Lactococcus diacetylactis*)

Leuconostoc mesenteroides subsp. *cremoris* (*Leuconostoc cremoris*) (früher *Leuconostoc citrovorum*)

Die Laktokokken bilden kurze bis lange Ketten von kugel- bis eiförmigen oder zylindrischen Zellen. Die einzelnen Arten sind weder zell- noch koloniemorphologisch klar zu unterscheiden. *Leuconostoc* läßt sich morphologisch nur sehr schwer von den Laktokokken abtrennen. Einzig die Zellketten sind relativ kurz, häufig liegen auch Einzelzellen vor. *Leuconostoc* spp. sind manchmal auch leicht stäbchenförmig, so daß diese mit Streptobakterien verwechselt werden können. Die genannten Lactokokken bilden Säure aus den Zuckern Lactose, Glucose, Galactose, Fructose, Mannose sowie aus N-Acetyl-glucosamin. *Leuconostoc cremoris* verwertet nur Lactose, Glucose, Galactose und N-Acetyl-glucosamin. *Lactococcus* produziert aus Glucose L-(+)-Milchsäure, *Leuconostoc* D-(–)-Milchsäure. Alle Arten sind mesophil. Die Temperaturoptima liegen zwischen 20 °C und 30 °C; die unteren und oberen Wachstumsgrenzen erreichen ca. 10 °C und 37 °C. *Lactococcus lactis* und *Lactococcus diacetylactis* zeichnen sich gegenüber *Lactococcus cremoris* durch eine höhere obere Wachstumsgrenze (bis 40 °C) und eine höhere Salztoleranz (4 % statt 2 %) aus. *Leuconostoc* ist aerotoleranter als *Lactococcus*; beide bevorzugen mikroaerobes Milieu, können aber trotz des fehlenden Katalaseenzyms für kurze Zeit aerob kultiviert werden. Die Gattung *Leuconostoc* verwertet Glucose über einen kombinierten Hexosemonophosphat/Phosphoketolase-Weg, d. h. die Lactose wird nach der Spaltung in die Monosaccharide Glucose und Galactose zu äquimolaren Mengen von Milchsäure, Essigsäure und CO_2 abgebaut, wobei auch Diacetyl, Acetoin, 2,3-Butandiol, Ameisensäure und andere Säuren, Ketone, Lactone, Ester, Alkohole und Aldehyde frei werden. Somit wird relativ wenig Säure gebildet. Die Gattung *Lactococcus* dagegen ist homofermentativ, d. h. Glucose wird über den Hexosediphosphat-Weg abgebaut, und Milchsäure ist das fast ausschließliche Stoffwechselprodukt. Letztere Stämme sind somit für eine gute Säuerung unentbehrlich.

Die Arten *Lactococcus diacetylactis* und *Leuconostoc cremoris* produzieren die Butteraromen Diacetyl und Acetoin aus Citrat, dessen Frischmilchanteil bei 0,15–0,17 % liegt. Man spricht deshalb einerseits von Aromaproduzenten (*Leuconostoc cremoris, Lactococcus diacetylactis*) und andererseits von Säureproduzenten (*Lactococcus lactis, L. cremoris*) [2]. Die Citratvergärung erreicht erst bei pH < 5,5 ihr Optimum, da vorher das Citrat noch teilweise als Salz gebunden ist und bei höheren pH-Werten primär Acetat und Lactat entsteht; somit läßt sich eine optimale Diacetylproduktion nur in Gegenwart der Säureproduzenten erzielen. Die bei der mikrobiellen Rahmreifung gebildeten aromagebenden Stoffwechselprodukte Diacetyl und Acetoin gehen nur zu ca. 40 % und 10 % in die Butter über. Der Rest wird mit der Buttermilch ausgewaschen. Der Diacetylgehalt der Butter kann zwischen 0,2 und 3,9 mg/kg schwanken. Für ein gutes Aroma ist ein Gehalt von ≥ 1 mg/kg erforderlich; der Geschmacksschwellenwert liegt bei 0,055 mg/kg [37].

Die Kulturenhersteller verwenden die Begriffe Null- oder ohne- (O)-Kultur (Streptokokkenkultur ohne Diacetylbildner = *Lactococcus lactis* + *Lactococcus cremoris*), Betakokken (B)- oder Leuconostoc (L)-Kultur (Säurebildner + *Leuconostoc cremoris*), Diacetyl- oder *diacetylactis* (D)-Kultur (Säurebildner + *Lactococcus diacetylactis*), DB- bzw. DL-Kultur (Säurebildner + *Leuconostoc cremoris* und *Lactococcus diacetylactis*) und Aromakultur (nur *Lactococcus diacetylactis* und/oder *Leuconostoc cremoris*). Seit der nomenklatorischen Umbenennung von *Streptococcus lactis* in *Lactococcus lactis* ist diese Kennzeichnung irreführend, da „L" sowohl für *Leuconostoc* als auch für *Lactococcus* stehen könnte, sie wird aber in der Praxis aus traditionellen Gründen weiterhin gebraucht [23, 30].

Starterkulturen

Die Starter werden als Einstamm-, Mehrstamm- und Mischkulturen in flüssiger, tiefgefrorener und gefriergetrockneter Form – letzteres als Pulver oder als Granulat – in den Handel gebracht. Die quantitativen Populationsanteile der Arten sind variabel – beispielsweise 70–90 % *Lactococcus cremoris*, 5–20 % *Lactococcus diacetylactis*, 2–10 % *Leuconostoc cremoris* und 1–5 % *Lactococcus lactis*. An die Stämme werden hohe Ansprüche an Wachstumsgeschwindigkeit, Säuerungsaktivität, Aromabildung, Phagenrestriktion, Antibiotikaresistenz und zukünftig vermutlich auch Bacteriocinproduktion gestellt. Gleichzeitig werden niedrige Aktivitäten für Proteolyse, Lipolyse, Acetaldehydbildung und Diacetylreduktion gefordert. Von dem flüssigen, unkonzentrierten Handelspräparat (Stammkultur) werden zunächst mit 0,5–1,5 % Impfmenge eine Mutterkultur, dann eine Zwischen- oder Intermediärkultur und schließlich eine Betriebskultur hergestellt. Der Buttereirahm wird, je nach gewählter Reifungstemperatur und -zeit, mit 1–7 % der Betriebskultur beimpft. Heute werden vermehrt konzentrierte Handelspräparate verwendet, mit denen man direkt den Ansatz für die Betriebskultur bzw. den Prozeßrahm beimpft. Vorzüge dieses Verfahrens sind eine lange Lagerfähigkeit der Handelspräparate und vor allem Einsparungen an Logistik, Zeitbedarf für die Kulturenvermehrung, Geräten, Verbrauchsmaterial und Personal sowie die Risikominimierung für Kulturenentmischung, Phagenbefall, Rekontamination mit Fremdkeimen, technische Fehler und Verunreinigung durch Fremdstoffe, wie z. B. R & D-Mittel. Die Kulturen werden in hocherhitzter (95–110 °C/30 min) Vollmilch, rekonstituierter teilentrahmter Milch oder synthetischem Nährmedium bei 20–22 °C/ca. 20 h bis zum pH von 4,7–4,6 bzw. SH von 38–42 °C vermehrt. Der Säurewecker wird bis zum Gebrauch bei 4–6 °C gelagert und erst unmittelbar vor dem Rahmreifungsschritt dem Butterungsrahm zugesetzt. Die Kultur sollte im wöchentlichen Rhythmus rotiert werden.

Heute ist überwiegend mildgesäuerte und leicht aromatisierte Butter mit pH ≤ 6,3 und ca. 1 mg/kg Diacetyl auf dem Markt. Anstelle der traditionellen direkten Säuerung wird die indirekte Säuerung nach dem NIZO-Verfahren angewendet, womit sich Butter herstellen läßt, die der Sauerrahmbutter nach klassischem Verfahren (naturgesäuert auf pH 4,6–5,1 und 1–3 mg/kg Diacetyl) in nichts nachsteht [19, 54]. Hierbei finden die Rahmreifung und die Säuerung getrennt statt. Erst beim Kneten der Süßrahmbutter wird eine Mischung aus Milchsäurekonzentrat und Aromakultur sowie eine normale Butterungskultur oder eine Kultur, die nur Diacetylproduzenten enthält, zugegeben. Die dabei verwendete Milchsäure mit ≥ 15 Gew. % läßt sich durch Ultrafiltration einer *Lactobacillus delbrueckii* ssp. *helveticus*-Kultur herstellen. Die Aromakultur soll 80–160 mg/kg Diacetyl enthalten und wird durch Einsatz einer Kultur mit einem höheren quantitativen Anteil von Diacetylbildnern – beispielsweise 50–75 % *Lactococcus cremoris* + *Lactococcus lactis* und 25–50 % *Lactococcus diacetylactis* + *Leuconostoc cremoris* – gewonnen. Mit Zusatz der zweiten Kultur wird meist gleichzeitig der Wassergehalt der Butter eingestellt. Das früher teilweise propagierte Zumischen einer Betriebskultur mit hohem Aromaanteil unmittelbar vor der Butterung ist heute unüblich, da zusammen mit der Buttermilch die Kultur und die Aromakomponenten wieder ausgeschwemmt werden und somit ein hoher Säureweckeranteil verlorengeht. NIZO empfiehlt folgendes Verfahren:

1. Bereitung einer L-Betriebskultur mit 80 % Säureproduzenten und 20 % *Leuconostoc* spp. (90 g Präparat + 1 000 l Magermilch mischen, 20 h/18 °C Bebrütung bis zu ≥ 52 °SH).
2. Bereitung einer Aromakultur mit 70 % Säureproduzenten und 30 % *Lactococcus diacetylactis* (90 g Präparat + 500 l Magermilch, 18 h/21 °C Bebrütung bis ≥ 52 °SH).
3. Drei Teile der Aromakultur mit zwei Teilen Permeat mischen und 20 min belüften.
4. Der Süßrahmbutter 1 % Betriebskultur und 1,3 % Permeat/Aromakultur-Mix zudosieren.

Das indirekte Verfahren hat mehrere Vorteile. Zum einen kommt die mildgesäuerte Butter dem Verbrauchergeschmack näher. Außerdem entsteht bei diesem Prozeß Süßrahmbuttermilch, die verschiedene Vorzüge – z. B. leichtere Trocknung, bessere Qualitätskonstanz, Entrahmungsmöglichkeit und bessere Vermarktung – aufweist. Der Butterungsprozeß wird zeitlich verkürzt und stabilisiert, da es wesentlich einfacher ist, Rahmreifung und Kulturenbereitung separat statt gemeinsam zu führen. Letzteres erfordert immer einen Kompromiß zwischen den Zielsetzungen einer optimalen Fettkristallverteilung einerseits und der Säureweckerkulturentwicklung andererseits. Mit dem indirekten Säuerungsverfahren lassen sich Wasser-, Säure- und Diacetylgehalt separat steuern. Man erzielt damit gegenüber dem direkten Säuerungsverfahren eine deutliche Verbesserung der Butterstreichfähigkeit und der Haltbarkeit. Kammerlehner [19] verweist mit Recht auf die mißverständliche Verwendung der Begriffe „direkt" und „indirekt". Es wäre folgerichtiger, die Säuerung mit Milchsäurezusatz als die „direkte Säuerung" zu bezeichnen. Der Einarbeitung lediglich eines Aromakonzentrats mit ca. 1 g/kg Diacetyl aus einer Kultur mit *Lactococcus diacetylactis* und *Leuconostoc cremoris* in die Süßrahmbutter sind technologische und in Deutschland rechtliche Grenzen gesetzt. Bei der Herstellung mildgesäuerter, gesalzener Butter nach dem indirekten Säuerungsverfahren wird das Salz der Mischung aus Milchsäure und Aromakultur oder dem zweiten, normalen Betriebssäurewecker beigemengt. Aufgrund der betriebswirtschaftlichen Vorteile für die Herstellung mildgesäuerter Butter gegenüber Süß- und Sauerrahmbutter stieg in den Prüfjahren 1987 bis 1992 der zur DLG-Butterprüfung eingesandte Probenanteil dieser Sorte von 8 % auf 55 % [15].

6.4 Butterfehler

Die Butter sollte ein frisches, reines Aroma aufweisen. Vom Gesetzgeber werden die Gütekriterien „rein, leicht rahmig" (Süßrahmbutter), „säuerlich-aromatisch" (Sauerrahmbutter) und „mildsäuerlich" (mildgesäuerte Butter) genannt. Für gut aromatische Süßrahmbutter wird auch der Begriff „nussig" verwendet. In der Butter liegt eine komplexe Mischung von aromawirksamen Stoffen vor. Für das Aroma der Sauerrahmbutter ist vor allem eine ausgewogene Mischung der Stoffe Diacetyl, Acetoin, Essigsäure, Milchsäure und Dimethylsulfid maßgeblich. Hinzu kommen viele weitere aromagebende Spurenbestandteile wie Ethanol, Ameisen-

Butterfehler

säure, Acetaldehyd, Decalacton, Methylacetat, Schwefelwasserstoff, Glutamat, Phenol, Kresol, Methylmercaptan und sogar Skatol und Indol [53].

Von der DLG wurden die folgenden häufigsten Butterfehler genannt:

Geruch: alt, hefig, käsig, futterig, fremdsauer, brandig, malzig, muffig, strengherb, fischig, tranig, seifig, talgig, ranzig.

Geschmack: alt, hefig, käsig, futterig, fremdsauer, brandig, malzig, muffig, strengherb, ölig, metallisch, fischig, tranig, seifig, talgig, ranzig.

Gefüge: bröckelig, kurz, krümelig, mehlig, locker, porig, salbig, schmierig, wasserlässig.

Aussehen: schichtig, streifig, bunt, fleckig, marmoriert, Kantenbildung.

Die genannten Fehler kommen bei minderer Qualität meist kombiniert vor; sie haben vielfältige Ursachen. Es muß differenziert werden, ob frische Butter oder gelagerte Butter beurteilt wird, da einige Fehler sich während der Lagerung verstärken, andere verringern können [47]. Einige der genannten Fehler sind auf mangelnde mikrobiologische Qualität zurückzuführen. Als Schadensquellen kommen folgende Mängel in Frage:

- Hohe Thermoduren-Keimzahl der Ausgangsmilch
- Unzureichende Rahmerhitzung
- Rekontamination des Rahms durch Haarrisse im Wärmetauscher
- Unzureichende Entkeimung der Lagertanks (unterdosierte R & D-Mittellösungen, fehlerhafte CIP-Reinigung, unterversorgter Dampfstrom, verstopfte Düsenköpfe, defekte Mechanik, fehlerhafte Sensoren)
- Kühlwasserübertritt in den Reifungstank
- Keimeintrag durch die Sterilluftbeaufschlagung (bakterien-, hefen-, phagenundichte Filter)
- Kontaktinfektion durch unsterile Rohrleitungen, Pumpen, Ventile etc.
- Kontamination von Betriebssäurewecker, Aromakultur oder Permeat mit Keimen und Phagen
- Kontamination von Salz- oder Farbstofflösung
- Kontamination der Butterfertiger, Portionier- und Verpackungsmaschinen (unzureichende R & D, Rekontamination durch Nachspülwasser)
- Luftkontamination bei der Verpackung (Staub, Spritz- und Tropfwasser)
- Keime im Wasch- und Dosierwasser
- Verkeimung des Packmaterials (unsterile Produktion, feuchte und staubige Lagerung, Ungeziefer)
- Kontaktinfektion durch Umarbeiten und Umpacken von Blockbutter.

Die anfänglich meist geringen Kontaminationsraten führen unter folgenden ungünstigen Produktionsbedingungen zu mikrobiologisch bedingten Butterfehlern:

Butterfehler

- Zu hohe Lagertemperatur bei der Rohmilchstapelung (Sporenbildnerzuwachs, Teildenaturierung)
- Überlagerung der Anlieferungsmilch und des Rahms
- Vermehrung von Kontaminanten bei Säuerungsverzögerungen durch Phagen, Fehltemperaturen und Hemmstoffe
- Unzureichende Wasserfeinverteilung in der Butter
- Zu hoher Wasser-, Lactose- oder Eiweißgehalt
- Unzureichende Vermischung von Kochsalz
- Unzureichendes Einkneten der Milchsäurelösung
- Lufteinschlüsse und Gefügebrüche
- Kondenswasserbildung auf der Butteroberfläche
- Licht- und Luftzutritt
- Zu langsames Abkühlen der abgepackten Butter
- Nichteinhaltung der Kühlkette
- Leichte Phasentrennung durch zu schnelles Auftauen von gefrorener Butter
- Verpackungsfehler (freie Stellen unter der Faltlasche, Butter zwischen den Falten, Verpackung beschädigt etc.).

Alle Mikroorganismen, mit Ausnahme der Bazillen- und Clostridiensporen, sowie die Phagen werden bei der Rahmerhitzung quantitativ abgetötet. Die Kontamination der Butter erfolgt somit in der Regel ausschließlich durch Rekontamination. Diese ist durch geeignete technische und hygienische Maßnahmen weitgehend vermeidbar. Somit ist die Verkeimungsrate der Rohmilch im allgemeinen von geringer Bedeutung. Die meisten mikrobiellen Enzyme – Lipasen, Proteasen, Oxidasen, Katalasen, Reduktasen, Peroxidasen etc. – werden durch die Rahmerhitzung inaktiviert; somatische Enzyme ebenfalls. Problematischer ist eine hohe Bazillenkeimzahl in der Rohmilch oder dem Zulieferungsrahm, da die Endosporen die Erhitzung überdauern und später auskeimen würden. Gerade die Sporenbildner sind häufig starke Lipolyten und Proteolyten; außerdem können sie meist mikroaerob und in der Kälte wachsen. Flavorfehler ergeben sich allerdings erst ab einer Keimzahl von $> 10^5$/g Rohmilch, Rahm oder Butter. Einige hitzestabile Proteasen der Sporenbildner können eine Süßgerinnung verursachen. Eine hohe Ausgangskeimzahl könnte unter Umständen bereits zu sensorisch wirksamen Umsetzungen in der Milch geführt haben. Ist der Schwellenwert einer Flavorveränderung nicht erreicht, besteht die Gefahr, daß er nur knapp unterschritten ist, und eine geringfügige zusätzliche Schädigung, die für sich allein unwirksam wäre, merkliche Geschmacksveränderungen hervorruft. Hinzu kommt, daß das Produkt nach einer partiellen Denaturierung deutlich anfälliger für weitere mikrobielle oder physikalische Einwirkungen ist. Die Keime der Rohmilch destabilisieren beispielsweise die Fettkügelchenmembranen mit der Folge, daß die Scherkräfte der Rahmpumpen und Rührwerke vereinzelt das Auslaufen des Butterfetts bewirken; damit ist das

Butterfehler

Triglycerid für die später sich entwickelnden Rekontaminationskeime bzw. die auskeimenden Bazillen leichter verfügbar und das mikrobielle Wachstum ist deutlich beschleunigt.

Der wesentlichste sensorische Butterfehler ist auf die Fetthydrolyse zurückzuführen. Mikrobielle Lipasen fungieren als Katalysatoren. Beim Ranzigwerden wird das Fett in die Bestandteile Glycerin und Fettsäuren gespalten. Das Milchfett enthält vor allem die gesättigten Fettsäuren Buttersäure, Capronsäure, Caprylsäure, Caprinsäure, Laurinsäure, Myristinsäure, Palmitinsäure und Stearinsäure sowie die ungesättigten Fettsäuren Ölsäure, Linolsäure, Hexadecensäure und Octadecensäure. Die langkettigen Fettsäuren werden abgebaut; ungesättigte Fettsäuren werden gleichzeitig durch Oxidasen und Peroxidasen zu gesättigten Fettsäuren oxidiert. Es entstehen schließlich stark unangenehm riechende kurzkettige Säuren, wie z. B. Butter-, Capron- und Caprylsäure. Die Spaltprodukte werden vor allem oxidativ weiter zu Ketonen umgesetzt, wobei die Keton- oder Parfümranzigkeit entsteht. Besonders starke Lipolyten sind Hefen. Folgende Arten wurden aus Butter isoliert: *Candida butyri, C. diddensiae, C. famata, C. parapsilosis, C. pseudocactophila, C. rugosa, C. sake, C. steatolytica, C. tropicalis, Kluyveromyces marxianus* (*C. kefyr*), *K. lactis* (*C. sphaerica*), *Pichia guilliermondii* (*C. guilliermondii*), *P. norvegensis* (*C. norvegensis*), *Trichosporon pullulans* und *Yarrowia lipolytica* (*C. lipolytica*) [3, 33]. Zu den intensiv fettspaltenden Bakterien zählen die *Pseudomonadaceae* (*Pseudomonas fluorescens, P. putida, P. aeruginosa, P. caseolytica, P. putrefaciens, P. fragi, P. taetrolens, Alcaligenes* spp.), *Enterobacteriaceae* (*Enterobacter cloacae, E. aerogenes, E. liquefaciens, Escherichia coli, Serratia marcescens, Proteus mirabilis, P. fragi, P. putrefaciens*), Coryneforme, Mikrokokken, Enterokokken, Sarcinen und Bazillen [10, 26, 56]. Viele Schimmelpilze sind ebenfalls gefürchtete Fettspalter, beispielsweise *Cladosporium butyri, Penicillium commune* und *Scopulariopsis brevicaulis*. Einige der genannten Bakteriengruppen können bei dem niedrigen pH-Wert der Sauerrahmbutter nicht oder kaum wachsen (Bazillen, Mikrokokken, Pseudomonaden, Sarcinen etc.) und sind somit dort von geringer Bedeutung. In der Sauerrahmbutter halten die Milchsäurebakterien die ökologische Nische besetzt, so daß aufgrund der Nährstoffreduktion und der protektischen Wirkung der Stoffwechselprodukte Milchsäure, Essigsäure, Ameisensäure, CO_2, H_2O_2, Nisin oder Bacteriocin ein Aufwachsen von Fremdkeimen erschwert ist. Die mikrobiologische Haltbarkeit der Sauerrahmbutter ist demzufolge besser als die der Süßrahmbutter. Hefen und Schimmelpilze verwerten an der Oberfläche von Sauerrahmbutter organische Säuren. Es bilden sich Alkaliinseln, in denen säureintolerante Bakterien wachsen können. Andererseits wird auch Hefen eine Schutzfunktion gegenüber der Entwicklung von Schadbakterien zugesprochen [12, 48].

Die Lipid- und Phospholipidzersetzung wird auch durch Schwermetalle, insbesondere Kupfer sowie die Elemente Fe, Mo, Co und Cr, katalysiert. Dieser Abbau bedingt einen ölig-fischigen Altgeschmack der Butter. Durch die heute übliche Verwendung von Edelstahlgeräten kommt die Milch mit metallischem Kupfer nicht in Kontakt. Das Kupfer der Butter ist vielmehr ein originärer Bestandteil der

Butterfehler

Phospholipide, also der Fettkügelchenmembranen der Milch. Je stärker die Butter mechanisch behandelt wird und je chemisch instabiler diese Membranen sind, z. B. durch ein niedriges pH aufgrund überhöhter Milchsäuremengen, um so mehr Cu tritt aus dem Serum in die Fettfraktion über. Nach dem indirekten Säuerungsverfahren hergestellte Butter enthält mit 0,07 mg/kg ca. 50 % weniger Cu als die nach dem direkten Säuerungsverfahren hergestellte. Dies dürfte einer der Gründe für die längere Haltbarkeit der nach ersterem Verfahren produzierten Butter sein. Eingelagerte Interventionsbutter sollte den Wert von 0,1 mg/kg Cu nicht überschreiten. Wasseranteil im Butter-Streichfettprodukt und Oxidationsgefahr sind direkt proportional; reines Butterschmalz ist wesentlich haltbarer als Butter, Dreiviertelfettbutter oder gar Halbfettbutter.

Die Butter muß lichtgeschützt produziert und gelagert werden, da bereits geringste Mengen an UV-Strahlen lipid- und eiweißoxidierend wirken [5]. Aufgrund der gelben Eigenfarbe der Butter hat auch gelblich-rotes Licht diese negative Auswirkung. Es entsteht ein Oxidationsgeschmack durch freigesetzte Peroxide, Ketone, Aldehyde, Peptide und Aminosäuren. Die oxidationsempfindlichen Vitamine A, B_1, B_2, C und E werden zerstört. Diese Effekte beschränken sich auf die Butteroberfläche. Der kritische Punkt für eine geschmackliche Beeinflussung liegt bei 1 500 Luxstunden, was bei normaler künstlicher Beleuchtung von Verkaufsregalen schon nach 1–10 h erreicht ist. Die photochemische Reaktion wird durch die Anwesenheit von Metallionen und Lactoflavin oder durch enzymatische und mikrobielle Destabilisierung der Butterinhaltsstoffe gefördert. In der Regel wird auf die lichtdichte Verpackung besonders großer Wert gelegt. Die früher übliche Verwendung von Pergamentpapiereinwicklern ist bei portionierter Butter nur noch selten – z. B. bei Direktvermarktern auf Wochenmärkten oder bei Molkereien, die das Image von „Bio"-Butter anstreben – zu sehen. Die mikrobiell oder durch Licht- und Sauerstoffeinfluß bewirkte Lipidoxidation läßt sich über die Peroxidzahl quantitativ bestimmen [45].

Ein Kochgeschmack bei der Butter ist vor allem auf die Freisetzung von Sulfhydrylgruppen bei der Rahmerhitzung zurückzuführen; dieser Fehler geht innerhalb weniger Tage nach der Butterproduktion zurück. Die SH-Gruppen wirken andererseits reduzierend und verzögern somit das Ranzigwerden. Ebenfalls antioxidative Eigenschaft hat das Tocopherol, ein lipophiles Vitamin (E) der Milch, das sich beim Buttern in der Fettfraktion anreichert. Bei Weidenfütterung ist die Butter reicher an den Vitaminen Tocopherol, Vitamin A und Beta-Carotin (Provitamin A) als bei Stallfütterung. Letzteres kommt durch die unterschiedliche natürliche Färbung von Winter- und Sommerbutter zum Ausdruck. Beim Verschneiden von frischer Butter mit gelagerter Blockbutter können die Fehler „schichtig", „streifig" etc. auftreten. Marmorierte Butter entsteht durch inhomogene Kochsalzverteilung.

Die Geschmacksfehler „alt", „faulig", „bitter" oder „käsig" sind häufig auf die Aktivität von Proteolyten zurückzuführen. Die in der Butter enthaltenen Reste von Milcheiweiß werden hydrolysiert. Es entstehen Peptide und Aminosäuren sowie deren Folgeprodukte, beispielsweise Schwefelwasserstoff, Ammoniak, Indol und

Butterfehler

Skatol. Als Schadkeime kommen im wesentlichen die gleichen Keime wie bei der Fetthydrolyse in Frage. Die Fehler „ölig", „talgig", „mehlig", „körnig" oder „grießig" haben selten eine mikrobiologische Ursache; es handelt sich vielmehr um physikalische Butterfehler, etwa aufgrund einer schlechten Wasserfeinverteilung oder eines ungünstigen Verhältnisses von kristallinem zu freiem Fett.

Der Geruchsfehler „futterig" kann aufgrund einer unzureichenden Hygiene bei der Milchproduktion oder aufgrund schlechten Futters sowie intensiven Stallgeruchs in manchen Jahreszeiten auftreten. Sicherlich sollte in diesem Fall die Milchproduktion und die Futterzusammensetzung analysiert und aufgedeckte Fehler entsprechend korrigiert werden. Als primäre Maßnahme eignet sich die Entgasung des Rahms nach der Erhitzung in der Abkühlphase. Der Fehlgeschmack „medizinisch" ist häufig auf Spuren-Restbestandteile von Medikamenten oder R & D-Mitteln zurückzuführen. Insbesondere chlorhaltige Chemikalien können durch Bildung von Chloroform-ähnlichen Abbauprodukten dieses unerwünschte Flavor verursachen. Bei Verwendung von Polyvinylchlorid als Buttereinwickler können geschmacksrelevante Mengen von Vinylchlorid in die oberen Schichten der Butter migrieren. Auch zu stark gechlortes Waschwasser verursacht diesen Fehler. Meist ist der medizinische Fehlgeschmack jedoch auf phenol-, aldehyd-, ester- und ammoniakartige Stoffwechselprodukte von Hefen und Schimmelpilzen zurückzuführen.

Die Ursache für einen joghurtartigen Fremdgeruch von Sauerrahmbutter ist bei dem Entmischen des Säureweckers zu suchen. Das von *Lactococcus* üblicherweise gebildete Acetaldehyd, das bei $\geq 0,3$ µg/l dieses Flavor bedingt, wird von *Leuconostoc* verstoffwechselt und reichert sich somit bei vollständiger Kulturenzusammensetzung nicht an. Die Entmischung der Kultur bedingt weitere Flavorfehler durch Säuerungsverzögerung oder verminderte Diacetylproduktion. Das Degenerieren der Kultur kann auf Überalterung, Phagenbefall, falsche Impfmenge, Antibiotika-, Pesticid- und Desinfektionsmittelrückstände, Fehler bei der Nährsubstratbereitung oder Mängel bei der Temperatur- und pH-Steuerung zurückzuführen sein. Eine Übersäuerung der Butter wird durch die mikrobielle Glycolyse der Lactose verursacht. Ursache hierfür ist meist eine zu späte Verbutterung oder eine Entmischung der Kultur. Zur Vermeidung dieses Fehlers muß ausgereifter Rahm, falls er aus irgendeinem Grund nicht sofort verbuttert werden kann, bei ca. 6 °C zwischengelagert werden. Aroma-Verluste ergeben sich durch Reduktasen, die Diacetyl zunächst irreversibel in Acetoin und dann reversibel in das aromaunwirksame 2,3-Butandiol umsetzen; Schadkeime hierfür sind sowohl Rekontaminationskeime als auch obligate Säureweckerkeime, z. B. *Lactococcus diacetylactis*. Gelegentlich wurde Malzigwerden durch *Lactococcus lactis* var. *„maltigenes"* beobachtet [9].

Stockflecken auf der Butter haben ebenfalls eine mikrobiologische Ursache. Man kann zwischen pigmentierten und pigmentausscheidenden Keimen unterscheiden. Zu ersteren zählen die meisten Schimmelpilze, beispielsweise die Schwärzepilze *Cladosporium sphaerospermum*, *Aspergillus niger*, *Rhizopus stolonifer*, *Mucor plumbeus*, *Phoma glomerata*, *Phialophora hoffmannii* und *Alternaria alternata* oder

Butterfehler

die Grünschimmel *Penicillium expansum* und *P. commune* sowie die weißgrau oder rosa pigmentierten Hefen und Schimmel der Arten *Hyphopichia burtonii*, *Trichosporon beigelii* und *Galactomyces geotrichum* bzw. *Fusarium roseum*, *Chrysonilia sitophila*, *Trichothecium roseum*, *Penicillium casei* oder *Scopulariopsis brevicaulis* [41]. Bei den pigmentierten Hefen und Bakterien sind vor allem die *Rhodotorula*- und *Cryptococcus*-Arten bzw. *Serratia marcescens*, *Brevibacterium linens*, *Micrococcus* spp., *Pseudomonas nigrifaciens*, *Corynebacterium* spp. und *Flavobacterium* spp. zu nennen. Lösliche, diffusible Pigmente bilden dagegen *Acetobacter liquefaciens*, *Alcaligenes* spp. und *Pseudomonas fluorescens*. Schleime produzieren *Cryptococcus* spp., *Yarrowia lipolytica*, *Acinetobacter calcoaceticus*, *Leuconostoc dextranicum*, *Acetobacter xylinum*, *Klebsiella pneumoniae*, *Bacillus licheniformis*, *Rhodococcus erythropolis*, *Zoogloea* spp. oder einige Stämme der Art *Lactococcus lactis*.

Pathogene Keime der Gattungen *Salmonella*, *Shigella*, *Vibrio*, *Listeria*, *Campylobacter*, *Yersinia*, *Mycobacterium*, *Brucella*, *Streptococcus* etc. können in Butter wachsen, spielen aber in der Praxis keine Rolle [24, 29, 32]. Eine Lebensmittelvergiftung durch *Staphylococcus aureus* in Butter, wie sie 1970 in den USA vorkam [31], ist nur aufgrund grob unsachgemäßer Produktion und Lagerung vorstellbar [14]. Eine Gefährdung durch toxinbildende Bakterien und Pilze der Arten *Bacillus cereus*, *Clostridium perfringens*, *Clostridium botulinum*, *Pseudomonas aeruginosa*, *Streptococcus pyogenes*, *Escherichia coli*, *Aspergillus flavus*, *Byssochlamys nivea*, *Mucor racemosus*, *Fusarium solani* etc. ist ebenfalls nicht gegeben. Die freien Fettsäuren in der Butter wirken für einige pathogene Keime bakteriostatisch [8].

Das früher übliche Waschen der Butter diente zur direkten Keimreduktion um ca. eine Zehnerpotenz sowie zur Erniedrigung des Gehalts an Lactose, Galactose und Casein. Letzteres entzog den Keimen weitgehend die Nährstoffgrundlage. Allerdings wurden mit dem Waschen häufig Fremdkeime, bei denen es sich überdies primär um psychrotrophe, proteolytische *Pseudomonadaceae* handelte, in das Produkt eingeschleppt. Nachdem Kohlenhydrate und Casein andererseits als leichte Reduktionsmittel einen gewissen Schutzeffekt gegenüber Oxidationsvorgängen darstellen, ist es sicherlich sinnvoller, diese Bestandteile dem Produkt in der vom Gesetzgeber erlaubten Konzentration zu belassen und die Keimarmut mit strengen Hygienemaßnahmen zu erzielen.

In der Praxis der Buttergütebewertung ist die einheitliche Charakterisierung eines Flavordefekts schwierig. Verschiedene Verkoster können einen Fehlgeschmack alternativ als faulig, käsig oder fischig definieren. Zusätzlich ergibt sich das Problem einer individuellen quantitativen Beurteilung. Aus diesem Grund wurden Referenzstandards für die häufigsten Butterfehler entwickelt. Die Exposition einer Butter bei 200 lux und 5 °C für 1, 3 und 24 h ergibt einen schwachen, mittleren und starken Oxidationsgeschmack. Sauren Fehlgeschmack erreicht man durch Zusatz von 0,08, 0,16 und 0,24 Gew. % Milchsäure. Bitterkeit läßt sich durch eine L-Isoleucin/L-Leucin-Mischung erzeugen. Ranzigkeit wird durch Zusatz von 0,2 Gew. % Lipase und einer Lagerung bei 35 °C für 20, 60 und 90 min erzielt. Ein definierter fruchtiger Fehlgeschmack entsteht durch Zusatz von Alkoholen und Estern [27]. Der Geschmacksfehler „metallisch" läßt sich durch Zusatz von cis-4-Heptanal hervorrufen [7].

Nach der Havarie des Kernkraftwerks in Tschernobyl und der damit verbundenen europaweiten radioaktiven Verseuchung der Milch tauchte auch die Frage auf, in welchem Umfang Radioaktivität die Säuerungskultur schädigt. VOSNIAKO et al. [51] bestimmten bei Zusatz von 10 000 Bq/kg in Form von ^{131}J eine Keimreduktion um ca. 28 %; die Zusammensetzung der Stoffwechselprodukte änderte sich nicht. Dermaßen hoch radioaktiv kontaminierte Lebensmittel sind allerdings nicht vermarktungsfähig.

6.5 Qualitätskontrolle

Sensorische Mängel im Endprodukt sind häufig auf mikrobiologische Ursachen zurückzuführen; meist handelt es sich jedoch um eine Kombination aus chemischen, physikalischen und biologischen Fehlern. Für die Bestimmung der mikrobiologischen Kontaminationsquelle ist die gesamte Produktlinie von der Milchanlieferung über Pasteur, Zentrifuge, Rahmpumpen etc. bis zum Verpakkungsmaterial einer eingehenden Prüfung zu unterziehen. Wesentlich besser ist die heute allgemein übliche vorbeugende produktionsbegleitende mikrobiologische Untersuchung. Die Verfahrensmethoden und Beurteilungskriterien werden im Rahmen einer Spezifikation nach DIN EN ISO 9000 ff. in „good manufacture praxis" (GMP)- oder in „hazard analysis and critical control point" (HACCP)-Konzepten festgelegt. HÜFNER [17] untergliederte den Produktionsprozeß in folgende 12 „Kritische Kontrollpunkte" (KKP): Rohmilch, Rahmkühler nach der Erhitzung, Reifungstank, Säurewecker, Rahmkühler, Rahmsilo, Anwärmer, Nachbutterungszylinder, Kneter, Dosierwasser, Dosiersäurewecker und Butterabpackung. Es wird auf Risikobereiche, wie z. B. R & D-Mittel, Ventile, Dichtungen, Sprühköpfe, Rührwerke, pH- und Temperatursonden, Leitungen, Pumpen, Tanks, Haarrisse, Mannloch, Raumluft und Verpackungsmaterial hingewiesen. Außerdem sind Kontrollrhythmus, Nachweismethoden sowie Richt- und Warnwerte spezifiziert. Diese perfektionierte Organisation der Qualitätssicherung wurde aufgrund der industriellen Fertigung von Lebensmitteln eingeführt. Hygiene-Stufenkontrollpläne gab es schon früher [16], diese hatten jedoch nicht die heute übliche hohe Feinabstufung mit kurzen Probenahmeintervallen, hoher Probenzahl und großen Probevolumina.

Die Einstufung der mikrobiologischen Buttergüte aufgrund von Grenzwerten für gute, befriedigende und schlechte Qualität ist heute weniger üblich. Man bevorzugt die Angabe von Alarm-, Richt- oder Schwellenwerten (das Ergebnis gilt als befriedigend, wenn die Keimzahl jeder einzelnen Probe diesen Wert nicht übersteigt) und Grenz-, Warn- oder Höchstwerten (das Ergebnis gilt als nicht zufriedenstellend, wenn die Keimzahl einer oder mehrerer Proben diesen Wert erreicht oder übersteigt) sowie eine Angabe für ein noch akzeptables Ergebnis (tolerierbare Anzahl der Proben mit Ergebnissen zwischen Schwellen- und Höchstwert

Qualitätskontrolle

von einer definierten Gesamtprobenzahl). Aufgrund der industriellen Produktionsbedingungen in den modernen Molkereien darf sich der mikrobiologische Standard in den Jahreszeiten Winter, Frühjahr/Herbst und Sommer nicht unterscheiden.

Butter wird im Optimalfall auf Gesamtkeimzahl, Gramnegative, Hefen und Schimmel, Bazillen, Coliforme, *Escherichia coli*, Enterokokken, Psychrotrophe, Lipolyten, Proteolyten und pathogene Keime, beispielsweise *Staphylococcus aureus*, *Pseudomonas aeruginosa*, *Salmonella* spp. und *Listeria monocytogenes* untersucht. Der Analyse auf pathogene Keime sind vom Gesetzgeber Grenzen gesetzt, da ein Molkereilabor in der EU in der Regel die hohen Anforderungen für ein Pathogenenlabor nicht erfüllt und keine Umgangsgenehmigung erhält. Untersuchungen auf Pathogene läßt man meist zur eigenen juristischen Absicherung hinsichtlich des Produkthaftungsgesetzes sporadisch in externen Labors durchführen. Die mikrobiologische Untersuchung der Butter im Betriebslabor beschränkt sich in der Regel auf die produktschädigenden Keime. Als Kriterium für eine Fäkalverunreinigung und somit für die Risikoabschätzung einer Kontamination mit pathogenen Darmkeimen der Gattungen *Salmonella* und *Shigella* können der *E. coli*- und Coliformennachweis sowie der Test auf *Enterococcus faecalis* dienen.

Die Rohmilch soll, wie bereits erwähnt, eine Gesamtkeimzahl von $< 10^5$/g sowie eine Sporenzahl von $< 10^4$/g aufweisen. Für die Beurteilung der Hygiene und Rekontaminationsfreiheit bei der Produktion wird häufig nur auf Coliforme sowie Hefen und Schimmelpilze untersucht. Ersterer Nachweis soll bei den KKPs „Kühler nach Rahmhocherhitzung", „R & D-Mittel" und „Dosierwasser" in 100 g, bei „Säurewecker", „Dosiersäurewecker", „Reifungstank", „Rahmsilo" und „Anwärmer für die Butterung" in 10 g und bei „Nachbutterungszylinder", „Kneter" und „Fertigprodukt" in 1 g auf jeden Fall negativ sein. Das Fertigprodukt soll in 0,1 g frei von Proteolyten, Lipolyten, Pseudomonaden, Hefen und Schimmelpilzen sein. Sehr gute Butter ist in 1 g frei von Rekontaminationskeimen und in 100 g frei von Coliformen.

Die Untersuchungsmethoden sind in den Standard-Methodenhandbüchern niedergelegt [1, 4, 11, 18, 43, 50, Handbücher der Nährbodenhersteller]. Es empfiehlt sich die Verwendung von Plate-Count-Agar (Gesamtkeimzahl), Chinablau-Lactose-Agar (Säurebildner), Tributyrin-Agar oder Victoria/Nilblau-Agar (Lipolyten), Milch-Agar oder Caseinat-Agar (Caseolyten, Gesamtkeimzahl, Psychrotrophe), Kanamycin-Esculin-Azid-Agar (Enterokokken), Hefeextrakt-Glucose-Chloramphenicol-Agar (Hefen), Würze/Malz-Agar (Schimmelpilze), Mossel-Agar oder Cereus-Agar (*Bacillus cereus*), VRB-Agar (Gramnegative), BRILA- oder Laurylsulfat-Bouillon (Coliforme), Fluorocult-Bouillon (*E. coli*), Baird-Parker-Agar (*Staphylococcus aureus*) sowie GSP-Agar (Pseudomonaden). Die Butter ist zur besseren Vermischung mit den Kulturmedien bei 40–45 °C aufzuschmelzen. Beim Ansatz von größeren Mengen Probenmaterial in Selektivmedien ist die Konzentration des selektiven Hemmstoffs entsprechend zu erhöhen. Die Milchsäurebakterien können separat auf MRS-Agar (Lactobazillen) und M17-Agar (Streptokokken, *Leuconostoc*) bei anaerober Kultivierung quantitativ bestimmt werden. Die Methodenbeschreibungen sehen eine sterile Probenahme aus dem Inneren einer Butterpackung vor. Hierbei ist allerdings zu bedenken, daß Kontaktkontaminationen nach dem Ausformen durch Geräte, Luft oder Verpackungsmaterial nicht erfaßt werden. Gerade diese führen aber in Verbindung mit Kühlkettenmängeln oder Schwitzwasserbildung zu den gefürchteten Stockflecken. Für die Identifizierung der Kultur- und Schadkeime stehen kommerzielle Testkits zur Verfügung (z. B. API, Biolog, Roche, Vitek). Nachdem diese allerdings meist für den medizinischen Bereich konzipiert wurden, ist eine zuverlässige Identifizierung für Isolate aus dem Molkereisektor nicht gewährleistet. Die externe Identifizierung in einem Speziallabor wird angeraten. Durch Analyse des Ribonucleosidmusters läßt sich selbst bei erhitzter Butter analytisch zwischen Süß- und Sauerrahmbutter unterscheiden [42].

Obwohl die Butterherstellung mit moderner Technologie zur aseptischen Milchverarbeitung und heutigem Wissensstand relativ unproblematisch erscheint, mißlingt vielen Molkereien die hygienisch einwandfreie Produktion. Heiss [15] berichtet über die DLG-Butterprüfungen in Deutschland der Jahre 1991 und 1992. In 1 g bzw. 0,1 g waren 41 % bzw. 27 % (1991) und je 23 % (1992) der Proben colipositiv; 25 % (1991) und 4 % (1992) enthielten Hefen in 1 g Probe; Schimmelpilze wurden in 9 % (1991) und 3 % (1992) der Proben nachgewiesen. Bei mildgesäuerter Butter wurden 1992 der Große, Silberne und Bronzene Preis an 24 %, 55 % und 5 % der 71 Proben aus 37 Herstellungsbetrieben verliehen; 16 % der Proben blieben unprämiert. Wenn man bedenkt, daß Butter von offensichtlich minderwertiger Qualität nicht zur Prüfung gelangen dürfte, ist letzterer Wert als relativ hoch einzustufen. Wesentlich ungünstiger ist die mikrobiologische Qualität bei Butter, die nicht im industriellen oder halbindustriellen Verfahren mit den dort gegebenen Hygienesicherungssystemen hergestellt wurde.

Literatur

[1] Amtliche Sammlung von Untersuchungsverfahren nach § 35 LMBG, Redaktion Bundesgesundheitsamt, Berlin: Beuth Verlag.
[2] Balows, A.; Trüper, H. G.; Dworkin, M.; Harder, W.; Schleifer, K. H.: The Prokaryotes. Vol. II. Berlin: Springer Verlag 1991.
[3] Barnett, J. A.; Payne, R. W.; Yarrow, D.: Yeasts: Characteristics and identification. Cambridge University Press 1990.
[4] Baumgart, J.: Mikrobiologische Untersuchung von Lebensmitteln. Hamburg: Verlag Behr 1990.
[5] Bosset, J. O.; Gallmann, P. U.; Sieber, R.: Einfluß der Lichtdurchlässigkeit der Verpakkung auf die Haltbarkeit von Milch und Milchprodukten – eine Übersicht. Mitt. Gebiete Lebensm. Hyg. **84** (1993) 185–231.
[6] Büning-Pfaue, H.; König-Schreer, M.; Helfrich, H.-P.; Lenhand-Lubeseder, U.: Vorhersage der Milchfettfraktionierung mittels überkritischem Kohlendioxid zur Gewinnung definierter Fettfraktionen. Deutsche Milchwirtschaft **11** (1993) 542–546.
[7] Cerny, Z.; Puhan, Z.: Erfassung des Geschmacksfehlers „metallisch" in schweizerischer Vorzugsbutter mit analytischen und sensorischen Methoden. Schweizerische Milchwirtschaftliche Forschung **17** (1988) 23–31.
[8] Comi, G.; D'Aubert, S.; Valenti, M.: Attivita inibente di acidi grassi alimentari nei confronti di *Listeria monocytogenes*. Industrie Alimentari **29** (1990) 158–361.

Literatur

[9] DEMETER, K. J.: Mikrobiologie der Butter. Stuttgart: Verlag E. Ulmer 1956.
[10] FAID, M.; TOURAIBI, A.; TANTOUI-ELARAKI, A.; BRETON, A.: Characterization of yeasts and moulds isolated from Moroccan traditional butter. Microbiology, Aliments, Nutrition **10** (1992) 273–278.
[11] FDA, Bacteriological analytical manual. US Food and Drug Administration. AOAC Arlington.
[12] GRISCHTSCHENKO, A. D.: Butter. Leipzig: VEB Fachbuchverlag 1988.
[13] GRONER, B.: MHD auf dem Prüfstand. Dynamik im Handel **9** (1993) 76–78.
[14] HAPLIN-DOHNALEK, M. I.; MARTH, E. H.: Fate of *Staphylococcus aureus* in butter. Milchwissenschaft **44** (1989) 551–555.
[15] HEISS, E.: Ergebnisse der DLG-Qualitätsprüfung für Butter und Milchhalbfette in Verbraucherpackungen 1992. Deutsche Milchwirtschaft **41** (1992) 1321–1322.
[16] HÖKL, J.; STEPANEK, M.: Hygiene der Milch und Milcherzeugnisse. Jena: VEB Gustav Fischer 1965.
[17] HÜFNER, J.: Qualitätssicherung – Butterei – GHP-Konzept. Merkblatt der MLF-Wangen, 1993.
[18] International Dairy Federation Standard: Butter, fermented milk and fresh cheese. Enumeration of contamination microorganisms. Colony count technique at 30 °C. No. 153 (1991).
[19] KAMMERLEHNER, J.: Gesäuerte Butter eine Alternative zu Sauerrahmbutter. dmz **41** (1993) 1200–1204.
[20] KAMMERLEHNER, J.: Operationen und Prozesse bei der Reifung des Butterungsrahms. dmz **41** (1993) 1360–1366.
[21] KAMMERLEHNER, J.: Operationen und ihre Steuerung bei der kontinuierlichen Butterung. dmz **42** (1994) 70–76.
[22] KESSLER, H. G.: Lebensmittel- und Bioverfahrenstechnik – Molkereitechnologie. Freising: Verlag A. Kessler 1993.
[23] KUNATH, H.: Mikrobiologie der Milch. Leipzig: VEB Fachbuchverlag 1981.
[24] LANCIOTTI, R.; MASSA, S.; GUERZONI, M. E.; FABIO, G.: Light butter: natural microbial population and potential growth of *Listeria monocytogenes* and *Yersinia enterocolitica*. Letters in Appl. Microbiol. **15** (1992) 256–258.
[25] Lebensmittelrecht – Bundesgesetze und Verordnungen über Lebensmittel und Bedarfsgegenstände. München: Verlag Beck 1993.
[26] LUND, A. M.; MOSTERT, J. F.; CARELSEN, M. A.; LATEGAN, B.: Proteolytic and lipolytic psychrophilic *Enterobacteriaceae* in pasteurized milk and dairy products. Suid-Afrikaanse Tydskrif vir Suiwelkunde **24** (1992) 7–10.
[27] MACKIE, D. A.; ELSÄSSER, J.: Flavour defect reference standards for butter and Cheddar cheese. Canad. Inst. of Food Sci. and Tech. Jour. **24** (1991) 265–268.
[28] MANN, E. J.: Modifizierte Butter und Aufstriche – Teil I, II. Molkereizeitung Welt der Milch **46** (1992) 153–155, 193–195.
[29] MARSHALL, R. T.: Standard methods of dairy products. American Public Health Association, Washington 1992.
[30] MURPHY, M. F.: Microbiology of butter. In ROBINSON, R.K.: Dairy microbiology. London: Applied Science Publishers 1981.
[31] Nat. CDC. Staphylococcal food poisoning traced to butter-Alabama. Morbid. Mortal. Weekly Rep. **19** (1970) 271.
[32] OLSEN, J. A.; YOUSEF, A.E.; Marth, E. H.: Growth and survival of *Listeria monocytogenes* during making and storage of butter. Milchwissenschaft **43** (1988) 487–489.
[33] PAULA, C. R.; GAMBALE, W.; IARIA, S. T.; REIS FILHO, S. A.: Occurrence of fungi in butter available for public consumption in the city of Sao Paulo. Dairy Science Abstracts **51** (1989) abstract no. 2090.
[34] PILLAI, R. A. V.; KHAN, M. M. H.; REDDY, V. P.: Occurrence of aerobic spore formers in butter and ice cream. Cheiron **19** (1990) 199–204.

Literatur

[35] PRECHT, D.: Optimale Rahmreifungstemperaturen zur Erzielung einer guten Butterstreichfähigkeit – Variation der Schmelztemperatur in verschiedenen Milcheinzugsgebieten. dmz **41** (1993) 1205 –1209.
[36] RAJAH, K. K.; BURGESS, K. J.: Milk fat: production, technology and utilization. Huntington, UK: Society of dairy technology 1991.
[37] RENNER, E.: Milch und Milchprodukte in der Ernährung des Menschen. München: Volkswirtschaftlicher Verlag 1982.
[38] Richtlinie 80/778/EWG des Rates über die Qualität des Wassers für den menschlichen Gebrauch. Amtsblatt der Europäischen Gemeinschaft L 229 (1980) 11 ff. und Richtlinie 90/656, Abl. L 353 (1990) 59 ff.
[39] Richtlinie 92/46/EWG des Rates mit Hygienevorschriften für die Herstellung und Vermarktung von Rohmilch, wärmebehandelter Milch und Erzeugnissen auf Milchbasis. Amtsblatt der Europäischen Gemeinschaft L 268 (1992) 1–32.
[40] ROSENTHAL, I.: Milk and dairy products. Weinheim: Verlag Chemie 1991.
[41] SAMSON, R. A.; VAN REENEN-HOEKSTRA, E. S.: Introduction to food-borne fungi. Baarn: Centraalbureau voor Schimmelcultures 1988.
[42] SCHLIMME, E.; RAEZKE, K. P.; PETERS, K. H.: Bilanzierung der Ribonukleosidmuster im Verlaufe der Herstellung von Süß- und Sauerrahmbutter. Kieler milchwirtschaftliche Forschungsberichte **41** (1989) 243–251.
[43] SCHMIDT-LORENZ, W.: Sammlung von Vorschriften zur mikrobiologischen Untersuchung von Lebensmitteln. Weinheim: Verlag Chemie 1983.
[44] SCHÖNER, H.; PESCHEK, J.: Butter. München: Volkswirtschaftlicher Verlag 1990.
[45] SCHULZ, M. E.; VOSS, E.: Das große Molkereilexikon. Volkswirtschaftlicher Verlag, Kempten 1965.
[46] STEGMAN, G. A.; BAER, R. J.; SCHINGOETHE, D. J.; CASPER, D. P.: Composition of flavor of milk and butter from cows fed unsaturated dietary fat and receiving bovine somatotropin. J. Dairy Sci. **75** (1992) 962–970.
[47] STORCK, W.; HARTWIG, H.: Qualitätsfehler bei Milch und Milchprodukten – Vermeidung und Abstellung. Hildesheim: Mann Verlag 1965.
[48] SUDARSANAM, T. S.; CHAND, R.; AGGARWAL, P. K.: Butter yeasts and product shelf life. Brief Communications of the XXIII International Dairy Congress, Montreal, 1990, Vol.I, 155
[49] THOMSEN, W.: Grundlagen für den Molkereifachmann – Molkereitechnik. Gelsenkirchen: Verlag Th. Mann 1983.
[50] VDLUFA, Methodenbuch Band VI – Chemische, physikalische und mikrobiologische Untersuchungsverfahren für Milch, Milchprodukte und Molkereihilfsstoffe. Darmstadt: VDLUFA-Verlag 1985 ff.
[51] VOSNIAKO, F. K.; GIOVANOUIDI, A. O.; MOUMTZIS, A. A.; KARAKOLTSIDIS, P. A.: Survival of lactic acid bacteria in cheese and butter in the presence of ^{131}J. Dairy, Food and Environmental Sanitation **12** (1992) 568–569.
[52] VYSHEMIRSKIY, A.; KANEVA, E. F.; GORDEYEVA, E. Y.: Einfluß der Temperatur auf die Butterqualität. Deutsche Milchwirtschaft **44** (1993) 534–536.
[53] WALSTRA, P.; JENNES, R.: Dairy chemistry and physics. J. Wiley, NY 1984.
[54] WARMUTH; E.: Einflußfaktoren auf das Aroma von sonstiger Butter. Deutsche Milchwirtschaft **39** (1988) 114–116.
[55] WESSINGER, L.: Fachkunde für Lebensmitteltechnologie – Milchverarbeitung. München: Volkswirtschaftlicher Verlag 1981.
[56] ZICKRICK, K.; WEGNER, K.; SCHREITER, M.; SCHIEFER, G.; SAUPE, C.; MÜNCH, H. D.: Mikrobiologie tierischer Lebensmittel. Frankfurt/M: Verlag Harry Deutsch 1987.

7 Mikrobiologie der Käse

7.1 Allgemeine Käsereimikrobiologie
7.2 Spezielle Käsereimikrobiologie
7.3 Häufige mikrobiologisch bedingte Käsefehler
7.4 Mikrobielles Lab
7.5 Grundzüge der mikrobiellen Qualitätssicherung in der Käserei

Literatur

1. Auflage 1997
Hardcover · DIN A5 · 544 Seiten
DM 249,50 inkl. MwSt., zzgl. Vertriebskosten
ISBN 3-86022-246-5

MIKROBIOLOGIE DER LEBENSMITTEL
Lebensmittel pflanzlicher Herkunft

Dieser produktspezifische Band aus der Buchreihe „Mikrobiologie der Lebensmittel" dokumentiert ausführlich die Mikrobiologie der pflanzlichen Rohware bis hin zum verarbeiteten Produkt unter Berücksichtigung neuester Erkenntnisse. Entsprechend der praktischen Bedeutung bildet die Abhandlung von Obst und Obstprodukten sowie Gemüse und Gemüseprodukten vom Umfang her einen Schwerpunkt. Detailliert erfolgt ebenfalls die Beschreibung der Mikrobiologie leicht verderblicher Erzeugnisse wie verpackte Schnittsalate, Keimlinge, Speisepilze, Obstsäfte sowie Gewürze und Gewürzprodukte. Der Einsatz mikrobiologischer Stoffwechselaktivitäten für die Lebensmittelherstellung und -konservierung sowie der Nutzung spontaner Fermentation wird in den jeweiligen Kapiteln beschrieben. In dieser Zusammenstellung enthält dieses Werk sowohl praxis-orientierte Darstellungen als auch notwendige theoretische Informationen.

Die Herausgeber
Dr. Gunther Müller, Prof. Dr. Wilhelm Holzapfel, Prof. Der. Herbert Weber.

Interessenten
Mikrobiologen; Führungskräfte aus den Bereichen: Gemüse- und Obstverarbeitung und -vertrieb, Bäckereihandwerk, Feinkost- und Fertigkostherstellung; Lebensmitteltechnologen; Verfahrenstechniker; Biotechnologen; Lebensmittelchemiker; Veterinärmediziner; Dozenten und Studenten der o.g. sowie angrenzenden Fachgebiete; Verbraucherberater.

Aus dem Inhalt
Mikrobiologie von:
Obst und Obsterzeugnissen einschließlich getrockneter Produkte (G. Müller)
Gemüse und Gemüseerzeugnissen einschließlich getrockneter Produkte (H. Frank, W. Holzapfel)
Frischsalaten und Keimlingen (U. Schillinger)
Kartoffeln und Kartoffelerzeugnissen (V. Riethmüller)
Konserven (G. Müller)
tiefgefrorenen Fertiggerichten und tiefgefrorenen Convenienceprodukten (V. Riethmüller)
Schokolade (S. Scherer und Mitarbeiter)
Getreide und Mehl (G. Spicher, W. Röcken, H. L. Schmidt)
Sauerteig (W. P. Hammes, R. Vogel)
Patisseriewaren und cremehaltigen Backwaren (J. Krämer)
Fetten, Ölen und fettreichen Lebensmitteln (J. Baumgart)
Gewürzen, Gewürzprodukten und Aromen (H. Weber)
Backhefe und Hefeextrakt (C. Müller)
fermentierten pflanzlichen Lebensmitteln (G. Müller)
neuartigen Lebensmitteln (W. Holzapfel, R. Geisen)

BEHR'S...VERLAG
B. Behr's Verlag GmbH & Co. · Averhoffstraße 10 · D-22085 Hamburg
Telefon (040) 22 70 08/18-19 · Telefax (040) 22 01 09 1
E-Mail: Behrs@Behrs.de · Homepage: http://www.Behrs.de

7 Mikrobiologie der Käse

K. ZICKRICK

Die Produktion von Käsen ist außerordentlich vielfältig. Insgesamt sind auf der Welt über 400 Käsearten bekannt. Den größten Umfang nehmen die Labkäse ein. Die Käserei ist ein Musterbeispiel für angewandte Mikrobiologie und Lebensmittelbiotechnologie.

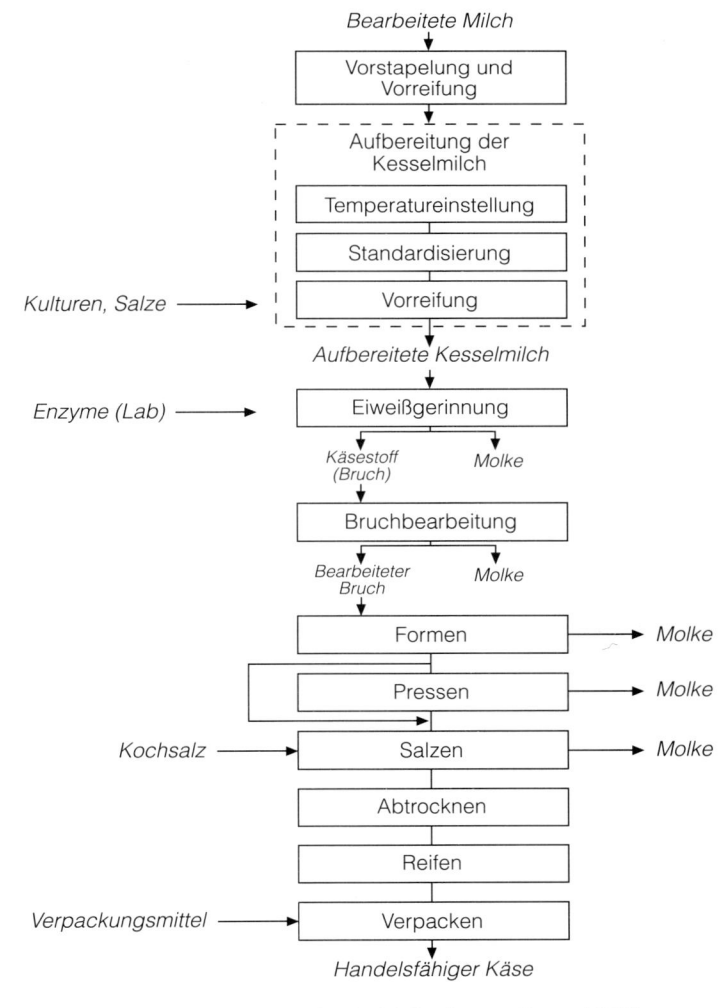

Abb. 7.1 Grundfließbild der Labkäseherstellung [174]

Allgemeine Käsereimikrobiologie

Im vorliegenden Kapitel wird nach allgemeinen anwendungsbezogenen mikrobiologischen Grundlagen und Aspekten eine Einführung in die Mikrobiologie der Käse gegeben.
Zur einleitenden Orientierung auf die Technologie ist das Prinzip der Herstellung von gereiften Labkäsen der Abb. 7.1 zu entnehmen.

7.1 Allgemeine Käsereimikrobiologie

7.1.1 Käsereitauglichkeit der Milch aus mikrobiologischer Sicht

Unter Käsereitauglichkeit versteht man die Voraussetzungen einer Milch zur Einlabungsfähigkeit, zur Bruchbereitung und vor allem zur optimalen Entwicklung der Mikroorganismen, die für die Käseherstellung und -reifung erforderlich sind. Alle an der Herstellung und Reifung der Käse beteiligten Mikroorganismen müssen in der Käsereimilch günstige Lebensbedingungen vorfinden. Eine käsereitaugliche Milch soll auch keine oder nur sehr geringe Anteile käsereitechnologisch unerwünschter Mikroorganismen enthalten. Folgende Faktoren bestimmen die Käsereitauglichkeit einer Milch: Klima und Boden, Rasse, Haltung, Fütterung, Pflege und Gesundheitszustand der Milchkühe und vor allem die Milchzusammensetzung. Die Basis für die Käsereitauglichkeit einer Milch ist ihre Zusammensetzung in Verbindung mit komplexen biochemischen, physikalischen und mikrobiologischen Vorgängen und Veränderungen an einzelnen Milchbestandteilen und deren Zusammenwirken bei der Käseherstellung.

Herausragende Bedeutung für die Käsereitauglichkeit aus mikrobiologischer Sicht haben die Hemmstoffe, der Zellgehalt und der Gehalt an saprophytären Keimen sowie an einschlägigen Bakteriengruppen.

7.1.1.1 Käsereimilch muß hemmstofffrei sein

Zu Hemmstoffen gehören Wirkstoffreste aus zahlreichen Arzneimitteln, die vor allem zur Euterbehandlung bei Milchkühen eingesetzt werden, Rückstände aus Futtermitteln, Pflanzenschutz- und Pflanzenbehandlungsmitteln, Reste von Reinigungs- und Desinfektionsmitteln usw. Hemmstoffe sind zunächst ein schwerwiegender Risikofaktor für die Gesundheit des Verbrauchers und dürfen in Käsereimilch nicht vorkommen. In hemmstoffhaltiger Milch können sich auch die Käsereikulturorganismen gar nicht oder nur ungenügend entwickeln, Säure- und Aromabildung bleiben ganz aus oder werden unterdrückt. Die hemmstoffempfindlichen Milchsäurebakterien sind aber unerläßlich für die Säuerung der Käsereimilch und für die Käsereifung. Sie sind außerdem Antagonisten gegen eine möglicherweise in Käsereimilch unterschwellig vorhandene, hemmstoffresistente gramnegative Kontaminationsflora. Somit können bereits in sehr schwach hemmstoffhaltiger Milch, bei gehemmter Aktivität der Milchsäurebakterien, wenige gramnegative

Allgemeine Käsereimikrobiologie

Bakterien sich zur dominierenden Flora durchsetzen und zu Käse mit Frühblähung, rissigem schwammigem Teig und süßlich-fauligem Geschmack führen [31].

Reste von Reinigungs- und Desinfektionsmitteln sowie Pestizide (Insektizide und Herbizide) sind bei sachgemäßer Anwendung gar nicht oder nur in solchen Spuren in der Milch nachweisbar, daß von ihnen keine Hemmwirkung der Käsereikulturen ausgeht [48]. Sollten in Ausnahmefällen durch Unzulänglichkeiten beim Einsatz der Pestizide Spuren ihrer Wirkstoffe in Milch vorkommen, liegen diese normalerweise weit unter 1 mg/kg. Demgegenüber werden die Säuerungskulturen erst über 5...100 mg/kg gehemmt [216].

Auch Kolostralmilch reagiert hemmstoffpositiv und wirkt hemmend auf Säuerungsbakterien. Sie darf daher in dem Sammelgemelk nicht enthalten sein. Ihre Ablieferung ist erst ab 6. Tag nach dem Abkalben gestattet.

Hemmstoffhaltige Milch ist im Sinne des Gesetzgebers [72a] nicht verkehrsfähig. Dennoch läßt sich die sporadische Anlieferung hemmstoffhaltiger Milch nicht ausschließen, weshalb eine angemessene Untersuchung auf Hemmstofffreiheit der Käsereimilch im Rahmen der mikrobiellen Qualitätssicherung zu empfehlen ist.

7.1.1.2 Erhöhter Zellgehalt mindert die Käsequalität

Infolge der chemisch-physikalischen Veränderungen der Milch aus sekretionsgestörten Eutern mit erhöhtem Zellgehalt treten Störungen und Käsefehler etwa ab $400 \cdot 10^3$ bis $800 \cdot 10^3$ Zellen/ml Mischmilch bei käsereitechnologischer Verarbeitung auf, und sie verstärken sich mit steigendem Zellgehalt. Die Tendenz der Veränderungen ist der Tab. 7.1 zu entnehmen.

Tab. 7.1 **Auswirkungen von Milch mit erhöhtem Zellgehalt auf die käsereitechnologischen Eigenschaften [189]**

Kriterium	Allgemeine Tendenz der Veränderung
Säuerungsvermögen	verringert
Labfähigkeit	verringert
Molkenablauf	verzögert
Trockenmassegehalt	verringert
Geschmack	nachteilig verändert (z. B. bitter, grießig)
Unerwünschte Gärung und Proteinabbau	vorhanden
Ausbeute	verringert

Käse, die aus Milch mit erhöhtem Zellgehalt hergestellt werden, zeigen allgemein den stärksten Qualitätsabfall während der Reifung, was u. a. in einer groben

Allgemeine Käsereimikrobiologie

Textur, unbefriedigender Konsistenz, höherem Molkengehalt und bitterem Geschmack zum Ausdruck kommt.

Diese negativen käsereitechnologischen Auswirkungen machen sich abnehmend in der Reihenfolge Emmentaler, Edamer, Gouda, Tilsiter, Romadur, Camembert bemerkbar. Über die negative Auswirkung SCHALMtest-positiver (CMT-positiver) Milch auf die Käsereitauglichkeit berichtet KIERMEIER [96]. Nach 15 min waren bei Verwendung einwandfreier Milch bereits 635 ml Molke abgetropft gegenüber nur 570 ml bei SCHALMtest-positiver. Somit betrug der Unterschied in der abgetropften Molkenmenge etwa 10 %. Da sich diese Unterschiede auch über längere Zeit nicht ausgleichen, hatten die Käse aus Milch mit erhöhtem Zellgehalt eine höhere Masse. In Modellversuchen waren die Käse aus SCHALMtest-positiver Milch 12 % schwerer als die Vergleichskäse aus SCHALMtest-negativer Milch, was gleichzeitig einen Trockenmasseunterschied von 3 % bedeutete. Ein weiterer Großversuch mit Camembert (45 % F.i.T.) ergab am dritten Tag für 100 wahllos herausgegriffene Käse aus stark SCHALMtest-positiver Milch eine durchschnittliche Masse von 104 g gegenüber 99 g für die Käse aus normaler Milch. Der Masseunterschied von etwa 5 % ließ sich statistisch sichern.

Die Verlängerung der Labungszeit betrug für Milch mit einer schwach positiven bis mittleren SCHALMtest-Reaktion etwa 7 %. Käse aus Milch mit Zellgehalten über $700 \cdot 10^3$ Zellen je ml sind fast immer qualitätsgemindert. Erste nachteilige Einflüsse können jedoch bereits über $240 \cdot 10^3$ Zellen/ml zu verzeichnen sein [189].

7.1.1.3 Keimzahl- und Keimgruppenrelevanz

Zunächst ist auf die Forderung der Richtlinie 92/46 EWG vom 16.6.1992 [72a] hinzuweisen, wonach Rohmilch zur Herstellung von wärmebehandelter Konsummilch, Sauermilch, Milch mit Labzusatz, gelierter Milch, aromatisierter Milch und Rahm zum Zeitpunkt der Anlieferung an den Bearbeitungsbetrieb oder an die Sammel- oder Standardisierungsstelle 100 000 Keime je ml nicht überschreiten darf. Wird dieser Grenzwert nicht überschritten, gibt es von Seiten des Gesamtkeimgehaltes keinerlei Probleme mit einer solchen Käsereimilch. Jedoch ist gelegentlich durch die Vorstapelung nach der Übernahme der Rohmilch in der Molkerei vor der Pasteurisierung eine mehr oder weniger hohe Keimvermehrung nicht auszuschließen.

Bereits ab 10^5 Proteolyten/ml sind erste sensorisch wahrnehmbare Veränderungen der Kesselmilch zu erwarten [73]. Die weitgehend hitzeresistenten bakteriellen Proteasen dieser Bakterien bauen das Milcheiweiß ab und aktivieren das aus dem Blut stammende Plasminogen der Milch zu Plasmin, wodurch ein zusätzlicher Proteinabbau induziert wird. Das führt zu Eiweißverlusten und Ausbeutesenkungen [189]. Ab dem obengenannten Proteolytengehalt ist mit Verlusten von 10 ... 100 g Protein/100 l Kesselmilch zu rechnen, was bei einer täglichen Verarbeitung von 500 000 Litern Milch eine Minderausbeute von 18 ... 180 Tonnen Käse (auf Cheddar bezogen) pro Jahr bedeuten kann [189].

Neben den Ausbeuteverlusten können sich auch sensorische Fehler einstellen, weil die Proteolyten gleichzeitig hitzeresistente Lipasen bilden. Untersuchungen von HERRMANN [72] zeigen, daß der Ausgangskeimgehalt der Rohmilch die Qualität des daraus hergestellten Camembertkäses stärker beeinflußt als die Kühltemperatur während des Vorstapelns. Camembertkäse aus keimarmer Milch (10^3 bis 10^4 Keime/ml) wurden sensorisch stets besser beurteilt als solche aus keimreicher Milch (10^5 bis 10^6 Keime/ml), und zwar unabhängig von der angewandten Kühltemperatur der Rohmilch.

Aus vorgestapelter, tiefgekühlter Milch mit etwa 420 · 10^3 Psychrotrophen/ml hergestellter Emmentalerkäse zeigte vorwiegend die Teigfehler schmierig und pappig sowie die Lochungsfehler rauh, unrein, nestig und reichlich [53]. An Käsereimilch für Emmentaler werden besonders hohe Anforderungen gestellt. Ihr Keimgehalt sollte bei Anlieferung 10^5/ml unterschreiten [72a]. In der Schweiz werden unter 50 · 10^3/ml gefordert [212].

Hartkäse und feste Schnittkäse sind besonders qualitätsgefährdet (Spätblähung), wenn die Rohmilch bereits eine Clostridienspore/ml enthält. Clostridien sollten in 10 ml Rohmilch für diese Käse nicht enthalten sein [85]. Silomilch (Milch von Kühen, denen Gärfutter verabreicht wurde) kann je nach Qualität der gefütterten Silage 0,5 bis 14 Clostridien je ml enthalten [114]. Da der Clostridiengehalt in Silagemilch meist höher ist als in Milch, deren Kühe keine Silage erhielten, ist es in der Schweiz den Milcherzeugern für Emmentaler Käse untersagt, Silage an ihre Kühe zu verfüttern [80].

In Käsereimilch, die für Rohmilchkäse (ohne hygienische Bedenken vertretbar bei Emmentaler) vorgesehen ist, wäre eine Überwachung außer auf Keim-, Clostridien- und Zellgehalt auf *Staphylococcus aureus*, *E. coli* und Listerien zu empfehlen [213].

7.1.2 Maßnahmen zur Verbesserung des mikrobiellen Status der Käsereimilch

7.1.2.1 Pasteurisation

Nach der Käseverordnung § 3 Absatz 3 vom 14.4.1986 [125] darf zur Herstellung von Weichkäse, Frischkäse und Sauermilchquark nur Käsereimilch verwendet werden, die einem Pasteurisationsverfahren unterworfen wurde. Durch die Pasteurisierung werden pathogene Keime abgetötet, käsereischädliche Mikroorganismen inaktiviert und somit unkontrollierbare, unerwünschte mikrobiologische Einflüsse weitgehend ausgeschaltet [45, 46].

Eine Wärmebehandlung darf nur dann unterbleiben, wenn der Gesundheitsschutz durch andere Maßnahmen (z. B. Auswahl der Rohmilch anliefernder Betriebe, spezielle Untersuchung der Milch und des Käses) sichergestellt ist [70]. Denn im Gegensatz zu Hartkäse können in Schnitt- und Weichkäse aus Rohmilch pathogene

Allgemeine Käsereimikrobiologie

Bakterien die Konsumreife zumindest partiell überleben [46]. Dazu gehören enteropathogene *E. coli*, *Staphylococcus aureus* und *Listeria monocytogenes*.

Obwohl die Herstellung von Schnitt- und Weichkäse aus Rohmilch ein Gesundheitsrisiko in sich birgt, ist sie in einigen europäischen Ländern bei Kennzeichnung möglich, denn Rohmilchkäse schmecken meist pikanter und würziger als Käse aus pasteurisierter Milch. Der Grund dafür sind gewisse Rohmilchkeime und originäre Milchenzyme, die über ihr Enzympotential geschmacksprägend wirken. Nach GLAESER [57] sind hier zwei Entwicklungen möglich:

- Aufgrund der Fortschritte in der Milchhygiene werden die Rohmilchkäse wegen ihrer positiven sensorischen Eigenschaften ihren Platz behaupten.
- Das weitere forschungsmäßige Eindringen in die mikrobiologischen und biologischen Zusammenhänge wird es ermöglichen, Produkte aus thermisierter oder pasteurisierter Milch herzustellen, die in ihren sensorischen Eigenschaften hervorragenden Rohmilchkäsen nahekommen. Bereits heute werden wohlschmeckende Käse aus pasteurisierter Milch angeboten. Möglicherweise werden sich auch beide Tendenzen durchsetzen.

Neben den obengenannten mikrobiologischen Vorteilen sind mit der Pasteurisation zwar relativ geringe, aber doch relevante, die Käsereitauglichkeit etwas mindernde, vor allem biochemisch wirksame Nachteile verbunden [57; 85]:

- Es erfolgt eine Veränderung der Caseinmicellenstruktur (Zerfall in Submicellen), eine Molkenproteindenaturierung, Freisetzung von SH-Gruppen, Anlagerung von β-Lactoglobulin an Casein.
- Die Salzgleichgewichte werden verschoben.
- Der Anteil der löslichen ionisierten Ca-Ionen und der Milchsalze verringert sich, wodurch die Labfähigkeit etwas abnimmt.
- Originäre Milchenzyme, von denen ein Teil beim Reifen und somit bei der Geschmacksbildung der Käse eine Rolle spielen, werden inaktiviert (72 °C für 10 s : 17 % Restaktivität).
- Die Gerinnungszeit verlängert sich.
- Das Wasserbindevermögen im Käse wird größer, der Molkenablauf verzögert sich, der Bruch wird weicher.
- Durch die Pasteurisation werden die Clostridiensporen nicht vernichtet, sondern zum Auskeimen angeregt.

Diese Nachteile sind bei der Dauererhitzung kaum vorhanden. Bei der Kurzzeiterhitzung lassen sie sich noch weitgehend ausgleichen (z. B. durch Zusatz von Calciumchlorid zur Kesselmilch). Außerdem wirkt sich die Hitzebehandlung der Käsereimilch am meisten nachteilig bei den Käsen mit hoher Labwirkung (Hartkäse, feste Schnittkäse, Butterkäse) aus. Geringere Wirkungen hat sie bei höherer Säure- und verminderter Labwirkung (Weichkäse). Für Speisequark wird z. T. sogar eine Hocherhitzung der Milch empfohlen, wodurch sich eine höhere Ausbeute und bessere Konsistenz erreichen lassen [110].

7.1.2.2 Thermisation

Die Thermisation ist ein schonendes Erhitzungsverfahren, das die Rohmilcheigenschaften nahezu unverändert läßt, jedoch die Anzahl der Bakterien, insbesondere die gramnegativen psychrotrophen Eiweiß- und Fettspalter erheblich reduziert [132]. Dadurch wird ihre enzymatische Aktivität verhindert, die zu einer Ausbeuteminderung führen kann. Die Thermisation wird neben der Pasteurisation im wesentlichen als zweite schonende Wärmebehandlung bei der Käseherstellung angewendet [64, 92]. Für die Thermisation der Käsereimilch werden allgemein von den meisten Autoren Temperaturen von 64 ... 69 °C, mit einer Heißhaltezeit von 5 ... 40 s angegeben [144, 161]. Durch die neben der Pasteurisation zusätzliche Thermisation werden verbesserte technologische und mikrobiologische Prozeßparameter der Käseherstellung sowie eine Verbesserung der Käsequalität erreicht [160].

Nach BOCHTLER [7] bewirkt die Thermisation eine Wiederherstellung des nativen, chemisch-physikalischen Gleichgewichtszustandes vorher tiefgekühlter Milch und eine Erhöhung der mikrobiologischen Sicherheit. In Verbindung mit der Vorreifung führt sie zur optimalen Milchreifung, zur Verbesserung des Milchkoagulationsprozesses, zur Erhöhung der Ausbeute um 0,1 ... 0,3 kg Käse je 100 l Milch und zur besseren Einhaltung der Standardqualität.

Für die Automatisierung der Prozeßabläufe ist eine solche gleichmäßige Ausgangsqualität der Käsereimilch von entscheidender Bedeutung [64].

Schließlich werden durch die Thermisation coliforme Bakterien inaktiviert, die gelegentlich als Kontaminanten während der Vorreifung in die Käsereimilch gelangt sind.

7.1.2.3 Peroxid-Katalase-Entkeimung

Um die Nachteile der Pasteurisation von Käsereimilch, insbesondere für den diesbezüglich am empfindlichsten reagierenden Hartkäse auszuschalten, bietet sich neben der Thermisation die **Peroxid-Katalase-(PK)-Entkeimung** an.

Es gibt eine Reihe von Modifikationen des PK-Verfahrens. Beim kontinuierlichen Verfahren werden der Milch 0,02 ... 0,08 % H_2O_2 zugesetzt, dann wird sie durch eine Erhitzungsvorrichtung geleitet, in der sie 30 s bis 5 min bei 52 ... 60 °C gehalten wird, um anschließend auf Einlabungstemperatur (etwa 32 °C) abgekühlt und mit einem Katalasepräparat versetzt zu werden. Nachdem letzteres 30 min eingewirkt hat und eine negative Peroxidreaktion nachgewiesen worden ist, wird die Käsereikultur zugesetzt [145].

Die Vorteile des bisher nur im Rahmen der Hartkäseproduktion angewandten PK-Verfahrens sind [170]:

- Der Rohmilchcharakter bleibt besser erhalten als bei der Hitzepasteurisation.
- Der erzeugte Käse ist in der Qualität gleichmäßiger und in der Farbe besser.

Allgemeine Käsereimikrobiologie

- Die Ausbeute ist bei PK-Käsen höher als bei solchen aus pasteurisierter Milch.
- Coliforme Keime werden abgetötet.

Nicht so positiv wie von PULAY [145] werden die Vorteile und vor allem die Käsequalitäten von WASSERMANN [200] eingeschätzt.

Nachteile des PK-Verfahrens sind:
- Chemische Präparate, allerdings von hoher Reinheit, müssen zugesetzt werden.
- Vitamin C wird weitestgehend zerstört.
- Tuberkulosebakterien, *Brucella abortus* und *Staphylococcus aureus* werden nicht mit Sicherheit abgetötet. Bei der ungarischen Modifikation, die 58 ... 60 °C vorsieht, ist das möglicherweise der Fall [145].
- Das PK-Verfahren ist arbeitsaufwendiger und teurer als die Pasteurisation.
- Es werden größere Mengen Käsereikultur benötigt.

Das PK-Verfahren kann die Pasteurisation hinsichtlich hygienischer Sicherheit nicht ersetzen. In Deutschland ist es nicht zugelassen [147]. In den warmen südlichen Ländern und in den USA werden nach der PK-Behandlung der Käsereimilch Hartkäse, auch Emmentaler, hergestellt [85].

7.1.2.4 Baktofugierung

Durch die übliche Pasteurisation der Käsereimilch wird keine Inaktivierung der für die Spätblähung in Hartkäsen und festen Schnittkäsen verantwortlichen Clostridiensporen erreicht, es kann vielmehr zu einer Induzierung der Auskeimung der Sporen kommen [114]. Bereits 200 dieser anaeroben, leichtvergärenden Sporenbildner in einem Liter Käsereimilch können später die gefürchteten Spätblähungen hervorrufen. Während der Clostridiengehalt in einer für die Hart- und festen Schnittkäse geeigneten Rohmilch unter 1 Spore je ml liegen muß, kann bei Fütterung unsachgemäß zubereiteter Silage der Gehalt an lactatvergärenden Clostridiensporen > 35 je ml ansteigen [18]. Die im Winterhalbjahr verbreitete Silagefütterung führt oft zu erheblichen Problemen für die einschlägigen Käsereien [185]. Der bisher beschrittene Weg, durch Zugabe von Nitrat zur Kesselmilch die Auskeimung der Sporen zu hemmen, wird in zunehmendem Maße einzuschränken versucht. Die Gefahr, daß beim Abbau von Nitrat karzinogene Nitrosamine entstehen können, haben den Gesetzgeber veranlaßt, die Höchstmengen des zulässigen Nitratzusatzes von 0,2 g/Liter auf 0,15 g/Liter Kesselmilch zu senken [125, 209].

Die Baktofugierung oder Zentrifugalentkeimung ist eine bemerkenswerte Möglichkeit, neben dem Bakterien-, Zell- und Lypopolysaccharidgehalt (s. Tab. 7.2) auch den Sporengehalt einer Käsereimilch erheblich zu senken. Die Sedimentationsgeschwindigkeit V der Bakterien aus der Milch läßt sich weitgehend mit der Stoke'schen Formel beschreiben:

$$V = \frac{d^2 (\rho_K - \rho_M) \cdot g}{18\eta}$$

d: Durchmesser des Keimes
ρ_K: Dichte des Keimes
ρ_M: Dichte der Milch
g: g-Zahl
η: Viskosität

Tab. 7.2 Lypopolysaccharid-Gehalte (LPS) in Konsummilch und Käsereimilch ($\bar{x}$; n = 20) Zit. [164]

	µg LPS/ml	
	Konsummilch	Käsereimilch
Rohmilch	24	59
Entkeimte Milch	4	9
Konzentrat nach Dampfinjektion	162	912
LPS-Reduktion Rohmilch/entkeimte Milch	83 %	85 %

Sporen haben eine höhere Dichte und somit eine größere Sedimentationsgeschwindigkeit als Bakterien. Die Dichte beträgt für *Clostridium tyrobutyricum*-Sporen 1,32 g/cm³, für Bazillen-Sporen 1,305 g/cm³ und für vegetative Bakterienzellen 1,07 ... 1,115 g/cm³ [113]. Demgegenüber beträgt die Dichte der Milch durchschnittlich 1,033 bei 20 °C und 1,005 bei 80 °C [147]. Die günstigste Baktofugierungstemperatur liegt zwischen 58 und 60 °C [185].

LEMBKE und Mitarb. [114] konnten den Ausgangssporengehalt der Käsereimilch durchschnittlich von 10,5/ml durch die Zentrifugalentkeimung auf 0,8/ml senken. Inzwischen betragen die Reduktionsraten für Clostridien bei modernen Baktofugen bis zu 99 % (siehe Tab. 7.3).

Beim Baktofugieren werden etwa 3 bis 4 % des Käsereimilchdurchsatzes als Konzentrat abgeschieden, dessen Eiweißgehalt mindestens 50 % höher als der von Kesselmilch ist. Dieses Konzentrat wird bei 140 °C wärmebehandelt. Dadurch erhält man ein steriles Produkt, das der Kesselmilch zurückgegeben werden kann, ohne die Käsequalität zu mindern [28].

Da durch den Einsatz der Baktofuge der Clostridiengehalt um 1 ... 2 Zehnerpotenzen gesenkt werden kann, wird es bei niedrigen Clostridienzahlen in der Milch möglich, bei den einschlägigen Käsen auf Salpeterzusatz ganz oder teilweise zu verzichten [79].

Allgemeine Käsereimikrobiologie

Tab. 7.3   Ergebnisse zur Effektivität der Entkeimungszentrifugation [83], modifiziert

Zentrifugentyp	Durchflußrate (l/h)	Reduktion in % Gesamtkeimzahl	aerobe Sporen	anaerobe Sporen (Clostridien)	Autor/Jahr
W CNB 130	15 000	72,2	80,9	86,2	Lembke 1984
AL BMRPX 618 HGV	25 000	86,1	95,1	98,1	Daamen et al. 1986
W CNB 130	10 000	89,5	97,7	98,7	v. d. Berg, 1988
W CNB 130	15 000	–	–	97,4	v. d. Berg, 1988
W CNB 215	25 000	80,5	94,1	97,8	v. d. Berg, 1988
W CNB 215	20 000	72,4	85,4	82,6	[83]

AL = Alfa Laval
W = Westfalia Separator

Simonart und Mitarb. [172] stellten nach der Zentrifugalentkeimung eine deutliche Verbesserung der Qualität von Goudakäse fest.

Kosikowski [104] ermittelte das gleiche bei Cheddarkäse, verglichen mit Käse aus pasteurisierter Milch. Halbhartkäse wiesen wohl einen etwas festeren Teig auf, zeichneten sich aber durch einheitlichen Geschmack und bessere Schmelzbarkeit aus [51].

7.1.2.5   Vorreifung der Käsereimilch

Die Vorreifung ist zunächst eine Maßnahme zur Anreicherung der Milch mit käsereitechnologisch nützlichen Milchsäurebakterien, denn eine hygienisch gewonnene, frisch angelieferte Rohmilch für Emmentaler und pasteurisierte Käsereimilch ist arm an Milchsäurebakterien. Jede Käsesorte verlangt aber vor dem Einlaben einen bestimmten Reifegrad der Milch, der in einem bestimmten Gehalt an Milchsäurebakterien – maximal 10^7 bis $3 \cdot 10^7$/ml – und somit in der entsprechenden Soxhlet-Henkel-Zahl seinen Ausdruck findet [217].

Die zu wählende Vorreifungstemperatur ist abhängig von der herzustellenden Käsesorte, dem anzustrebenden Reifungsgrad der Milch und der Mikroflora der Milch zu Beginn der Vorreifung. Entscheidend hängt die Temperaturwahl auch vom späteren Säuerungsverlauf im Bruch und im Käse in den ersten 24 Stunden ab. Für Käse mit flach verlaufender Säurekurve (Hartkäse, Edamer, Gouda) eignen sich Vorreifungstemperaturen von etwa 8 ... 10 °C und für Käse mit steil verlaufender Säurekurve (Weichkäse) Temperaturen von etwa 8 ... 12 °C am besten. Zur Vorreifung werden Impfmengen von 0,01 bis 0,3 % angewandt, für Hartkäse wiederum die geringsten und für Weichkäse die höchsten.

Allgemeine Käsereimikrobiologie

Die Temperaturen und Impfmengen sind jedoch stets so zu wählen, daß es in dieser vorgestapelten Milch in keinem Fall zu einer Vorsäuerung, sondern nur zu einer Vorreifung kommt. Impft man beispielsweise die Kesselmilch zwecks Vorreifung mit 0,1 % mesophiler Laktokokkenkultur an, so setzt man damit rund 10^6 Säureweckerorganismen/ml zu. Als Stoffwechseleffekt der 12- bis 24stündigen Vorreifung bei 8 ... 12 °C ergibt sich eine unbedeutende, nur mit empfindlichen Methoden meßbare Säuerung, wobei sich die Säuerungsorganismen um etwa eine bis maximal zwei Zehnerpotenzen vermehren. Tiefe Lagertemperaturen (< 5 °C) führen infolge der biochemisch-physikalischen Belastung der Milch zu merklichen Ausbeuteverlusten [64]. Dem zusätzlichen Aufwand bei der Vorreifung für Kühlung und bis zu eintägiger Stapelung stehen erhebliche Vorteile gegenüber. Das sind eine umfassende standardisierte Mikroorganismenpopulation und Verbesserung der Käsereitauglichkeit, womit eine beachtliche Qualitätsverbesserung der Käse verbunden sein kann [85].

Die Vorreifung der Käsereimilch (insbesondere von pasteurisierter) hat im einzelnen folgende günstige Auswirkungen:

- Vermehrung und Anpassung der käsereitechnologisch wichtigen Milchsäurebakterien, die für die Säuerung der Kesselmilch und Reifung der Käse unerläßlich sind.

- Geringe kolloid-chemische Veränderungen des Milcheiweißes, d. h. Verbesserung des Quellungszustandes von Eiweiß [58]. Käse aus vorgereifter Milch bindet das Eiweiß besser, und insbesondere Weichkäse neigen während der Reifung weniger zum Nässen oder Schwitzen [85].

- Es werden Nähr- und Wirkstoffe für die später mit der Käsereikultur zugesetzten Säuerungsorganismen angereichert. Bei vorgereifter Milch besteht daher weniger die Gefahr von Säuerungsstörungen und qualitätsgeminderten Käsen.

- Es wird eine größere Einheitlichkeit der Käse erreicht.

- Die Käseausbeute kann erhöht werden.

- Mit Hilfe der Vorreifung läßt sich schließlich der gewünschte Säuerungsgrad bzw. pH-Wert der Kesselmilch sicher erreichen. Über die Impfmenge, Lagertemperatur und Lagerzeit ist unter Berücksichtigung der Säuerungsaktivität der Kultur der Norm-Säuregrad bzw. pH-Wert der Käsereimilch zum Zeitpunkt des Einlabens mit hoher Sicherheit zu erzielen.

Zusammengefaßt besteht das Ziel der Vorreifung in einer Standardisierung des Rohstoffs hinsichtlich Säuregrad, Gehalt an Säurebildnern und der Proteinquellung.

Hingewiesen sei auch auf die Risikofaktoren der primären Vorreifung. Sie liegen in der Gefahr einer Temperaturerhöhung der Milch über 12 °C und der damit verbundenen meßbaren Säurebildung, d. h. Vorsäuerung statt Vorreifung sowie der möglichen Vermehrung von Kontaminationsorganismen. Um Rekontaminationen weitgehend ausschließen zu können, soll eine für die Vorreifung vorgesehene Käsereimilch frei von coliformen Bakterien sein [27].

Zur Sicherheit bietet sich eine anschließende Thermisierung an, wodurch die gramnegativen Kontaminanten inaktiviert und die aus der Kühllagerung resultierenden leichten biochemischen Veränderungen weitgehend regeneriert werden können.

7.1.3 Bedeutung, Wirkungsweise und Besonderheiten wichtiger Mikroorganismengruppen der Käse

7.1.3.1 Milchsäurebakterien

Die erste erwünschte mikrobielle Stoffwechselleistung, die sich bei den Käsen mit Ausnahme von Schmelz- und Sauermilchkäse vollzieht, ist die Milchsäuregärung. Sie wird bei den meisten Käsen durch Laktokokken (bei den Hartkäsen durch *Streptococcus salivarius subsp. thermophilus*) eingeleitet. In der Endphase der Bruchbereitung und in frisch geformten Käsen stehen die kokkenförmigen Milchsäurebakterien noch immer zahlenmäßig im Vordergrund, jedoch können auch hier bereits – insbesondere bei den Hartkäsen – die Laktobazillen eine gewisse Rolle spielen, obwohl sie erst später, wenn sich die Käse im Salzbad oder in den ersten Tagen bzw. Wochen im Reifungsraum befinden, stärker in Erscheinung treten.

In 2 bis 5 Tage alten Käsen ist die Milchsäuregärung im wesentlichen abgeschlossen. So sind im Emmentaler nach 8 h 66 % und nach 24 h bereits 90 % der maximalen Milchsäuremenge (1,08 %) gebildet [178]. Während sich die Milchsäuregärung vorwiegend in den ersten 2 Tagen vollzieht, kann ein geringer Teil des Milchzuckers dann noch über einige Wochen, vor allem durch mesophile Laktobazillen, nachvergoren werden. Deren Zahl kann im Tilsiter bis zur zweiten Reifungswoche stark ansteigen [62].

Während die mit den Startern zugesetzten kokkenförmigen Milchsäurebakterien (Laktokokken, *Streptococcus salivarius subsp. thermophilus, Leuconostoc sp.*) in den Käsen mit etwa 10^9 KbE/g dominieren, lassen sich meist die durch Kontamination eingetragenen vorwiegend mesophilen fakultativ heterofermentativen Laktobazillen (*L. casei, L. plantarum, L. curvatus*), in geringem Umfang auch die obligat heterofermentativen Laktobazillen (*L. fermentum, L. brevis*), in Käsen nachweisen, deren Reifungszeit über 2 Wochen beträgt [90]. Die Zahl dieser mesophilen Laktobazillen in Schnitt- und Hartkäsen schwankt zwischen unter 10/g bis über 10^8/g. Sie hängt von der Käsesorte, der Laktobazillenzahl in der Kesselmilch, von der eingesetzten Kultur, der Reifungstemperatur und vom Alter der Käse ab [54].

Im Gegensatz zu früher wird ihre Rolle bei der Käsereifung heute mehr abträglich als positiv bewertet. Sie können sich insbesondere bei hohen Zahlen qualitätsmindernd auf die Käse auswirken. So können sie im Schnitt- und Hartkäse Lochungs- und Geschmacksfehler verursachen und bei starker Proteolyse freie Aminosäuren decarboxylieren, wobei erhebliche Mengen an biogenen Aminen entstehen. Daher sollte ihre Zahl in den Käsen niedrig gehalten werden [54, 82].

Allgemeine Käsereimikrobiologie

Im Gegensatz zu den mesophilen sind die obligat homofermentativen thermophilen Laktobazillen (L. helveticus, L. delbrueckii subsp. lactis) durch ihre proteolytische und Peptidaseaktivität – sie gehören zur autochthonen Flora des Emmentalers – uneingeschränkt qualitätsfördernd, indem sie entscheidend an der Säuerung und Reifung beteiligt sind. Die Mehrzahl der Stämme von L. helveticus kann sowohl α-Casein als auch β-Casein abbauen und eine hohe Aminopeptidaseaktivität erreichen [55]. Bei gebranntem Hartkäse ist die Proteolyse durch thermophile Laktobazillen an der ausgeprägten Teigstruktur und an der Geschmacksbildung entscheidend beteiligt.

Die Milchsäurebakterien sind von grundlegender Bedeutung für die Herstellung und Reifung der Käse. Sie haben im einzelnen folgende Auswirkungen auf die Käse [94, 111, 178]:

- Zunächst kommt es durch die Milchsäurebildung insbesondere der Kokken zu einer pH-Wert-Verschiebung in einen Bereich, bei dem das Labenzym seine optimale Koagulationswirkung entfaltet.
- Milchsäure hat eine konservierende Wirkung. Undissoziierte Milchsäure kann auch *Clostridium sporogenes*, der Faulstellen im Hartkäse hervorruft, im Wachstum unterdrücken.
- Durch die schnelle Vergärung des meisten Milchzuckers zu Milchsäure wird für Frühblähungserreger, insbesondere die coliformen Keime, die Nährstoffbasis geschmälert, der pH-Wert gesenkt und somit einer Frühblähung entgegengewirkt.
- Milchsäure und Lactate können Ausgangssubstrat für eine weitere erwünschte Gärung sein, z. B. der Propionsäuregärung im Emmentaler Käse.
- Milchsäurebakterien sind im Käse zu einem sehr geringen Anteil am Fettabbau beteiligt und zeigen eine Esteraseaktivität [198].
- Für die Teigkonsistenz der Käse sind die Umsetzungen zwischen Milchsäure und Eiweiß von großem Einfluß. Je nach Menge der vorhandenen Milchsäure ergeben sich Teigeigenschaften von weich, schmierig bis hart und bröcklig.
- Der Eiweißabbau und somit auch die Geschmackseigenschaften werden weitgehend durch die proteolytischen Enzyme der Milchsäurebakterien hervorgerufen. Außer dem enzymatischen Eiweißabbau ist ebenfalls eine gewisse eiweißhydrolysierende Wirkung der Milchsäure und somit eine partielle Reifungsbeschleunigung bekannt.

Die proteolytische Wirkung der Labenzyme führt zur Anhäufung von Abbauprodukten mit höherer Molekülmasse (Peptide) und zur Freisetzung nur unbedeutender Mengen von Aminosäuren.

Die proteolytischen Enzyme der Milchsäurebakterien der Starterkulturen spielen zum Zeitpunkt des Einlabens eine untergeordnete Rolle. Zunächst sind nur wenige Enzyme der Zelloberfläche wirksam. Der größte Teil der proteolytischen Aktivität ist intrazellulär lokalisiert und hat keinen direkten Kontakt mit dem Milchprotein. Beim Brennen des Bruchs und während der Lagerung des Käses lysieren immer mehr Bakterien und setzen Proteasen und Peptidasen frei, die dann an der Reifung entscheidend beteiligt sind [177].

Für den weiteren Abbau der Peptide sind vor allem die mit der Käsereikultur zugesetzten peptidaseaktiven Milchsäurebakterien zuständig. Peptidasen sind für das Wachstum der Laktokokken essentiell. BOCKELMANN [8] isolierte aus Starterkulturen bisher ausschließlich peptidasepositive Stämme. Das proteolytische System von *Lactococcus lactis* subsp. *lactis* und *Lactococcus lactis* subsp. *cremoris* besteht aus einer zellwandgebundenen Protease – aber nur etwa 30 % der Stämme erwiesen sich als proteaseaktiv – und etwa 8 Peptidasen unterschiedlicher Spezifität: 2 bis 3 Aminopeptidasen, 2 Endopeptidasen, je eine Dipeptidase, Tripeptidase, Prolin-spezifische Dipeptidase und x-Prolyl-Dipeptidyl-Aminopeptidase [8].

Diese Enzyme konnten auch in Laktobazillen nachgewiesen werden, wobei Peptidasen und Aminopeptidasen, eine zellwandgebundene Protease, sehr ähnliche Eigenschaften zeigen wie die gleichartigen *Lactococcus*-Enzyme. Die aus Laktobazillen isolierten Peptidasen, insbesondere je eine x-Prolyl-Dipeptidyl-Aminopeptidase, Dipeptidase und Aminopeptidase finden sich auch bei *Streptococcus salivarius* subsp. *thermophilus* und zeigen mit denen aus *Lactococcus lactis* gute Übereinstimmung [88].

Da der Gehalt der Milch an Aminosäuren und kleinen Peptiden gering ist, ist die Freisetzung von proteingebundenem Aminostickstoff durch proteolytische Enzyme für die schnelle Säuerung der Milchsäurebakterien und für hohe Zellzahlen in der Käsereimilch notwendig. In der Käsewanne kommt diesbezüglich der Labwirkung und dem Plasmin eine relevante Bedeutung zu [8].

Tab. 7.4 Veränderungen des Gehaltes an freien Aminosäuren in Abhängigkeit von der Reifungsdauer bei Emmentaler [7]

Alter des Käses in Tagen	Aminosäurengehalt je 100 g fettfreie Trockenmasse in mg
frischer Käse	42,9
5	83,2
10	231,5
20	503,1
30	651,9
60	1 010,9
90	1 651,3
120	2 011,2
150	2 643,2
180	2 904,6

Allgemeine Käsereimikrobiologie

Die Laktobazillen sind proteolytisch aktiver als die Milchsäurestreptokokken. Der Eiweißabbau durch Milchsäurebakterien beginnt im Käse unmittelbar nach seiner Herstellung und setzt sich bis zur Konsumreife fort. Die Tab. 7.4 zeigt die im wesentlichen durch Milchsäure- und Propionsäurebakterien im Emmentaler bewirkte Zunahme der freien Aminosäuren bis zu 180 Tagen Reifungsdauer.

Durch die ausgeprägte Milchsäurebildung, den relativ langsamen und begrenzten Eiweißabbau sowie den minimalen Fettabbau tragen die Milchsäurebakterien entscheidend zur Geschmacksbildung und Konsistenz der Käse bei. Am Käsearoma sind sehr viele Komponenten beteiligt, z. B. Fettsäuren, Milchsäure, Diacetyl, Methylketone, Aldehyde, Ammoniak und Amine, um nur einige zu nennen. Sie alle ergeben zusammen das typische Aroma.

7.1.3.2 Enterokokken

Die Enterokokken (Streptokokken der serologischen Gruppe D) sind regelmäßig u. a. im Darm des Menschen und der warmblütigen Tiere, auf Pflanzen, in Silagen, in Melkanlagen und Rohmilch zu finden. Über das Vorkommen der verschiedenen Enterokokkenarten im Darm von Mensch, Schwein und Kuh sowie im milchwirtschaftlichen Bereich gibt Tab. 7.5 einen Überblick.

Tab. 7.5 Vorkommen von Enterokokken in Faeces und im milchwirtschaftlichen Bereich (prozentualer Anteil der Arten) [95]

Enterokokkenart	Mensch	Schwein	Kuh	Rohmilch	Melkmaschine	Käse
E. faecalis var. faecalis	22,4	15,1	0	40,0	49,9	30,8
E. faecalis var. liquefaciens	16,9	15,0	0	12,3	7,2	13,8
E. faecalis var. zymogenes	2,2	0	0	0	0	0
E. faecium	41,6	27,1	18,4	28,0	21,5	27,1
E. durans	2,6	0	0	10,9	14,2	28,3
E. bovis	14,3	42,8	81,6	8,8	7,2	0

Bemerkenswert ist die bessere Übereinstimmung der Enterokokkenarten des Käses mit der Flora der Faeces vom Menschen als mit der der Kuh. Tatsächlich stammt die Enterokokkenflora im Käse jedoch sehr weitgehend aus der Rohmilch. Eine diesbezüglich gute Übereinstimmung der artenmäßigen Enterokokkenflora zwischen Rohmilch/Melkmaschinen und Käse läßt sich ebenfalls deutlich erkennen.

Allgemeine Käsereimikrobiologie

Enterokokken sind relativ hitzeresistent und überleben in hohem Maße die für Käsereimilch üblichen Erhitzungsverfahren [187].

In den verschiedenen Käsearten ist der Enterokokkengehalt sehr großen Schwankungen unterworfen. ASPERGER [3] fand stark schwankende Enterokokkenzahlen in Käsen zwischen < 20 bis über 10^7/g (siehe Tab. 7.6). Die jeweils erreichten Endkonzentrationen in KbE je g Käse sind abhängig von der Enterokokkenzahl der Rohmilch, von der Überlebensrate nach der Pasteurisation, vom Kontaminationsgrad in der Kesselmilch und im Bruch. Ferner sind sie hauptsächlich abhängig vom technologischen Prozeß, wo die in den ersten Phasen der Bruch- und Käseherstellung herrschenden Temperaturen entscheidend sein dürften. Von Einfluß ist auch der Kochsalzgehalt des Käses.

Tab. 7.6   Enterokokkengehalt verschiedener Käsesorten [3]

Käsetyp	Probenzahl	<log 1	log 1–2	log 2–3	log 3–4	log 4–5	log 5–6	log 6–7	log >7
Frischkäse	139	106	5	8	5	7	6	2	
%		76	4	6	4	5	4	1	
Hartkäse	47	10	4	0	4	12	10	7	
%		21	9	9	9	26	21	15	
Schnittkäse	135	41	17	36	18	12	9	2	
%		30	13	27	13	9	7	2	
Halbharter Schnittkäse	84	7	8	16	23	13	10	6	1
%		8	10	19	27	16	12	7	1
Weichkäse Schmiere	104	6	13	16	14	20	18	15	2
%		6	13	15	14	19	17	15	2
Weichkäse Schimmel	166	22	13	12	20	33	40	25	1
%		13	8	7	12	20	24	15	1
Weichkäse Blauschimmel	100	12	3	13	24	22	16	10	
%		12	3	13	24	22	16	10	
Salzlakenkäse	66	18	6	9	9	5	11	8	
%		27	9	14	14	8	17	12	
Brimsen	25	1	1	0	0	1	5	15	2
%		4	4	0	0	4	20	60	8
Summe Naturkäse	866	223	70	110	117	125	125	90	6
%		26	8	13	14	14	14	10	1
Schmelzkäse	139	131	2	3	1	2	0	0	
%		94	1	2	1	1	0	0	

Aus diesem Grunde scheiden Enterokokken weitgehend als Indikator für hygienische Käseproduktionen aus, zumal sie auch als thermodure Bakterien die Erhitzung der Käsereimilch weitgehend überleben [3].

Allgemeine Käsereimikrobiologie

Die Enterokokken bauen Proteine ab, setzen Aminosäuren frei, verwerten aber auch bestimmte Aminosäuren, so daß sie einen Einfluß auf den qualitativen und quantitativen Gehalt der Käse an freien Aminosäuren haben. Sie können Aminosäuren zu biogenen Aminen (z. B. Tyrosin zu Tyramin) decarboxylieren. Da aber biogene Amine erst bei Zahlen über 10^7 Enterokokken je g zu erwarten sind [82] und diese Zahlen nur selten erreicht werden (siehe Tab. 7.6), kommt den Enterokokken im Käse diesbezüglich eine untergeordnete Rolle zu. Andererseits wurde auch die Vermutung, daß Tyramin, dessen Gehalt im Käse etwa 100 mg je kg beträgt, Lebensmittelvergiftungen hervorrufen kann, nicht bestätigt.

In den verschiedenen Käsen finden die einzelnen Enterokokkenarten unterschiedliche Vermehrungsmöglichkeiten vor. In Tab. 7.7 ist der prozentuale Anteil der wichtigsten Enterokokkenarten in vier Grundtypen von Käsen aufgeführt.

Tab. 7.7 Prozentualer Anteil der verschiedenen Arten an der Enterokokkenkeimzahl in Käsen [95]

Enterokokkenart	Hartkäse	Feste Schnittkäse	Halbfeste Schnittkäse	Weichkäse
E. faecalis var. faecalis	19,7	5,2	37,8	39,9
E. faecalis var. liquefaciens	0,3	1,4	8,8	10,1
E. faecalis var. zymogenes	–	–	–	–
E. faecium	14,8	49,3	32,0	4,3
E. durans	65,2	44,1	21,4	45,7

Im Käse verhalten sich die einzelnen Enterokokkenarten unterschiedlich. *E. durans* ist gegenüber Umweltbedingungen im Käse widerstandsfähiger als *E. faecalis* und somit während der Käseherstellung und -reifung stoffwechselaktiver. Während *E. faecalis* ein kräftiges und volles Aroma erzeugt, führen *E. faecium* und *E. durans* zu einem milden, leicht säuerlichen, vom Verbraucher geschätzten Aroma der Käse [95]. *E. faecalis var. faecalis*, der auch vereinzelt über Käsereikulturen gezielt zur besseren Aromabildung eingesetzt wird, vermag die Käsereifungsbakterien zu stimulieren. Er ist schwach proteolytisch aktiv und hat ein beschleunigenden Einfluß auf die Käsereifung. Außerdem wird ihm eine hemmende Wirkung auf *Clostridium butyricum* und *Clostridium tyrobutyricum* zugeschrieben. Demgegenüber kann *E. faecalis var. liquefaciens* infolge seiner hohen proteolytischen Aktivität zu bitterem Geschmack im Käse führen, sobald er sich zahlenmäßig stark durchsetzt [31]. Normalerweise kommen *E. faecalis var.*

273

liquefaciens nur in geringer Zahl und *E. faecalis var. zymogenes* meistens überhaupt nicht im Käse vor.

E. durans und *E. faecium* können Übersäuerungs- und Nachgärungserscheinungen von Käsen mit längerer Reifungszeit, insbesondere Emmentaler und feste Schnittkäse, verursachen. Dabei sind die Enterokokkenzahlen in Emmentaler Käse mit Nachgärung wesentlich höher als in Käsen, die nicht zur Nachgärung neigen. Die Nachgärung kommt zustande, indem insbesondere *E. durans* nach der Lochbildung sich weiter im Käse vermehrt und aus den Proteinen Aminosäuren freisetzt. Die Aminosäuren dienen den Enterokokken, die gleichzeitig Lactat bilden, als Energiequelle. Außerdem werden einige Aminosäuren angehäuft. Das gilt besonders für Glutaminsäure, die von *E. faecium* und *E. durans* nicht abgebaut werden kann [95].

Eine Nachgärung im Emmentaler Käse setzt voraus, daß

- *E. durans* und/oder *E. faecium* auch nach der Lochbildung weiteres Lactat bilden,
- Glutaminsäure eine bestimmte Konzentration erreicht (etwa 6 500 mg/kg) und
- stimulierbare Propionsäurebakterien im Käse vorhanden sind.

Bei Erreichung einer bestimmten Konzentration an Glutaminsäure setzen stimulierbare Propionsäurebakterien mit heftiger Gasbildung ein und bewirken eine Nachgärung [95].

RITTER [149] vertritt demgegenüber die Auffassung, daß das bei der Decarboxylierung von Tyrosin zu Tyramin freigesetzte CO_2 entscheidend bei der Nachgärung des Emmentaler Käses mitwirkt. Ein 100 kg schwerer Emmentaler enthält etwa 0,1 kg freies Tyrosin. Bei der Decarboxylierung entstehen daraus etwa 12,3 l CO_2. Eine weitere CO_2-Bildung wäre aus dem Abbau des Arginins zum Ornithin oder zum Agmatin und deren weitere Decarboxylierung zum Putrescin möglich, woraus insgesamt etwa 25,7 l CO_2 zu erwarten sind. Im Vergleich dazu werden in einem entsprechenden Käse unter Vergärung von 1,2 % Lactat etwa 100 l CO_2 primär durch die Propionsäurebakterien gebildet.

Enterokokken werden in Rohmilch, pasteurisierter Milch, in Käsen, Salaten, Hackfleisch, Rohwurst usw. gefunden. In reifenden Produkten wie Käsen, rohem Schinken, Rohwurst und Sauergemüse gehören sie zur Normalkeimflora [48]. Sie konnten gelegentlich in großen Mengen ($> 10^7$/g) aus Lebensmitteln isoliert werden, deren Genuß beim Menschen Erbrechen, Abdominalschmerzen und Durchfall hervorgerufen hatte. Die Inkubationszeit betrug 2 bis 20 h. Dennoch gibt es Zweifel daran, daß Enterokokken Ursache von Lebensmittelvergiftungen sein können. Dagegen sprechen folgende Gesichtspunkte [48]:

- Enterokokken werden mit verschiedenen Lebensmitteln ständig und häufig in großer Anzahl aufgenommen, ohne zu Erkrankungen zu führen.
- Pathogene Eigenschaften konnten bei Enterokokken bisher nicht nachgewiesen werden.

Allgemeine Käsereimikrobiologie

– Im Versuch an Freiwilligen mit massiven Dosen konnten die obengenannten Symptome nicht reproduziert werden.

SEDOVA [167] vermochte bei Kindern durch Verabreichung von beachtlich hohen Enterokokkenmengen (1,2 · 10^6 bis 4,3 · 10^9 je ml bzw. je g) in Milch, Quark, Kefir und Käse keine Magen- und Darmstörungen auszulösen. Dabei waren in den Milchprodukten sämtliche Enterokokkenarten vor allem auch *E. faecalis*-Varianten enthalten.

Nach bisherigen Erkenntnissen scheinen in seltenen Fällen unspezifische Lebensmittelvergiftungen durch Enterokokken im Zusammenwirken mit ganz besonderen Milieubedingungen oder relativ selten vorkommenden enterotoxinbildenden Stämmen eine gewisse Rolle zu spielen. Dabei ist *E. faecalis var. zymogenes* am meisten verdächtig, der im Käse nur selten oder in geringer Zahl anzutreffen ist.

Aus der Anwesenheit von Enterokokken im Käse läßt sich in keiner Weise auf eine potentielle Gefährdung des Verbrauchers schließen.

Dem Enterokokkengehalt der Käse kommt also weder eine Indikatorfunktion für die Produktionshygiene, noch eine Aussagekraft für die gesundheitliche Bedenklichkeit zu [14].

7.1.3.3 Propionsäurebakterien

Propionsäurebakterien gehören vor allem zur obligaten Mikroflora des Emmentaler Käses. Es sind 4 Spezies für die einschlägige Käseproduktion bedeutungsvoll. Das sind *Propionibacterium (P.) freudenreichii* mit den Subspecies *freudenreichii*, *globosum* und *shermanii*, *P. thoenii*, *P. acidipropionici* und *P. jensenii*. In Propionsäurebakterienkulturen wird *P. freudenreichii subsp. shermanii* bevorzugt eingesetzt [16, 123].

Propionsäurebakterien sind anaerob wachsende stäbchenförmige Bakterien, die in größeren Mengen im Schweine- und Kuhkot vorkommen. Sie überleben teilweise die Kurzzeiterhitzung der Milch, sind jedoch gegenüber Brenntemperaturen > 55 °C empfindlich. Das Brennen (Erwärmen des Bruches) auf 56 °C zerstört sie fast vollkommen und führt zu blinden Käsen [182]. Ihr Temperaturoptimum liegt zwischen 25 und 30 °C; sie wachsen zwischen 15 und 40 °C. Das pH-Optimum beträgt 6,8 ... 7,2, das pH-Minimum etwa 5,0 ... 5,1. Daher setzt das Wachstum in dem relativ sauren Nährboden Käse zunächst nur schleppend ein. Mit einer optimalen Entwicklung der Propionsäurebakterien von seiten des pH-Wertes ist zu rechnen, wenn der Emmentaler Käse einen Tag nach der Herstellung einen pH-Wert von 5,1 bis 5,2 aufweist [99, 105].

Im Gegensatz zu anderen Bakterien wachsen die Propionsäurebakterien sehr langsam. Sie benötigen etwa 10 Tage, bis sie im Agarnährboden bei 25 °C zur vollen Größe herangewachsen sind. Sie wachsen gut auf Hefeextraktnährböden,

Allgemeine Käsereimikrobiologie

die Lactat und Glucose enthalten. Bei 22 °C wurde auf künstlichen Nährböden eine Generationszeit von 13,75 Stunden und bei 17 °C von 26 Stunden gefunden. Hefepräparate beschleunigen auch ihre Säurebildung.

Die Propionsäurebakterien vergären Lactate, Milchsäure und Glucose zu Propionsäure, Essigsäure und Kohlendioxid. Aus 3 Mol Milchsäure entstehen 2 Mol Propionsäure, 1 Mol Essigsäure, 1 Mol CO_2 und 1 Mol H_2O [97, 194a]. Bemerkenswert ist, daß im Emmentaler während der Käsereifung deutlich höhere Konzentrationen an Propionsäure (ca. 0,7 g/100 g) gebildet werden, als deren höchstzulässige Konzentration von 0,3 ... 0,38 % im Rahmen der Lebensmittelkonservierung betragen würde [156]. Sie ist seit 1988 als Lebensmittelkonservierungsstoff in der BRD verboten.

Das gebildete Kohlendioxid löst sich zunächst im Wasser des Käses bis zur Sättigung. Nach der Übersättigung beginnt die Lochbildung, indem sich an einzelnen Stellen Gasblasen bilden. Diese werden dann allmählich vergrößert. Dabei verringert sich der Gasdruck in der unmittelbaren Umgebung der Löcher vorübergehend, nachdem das Gas in die Bereiche der Löcher diffundiert ist und dort zu einer vorübergehenden Druckerhöhung führt. Diese Dynamik setzt sich im Wechsel über längere Zeit fort. Somit müssen sich die Löcher nicht unbedingt dort bilden, wo das Gas entsteht. Etwa um den 30. Tag bilden sich zunächst wenige Löcher. Danach wird die Anzahl der sich bildenden Löcher immer größer und erreicht in der Zeitspanne der schnellsten Lochausweitung um den 50. Tag eine Maximalausweitung [162, 194a]. Die Zahl und Größe der Löcher sind von der Intensität der Gasbildung abhängig. Erfolgt die Gasbildung durch die Propionsäurebakterien im Käse zu schnell, können viele kleine Löcher entstehen. Außerdem ist die Propionsäuregärung erst sinnvoll, nachdem der Käseteig durch ein etwa 14tägiges Vorreifen bei etwa 15 °C die notwendige Konsistenz aufweist. Sind die Elastizität und Viskosität des Käseteiges noch zu gering, besteht die Gefahr der Bildung nußschaliger Löcher [99].

Die Propionsäurebakterien synthetisieren auch Vitamin B_{12}. Zum Geschmack des Emmentalers tragen sie durch flüchtige Fettsäuren, Calciumpropionat, Propionsäure, Succinat und Prolin entscheidend bei. Der Aminosäure Prolin kommt im Zusammenhang mit der Ausbildung des typisch süßlichen, nußkernartigen Geschmacks im Emmentaler eine Schlüsselrolle zu. Prolin wird besonders durch proteolytische Enzyme der Propionsäurebakterien, die durch Autolyse der Bakterienzellen freigesetzt werden, aus Peptiden abgespalten [166].

Die ausgeprägte intrazelluläre Prolin-Aminopeptidase-Aktivität neben anderen peptidolytischen Aktivitäten sind der Tab. 7.8 zu entnehmen.

Die Propionsäurebakterien sind auch befähigt, Aminosäuren abzubauen. So wird Asparaginsäure über die Desaminierung zu Fumarat, welches durch die Fumaratreduktase zu Succinat reduziert wird. Neben Asparaginsäure werden auch Serin, Alanin und Glycin metabolisiert [166].

Für die Gebrauchskulturenherstellung werden die Propionsäurebakterien nur selten in Milch, in der sie ohne Zusätze spärlich wachsen, sondern bevorzugt in

Tab. 7.8   Peptidaseaktivitäten von *P. freudenreichii* subsp. *shermanii* [166]

Enzym	Stamm	
	P 113	P 182
Arginin-Aminopeptidase	++	+++
Leucin-Aminopeptidase	+++	++++
Alanin-Aminopeptidase	++	++++
Glycin-Aminopeptidase	+++	++++
Histidin-Aminopeptidase	+++	++++
Serin-Aminopeptidase	+++	++++
Prolin-Aminopeptidase	+++	++++
Phenylalanin-Aminopeptidase	++++	++++
Tyrosin-Aminopeptidase	+++	++++

flüssigen Spezialnährmedien gezüchtet (z. B. in Natriumlactathefeextraktwasser). Die Propionsäurebakterienkultur wird in flüssiger oder lyophilisierter Form in der Emmentalerkäserei eingesetzt. Die der Käsereimilch zuzusetzende Kulturmenge ist so zu wählen, daß mehr als $5 \cdot 10^2$ KbE Propionsäurebakterien je g im 24 Stunden alten Emmentaler vorhanden sind [4]. Ist die Dosierung geringer, treten häufig braune Tupfen im Käse auf. Das sind mit dem bloßen Auge sichtbare dunkelbeige bis rötliche Punkte von ca. 0,5 mm Durchmesser (große Kolonien von Propionsäurebakterien). Lyophilisierte Propionsäurebakterienkulturen sollten vor ihrer Anwendung erst im Betriebslabor reaktiviert werden [108].

Die Propionsäurebakterienkulturen werden sowohl als Einarten- als auch als Mehrartenkulturen für die Praxis bereitgestellt.

7.1.3.4 Käseschmierebakterien

Auf der Oberfläche von einschlägigen Käsen mit Rot- oder Gelbschmiere, z. B. Limburger, Romadur und Harzer, findet man eine Vielfalt von Mikroorganismen. Neben Hefen und *Geotrichum candidum* siedeln sich dort vor allem farbstoffbildende Bakterien an. Die **Käseschmierebakterien**, deren lange bekannter Vertreter *Brevibacterium linens* ist, gehören zur obligaten Oberflächenflora von Schmierkäsen. Weitere aus Käseschmiere isolierte pigmentierte coryneforme Bakterien sind *Brevibacterium ammoniagenes*, *Arthrobacter variabilis* und vier Artengruppen von *Corynebacterium* sowie eine Artengruppe von *Rhodococcus* [169]. Die Käseschmierebakterien sind neben der Pigmentbildung entscheidend an der typischen Ausbildung des Aromas und Geschmacks dieser Käse beteiligt [10].

Allgemeine Käsereimikrobiologie

Brevibacterium linens erzeugt flüchtige, geschmacklich wahrnehmbare Verbindungen nicht nur aus Spaltprodukten des Milcheiweißes, sondern auch durch Umwandlung der Citronensäure, Kohlenhydrate sowie Hydrolyse des Milchfettes [12]. Bei Käsen mit Oberflächenschmiere spielt das Methylsulfid für das Aroma eine wesentliche Rolle [203]. Die Pigmentierung, die je nach Stamm und Züchtungsbedingungen von gelb über orange bis rot reicht, ist ebenso wie die hohe Salztoleranz charakteristisch für *B. linens*. Bei einem pH-Wert unter 5,8 wird sein Wachstum zunehmend gehemmt. Wachstum erfolgt zwischen 8 und 40 °C, das Optimum liegt bei 25 °C [9, 137].

Außer der Ansiedlung durch Reinkulturen erfolgt auch eine Übertragung der Schmierebakterien auf den Käse über die Reifungsräume, Luft, Horden usw.

Beim Schmieren der Käse werden zunächst in großer Zahl auf der Oberfläche in punktförmigen Kolonien konzentrierte Bakterien gleichmäßig über den ganzen Käse verteilt, wo jedes Bakterium an einem Ort wieder zur Koloniebildung führt. Durch wiederholtes Schmieren wird der Vorgang fortgesetzt, bis schließlich der ganze Käse von einem dichten Kolonierasen bedeckt ist. Dazwischen liegende unerwünschte Fremdbakterien haben bei ausreichender Ausgangszahl der Schmierebakterien keine Aussicht, sich durchzusetzen [6]. Durch hohe Luftfeuchtigkeit in den Reifungsräumen, pH-Wert > 6,0 und Temperaturen um 22 °C wird die Entwicklung dieser aeroben, grampositiven Schmierebakterien günstig beeinflußt.

Schmierebakterien dürfen das Käse-Milcheiweiß nicht zu stark abbauen. Die von ihnen gebildete Schmiere muß eine gelblichbraune Farbe aufweisen und darf nicht fadenziehend sein. Der dabei entstehende Geruch soll angenehm und für die entsprechende Käseart typisch sein [150]. Bei blassen, farblich untypischen, z. B. gelbgrünen, zitronengelben oder intensiv rot oder rosa gefärbten und grauschmierigen Käsen ist *Brevibacterium linens* stark zurückgedrängt, oder es fehlt ganz [6].

Es ist ungünstig, die Schmierebakterien der Kesselmilch zuzusetzen, da einmal zu wenig Zellen an die Oberfläche gelangen und da sie zum anderen, infolge ihrer Säureempfindlichkeit, erst vermehrungsfähig sind, nachdem die Oberfläche des Käses entsäuert worden ist. Daher empfiehlt es sich, die Käseschmierebakterienkultur verdünnt auf die Oberfläche zu sprühen. Zur Oberflächenbehandlung von Sauermilchkäse mit Schmierebildung ist die Schmierekultur 20 bis 30fach zu verdünnen und mit etwa 4 % Kochsalz zu versetzen.

Zweckmäßig ist, wenn Betriebe zusätzlich verdünnte Kultur zum Versprühen in den Reifungsräumen verwenden, um dadurch die betriebseigene Schmierebakterienflora gezielt zu forcieren. Es konnte nachgewiesen werden, daß durch diese Maßnahme die Produktionssicherheit beträchtlich anstieg und sich die Qualität des Käses stabilisierte bzw. verbesserte [107].

7.1.3.5 Hefen und Edelschimmelpilze

Hefen und *Geotrichum candidum*

Die zur Oberflächenflora von halbfesten Schnittkäsen (z. B. Steinbuscher, Romadur), Weichkäsen (z. B. Camembert) und Sauermilchkäse (z. B. Harzer) gehörenden Hefen sind in den ersten Reifungsstadien an dem Abbau der Milchsäure in der Rindenschicht einschlägiger Käse beteiligt und schaffen durch alkalische Stoffwechselprodukte geeignete pH-Wert-Bedingungen für das Wachstum der coryneformen Bakterien (Schmierebakterien). Hefen bilden auch Wuchsstoffe zur Stimulierung des Wachstums der Oberflächenflora und nehmen Einfluß auf die Aromabildung der Käse durch Proteolyse und Bildung von flüchtigen Säuren und Carbonylverbindungen [171].

Hefen und *Geotrichum candidum* sind bei der Oberflächenreifung nicht nur proteolytisch aktiv, sondern sie tragen aufgrund ihrer lipolytischen Aktivität in höherem Maße zur Freisetzung von Fettsäuren bei als die sonst erwünschte Käsebakterienflora [12].

Dadurch wird eine Reifung der einschlägigen Käse von außen nach innen eingeleitet und bewirkt.

Bereits in den ersten Stunden nach dem Molkenablauf bzw. nach der Formung (Sauermilchkäse) erfolgt die Besiedelung der Käse mit *Candida valida*, *Torulopsis*-Hefen, *Geotrichum candidum* usw. Das Aussehen der Käse läßt Schlüsse auf die vorherrschenden Stämme zu. So überwiegen bei trockener Käseoberfläche *Candida valida* und bei schmieriger Oberfläche *Torulopsis*-Arten. Letztere sind auch vorwiegend für die Aromabildung verantwortlich. Außerdem sind Hefen der Genera *Kluyveromyces, Pichia, Endomycopsis, Debaryomyces, Rhodotorula* und *Hansenula* an der Hefeflora auf der Käseoberfläche beteiligt [34]. Gut geeignete Stämme bewirken eine Reifung des Käses von außen nach innen mit deutlich abgegrenzter Reifungszone. Bei weniger geeigneten Stämmen sind der ungereifte und der gereifte Teil nicht sichtbar abgegrenzt [202].

In den meisten Fällen ist die Hefepopulation auf eine spontane Kontamination durch die Käsereiflora zurückzuführen. Jedoch werden neuerdings in zunehmendem Maße Käse-Hefekulturen angeboten.

An die **Hefeflora** und **Hefekultur** für einschlägige Käse sind folgende Forderungen zu stellen [202]:

- Die Oberfläche des Käses muß ausreichend entsäuert werden, damit später die typische Reifung durch *Brevibacterium linens* erfolgen kann.
- Das Eiweiß soll nicht zu stark abgebaut werden, um ein Randerweichen des Käses zu verhindern.
- Der Käse soll die gewünschte Oberflächenbeschaffenheit erhalten und von außen nach innen gleichmäßig durchreifen.
- Es darf keine Bildung von untypischen Geschmacksstoffen erfolgen [10].

Stämme von *Geotrichum candidum* mit geringem Fettspaltvermögen werden wegen ihrer Aromabildung für Camembert bevorzugt und sind an der Bildung eines nußkernartigen Geschmacks beteiligt. Kulturen von *Geotrichum candidum* werden auch zur Herstellung von Sauermilchkäse dem Sauermilchquark zugesetzt [34]. Normalerweise gelangen die Zellen durch Kontamination auf die Käseoberfläche. An der Reifung von Weißschimmelkäse wirkt *G. candidum* zunächst durch Entsäuerung der Oberfläche, dann an der beschleunigten Reifung mit. Durch Zusammenwirken von *G. candidum* und *P. camemberti* wird eine schnellere Reifung, eine intensivere Proteolyse und ein geschmacklich typischerer Camembert erreicht, verglichen mit Käse, der nur unter dem Einfluß des *P. camemberti* reifte [204].

Edelschimmelpilze

Penicillium (P.) candidum (P. caseicolum) wird heute als weiße Variante des *Penicillium camemberti* angesehen, und beide werden unter dem Artnamen *P. camemberti* zusammengefaßt [31]. Sie wachsen an der Oberfläche von einschlägigen Edelschimmelpilzkäsen, z. B. Camembert, Brie und Sauermilchkäse mit Schimmelbildung, und sind außer an der erwünschten farblich geprägten Mycelbildung entscheidend an der Geschmacksbildung durch Fett- und Eiweißspaltung beteiligt [206]. Beide sind durch folgende Eigenschaften charakterisiert [31, 138]:

Die Konidien haben einen Durchmesser von 3 ... 5,5 µm. Sie quellen bei der Keimung, wobei sie bis zu 4 Keimschläuche bilden können. Das Auskeimen beginnt etwa 6 bis 8 h nach dem Ausschwemmen auf Petrischalen und Bebrütung bei 20 °C. Eine Stunde nach Auskeimbeginn sind etwa 2 %, zwei Stunden nach Auskeimbeginn etwa 10 ... 20 % und drei Stunden danach etwa 30 ... 50 % ausgekeimt. Junge Konidien keimen im allgemeinen zu 100 % aus.

Während die Konidien zum Zeitpunkt des Auskeimens kochsalzempfindlich sind, werden die Edelschimmelpilze durch 1 ... 3 % NaCl sogar im Wachstum noch gefördert. Das Maximum der Verträglichkeit liegt bei 20 % NaCl. Die Konidien sollten weitgehend ausgekeimt sein, bevor die Käse in das Salzbad gebracht werden.

Die Weißschimmelpilzkulturen können in Form von hochkonzentrierten, stabilisierten Konidiensuspensionen oder gefriergetrocknet vorliegen. Die Haltbarkeit einer flüssigen Edelschimmelkultur ist vor allem abhängig von der Aufbewahrungstemperatur (optimal 4 °C) und von ihrer Sterilität. Kontaminationen mit Fremdorganismen können leicht bei Entnahme eines Teiles aus der Kulturflasche unter praktischen Bedingungen in der Käserei eintreten. Wird eine kontaminierte Kultur längere Zeit aufbewahrt, vermehren sich die Fremdkeime, insbesondere Proteolyten, sehr stark und schädigen die Konidien so weitgehend durch Fäulnisprozesse, daß sie bald vermehrungsunfähig sind.

Allgemeine Käsereimikrobiologie

Konidiensuspensionen in physiologischen Lösungen sind bei 4 °C bis zu 5 Monate haltbar. ENGEL [36] fand, daß nach einer Lagerzeit von 140 bis 160 Tagen bei 4 °C noch 65–92 % und nach 200–220 Tagen noch 57–88 % der Konidien auskeimfähig waren. Gefriergetrocknete Kulturen sind bei −20 °C etwa 1 Jahr ohne Aktivitätsverlust haltbar [36, 37].

Zur Vereinfachung der Kulturenapplikation ist die Einheit „1 Dosis" eingeführt worden ($2 \cdot 10^9$ Konidien). Es wird empfohlen, als geringste Menge „1 Dosis", also $2 \cdot 10^9$ Konidien auf 1000 l Kesselmilch, zu geben. In der Praxis sind inzwischen 2- bis 3mal höhere Impfmengen üblich, wodurch die schnelle Bildung eines dichten Schimmelrasens gefördert und somit eine prophylaktische Wirkung gegen Fremdschimmelpilzentwicklung gewährleistet wird. Bei akuten Fremdschimmelpilzproblemen hat sich sogar eine 5- bis 10fach höhere Impfmenge als unterstützende Maßnahme bewährt [138].

Das Mycel des Weißschimmelpilzes ist auf dem Käse mit bloßem Auge ab 4. oder 5. Tag sichtbar.

P. camemberti wächst zwischen 4 und 30 °C, das Optimum liegt zwischen 20 und 25 °C. Er toleriert pH-Werte von 3 ... 8, das Optimum liegt zwischen 4,5 und 5,5 [138]. Die optimale relative Luftfeuchte beträgt 96 %, unter 90 % wachsen die Edelschimmelpilze nur noch spärlich [6].

Bisher durchgeführte Untersuchungen der Edelschimmelpilze auf Mycotoxine ergaben keinen Hinweis auf eine nennenswerte Toxinbildung [158].

Überwiegend wird die weiße Edelschimmelpilzvariante des *P. camemberti* für Camembert und andere einschlägige Käse eingesetzt. Gründe dafür sind die Bevorzugung eines weißen Käses durch den Verbraucher und das schnelle Erkennen von Fremdschimmelpilzkontaminationen. Der Einsatz der blauen Variante bleibt auf wenige Käsespezialitäten (z. B. Sauermilchkäse) beschränkt [34].

Einige, gegenüber dem *P. camemberti* abweichende Merkmale zeigt *P. roqueforti*, was für die Produktion von Roquefortkäse bedeutungsvoll ist. Die Rasen von *P. roqueforti* färben sich schnell blaugrün bis graugrün, und sie sollen diese Farben auch im Käse beibehalten. Die Konidienträger sind nur 100 ... 200 µm lang. Während seine optimale Wachstumstemperatur etwa 25 °C beträgt, wächst er, im Gegensatz zu den beiden anderen Edelschimmelpilzen, noch bei 30 °C [136].

P. roqueforti riecht aromatisch, oder der Geruch ist nur wenig ausgeprägt. Alle davon abweichenden Geruchsnuancen, besonders modrigartige, weisen auf Fremdkontamination hin. Besonders ausgeprägt sind seine proteolytische und lipolytische Aktivität. Aus diesem Grunde erfolgt auch die Reifung des Roquefortkäses bei sehr niedrigen Temperaturen (etwa 8 °C). Bei höheren Reifungstemperaturen würden sehr schnell größere Mengen von bitteren und ranzigen Geschmacksstoffen entstehen, die zur Genußuntauglichkeit des Käses führen [31].

Allgemeine Käsereimikrobiologie

7.1.3.6 Coliforme Bakterien

Während die bisher besprochenen Mikroorganismengruppen für die Käseproduktion nützlich und im jeweiligen Rahmen unerläßlich sind, folgen nun Gruppen, die insbesondere hygienisch relevant werden können und daher zu begrenzen sind.

Ein hoher Coliformengehalt im Käse weist auf mangelhafte Produktionshygiene hin. Besonders anfällig für Coliforme sind die Weichkäse.

Für hohe Gehalte an Coliformen in Camembertkäse gibt es vor allem 4 Gründe [173]:

- Die Kesselmilch hat einen zu hohen Gehalt an Coliformen als Folge einer Rekontamination nach der Pasteurisierung und einer Vermehrung der Rekontaminanten während der Lagerung.
- Die bei guter Herstellungspraxis wenigen Coliformen vermehren sich von der Produktion bis zum Verkauf des Käses.
- Die Käse können während der Portionierung im Inneren, oder ab Salzbad außen, an der Oberfläche kontaminiert werden, und die Kontaminanten vermehren sich.
- Wird die Kühlkette nach dem Verpacken (einschließlich Handel und Haushalt) nicht eingehalten, vermehren sich die Coliformen zunehmend mit steigender Temperatur.

Der Gehalt an coliformen Bakterien im Käse ist vom angewandten Herstellungsverfahren, von der Käseart und vom Alter des Käses abhängig. Bei der gegenwärtigen Käsereitechnologie ist es kaum möglich, Rekontaminationen ganz auszuschließen. Die Reifungstanks und Wannen, aber auch geschlossene Rohrleitungen stellen die Hauptkontaminationsquellen dar. Hauptursachen für diese anlagenbedingten Kontaminationen sind unzureichende Reinigungs- und Desinfektionsmaßnahmen sowie falsch konzipierte Reinigungskreisläufe. Nicht selten sind kontaminierte Starterkulturen oder Käsereihilfsstoffe Kontaminationsquellen für die Käsereimilch [76].

Um die Primärkontamination der Kesselmilch mit coliformen Bakterien auf ein Minimum zu reduzieren, müßte nach HÜFNER [77] der Anfangsgehalt der Kesselmilch unbedingt auf unter 1 Colibakterium je 10 ml gesenkt werden.

Der Gehalt an coliformen Bakterien kann bei Weichkäse (Camembert, Romadur, Limburger) von Käse zu Käse zwischen 10^1 und 10^5/g schwanken [69]. TOLLE und Mitarbeiter [195] konnten bei Camembert zeigen, daß 10^4 Bakterien von *Escherichia coli* je 1 ml Kesselmilch in der ersten Reifungswoche ein Maximum von 10^8/g in der Rand- und 10^6/g in der Mittelzone erreichen. Anschließend fielen diese Werte ab, und nach der 8. Reifungswoche war *Escherichia coli* nicht mehr nachweisbar. FANTASIA und Mitarb. [47] fanden während der 10tägigen Lagerung von Weichkäse bei Zimmertemperatur eine Zunahme der Zahl coliformer Bakterien von 10^1/g auf 10^5/g, bei 4 °C nur eine solche auf 10^3/g. Unter der Voraussetzung, daß Käsereimilch in den Vorstapeltanks weniger als 1 Keim je 10 ml an Coliformen enthält, lassen sich Weichkäse herstellen, die zum Zeitpunkt der Packreife eine Coliformen-Keimzahl von 10^4 je g nicht überschreiten [76].

Allgemeine Käsereimikrobiologie

Die Vermehrung der coliformen Bakterien im Camembert beginnt während der Vorreifung und Einlabung. Beim Abfüllen des Bruches kann dann mit einer Anreicherung um 1 bis 3 Zehnerpotenzen gerechnet werden. Die stärkste Colibakterienzunahme findet während der eigentlichen Produktionsphase statt. Etwa 5 ... 6 h nach der Portionierung ist das Keimzahlmaximum erreicht [76]. Nach Spillmann und Schmidt-Lorenz [173] lassen sich Camembertkäse mit maximal 10^4 Coliformen/g und 10^2 E. coli/g am Verpackungstag unter folgenden Voraussetzungen herstellen:

– Coliformengehalt der pasteurisierten Kesselmilch höchstens 1 KbE/10 ml, besser noch 1 KbE/100 ml,
– Rekontaminationsarme Technologie bei optimaler Temperaturführung,
– Einsatz aktiver Starterkulturen, die einen optimalen Säuerungsverlauf sicherstellen,
– So gering wie mögliche Temperaturunterschiede zwischen Zentrum und Außenseite eines Formenstapels zur Gewährleistung einer gleichmäßig verlaufenden Milchsäuregärung bei allen Käsen,
– Konsequente, lückenlose Einhaltung der Kühlkette der Käse < 10 °C von der Käserei bis zum Verbraucher. Lagertemperaturen von über 10 °C fördern die Vermehrung der Coliformen einschließlich E. coli und können selbst bei kontaminationsarm produzierten Käsen innerhalb weniger Tage zu Coliformengehalten von 10^6 bis 10^7 KbE/g führen [61].

In Schnitt- und Hartkäsen lassen sich niedrige Gehalte an Coliformen leichter einhalten als in Weichkäsen. Winterer [208] fand bei Gouda-Käse einen starken Anstieg der Coliformen-Keimzahl in den ersten 25 h auf etwa 5 500/g, ein ungefähres Gleichbleiben innerhalb der folgenden 14 Tage und dann einen langsamen Abfall bis zur Konsumreife auf etwa 450/g. Aus Abb. 7.2 geht der Coli-Keimzahlverlauf als Mittelwert aus 15 Gouda-Käseproduktionen bis zum Versand hervor.

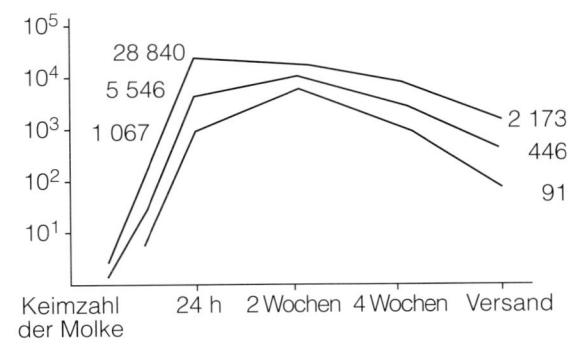

Abb. 7.2 Zahlenmäßige Veränderung koliformer Keime in Gouda. Mit der oberen und unteren Linie ist die Streuung dargestellt. n = 15 [208]

Allgemeine Käsereimikrobiologie

Wie problematisch es ist, von der Coli-Endkeimzahl im Käse auf die hygienischen Bedingungen bei der Produktion zu schließen, mag daraus deutlich werden, daß in 2 von 15 Wiederholungen bei 1 290 KbE/g und 1 460 KbE/g Coliformer im versandfertigen Käse weder in der Kesselmilch noch in der Molke coliforme Keime in 1 ml nachgewiesen werden konnten. Es zeigte sich keine Korrelation ($r = 0,18$) zwischen dem Coligehalt von Kesselmilch/Molke und dem des reifen Käses. Daraus kann aber keineswegs geschlußfolgert werden, daß höhere oder gar hohe Zahlen coliformer Keime in Kesselmilch etwa bedeutungslos für die Endkeimzahl dieser Gruppe im Käse sind. Das so starke Ansteigen von nur wenigen coliformen Keimen in der Kesselmilch ($< 5/ml$) auf oft 10 bis $30 \cdot 10^3/g$ in 24 h altem Käse ist ein Ausdruck der idealen Vermehrungsbedingungen dieser Organismen im Käse in den ersten Stunden der Herstellung.

Einen entscheidenden Einfluß auf die Zahl Coliformer hat der pH-Wert im Schnittkäse in den ersten 24 Stunden. So besteht eine gesicherte Korrelation ($r = 0,92$) zwischen den Zahlen Coliformer in 24 h altem Gouda-Käse und den pH-Werten 4 h nach dem Abfüllen des Bruches. Je größer dabei die Zeitspanne bis zum Erreichen des endgültigen pH-Wertes von 5,10 ... 5,25 im Gouda ist, desto höher ist die Zahl der coliformen Keime [208]. Wird ein pH-Wert von 5,4 erst innerhalb von 3 ... 4 h nach dem Pressen erreicht, ist bereits mit einer 10fachen Erhöhung, sinkt er erst nach 5 ... 6 h unter den pH-Wert von 5,4, so sogar mit einer 100fachen Erhöhung des Coliformengehaltes zu rechnen.

TOLLE und Mitarbeiter [196] wiesen im Camembert überwiegend *Hafnia-* und *Klebsiella-Species* und *Citrobacter freundii* nach. Davon soll *Hafnia* gegenüber der Milchsäurefermentation am widerstandsfähigsten sein. Die 44 von HANGST und GLAESER [69] aus Camembert, Limburger und Romadur isolierten *Enterobacteriaceae*-Stämme ließen sich zu 27 % als *Enterobacter aerogenes*, zu je 14 % als *Enterobacter liquefaciens*, *Escherichia coli* und *Citrobacter*, zu 7 % als *Hafnia* und zu 5 % als *Proteus* identifizieren.

Hohe Zahlen Coliformer stehen meist mit Konsistenz- und Geschmacksfehlern im Zusammenhang. Durch enteropathogene *E. coli*-Stämme im Käse kann es zu Lebensmittelvergiftungen kommen [61].

In den USA hatten 1973 etwa 10^5 KbE je 1 g Käse eines enteroinvasiven *Escherichia-coli*-Stammes eine Lebensmittelvergiftung ausgelöst [196]. Die für die Enterotoxinbildung verantwortlichen Plasmide sind auf andere Colibakterien übertragbar [197]. Von den durch TOLLE und SUHREN [196] aus Weichkäse isolierten 77 *Escherichia-coli*-Stämmen wurden einer als S-Toxin-, zwei als L-Toxin- und ein weiterer als L- und S-Toxinbildner identifiziert. Die Autoren konnten nachweisen, daß Toxine nur in Anzüchtungsbouillon, jedoch nicht im Käse selbst gebildet werden. Der Käse könnte somit als Vektor für die pathogenen Stämme dienen, die erst im Darm das Enterotoxin bilden und dann choleraähnliche Durchfallerkrankungen auslösen können [196].

Um einer hygienischen Belastung durch Coliforme und insbesondere *Escherichia coli* vorzubeugen, sind in der EG-Milchhygienerichtlinie Grenzwerte für diese

Indikatorkeime festgelegt. Beim Verlassen des Verarbeitungsbetriebes gelten nach der Richtlinie 92/46 EWG des Rates vom 16.6.1992 folgende Anforderungen hinsichtlich *Escherichia coli* für Käse aus Rohmilch: m = 10^4/g; M = 10^5/g; n = 5; c = 2 und für Weichkäse (außer aus Rohmilch hergestellter) m = 10^2/g; M = 10^3/g; n = 5; c = 2 [67]. Die dort festgelegten Richtwerte für coliforme Bakterien betragen für Weichkäse (außer aus Rohmilch hergestellter): m = 10^4/g; M = 10^5/g; n = 5; c = 2 [67; 72a].

Bei Überschreitung der Norm M muß bei Käse aus Rohmilch und thermisierter Milch sowie bei Weichkäse darüber hinaus gemäß einer nach dem Verfahren des Art. 31 dieser Richtlinie festzulegenden Methode überprüft werden, ob möglicherweise Toxine bzw. pathogene *Escherichia-coli*-Stämme nachweisbar sind. Ist das Letztere der Fall, so müssen die beanstandeten Lose vom Markt genommen werden [67].

7.1.3.7 *Listeria monocytogenes*

Da Weichkäse u. a. Lebensmittel, die *Listeria (L.) monocytogenes* enthielten, in den achtziger Jahren einige Gruppenerkrankungen mit etwa einem Drittel Todesfälle auslösten, sind die Listerien auch für die Käsereimikrobiologie hoch aktuell [2].

Listerien gelten als ubiquitär. Man findet sie in der Erde, auf Pflanzen, insbesondere in unzureichend gesäuerter Silage, im Schlamm usw. Von den 8 Species des Genus *Listeria* ist nur *L. monocytogenes* humanpathogen. Etwa 4 ... 8 % der Menschen gelten als Dauerausscheider von Listerien, ohne selbst zu erkranken. Gesunde Menschen erkranken auch nach Aufnahme von *L. monocytogenes* mit der Nahrung nicht [20].

Anfällig für den Erreger sind Schwangere, Un- und Neugeborene sowie alte und kranke Menschen mit geschwächtem Immunsystem. Das Krankheitsbild reicht von grippeartigen Beschwerden bis zu Hirnhautentzündungen, auch kommt es zu Früh- und Fehlgeburten. In der BRD wurden 1986 insgesamt 79 Listeriose-Fälle diagnostiziert. Dabei war kein Fall auf Lebensmittel zurückzuführen. Jährlich erkranken in Großbritannien, den USA und in den nordeuropäischen Ländern etwa 3 bis 5 Personen je 1 Million Einwohner an Listeriose [190].

International sind etwa 0,5 ... 10 % der Rohmilch listerienkontaminiert. Dabei wird *L. innocua* weit häufiger als *L. monocytogenes* gefunden. Inzwischen gilt die Abtötung des *L. monocytogenes* durch die Kurzzeiterhitzung (≥ 72 °C, 15 s) als sicher. Daher sind Milcherzeugnisse bei fehlender Rekontamination frei von Listerien [191].

Etwa 10 ... 30 % der Weich- und Schmierekäse enthalten Listerien und etwa 3 ... 10 % *L. monocytogenes* [68]. Bevorzugt von *L. monocytogenes* kontaminiert werden Schmierekäse wie Romadur, Limburger, Steinbuscher, Harzer und Schimmelpilzkäse (Camembert und Brie). Da die Listerien säureempfindlich sind, ist ausschließlich oder überwiegend die Rinde besiedelt. Im Käseinneren können die Listerien wegen des sauren Milieus allenfalls überleben, sich aber bei pH-Werten < 5,5 nicht vermehren. In den Käseproben kommt *L. monocytogenes* selten allein vor, überwiegend läßt sich gleichzeitig vor allem auch *L. innocua*, eine nichtpathogene Species, nachweisen [188].

Das geringste Risiko für den Verbraucher durch Listerien besteht bei Emmentaler. Um das Überleben von *L. monocytogenes* in Käsen nach Schweizer Art zu verfolgen, wurde die Käsereimilch mit 10^4 ... 10^5 KbE *L. monocytogenes* je ml beimpft [17]. Während der Labgerinnung der Milch änderte sich die Zahl an *L. monocytogenes* nicht, sie stieg beim Erwärmen auf 50 °C an, nahm dann während der Brenndauer (40 min; 50 °C) auf 48 % des Ausgangswertes ab und stieg während des Pressens erneut an. Ein deutlicher Abfall war während des Salzens der Käse (30 h bei 7 °C) zu verzeichnen. Während der anschließenden Reifung nahm die Anzahl von *L. monocytogenes* kontinuierlich ab. Nach der Reifungszeit von 66–88 Tagen waren je nach verwendetem Stamm keine lebenden Zellen von *L. monocytogenes* in den Käsen mehr nachweisbar [17].

Listerien können in unterschiedlichem Ausmaß von außen durch Wasser, Abwasser, Rohmilch, Luft, Personal und nicht zuletzt durch das Schuhwerk in die Betriebe eingeschleppt werden. Sie können sich im Betrieb in sog. ökologischen Nischen halten und vermehren, selbst an Wänden, Wasserhähnen, besonders aber in Schmierekulturen, auf Lagerregalen der Käse und insbesondere in Gullys. Das Wachstumsoptimum der Listerien liegt zwischen 30 °C und 37 °C, auch bei 4 °C vermehren sie sich noch. Sie sind salztolerant, vertragen 10 % NaCl. Unter pH 5,6 stellen sie ihr Wachstum ein [15].

Versuche, Listerien unterdrückende oder hemmende Kulturen einzusetzen, sind zunächst wenig erfolgreich, jedoch nicht aussichtslos gewesen [78, 186].

Die prophylaktische Aufgabe besteht darin, alle nur möglichen Maßnahmen in der Käserei durchzuführen, um die Listerienkontaminationen zu minimieren oder zu verhindern. Diesbezügliche Schwerpunkte sind [191]:

- Es ist eine optimale Säureführung zu gewährleisten, denn bei einem pH-Wert unter 5,6 wird eine deutliche Hemmung der Listerien erreicht.
- Da Bürstenschmiermaschinen und Käsebretter oft zu Kontaminationen der Käse geführt haben, konnte durch Einführung von Sprühschmiermaschinen und Edelstahlhorden auch bei Rotschmierekäsen die Kontaminationsgefahr weitgehend ausgeschlossen werden. Die Käse werden hordenweise behandelt. Das Abnehmen per Hand entfällt. Damit entfallen 3 wichtige Kontaminationsquellen: Bürsten, Bretter, Berührung mit der Hand.
- Die Schmiereeinrichtungen sind besonders gründlich zu reinigen und zu desinfizieren.
- Durch geschlossene Käsewannen lassen sich Luftkontaminationen mit Listerien und Coliformen verhindern.
- Sämtliche Zugänge zum Produktionsbereich sind mit Desinfektionsmatten auszurüsten, um das Einschleppen von Listerien und anderer unerwünschter Keime zu vermeiden.

Allgemeine Käsereimikrobiologie

- Lappen, Handtücher und sonstige Tücher werden durch Papier ersetzt (Einwegmaterial).
- Keime aus den Gullys sollten unter keinen Umständen über die Luft oder durch Spray-Wirkung auf den Käse gelangen (Desinfektion!). Schäden an der Fliesenverfugung sind sofort auszubessern [68].

Selbst bei Einhaltung aller prophylaktischen Maßnahmen wird es in naher Zukunft schwer sein, Weichkäse absolut listerienfrei herzustellen. Es wird angestrebt, daß in Käsen aus wärmebehandelter Milch 100 KbE/g von *L. monocytogenes* nicht überschritten werden. Für Käse aus Rohmilch ist dieser Richtwert mit 10^3/g angesetzt [72a]. In den USA wird die zur Erkrankung erforderliche Infektionsdosis für Gesunde auf $10^3 \ldots 10^5$ KbE von *Listeria monocytogenes*, in der Schweiz die pathogene Dosis in 50 g Käserinde auf $5 \cdot 10^6$ bis $5 \cdot 10^8$ geschätzt [20]. Risikopersonen (Säuglinge, Schwangere, Immunkompromittierte und ältere Menschen) sollten keine Rohmilch, keine Rohmilchkäse verzehren und bei Genuß von Weichkäse die möglicherweise kontaminierte Rinde meiden [20, 78].

Nach einer Orientierung der WHO sind Lebensmittel nur aus dem Verkehr zu ziehen oder zu beschlagnahmen, wenn in ihnen Listerien nachgewiesen worden sind, die über die Nahrungsaufnahme zu menschlichen Listeriose-Erkrankungen geführt haben. Bei den meist langen Inkubationszeiten sind jedoch zuverlässige Beweise über diese Zusammenhänge sehr schwierig [71].

7.1.3.8 *Staphylococcus aureus*

Staphylococcus (S.) aureus verursacht weltweit die meisten Lebensmittelvergiftungen. Obwohl er in Rohmilch meist zu finden ist, wird er durch Thermisation etwa um 80 % und durch die Kurzzeiterhitzung vollständig inaktiviert.

Käse aus pasteurisierter Milch sind relativ selten mit *S. aureus* kontaminiert. Lebensmittelvergiftungen durch *S. aureus* scheinen ausschließlich von weichen und halbfesten Sorten, insbesondere von Rohmilchkäsen auszugehen [1].

HAHN [67] fand, daß von 250 Rohmilchkäsen nur einer den für dieses Erzeugnis geforderten Maximalwert von 10^4 KbE pro g überschritt. In 6 Käsen (2,4 %) war *Staphylococcus aureus* zwischen 10^3–10^4 KbE enthalten, der Rest (238 Proben) zeigte einen negativen Staphylokokken-Befund. In 45 untersuchten Weichkäsen aus pasteurisierter Milch war in keinem Falle *Staphylococcus aureus* enthalten.

Nach den Normen der EG-Milchhygienerichtlinie 92/46 gelten folgende Anforderungen für *S. aureus* je g [72a]: Käse aus Rohmilch m = 1000, M = 10 000, n = 5, c = 2; Weichkäse aus wärmebehandelter Milch m = 100, M = 1000, n = 5, c = 2; Frischkäse m = 10, M = 100, n = 5, c = 2. Bei der Festlegung dieser Werte wurde davon ausgegangen, daß bei normaler Herstellung, Reifung und Lagerung keine so starke Vermehrung zu erwarten ist, daß es zu einer Intoxikation, wofür $2,6 \cdot 10^6$ KbE *Staphylococcus aureus* erforderlich sind, kommen kann [1, 67].

Allgemeine Käsereimikrobiologie

In der EG-Richtlinie heißt es: „Bei Käse aus Rohmilch und thermisierter Milch sowie bei Weichkäse muß nach jeder Überschreitung der Norm M gemäß einer nach dem Verfahren des Art. 31 dieser Richtlinie festzulegenden Methode überprüft werden, ob möglicherweise Toxine in diesen Erzeugnissen vorhanden sind" [67].

Das Risiko der Vermehrung von *S. aureus* in Käse und einer damit verbundenen Enterotoxinbildung kann sehr weitgehend durch säuerungsaktive Starterkulturen, die den pH-Wert in der Käsereimilch und im Käse absenken, gemindert werden. Dadurch können geringe Primärkontaminationen mit *S. aureus* unterdrückt werden. Eine Kontamination mit *S. aureus* nach der Bruchbildung oder in einem späteren Stadium der Käseherstellung ist weniger geeignet, die genannten Grenzwerte im Käse zu erreichen als eine solche in der Kesselmilch [1, 71].

7.1.4 Die Relevanz der Starterkulturen

Die hier zu Käsereikulturen gemachten Ausführungen erfolgen ergänzend zu dem Kapitel 4 Starterkulturen für Milcherzeugnisse.

Jede Käsesorte erfordert spezielle Käsereikulturen, deren physiologische Leistungen auf die jeweils gewünschten Merkmale des Käsetyps optimal abgestimmt sind.

Notwendigkeit des Kultureneinsatzes, wichtigste Käsereikulturorganismengruppen und ihre allgemeinen Wirkungen

Die Notwendigkeit des Starterkultureneinsatzes in der Käserei läßt sich folgendermaßen begründen [60]:

- Die Pasteurisierung der Käsereimilch bewirkt nicht nur die Abtötung der pathogenen Keime, sondern auch eine weitgehende Reduzierung der Milchsäurebakterien, die für die Säuerung der Kesselmilch, Bruchbildung, Teigkonsistenz und Käsereifung von Bedeutung sind, so daß die pasteurisierte Kesselmilch nicht mehr über geeignete Initialkeime für die Käseproduktion verfügt.

- Durch den Zusatz von Starterkulturen werden die notwendigen Milchsäurebakterien und andere obligate Reifungserreger mit ausgewählten produktspezifischen physiologischen Leistungen in den Käse gebracht.

- Die verschiedenen Arten und Mengen von Käsereikulturen bestimmen in Verbindung mit der Technologie die Käseart und -qualität. Über die Starterkulturen erfolgt somit eine Steuerung der gewünschten Mikroflora der Käse.

- Die Milchsäurebakterienflora der Rohmilch ist in den letzten 3 Jahrzehnten zugunsten einer gramnegativen psychrotrophen Flora zurückgedrängt worden, wodurch sich auch für Rohmilchkäse die Bedeutung des Reinkulturenzusatzes erhöht.

Allgemeine Käsereimikrobiologie

- Die Verwendung pasteurisierter Milch in Verbindung mit dem Einsatz rekontaminationsfreier Kulturen mit maßgeschneiderten physiologischen Leistungen erhöht die Sicherheit der Produktion und gewährleistet eine konstante Käsequalität [49].

Die wichtigsten Käsereikultur-Gruppen mit ihren den jeweiligen Käsetyp prägenden Wirkungen sind:

- Säuerungskulturen (mesophile und/oder thermophile) sind für alle Käse in den verschiedensten Varianten unerläßlich. Ihre vielfältigen Auswirkungen werden am Beispiel eines festen Schnittkäses in der Tab. 7.9 dargestellt.

Tab. 7.9 Einfluß des Säureweckers auf die Käseeigenschaften [130], modifiziert

Aktivität der Kultur	Geschmack	Konsistenz	Haltbarkeit	Farbe	Löcher	Wassergehalt	Rinde
Wachstum	+	+	+	+	+	+	+
Lactoseumsetzung	+	+	+	+		+	+
Citratumsetzung	+				+		
Eiweißabbau	+	+	+	+			
Antimikrobielle Stoffe			+				

- Propionsäurebakterienkulturen sind vor allem durch CO_2-Bildung (Voraussetzung für Lochbildung), Peptidaseaktivität, Aromabildung (Propionsäure, Essigsäure, Succinat) für Emmentaler und ihm nahestehende Käse relevant.
- Edelschimmelpilzkulturen (z. B. *Penicillium camemberti*), an der Oberfläche von Camembert, Brie usw. prägen das typische Aussehen (z. B. weißer Rasen), beeinflussen die Textur, sind an der Entsäuerung der Oberfläche beteiligt und schützen den Käse vor Ausbreitung unerwünschter Kontaminanten (Fremdschimmelpilze). Insbesondere haben sie auch entscheidenden Anteil an der Bildung käsetypischer Aroma- und Geschmacksstoffe.
  Im Inneren von Roquefort-Edelpilzkäse angesiedelt (*Penicillium roqueforti*), sind sie vor allem aroma- und geschmacksbildend und prägen sie das Aussehen (grüne sog. Adern durchziehen die Käsemasse) und die Textur.
- Schmierekulturen sind für die Pigment-, Geschmacks- und Aromabildung unerläßlich. Geschmierte Oberflächen bieten auch Schutz gegen das Wachstum unerwünschter Mikroorganismen, insbesondere Schimmelpilze [10].

Allgemeine Käsereimikrobiologie

Handelsformen sind flüssige, tiefgefrorene und gefriergetrocknete (lyophilisierte) Kulturen (s. Kapitel 4).

Applikationsaspekte, Grundsysteme und Wirkungsbreite der Säuerungskulturen

Während die Propionsäure-, Edelschimmelpilz- und Schmierekulturen nur für bestimmte einschlägige Käsesorten neben den Säuerungskulturen einzusetzen sind, ist zunächst zur Säuerung der Käsereimilch, Bruchbildung, Konsistenzbeeinflussung und Reifung, die dem Käsetyp entsprechende Säuerungskultur für alle Käsesorten (außer Schmelzkäse) erforderlich. Wegen der umfassenden Anwendung der Säuerungskulturen in der Käserei und ihrer grundlegenden Bedeutung für die Herstellung von Käse höchster Qualität (andere Käsereikulturen sind nicht minder bedeutungsvoll, werden jedoch weniger benötigt), wird hier auf sie noch etwas näher eingegangen.

Bei Hartkäsen beträgt die Impfmenge an thermophiler Säuerungskultur etwa 0,02 ... 0,1 % und bei Schnitt- und Weichkäsen etwa 0,8 ... 2,5 % mesophiler Käsereikultur zur Kesselmilch. Dabei sind in ein- und mehrstufig hergestellten Betriebskulturen (auch Gebrauchskulturen genannt) etwa 10^9 KbE/ml enthalten.

Zum Zeitpunkt des Einlabens befinden sich als Ergebnis der Vorreifung – vorausgesetzt sie wurde durchgeführt – etwa 10^6 ... 10^7 KbE/ml in der Kesselmilch. Werden nun z. B. 1 % einer ein- oder mehrstufig hergestellten Säuerungskultur eingeimpft, befinden sich anschließend annähernd 10^7 bis $2 \cdot 10^7$ KbE je ml in der Käsereimilch. Durch die relativ hohe Temperatur in der Käsereimilch (Einlabungstemperatur von 31 ... 33 °C) nimmt ihre Zahl nun rasch zu, so daß innerhalb kurzer Zeit die 100-Millionen-Grenze erreicht wird.

Hinsichtlich der Applikation der Säuerungskulturen gibt es drei unterschiedliche Grundsysteme [85]:

- Die vom Kulturenhersteller bezogene Kultur muß in der Käserei mehrstufig subkultiviert werden. Traditionell werden gegenwärtig in der Bundesrepublik Deutschland noch etwa 50 % der benötigten Kulturen mehrstufig hergestellt (Stamm-, Mutter-, Intermediär-, Betriebskultur).

- Bei Anwendung von Kulturteilkonzentraten ist die vom Hersteller bezogene Kultur ausreichend zur Herstellung der Betriebskultur (daher einstufig). In der Bundesrepublik Deutschland werden etwa 40 % der benötigten Säuerungskulturen einstufig hergestellt.

- Hochkonzentrierte, der Käsereimilch direkt zuzusetzende Kulturen u. a. DiP- („Direct in Process") Kulturen genannt, werden als Gefrierkonzentrate oder lyophilisiert angeboten. Der Umfang ihres Einsatzes beträgt in der Bundesrepublik Deutschland etwa 10–12 %. Die Tendenz ist steigend [86].

Der Einsatz von DiP-Kulturen zeigt in der Käserei folgende Vorteile [87]:
- Sie sind einfach zu handhaben.

Allgemeine Käsereimikrobiologie

- Es kann zu keiner Verschiebung der für eine optimale Wirkung erforderlichen Proportionen der Species (der bakteriologischen Besetzung) in Mehrartenkulturen kommen.
- Es wird stets eine gleichmäßige Aktivität gewährleistet, die zu erhöhter Produktionssicherheit und gleichmäßiger Käsequalität führt.
- Sie bewirken eine Erhöhung des Wasserbindungsvermögens des Bruches (0,5 %) und eine Verbesserung der Käseausbeute.
- Kulturbedingte mikrobielle Kontaminationen und Säuerungsstörungen durch Bakteriophagenbefall können ausgeschlossen werden.
- Bewährt haben sich die DiP-Kulturen auch als ergänzende Zweit- oder gar Dritt-Säuerungskulturen, z. B. zur Reifungsbeschleunigung oder Aromaverstärkung neben der ein- oder mehrstufig hergestellten Erstkultur [85].

Der Einfluß der zugesetzten Menge an Säuerungskultur in den ersten Abschnitten der Herstellung eines Weichkäses ist der Tab. 7.10 zu entnehmen.

Tab. 7.10 Auswirkungen einer unterschiedlichen Kulturzugabe beim Käsen (Camembert) [210]

Kennwerte	Kulturzugabe zur Kesselmilch in %			
	0	0,3	1,0	3,0
SHZ der Kesselmilch	7,2	7,2	7,2	7,2
SHZ der Kesselmilch nach Ansäuerung	7,2	7,4	7,3	8,0
Gerinnungszeit in min	20	19	18	16
Dickungszeit in min	50	47,5	45	40
Gesamtkäsungszeit in min	100	95	90	80
SHZ der Molke beim Schöpfen	4,8	4,7	5,2	5,9
Molkenablauf nach 2 h in g	536	576	593	599
Molkenablauf nach 5 h in g	618	625	652	687
Gesamtmolkenablauf bis zum Salzen in g	805	815	825	853
pH-Wert im Käse nach 3 h	6,44	6,10	5,85	5,28
pH-Wert im Käse nach 5 h	6,40	5,72	5,42	4,92
Masse des Käses vor dem Salzen in g	200	190	180	152
Masse des Käses nach dem Salzen in g – 90 min Salzbad	238	200	198	180

Allgemeine Käsereimikrobiologie

Mit sehr geringer Dosierung der Säuerungskulturen läßt sich bei Schnittkäsen ein geschmeidiger Teig erreichen, weil der pH-Wert im Bruch und Käse relativ hoch liegt. Dabei werden jedoch unerwünschte Mikroorganismen zu wenig unterdrückt, so daß sie die Käsequalität gefährden können [85]. Bei Hart- und Schnittkäsen soll die Milchsäuregärung nach dem Salzbad abgeschlossen sein. Es darf kein Restzucker mehr vorhanden sein. Andernfalls ist mit einer Qualitätsminderung zu rechnen. Solche Käse haben oft auch einen höheren D-Milchsäuregehalt. Eine Ursache dafür könnte die teilweise Vergärung des Restzuckers durch *Leuconostoc* sein [181].

Für Hart- und feste Schnittkäse sind nach dem Salzbad pH-Werte von wenig über 5,0 erforderlich. Zu niedrige pH-Werte (< 5,0) führen zu einem kurzen, bröckligen, wenig elastischen Teig.

7.1.5 Allgemeine Keimgruppendynamik und Einflußfaktoren auf die Mikroorganismenpopulation

Jede einzelne Mikrobenart durchläuft bei den verschiedenen Käsen ihren eigenen spezifischen Entwicklungszyklus vom Einlaben über die Bruchbereitung, das Formen, die Salzbadbehandlung, das Reifen bis zum Ende des Gesamtreifungsprozesses. Wenn auch das wechselweise Zusammenleben der vorhandenen Mikroorganismen-Species mit unterschiedlichen Anteilen vorwiegend gleichzeitig erfolgt, so werden die Keimzahlminima und -maxima der einzelnen Species und Gruppen nur selten gleichzeitig, sondern meistens zeitlich nacheinander erreicht. Im Zusammenhang mit der jeweiligen physiologischen Leistung kommt es bei den einzelnen Mikroorganismenarten bzw. -gruppen eines jeden Käses zu einem eigenen dynamischen Anstieg und zur Abnahme im Rahmen der Gesamtmikroorganismenpopulation. Die Tätigkeit der dominierenden Mikroorganismengruppen zum richtigen Zeitpunkt während der Herstellung und Reifung ist von wesentlichem Einfluß auf die Eigenschaften der Käse. Die zahlenmäßige Zu- und Abnahme der KbE der verschiedenen Mikroorganismen während der Herstellung und Reifung wird entscheidend durch gegenseitige Förderung und/oder Hemmung auf dem Biotop Käse beeinflußt. Mit zunehmendem Alter nimmt jeweils die Zahl der lebenden Mikroorganismenzellen ab. Die abgestorbenen Zellen sind jedoch weiterhin enzymatisch wirksam, indem Enzyme und Wirkstoffe aus dem Zellinneren freigesetzt werden, die an der Käsereifung mitwirken.

Bei allen Käsearten leitet eine mehr oder weniger ausgeprägte Milchsäuregärung den Herstellungsvorgang ein. Der Unterschied zwischen den einzelnen Käsesorten hinsichtlich Aussehen, Teigkonsistenz und Geschmack beruht in entscheidendem Maße auf ihrem mehr oder weniger hohen Säuregehalt. Er steht in direkter Beziehung zu den vorhandenen Arten und der Zahl an Milchsäurebakterien, die wiederum vom Zusatz der Säureweckermenge, von den Entwicklungsbedingungen im Käse und somit vom Herstellungsverfahren abhängt [7]. Die Milchsäurestreptokokken bzw. Laktokokken erreichen bei den Hart- und Schnittkäsen bereits am ersten oder zweiten Tag das Keimzahlmaximum mit 10^8 bis 10^9 KbE/g. Ihre Zahl nimmt dann langsam ab, dafür steigt in den ersten 10 Tagen meistens, vor allem bei Schnittkäsen, die Zahl der mesophilen Laktobazillen auf etwa 10^5 bis 10^7/g an. Sie erreichen im allgemeinen in der 2. Woche ihren Höchstwert, um dann auch ganz allmählich abzunehmen. Bei den Weich- und Schnittkäsen dominieren die Laktokokken im Innern während der gesamten Reifungszeit mit maximalen Keimzahlen bis zu einigen Milliarden KbE je g. Jedoch kommt es oft auch bei ihnen im Verlauf der Reifung zur Entwicklung einer gewissen Laktobazillen- und Mikrokokkenflora, die aber zahlenmäßig meist 2 ... 3 Zehnerpotenzen unter der Laktokokken- bzw. Streptokokkenzahl bleibt.

Die Intensität der mikrobiellen Besiedelung der Käseoberfläche von Schmierekäsen ist besonders über den Wasch- und Schmiereffekt im Reifungsraum zu steuern. Starkes Abwaschen reduziert die Oberflächenflora und somit ihre Wirksamkeit. Ein Zusatz von Molke und Hefen – neben Schmierebakterienkultur – zum Schmierewasser fördert die Entwicklung der Oberflächenflora. Dadurch wird die Schmiereflora auf der Käseoberfläche schneller angesiedelt, aktiviert und die Käsereifungszeit verkürzt.

Hartkäse und feste Schnittkäse reifen gleichmäßig durch die ganze Masse. Weichkäse reifen von außen nach innen. Je größer der Wasser- bzw. Molkengehalt einer Käsesorte und je geringer der Trockenmassegehalt ist, um so schneller vollzieht sich die Reifung und um so kürzer ist die Zeitspanne bis zur Konsumfähigkeit der Käsesorte.

Die Entwicklung einschließlich Förderung oder Hemmung der einschlägigen Mikroorganismengruppen in den Käsen während der Herstellung und Reifung wird durch folgende Faktoren beeinflußt [31]:

– Käsereitauglichkeit der Milch (Disposition und Gäranlage),
– Temperatur und Luftfeuchtigkeit in den einzelnen Produktionsphasen, im Lager, Handel und partiell noch im Haushalt des Konsumenten.
– Zeitpunkt des Molkenaustritts, Molkengehalt und Trockenmassegehalt der Käse,
– pH-Wert im Inneren und auf der Oberfläche.
– a_w-Wert und Redoxpotential insbesondere im Inneren, aber auch partiell an der Oberfläche der Käse.
– Wirkstoffe und Stoffwechselprodukte, die von Mikroorganismen gebildet werden, und andere Mikroorganismen hemmen oder fördern (Interaktionen).
– Salzbadbehandlung und Salzgehalt der Käse.
– Durch Waschen des Bruches, insbesondere bei Gouda und Edamer angewandt, wird die Säuerungsaktivität der Laktokokken gezügelt, wodurch dann die gewünschte gummiartige Konsistenz der Käsemasse erreicht werden kann.

Die genannten allgemeinen Einflußfaktoren seien im folgenden an ausgewählten Beispielen noch weiter ergänzt.

Allgemeine Käsereimikrobiologie

CERNY und JANECEK [19a] stellten fest, daß zwischen der Oberflächenschicht (15 mm) und dem Käseinneren (130 ... 160 mm) beim Pressen und Salzen Temperaturunterschiede bis 15 °C eintreten können. Nach dem Pressen und 9,5stündigem Salzen lag die Temperatur im Inneren des Käselaibes immer noch um 4 °C über der Temperatur der Oberflächenschicht. Da die Temperatur ein sehr wesentlicher Faktor gerade in dieser Phase der Käseherstellung ist, haben solche erheblichen Temperaturschwankungen einen deutlichen Einfluß auf die Entwicklung der einschlägigen Mikroorganismengruppen.

Lactococcus (L.) lactis subsp. lactis und *L. lactis subsp. lactis biovar. diacetylactis* sind gegenüber hohen Nachwärmtemperaturen des Bruches (> 35 °C) resistenter als *L. lactis subsp. cremoris*. Daher werden bei hohen Nachwärmtemperaturen die beiden erstgenannten Laktokokken im Wachstum stimuliert, und *L. lactis subsp. cremoris* wird gehemmt. Damit verbunden ist dann häufig eine starke CO_2-Bildung durch *L. lactis subsp. lactis biovar. diacetylactis*, wodurch der Käse zu offenem Gefüge neigt. Derselbe Effekt wird durch hohe Nachwärmtemperaturen erreicht, wenn ein L-Starter verwendet worden ist, der nur *L. lactis subsp. cremoris* als Säurebildner enthält. Denn eine Verzögerung des Wachstums von *L. lactis subsp. cremoris* im L-Starter ist wiederum verbunden mit einem besseren Wachstum von *Leuconostoc* [176].

Die optimale Entwicklung von *Leuconostoc mesenteroides subsp. cremoris* ist abhängig vom Mangangehalt der Milch. In den Monaten Februar bis Mai kann der Mangangehalt der Milch ein für *Leuconostoc* begrenzendes Minimum von etwa 15 µg je Liter unterschreiten. Wird dann eine L-Säuerungskultur mehrstufig in solcher Milch hergestellt, wird *Leuconostoc* zurückgedrängt und kann nach wenigen Subkultivierungen ganz verschwinden. Wenn für Holländerkäse eine solche L-Säuerungskultur eingesetzt wird, ist mit einem festen Gefüge zu rechnen, das zu fehlerhaftem Käse führt. Nach der Anwendung eines LD-Säureweckers bei geringem Mn-Gehalt der Milch zeigen sich eine Abnahme von *Leuconostoc* und ein gutes Wachstum von *L. lactis subsp. lactis biovar. diacetylactis*. Das führt häufig zu einem offenen Gefüge der Käse. Bei einem höheren (normalen) Mn-Gehalt der Milch ist die Gasbildung beider Aromabildner ungefähr gleich, d. h. ausgeglichen. Prophylaktisch ausschließen läßt sich das genannte Risiko, wenn vor allem für mehrstufig hergestellte L- und DL-Kulturen von den Kulturenherstellern angebotene ausgewogen zusammengesetzte Trockenmedien verwendet werden oder der betriebseigenen Milch für die Kulturenbereitung geringe Mengen an Mangan zugesetzt werden.

Kochsalz stellt ein wesentliches Steuerungselement der mikrobiellen Vorgänge und des Reifungsverlaufs dar. Der NaCl-Gehalt im Serum (Käsewasser) beeinflußt zusammen mit dem pH-Wert und der a_w-Wert-Absenkung die Vermehrung und Aktivität der Mikroorganismen in und auf dem Käse wesentlich. Durch die Salzbadbehandlung werden der Geschmack, die Rindenbildung sowie die Textur beeinflußt, die Schadkeime unterdrückt und die hygienische Sicherheit erhöht [5; 211].

Da die Milchsäuregärung ihren Höhepunkt überschritten hat, wenn die Käse in das Salzbad gebracht werden, wirkt sich die unterschiedliche NaCl-Resistenz der verschiedenen Milchsäurebakterien populationsdynamisch besonders bei Käsen aus, die im Bruch gesalzen werden [93]. *L. lactis subsp. cremoris* verträgt nur wenig über 2 % NaCl, demgegenüber ist *L. lactis subsp. lactis* wesentlich NaCl-resistenter. Er wächst noch in Gegenwart von 4 % NaCl. Der großen Bedeutung von *L. lactis subsp. cremoris* bei der Käseherstellung und -reifung, nicht zuletzt wegen seiner besonderen Peptidaseaktivität, wird dadurch entsprochen, daß er in einschlägigen mesophilen Mehrarten-Säuerungskulturen einen Anteil von etwa 80 % einnimmt und daher mit Abstand gegenüber den anderen noch enthaltenen Species dominiert.

7.2 Spezielle Käsereimikrobiologie

7.2.1 Emmentaler

Seinen Namen hat dieser Hartkäse vom Tal der Emme im Kanton Bern (Schweiz) erhalten [85]. Er wird auch Schweizer Käse genannt.

Mikrobiologisch-technologische Besonderheiten des Emmentaler Käses

Der Emmentaler stellt sehr hohe Anforderungen an die angelieferte Milch, denn er wird fast immer aus Rohmilch hergestellt. Eine mikrobiell unbelastete Käsereimilch ist auch deshalb so wichtig, weil durch die lange Reifungsdauer (3 ... 9 Monate) den verschiedensten Schadkeimen und ihrem Enzympotential die Möglichkeit zur nachhaltigen Wirkung gegeben wird. Rohmilch für Emmentaler sollte nach Schweizer Anforderungen unter $50 \cdot 10^3$ Fremdkeime, unter $5 \cdot 10^3$ Enterokokken und unter $5 \cdot 10^2$ Enterobakterien je ml enthalten [212].

Hohe Zahlen an Psychrotrophen und Eiweißzersetzern ($> 5 \cdot 10^5$ KbE/ml) können vielfältige Säuerungsstörungen und Qualitätsfehler, z. B. die Teigfehler pappig, schmierig usw., bewirken [53].

Der Hartkäse Emmentaler ist in mikrobiologisch-technologischer Hinsicht durch folgende Grundzüge charakterisiert [178, 179, 181, 182]:

– In der Kesselmilch und im jungen Käse herrschen zunächst thermophile Milchsäurebakterien wie *Streptococcus salivarius subsp. thermophilus, Lactobacillus helveticus* und *Lactobacillus delbrueckii subsp. lactis* vor. In den ersten 24 Stunden erreichen sie zahlenmäßig ihr Maximum und vergären in dieser Zeit den Milchzucker sehr weitgehend. Das entstehende Calciumlactat ist eine Voraussetzung (C-Quelle) für die später einsetzende Propionsäuregärung.

– Durch die hohe Brenntemperatur (Nachwärmtemperatur) des Gemisches von Bruch und Molke (ca. 52 °C für etwa 40 min) wird die thermophile Milchsäurebakterienflora begünstigt, die Kontaminationsflora geschädigt bzw. partiell inaktiviert und die Molkenabscheidung forciert.

– Der hohe Trockenmassegehalt (ca. 63 %), der für das gute Wachstum der sortenbestimmenden Mikroorganismen von Bedeutung ist, wird durch das „Brennen" und die Bearbeitung des Bruches (Hanfkorngröße) im Zusammenwirken mit einem hohen Labzusatz (450 ... 500 g/t Käse) erreicht.

Spezielle Käsereimikrobiologie

- Die starke Vermehrung der Propionsäurebakterien wird durch eine 4- bis 6wöchige Lagerung des Käses im Gärkeller bei 20 bis 25 °C ermöglicht. In diesem Zeitraum erfolgt eine intensive Propionsäuregärung, die für die Ausbildung der typischen Merkmale des Emmentalers verantwortlich ist (siehe dazu Abb. 7.3). Die wichtigste Kohlenstoffquelle für die Propionsäurebakterien bildet das Calciumlactat.

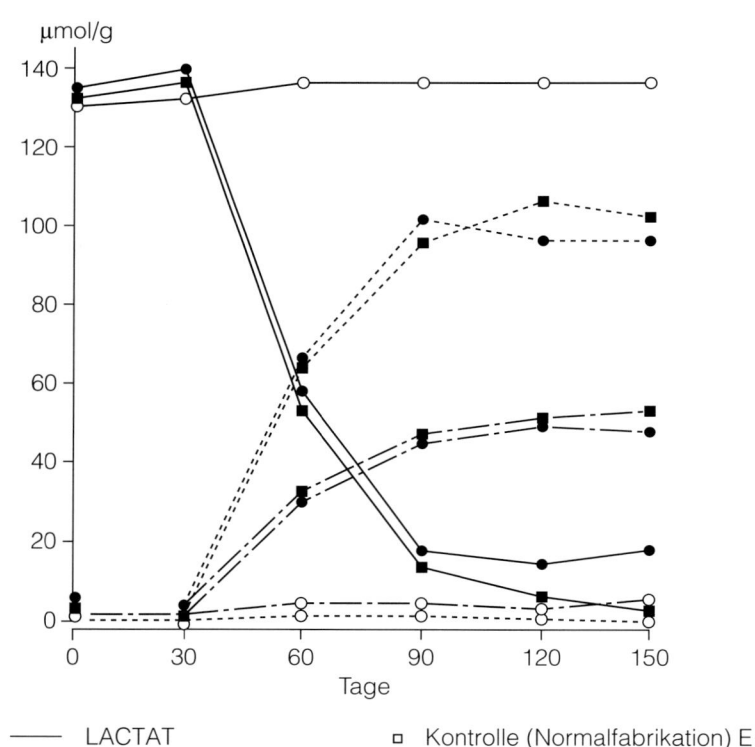

```
——— LACTAT          □ Kontrolle (Normalfabrikation) E
----- PROPIONAT     ● mit Propionsäurebakterien
— - — ACETAT        ○ ohne Propionsäurebakterien
```

Abb. 7.3 Lactat-, Acetat- und Propionat-Werte in Emmentalerkäse mit bzw. ohne Propionsäurebakterien [181]

- Außer der Temperatur im Gärkeller hat der pH-Wert einen entscheidenden Einfluß auf die Propionsäuregärung. Der pH-Wert der Kesselmilch von 6,4 ... 6,5 sinkt während der Bruchbearbeitung, des Formens und des Pressens auf 5,15 ... 5,3. Dieser pH-Wert-Bereich ist wichtig für die Entstehung der Hartkäsestruktur und die spätere Propionsäuregärung.

Spezielle Käsereimikrobiologie

- Der Emmentalergeschmack wird durch die Enzyme der Rohmilch, des Labes und vor allem der Emmentalerkäseflora geprägt. Da das mikrobielle Enzympotential langsam zunimmt und die enzymatischen Vorgänge durch den hohen Trockenmassegehalt gehemmt werden, dauert es 3 bis 9 Monate, bis der Emmentaler voll ausgereift ist.
- Da beim Emmentaler die Rinde trocken behandelt wird, ist die Oberflächenflora für die Reifung bedeutungslos.

Spezielle Mikroflora

Zur obligaten Mikroflora des Emmentalers gehören [22]:
- *Streptococcus salivarius subsp. thermophilus* und die thermophilen Laktobazillen (*L. helveticus, L. delbrueckii subsp. lactis*).
- Mesophile Laktobazillen (*L. casei, L. plantarum*)
- Propionsäurebakterien (z. B. *Propionibacterium freudenreichii* mit den Subspecies *freudenreichii, globosum* und *shermanii*).

In quantitativer Hinsicht von untergeordneter Bedeutung sind:
- Enterokokken (*E. faecium, E. faecalis*),
- Mikrokokken (*Micrococcus (M.) caseolyticus, M. freudenreichii*),
- heteroenzymatische Laktobazillen (*L. fermentum*).

Lactococcus lactis subsp. lactis und *subsp. cremoris* sind für die Vorreifung der Rohmilch von Bedeutung. In den ersten Stunden nach der Herstellung herrscht *S. salivarius subsp. thermophilus* zu 90 % vor. Im 22 h alten Käse sind es bereits nur noch etwa 35 % thermophile Streptokokken, während die thermophilen Laktobazillen zu etwa 65 % vertreten sind. Die mesophilen Laktokokken erreichen ihr Maximum mit etwa 10^8 je g auf der Presse. *L. casei* hat sein Maximum mit $8 \cdot 10^7$ KbE/g Käsemasse im Salzbad [22, 52].

Wie sich die Zahl der Milchsäurebakterien und das Verhältnis von Milchsäurestreptokokken zu Laktobazillen in den Phasen der Emmentalerherstellung im Trend verändert, geht aus Tab. 7.11 hervor.

12 Stunden nach Beginn des Pressens erreichen die Mikrokokken mit $25 \cdot 10^6$ KbE je g ihre höchste Zahl [22]. Diese genannten Maxima haben nur Trendcharakter und können auch in einwandfreien Käsen erheblich abweichen.

Während sich die Milchsäurebakterien und Mikrokokken bis zum Salzbad am stärksten entwickeln, nimmt die Zahl der Propionsäurebakterien in dieser Zeit ab. Erst nach abgeschlossener Milchsäuregärung kommt es im Emmentaler zur Propionsäuregärung. Im Salzbad erreichen die Propionsäurebakterien mit etwa 10^3 KbE je g Käsemasse ihr Minimum. Danach vermehren sie sich langsam bis zur Einlagerung der Käse in den Gärkeller, dort jedoch sprunghaft, so daß sie nach dem Verlassen desselben ihr Maximum mit etwa $2 \cdot 10^8$ KbE je g Käsemasse

Tab. 7.11 Zusammensetzung und Veränderung der Milchsäurebakterienflora bei Emmentaler, zit. [7]

Probe	Milchsäure-bakterien je g Käsemasse × 10^6	davon	
		Milchsäure-streptokokken in %	Lakto-bazillen in %
Milch	4,8	–	–
Molke	3,3	96,2	3,8
Bruchkorn	83,9	95,9	4,1
Käse (Alter in Tagen)			
1	482	20,0	80,0
2	1 154	17,7	82,3
6	930	33,4	66,6
15	740	50,0	50,0
25	631	50,0	50,0
50	20	50,0	50,0
96	20	26,0	74,0
245	14	3,7	96,3

aufweisen. Im weiteren Reifungsverlauf nimmt ihre Zahl nur langsam ab und beträgt in einem 6 Monate alten Käse noch etwa 85 · 10^6 KbE je g Käsemasse. Die Milchsäurebakterien sind zu diesem Zeitpunkt nur noch mit 10^7 KbE je g vertreten [22].

Die durch Milchsäure- und Propionsäurebakterien (Peptidaseaktivität) während der gesamten Reifungszeit vor sich gehende Zunahme an freien Aminosäuren im Emmentaler ist der Tab. 7.4 zu entnehmen.

Emmentalerkulturen

Da die Mikroflora eines Käses entscheidend durch die Käsereikulturen bestimmt wird, findet man die Hauptreifungsbakterien des Emmentalers auch in den eingesetzten Kulturen wieder. Zur wahlweisen Anwendung stehen u. a. folgende Kulturen zur Verfügung [133, 182, 207]:

- Emmentaler-Käsereimischkulturen (*S. salivarius subsp. thermophilus* und *L. helveticus*),
- Käsereikultur (Monokultur von *L. helveticus* oder Monokultur von *L. delbrueckii subsp. lactis*),

Spezielle Käsereimikrobiologie

- Streptokokkenkultur (Monokultur von *S. salivarius subsp. thermophilus*),
- Laktokokken-Kultur (z. B. O-Kultur) für die Vorreifung der Käsereimilch,
- Propionsäurebakterienkulturen.

Eine Säuerungskultur für Emmentaler sollte mindestens $12 \cdot 10^7$ KbE/ml aufweisen. Die Säuerungskulturzusatzmenge zur Kesselmilch beträgt 0,02 ... 0,1 %. Die Propionsäurebakterienkulturzugabe ist so zu dosieren, daß in 24 h altem Käse mehr als $5 \cdot 10^2$ KbE je g vorhanden sind [4]. In der Praxis werden normalerweise $5 \cdot 10^7$ KbE Propionsäurebakterien in 120 l Kesselmilch eingeimpft. Wird die gewählte Kulturmenge zu gering bemessen, ist der Käsefehler braune Tupfen zu erwarten [4].

7.2.2 Cheddar / Chester

In den USA und England ist der Cheddar ein verbreiteter und begehrter Konsumkäse. Chester wird auch in Europa häufig als hochwertige Rohware für Schmelzkäse eingesetzt.

Aus mikrobiologischer Sicht kann der Cheddarkäse dem Chesterkäse gleichgesetzt werden [119]. Die mikrobiellen Vorgänge sind gekennzeichnet durch eine intensive Milchsäuregärung der mesophilen Laktokokken sowie eine Reifung und Aromabildung durch mesophile Laktobazillen in Verbindung mit Enterokokken und Mikrokokken. Entscheidend beeinflußt werden die bakteriellen Vorgänge durch das Nachsäuern des Bruches, das Salzen des wieder zerkleinerten Bruchkuchens und durch die lange Reifungszeit [31].

Die im Cheddarkäse vorherrschende Mikroflora besteht analog zu der eingesetzten Säuerungskultur aus *L. lactis subsp. cremoris* und *L. lactis subsp. lactis*. Darüber hinaus lassen sich meistens Laktobazillen, Pediokokken, *Leuconostoc*-Species, Mikrokokken und Enterokokken nachweisen [151]. Die nicht mit Starterkulturen zugesetzten Organismen überleben die Milcherhitzung oder gelangen durch Rekontamination – meist aus der betriebsspezifischen Flora stammend – in die Käsereimilch und den Käse. Sie sind unterschwellig an der Reifung beteiligt. Daneben können wie bei allen Käsen auch gramnegative Schadorganismen, wie coliforme Bakterien und Pseudomonaden, vorkommen und gelegentlich zu unerwünschten Konsistenzveränderungen sowie sensorischen Fehlern des Käses führen [151].

Für Cheddar werden neben Mehrartenkulturen (z. B. O-Kulturen) bevorzugt Einartenkulturen von *L. lactis subsp. cremoris* eingesetzt [31].

Durch den Zusatz von 1 % ein- oder mehrstufig hergestellter, mesophiler Käsereikultur gelangen etwa 10^7 KbE/ml in die Kesselmilch. Diese Zahl steigt bis zum Pressen des Käses im Bruch auf etwa $2 \cdot 10^9$/g an. Die größte Vermehrung der Laktokokken erfolgt in den ersten 3,5 Stunden des Herstellungsprozesses während der Bruchbearbeitung.

Spezielle Käsereimikrobiologie

Vor allem durch den NaCl-Gehalt (der zerkleinerte Bruch wird gesalzen) ist es bedingt, daß in der ersten Phase der Reifung *Lactococcus lactis* subsp. *cremoris* schneller abstirbt als *Lactococcus lactis* subsp. *lactis*, wenn Mehrartenkulturen eingesetzt worden sind [119].

Die Zahl der Laktobazillen (*L. casei, L. brevis* und *L. buchneri*) in frischem Bruch liegt zwischen 10^1 und 10^4/g. Sie sind die einzigen Milchsäurebakterien, die sich in reifenden Käsen vermehren und können dadurch innerhalb von 10 bis 60 Tagen 10^6 bis 10^8 KbE/g erreichen. Nach einer Reifungszeit von 4 bis 6 Monaten nimmt ihre Zahl in den Käsen allmählich ab [151].

Die weniger häufig vorkommenden Pediokokken (*Pediococcus pentosaceus*) können während der Reifung Zahlen von 10^7 erreichen [141].

Eine untergeordnete Bedeutung hat die Gattung *Leuconostoc*. Im Bruch finden sich gewöhnlich nur 1 bis 100 KbE je 1 g. Sie vermehren sich nicht, sondern sterben langsam ab. Relativ großen Schwankungen sind die Enterokokken im Cheddar unterworfen. Sie können fehlen oder in unbedeutenden Mengen von etwa 10 KbE/g bzw. in höheren Zahlen von 10^4 bis 10^6 KbE je g vorkommen. Im Käse sterben sie meist in den ersten 4 Monaten während der Reifung ab. Als häufigste Species wurden *E. faecium* und *E. bovis* gefunden [151].

Mikrokokken kommen im Bruch in Mengen von 10^2 bis 10^6 KbE/g vor. Während der Reifung nimmt ihre Zahl ab, so daß nach 6 Monaten noch etwa 10^1 bis 10^2 KbE je g Käse zu finden sind. Als Species kommen *Micrococcus (M.) varians, M. luteus* und *M. lacticus* vor [151].

7.2.3 Gouda / Edamer (Holländer Käse)

Die mikrobiellen Vorgänge beider Käse lassen sich auf drei Schwerpunkte beziehen [134, 170a, 175]:

– Milchsäuregärung durch mesophile Laktokokken als Voraussetzung für die Teigkonsistenz, Lochbildung und eigentliche Reifung.

– Hauptreifung insbesondere durch Laktokokken und weniger ausgeprägt erwünscht durch mesophile Laktobazillen. Dabei ist der Abbau der Peptide für einen sensorisch hochwertigen Käse entscheidend [177].

– Lochbildung durch citratvergärende kokkenförmige Starterbakterien (*Lactococcus lactis* subsp. *lactis* biovar. *diacetylactis; Leuconostoc mesenteroides* subsp. *cremoris*).

Wachstums- und Aktivitätsverlauf der Laktokokkenflora (primäre Mikroflora)

Die mit Abstand vorherrschende Flora des Gouda- und Edamerkäses besteht aus Laktokokken, die mit der Starterkultur zugesetzt werden. Wie bei den meisten Käsesorten leitet die Milchsäuregärung den Herstellungsprozeß ein. Damit ver-

Spezielle Käsereimikrobiologie

bunden ist eine pH-Wert-Senkung, wodurch die Wirksamkeit des Labenzyms erhöht, die Synärese beschleunigt und gelegentlich anwesende Kontaminanten gehemmt werden. Bei der Laktokokkenvermehrung, -aktivität und Milchsäuregärung lassen sich folgende Phasen unterscheiden [120, 175]:

- Während der ersten Phase, die mit dem Kulturzusatz beginnt und vor dem Einlaben endet, vermehren sich die Laktokokken in der Kesselmilch nur langsam.
- Die zweite Phase beginnt mit der Milchsäurebildung und endet mit dem Ablassen des Bruches. In diesem Zeitraum erhöht sich die Zahl der Laktokokken von etwa $5 \cdot 10^7$ KbE/g nach der Gerinnung auf etwa $2 \cdot 10^8$ KbE/g zum Zeitpunkt der Bruchabfüllung.
- Charakteristisch für die dritte Phase (Hauptphase) ist die höchste Intensität der Milchsäurebildung. Sie beginnt etwa 3 h nach dem Zusatz der Kultur zur Kesselmilch und erstreckt sich über die Abschnitte des Formens und des ersten Pressens. Wichtig ist eine optimale Säureführung. Bei verzögerter, schwacher Säuerung sind Frühblähung, zu weicher Teig und bei zu starker Säurebildung eine zu saure Reaktion des Käseteiges mit bröckliger Konsistenz zu befürchten. Das Wachstum der Laktokokken in der frischen Käsemasse endet in den Holländerkäsen nach etwa 6 Stunden. Zu dieser Zeit sind ca. 50 % der Lactose umgesetzt. Der Rest wird bis zum Ende des Salzens abgebaut [130].
- Die vierte Phase beginnt am Ende des Pressens. Hier führt die zunehmende Milchsäurekonzentration zu einer Hemmung der Laktokokken und damit zur Verzögerung des Säuerungsverlaufs. Außerdem bedingt die Abkühlung des Käses eine Abnahme des Molkeaustritts. Großen Einfluß auf die mikrobiellbiochemischen Vorgänge in diesem Abschnitt hat die Einhaltung der Thermalphase. Die Laktokokken erreichen während des Pressens oder im Salzbad ihr Keimzahlmaximum mit etwa 10^9 KbE/g. Der Käse darf nicht zu schnell ins Salzbad gelegt werden, denn die Laktokokken werden durch die Salzeinwirkung zunächst im Randbereich schnell gehemmt und stellen ihre Aktivität ein [120]. Besonders empfindlich ist *Lactococcus lactis subsp. cremoris*, der bereits über 2 % NaCl sein Wachstum einstellt. Zu frühes Salzen führt daher zu Lactoseresten in der Rinde, wodurch Rindenfehler verursacht werden können [130]. Nach dem Salzbad beginnt die allmähliche Abnahme der Lebendkeimzahl, die während des weiteren Reifungsverlaufes anhält.
- Während der fünften und zugleich letzten Phase, die sich im Salzbad und in den ersten Tagen im Reifungsraum vollzieht, wird die Restlactose vor allem im Inneren der Käse vergoren [134].

Die Dauer der letzten Phase ist auch entscheidend abhängig von der Bakterienverteilung in der Käsemasse, da der diffundierte Milchzucker insbesondere an der Peripherie der Bakterienkolonien vergoren wird. Daher ist die Phase um so kürzer, je besser die Bakterienverteilung zum Zeitpunkt der Gerinnung war. Intensives Rühren beim und kurze Zeit nach dem Einlaben verbessert die gleichmäßige Verteilung der Bakterien [170a].

Spezielle Käsereimikrobiologie

Umfang und Wertung der sekundären Mikroflora

Neben mesophilen Laktokokken finden sich fast immer mesophile Laktobazillen und gelegentlich thermophile Milchsäurebakterien in den Holländerkäsen [120]. Die Tab. 7.12 zeigt den Trend des Verhältnisses von Laktokokken zu Laktobazillen, das sich mit zunehmendem Alter des Käses verschiebt. Nach KANDLER und WEISS [90] sind in allen Käsen, deren Reifungszeit länger als 2 Wochen beträgt, mesophile Laktobazillen nachzuweisen. Im Gouda und Edamer kommen *Lactobacillus (L.) casei, L. plantarum* und *L. brevis* vor [130]. Sie stammen aus der Lokalflora der Käserei und werden insbesondere in der Käsewanne übertragen. In den ersten 4 Wochen erreichen sie in den Käsen ihr Maximum mit etwa 10^6 KbE/g. Sie sind sehr NaCl-resistent (*L. casei* wächst noch in Gegenwart von 6 % und *L. plantarum* von 8 % NaCl).

Tab. 7.12 Zahl der Milchsäurebakterien sowie das Verhältnis von Laktokokken (Milchsäurestreptokokken) zu Laktobazillen im Holländerkäse [7]

Alter des Käses in Tagen	Milchsäurebakterien je g Käsemasse KbE × 10^6	davon Laktokokken in %	Laktobazillen in %
10	1 185	99,9	1,0
20	1 620	98,7	1,3
30	1 600	83,4	16,0
60	295	85,0	15,0

Wenn die Lactose abgebaut ist, können die mesophilen Laktobazillen auch die bei der Autolyse der Laktokokken freigesetzten C-Quellen (z. B. Ribose) und in Anwesenheit von Sauerstoff auch Lactat verstoffwechseln [54]. Einzelne Stämme vermögen die Proteolyse und somit die Geschmacksbildung zu verstärken. Bekannt sind aber durch sie ausgelöste Geschmacks- und Lochungsfehler sowie die Gefahr der Bildung größerer Mengen biogener Amine (Histamin und Tyramin), sobald sie sich im Käse zu stark vermehren. Daher schlagen NORTHOLT und STADHOUDERS [129] vor, die mesophilen Laktobazillen für einen 2 Wochen alten Goudakäse auf m = 2 · 10^5; M = 2 · 10^6 pro g zu begrenzen. KLETER [100] konnte in aseptischen Käsereiversuchen an Gouda nachweisen, daß mesophile Laktobazillen für einen guten Reifungsprozeß bei diesen Käsen nicht unbedingt erforderlich sind.

Die Zahl der Enterokokken in Holländerkäsen sollte 10^4 KbE/g nicht überschreiten. Bei 10^5 ... 10^6 KbE je g können bereits Geschmacksfehler von ihnen ausgehen [135]. In dem genannten Rahmen sind sie geschmacksbildend.

Propionsäurebakterien können, falls sie aufgrund ihrer partiellen Hitzeresistenz vereinzelt in die Holländerkäse gelangt sind, infolge der niedrigen Reifungstemperaturen (überwiegend 12 ... 16 °C) sich in den Holländerkäsen nicht nennenswert vermehren und kein Gas bilden.

Eine bedeutsame Oberflächenflora kann sich auf der trockenen und glatten, geölten und paraffinierten Rinde oder alternativ bei Folienreifung nicht ansiedeln.

Starterkulturen und Lochbildung

Die zur Herstellung von Gouda und Edamer Käse eingesetzten Starterkulturen müssen einschlägigen Anforderungen hinsichtlich Säuerungsaktivität, Lochbildung, Peptidaseaktivität, Einfluß auf die Konsistenz, Unempfindlichkeit gegenüber Hemmstoffen und Phagen erfüllen [130]. Die vielseitige Einflußnahme der Säuerungskultur auf zahlreiche qualitätsprägende Käseeigenschaften eines Schnittkäses nach Holländerart sind in der Tab. 7.9 dargestellt.

Eine für Gouda und Edamer u. a. geeignete Kultur kann folgende Zusammensetzung haben [170a]:

75 %   *Lactococcus lactis subsp. cremoris*
15 %   *Lactococcus lactis subsp. lactis biovar. diacetylactis*
5 %   *Lactococcus lactis subsp. lactis*
5 %   *Leuconostoc mesenteroides subsp. cremoris*

Eine Reifungsbeschleunigung von Gouda ließ sich durch zusätzlichen direkten Einsatz einer lactosenegativen Mutante von *Lactococcus lactis subsp. cremoris* erreichen. Der Gehalt an löslichem Stickstoff war in den Versuchskäsen höher als in den Kontrollkäsen. Dabei waren die Versuchskäse nicht bitter [127].

Die der Kesselmilch zugesetzte Kulturmenge für Holländer Käse beträgt etwa 0,5 ... 1,0 %.

Die Lochbildung erfolgt durch *Lactococcus lactis subsp. lactis biovar. diacetylactis* und *Leuconostoc mesenteroides subsp. cremoris*. DL-Starter setzen in den ersten 24 h 30 % der Citronensäure um. Das ist für eine optimale Lochbildung im Gouda notwendig [130]. Ein Gehalt zwischen 10^5 und 10^6 KbE/g citratvergärender CO_2-bildender Kokken nach einer Reifungszeit von 3 Wochen korreliert im allgemeinen mit einer guten Lochbildung im Gouda. Bei zu niedrigem Gehalt dieser Citratvergärer sind blinde Käse zu erwarten, während bei zu hohem Besatz häufig zu offene Käse mit teilweiser Rißbildung erhalten werden.

7.2.4 Tilsiter

Ausführliche Untersuchungen über die Mikroflora des Tilsiters liegen länger zurück und sind von GRIMMER und ARONSON [62], DIETHELM [26], STÖLTING [183], MEYER [124], RODENKIRCHEN [152], DOMMEN [29], DEMETER und RAU [21], V. KERKEN und KANDLER [91], WEGNER und BEHNKE [203] durchgeführt worden.

Die Mikroflora in der Käsemasse (Innenflora)

Während noch ORLA-JANSEN [zit. 22] den *Micrococcus caseolyticus* als wichtigsten Reifungserreger des Tilsiters ansah, wissen wir heute, daß zu seiner obligaten Reifungsflora Laktokokken, mesophile Laktobazillen, Mikrokokken, gelegentlich thermophile Milchsäurebakterien und Bildner der Rotschmiere gehören.

Die im jungen Tilsiter dominierenden Bakteriengruppen sind die Laktokokken. Sie können bis zu 6 Wochen vorherrschen. STÖLTING [183] fand im reifenden Tilsiter 70 % Laktokokken (serologische Gruppe N) und 20 bis 25 % Enterokokken (serologische Gruppe D). GRENZ [59] ermittelte das in Tab. 7.13 aufgeführte vom Bruch bis zu einer Reifungsdauer von 4 Monaten sich ändernde Verhältnis von Laktokokken zu mesophilen Laktobazillen und Mikrokokken in normal gereiften Tilsitern.

Tab. 7.13 Keimgruppenverhältnis im Tilsiterkäse [59]

	Laktokokken	Laktobazillen	Mikrokokken
Im frischen Bruch	1	0,25	0,5
Nach 2 Monaten Reifungsdauer	1	2,0	2,0
Nach 4 Monaten Reifungsdauer	1	4,0	2,0

Die stärkste Keimzahlzunahme erfolgt während der Bruchbearbeitung und des Formens. Dabei werden Zahlen von etwa $5 \cdot 10^8$ bis 10^9 KbE/g Käse erreicht. Bereits im Salzbad vermindert sich die Gesamtkeimzahl, vor allem durch Abnahme der Laktokokkenzahlen, während die mesophilen Laktobazillen ab Salzbad langsam zunehmen. Schon wenige Tage nach der Herstellung findet man bis zu 10^8 KbE Laktobazillen (insbesondere *L. casei* und *L. plantarum*) je 1 g Käse, die etwa 2 Wochen nach dem Laktokokkenmaximum – es liegt etwa 24 h nach der Herstellung – ihre höchste Keimzahl erreichen und dann während der weiteren Reifungszeit nur langsam abnehmen. Nach etwa 4 Wochen Reifungszeit geht die Zahl der KbE der Laktokokken stärker zurück als die der mesophilen Laktobazillen, da letztere resistenter sind als die Laktokokken.

VON KERKEN und KANDLER [91] fanden außer *L. casei* und dessen Subspecies, *L. plantarum* und dessen Varietäten auch *L. brevis* sowie *Leuconostoc sp.*, während

Spezielle Käsereimikrobiologie

thermophile Laktobazillen nicht nachgewiesen werden konnten. Die Abwesenheit der letzteren wird von den Autoren auf die niedrigen Reifungstemperaturen des Tilsiters zurückgeführt. Ihr Vorkommen oder Fehlen scheint in Tilsiter Käsen aus pasteurisierter Milch auch davon abzuhängen, ob sie über Kulturen zugesetzt werden oder nicht. Normalerweise enthalten die Tilsiter-Kulturen keine thermophilen Laktobazillen. Von der Technologie her haben sie jedoch eine Vermehrungschance, denn durch das Nachwärmen des Bruches findet eine gewisse Anreicherung statt.

Im letzten Jahrzehnt wird nunmehr öfter neben einer primären Laktokokkenkultur noch eine sekundäre Kultur mit thermophilen Milchsäurebakterien (in geringer Menge) zur Herstellung von Tilsiter mit Erfolg eingesetzt. Auch Joghurtkulturen haben sich bewährt, wodurch Joghurt-Tilsiter mit besonders pikanter Geschmacksnote zu erhalten ist.

Die Mikrokokken gehören ebenfalls zur obligaten Reifungsflora des Tilsiters. Sie sind im Innern und auf der Oberfläche zu finden. Der Anteil der Propionsäurebakterien an der Gesamtflora ist mit 0,01 bis 0,28 % sehr gering, so daß sie bei der Reifung, Aroma- und Schlitzlochbildung bedeutungslos sind [152].

Obwohl das zahlenmäßige Verhältnis der einzelnen Mikroorganismengruppen erheblich schwanken kann, läßt sich aus den anfangs angeführten Untersuchungen folgender anteilmäßige Trend für die Innenflora eines reifen, etwa 6 Wochen alten Tilsiters zusammenfassen:

50 %	Laktokokken,
5 ... 7 %	Enterokokken,
2 ... 3 %	*Leuconostoc sp.*,
35 %	mesophile Laktobazillen (*L. casei* und *L. plantarum*),
5 ... 10 %	Mikrokokken und
0 ... 10 %	thermophile Laktobazillen.

Die Oberflächenflora

Im Gegensatz zum Emmentaler und den Holländerkäsen hat die Oberflächenflora für die geschmierten Tilsiter eine große Bedeutung. Nach Schulz und Voss [162] ist die Oberflächenflora zu 2/3 für die Geschmacksbildung des Tilsiters bestimmend. In 1 g Schmiere fand Dommen [29] 16 bis $175 \cdot 10^9$ KbE. An der Schmierebildung sind alkalisierende und alkalisierend-peptonisierende Mikroorganismen, vor allem grampositive Stäbchen und Hefen, beteiligt. Als Stäbchen dominiert *Brevibacterium (B.) linens*, daneben kommen *B. erythrogenes, B. helvolum* und *B. bruneum* vor. Sie bilden die gelbrote bis braunrote Farbe der Schmiere. Bei den Hefen herrschen *Saccharomyces* und *Endomycopsis*-Arten vor. Einen beachtlichen Umfang nehmen schließlich die Mikrokokken an der Oberflächenflora ein (*M. caseolyticus*), die häufig Pigmente bilden. Die Mikrokokken werden in ihrer Entwicklung durch die Hefen gefördert und haben Anteil am charakteristischen Aroma des Tilsiters [29].

Spezielle Käsereimikrobiologie

Die Oberflächenflora wird sehr wesentlich vom Klima im Reifungsraum beeinflußt. Je höher Temperatur und Feuchtigkeit sind, desto intensiver können sich die Hefen auf der Oberfläche entwickeln. Für Tilsiter hat sich diesbezüglich eine Temperatur von 14 ... 15 °C und eine relative Luftfeuchte von 90 ... 95 % als günstig erwiesen, damit sich auf der Oberfläche zunächst Hefen und nach der Entsäuerung (etwa pH 7) Rotschmierebakterien ansiedeln. Ohne ausreichende Rotschmiere trocknet die Oberfläche zu sehr aus, was zu einer fehlerhaften Konsistenz führen kann [85].

Auf den geschmierten Käsen geht der Anteil der Laktobazillen und Laktokokken mit zunehmender Reifung zurück und erreicht nach 8 Wochen < 10 % der Gesamtrindenflora [203]. Über 90 % dieser Organismen gehören zur typischen obengenannten Oberflächen-Rotschmiereflora.

In Versuchen [203] ist auch die Oberflächenflora unter den Bedingungen der Folienreifung analysiert worden. Dabei können sich die aeroben Mikroorganismen nur unterschwellig entwickeln, so daß die Flora der Rinde weitgehend derjenigen im Inneren der Käse entspricht. Jedoch wurden auch unter der Folie und im Inneren foliengereifter Tilsiter Käse beträchtliche Zahlen von Brevibakterien gefunden. Im 8 Wochen alten foliengereiften Käse waren auf der Rinde, d. h. unter der Folie 0,9 · 10^6 KbE und im Inneren 1,0 · 10^6 KbE/g nachzuweisen. Im Gegensatz dazu betrugen die *Brevibacterium*-Zahlen für naturgereiften Tilsiter 29 · 10^8 KbE/g in der Käseschmiere und 2,8 · 10^6 KbE/g im Inneren der Käsemasse.

Kulturen

Es sind Säuerungskulturen erforderlich, die citratvergärende und CO_2-bildende Kokken enthalten, um die Löcher von Schlitz- und Gerstenkornform, auch runder Form, zu bilden. Fehlen CO_2-bildende Bakterien in der Säuerungskultur (z. B. O-Kultur), so erhält man sehr feste Käse ohne Löcher, sogenannte blinde Käse [215]. Geeignet für Tilsiter sind DL- und D-Kulturen. Der Kesselmilch werden davon 0,5–1,0 % zugesetzt.

7.2.5 Weichkäse mit Schmierebildung

Zu dieser Gruppe von Weichkäsen gehören Limburger, Münster, Weinkäse, Mainauer, Romadur (Deutschland), Herve (Belgien), Livarot, Maroilles (Frankreich), Vacherin (Schweiz), Esrom (Dänemark, Kanada) [85]. In Deutschland werden diese Käse aus pasteurisierter, in anderen Ländern auch aus Rohmilch oder thermisierter Milch hergestellt.

Spezielle Käsereimikrobiologie

Mikroflora und mikrobielle Vorgänge im Inneren

Die dominierende Innenflora dieser Gruppe besteht aus Laktokokken der serologischen Gruppe N. In erheblich geringerem Umfang – der Abstand beträgt 2 ... 3 Zehnerpotenzen – kommen Enterokokken der serologischen Gruppe D, Mikrokokken und mesophile Laktobazillen vor.

Die mikrobiell-biochemischen Vorgänge dieser Käse sind zunächst durch eine intensive Milchsäuregärung während der Herstellung und ersten Reifungsphase gekennzeichnet. Durch den gegenüber Hart- und Schnittkäsen höheren Wassergehalt vollziehen sich die Reifungsvorgänge in den Weichkäsen schneller. Es handelt sich um Käse mit steil verlaufender Säuerungskurve. Während des Formens und Wendens dieser Käse wird eine Zunahme der Soxhlet-Henkel-Zahl von etwa 1,8 bis 2,5 SH je Stunde angestrebt [120]. Eine zu schwache Säuerung erhöht die Gefahr der Frühblähung durch coliforme Keime. Jedoch ist auch eine zu intensive Säuerung zu vermeiden, weil dann zu saure Käse entstehen, die im Inneren kreidig werden und nicht ausreichend durchreifen. Das Maximum der Milchsäuregärung liegt etwa um den Zeitpunkt des Formens, und ihre Intensität nimmt anschließend langsam und später schneller ab. Während der abnehmenden Säuerungsphase wird die restliche Lactose innerhalb von 24 h weitgehend abgebaut. Zu diesem Zeitpunkt wird auch das Keimzahlmaximum der Laktokokken mit etwa 1 bis $10 \cdot 10^9$ KbE/g Käsemasse erreicht.

Mikroflora der Käseoberfläche

In der Rindenschmiere (Haut) dominieren Schmierebakterien wie der Leitkeim *Brevibacterium linens* und Mikrokokken, Hefen (wie *Turolopsis*-, Kahmhefen, *Kluyveromyces* und *Debaryomyces hansenii*) sowie *Geotrichum candidum*. Die für die Herstellung und Reifung der Weichkäse mit Schmierebildung wichtigen Mikroorganismengruppen auf der Käseoberfläche mit ihren anwendungsbezogenen Eigenschaften und Wirkungsweisen sind in der Tab. 7.14 zusammengestellt. Von den Kulturenherstellern werden diese Mikroorganismengruppen überwiegend getrennt angeboten, so daß der Anwender die Möglichkeit der gewünschten Kombination hat [206].

Die Schmiere wird durch das Wachstum und die Stoffwechseltätigkeit dieser Mikroorganismen gebildet und besteht aus deren Zellen sowie aus den Abbauprodukten der Käseoberfläche. Die Entwicklung der Schmiereflora ist von der Reifungstemperatur, der relativen Luftfeuchtigkeit und der Luftzufuhr abhängig [85]. Die in der blaßgelben oder gelbbraunen Schmiere enthaltenen mikrobiellen Enzyme oder Stoffwechselprodukte dringen in das Käseinnere ein und bewirken die Reifung mittels Proteolyse und Lipolyse dieser Weichkäse von außen nach innen. Jede der genannten Käsesorten hat ihre typische Schmiere [85].

Bereits in den ersten Stunden nach dem Formen erfolgt die Besiedlung der Käseoberfläche mit Hefen. Sie bewirken eine Entsäuerung der Käseoberfläche als

Spezielle Käsereimikrobiologie

Tab. 7.14 Mikroorganismen der Oberflächenflora – wichtige Eigenschaften/ Wirkungsweisen [139]

Hefen/*Geotrichum candidum*

- Verwertung verschiedener Kohlenhydratquellen
  Konkurrenz zu unerwünschten Mikroorganismen
  Umkehr des Neutralisationseffektes
- Abbau von Milchsäure
  pH-Anstieg
  Förderung vorhandener proteolytischer Enzyme
  Förderung säureempfindlicher Mikroorganismen
- Abbau von Proteinen zu alkalischen Stoffwechselprodukten
  pH-Anstieg
  Förderung vorhandener proteolytischer Enzyme
  Förderung säureempfindlicher Mikroorganismen
  Bildung von Aromakomponenten
- Lipolytische Aktivität
- Salztoleranz

***Brevibacterium linens* u. a. coryneforme Bakterien**

- Farbgebung
- Salztoleranz
- pH-Toleranz
- Lipolytische Aktivität
  Bildung von Aromakomponenten
- Proteolytische Aktivität
  Bildung von Aromakomponenten
- Schimmelhemmende Wirkung (Methanethiol?)

Mikrokokken

- Salztoleranz
- Proteolytische Aktivität
  Bildung von Aromakomponenten

Voraussetzung für das spätere Wachstum der Schmierebakterien und leiten die Reifung der Käse von außen nach innen ein. Nach dem Salzbad reichern sich die Hefen in der Schmiere auf 10^7 bis 10^8 KbE/g an, wobei der Maximalwert zwischen dem 3. und 6. Reifungstag liegt [165]. Nach etwa 2 Wochen Reifung dominieren dann die coryneformen Bakterien (50 ... 80 % der Schmiereflora), wobei meist orange, gelb und weiß pigmentierte gleichermaßen vertreten sind [12, 78].

SEILER [169] isolierte 372 coryneforme Stämme aus Rotschmierekäse und ordnete sie anhand morphologischer und physiologischer Merkmale in 16 Gruppen ein.

Spezielle Käsereimikrobiologie

Die orange pigmentierten diagnostizierte er als *Brevibacterium linens*, die weißen und gelben als *Arthrobacter ssp., Rhodococcus ssp.* und *Brevibacterium ammoniagenes*. Auch *Caseobacter polymorphus*, der zu den nichtpigmentierten coryneformen Bakterien gehört, ist an der Oberflächenreifung von Limburger und ähnlichen Weichkäsesorten beteiligt [33].

Bei der rasterelektronenmikroskopischen Untersuchung [128] der Mikroflora auf der Oberfläche von Rotschmierekäsen (Limburger, Romadur, französischer Weichkäse) wurde eine komplexe mikrobielle Gemeinschaft aus knospenden Hefen, *Geotrichum candidum* und Rotschmierebakterien bildlich dargestellt. Das pelzige Aussehen der Käseoberflächen resultierte aus dem mycelartigen Wachstum von *G. candidum*. Häufig lag ein Zerfall des Mycels in Arthrosporen vor. Auf 2 Käseproben waren die Mycelfilamente bereits partiell lysiert und zersetzt. Das Eindringen der Mycelstränge in die äußere Zone führte zu einem System von Kanälen und Röhren im Käse. Die Mikroflora der Rotschmiere bestand aus Kokken und einer Vielzahl von pleomorphen dünnen Stäbchen und wuchs auf dem Mycel von *G. candidum* [128].

In der Käseschmiere sind die Reifungsorganismen mit höherer Zahl als im Käseinneren vertreten. So fanden SCHWARZ und Mitarbeiter [165] im 3 Wochen alten Romadur in der Oberflächenschmiere 24 bis 27 · 10^8 KbE/g (davon 98,7 ... 99,8 % Bakterien, 0,05 ... 1 % Hefen, 0,08 ... 0,23 % Schimmelpilze) und im Inneren weniger als 100 · 10^6 KbE/g.

Bei Limburger und Romadur ist der Reifungsprozeß außen meist so stark beschleunigt, daß oft der genußreife Käse noch einen festen Kern im Inneren aufweist. Durch höhere Luftfeuchtigkeit in den Reifungsräumen, Behandlung der Oberfläche mit schmierebakterienhaltigem Salzwasser und Verreiben des Schmieransatzes läßt sich die Rot- und Gelbschmierebakterienentwicklung auf den Käseoberflächen beschleunigen.

Diese Oberflächenbehandlung wird „Waschen", „Streichen" oder „Schmieren" genannt. Die hierzu verwendete Flüssigkeit bezeichnet man als „Wasch- oder Schmierewasser". Je nach Sorte und Beschaffenheit der Käse werden dem Wasser Kochsalz, Schmiere- oder Säuerungskulturen, gelegentlich auch Molke, zugesetzt [85].

Aufgrund des seit Mitte der achtziger Jahre bekannten Risikos der Kontamination und Belastung gerade dieser Weichkäse mit *Listeria monocytogenes* durch Käseschmiere und das Schmieren wurde nunmehr davon abgegangen, beim Schmieren mit den „älteren" Käsen zu beginnen und bei den „jüngsten" (zum ersten Mal geschmierten) zu enden. Dadurch wurde in der Vergangenheit eine „Beimpfung" der frischen Käse mit einer optimal zusammengesetzten Flora genutzt bzw. angestrebt. Um das hohe Risiko der Listerienkontamination durch das Schmieren weitgehend auszuschließen, ist auch in den letzten Jahren eine Umstellung von der Bürstenschmiermaschine zu Sprühschmiermaschinen eingeleitet worden [2].

7.2.6 Butterkäse

Butterkäse ist ein Abkömmling des italienischen Bel Paese, der als Firmenmarke geschützt ist [85]. Seine Sonderstellung unter den Weichkäsen beruht auf der hohen Einlabungstemperatur (40 bis 42 °C), dem Ansäuern der Käsereimilch mit mesophiler O-Kultur und zusätzlich thermophiler Kultur (insgesamt werden 1,5 ... 2,5 % zugesetzt), einer hohen Abtropftemperatur (30 bis 38 °C) und einer extrem niedrigen Reifungstemperatur (3 ... 8 °C). Unmittelbar während und nach der Herstellung kommt es daher zu einer intensiven Milchsäuregärung vor allem durch die thermophilen Milchsäurebakterien. Während der ersten 5 ... 6 h steigt die Keimzahl im Inneren der Käse von etwa $40 \cdot 10^6$ auf etwa $7 \cdot 10^8$ KbE/g an. Zum Zeitpunkt des Einlagerns zur Kaltreifung ist annähernd die Milliardengrenze erreicht [120]. Während der Reifung bleibt dann im Inneren der mikrobielle Status weitgehend fixiert, d. h. bei Temperaturen von < 8 °C ist die Stoffwechselaktivität der produkteigenen Flora in der Käsemasse erheblich eingeschränkt. Ein Rest von Milchzucker bleibt meist bis zur Konsumreife erhalten. Die Reifung im Inneren beruht vor allem auf der Wirkung des Enzympotentials der Starterkulturorganismen. Infolge der hohen Luftfeuchtigkeit bei der genannten Reifungstemperatur bildet sich auf der Oberfläche eine leicht weißliche Schmiere durch *Geotrichum candidum*. Üblich ist auch ein 4 ... 6 maliges Schmieren während der 4wöchigen Reifungszeit [85].

7.2.7 Weichkäse mit Edelschimmelpilzwachstum auf der Oberfläche (Weißschimmelkäse)

Zu dieser Gruppe von Käsen gehören Camembert, Brie und Fromage de Brie u. a.

Von den sehr zahlreichen Publikationen zur Mikrobiologie des Camembertkäses seien stellvertretend einige wenige genannt: HOFMANN [75], EIGEL [32], LENOIR und ANBERGER [116], TOLLE und Mitarbeiter [195], KAMMERLEHNER und KESSLER [84], RICHARD und Mitarbeiter [148], SCHMIDT [157], ROUSSEAU [155] und WEISSENFLUH [204]. Wenn in den folgenden Ausführungen der Camembertkäse in den Vordergrund gestellt wird, so gelten die gleichen mikrobiologischen Grundzüge auch für die verwandten Käsesorten.

Mikrobiell bedeutsame Abschnitte der Herstellung und die insbesondere im Inneren vorherrschenden Mikroorganismen

Die Camembertproduktion und -reifung läßt sich in drei das Mikroorganismenwachstum bestimmende Abschnitte gliedern:

- Die erste Phase erstreckt sich von der Säuerung der Kesselmilch über die Bruchbereitung bis zum Formen und Salzen der Käse. Sie ist durch die sprunghafte Vermehrung und eine hohe Aktivität der Laktokokken gekennzeichnet.

Spezielle Käsereimikrobiologie

- In der zweiten Phase erfolgt die Überwucherung der Käse mit säureverzehrenden bzw. -abstumpfenden Hefen und *Geotrichum candidum*. Hierbei handelt es sich um einen mikrobiell empfindlichen Teil der Camembertbereitung, der sich im Trockenraum vollzieht. Während der 3 ... 4 Tage dauernden Aufbewahrung im Trockenraum bei etwa 16 ... 18 °C verliert der Käse an Feuchtigkeit und wird gleichzeitig von Hefen und *Geotrichum candidum* besiedelt.
- Während der dritten Phase in den Reifungsräumen, die etwa 10 Tage dauert und bei 15 ... 19 °C vor sich geht, entwickeln sich zunächst die Camembertschimmel *Penicillium (P.) camemberti* bzw. *P. candidum*.

Ab 3. Woche können sich insbesondere bei höheren Lagertemperaturen die coryneformen Schmierebakterien an den Rändern des abgepackten Käses sichtbar durchsetzen. Letztere stammen als Kontaminanten aus der Käsereiflora [148]. Bei den camembertähnlichen Käsen mit Edelschimmelpilzwachstum wird jedoch angestrebt, die Rotschmiere weitgehend zu unterdrücken [85].

Gleich nach der Herstellung dominieren im Inneren die Laktokokken. Dieses Maximum von etwa 10^9 KbE je 1 g Käse wird etwa 5 Tage beibehalten. Danach erfolgt eine allmähliche Verringerung, so daß die Laktokokken nach 12 Tagen etwa 50 % der Gesamtflora einnehmen. Mit fortschreitender Reifungsdauer nimmt ihre Zahl noch weiter ab. Die mesophilen Laktobazillen (*L. casei* und *L. plantarum*) können nach 3 bis 8 Tagen stärker in Erscheinung treten, nehmen dann zahlenmäßig zu und haben am 12. bis 13. Tag ihr Maximum mit etwa 25 % der Gesamtflora erreicht, um nun wieder langsam abzunehmen (abzusterben). Die Abnahme der Zahl an lebenden Milchsäurebakterien erfolgt in der Randzone ausgeprägter als im Kern [115].

Camembert reift von außen nach innen, wobei der Oberflächenreifungsprozeß einen Vorsprung von 8 bis 9 Tagen vor dem Kern hat.

Die Mikroflora eines 12 Tage alten Camembert setzt sich durchschnittlich, im Innen- und Außenbereich zusammengefaßt, etwa folgendermaßen zusammen:

- 50 % Laktokokken
- 25 % Mesophile Laktobazillen
- 5 % Mikrokokken, Enterokokken und Keime aus der untergeordneten Begleitflora
- 10 % Hefen und *Geotrichum candidum*
- 10 % Edelschimmelpilze

Einen orientierenden Überblick über die vorherrschende Mikroflora geben auch die von Lenoir und Anberger [116] aus Camembertkäse der Normandie während verschiedener Reifungsstadien isolierten Mikroorganismen. Von 100 Streptokokken (Laktokokken, Enterokokken, *Leuconostoc sp.*) waren 89 homo- und 4 heteroenzymatisch, 7 gehörten der serologischen Gruppe D an. Von 110 Mikrokokkenstämmen gehörten 108 der Mikrokokken- und 2 der Staphylokokkengruppe an. Von 69 verschiedenen Hefestämmen ließen sich 4 *Saccharomyces cerevisiae* zuordnen, 27 waren lactosevergärend, während 38 kein solches Gärvermögen zeigten.

Spezielle Käsereimikrobiologie

Die Mikroflora in den Randzonen (Oberfläche)

Nach dem Salzbad entwickeln sich auf der Oberfläche neben *Geotrichum candidum* insbesondere *Torulopsis-, Candida-, Kluyveromyces-* und *Debaryomyces*-Species. Nach 3 bis 9 Tagen erreichen die Hefen ihr Maximum, das in der Rindenmasse 10^7 bis 10^8 KbE und im Innern 10^4 bis 10^5 KbE je 1 g beträgt [195]. Danach nimmt ihre Zahl ab.

Die Hefen übernehmen im Camembert folgende Stoffwechselleistungen [171]:

- Fermentation von Lactose, dabei Bildung von CO_2 (dadurch minimale Verringerung des Lactosegehaltes).
- Bildung von Aroma (Aminosäuren, Fettsäuren, Ester).
- Assimilation von Milchsäure und dabei Entsäuerung der Käseoberfläche.
- Stimulierung des Wachstums von *Penicillium (P.) camemberti* bzw. *candidum*, *Geotrichum* und Mikrokokken durch Wachstumsfaktoren (u. a. Vitamin B-Komplex und Aminosäuren).

Geotrichum candidum tritt ab 2. Tag an der Oberfläche auf und erreicht am 6. Tag nach der Herstellung seine Höchstzahlen [115].

Eine zu starke Entwicklung der Hefen und von *Geotrichum candidum* hemmt das Wachstum von *Penicillium (P.) camemberti* bzw. *P. candidum* und begünstigt eine Fremdschimmelpilzentwicklung. Der Grund dafür liegt in dem dann zu dicken Heferasen (Hefeschicht), wodurch die aus den Keimschläuchen der ausgekeimten Konidien entstandenen ersten Mycelteile im weiteren Wachstum behindert werden.

Der Edelschimmelpilz soll bereits vor der Salzbadbehandlung auskeimen. Im Labortest sollen nach 10 h bei 20 … 22 °C mindestens 20 % der Konidien einer Kultur ausgekeimt sein, um die Schnellwüchsigkeit des Edelschimmelpilzes zu gewährleisten [159]. Etwa 3 bis 4 Tage nach der Herstellung bildet sich auf der Käseoberfläche ein feines Mycel, das nach weiteren 3 bis 6 Tagen zu einem weißen, dichten Schimmelpilzrasen heranwächst [84]. Dieser soll ein frisches champignonartiges Aroma aufweisen. Die maximale Entwicklung der Schimmelpilzpopulation ist am 9. und 10. Tag erreicht. Zu diesem Zeitpunkt wird der gereifte Käse verpackt. Die typische Camembertreifung erfolgt entscheidend durch die Enzyme des Schimmelpilzes, die sehr viel weiter in den Käse eindringen als die Hyphen des Pilzes selbst [102].

SEELER [168] stellte durch lichtmikroskopische Untersuchungen fest, daß die Hyphen des Oberflächenmycels nur 0,01 bis 0,05 mm in die Käsemasse eindringen. In der äußeren 3 mm dicken Schicht befinden sich etwa 10^8 KbE von *P. candidum*, das entspricht etwa $3 \cdot 10^7$ KbE je 1 cm^2 Käseoberfläche [84]. Im Inneren des Käses befinden sich Pilzhyphen nur in der Umgebung von Bruchlöchern.

Coliforme Bakterien

Mit der gegenwärtigen Technologie ist es sehr schwierig, insbesondere Weichkäse frei von coliformen Bakterien herzustellen. Für Camembert sollten folgende Richtwerte eingehalten werden [77]:

- Käsereimilch nach dem Erhitzer in 1 000 ml coliformenfrei.
- Kesselmilch (Vorstapelung): in 10 ml coliformenfrei.
- Kesselmilch (Einlaufwanne): in 1 ml coliformenfrei, bei Produktionsende weniger als 10 Coliforme/ml.
- Bruch: Weniger als 10 Coliforme/g.
- Käse: weniger als 10^3 Coliforme/g bei Camembert (vergleichsweise bei Weichkäse mit Rotschmiere weniger als 10^4 Coliforme/g).

Für *Escherichia coli* wird als Grenzwert im Käse unter 10^2/g angestrebt [67, 76].

Kulturen

Für Weißschimmelkäse ist zunächst eine mesophile Säuerungskultur erforderlich (O-Kultur), wovon etwa 0,5 ... 2,5 % zugesetzt werden. Die Edelschimmelpilzkultur (*P. camemberti var. caseicolum* bzw. *P. candidum*) wird ebenfalls in die Kesselmilch geimpft [6].

Bei der Dosierung ist zu beachten, daß $2 \cdot 10^9$ Konidien auf 1 000 Liter Käsereimilch nicht unterschritten werden, weil sonst ein zu spärliches Wachstum des Edelschimmelpilzes auf der Käseoberfläche zu erwarten ist. Damit wird das Risiko des Befalls mit Fremdschimmelpilzen erhöht [36].

7.2.8 Käse mit Innenschimmelpilzflora

Zu diesen Käsen gehören unter anderem Roquefort, Edelpilzkäse, Blauschimmelkäse, Danablu, Niva, Gorgonzola und Stilton. Typisch für diese relativ heterogene Gruppe von Weichkäsen ist die Ansiedlung des blaugrünen Schimmelpilzes *Penicillium roqueforti* im Inneren der Käsemasse.

Besonderheiten der mikrobiellen Vorgänge

Der für das Wachstum des relativ luftliebenden Schimmelpilzes notwendige Sauerstoff gelangt durch Kanäle, die beim sogenannten Pikieren entstehen, ins Innere. Auf diesem Wege entweicht gleichzeitig das von der Innenflora gebildete CO_2. Das Pikieren erfolgt maschinell. Dabei wird der 3 bis 6 Tage alte Käse auf beiden Flachseiten mit etwa 50 Nadeln von 2 mm Durchmesser durchstochen. Die Nadellänge ist etwa 10 ... 20 mm kürzer als die Höhe der Käse, um eine vollständige Durchlöcherung, die an den Ausstichstellen Rindenverletzungen verursachen

Spezielle Käsereimikrobiologie

würde, zu vermeiden. Die Anzahl der Nadeln wird dem Käsetyp angepaßt. Zu viele Nadelstiche und somit Kanäle im Inneren der Käse verursachen ein zu üppiges Schimmelpilzwachstum und das unerwünschte Nachnässen. Damit verbunden ist ein zu intensiver Fett- und Eiweißabbau, der oft mit einem ranzigen oder sogar seifigen Geruch und Geschmack einhergeht [85].

Mit dem Verschließen der Einstichöffnungen wird die anaerobe Reifungsphase eingeleitet. Die gesamte Reifung, unter besonderer Berücksichtigung der Stoffwechselaktivität des *P. roqueforti*, wird durch die Temperatur, das Reifungsklima, den Zeitpunkt des Pikierens, die Anzahl der eingestochenen Kanäle pro cm^2 sowie durch Einleiten der anaeroben Phase (Verschließen der Einstichöffnungen) gesteuert [31].

Während der Reifung durchwächst der Schimmelpilz das Käseinnere. Er wirkt prägend auf die Reifung durch seine Proteinasen und Lipasen. Während der Reifung werden von den einschlägigen Enzymen des Schimmelpilzes 20 ... 30 % der Proteine abgebaut [136]. Die Proteolyse ist von besonderer Bedeutung für die Textur und den Geschmack. Ungenügende Proteolyse führt zu einem harten, trockenen und bröckligen Käse, zu weitgehende ergibt einen zu weichen Käse mit bitterem Nachgeschmack. Auch die Lipolyse ist ausschlaggebend für die Ausbildung des typischen Geschmacks und Aromas. Beim Fettabbau durch *P. roqueforti* lassen sich durch seine intra- und extrazellulären Lipasen 3 Hauptphasen unterscheiden [136]:

- Hydrolyse der Triglyceride zu Monoglyceriden und freien Fettsäuren,
- Oxidation der Fettsäuren zu β-Ketosäuren,
- Decarboxylierung der β-Ketosäuren zu Methylketonen. Der Gehalt an Triglyceriden sinkt dabei von 96 ... 98 % (bezogen auf den Gesamtlipidgehalt) im Anfangsstadium der Reifung auf 75 ... 80 % im reifen Käse.

Da *Penicillium roqueforti* bei über 10 °C eine zu hohe proteolytische und lipolytische Aktivität aufweist (wesentlich höher als *P. camemberti*), wird der Roquefortkäse bei 6 ... 8 °C gereift.

Beide mikrobielle Aktivitäten werden insbesondere durch die begrenzte Luftzufuhr im Inneren als auch durch die niedrige Reifungstemperatur für den Käse optimal gesteuert. Steigt die Temperatur bis zum Verbrauch des Käses über längere Zeit an, stellt sich bald ein unangenehmer ranziger und meist auch bitterer Geschmack ein.

Nicht unerwähnt bleiben soll, daß die Käsereimilch für diese Käsegruppe meist teilstromhomogenisiert oder homogenisiert wird [85]. Dadurch wird die Wirkung der mikrobiellen Lipaseaktivität auf eine größere Oberfläche der kleinen Fettkügelchen verstärkt. Auch das rundet die sensorische Note des Roquefortkäses ab.

Die vorherrschende Mikroflora

Nach der Herstellung herrscht zunächst die eingesetzte Käsereikultur (meist Laktokokken) vor. BOGDANOW und EFIMTSCHENKO [zit. 25] fanden bis zum 5. Tag $5 \cdot 10^9$ KbE/g, nach 10 Tagen 10^9 KbE/g und nach 30 Tagen $25 \cdot 10^7$ KbE Laktokokken/g Käsemasse. Zwischen dem 10. und 30. Tag ließen sich auch mesophile Laktobazillen (*L. casei*) nachweisen.

DEVOYOD und MÜLLER [25] haben zu Beginn der Reifung des Roquefortkäses vor allem an der Oberfläche, aber in gewissem Grade auch im Inneren eine Entwicklung von Hefen und Mikrokokken festgestellt.

An der Oberfläche müssen die Hefen einen Vorlauf vor den Mikrokokken haben, andernfalls wird die Oberfläche zu trocken und neigt zu Fleckenbildung. Die Oberflächenflora des etwa 4 Wochen alten Roquefortkäses besteht aus Hefen, Mikrokokken, Enterokokken, Laktokokken und *Leuconostoc sp.*

Diese Flora verändert sich dann während der weiteren Reifung nur unbedeutend. Die sich an der Oberfläche vor dem Salzen ansiedelnden Hefen sind deutlich kleiner als diejenigen, die sich nach dem Salzen isolieren lassen. Letztere sind haplobiontische heterothallische Hefen und entwickeln sich noch in Gegenwart von 10 % NaCl [23]. Nach dem Pikieren dominieren im Käseinneren Hefen der Gattungen *Kluyveromyces* und *Torulopsis*, während auf der Oberfläche salztolerante Populationen der Gattungen *Pichia, Hansenula, Debaryomyces* und *Rhodotorula* vorkommen. Während *Torulopsis candida* und *Torulopsis sphaerica* die Bildung von Methylketonen beim *P. roqueforti* stimulieren, fördern *Kluyveromyces lactis, Hansenula-* und *Pichia*-Species die Laktokokken [31].

NUNEZ und Mitarbeiter [131] fanden bei Cabrale-Edelschimmelkäse im Bruch *Pichia fermentans, Kluyveromyces unisporus, Trichosporon capitatum* und *Geotrichum candidum*. In der ersten Reifungsphase (5. bis 15. Tag) herrschten im Käseinneren *Pichia membranaefaciens* und an der Oberfläche *Torulopsis candida* vor. Diese Hefen assimilieren keine Lactose, aber sie unterstützen die Reifung durch Abbau der Milchsäure. In der zweiten Reifungsphase (16. bis 120. Tag) dominierten *Pichia membranaefaciens* und *Pichia fermentans* im Inneren und *Debaryomyces hansenii* sowie *Torulopsis candida* an der Oberfläche [131].

Im Käseinneren besteht die obligate Mikroflora zum Zeitpunkt des Verpackens (5 Wochen alt) neben *P. roqueforti* aus Laktokokken und Enterokokken, *Leuconostoc sp.*, Hefen und Mikrokokken. Die Laktokokken gehören während der gesamten Reifung zur dominierenden Flora.

Bedingt durch den gegenüber anderen Käsen höheren NaCl-Gehalt im Roquefort ist der Anteil der Enterokokken mit zunehmendem Alter besonders im Inneren des Käses deutlich höher als bei anderen Käsen. Der Anteil der Enterokokken an der Gesamtflora geht aus Tab. 7.15 hervor.

DEVOYOD [24] isolierte aus einwandfreien Roquefortkäsen vor allem *E. faecalis var. liquefaciens*. DEVOYOD und MÜLLER [25] zeigten, daß *E. faecalis var. liquefaciens* und die Filtrate desselben die Säuerungsaktivität einiger Laktokokken und die

Spezielle Käsereimikrobiologie

Tab. 7.15 Anteil der Enterokokken an der Gesamtflora im Roquefortkäse [24]

Alter des Käses	Käseoberfläche		Käseinneres	
	Gesamtkeime je g ($\times 10^6$)	davon Enterokokken in %	Gesamtkeime je g ($\times 10^6$)	davon Enterokokken in %
24 h nach dem Einlaben	5 700	4,3	5 600	4,6
48 h nach dem Einlaben	3 900	1,9	3 500	2,1
Käse im Kühlraum	8 100	1,3	3 500	1,1
Vor dem Salzen	3 600	2,2	3 400	1,1
Nach dem Salzen	260	13,6	630	8,5
25 Tage nach dem Salzen	7 750	2,4	595	6,5
35 Tage nach dem Salzen	1 350	0,37	800	5,5
70 Tage nach dem Salzen	915	0,65	660	8,5
100 Tage nach dem Salzen	1 100	0,41	320	8,4

Entwicklung sowie die Gasbildung von *Leuconostoc* stimulierten. Darüber hinaus wird dieser *Enterococcus* mit einem lockeren, „längeren" Teig des Roquefortkäses in Verbindung gebracht, der wiederum für eine gewünschte Edelschimmelpilzentwicklung im Inneren Voraussetzung ist.

Eingesetzte Kulturen

Als Säuerungskultur für Roquefortkäse eignet sich eine mesophile DL-Kultur (0,2 ... 2,0 %). Gorgonzola wird mit thermophiler Kultur, die *Streptococcus salivarius* subsp. *thermophilus* enthält und wovon 1–2 % der Käsereimilch zugesetzt werden, hergestellt [85].

Die Edelschimmelpilzkultur von *Penicillium (P.) roqueforti* wird entweder der Kesselmilch zugesetzt, was nach Makarin [122] zu einer gleichmäßigen Verteilung der Schimmelpilzkonidien und zu besserer Aromabildung führt, oder dem Bruch beim Abfüllen beigemischt. Gorgonzola wird mit *P. gorgonzola* produziert [85].

Es sollten Roquefort-Schimmelpilzkulturen mit nicht zu hoher proteolytischer Aktivität eingesetzt werden, sonst kann es zu bräunlicher Verfärbung statt des gewünschten grünlichen Farbtons während der Reifung kommen [41].

7.2.9 Sauermilchkäse

Die Herstellung von Sauermilchkäse unterscheidet sich grundlegend von der Produktion der Labkäse. Sauermilchkäse wird überwiegend aus Sauermilchquark, seltener aus Labquark oder aus einem Gemisch beider hergestellt. Der Sauermilchquark wird entweder nach seiner Herstellung zu Sauermilchkäse weiterverarbeitet oder in Säcken abgepackt (früher in Tonnen) und im Kühlhaus eingelagert. So liegen oft zwischen der Produktion von Sauermilchquark und -käse mehrere Monate.

Sauermilchquark und Reifungsprobe

Der günstigste SH-Bereich (Soxhlet-Henkel-Grade) des Sauermilchquarks für die Herstellung von Sauermilchkäse liegt zwischen 140 und 160, was etwa einem pH-Wert von 4,1 ... 3,8 entspricht [174]. Für die Herstellung von Sauermilchquark werden vorwiegend thermophile Kulturen eingesetzt. Sie enthalten *Streptococcus salivarius subsp. thermophilus* und thermophile Laktobazillen und säuern optimal bei 41 ... 42 °C (Warmsäuerungsverfahren).

Neben dem bevorzugten Warmsäuerungsverfahren besteht noch die Möglichkeit, mesophile Kulturen für das Normalsäuerungsverfahren (bei 25 ... 26 °C) einzusetzen. Zu solchen Kulturen gehören neben den Laktokokken oft noch mesophile Laktobazillen, vorwiegend *L. casei* [184].

Der Sauermilchquark kann in mikrobiologischer Hinsicht mit der orientierenden Reifungsprüfung nach HENNEBERG beurteilt und bewertet werden [201]. Zur Durchführung dieser Untersuchung werden etwa 30 g Sauermilchquark mit einem geeigneten Löffel oder Spatel in eine Reifungsschale so eingedrückt – ohne zu pressen –, daß die Oberfläche eine schiefe Ebene bildet, die größte Schichthöhe am Rande der Schale 20 bis 25 mm beträgt, und 1/3 des Bodens der Schale frei bleibt. Nunmehr ist die Reifungsschale 3 Tage bei 30 °C zu bebrüten. Die Auswertung geht aus Tab. 7.16 hervor. Ist die Probe nach 3 Tagen nicht gereift, so ist sie nochmals 2 Tage zu bebrüten. Danach ist die Auswertung in gleicher Weise vorzunehmen.

Unterschiedliche Ergebnisse können durch ein starkes Anpressen des Quarks in der Reifungsschale begründet sein. Wird der Quark zu fest in die Schale eingepreßt, kann nur unzureichend Sauerstoff ins Innere gelangen, weil die Quarkpartikel fest aneinander haften, und die Oberfläche schnell eine Haut von Hefen und *Geotrichum candidum* bildet. Daher kann ein zu fest eingepreßter Quark zum Abfließen neigen, obwohl er eine gute Reifungsanlage aufweist.

Spezielle Käsereimikrobiologie

Tab. 7.16 Auswertung der Reifungsprobe für Sauermilchquark

Beurteilung	Aussehen	Geruch
Käserei-tauglichkeit	gleichmäßige, geringe bis völlige Reifung; gelblich, ungleichmäßige Reifung, leichte Verfärbung, weißer Belag, Hautbildung, nässend, leicht ablaufend, leicht treibend, leicht rissig	käsig, heftig, leicht gärig, streng, leicht ammoniakalisch
Käserei-untauglichkeit	keine Reifung, verflüssigt, Verfärbung, dunkelfarbig, gereift, abschiebende Haut stark nässend, ablaufend, treibend, blasig, faulige Zersetzung, Fremdschimmel	gärig, ammoniakalisch, faulig, essigsauer, buttersauer, muffig

Sauermilchkäseherstellung

Quark möglichst verschiedener Herkunft wird bis auf Walnußgröße zerkleinert und gemischt. Nun werden 3 ... 4 % NaCl, 0,5 ... 1,5 % Reifungssalze – in Abhängigkeit vom pH-Wert – und meist Gewürze (Kümmel) zugefügt. Die natriumhydrogencarbonathaltigen Reifungssalze neutralisieren die überschüssige Säure des Quarks bis auf einen pH-Wert von 4,8 bis 4,9. Die gut durchmischte Quarkmasse bleibt mehrere Stunden locker aufgeschüttet stehen. Anschließend wird der Quark fein gemahlen und in die gewünschte Form gepreßt [174]. Aus den geformten Käsen können 2 Sauermilchkäsetypen hergestellt werden, Sauermilchkäse mit Schmiere- oder Schimmelpilzbildung [184]:

– Zu Sauermilchkäse mit Schmierebildung („Gelbkäse") gehören Harzer, Mainzer und Olmützer Quargel [147]. Die Käse werden für 2 bis 3 Tage in einen Schwitzraum bei 20 ... 25 °C und 75 ... 95 % relativer Luftfeuchte gebracht. Durch den Schwitzprozeß entwickeln sich die Hefen und entsäuern die Oberfläche. Es bildet sich die sogenannte Speck- oder Kahmhaut. Nach der Schwitzbehandlung wird der Käse für 12 ... 24 h in den Übergangsraum bei 12 ... 15 °C gebracht. Durch anschließende Behandlung mit Salzwasser, dem Schmierebakterienkultur zugesetzt worden ist, werden die Reifungsbakterien auf die Oberfläche gebracht. Für die Streichwasserzubereitung werden etwa 50 ... 100 ml Schmierebakterienkultur mit 1 Liter 5 %iger Kochsalzlösung verdünnt [137]. Dann wird der Käse für 2 bis 3 Tage in den Reifungsraum bei 16 ... 18 °C gebracht und anschließend verpackt.

Spezielle Käsereimikrobiologie

– Bei Sauermilchkäse mit Schimmelpilzbesiedlung (z. B. Handkäse) wird die verdünnte Kultur von *Penicillium (P.) candidum* bzw. *P. camemberti* entweder dem Quark vor dem Mahlen zugesetzt – geschieht selten – oder nach dem Formen auf die Käse gesprüht. Die Konidien keimen auf der Käseoberfläche im Reifungsraum schnell aus und bilden ab 3. bis 5. Tag den gewünschten Schimmelpilzrasen. Der Käse ist nach 6 bis 8 Tagen packfähig.

Nach der kurzen technologisch-mikrobiologischen Vorstellung wird nun auf die Mikrobiologie der beiden Sauermilchkäsetypen etwas näher eingegangen.

Mikroflora auf dem Sauermilchkäse mit Schmierebildung

Die mikrobiologisch determinierte Reifung erfolgt in 2 Etappen. Zuerst geht eine Entsäuerung der Oberfläche durch *Geotrichum candidum* und Hefen vor sich. So fanden PROKS und OLSANSKY [143] auf der Oberfläche von Olmützer Quargel im frühen Reifungsstadium *Torulopsis sphaerica, Torulopsis candida, Candida valida, Candida robusta, Candida krusei, Geotrichum candidum, Oospora casei* und *Trichosporon pullulans*. Die zuletzt genannte Hefe ist unerwünscht, weil sie eine zu starke Hefehaut bildet, wodurch die anderen Mikroorganismen am Wachstum gehindert werden. Als besonders vorteilhaft für die Säurezehrung und eine milde proteolytische Wirkung erwies sich eine Kombination von *Candida krusei, Candida valida* und *Torulopsis candida*. Beide *Candida*-Arten wirken außerdem stimulierend auf das Wachstum von *Brevibacterium (B.) linens*, indem sie Nikotinsäure bilden, die *B. linens* als Wirkstoff nutzt [202].

Sind Milchzuckerhefen im Inneren der Sauermilchkäse zu zahlreich vorhanden, können sie zu Blähungslöchern und Abwertungen führen. Stark proteolytisch aktive Hefen, wie *Oidium moniliaforme* und *Mycoderma moniliaforme*, können die Ursache für das Ablaufen der Käse sein [30].

An die erste Phase der Reifung von außen nach innen, die vor allem durch Hefen zustande kommt, schließt sich die eigentliche Reifungsphase an. In dieser sind an der Oberfläche vorrangig grampositive, kochsalzresistente stäbchenförmige Schmierebakterien wirksam. DREWS [30] isolierte von Sauermilchkäsen *Brevibacterium (B.) linens, B. bruneum, B. erythrogenes, B. helvolum* und *Micrococcus candicans*. PROKS und OLSANSKY [143] fanden im Olmützer Quargel *Micrococcus (M.) flavus, M. candidus, M. varians, Microbacterium flavum, Flavobacterium devorans, Brevibacterium linens* und *Bacterium fulvum*. Als wichtigstes Reifungsbakterium erwies sich *B. linens*. Aerobe Sporenbildner müssen zahlenmäßig in engen Grenzen gehalten werden, sonst führen sie aufgrund ihrer meist starken Proteolyse zu einem bitterlich-fauligen Geschmack der Käse [143].

Im Inneren der Sauermilchkäse finden sich neben den weitgehend abgestorbenen Zellen der Säuerungskultur, womit der Sauermilchquark hergestellt worden ist, Mikrokokken und Rekontaminanten. Die Hefen und *Geotrichum candidum* stammen dabei meist aus der Begleitflora und sind für die Reifung des Sauermilchkäses erwünscht.

Spezielle Käsereimikrobiologie

Mikrobielle Besonderheiten der Sauermilchkäse mit Schimmelpilzbesiedlung

Die geformten Käse werden meist anschließend mit der Verdünnung einer Edelschimmelpilzkultur von *Penicillium (P.) camemberti* bzw. *P. candidum* besprüht. Weniger üblich ist der Kulturzusatz vor dem Mahlen. Bevor die Schimmelpilzkonidien auskeimen und den Schimmelpilzrasen bilden, entwickelt sich die Hefe- und Oidienflora (*Geotrichum candidum*).

Das Wachstum des Schimmelpilzrasens auf der Oberfläche ist vom Feuchtigkeitsgehalt im Trocken- und Reifungsraum abhängig. Eine relative Luftfeuchtigkeit von 75 % im Trocken- und 85 % im Reifungsraum sollte angestrebt werden, um das Hefewachstum auf der Oberfläche in Grenzen zu halten [184]. Zu starkes Hefewachstum hemmt das Wachstum des Edelschimmelpilzes. Der Edelschimmelpilz erscheint am 3. oder 4. Tag nach dem Auftragen auf dem Käse, dem Auge sichtbar, in Form von kleinen Kolonien und bedeckt die Käseoberfläche am 4. bis 5. Tag als geschlossener Schimmelpilzrasen. Nach 8 bis 10 Tagen ist die Schimmelpilzentwicklung abgeschlossen und der Käse mit einem dichten (meist weißen) Rasen überwachsen [184]. Er kann nun verpackt werden.

7.2.10 Speisequark (Frischkäse)

Speisequark ist infolge seines hohen Wasser- und Nährstoffgehaltes sowie seiner Kontaminationsanfälligkeit ein leicht verderbliches Produkt.

Mikrobiell-technologische Aspekte der Herstellung und Haltbarkeit

Speisequark wird fast ausschließlich mit dem Quarkseparator und nur noch selten mit Hilfe des Schöpfverfahrens hergestellt.

Die pasteurisierte Käsereimilch wird mit einer O- oder L-Kultur gesäuert und dickgelegt. Nach LANGE [110] sollte die Gallerte beim Separierverfahren vor dem Separieren einen pH-Wert von 4,5 haben, jedoch nicht unter 4,4 sinken, weil dann die Gefahr des Molkenaustritts vergrößert wird. Dieser niedrige pH-Wert ist anzustreben, damit nach dem Separieren keine weitere Kontraktion der Gallerte durch die Labwirkung erfolgt, wie es oberhalb des isoelektrischen Punktes der Fall ist. Es ist daher zweckmäßig, beim Separierverfahren mit höheren Säuerungstemperaturen (26 bis 29 °C) zu arbeiten, also das „Warmsäuerungsverfahren" anzuwenden. Beim Schöpfverfahren bevorzugt man das „Kaltsäuerungsverfahren" (22 bis 26 °C) und schöpft den Bruch vor Erreichen des isoelektrischen Punktes (etwa bei pH 4,8 ... 4,9), um die dann noch wirksame Kontraktion des Bruches durch Lab zum hier erwünschten Molkenaustritt auf den Quarktischen zu nutzen.

Von TEUBER [193] sind Phagen als Ursache von Säuerungsstörungen in Käsereien und insbesondere bei der Frischkäseproduktion aufgrund der langen Fermentationszeiten in den letzten Jahren wiederholt nachgewiesen worden.

Spezielle Käsereimikrobiologie

In mikrobiologischer Hinsicht sind unter dem Aspekt der Haltbarkeit für Speisequark drei Schwerpunkte wichtig [89]:

- Speisequark sollte möglichst rekontaminationsarm und in der Perspektive weitgehend rekontaminationsfrei hergestellt werden. In allen Stufen seiner Produktion ist die Vermeidung von Kontaminationen das wichtigste Anliegen. Bei der Herstellung von Frischkäsezubereitungen gilt es besonders zu beachten, daß alle Zusätze wie Rahm, Früchte, Gewürze, Kräuter, Zucker regelmäßig und angemessen vorbehandelt und mikrobiologisch untersucht werden, um zu verhindern, daß mit ihnen Kontaminationskeime eingeschleppt werden.

- Speisequark als Frischerzeugnis mit einer lebenden Milchsäurebakterienflora ist von der Herstellung bis zum Verbrauch durchgehend ohne Unterbrechung der Kühlkette bei 4 bis 6 °C zu lagern. Es besteht Anlaß hervorzuheben, daß die Temperatur auch im Handel und Haushaltsbereich beibehalten werden muß.

- Der fast ausschließlich in hermetisch verschlossenen Verbraucherpackungen abgefüllte Quark sollte mit keiner Säuerungskultur hergestellt werden, die unter den gegebenen Lagerbedingungen CO_2 bilden kann. Dadurch könnten leicht Bombagen entstehen, die eine Blähung durch Kontaminanten (Hefen oder coliforme Keime) vortäuschen.

Der Notwendigkeit einer möglichst kontaminationsfreien Herstellung entsprechend, wurde 1989 ein dampfsterilisierbarer Quarkseparator (Typ KDC 30) praxisreif vorgestellt [111a]. Damit ist die Basis dafür geschaffen worden, den gesamten Herstellungsprozeß unter „aseptischen Bedingungen" zu vollziehen. Über diesen Weg wird es möglich, haltbaren Speisequark mit seiner diätetisch wertvollen Milchsäurebakterienflora zu produzieren. Vorausgegangen war das in den siebziger Jahren entwickelte „Westfalia-Thermoquark-Verfahren", das als Alternative zum Verfahren mit dem dampfsterilisierbaren Quarkseparator anzusehen ist, wobei aber neben der vollständigen Inaktivierung der Rekontaminanten auch die produkteigene Laktokokkenflora zahlenmäßig erheblich reduziert wird.

Die Mikroflora des Speisequarks

Im Speisequark sind nur die mit der Säuerungskultur zugesetzten Laktokokken erwünscht, deren Zahl gleich nach der Herstellung im frischen Bruch etwa 10^9/g beträgt. Innerhalb von 8 Tagen sinkt dann ihre Zahl auf etwa 10^8/g ab [31].

Die thermoresistente Restflora des Speisequarks kann aus Bazillen, Clostridien, Enterokokken und Mikrokokken bestehen. Diese Mikroorganismengruppen vermehren sich unter 6 °C in dem sauren Speisequark nicht, so daß sie in den sehr geringen Mengen (zusammen < 1 000 KbE/g) kein Risiko für die Haltbarkeit darstellen. Kontaminationen mit produktfremden Mikroorganismen gilt es möglichst auszuschließen. Besonders haltbarkeitsbegrenzend wirken sich Hefen und *Geotrichum candidum* als säuretolerante Mikroorganismen aus. Hefen und Schimmelpilze sind somit neben coliformen Bakterien die beiden wichtigen Rekontaminationsindikatorgruppen für Speisequark. Die mikrobiologisch determi-

Spezielle Käsereimikrobiologie

nierte Bewertung des Speisequarks nach den DLG-Richtlinien [125a] ist der Tab. 7.17 zu entnehmen. Wenn danach auch noch 5 Punkte vergeben werden, wenn die Zahl der Hefen und Schimmelpilze 200 KbE/g unterschreitet, so sind diese Richtwerte nur für eine begrenzte Haltbarkeit des Frischkäses bis zu etwa 10 Tagen anzusehen.

Tab. 7.17 Mikrobielle DLG-Bewertung von Frischkäse und Frischkäsezubereitungen [125a]

Coliformen-Nachweis			Hefen und Schimmelpilze in 1 g	Punkte
0,1 g	0,01 g	Punkte	bis 200	5
–	–	5	über 200 bis 500	4
+	–	4	über 500 bis 2 500	3
+	+	2	über 2 500 bis 5 000	2
			über 5 000	1

Werden längere Haltbarkeitszeiten erwartet, dürfen zunächst nach der Herstellung in 10 g und 100 g keine Hefen einschließlich *Geotrichum candidum* nachweisbar sein. Bei noch höheren Anforderungen über etwa 20 Tage hinausgehend, wird die Nulltoleranz erforderlich, d. h., in der ganzen Packung dürfen weder Hefen noch *Geotrichum candidum* nachweisbar sein. Das wird jedoch erst in Zukunft durchgehend realisierbar sein. ENGEL [43] untersuchte während eines Jahres Magermilchquark von 7 Molkereien. In 176 von 340 Proben (51,8 %) wurden Hefen nachgewiesen. Die Kontaminationsrate in den einzelnen Molkereien variierte zwischen 23 und 95 %. Als häufigste im Speisequark gefundene Hefen sind neben *Geotrichum candidum, Kluyveromyces marxianus var. marxianus, Candida valida, Candida kefir, Candida lipolytica, Pichia membranaefaciens* und *Candida guilliermondii* zu nennen.

ENGEL [40] bestimmte von 12 als Kontaminanten zu über 90 % im Quark vorherrschenden Hefearten (darunter *Geotrichum candidum*, dessen Zuordnung von einigen Autoren zu den Schimmelpilzen erfolgt) die Generationszeiten bei 2 °C, 4 °C, 6 °C, und 10 °C während der logarithmischen Wachstumsphase im Speisequark (siehe Tab. 7.18). Nur *Trichosporon cutaneum* vermehrte sich bei 6 °C innerhalb von 25 Tagen nicht. Aus der Tab. 7.18 läßt sich ableiten, daß bei der für die Aufbewahrung von Speisequark üblichen Temperaturgrenze von 6 °C bis auf *Trichosporon cutaneum* und *Candida krusei* die anderen geprüften Hefen noch Generationszeiten von überwiegend 14 ... 18 h erreichen. Unter dieser Voraussetzung wären aus einer Hefe nach 12,5 Tagen 10^6 Zellen (KbE)/g entstanden. Obwohl die Hefen unmittelbar nach der Kontamination erst eine Anpassungsphase benötigen und sich nicht sofort zu vermehren beginnen, ist bei 6 °C nach 18 Tagen schon mit einzelnen hefebedingten sensorischen Fehlern im Quark zu rechnen (vergl. Tab. 7.19).

Spezielle Käsereimikrobiologie

Tab. 7.18 Durchschnittliche Generationszeiten von verschiedenen Hefestämmen bei unterschiedlichen Lagertemperaturen in Quark [40]

Hefeart	Durchschnittsgenerationszeiten in h			
	2 °C	4 °C	6 °C	10 °C
Geotrichum candidum	42	26	14	10
Kluyveromyces marxianus var. marxianus	256	70	18	13
Candida valida	x	x	17	8
Candida kefir	99	52	15	13
Candida lipolytica	36	26	14	9
Pichia membranaefaciens	x	42	17	9
Candida famata	35	20	15	9
Trichosporon cutaneum	x	x	x	15
Candida krusei	x	x	> 300	14
Saccharomyces cerevisiae	x	151	26	18
Candida lambica	46	22	15	7
Candida curvata	33	24	14	10

x keine Vermehrung innerhalb 25 Tagen

Tab. 7.19 Grenzbereiche der sensorisch erkennbaren Hefekonzentrationen in Magerquark-Handelsproben für einzelne Hefearten [38]

Hefeart	KbE/g Quark
Geotrichum candidum	$4 \cdot 10^3 \ldots 1 \cdot 10^4$
Candida kefir	$2 \ldots 6 \cdot 10^4$
Kluyveromyces marxianus	$5 \cdot 10^4 \ldots 2 \cdot 10^5$
Candida valida	$2 \cdot 10^5$
Pichia membranaefaciens	$6 \cdot 10^4 \ldots 3 \cdot 10^5$
Saccharomyces cerevisiae	$1 \cdot 10^5 \ldots 2 \cdot 10^6$
Candida famata	$1 \cdot 10^5 \ldots 2 \cdot 10^6$
Candida krusei	$3 \cdot 10^5 \ldots 4 \cdot 10^6$
Candida lipolytica	$4 \cdot 10^5 \ldots 2 \cdot 10^6$
Candida holmii	$3 \cdot 10^6 \ldots 6 \cdot 10^6$

Sollte Speisequark bei über 10 °C gelagert werden, ist ein Verderb einzelner Packungen durch die hitzeresistenten Schimmelpilze *Byssochlamys* (B.) *nivea* und *Monascus* (M.) *ruber* nicht auszuschließen. Diese Schimmelpilze sind in Rohmilch (*B. nivea* bis zu 50 Ascosporen/l und *M. ruber* maximal 5 Ascosporen/l) gefunden worden [42]. In teilweise über der Hälfte der Frischkäsepackungen

Spezielle Käsereimikrobiologie

einzelner Molkereien konnten Ascosporen dieser Schimmelpilzarten nachgewiesen werden. Die Sporen beider Schimmelpilzspecies sind so hitzeresistent, daß sie die üblichen Pasteurisationsverfahren überleben können. Zu ihrer Inaktivierung sind Temperaturen von 90 °C bis 92 °C für etwa 30 sec erforderlich. Werden Speisequarkpackungen zu lange bei Temperaturen über 10 °C gelagert, keimen die Sporen der beiden Schimmelpilze meistens zu gelb bis orange bzw. rot gefärbten Kolonien aus [42].

Haltbarkeitsbegrenzende Richtwerte und haltbarkeitsverlängernde Maßnahmen

Haltbarkeitsbegrenzend für Speisequark sind insbesondere die Hefen einschließlich *Geotrichum candidum*. Durch diese Kontaminanten verursachte sensorische Fehler können „hefig", „gärig" oder „fruchtig" sein. Sie werden vorwiegend von *Geotrichum candidum* und Hefen (*Kluyveromyces marxianus, Candida valida, C. kefir, C. lipolytica, P. membranaefaciens* usw.) verursacht. Die Zellkonzentrationen, ab welchen sensorische Fehler durch Hefen und *G. candidum* im Quark auftreten, liegen in Abhängigkeit von der Species zwischen $2{,}4 \cdot 10^4$ und $4{,}2 \cdot 10^6$ KbE je g [39], siehe Tab. 7.19. Aus der Tab. 7.18 ist zu entnehmen, daß sich zahlreiche Hefen noch bei 4 °C und 6 °C so stark vermehren, daß nach über 2 Wochen in einem bei 6 °C gelagerten Speisequark mit einzelnen hefebedingten Geschmacksfehlern zu rechnen ist, wenn auch nur 1 Hefe in 10 ... 30 g Quark unmittelbar nach der Abpackung vorhanden war.

ENGEL [43] stellt eine einfache Methode vor, die es gestattet, weniger als 1 Hefe in 30 g Quark innerhalb von 48 h nachzuweisen. Der Quark wird in Hefeextrakt-Glucose-Chloramphenicol-Nährlösung bei 26 °C unter Schütteln inkubiert. Nach 40 ... 48 h wird mit einer Impföse ein Ausstrich angefertigt, der nach Fixierung und Färbung mikroskopisch auf das Vorkommen von Hefen untersucht wird. Sind nach 48 h unter den genannten Bedingungen unter 2 Hefen in 40 Gesichtsfeldern (Gesichtsfeldgröße $0{,}16$ mm^2) nachweisbar, liegt die Zahl der KbE $< 0{,}03/g$ geprüften Quark [44].

Als wirkungsvoll zur Unterdrückung des Wachstums von Hefen und Schimmelpilzen in Frischkäse erwies sich eine CO_2-angereicherte Atmosphäre [153]. Bei Quark, der in CO_2-angereicherter Atmosphäre (67,1 % CO_2, 26,3 % N_2 und 6,6 % O_2) gelagert wurde, fehlte das Wachstum aktiver Hefen und Schimmelpilze, und es kam zu keiner Veränderung des pH-Wertes während der Versuchsdauer von 67 Tagen (Lagerung bei 4 °C). Danach wurde die CO_2-Atmosphäre aufgehoben. In den nächsten 28 Tagen begannen dann die Hefen und Schimmelpilze sich schnell in dieser normalen Atmosphäre zu vermehren (siehe Tab. 7.20). In den ohne CO_2-Anreicherung parallel eingelagerten Kontrollproben setzte eine sprunghafte Vermehrung der Hefen und Schimmelpilze nach 14tägiger Lagerung bei 4 °C ein [153]. In den Versuchsproben wurden auch die gramnegativen Bakterien gehemmt. Sensorische Einflüsse durch die CO_2-Einwirkung waren nicht festzustellen. Eine gewisse Haltbarkeitsverbesserung leicht kontaminierten Speisequarks ist auch durch Sorbinsäurezusätze möglich. So konnten Schulz und Thomasow [163] die Haltbarkeit von handelsüblichem Speisequark durch Zusatz von 0,07 % Sorbinsäure bei relativ hohen Lagertemperaturen von 15 ... 20 °C um eine Woche verlängern. Die Haltbarkeit von pasteurisierten Frischkäsezubereitungen ließ sich sogar mit Zusätzen von 0,05 % Sorbinsäure um 3 Wochen verlängern. Die höchstzulässige Menge an Sorbinsäure zur Lebensmittelkonservierung liegt bei 0,1 ... 0,2 %. Für Frischkäse und Schmelzkäse wird ein Zusatz von 0,05 ... 0,07 % Sorbinsäure oder K-Sorbat empfohlen [199].

Tab. 7.20   Einfluß von CO_2 auf die Lagerung von Quark (5 % Fett) bei 4 °C [153]

Lagerdauer (Tage)	Vergleichsprobe			Versuchsprobe		
	pH	Coli	Hefen und Schimmelpilze	pH	Coli	Hefen und Schimmelpilze
0	4,68	2 230	290	4,68	2 230	290
4	4,68	840	150	4,69	1 970	30
9	4,68	160	120	4,69	880	10
14	4,75	0	65 000	4,65	60	60
22	4,82	0	80 000	4,65	10	20
28	4,81	0	1 400 000	4,65	0	20
35	4,96	0	1 800 000	4,65	0	80
42	5,06	0	2 600 000	4,66	0	60
54				4,67	0	70
67				4,67	0	50
81				4,63	0	2 200
95				4,64	0	2 100 000

7.2.11 Schmelzkäse

Schmelzkäse wird aus verschiedenen Käsesorten, vor allem Schnitt- und Hartkäse, durch Erhitzen der Käsemasse und Zugabe von Schmelzsalzen hergestellt [147]. Die Schmelzrohware setzt sich etwa zu 80 bis 90 % aus qualitativ hochwertigem (z. B. Chester) und zu 10 bis 20 % aus qualitätsgemindertem Käse zusammen. In der Schmelzrohware aus letzteren Käsen sind zahlreiche produktfremde Mikroorganismen zu erwarten. Besonders unerwünscht sind die Spätblähungserreger (Clostridien). Daher ist es üblich, die fehlerhaften Käse vor dem Einschmelzen durch Ausschälen und Abwaschen von den sichtbaren Fremdorganismenherden zu befreien.

Spezielle Käsereimikrobiologie

Eine erhebliche Keimzahlreduktion der vegetativen Käsemikroflora wird durch die Hitzeeinwirkung beim Schmelzvorgang (etwa 6 min zwischen 85 und 95 °C, bei Überdruckschmelzaggregaten für 2 ... 4 min auf ca. 110 °C und darüber) erreicht, so daß im Schmelzkäse dann meist $< 5 \cdot 10^2$ lebende, teilweise partiell geschädigte Mikroorganismen je g (mit Schwankungen von 20 bis 10 000 KbE/g) nachweisbar sind. Bei 10 min langer Einwirkung von 100 °C gelingt es nicht, alle Bakterien abzutöten, was in der Schutzwirkung des Caseins auf die Bakterien begründet sein dürfte [66]. Jedoch ist der Schmelzkäse nach Anwendung von Schmelztemperaturen > 115 °C weitgehend frei von Mikroorganismen [74].

Schmelzkäsekonserven werden nach dem Schmelzen bei 108 ... 115 °C für 3,5 min im Autoklaven sterilisiert. Nach Hobrecht [74] sind solche Schmelzkäsekonserven frei von toxinogenen und proteolytischen Clostridien in 1 g, und die Zahl aerober Keime beträgt $< 10^2$/g. Von 1 780 untersuchten Schmelzkäsekonserven waren 97,35 % frei von Mikroorganismen; aus den restlichen 2,65 % sind vorwiegend Clostridien (*C. tyrobutyricum*, *C. sporogenes*), Mikrokokken und Bazillen isoliert worden. Sämtliche 1 780 Proben wurden vor der mikrobiologischen Untersuchung 10 Tage bei 35 °C bebrütet.

Die Mikroflora des herkömmlichen Schmelzkäses besteht aus der Restflora des Rohstoffes, die den Schmelzprozeß überlebt hat, und den nach dem Schmelzprozeß hineingelangten wenigen Rekontaminationskeimen. Im wesentlichen besteht diese Restflora aus Bazillen, Clostridien, Mikrokokken, häufig noch vereinzelten hitzegeschädigten Enterokokken, Milchsäure- sowie Propionsäurebakterien. Während einer 6wöchigen Lagerung bei Zimmertemperatur registrierte Sturm [zit. 74] Erhöhungen der Keimzahlen von 100 KbE/g auf 300 KbE/g. Der Schmelzkäse stellt somit ein beachtlich haltbares Erzeugnis dar.

Ein möglicher Fehler ist die Spätblähung in Schmelzkäsen, die bei Schmelztemperaturen < 105 °C hergestellt worden sind. Als vorbeugende Maßnahmen gegen Spätblähungen sind zu nennen:

- Hohe Schmelztemperaturen (105 °C, 10 min und darüber), um die Clostridienzahlen auf ein Minimum zu begrenzen,

- die maximal zulässige Kochsalzkonzentration (3 %) ist anzustreben,

- den pH-Wert so niedrig wie möglich zu halten (etwa 5,6 ... 5,7),

- als Schmelzsalze Polyphosphate statt Citrate verwenden (Schmelzkäse, der mit Polyphosphaten hergestellt wurde, ist 2- bis 5mal weniger anfällig gegen Spätblähungen als solcher auf der Basis von Citraten),

- Schmelzkäse ist nach der Herstellung schnell unter 10 °C herunterzukühlen.

- Zur Verhinderung der Spätblähung im Schmelzkäse hat sich auch der Zusatz von Nisin bewährt.

7.3 Häufige mikrobiologisch bedingte Käsefehler

Von den zahlreichen bekannten Käsefehlern, die mit mikrobiologischen Vorgängen im Zusammenhang stehen, soll hier nur auf die Früh- und Spätblähung sowie auf den Fremdschimmelbefall eingegangen werden. Eine ausführliche Darstellung von Käsefehlern finden wir bei KAMMERLEHNER [85].

7.3.1 Frühblähung

Die Frühblähung äußert sich in schwammig aufgetriebenem Käse und Nißlerbildung (etwa stecknadelkopfgroße Löcher im Inneren). Beim Abklopfen der Hart- und festen Schnittkäse geben geblähte Laibe einen hohlen Ton. Dieser Fehler tritt vorwiegend unmittelbar nach dem Formen der Käse bis zu 48 Stunden nach der Herstellung auf. Er wird meistens durch coliforme Keime, seltener durch milchzuckervergärende Hefen oder ausnahmsweise durch heteroenzymatische Laktobazillen (z. B. *Lactobacillus fermentum*) hervorgerufen. Von den coliformen Bakterien ist *Enterobacter aerogenes* als Blähungserreger wahrscheinlicher als *Escherichia coli*, weil der erstgenannte etwa dreimal soviel Gas (CO_2 und H_2) bildet wie der zuletzt genannte. Da die Erreger der Frühblähung vorwiegend Lactose vergären, liegt ihre größte Vermehrungsintensität bis zum 3. Tag nach der Herstellung.

Verhinderungsmöglichkeiten der Frühblähung

– Die Erreger der Frühblähung überleben die Kurzzeiterhitzung der Käsereimilch nicht und sind daher Rekontaminationskeime. Ihre Zahl kann durch wirksame Reinigung und Desinfektion aller Leitungen, Tanks, Wannen, Käsefertiger usw., mit denen die Käsereimilch und der Bruch in Berührung kommen, und durch kontaminationsarme Käseherstellung in Grenzen gehalten werden. Das muß auch die wichtigste vorbeugende Maßnahme sein. Ein rekontaminationsfreies Arbeiten ist im Rahmen der gegenwärtigen Käsereitechnologie bisher nur selten möglich. Angestrebt wird, daß die pasteurisierte Kesselmilch für Weichkäse während der Vorstapelung in 10 ml und in der Einlaufwanne in 1 ml colifrei ist sowie bei Produktionsende weniger als 10 KbE Coliforme je g enthält [77].
Diese Richtlinien können auch für Schnitt- und Hartkäse gelten.

– Rohmilch mit zu hohen Coligehalten (etwa über 100 KbE/ml) sollte nicht zu Rohmilchkäse verarbeitet werden. Hilfreich kann hier eine Thermisation sein, wodurch sich die Zahl der gramnegativen Bakterien erheblich senken läßt.

– Eine weitere wirksame Maßnahme gegen Frühblähungserreger besteht darin, für ein Übergewicht der Milchsäurebakterien besonders in den ersten Phasen der Käseherstellung zu sorgen. Durch optimale Säuerung wird das Wachstum coliformer Bakterien gehemmt, indem die Lactose schnell zu Milchsäure verstoffwechselt und dabei der pH-Wert gesenkt wird [76]. Diesbezüglich ist die Vorreifung der Käsereimilch hilfreich und neben einer säuerungsaktiven Käsereikultur von großer Bedeutung.

Der zur Verhinderung einer Spätblähung bei Hart- und festen Schnittkäsen in vielen Ländern übliche Zusatz von Salpeter ($NaNO_3$), bis zu 15 g je 100 l Kesselmilch, kann das Wachstum der coliformen Bakterien nicht hemmen, sondern sogar noch stimulieren [50].

7.3.2 Spätblähung

Die Spätblähung – als Folge der Buttersäuregärung – ist ein gefürchteter Fehler bei den Hart- und festen Schnittkäsen und kann bei Gouda und Edamer bereits nach 10 Tagen und bei Emmentaler bis zu einem Alter von 5 Monaten auftreten [85]. Solche geblähten Käse sind infolge von Geschmacksfehlern sowie der rissigen, unregelmäßigen und triebartigen Lochbildung erheblich wertgemindert und meist nicht mehr konsumfähig (Schmelzrohware).

Lactose
↓ ← Milchsäurebakterien
Lactat ⟶ Buttersäure + Wasserstoff + Kohlendioxid

Unerwünschter Geruch und Geschmack
↓
Sensorische Fehler

Druckerhöhung im Käse
↓
Geblähter Käse
+
Fehlerhafte Lochbildung
+
Fehlerhafter Teig und Spalten
↓
Optische Fehler

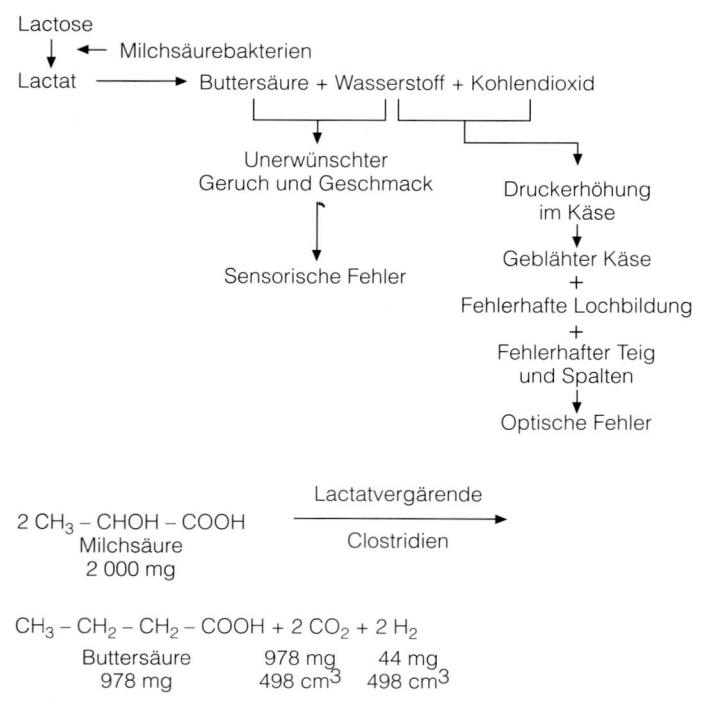

$2\ CH_3 - CHOH - COOH$ ⟶ Lactatvergärende Clostridien
Milchsäure
2 000 mg

$CH_3 - CH_2 - CH_2 - COOH + 2\ CO_2 + 2\ H_2$
Buttersäure   978 mg   44 mg
978 mg   498 cm^3 498 cm^3

Abb. 7.4 Vorgänge und Auswirkungen bei der Buttersäuregärung [19]

Auswirkungen und Ursachen

Der Käsefehler ist gekennzeichnet durch Blähung der Käselaibe während der fortgeschrittenen Reifung, führt zur Geschmacksschädigung der Käse und wird vor allem durch *Clostridium (C.) tyrobutyricum,* aber auch durch *C. butyricum* hervorgerufen. In der Abb. 7.4 sind die Grundzüge der Buttersäuregärung und ihre wertmindernden Auswirkungen auf die Käse dargestellt. Die Clostridien vergären Lactat zu Buttersäure, CO_2 und H_2. *C. tyrobutyricum* kommt häufiger in Winter- und Silagemilch als in Sommermilch vor. Insbesondere ist es in Milch von Kühen, die mit schlechter Silage gefüttert worden sind, zu finden. Bei Heufütterung und in Sommermilch überwiegen *C. butyricum* und *C. sporogenes,* und die Zahl der Clostridien ist geringer als in Silomilch [109].

Eine Orientierung über die Häufigkeit des Vorkommens verschiedener Clostridienspecies in Rohmilch gibt die Tab. 7.21. Die Clostridiensporen finden sich in der Erde, im Gras und im Heu meist zwischen 10^1 und 10^3/g [63]. In einwandfreier Silage sind unter 10^4/g und in Silage schlechter Qualität oft über 10^6 Clostridiensporen/g enthalten. Je höher der Clostridiensporengehalt im Futter der Milchkuh ist, um so höher ist er im Kuhkot und in der Milch. Als annähernde Relation gilt, daß die Zahl der Clostridiensporen in der Rohmilch bei befriedigender Hygiene der Milchgewinnung 2 Zehnerpotenzen und bei sehr guter 3 Zehnerpotenzen niedriger liegt als im verabreichten Futter.

Tab. 7.21 Verteilung verschiedener Clostridienarten in Rohmilch (nach Lehmann et al., 1991); zit [65]

Species	Anteil (%)
Clostridium sporogenes	35
Clostridium perfringens	12
Clostridium butyricum	11
Clostridium tyrobutyricum	8
Clostridium beijerinckii	6
Clostridium tetanomorphum	7
Clostridium pasteurianum	4
Clostridium tertium	4
Clostridium nobyi	2
Nicht einzuordnen	11

Eine Spätblähung in den einschlägigen Käsen ist bereits ab 2 Sporen in 10 ml Käsereimilch möglich. Die Angaben für das beginnende Risiko schwanken zwischen 0,01 und 0,2 Clostridiensporen pro ml Milch (10 ... 250 Sporen je Liter) [63]. Bei 10 Sporen pro ml Käsereimilch ist mit einer stürmischen Buttersäuregärung in den einschlägigen Käsen zu rechnen, wobei bis 10^9 KbE von *C. tyrobutyricum*/g Käse nachgewiesen werden können.

Häufige mikrobiologisch bedingte Käsefehler

Die mindestens für eine einsetzende Spätblähung notwendige Zahl an Clostridiensporen/ml Käsereimilch hängt entscheidend von den Wachstumsbedingungen der lactatvergärenden Clostridien im Käse ab. Dazu gehören u. a. der pH-Wert, das Redoxpotential, die Reifungstemperatur sowie der Kochsalz- und Wirkstoffgehalt des Käses [105].

Möglichkeiten der Verhinderung einer Spätblähung

Maßnahmen zur prophylaktischen Verhinderung einer Spätblähung können sein:
- Im Bereich der Milchgewinnung ist durch das Fütterungs- und Hygieneregime der Clostridiengehalt der gewonnenen Rohmilch so gering wie möglich zu halten. Zur Gewinnung clostridienarmer Rohmilch gehört zunächst die Verabreichung sporenarmen Futters, wobei besonders auf einwandfreie Silage zu achten ist. In der Schweiz wird ganz auf Silagefütterung an Kühe verzichtet, aus deren Milch Emmentaler hergestellt werden soll. Wichtig sind außerdem stets – unabhängig davon, ob keine oder gute Silage verfüttert wird – sehr hohe Anforderungen an die Melkhygiene, um eine Sporenkontamination der ermolkenen Milch auf ein Minimum (möglichst unter 2 Clostridien/10 ml) zu reduzieren.
- Durch Baktofugierung läßt sich der Clostridiengehalt in der Milch um 1 ... 2 Zehnerpotenzen senken (siehe 7.1.2.4). Ähnliche Werte für die Sporenreduktion werden für das Mikrofiltrationsverfahren (Bactocatch), das ein neues interessantes Verfahren darstellt, angegeben [63]. Nach der Baktofugierung kann die sonst erforderliche Nitratmenge von 15 g auf 2,5 ... 5 g/100 Liter Käsereimilch für Schnitt- und Hartkäse reduziert werden [113].
- Das Mittel der Wahl zur Verhinderung von Spätblähungen ist noch immer der Salpeterzusatz (vorzugsweise $NaNO_3$, KNO_3 kann die Bitterstoffbildung im Käse begünstigen) [85]. Seine Wirkung beruht auf dem Nitrit. Die Reduktion des Nitrats zu Nitrit erfolgt durch das relativ hitzeresistente originäre Milchenzym Xanthin-Oxydase oder durch nitratreduzierende Mikroorganismen bei einem pH-Wert über 5,2 [63]. Die toxische Substanz Nitrit verhindert die Auskeimung der einschlägigen Clostridiensporen im Käse. Die Wirkung besteht darin, daß undissoziiertes Nitrit in die Zellen diffundiert und die Enzymsysteme der Sporen (Dehydrogenase) blockiert. Je niedriger der pH-Wert ist, um so stärker ist der hemmende Effekt. Der Nitratgehalt nimmt während der Käsereifung ab, und zwar in den ersten 4 ... 5 Wochen stärker als nachfolgend. Im Käse aus keimarmer Milch ist der Nitratabbau geringer als in solchen aus keimreicher [209]. Er nimmt mit der Anzahl der coliformen Bakterien in Milch und Käse zu. In Käsesorten mit Schmiereflora erfolgt er stärker als in foliengereiften und frühparaffinierten Käsen. Selbst bei einer Dosierung von 10 g Salpeter/100 Liter Käsereimilch sinkt der Nitratgehalt im konsumreifen Käse nicht immer unter 5 mg/kg, was in einigen Ländern angestrebt wird [85]. Der Nitritgehalt schwankt im eine Woche alten Käse zwischen 0,5 und 1,7 mg/kg

Häufige mikrobiologisch bedingte Käsefehler

und liegt beim konsumreifen Käse stets unter 1,0 mg/kg. Da das Nitrat während der fortschreitenden Reifung abnimmt, ist auch mit einer sinkenden Hemmwirkung der analog sinkenden Nitritmenge zu rechnen. Ein gewisser Ausgleich kann durch ansteigenden NaCl-Gehalt im Käse geschaffen werden, so daß auch in späteren Reifungsphasen die Sporen nicht mehr auskeimen können [18]. Obwohl Nitrat ein bewährtes, billiges und einfach anzuwendendes Mittel gegen Spätblähung ist, sind gegen seine Anwendung gesundheitliche Bedenken erhoben worden. Im sauren Milieu kann Nitrit mit sekundären Aminen zu den als krebserregend bekannten Nitrosaminen und anderen N-Nitrosoverbindungen reagieren [81, 112, 118]. Es gilt jedoch als sicher, daß durch die gelegentlich zum Zeitpunkt der Konsumreife nachweisbaren geringen Mengen keine gesundheitliche Gefährdung besteht, wenn die gesetzlich festgelegte Höchstmenge an Nitrat nicht überschritten wird [209]. In den FAO- und WHO-Richtlinien (Codex Alimentarius) ist eine Zusatzmenge von maximal 15 g Nitrat/100 Liter Käsereimilch bzw. ein maximaler Gehalt von 50 mg/kg Käse festgelegt [63]. In der Schweiz, Frankreich, Italien und Griechenland ist der Nitratzusatz zur Käsereimilch verboten. In Belgien, Dänemark, Irland, Spanien, England, den Niederlanden und in der BRD ist seine Anwendung für die Herstellung einschlägiger Käse erlaubt [56]. In Schweden und den USA ist der Nitrateinsatz nicht möglich [63].

Da etwa 80 % des Nitrats in die Molke übergehen, kann es hier zu Verwertungsproblemen kommen [63].

- In neuerer Zeit gewinnt die Verhinderung der Spätblähung in Hartkäsen und festen Schnittkäsen durch Lysozym an Bedeutung.

Lysozym – auch Muramidase genannt – lysiert die glykosidische Bindung des Mureins der Zellwand und wirkt vorwiegend auf grampositive Bakterien. Vom Lysozym werden vegetative Zellen der Clostridien abgetötet und das Auskeimen der Sporen verhindert. Es erreicht seine größte Wirksamkeit im pH-Bereich von 5,0 ... 6,5.

Die Zusatzmengen sind der Sporenbelastung der Käsereimilch anzupassen und liegen meist zwischen 100 und 500 Einheiten/ml (5 bis 25 mg/kg). 500 Einheiten Lysozym/ml Käsereimilch (25 mg reines Lysozym) sind ausreichend, um nicht zu hohe Zahlen an Clostridien zu hemmen, ohne die Starterkulturen zu beeinflussen [126]. Bei extrem hohem Sporengehalt der Käsereimilch ist die Lysozymmenge auf maximal 35 mg/kg zu erhöhen.

Ein Zusatz über 1 000 Einheiten kann jedoch die Milchsäurebakterien der Starterkulturen hemmen und sollte vermieden werden [192]. 1 000 Einheiten Lysozym/ml Milch erwiesen sich besser geeignet, eine Spätblähung zu verhindern als 15 g $NaNO_3$/100 Liter Milch. Etwa 90 % des Lysozyms verbleiben im Käse und 10 % gehen in die Molke über.

In der Käserei wird meist Lysozym eingesetzt, das aus Hühnereiern gewonnen wird. 1 kg Hühnereiklar enthält 3 ... 5 g Lysozym [126]. Lysozym aus Hühnereiern ist in Käse stabil. Bisher ließen sich keine lysozymresistenten Sporen von

Häufige mikrobiologisch bedingte Käsefehler

Clostridium tyrobutyricum nachweisen [126]. Lysozym erwies sich als Alternative zum Nitrat. Jedoch sind die Handelspräparate recht teuer, wodurch die Produktionskosten erheblich belastet werden können.

- Nisinbildende Kulturen und Handelspräparate auf Nisinbasis haben sich in den letzten Jahrzehnten in der Käserei zur Verhinderung der Spätblähung nicht durchsetzen können. Bei ihrem Einsatz ist die gleichzeitige Notwendigkeit nisinresistenter Kulturen zu beachten, weil Nisin auch die grampositiven Starterkulturen hemmen kann. Ausnahmsweise positiv wird Nisin als wirkungsvolles Mittel zur Verhinderung der Spätblähung in Schnittkäsen von LIPINSKA und Mitarb. [117] bewertet. Uneingeschränkt wirksam und zu empfehlen ist der Einsatz von Nisin zur Verhinderung von Spätblähung im Schmelzkäse, der weitgehend frei von vegetativen vermehrungsfähigen Mikroorganismen ist.

- Als flankierende Maßnahmen zur prophylaktischen Verhinderung der Spätblähung wären noch eine optimale Säureführung und ein maximal vertretbarer NaCl-Gehalt zu nennen. Der Salzgehalt in der wäßrigen Phase des Käses dürfte nicht unter 3,5 % liegen, um eine clostridienhemmende Wirkung zu gewährleisten [101]. Zu erwähnen ist in diesem Zusammenhang der Trend, den Kochsalzgehalt aus ernährungsphysiologischen Gründen zu senken [5].

- Hemmend auf das Clostridienwachstum wirkt sich schließlich eine möglichst niedrige Reifungstemperatur aus. Das Temperaturminimum liegt hier bei etwa 16 °C [105]. Ob jedoch eine so niedrige Reifungstemperatur die Qualität des jeweiligen Käses noch gewährleistet, ist im Einzelfall zu entscheiden.

7.3.3 Fremdschimmelpilzbefall

Hierbei handelt es sich um die Ansiedelung von unerwünschten Schimmelpilzen der Gattungen *Penicillium, Mucor, Aspergillus, Cladosporium* u. a. auf den Oberflächen der Käse.

Qualitätsminderung und Mykotoxinrisiko durch Fremdschimmelpilze

Fremdschimmelpilzbefall ist auf Lebensmitteln und somit auch auf Käsen unter zwei Aspekten zu werten:

- Damit verbunden ist zunächst eine Qualitätsminderung durch verändertes Aussehen, Geruch und Geschmack.
- Zahlreiche Schimmelpilze können Mykotoxine bilden, die eine gesundheitliche Belastung oder gar eine Gefahr für den Verbraucher darstellen.

Im Zusammenhang mit der Qualitätsminderung sind Abwertungen durch sichtbare Veränderungen (Schimmelpilzrasen mit anderer Farbe als der produkteigene Edelschimmel, oft auch anderer Geruch und Geschmack, z. B. bei Camembert) oder Schimmelpilzwachstum auf der Oberfläche von Schnitt- oder Hartkäsen, was hier sortenuntypisch ist, zu nennen. Wird Hart- oder Schnittkäse von Schimmelpilzen befallen, erfordert es einen hohen Aufwand, um die Oberfläche durch Waschen oder sonstige Maßnahmen von dem Fremdschimmelpilzrasen zu befreien, womit auch ein gewisser Verlust an Käsemasse verbunden ist.

Mykotoxine können auf zweierlei Weise in den Käse gelangen. Zunächst ist das über den Weg des mit unerwünschten Schimmelpilzen befallenen Käses möglich. Während der Reifung und Lagerung können z. B. *Aspergillus flavus* und *Aspergillus parasiticus* die Aflatoxine B_1, B_2, G_1, und G_2 auf der Oberfläche bilden. Ein Gramm Pilzmycel kann bis zu 100 µg Aflatoxin B_1 enthalten [146], während nur 1... 2 µg Aflatoxin B_1/kg Lebensmittel den zulässigen Grenzwert darstellt [199]. Außer den beiden genannten *Aspergillus*-Species sind noch zahlreiche andere Schimmelpilze, die sich als unerwünschte Kontaminanten auf dem Käse ansiedeln können, als Mykotoxinbildner bekannt. Auch können Mykotoxine von der Oberfläche in den Käse hineindiffundieren, so daß ein oberflächliches Entfernen des Schimmelpilzrasens (z. B. durch Waschen und Bürsten der Schnittkäse) die mögliche gesundheitsschädigende Wirkung des Mykotoxins nicht ausschließt.

Der Nachweis von „Oberflächen-Aflatoxinen" ist schwierig, da der Schimmelpilzbefall meist lokal begrenzt ist, so daß nur an einigen Stellen eine mehr oder weniger große Aflatoxinmenge auftritt, die allmählich in tiefere Schichten (2 ... 4 cm) diffundiert [158].

Die zweite mögliche Ursache für mykotoxinhaltigen Käse ist mykotoxinhaltige Milch, woraus dieser Käse produziert worden ist. Wird der Milchkuh Aflatoxin B_1-haltiges Futter verabreicht, werden in der Milch davon etwa 2 % Aflatoxin M_1 wiedergefunden. Etwa 98 % des Mykotoxins „filtriert" der Stoffwechsel der Kuh heraus [72a].

Das in der Milch vorhandene Aflatoxin M wird im Käse um das 3,2- bis 3,7fache angereichert. In Modellversuchen ließen sich bei einem Bruch-Molke-Verhältnis von 20:80 im Bruch das 2,6fache und in der Molke rund 60 % des Aflatoxins der Ausgangsmilch feststellen [98].

Am Ende der Winterfütterung waren in der Bundesrepublik Deutschland von 197 untersuchten Käsen aller Sorten 69 % aflatoxinpositiv [98]. Der höchste gefundene Wert betrug 0,23 µg Aflatoxin M_1/kg, der geringste Wert 0,02 µg/kg und der Mittelwert 0,09 µg/kg. Diese nachgewiesenen Mengen lagen ausschließlich unter dem festgelegten Höchstwert für Aflatoxin M_1, der nunmehr für Käse 250 ng (0,25 µg) Aflatoxin M_1/kg beträgt [199].

Kontaminationsquellen und Prophylaxe von Fremdschimmelbefall ohne Konservierungsmittel

Erste Voraussetzung für Fremdschimmelpilzbefall ist die Anwesenheit einer ausreichenden Schimmelpilzsporenzahl in der Luft, welche die Käse umgibt oder auf Kontaktflächen, mit denen sie in Berührung kommen. Die Kontaminationsquellen und Ursachen für die Entstehung eines Fremdschimmelpilzherdes können mannig-

Häufige mikrobiologisch bedingte Käsefehler

faltig sein. Sie möglichst in den ersten Anfängen zu erkennen und sie dann auszuschalten, ist das Anliegen der Fremdschimmelpilzprophylaxe.

In Schachtaufzügen ohne Luftschleuse entstehen oft Luftwirbel und Luftströmungen, die zu starker Abkühlung frisch geformter Käse führen können. In solch bewegter Luft befinden sich häufig Fremdschimmelsporen, die sich auf den Käsen ablagern und auskeimen können [85]. Beim Transport der Käse sind daher Luftaufwirbelungen weitgehend zu vermeiden. Die Luftfilter und -schächte in den Produktions- und Reifungsräumen sind durch regelmäßige Wartung (Reinigung, Desinfektion usw.) funktionstüchtig zu halten. Auch an den Wänden und Decken der Produktions- und Reifungsräume können Schimmelpilzherde – zunächst unterschwellig – entstehen. Derartigen Kontaminationsquellen gilt es mit fungizidhaltigen Anstrichen prophylaktisch entgegenzuwirken. Verpackungsreifer Käse kann auf der Oberfläche äußerlich makroskopisch unsichtbare Fremdschimmelpilzherde enthalten. Daher ist der Kontakt zwischen solchen bereits gereiften und frisch gesalzenen Käsen zu vermeiden.

Bei Weichkäsen sind die Horden häufig Überträger der Fremdschimmelpilze auf die Käse. Aus diesem Grunde ist eine wirksame Hordendesinfektion unerläßlich. Stahlhorden lassen sich zweckmäßigerweise in einer Dampfschleuse, mit PVC bespannte Holzhorden durch Tauchen in eine etwa 0,4 %ige Peressigsäurelösung von Fremdschimmelpilzsporen befreien. Peressigsäure ist ein hochwirksames Desinfektionsmittel gegen Bakterien und Schimmelpilze einschließlich Sporen und Viren. Sie ist mit Wasser in jedem Verhältnis leicht mischbar (Vorsicht, Schutzbrille und -kleidung!). Eine 1- bis 2 %ige Peressigsäuregebrauchslösung ist auch zur Luftdesinfektion, die nach einer massiven Schimmelpilzkontamination in der Käserei zu empfehlen ist, hervorragend geeignet [214].

Die zur Luftdesinfektion notwendige Aerosolerzeugung (Versprühen mittels Sprühzerstäuber) erfordert das Tragen von Atemschutzmasken mit Filter für saure Gase, Arbeitsschutzbekleidung und Kopfbedeckung.

Auch die Salzbäder können Fremdschimmelpilze übertragen und Fremdschimmelpilzbefall mitverursachen. Sie sind diesbezüglich unter Kontrolle zu halten.

In der Camembert- und ihr verwandten Käserei ist ein angemessener Abstand zwischen Produktions- und Reifungsräumen einerseits und Packraum andererseits wichtig. Während des Verpackens kommt es meistens zu einer stärkeren Anreicherung der Luft mit Fremdschimmelpilzsporen, weil auch auf makroskopisch einwandfreien Käsen ganz vereinzelt Fremdschimmelpilze zu finden sind, deren Sporen durch das Verpacken in die Luft gelangen. Befinden sich in unmittelbarer Nähe des Packraumes die Produktions- oder Reifungsräume, ist solch ein Betrieb besonders anfällig gegenüber Fremdschimmelpilzkontaminationen, wenn nicht durch hohen technischen Aufwand eine Übertragung der Sporen auf dem Luftweg ausgeschlossen wird.

Auch bei foliengereiften Käsen kann es bis zum Verpacken und beim Verpackungsvorgang zu Kontaminationen der Oberfläche mit Fremdschimmelpilzsporen kommen. Die Schimmelpilze können sich in der Folie nur entwickeln, wenn die Sauerstoff-

Häufige mikrobiologisch bedingte Käsefehler

spannung, die relative Luftfeuchte und die Temperatur dafür Voraussetzungen bieten und keine Konservierungsmittel zur Verhinderung des Schimmelpilzwachstums eingesetzt werden. Eine sauerstoffundurchlässige Folie in Verbindung mit der Vakuumverpackung reduziert den Sauerstoffgehalt so weit, daß er für Schimmelpilzwachstum nicht mehr ausreicht.

Die Abhängigkeit des Wachstums von *Penicillium sp.* vom Sauerstoff- und Kohlendioxidgehalt wird in Tab. 7.22 dargestellt. Nach dem Ergebnis ist kein Wachstum dieses *Penicillium* nach 14 Tagen bei 25 °C zu verzeichnen, wenn der Sauerstoffgehalt auf 6 % reduziert und der CO_2 Gehalt auf 50 % erhöht worden ist.

Tab. 7.22 Die Wirkung von Sauerstoff und Kohlendioxid auf das Wachstum von *Penicillium* [176]

Sauerstoffgehalt in %	Masse von Schimmelpilzmycel (in mg) nach 14 Tagen bei 25 °C		
	0 % CO_2	12,5 % CO_2	50 % CO_2
6	18,9	2,3	0
20	32,6	18,1	15,0

In der Folie, die für die Reifung einschlägiger Käse verwendet wird, werden über 90 % relative Luftfeuchte erreicht, wobei Schimmelpilze bei ausreichendem Sauerstoffgehalt ideal gedeihen.

Auch die Reifungstemperatur der einschlägigen Schnittkäse bei etwa 14 ... 16 °C läßt ein üppiges Schimmelpilzwachstum zu. Um der Fremdschimmelbildung ohne Konservierungsmittel vorzubeugen, empfiehlt es sich nach unseren Erfahrungen, den Käse vor dem Verpacken in Folie einige Sekunden in eine kochende, fast gesättigte NaCl-Lösung zu tauchen, um die Käseoberfläche weitgehend zu entkeimen.

Eine sehr geringe Zahl an Fremdschimmelsporen in der Umgebung der Käse läßt sich kaum vermeiden. Bei optimaler Entwicklung des produkteigenen Edelschimmelpilzes auf der Oberfläche der einschlägigen Weichkäse (z. B. Camembert), hat Fremdschimmel im allgemeinen keine Entwicklungsmöglichkeit. Eine solche wird jedoch geschaffen, wenn die optimalen Bedingungen für den Edelschimmelpilz während der Käseherstellung und -reifung nicht mehr gegeben sind.

Wesentliche Voraussetzungen für optimales Edelschimmelpilzwachstum sind eine ausreichende Konidiendichte, richtige Temperaturführung, schnelles Anwachsen des Schimmelpilzes und Bildung eines geschlossenen hohen Rasens am 4. Tag. Einen besonderen Stellenwert hat dabei auch das Abtrocknen des Käses. Ein ungenügendes Abtrocknen der Käse im Trockenraum führt zu einer zu starken Entwicklung der Hefen und von *Geotrichum candidum*. Die durch die genannten Organismen überproportionale Ausbreitung auf dem Biotop Käse behindert das

Häufige mikrobiologisch bedingte Käsefehler

anschließende Wachstum des Edelschimmelpilzes und begünstigt Fremdschimmelpilzkontamination [31]. Es hat sich gezeigt, daß Camembert zuerst während 1 ... 2 Tagen bei 16 ... 18 °C, 75 ... 80 % relativer Feuchtigkeit, 0,2 m/sec Luftgeschwindigkeit getrocknet und anschließend bei 13 ... 14 °C, 90 ... 95 % rel. Feuchtigkeit, 0,01 m/sec Luftgeschwindigkeit gereift werden sollte, um Käse von guter Qualität zu erhalten [204].

Fremdschimmelpilzkontaminationen beginnen mit dem Befall vereinzelter Käse, was sich zunächst nur bei sorgfältiger Betrachtung erkennen läßt. Damit verbunden ist meist die schrittweise, selten sprunghafte Erhöhung des Konidiengehaltes der Luft, was dann mehr oder weniger schnell zu einem massiven Befall einzelner Regionen und kurz darauf des gesamten Käses im Reifungsraum führen kann.

Die wichtigste allgemeine vorbeugende Maßnahme gegen Fremdschimmelpilzkontamination oder -befall besteht in einer vorbildlichen Betriebshygiene, die verhindern muß, daß sich in der Umgebung der lagernden Käse bedeutende Mengen von Fremdschimmelpilzsporen ansiedeln oder verbreiten. Eine sinnvolle und gezielte Anwendung der Desinfektionsmittel steht damit im Zusammenhang.

Das in den Hart- und Schnittkäsereien weit verbreitete Abwaschen der Käseoberflächen mit Kochsalzlösungen wirkt sich stabilisierend auf die Rinde aus und hemmt das Auskeimen von Schimmelpilzsporen auf der Oberfläche in gewissem Grade. Alle Schnittkäse, die vor der Reifung in Folie verpackt werden oder eine Wachsumhüllung erhalten, müssen vorher gründlich abtrocknen, um einer Schimmelpilzentwicklung vorzubeugen.

Vorbeugende Verhinderung von Fremdschimmelpilzbefall mit Konservierungsmitteln

Für eine solche Behandlung scheiden Käse mit produkteigener Edelschimmelpilzflora (z. B. Camembert) aus.

Als bewährte Hemmstoffkomponenten gegen Fremdschimmelpilzbefall, insbesondere bei Hart- und festen Schnittkäsen, haben sich Sorbinsäure sowie Ca- und K-Sorbat erwiesen [121]. Ihre antimikrobielle Wirkung ist vor allem gegen Hefen und Schimmelpilze gerichtet. Eine geringe hemmende Wirkung ist jedoch auch gegenüber Bakterien vorhanden. Während K-Sorbat besonders gut in Wasser löslich ist (50 %ige Lösungen), zeichnet sich Ca-Sorbat durch eine länger anhaltende Wirkung aus. Sorbinsäure und ihre Salze sind weltweit zur Konservierung von Lebensmitteln zugelassen. Die höchstzulässige Menge liegt meist zwischen 0,1 und 0,2 % [199].

Folgende Anwendungsmöglichkeiten sind gegeben [121]:
- Oberflächenbehandlung mit wäßriger Kaliumsorbatlösung. Hierbei taucht man den Käse in eine 10- bis 30 %ige wäßrige Lösung von Kaliumsorbat oder besprüht ihn mit einer solchen Lösung. Die Behandlung sollte kurz nach dem Verlassen des Salzbades vorgenommen werden, solange die Käse noch feucht

Häufige mikrobiologisch bedingte Käsefehler

sind. Nach vorliegenden Erfahrungen reicht bei Kaliumsorbat ein Behandlungsintervall von 1 bis 5 Wochen aus, je nach Käseart und Fremdschimmelpilzanfälligkeit.

- Kaliumsorbatzusatz zum Salzbad. Vorzugsweise werden den Salzbädern von Hartkäsen täglich 0,5 ... 2 % Kaliumsorbat zugesetzt, wobei die Sorbinsäure mit dem Kochsalz in den Käse diffundiert. Dieses Verfahren hat sich vor allem bei solchen Käsen bewährt, die später zerschnitten oder portionsweise als Stücke oder Scheibletten dem Verbraucher angeboten werden.
- Oberflächenbehandlung mit Kaliumsorbatsuspension. Damit wird ein dauerhafter Schimmelpilzschutzbelag an der Oberfläche erreicht bei Käsen, die eine Nachbehandlung nicht zulassen. Die Tauchmasse (weißer Belag) wird von den konsumreifen Käsen abgewaschen.
- Einarbeitung in den Käse. Schmelzkäsen kann Sorbinsäure zusammen mit den Schmelzsalzen zugesetzt werden. Desgleichen erreicht man bei Speisequark durch Zusätze von 0,05 ... 0,07 % Sorbinsäure eine Haltbarkeitsverlängerung, indem die Hefen und *Geotrichum candidum* als wichtigste Verderbnisorganismen in der Vermehrung gehemmt werden [199].
- Zusatz von Sorbinsäure zum Öl zur Oberflächenbehandlung von Schnittkäsen. Dem Öl können 0,01 % Sorbinsäure zugesetzt werden, ehe es auf die Käse aufgetragen wird [85].
- Fungistatische Verpackungsmaterialien. Mit etwa 2 ... 4 g Sorbinsäure/m^2 Verpackungsfolie wird eine Schutzwirkung gegen Schimmelpilzbildung unter der Folie erreicht.

Als besonders wirksam gegen Fremdschimmelpilzbildung auf Käsen hat sich Natamycin (auch Pimaricin oder Delvocid genannt) erwiesen. Es ist ein Fungizid, dessen Wirkstoff Natamycin u. a. aus *Streptomyces natalensis* gewonnen wird. Delvocid ist in sehr geringen Mengen gegen Schimmelpilze und Hefen wirksam, jedoch nicht gegenüber Bakterien, so daß die natürlichen bakteriellen Reifungsvorgänge im Käse nicht beeinflußt werden.

Zur Verhütung von Schimmelpilzbildung auf Käsen hat sich Delvocid-Instant bewährt. Das farblose Mittel dringt nach einer Oberflächenbehandlung nicht in das Innere ein. Es läßt sich durch Eintauchen oder Besprühen des Käses mit einer Konzentration von 0,05 ... 0,25 % in der Lösung anwenden. Ohne toxikologische Bedenken ist eine Oberflächenbehandlung von Käsen mit geschlossener Rinde mit maximal 2 mg Natamycin/dm^2 in vielen Ländern zugelassen [85]. Da der Wirkstoff des Präparates die Hefezellen, Schimmelpilzmycelien und -sporen abtötet und sich langsam durch Hydrolyse zersetzt, ist die einmalige Behandlung nur bei Folienreifung ausreichend. Naturgereifte Käse sind wiederholt, etwa in Abständen von 3 Wochen, zu behandeln.

Die Eindringtiefe von Natamycin ist von der Ausgangskonzentration dieser Substanz an der Käseoberfläche, von der Käsesorte, Lagerdauer und Diffusions- bzw. Abbaugeschwindigkeit abhängig. Die größten Eindringtiefen von 4 mm wurden an

Oberseiten von den Käsen gefunden, die unüblich lange (30 s) getaucht und danach 14 bis 28 Tage gelagert wurden. Nach üblichen Tauchzeiten (3 s) in Tauchlösungen mit empfohlener Natamycinkonzentration war Natamycin bei allen Käsen nur in der obersten 2 mm dicken Schicht nach 28tägiger Lagerung nachzuweisen [35].

Neuerdings stößt die Anwendung von Natamycin in der Lebensmittelkonservierung prinzipiell auf Skepsis, weil es auch als Antibiotikum in der Medizin eingesetzt wird.

7.4 Mikrobielles Lab

Da das verfügbare Kälberlab für die ständig steigende Käseproduktion in der Welt nicht mehr ausreichte, wurden Anfang der sechziger Jahre Wege gefunden und Verfahren entwickelt, um den zusätzlichen Bedarf durch mikrobielles Lab zu decken.

Mikrobielles Lab der ersten Generation

Zur Produktion mikrobieller Labaustauschstoffe erwiesen sich ausgewählte Schimmelpilze wesentlich besser geeignet als Bakterien (z. B. *Bacillus subtilis*), weil die bakteriellen Präparate eine wesentlich höhere unspezifische proteolytische Wirkung zeigten als Schimmelpilzpräparate. Auf dem Weltmarkt haben sich seit Ende der sechziger Jahre vor allem 3 von Schimmelpilzen produzierte Labaustauschstoffe durchgesetzt [85]:

– Von *Mucor miehei* wird das mikrobielle Lab der Handelspräparate Rennilase, Marzyme oder Fromase gebildet. Diese Labaustauschstoffe sind hinsichtlich Temperatur- und pH-Wert-Abhängigkeit Kälberlab vergleichbar, jedoch reagieren sie auf Calcium-Ionen-Konzentration empfindlicher. Aufgrund der geringfügig höheren unspezifischen proteolytischen Wirkung von *Mucor miehei*-Lab gegenüber Kälberlab ist die Käsereifung ein wenig beschleunigt.

– *Mucor pusillus Lindt* wird zur Produktion von Noury-Lab und *Mucor pusillus*-Lab eingesetzt. Diese Präparate reagieren auf pH-Wert-Erniedrigung, Calciumsalze und Temperaturerhöhung empfindlicher als Kälberlab. Die unspezifische Proteolyse ist ein wenig stärker ausgeprägt als beim *Mucor miehei*-Lab und somit die Käsereifung etwas beschleunigt.

– Für die Produktion von Suparen bzw. Sure Curd wird *Endothia parasitica* eingesetzt. Bei Verwendung dieses Labaustauschstoffes kommt es zu einer relativ schnellen Verfestigung der Milchgallerte und des Käsebruchs, was durch etwas früheres Schneiden ausgeglichen wird. Die unspezifische proteolytische Aktivität ist mit der von *Mucor pusillus*-Lab vergleichbar.

Die mikrobiellen Labaustauschstoffe der ersten Generation unterscheiden sich vom Kälberlab in ihrer Aminosäurensequenz und ihrer Spezifität. Dadurch ergeben sich Unterschiede im Prozeßablauf bei der Käseherstellung und bei der

Mikrobielles Lab

Käsereifung. Insbesondere ist die Spezifität bei der Spaltung der Peptidbindung Phe_{105} – Met_{106} im Kappa-Casein im Verhältnis zu sonstigen, unspezifischen proteolytischen Aktivitäten in den mikrobiellen Labenzymen nicht so hoch wie bei Kälberlab. Der Quotient der Koagulations- zur Proteasewirkung beträgt für Kälberlab 1,4, für Rinderpepsin 0,04, für *Mucor*-Labaustauschstoff 0,52 und für das *Endothia*-Präparat 0,15. Auch entstehen bei der Wirkung dieser Labaustauschstoffe kleinere Peptide als von Kälberlab und Pepsin [88]. Diese höhere unspezifische proteolytische Wirkung des mikrobiellen Labes – verglichen mit Kälberlab – erhöht die Gefahr des Käsefehlers „bitter" und kann die Ausbeute verringern, indem die kleineren Eiweißspaltprodukte vermehrt in die Molke übergehen [141a]. Durch Zugabe von Calciumchlorid (bei *Endothia parasitica*-Präparaten 0,02–0,05 %) zur Käsereimilch kann dennoch eine normale Käseausbeute erreicht werden [88].

Für das jeweilige mikrobielle Lab geringfügig modifizierte Technologien haben zu einer weitgehenden Angleichung der erreichten Kennziffern der produzierten Käse geführt, so daß mit diesen Labaustauschstoffen sich mit Kälberlabkäsen vergleichbare Qualitäten erreichen lassen.

Gegenwärtig werden in Deutschland etwa je zur Hälfte tierisches und mikrobielles Lab eingesetzt. Letzteres ist etwa 1/3 so teuer wie ersteres.

Mikrobielles Lab der zweiten Generation

Inzwischen sind auch auf gentechnischem Wege erfolgreich hergestellte mikrobielle Labaustauschstoffe auf dem internationalen Markt. Bezüglich Einzelheiten der gentechnischen Veränderung der für die Produktion von Chymosin eingesetzten Mikroorganismen und der Herstellung von rekombinantem Chymosin sei auf die Übersichtsarbeit von TEUBER verwiesen [194]. Auch hier werden inzwischen insbesondere 3 gentechnisch veränderte Mikroorganismen mit Erfolg eingesetzt [142, 194]:

– *Kluyveromyces lactis*
– *Aspergillus niger var. awamori*
– *Escherichia coli* K-12

Gentechnisch erzeugtes Chymosin ist hinsichtlich Aminosäurensequenz und Struktur sowie seines biochemischen und technologischen Verhaltens mit Kälberlab sehr weitgehend identisch [88, 194]. Aufgrund der sicheren Technologie werden keine lebenden Zellen der Enzymbildner in den rekombinanten Chymosinpräparaten, die für die Käseherstellung eingesetzt werden, gefunden. Vektor-DNA ließ sich durch Phenolextraktion nicht nachweisen. Auch Versuche, biologisch aktive DNA durch Transformationsexperimente nachzuweisen, verliefen negativ. Damit wäre mit an Sicherheit grenzender Wahrscheinlichkeit nachgewiesen, daß die Präparate frei von biologisch aktiver rekombinanter DNA und genetisch veränderten Mikroorganismen sind [194]. Die rekombinanten Chymosinpräparate sind von der Zusammensetzung her wesentlich reiner als das traditionelle Kälberlab [103].

PROKOPEK und Mitarbeiter [142] stellten Edamer und Tilsiter Käse mit rekombinantem Chymosin aus *Aspergillus niger var. awamori* her. Biochemisch-analytische Untersuchungen zeigten Übereinstimmung zwischen Rinder-Chymosin aus Kälberlab und dem Versuchspräparat. Das käsereitechnologische Verhalten zeigte keine Unterschiede zum natürlichen Kälberlab. Auch in sensorischer Hinsicht gab es keine signifikanten Abweichungen. Somit sind die eingesetzten Chymosinpräparate aus *Aspergillus niger var. awamori* für die Herstellung von Schnittkäse geeignet [142]. Analoge Untersuchungen wurden mit gentechnologisch aus *Kluyveromyces lactis* gewonnenem Chymosin durchgeführt [141a]. Für die Versuchskäse konnten die gleichen Aussagen gemacht werden: Auch dieses Präparat entspricht dem käsereitechnologischen Verhalten von natürlichem Käselab und ist ebenfalls für die Herstellung von Schnittkäse geeignet [141a].

Das gentechnisch gewonnene Chymosin ist inzwischen marktreif. In den USA ist es 1990 von der FDA (Food and Agriculture Organization) zugelassen und wird dort als Handelspräparat unter der Bezeichnung Chymax angeboten. 3 Jahre später hatte es dort bereits 1/3 des Labmarktes erobert. Auch in Skandinavien, Irland, der Schweiz und Portugal ist seine Anwendung gestattet. In der Bundesrepublik Deutschland ist bisher keine Erlaubnis für den Einsatz von rekombinantem Chymosin in der Käserei erteilt worden.

7.5 Grundzüge der mikrobiellen Qualitätssicherung in der Käserei

Die Qualitätssicherung verbindet sich mit den Begriffen GMP (Good Manufacturing Practice), auch GHP (Gute Hygiene-Praxis) genannt, und dem HACCP-Konzept (Hazard Analysis and Critical Control Point) unter jeweils sinnvoller Anwendung geeigneter einschlägiger Elemente der DIN EN ISO 9000 ff. [72a].

In der Fachliteratur der letzten Jahre sind in großer Zahl Beiträge zu allgemeinen Grundsätzen der Qualitätssicherung erschienen. Allgemeine Grundlagen und Richtlinien zum HACCP-Konzept mit exemplarischen Beispielen sind u. a. den Quellen [72a und 140] zu entnehmen.

Zu einem betriebs- und produktbezogenen Aufbau und der effektiven Anwendung eines Qualitätssicherungssystems ist immer das gesamte Wissen und Können des Fachmannes erforderlich. Zahlreiche gedankliche Ansätze und gewisse Details zu einer konkreten produktbezogenen Umsetzung der mikrobiellen Qualitätssicherung in der Käserei sind bereits in den meisten bisherigen Kapiteln zur Mikrobiologie der Käse zu finden. Ein wirkungsvolles HACCP-Konzept muß für jeden Käse unter konkreter Berücksichtigung der betrieblichen und produktspezifischen Bedingungen aufgestellt werden [11, 13, 213a]. Die Prinzipien und aufeinanderfolgenden Schritte des HACCP-Konzeptes sind in der Tab. 7.23 zusammengefaßt.

Tab. 7.23 Prinzipien des HACCP-Konzeptes [213a]

1. Darstellung des Produktionsprozesses (Fließschema)
2. Gefahrenanalyse und Risikobewertung
3. Festlegen von kritischen Kontrollpunkten (KKPs)
4. Festlegen von Kriterien zur Überprüfung der KKPs
5. Systematische Erfassung der Kriterien (Monitoring)
6. Erstellung eines Maßnahmekataloges bei Abweichungen (Korrekturmaßnahmen)
7. Erstellung eines Dokumentationssystems
8. Erstellung eines Verifizierungssystems (Überprüfung der Eigenkontrolle)

Neben den besonders bedeutenden mikrobiologisch-hygienisch-toxikologischen Risiken und Aspekten sind in gleichem Maße chemisch-physikalische und alle das Qualitätsmanagement betreffenden Faktoren bei der Qualitätssicherung als Einheit zu berücksichtigen [72a, 180].

Eine Anleitung zum Handeln bei Anwendung dieses Konzeptes für Hartkäsereien geben ZANGERL und GINZINGER [213a].

Zu betonen ist auch die betriebliche Verantwortlichkeit für einwandfreie Endprodukte im Rahmen des Produkthaftungsgesetzes und der lebensmittelrechtlichen Sorgfaltspflicht. Zur letzteren gehört die Einhaltung aller geltenden Gesetze, Verordnungen und Leitsätze, die sich mit der Herstellung, Lagerung und Abgabe von Käsen an den Verbraucher befassen [85].

Wesentliche Schwerpunkte der mikrobiellen Qualitätssicherung in der Käserei sind:

– Sehr ernst zu nehmen ist die Personal- und Betriebshygiene. Dazu gehört ein wirksames Reinigungs- und Desinfektionsregime [154].

– In jedem Falle sind die Vielschichtigkeit der Kontaminationsquellen und Ansatzmöglichkeiten für ihre Beseitigung zu beachten [93, 205]. Besondere Beachtung erfordern ferner die „ökologischen Nischen".

– Einen hohen Stellenwert hat das Listerienrisiko bei Weich- und Schmierekäsen [2]. Die Grenz- und Richtwerte sind unter 7.1.3.7 aufgeführt. Ebenso wichtig ist, im Rahmen der Richtlinie 92/46/EWG des Rates vom 16.6.1992 zu sichern, daß die Grenzwerte für *Staphylococcus aureus* und *Escherichia coli* sowie für coliforme Bakterien eingehalten werden (siehe 7.1.3.6 und 7.1.3.8).

– Während die Salzbäder und Horden für alle Labkäse die angemessene Aufmerksamkeit erfordern, kommt der Luft eine in Abhängigkeit von der Käseart und dem Produktionsablauf abgestufte Bedeutung zu.

– Das potentielle hygienische Risiko bei der Herstellung von Rohmilchkäsen muß auch in dem darauf abgestimmten HACCP-Konzept seinen Niederschlag finden.

Literatur

– Während die Kontrolle auf Abwesenheit von Hemmstoffen für jede Käsereimilch unerläßlich ist, verdient der Clostridiengehalt nur für Hart- und Schnittkäse [106] die notwendige Beachtung (siehe 7.3.2).

Wie bei allen anderen Erzeugnissen gilt auch für Käse, daß sämtliche Ergebnisse und Daten nur anerkannt werden können und gelten, wenn sie sorgfältig dokumentiert worden sind (siehe 7. in Tab. 7.23).

Das Risiko durch Umweltkontaminationen läßt sich u. a. durch folgende Maßnahmen sehr weitgehend beherrschen [92]:

1. Überdruck mit filtrierter Luft bei der Herstellung und Reifung (Sterilfilter).
2. Garderobenschleusen im Eingangsbereich zur Produktion.
3. Zutritt zum Produktionsbereich nur für Beschäftigte und separater Besucherbereich.
4. Wechsel der Schutzkleidung mit Vorgabe und Möglichkeit von Hände- und Schuhzeugdesinfektion vor Betreten des Arbeitsbereiches.
5. Räumliche Trennung der einzelnen Tagesproduktionen.
6. Kein Kreuzungsverkehr beim Produkttransport.

Literatur

[1] ASPERGER, H.: Zur Bedeutung des Kriteriums *Staphylococcus aureus* in Käse. Milchw. Berichte **108** (1991) 139–144.

[2] ASPERGER, H.; URL, B.; BRANDL, E.: Zur Qualitätssicherung in der Produktion von Weichkäse aus der Sicht der Listerienproblematik. Lebensmittelindustrie und Milchwirtschaft **112** (1991) 1125–1131.

[3] ASPERGER, H.: Zur Bedeutung des mikrobiologischen Kriteriums Enterokokken für fermentierte Milchprodukte. Lebensmittelindustrie und Milchwirtschaft **113** (1992) 900–905.

[4] BAER, A.; RYBA, I.; GRAND, M.: Ursachen der Entstehung von braunen Tupfen im Käse. Schweiz. Milchw. Forschung **22** (1993) H. 1, 3–7.

[5] BARTH, C. et al.: Möglichkeiten und Grenzen der Reduzierung des Kochsalzgehaltes in Schnittkäsen. Lebensmittelindustrie und Milchwirtschaft **111** (1990) 1276–1279.

[6] BEYER, F.: Die Anwendung von Oberflächenkulturen in der Weichkäserei. Dt. Molkerei-Zeitung **90** (1969) 2312–2316.

[7] BOCHTLER, K.: Einfluß des Säure-Lab-Temperatur-Verhältnisses und der Technologie auf den Reifungsverlauf im Käse. Dt. Milchwirtschaft **28** (1977) 180–182.

[8] BOCKELMANN, W.: Die Bedeutung proteolytischer Enzyme für die Käsereifung. Lebensmittelindustrie und Milchwirtschaft **113** (1992) 739–743.

[9] BOYAVAL, P.; DESMAZEAUD, M. L.: Le point des connaissances sur *Brevibacterium linens*. Le Lait **63** (1983) 188–208.

[10] BRANDL, E.: Aspekte der Geschmacksbildung im Käse. Milchw. Berichte **34** (1973) 67–69.

[11] BRANDL, E.: Zur Frage der hygienischen Beurteilung von Lebensmitteln auf Grund mikrobiologischer Endproduktspezifikation. Milchwirtschaftliche Berichte **49** (1976) 225–259.

[12] BRANDL, E.: Zur Mikrobiologie oberflächengereifter Käse. Milchw. Berichte **63** (1980) 119–122.

Literatur

[13] BRANDL, E.: Aktuelle mikrobiologische Aufgabenstellungen auf dem Gebiet der Käseproduktion. Milchw. Berichte **78** (1984) 19–24.
[14] BRANDL, E., et al.: Zum Vorkommen von D-Streptokokken in Käse. Archiv für Lebensmittelhygiene **36** (1985) 18–22.
[15] BRANDL, E.: Gesundheits- und betriebshygienische Aspekte des Vorkommens von Listerien in Lebensmitteln. Milchw. Berichte **97** (1988) 181–184.
[16] BRITZ, T. J. and Riedel, K. H. J.: A numerical taxonomic study of *Propionibacterium* strains from dairy sources. J. appl. Bact. **71** (1991) 407–416.
[17] BUAZZI, M. M.; JOHNSON, M. E.; MARTH, E. H.: Survival of *Listeria monocytogenes* during manufacture and ripening of Swiss cheese. Journal of Dairy Sci. **75** (1992) 380–386.
[18] BÜHLER, N. B.: Clostridien in Silage, Dung, Milch und Käse – Spätblähung im Käse. Diss. Nr. 7770, ETH Zürich 1985.
[19] BUSSE, M., et al.: Lysozyme in der Käseherstellung. Fortbildungsseminar Weihenstephan, 1986 Sonderdruck.
[19a] CERNY, V; JANECEK, M.: Über die Messung der Temperatur im Käse. Milchwissenschaft **43** (1988) 322.
[20] DEDIE, K. et al.: Bakterielle Zoonosen bei Tier und Mensch. Stuttgart: Ferdinand Enke Verlag, 1993.
[21] DEMETER, K. J.; RAU, A.: Beiträge zur Käsereitauglichkeit von Silomilch und Bakteriologie des Tilsiter Käses. Milchwissenschaft **4** (1949) 3–14.
[22] DEMETER, K. J.: Weiteres über die Bakteriologie der Emmentalerkäsebereitung und -reifung. Milchwissenschaft **8** (1953) 420–426.
[23] DEVOYOD, J. J.; BRET, G.; AUCLAIR, J. E.: La flore microbienne dur fromage de Roquefort. Son evolution au cours de la fabrication et de l'affinage du fromage. Le Lait **48** (1968) 479–480, 613.
[24] DEVOYOD, J. J.: La flore microbienne du fromage de Roquefort – IV. Les enterocoques. Le Lait **49** (1969) 489–490, 637–650.
[25] DEVOYOD, J. J.; MÜLLER, M.: La flore microbienne du fromage de Roquefort. Les *Streptococcus lactiques* et les *Leuconostoc*. Influence de differente microorganismes de contamination. Le Lait **49** (1969) 369–378, 487–489.
[26] DIETHELM, W.: Studien über die Bakteriologie des normal reifenden Tilsiterkäses. Diss. Kiel 1932.
[27] DILGER, G.: Erfahrungen in der Schnittkäserei in der BRD aus der Sicht der Praxis. Dt. Molkerei-Zeitung **102** (1981) 328–334.
[28] DOLLE, E.; MÜLLER, R.: Stand der Entwicklung beim Entkeimen von Käsereimilch. Milchw. Berichte **73** (1982) 321–323.
[29] DOMMEN, G.: Untersuchungen über die mikrobielle Oberflächenflora des Tilsiter Käses. Landw. Jahrbuch der Schweiz (neue Folge) **3** (1954) 196–266.
[30] DREWS, K.: Die Reifungspilze des Sauermilch-Käses unter besonderer Berücksichtigung des Kaseinabbauvermögens. Milchwirtschaftliche Forschungen **18** (1937) 289–330.
[31] ECK, A.: Cheesemaking. Science and Technology. Lavoisier Publishing Inc. New York/Paris (1987).
[32] EIGEL, G.: Mikroflora und Struktur des reifenden Camembert-Käses. Milchwissenschaft **3** (1948) 46–51.
[33] EL-SISSI, M. G. M., et al.: Decomposition of casein *caseobacter polymorphus* strain 253. J. Dairy Science **56** (1982) 1084–1094.
[34] ENGEL, G.: Hefen und Schimmelpilze als Starterkulturen. Dt. Molkerei-Zeitung **101** (1980) 1236–1239.
[35] ENGEL, G.; ROHMANN, G.; TEUBER, M.: Eindringtiefe und Verteilung von Natamycin (Pimaricin) in Käse. Milchwissenschaft **38** (1983) 592–594.
[36] ENGEL, G.: Qualitätsprüfung von Penicillium caseicolum-Kulturen. Die Molkerei-Zeitung / Welt der Milch **39** (1985) 700–703.

Literatur

[37] ENGEL, G.; PROKOPEK, D.; TEUBER, M.: Einfluß der Lagerung von Konidiensuspensionen von *Penicillium* (*candidum*) auf deren Qualität und auf die Schimmelbildung bei Camembert-Käse. Milchwissenschaft **40** (1985) 661–664.

[38] ENGEL, G.: Vorkommen von Hefen in Frischkäse – Organoleptische Beeinflussung. Milchwissenschaft **41** (1986) 692–694.

[39] ENGEL, G.: Hefen im Quark. Dt. Milchw. **39** (1988) 512–514.

[40] ENGEL, G.: Hefeentwicklung und Bestimmung der durchschnittlichen Generationszeiten im Quark nach Lagerung bei verschiedenen Temperaturen. Milchwissenschaft **43** (1988) 87–89.

[41] ENGEL, G.; TEUBER, M.: Proteolytische Aktivität verschiedener Stämme von *Penicillium roqueforti*. Kieler Milchw.-Forschungsberichte **40** (1988), 281–290.

[42] ENGEL, G.: *B. nivea* und *M. ruber* in Milch und Milchprodukten. Dt. Milchw. **42** (1991) 644–646.

[43] ENGEL, G.: Vorkommen und Schnellnachweis von Hefen in Quark. Dt. Milchw. **43** (1992) 759–760.

[44] ENGEL, G.: Zum Vorkommen verschiedener Hefearten in Speisequark. Kieler Milchw. Forsch. Berichte **44** (1992) 119–127.

[45] ERIC, A., et al.: Microbiological Safety of Cheese Made from Heat-Treated Milk, Part I. Executive Summery, Introduction and History. Journal of Food Protection **53** (1990) H. 5, 441–452.

[46] ERIC, A., et al.: Microbiological Safety of Cheese Made from Heat-Treated Milk, Part II. Microbiology. Journal of Food Protection **53** (1990) H. 6, 519–540.

[47] FANTASIA, et al.: Detection and growth of enteropathogenic *Escherichia coli* in soft ripened cheese. Appl. Microbiol. **29** (1975) 179–185.

[48] FEHLHABER, K.; JANETSCHKE, P.: Veterinärmedizinische Lebensmittelhygiene. Jena, Stuttgart: Gustav Fischer Verlag 1992.

[49] FUTSCHIK, J.: Über die Käsereitauglichkeit von verschiedenen Rahmsäuerungs- bzw. Käsereikulturen. Dt. Molkerei-Zeitung **80** (1959) 1093–1096.

[50] GALESLOOT, T. H.; HASSING: Effect of nitrate and clorate and mixtures of these salts on the growth of coliform bacteria. Results of model experiments related to gas defects in cheese. Neth. Milk and Dairy J. **37** (1983) 1–10.

[51] GALLMANN, P.: Einfluß der Milchpasteurisierung auf die Käsequalität am Beispiel von Raclette aus pasteurisierter und roher Milch. Milchw. Berichte **73** (1982) 301–306.

[52] GINZINGER, W.: Die Streptokokken – ihre Bedeutung für die Hartkäserei. Milchw. Berichte **27** (1971) 135–137.

[53] GINZINGER, W.: Bakteriologische Aspekte der Rohmilch für die Hartkäseproduktion. Dt. Molkerei-Zeitung **94** (1973) 162–164.

[54] GINZINGER, W.: Bedeutung und Nachweis von mesophilen Laktobazillen im Käse. Milchw. Berichte **107** (1991) 71–75.

[55] GINZINGER, W.; SEBASTIANI, H.: Proteolytische Aktivität thermophiler Laktobazillen. Lebensmittelindustrie und Milchwirtschaft **114** (1993) 49–51.

[56] GLAESER, H.: Verwendung von Nitrat bei der Käseherstellung. Dt. Molkerei-Zeitung **110** (1989) 1326–1330.

[57] GLAESER, H.: Hat die Milchpasteurisation einen negativen Einfluß auf die Käsequalität? Lebensmittelindustrie und Milchwirtschaft **113** (1992) 1361–1367.

[58] GODBERSEN, G.: Vorbehandlung der Käsereimilch. Molkerei- und Käserei-Zeitung **12** (1961) 340–342.

[59] GRENZ, A.: Zur Mykologie des Tilsiter Käses. IV. Mitt. Die Verkäsung pasteurisierter Milch. Milchw. Forschungen **14** (1933) 262–287.

[60] GRIBSCHMANN, M. R.; KLIMOWSKI, I. I.: Einfluß der Säureweckerzusammensetzung auf die mikrobiologischen und biochemischen Prozesse während der Käsereifung. 15. Int. Milchw. Kongreß II/III (1959) 589–604.

[61] GRIEM, E.: Die Enterobakterienflora von Käse. Diss. Techn. Univ. München-Weihenstephan 1982.

[62] GRIMMER, W.; ARONSON, E.: Zur Mykologie des Tilsiter Käses. II. Mitt. Milchw. Forschungen **4** (1929) 538–546.
[63] GRUBHOFER, J.: Alternativen zum Nitrateinsatz bei der Käseherstellung. Lebensmittelindustrie und Milchwirtschaft **113** (1992) 636–645.
[64] GRUBHOFER, J.: Technologische Faktoren zur Beeinflussung der Käseausbeute. Lebensmittelindustrie und Milchwirtschaft **113** (1992) 969–975.
[65] GUERICKE, S.: Laktatvergärende Clostridien bei der Käseherstellung. Dt. Milchw. **44** (1993) 735–739.
[66] GUTH, H. F.: Über die Probleme der Schmelzkäseherstellung mit besonderer Berücksichtigung der bakteriologischen Belange. Diss. Kiel 1954.
[67] HAHN, G.: Die Beurteilung von *E. coli* und *S. aureus* in Milch und Milchprodukten und Möglichkeiten zum Nachweis von Toxinen und toxinogenen Stämmen. 34. Arbeitstagung Lebensmittelhygiene der DVG Garm. Partenkirchen 1993. Teil I, Vorträge, 356–364.
[68] HAMMER, P.; HAHN, G.: Bedeutung, Nachweis und Vorkommen von Listerien im Käse. Molkerei-Zeitung / Welt der Milch **43** (1989) 670–673.
[69] HANGST, E.; GLAESER, H.: *Enterobacteriaceae* in Weichkäse. Dt. Molkerei-Zeitung **105** (1984) 244–288.
[70] HEESCHEN, W.: Hygienische Risiken von Rohmilchkäse. Dt. Milchw. **39** (1988) 145–149.
[71] HEESCHEN, W.: Pathogene Mikroorganismen und deren Toxine in Lebensmitteln tierischer Herkunft. Behr's Verlag Hamburg 1989.
[72] HERRMAN, M.: Verarbeitbarkeit tiefgekühlter Milch zu Käse. Diss. München 1970.
[72a] HETZER, E.: Handbuch Milch. Behr's Verlag Hamburg, Grundwerk 1992. 1. Ergänzungslieferung 1993.
[73] HICKE, C. L., et al.: Psychrotrophic bacteria reduce cheese Yield. J. of Food Protection **45** (1982) 331–334.
[74] HOBRECHT, R.: Untersuchungen über Keimstatus und Haltbarkeit von Schmelzkäsekonserven. Milchwissenschaft **30** (1975) 681–684.
[75] HOFMANN, W.: Zur Kenntnis der Bakterien- und Pilzflora des Camembert in verschiedenem Reifungszustand. Diss. Kiel 1935.
[76] HÜFNER, J.: Herkunft und Entwicklung von coliformen Keimen bei der Herstellung von Weichkäse. Diss. Technische Universität München 1984.
[77] HÜFNER, J.: Überwachung der Produktionshygiene bei der Herstellung von Weichkäse mit Hilfe der coliformen Keime. Dt. Molkerei-Zeitung **109** (1988) 48–54.
[78] HUG-MICHEL, Ch., et al.: Hemmung von *Listeria spp.* durch Mikroorganismen aus der Rinde von Rotschmiereweichkäse. Schweizer Milchw. Forschung **18** (1989) 46–49.
[79] JACOBSEN, L.; THURELL, K. E.: Qualitätserfolge durch Baktofugieren von Kesselmilch. Dt. Milchwirtschaft **24** (1971) 1087–1089.
[80] JAGER, H.; GINZINGER, W.: Zur Eignung baktofugierter Silomilch für die Herstellung von Emmentalerkäse. Milchw. Berichte **31** (1972) 104–108.
[81] JAGER, H., et al.: Die Reifung von Schnittkäsen unter besonderer Berücksichtigung des Nitratabbaus. Milchw. Berichte **79** (1984) 145–149.
[82] JOOSTEN, H. M. L. J.; NORTHOLT, M. D.: Conditions allowing the formation of biogenic amine in cheese. 2. Decarboxylative properties of some nonstarter bacteria. Neth. Milk Dairy J. **41** (1987) 259–280.
[83] JÜLICHER, B.: Reduktion des Sporen- und Keimgehaltes in Anlieferungsmilch durch die Entkeimungszentrifuge sowie lebensmittelrechtliche Beurteilung der Zentrifugate und Endotoxingehalte. Diss. Tierärztliche Hochschule Hannover 1989.
[84] KAMMERLEHNER, J.; KESSLER, H. G.: Einflüsse auf die Haltbarkeit von Camembert. Dt. Molkerei-Zeitung **103** (1982) 1725–1729.
[85] KAMMERLEHNER, J.: Labkäse-Technologie. 2. Auflage Gelsenkirchen-Buer: Verlag Th. Mann, Bd. I 1986; Bd. II 1988; Bd. III 1989.

Literatur

[86] KAMMERLEHNER, J.: Lassen sich Käsequalität und Käseertrag durch den Einsatz von Direktstartern steigern? Lebensmittelindustrie und Milchwirtschaft **112** (1991) 1278–1284.

[87] KAMMERLEHNER, J.: Mit Direktstartern, dank Service und adaptierter Technologie, zum Qualitätskäse. Dt. Milchw. **43** (1992) 494–499.

[88] KAMMMERLEHNER, J.: Enzyme – Ihr Vorkommen in Milch und Käse – Ihre Verwendung und Bedeutung bei der Herstellung von Käse. Lebensmittelindustrie und Milchwirtschaft **114** (1993) 240–246.

[89] KAMPINSKI, C.: Mikrobiologische Einflüsse auf Qualität und Haltbarkeit beim Frischkäse. Molkerei- und Käserei-Zeitung **3** (1957) 258–260.

[90] KANDLER, O.; WEISS, N.: Genus *Lactobacillus* in Bergey's Manual of Systematic Bacteriology. Vol. 2 (1986).

[91] KERKEN, A. E. VON; KANDLER, O.: Die Laktobazillenflora des Tilsiterkäses. Milchwissenschaft **21** (1966), 436–440.

[92] KESSLER, H. G.: Pasteurisieren und Thermisieren von Milch – eine kritische Analyse der Erhitzungsbedingungen. Dt. Molkerei-Zeitung **108** (1987) 146–153.

[93] KESSLER, W.: Möglichkeiten der Rekontamination bei der Weichkäseherstellung. Dt. Molkerei-Zeitung **109** (1988), 826–832.

[94] KHALID, N. M.; MARTH, E. H.: *Lactobacilli* – their enzymes and role in ripening and spoilage of cheese. J. of dairy Science **73** (1990) 2669–2684.

[95] KIELWEIN, G.: Die Bedeutung des Vorkommens von Enterokokken in Käse. Milchw. Berichte **50** (1977) 45–53.

[96] KIERMEIER, F.: Käsereitauglichkeit der Anlieferungsmilch. Dt. Molkerei-Zeitung **85** (1964) 804–811.

[97] KIERMEIER, F., et al.: Entstehung flüchtiger Fettsäuren bei der Propionsäuregärung. Z. Lebensmitteluntersuchung und -Forschung **136** (1968) 193–203.

[98] KIERMEIER, F.: Folgerungen und Forderungen aus der Aflatoxin-Verordnung für die deutsche Molkereiwirtschaft. Dt. Milchw. **31** (1978) 570–572.

[99] KIURU, V. J. T.: Über die Propionsäuregärung in bezug auf Emmertalerkäse. Diss. Helsinki 1949.

[100] KLETER, G.: Methods for strictly aseptic making of cheese and effect of some bacteria on its ripening. Diss. Wageningen 1977.

[101] KLETER, G., et al.: The influence of pH and concentration of lactic acid and NaCl on the growth of *Cl. tyrobutyricum* in whey and cheese. Neth. Milk and Dairy J. **38** (1984) 31–41.

[102] KNOOP, A. M.: Submikroskopische Strukturveränderungen im Camembert während der Reifung. Milchwissenschaft **26** (1971) 661–665.

[103] KOCH, N.; PROKOPEK, D.; KRUSCH, U.: Herstellung von Schnittkäse mit gentechnologisch gewonnenem Chymosin. Kieler Milchw. Forschungsberichte **38** (1986) 193–197.

[104] KOSIKOWSKI, F. V.: Zentrifugalentkeimung. 17. Internationaler Milchw.-Kongreß D (1966) 25–32.

[105] KRANE, W.: Die chemisch-physikalischen Bedingungen für das Wachstum und das Gärungsvermögen von Propionsäurebakterien und Buttersäurebazillen. Milchwissenschaft **16** (1961) 184–187, 355–359, 620–629.

[106] KRASZ, A.: Methoden zur Bekämpfung der Buttersäuregärung im Käse. Milchw. Berichte **73** (1982) 307–316.

[107] KUNZ, B.; SINGER, G.: Ergebnisse vergleichender Untersuchungen emers- und submerskultivierter *Brevibacterium linens*-Kulturen. Milchforschung/Milchpraxis **23** (1981) 17–20.

[108] KUNZ, B., BLÜMEL, W.: Gewinnung lyophilisierter *Propionibacterium*-Kulturen für den Einsatz in der Lebensmittelindustrie. Lebensmittelindustrie **30** (1983) 15–158.

[109] KUTZNER, H. J.: Untersuchungen über die Buttersäuregärung in Schnitt- und Hartkäse. 17. Internationaler Milchw. Kongreß D (1966) 647–658.

Literatur

[110] LANGE, W.: Qualitätsprobleme der Frischkäseherstellung. Dt. Molkerei-Zeitung **90** (1969) 1173–1180.
[111] LAW, B. A.: Microorganisms and their Enzymes in the Naturation of Cheeses. Progress in Industrial Microbiology **19** (1984) 245–283.
[111a] LEHMANN, H.: Der Einsatz von dampfsterilisierbaren Quarkseparatoren. Dt. Milchw. **42** (1991) 1072–1075.
[112] LEMBKE, A., et al.: Über den Bildungsmechanismus der Nitrosamine im Käse. Dt. Molkerei-Zeitung **92** (1971) 629–638.
[113] LEMBKE, F.; TEUBER, M.: Anaerobe Sporenbildner in der Milch und deren Eleminierbarkeit durch Zentrifugalverfahren. Die Molkerei-Zeitung Welt der Milch **35** (1981) 871–873.
[114] LEMBKE, F., et al.: Verwendung von Entkeimungszentrifugen zur Senkung des Nitratzusatzes in der Schnittkäseherstellung. Kieler Milchw. Forschungsberichte **36** (1984) 31–69.
[115] LENOIR, J.: La flore microbienne du Camemberte et son evolution au cours de la naturation. Le Lait **43** (1963) 154–165, 262–270.
[116] LENOIR, J.; ANBERGER, B.: Untersuchungen über die Milchflora des Camembertkäses (Übers.). 17. Int. Milchw.-Kongreß D (1966) 595–602.
[117] LIPINSKA, E., et al.: Verwendung von Nisin bei der Käseherstellung. Leipzig: Fachbuch-Verlag 1976.
[118] LORENZ, W.: Nitrat- und Nitritbestimmung in Milchprodukten. Milchw. Berichte **76** (1983) 185–188.
[119] LÜBENAU-NESTLE, R.; MAIR-WALDBURG, H.: Zur Bakteriologie des Cheddar (Chester). Dt. Molkerei-Zeitung **86** (1965) 1319–1323, 1358–1361.
[120] LÜBENAU-NESTLE, R.; MAIR-WALDBURG, H.: Bakteriologie der Käse. Aus Schormüller: Handbuch der Lebensmittelchemie Bd. III/1. Berlin / Heidelberg / New York: Springer-Verlag 1968,
[121] LÜCK, E.; Käsekonservierung mit Sorbinsäure. Muß Käse schimmeln? Österreichische Milchw. **28** (1973) 320–322.
[122] MAKARIN, A.: Der Einfluß der Impfmethode mit Schimmelpilzkultur bei Roquefortkäse auf seine Qualität (Übers.). Mol.-Prom. **10** (1949) 25–26.
[123] MAURER, L.: Die Bedeutung der Propionsäurebakterien in der mikrobiellen Technologie. Österreichische Milchw. **29** (1974), Wiss. Beilage 1 (zu Heft 4) 1–4.
[124] MEYER, W.: Bakteriologische und chemische Untersuchungen an normal und schlecht gereiften Tilsiterkäsen. Diss. Kiel 1938.
[125] N. N. (1986): Käseverordnung v. 14.4.1986, BGBl. I, 2443.
[125a] N. N. (1990): DLG-Prüfbestimmungen für Milch und Milchprodukte einschließlich Speiseeis. 30. Auflage und 1. Ergänzungslieferung Frankfurt/Main 1990.
[126] N. N. (1991): Schnittkäseherstellung ohne Nitrat. Dt. Milchw. **42** (1991) 685–688.
[127] NAKAJIMA, H., et al.: Accelerated ripening of Gouda Cheese. Direct inoculation of a lactose negative mutant of *Lactococcus lactis subsp. cremoris* into cheese milk. Milchwissenschaft **46** (1991) 8–10.
[128] NEVE, H.; TEUBER, M.: Rasterelektronenmikroskopie der Oberflächenflora von gereiftem Weichkäse. Kieler Milchw. Forschungsberichte **41** (1989) 3–13.
[129] NORTHOLT, M. D.; STADHOUDERS, J.: Neth. Milk and Dairy J. **40** (1986) 61–67.
[130] NORTHOLT, M. D.: Kulturen für Schnittkäse und deren Auswirkungen. Milchw. Berichte **99** (1989) 98–101.
[131] NUNEZ, M. et al.: Le levures et les moisissures dans le fromage bleu de Cabrales. Lait **61** (1981) 62–79.
[132] OEHEN, V.: Der Abtötungseffekt verschiedener Thermisationstemperaturen auf einige käsereitechnisch wichtige Mikroorganismen. Schweizer Milchzeitung **96** (1970) 507–511.
[133] OSL, F.: Einsatz von Milchkulturen in der Emmentalerkäserei. Milchw. Berichte **66** (1981) 77–81.
[134] OSL, F.: Zur biochemischen Charakterisierung von Schnittkäsen. Milchw. Berichte **69** (1981) 291–297.

Literatur

[135] PETTE, J. W.: Milchsäurebakterien, die in Gouda-Käse Schwefelwasserstoff bilden (Übers.) Ned. Melk-an Zuiveltijdschr. **9** (1955) 291–302.
[136] PHILIPP, S.: *Penicillium roqueforti* – Eigenschaften und Bedeutung für die Käseindustrie. Dt. Milchw. 32 (1981) 46–49.
[137] PHILIPP, S.: „Spezialkulturen" – Bedeutung und Einsatz in der Käserei. Dt. Molkereizeitung **106** (1985) 1706–1710.
[138] PHILIPP, S.: *Penicillium candidum* – Eigenschaften und Bedeutung für die Käseindustrie. Dt. Molkerei-Zeitung **109** (1988) 10–14.
[139] PHILIPP, S.: Einsatz von Reinkulturen bei der Reifung von Rotschmierekäsen. Milchwirtschaftliche Berichte **114** (1993) 33–35.
[140] PIERSON, M. D.; CORLETT, D.: HACCP. Grundlagen der produkt- und prozeßspezifischen Risikoanalysen. Behrs Verlag Hamburg 1993.
[141] PRENTICE, G. A.; BROWN, J. V.: The Microbiology of Cheddar Manufacture. Dairy Industries Intern. **48** (1983) 23–26.
[141a] PROKOPEK, D. et al.: Herstellung von Edamer und Tilsiter Käse mit gentechnologisch aus *Kluyveromyces lactis* gewonnenem Rinder-Chymosin. Kieler Milchw. Forsch.-Berichte **40** (1988) 43–52.
[142] PROKOPEK, D. et al.: Herstellung von Edamer und Tilsiter Käse mit rekombinantem Chymosin aus *Aspergillus niger*. Kieler Milchw. Forschungsberichte **42** (1990) 597–606.
[143] PROKS, J.; OLSANSKY, C.: Die Mikroflora der Reifung des Ölmützer Quargel. Int. Milchw. Kongreß **2/3** (1959) 763–769.
[144] PRÜHS, G.: Die Thermisierung der Käsereimilch – ein möglicher Verfahrensschritt zur Stabilisierung der Käsequalität. Milchforschung-Milchpraxis **30** (1988) 28–31.
[145] PULAY, G.: Bisherige Ergebnisse der Versuche zur Entkeimung der Käsereimilch nach dem Peroxid-Katalase-Verfahren (Übers.) Tejipar **12** (1963) 74–79.
[146] REISS, J.: Schimmelpilze. Berlin, Heidelberg, New York, Tokyo: Springer-Verlag 1986.
[147] RENNER, E.: Lexikon der Milch. München: VV-GmbH Volkswirtschaftlicher Verlag 1988.
[148] RICHARD, J; ZADI, H.: Inventaire de la flore bacterienne dominante des Camemberts fabriques avec du lait cru. Lait **63** (1983) 25–42.
[149] RITTER, W.: Zur Frage der biochemischen Ursache der Nachgärung des Emmentalerkäses. Dt. Molkerei-Zeitung **97** (1976) 680–684.
[150] RITTMANNSBERGER, F.: Käsereikulturen. Milchw. Berichte **20** (1969) 73–78.
[151] ROBINSON, R. K. (ed.): Dairy Microbiology, Vol II: The Microbiology of Milk Products. London and New Jersey: Applied Science Publishers 1981.
[152] RODENKIRCHEN, J.: Die Propionsäurebakterien und ihr Vorkommen in Tilsiterkäsen. Milchw. Forschungen **18** (1938) 197–202.
[153] ROSENTHAL, I., et al.: Preservation of fresh cheese in a CO_2-enriched atmosphere. Milchwiss. **46** (1991) 706–708.
[154] RÖTHLISBERGER, H.: Vorsorge- und Sanierungsmaßnahmen bei der Käseherstellung in der Lehrkäserei. Mitt. Gebiete Hyg. **81** (1990) 158–166.
[155] ROUSSEAU, M.: Study of the surface flora of traditional camembert cheese by scanning electron microscopy. Milchwiss. **39** (1984) 129–135.
[156] SCHLIMME, E.: Kompendium zur milchwirtschaftlichen Chemie. München: VV-GmbH Volkswirtschaftlicher Verlag 1990.
[157] SCHMIDT, J. L.: Untersuchung der Taxonomie-Zusammenhänge zwischen den Hefehauptarten von Camembert. XXI. Int. Dairy Congr. Moskau 1982 Bd. I, Buch 2, 366–367.
[158] SCHOCH, U. W.: Mycotoxine in schimmelgereiften Käsen. Diss. Techn. Hochschule Zürich 1983.
[159] SCHULZ, M. E.: Das Auskeimen von Konidien des *Penicillium camemberti candidum*. Milchwiss. **2** (1947) 117–128.
[160] SCHULZ, M. E.: Die Erhitzung der Käsereimilch. Milchw. **8** (1953) 238.
[161] SCHULZ, M. E., et al.: Die Kontrolle der Thermisation von Käsereimilch durch die Bestimmung der Rest-Phosphatase. Milchwiss. **15** (1960) 399–403.

Literatur

[162] SCHULZ, M. E.: Das Große Molkerei-Lexikon. Kempten-Allgäu: Volkswirtschaftlicher Verlag 1965.
[163] SCHULZ, M. E. und THOMASOW, J.: Konservierung von Käse und Frischkäsezubereitungen mit Sorbinsäure und Sorbaten. Milchwiss. **25** (1970) 330–336.
[164] SCHÜTZ, M.; JÜLICHER, B. und WIESNER, H. U.: Einsatz einer Entkeimungszentrifuge zur Reduzierung des Sporengehaltes für Käsereimilch. Dt. Milchw. **41** (1990) 678–681.
[165] SCHWARZ, G., et al.: Beitrag zur Herstellung von Romadurkäsen nach verschiedenen Verfahren. Dt. Molkerei-Zeitung **75** (1954) 471–473.
[166] SEBASTIANI, H.; TSCHAGER, E.: Succinatbildung durch Propionsäurebakterien – Eine Ursache der Nachgärung von Emmentaler? Lebensmittelind. und Milchw. **114** (1993) 76–79.
[167] SEDOVA, N. N.: Zur Frage der Rolle von Enterokkokken als mögliche Erreger von Nahrungsmittelvergiftungen (übers.) Wopr. Pitanija **29** (1970) 29–32.
[168] SEELER, G.: Mikroskopische Untersuchungen des Weißschimmelwachstums im Camembert anhand von Mikrotomschnitten. Milchw. **23** (1968) 661–665.
[169] SEILER, H.: Identification of cheese – smear coryneform bacteria. J. Dairy Res. **53** (1988) 439–449.
[170] SIEGENTHALER, B. J.: Das Wasserstoffperoxid-Katalase-Verfahren als Mittel zur Bereitstellung keimarmer Rohmilch für Käseversuche. Diss. Zürich 1965.
[170a] SIEWERT, R.: Zur Mikrobiologie von Edamer und Gouda. Information des Instituts für Milchwirtschaft Oranienburg Reihe B, Nr. 7 (1979) 23–30.
[171] SIEWERT, R.: Zur Bedeutung von Hefen bei der Reifung von Camembert und Brie. Dt. Molkerei-Zeitung **107** (1986) 1134–1138.
[172] SIMONART, P., et al.: Die Zentrifugalentkeimung und die Bakterienflora von Gouda-Käse. 17. Int. Milchw.-Kongreß D (1966) 21–24.
[173] SPILLMANN, H.; SCHMIDT-LORENZ, W.: Erkenntnisse und Folgerungen aus den Coliformenuntersuchungen. Dt. Molkerei-Zeitung **108** (1987) 1097–1102.
[174] SPREER, W.: Technologie der Milchverarbeitung. Leipzig: Fachbuchverlag, 6. verb. Aufl. 1988.
[175] STADHOUDERS, J. und MULDER, H.: Die Reifung von Holländer Käse. 13. Int. Milchw. Kongreß II/II (1953) 681–685.
[176] STADHOUDERS, J.: Microbes milk and dairy products, an ecological approach. Neth. Milk Dairy **29** (1975) 104–126.
[177] STADHOUDERS, J. et al.: Bitter flavour in cheese. 1. Mechanism of the formation of the bitter flavour defect in cheese. Neth. Milk Dairy J. **37** (1983) 157–167.
[178] STEFFEN, Ch.: Erfahrungen aus der Käsereiberatung und der praxisnahen Forschung in der Schweiz. Milchw. Berichte **38** (1972) 39–42.
[179] STEFFEN, Ch.: Vergleichende Untersuchungen in Emmentalerkäsen mit und ohne Nachgärung. Dt. Molkerei-Zeitung **102** (1981) 196–200.
[180] STEFFEN, Ch.: Einflüsse auf die Ausbeute und Qualität bei der Käseherstellung. Dt. Molkerei-Zeitung **103** (1982) 246–250.
[181] STEFFEN, Ch.: Enzymatische Analyse in der Milchwirtschaft. Dt. Milchw. **38** (1987) 291–296.
[182] STOCKER, W.: Die Propionsäurebakterien. Dt. Molkerei-Zeitung **78** (1957) 1429–1430.
[183] STÖLTING, J.: Über die Streptokokken des normal reifenden Tilsiter Käses. Beitrag zur Kenntnis beweglicher Streptokokken. Diss. Kiel 1935.
[184] STRAMPE, U.: Kulturen in der Sauermilchkäserei. Dt. Molkerei-Zeitung **103** (1982) 468–473.
[185] STUCKY, E.: Technologische Erfahrungen bei der Bactofugation von Milch für die Herstellung von Halbhartkäse. Milchw. Berichte **73** (1982) 317–318.
[186] SULZER, G.; BUSSE, M.: Die Entwicklung von Listerien auf Camembert und deren Beeinflussung durch Keime mit einer Hemmwirkung auf Listerien. Lebensmittelindustrie und Milchw. **112** (1991) 80–84.
[187] TERPLAN, G.; ANGERSBACH, H.: Die technologische Bedeutung von Streptokokken. Arch. f. Lebensmittelhyg. **23** (1972) 244–247.

Literatur

[188] TERPLAN, G., et al.: Vorkommen, Verhalten und Bedeutung von Listerien in Milch und Milchprodukten. Arch. f. Lebensmittelhyg. **37** (1986) 131–137.
[189] TERPLAN, G.: Milchhygiene – Auswirkungen auf die Käsequalität. Dt. Milchw. **37** (1986) 59–62.
[190] TERPLAN, G.: Vorkommen von Listerien in milchwirtschaftlichen Betrieben sowie Milchprodukten. Dt. Milchw. **40** (1989) 268 und 270–275.
[191] TERPLAN, G.: Listerien in Milch und Milchprodukten. Handbuch Milch, Hrsg. E. Hetzer, Kap. 3.5 Hamburg: Behrs...Verlag 1992.
[192] TEUBER, M.: Lysozym als Ersatz für Nitrat in der Käserei. Milchw. Berichte **63** (1980) 129–130.
[193] TEUBER, M.: Phagen im Frischkäsebetrieb. Molkerei-Zeitung – Welt der Milch **36** (1982) 295.
[194] TEUBER, M.: Herstellung und Anwendung von Chymosin aus gentechnisch veränderten Mikroorganismen. Lebensmittelindustrie und Milchw. **111** (1990) 1118–1123.
[194a] TSCHAGER, E.: Lochbildung und Teigbeschaffenheit bei Emmentaler. Milchw. Berichte **61** (1979) 283–288.
[195] TOLLE, A.; OTTE, I.; SUHREN, G.: Zur Dynamik der produktspezifischen Keimflora und von coliformen Keimen/*E. coli* während des Herstellungsprozesses von Camembert. Milchwiss. **36** (1981) 5–9.
[196] TOLLE, A., et al.: Coliforme Keime in Weichkäse. Dt. Molkerei-Zeitung **105** (1984) 1226–1231.
[197] TWEDT, R. M.; BOULIN, B. K.: Potential public health significance of non-*Escherichia coli coliforma* in food. J. Food Prot. **42** (1979) 161–163.
[198] VAUGHAN, L. C., et al.: Starters as Finishers: Starter Properties Relevant to Cheese Ripening. Int. Dairy J. **3** (1993) 423–460.
[199] WALLHÄUSER, K. H.: Lebensmittel und Mikroorganismen. Darmstadt: Steinkopff Verlag 1990.
[200] WASSERMANN, O.: Zur Wasserstoffperoxid-Katalase-Behandlung der Käsereimilch und zu einigen ihrer Anwendungen. XV. Int. Milchw. Kongreß **2** (1959) 530–537.
[201] WAUSCHKUHN, B.: Neue Erkenntnisse bei der Sauermilchquarkherstellung. Molkerei- und Käserei-Zeitung **8** (1954) 857–858; 913–916.
[202] WAUSCHKUHN, B.: Verwendung von Hefekulturen in der Weich- und Sauermilchkäserei. 17. Int. Milchw. Kongreß D (1966) 527–530.
[203] WEGNER, K.; BEHNKE, U.: Beiträge zur Reifung von Tilsiter Käse in Folie im Vergleich zur herkömmlichen Technologie. Die Nahrung **16** (1972) 642–658.
[204] WEISSENFLUH, T.: Optimierung der Reifungsbedingungen für Weißschimmelkäse. Diss. ETH Zürich 1986, Diss. ETH Nr. 8197.
[205] WIEDEMANN, M.: Kann Automation in der Käserei bakteriologische Probleme lösen? Dt. Molkerei-Zeitung **103** (1988) 545–546.
[206] WINKELMANN, U.: Oberflächenkulturen in Käsereien. Dt. Milchw. **34** (1983) 319–321.
[207] WINKLER, S.: Zur Kulturtechnik in den Emmentaler-Käsereien. Milchw. Berichte **14** (1986) 9–12.
[208] WINTERER, H.: Das Verhalten der coliformen Keime in Käse. Milchw. Berichte **49** (1969) 269–272.
[209] WINTERER, H.: Die Bedeutung des Salpeters für die Schnittkäserei. Milchw. Berichte **63** (1980) 95–100.
[210] WOLF, L.: Überlegungen zur Säureentwicklung in der Käsereimilch bei unterschiedlicher Kulturzugabe. Dt. Molkerei-Zeitung **92** (1971) 2005–2006.
[211] ZANGERL, P; TSCHAGER, E.: Kochsalz im Käse – Ein Problem? Milchw. Berichte **105** (1990) 214–218.
[212] ZANGERL, P.; GINZINGER, W.: Bedeutung der Rohmilch-Keimzahlen für Käse. Milchw. Berichte **112** (1992) 141–144.
[213] ZANGERL, P.; OSL, F.: Hygienerisiko bei Rohmilchkäse. Milchw. Berichte **112** (1992) 145–149.

Literatur

[213a] ZANGERL, P.; GINZINGER, W.: Ein HACCP-Konzept für Hartkäsereien. Milchw. Berichte **115** (1993) 99–102.
[214] ZICKRICK, K., et al.: Zur Fremdschimmelpilzbekämpfung in Sauermilchkäsereien. Milchforschung-Milchpraxis **16** (1974) 40–41; 68–72.
[215] ZICKRICK, K.; SIEWERT, R.: Einfluß zitratvergärender Streptokokken und Enterokokken auf die Reifung von Tollenser. Milchforschung-Milchpraxis **18** (1976) 140–142.
[216] ZICKRICK, K.; GEHRKE, K.: Untersuchung von ausgewählten Pestizidwirkstoffen auf Hemmwirkung gegenüber Säuerungskulturen. Wiss. Zeitschrift der Humboldt-Universität zu Berlin, Math. Nat. Reihe **36** (1987) 820–823.
[217] ZICKRICK, K.; GEHRKE, K.: Zur Wachstumsdynamik ausgewählter mesophiler Säuerungsorganismen während der primären Vorreifung von Käsereimilch Wiss. Zeitschrift der Humboldt-Universität zu Berlin. Reihe Agrarwiss. **37** (1988) 310–316.

8	**Mikrobiologie der Dauermilcherzeugnisse**
8.1	Einleitung
8.2	Sterilmilch, Kondensmilch
8.3	Gezuckerte Kondensmilch
8.4	UHT-Milcherzeugnisse
8.5	Milchpulver
8.6	Kasein
8.7	Schlußbemerkungen
	Literatur

Der Herausgeber
Prof. Dr. Herbert Weber, Beiträge von 21 Autoren.

Interessenten
Mikrobiologen · Führungskräfte aus den Bereichen: Fleischverarbeitung, Feinkost, Fertiggerichte, Fischverarbeitung · Lebensmitteltechnologen · Biotechnologen · Lebensmittelchemiker · Veterinärmediziner · Dozenten und Studenten der o. g. sowie angrenzenden Fachgebiete

Aus dem Inhalt
Mikrobiologie des Fleisches (G. Reuter)
Mikrobiologie des Fleisches in verschiedenen Behandlungsstufen sowie der eßbaren Nebenprodukte, Betriebshygienische Maßnahmen bei der Fleischgewinnung, Charakterisierung von Verderbsformen nach verursachenden Keimgruppen
Mikrobiologie ausgewählter Erzeugnisse
Mikrobiologie des Hackfleisches (M. Bülte)
Mikrobiologie ausgewählter Erzeugnisse und Zubereitungen aus rohem Fleisch (J. Jöckel, H. Weber)
Mikrobiologie von Gelatine und Gelatineprodukten (U. Seybold)
Mikrobiologie des Separatorenfleisches (H. Hechelmann, Z. Bem)
Hygienische Aspekte bei der Planung von Fleischwerken (P. Timm)
Pathogene und toxinogene Mikroorganismen – Zoonose-Erreger (M. Bülte)
Mikrobiologie der Fleischprodukte
Mikrobiologie von Kochpökelwaren (L. Böhmer, G. Hildebrandt)
Mikrobiologie der Rohpökelstückwaren (K. H. Gehlen)
Mikrobiologie der Rohwurst (H. Weber)
Starterkulturen für fermentierte Fleischerzeugnisse (H. Knauf)
Mikrobiologie erhitzter Erzeugnisse (R. Fries)
Mikrobiologie verpackter Fleischerzeugnisse und verpackten Fleisches (W. Holzapfel)
Mikrobiologie von Fleisch- und Wurstkonserven (F.-K. Lücke)
Mikrobiologie von tiefgefrorenen fleischhaltigen Gerichten (J. Krämer)
Mikrobiologie von Shelf-Stable Products (SSP) (H. Hechelmann)
Mikrobiologie von Feinkosterzeugnissen (J. Baumgart)
Mikrobiologie des Wildes (G. Schiefer)
Mikrobiologie des Geflügels (E. Weise)
Mikrobiologie der Eier (R. Stroh)
Mikrobiologie der Fische, Weich- u. Krebstiere
Mikrobiologie der Fische und Fischwaren (C. Saupe)
Mikrobiologie der Krebstiere (K. Priebe)

1. Auflage 1996
Hardcover
DIN A5, 848 Seiten
DM 289,– inkl. MwSt., zzgl. Vertriebskosten
ISBN 3-86022-236-8

MIKROBIOLOGIE DER LEBENSMITTEL
Fleisch und Fleischerzeugnisse

Dieser produktspezifische Band aus der Buchreihe „Mikrobiologie der Lebensmittel" vermittelt mikrobiologische Kenntnisse bei der Veredlung tierischer Rohstoffe zu hochwertigen Lebensmitteln. Unter Einbezug einer breiten Autorenschaft, die Kapitel ihres Fachgebietes übernommen haben, ist dieses Werk sowohl von der theoretischen Seite als auch unter Berücksichtigung praxisorientierter Aspekte auf dem wissenschaftlich neuesten Stand. Die Bedeutung der Mikroorganismen für die Qualität dieser Lebensmittel wird herausgestellt sowie Beziehungen zu technologischen und prozeßhygienischen Aspekten abgehandelt. Gesondert werden mikrobiologische Aspekte bei verpackten Produkten und Starterkulturen besprochen. Erweitert wird die Thematik um die Mikrobiologie von Eiern, Fischen und Fischwaren sowie von Krebstieren. Aus aktuellem Anlaß wird in diesem als Lehrbuch und Nachschlagewerk konzipiertem Band übergreifend über pathogene und toxinogene Mikroorganismen berichtet.

BEHR'S...VERLAG
B. Behr's Verlag GmbH & Co. · Averhoffstraße 10 · D-22085 Hamburg
Telefon (040) 22 70 08/18-19 · Telefax (040) 22 01 09 1
E-Mail: Behrs@Behrs.de · Homepage: http://www.Behrs.de

8 Mikrobiologie der Dauermilcherzeugnisse

K. J. Heller

8.1 Einleitung

Definition und Bedeutung der Dauermilchprodukte

Dauermilchprodukte zeichnen sich durch eine Haltbarkeitsdauer von mindestens 4 Wochen ohne Kühlung aus. In Abhängigkeit von der Qualität der Produkte und ihrer Lagerungsbedingungen werden üblicherweise jedoch wesentlich längere Haltbarkeiten erreicht. Tab. 8.1 gibt einen Überblick über gängige Dauermilchprodukte (zusammengestellt nach der MilcherzeugnisseVO) und die zu ihrer Haltbarmachung angewandten Verfahren [7, 40]. Welche Wärmebehandlungsverfahren zur Anwendung kommen können ist gesetzlich in der Milchverordnung (MilchVO) geregelt. Obwohl auch andere Produkte, wie z. B. Schmelz- und Reibkäse, ähnlich lange Haltbarkeiten aufweisen, werden sie aufgrund der andersartigen, mikrobiellen Fermentation beinhaltenden Fertigungstechnologie zu den Käserei- und nicht zu den Dauermilchprodukten gezählt.

Die Bedeutung der Dauermilchprodukte ist nicht nur in der Versorgung mit haltbaren, hochwertigen und vielseitig verwendbaren Milchprodukten zu sehen. Flüssige und feste Dauermilchprodukte finden in zunehmendem Maße industrielle Anwendung zur Herstellung vielfältiger Lebensmittel wie Back- und Süßwaren, Schokolade, Speiseeis und bestimmter fermentierter Milchprodukte (z. B. Erhöhung der Trockenmasse durch Milchpulverzugabe). Milchpulver spielt darüber hinaus aufgrund seines geringen spezifischen Gewichts und seiner problemlosen Rekonstituierbarkeit eine wichtige Rolle im Welthandel und in Fällen von Hungersnöten zur Sicherstellung einer Grundversorgung mit Protein.

Auf die Bedeutung von Dauermilchprodukten für die Futtermittelproduktion wird in diesem Kapitel nicht eingegangen.

Mikrobiologische Beschaffenheit

Die in Tab. 8.1 aufgeführten Erzeugnisse sind nach ihrer physikalischen Beschaffenheit in „fest" und „flüssig" unterteilt, da die angewandten Herstellungsverfahren und deren Einflüsse auf die mikrobiologische Qualität der Erzeugnisse für die einzelnen Gruppen (z. B. UHT-Erzeugnisse) so ähnlich sind, daß sie sich beispielhaft an einem Produkt darstellen lassen. Unter mikrobiologischen Gesichtspunkten erscheint eine andere Einteilung sinnvoll. So lassen sich die flüssigen Steril- (einschließlich ungezuckerte Kondensmilch) und UHT-Milchprodukte zusammenfassen, da der Herstellungsprozeß auf eine weitestgehende Keimfreiheit abzielt. Demgegenüber erfolgt bei den festen Milchprodukten und der gezuckerten Kondensmilch nur eine starke Reduzierung der ursprünglich vorhandenen Mikroflora.

Einleitung

Tab. 8.1 Dauermilcherzeugnisse und Verfahren zur Haltbarmachung

Produktkonsistenz	Dauermilchprodukte	Herstellungsverfahren
Flüssig	**Sterilmilch** Sterilmilchprodukte **Kondensmilch**	Sterilisation der (vorkonzentrierten) Produkte in der Endverpackung (15–20 min bei 100–120 °C)
	Gezuckerte Kondensmilch	Zusatz von Zucker (62,5–64,5 Gewichts%, bezogen auf den Wassergehalt) nach Vorerhitzung der Milch (einige s bei 110–120 °C)
	UHT-Milch UHT-Milchprodukte	kontinuierliche Ultrahocherhitzung (4–8 s bei 130–150 °C) mit anschließender aseptischer Verpackung
Fest	**Sprühmilchpulver**	Wasserentzug bis auf einen Restgehalt von ca. 5 % nach Vorwärmen (3–5 min bei 88–90 °C) und Vorkonzentrieren durch Versprühen in einem Trockenluftstrom von 180–240 °C und einer Milchtemperatur von 60–90 °C
	Walzenmilchpulver	Wasserentzug bis auf einen Restgehalt von ca. 6 % nach Vorwärmen (3–5 min bei 88–90 °C) und Vorkonzentrieren in dünnem Film auf Walzen bei 130–150 °C
	Säuglingsnahrung	s. Sprühmilchpulver; pulverförmige Zusätze können nach dem Trocknungsprozeß zugemischt werden
	Joghurtpulver Kefirpulver Buttermilchpulver Molkenpulver	s. Sprühmilchpulver
	Kasein	Wasserentzug bis auf einen Restgehalt von ca. 5–12 % durch Trocknung (50–60 °C) und Vermahlung des durch Säurepräzipitation von Magermilch erhaltenen und gewaschenen Quarks

Auf die fett gedruckten Produkte wird im Text ausführlicher eingegangen.

Die Vermehrung dieser Flora wird entweder durch Wasserentzug (feste Produkte) oder durch hohen Zuckergehalt (gezuckerte Kondensmilch) unterbunden. Wichtigste Einflußgröße auf die mikrobiologische Beschaffenheit der Dauermilchprodukte, insbesondere der Produkte bei denen nur eine Reduzierung der Keimflora erfolgt, ist die mikrobiologische Qualität der Rohmilch. Die Mikrobiologie der Rohmilch wird ausführlich in Kap. 1 dieses Buches behandelt. An dieser Stelle soll nur darauf hingewiesen werden, daß mit Verabschiedung der Richtlinie 92/46/EWG und der sich daran anschließenden Umsetzung in nationales Recht der Einfluß der Rohmilchqualität auf die mikrobiologische Beschaffenheit sämtlicher Milchprodukte zurückgedrängt wurde: spätestens zum 1.1.1998 darf angelieferte Rohmilch nur noch maximal 100 000 Keime pro ml enthalten, wenn sie zu Konsummilch, Milchprodukten und Erzeugnissen auf Milchbasis verarbeitet werden soll. Wird sie nicht innerhalb von 36 Stunden bei Lagerung von nicht mehr als 6 °C (bzw. innerhalb von 48 Stunden bei Lagerung von nicht mehr als 4 °C) weiterverarbeitet, darf sie unmittelbar vor der Thermisierung nicht mehr als 300 000 Keime pro ml enthalten. Für die Zeit zwischen dem 1.1.1994 und 31.12.1997 darf Rohmilch noch zu Erzeugnissen auf Milchbasis (z. B. Milchpulver) verarbeitet werden, wenn sie bei der Anlieferung maximal 400 000 Keime pro ml enthält. In der Praxis wird aber seit dem 1.1.1994 Rohmilch mit 400 000 Keimen pro ml nicht mehr oder kaum noch verarbeitet, da einerseits organisatorische und Kostengründe gegen eine getrennte Erfassung von Milch zweier Güteklassen sprechen, und andererseits die großen Handelsketten auf einer Verwendung von Rohmilch mit maximal 100 000 Keimen pro ml auch zur Herstellung von Erzeugnissen auf Milchbasis bestehen [17].

Mit der Verabschiedung der Richtlinie 92/46/EWG wurden verbindliche Hygiene-Vorschriften für die Herstellung und Vermarktung von Rohmilch, wärmebehandelter Milch und Erzeugnissen auf Milchbasis festgeschrieben. Wesentlicher Bestandteil zur Sicherung der Produktqualität ist das Konzept des „Hazard Analysis Critical Control Point" (HACCP)[3]. Kernstück dieses Konzepts ist die Erkennung und Festlegung kritischer Kontrollpunkte (CCP), an denen hygienische Schwachstellen eines Produktionsprozesses unter Kontrolle gebracht werden können. Die kritischen Kontrollpunkte werden dabei unterschieden in CCP1 und CCP2: An einem CCP1 kann ein nicht akzeptables Ereignis verhindert, an einem CCP2 kann es dagegen nur vermindert werden [16]. Eine ausführliche Auseinandersetzung mit dem HACCP-Konzept findet sich im Kap. „Betriebshygiene und Qualitätssicherung" des Bandes „Grundlagen der Lebensmittelmikrobiologie" dieser Buchreihe.

8.2 Sterilmilch, Kondensmilch

Definition und Herstellung

Sterilmilch, Sterilmilchgetränke, Sterilsahne und ungezuckerte Kondensmilch müssen nach Abfüllung in luftdicht verschlossenen Umhüllungen oder Behältnissen durch Wärmebehandlung sterilisiert werden, wobei der Verschluß unverletzt bleiben muß (Richtlinie 46/92/EWG). Sie weisen in der Regel eine Haltbarkeit von

Sterilmilch, Kondensmilch

mehreren Monaten und länger auf (2). Ungezuckerte Kondensmilch unterscheidet sich dabei von den übrigen Sterilprodukten dadurch, daß vor der Abfüllung ein Konzentrierungsschritt durch Vakuumverdampfung erfolgt. Die Herstellung von ungezuckerter Kondensmilch ist stellvertretend für sämtliche Sterilprodukte im Fließschema der Abb. 8.1 dargestellt, zusammen mit den wichtigsten mikrobiologischen Einflußfaktoren.

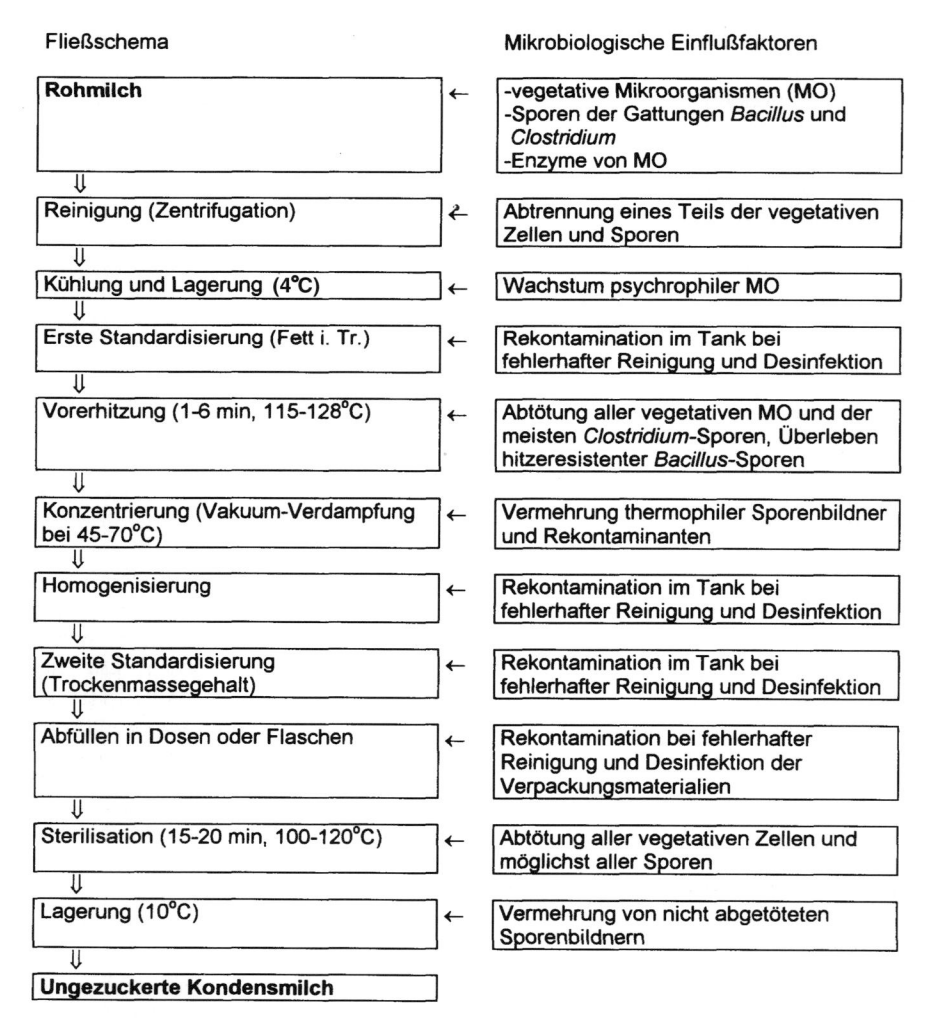

Fließschema	Mikrobiologische Einflußfaktoren
Rohmilch	-vegetative Mikroorganismen (MO) -Sporen der Gattungen *Bacillus* und *Clostridium* -Enzyme von MO
⇩	
Reinigung (Zentrifugation)	Abtrennung eines Teils der vegetativen Zellen und Sporen
⇩	
Kühlung und Lagerung (4°C)	Wachstum psychrophiler MO
⇩	
Erste Standardisierung (Fett i. Tr.)	Rekontamination im Tank bei fehlerhafter Reinigung und Desinfektion
⇩	
Vorerhitzung (1-6 min, 115-128°C)	Abtötung aller vegetativen MO und der meisten *Clostridium*-Sporen, Überleben hitzeresistenter *Bacillus*-Sporen
⇩	
Konzentrierung (Vakuum-Verdampfung bei 45-70°C)	Vermehrung thermophiler Sporenbildner und Rekontaminanten
⇩	
Homogenisierung	Rekontamination im Tank bei fehlerhafter Reinigung und Desinfektion
⇩	
Zweite Standardisierung (Trockenmassegehalt)	Rekontamination im Tank bei fehlerhafter Reinigung und Desinfektion
⇩	
Abfüllen in Dosen oder Flaschen	Rekontamination bei fehlerhafter Reinigung und Desinfektion der Verpackungsmaterialien
⇩	
Sterilisation (15-20 min, 100-120°C)	Abtötung aller vegetativen Zellen und möglichst aller Sporen
⇩	
Lagerung (10°C)	Vermehrung von nicht abgetöteten Sporenbildnern
⇩	
Ungezuckerte Kondensmilch	

Abb. 8.1 Fließschema der Kondensmilchherstellung mit den wichtigsten mikrobiologischen Einflußfaktoren

Sterilmilch, Kondensmilch

Mikrobiologische Anforderungen

In der Richtlinie 46/92/EWG werden einige mikrobiologische Kriterien für Sterilmilchprodukte und Kondensmilch genannt. Neben der o. g. Herstellungsvorschrift, die entsprechend den gemeinschaftlichen oder internationalen Normen von der zuständigen Behörde der Mitgliedstaaten genehmigt sein muß, werden folgende Angaben gemacht. Danach darf nach fünfzehntägigem Aufbewahren im geschlossenen Behältnis bei einer Temperatur von +30 °C bei Stichprobenkontrollen die Keimzahl 10 pro 0,1 ml nicht überschritten werden, und es dürfen keine organoleptischen Veränderungen feststellbar sein; erforderlichenfalls kann auch eine siebentägige Aufbewahrung im geschlossenen Behältnis bei +55 °C herangezogen werden. Weiterhin dürfen pharmakologisch wirksame Stoffe die in den Anhängen I und III der Verordnung (EWG) Nr. 2377/90 festgelegten Höchstmengen nicht überschreiten, wie auch die Gesamtmenge an Antibiotika einen gemäß dem Verfahren der gleichen Verordnung festzulegenden Wert nicht überschreiten darf.

Beeinflussung der mikrobiologischen Qualität

Der höchste Sicherheitsgrad in bezug auf die Haltbarkeitsdauer läßt sich durch die Sterilisation der Milch im dicht verschlossenen Endbehältnis erzielen, da auf diese Weise Rekontamination ausgeschlossen werden kann. Die bei diesem Verfahren nicht zu umgehende sehr hohe thermische Belastung der Milch führt allerdings zu chemischen Veränderungen der Milchinhaltsstoffe und damit einhergehenden Geschmackseinbußen [31].

Durch die intensive Hitzebehandlung haben nahezu ausschließlich nur die Sporen der aeroben Sporenbildner der Gattung *Bacillus* eine Möglichkeit zu überleben. Ihr Wachstum ist allerdings durch den in den dicht verschlossenen Behältern nur begrenzt zur Verfügung stehenden Sauerstoff stark limitiert. Wesentlich für den Erfolg der Sterilisation ist eine geringe Sporenbelastung der zu Sterilmilch zu verarbeitenden Rohmilch. Dieses beruht darauf, daß bei Sterilisationsverfahren, deren Effektivität im wesentlichen auf einer „Haltezeit bei konstanten Temperaturbedingungen" beruht [39], das Absterben der Mikroorganismen einer Reaktion erster Ordnung folgt. Die Inaktivierung der Mikroorganismen läßt sich danach wie folgt ausdrücken:

$$\ln N = \ln N_o - kt$$

In der Formel ist N_o die Ausgangskeimzahl, N die Keimzahl zur Zeit t, und k eine für den jeweiligen Keim und die Versuchsbedingungen spezifische Konstante. Die Formel besagt, daß in gleichen Zeitabständen die Ausgangskeimzahlen um jeweils den gleichen relativen Anteil reduziert werden. Milch mit hoher Sporenbelastung wird daher auch nach der Sterilisation noch auskeimfähige Sporen enthalten, während niedrigbelastete Milch nach der Sterilisation praktisch keimfrei

Sterilmilch, Kondensmilch

ist. Die durch die Richtlinie 92/46/EWG festgeschriebene Höchstkeimzahl von in Zukunft 100 000 Keimen/ml verringert damit das Hauptrisiko für den Verderb von Sterilprodukten, nämlich den Sporeneintrag mit der Rohmilch.

Die für den Verderb in Frage kommenden aeroben Sporenbildner sind im wesentlichen die mesophilen oder fakultativ thermophilen Stämme *Bacillus subtilis, B. circulans, B. cereus, B. megaterium, B. licheniformis, B. coagulans, B. macerans,* und *B. pumilis* und der thermophile Stamm *B. stearothermophilus* [21, 40]. Nahezu alle Stämme bewirken durch Proteasen verursachte Süßgerinnung [10], welche bei *B. subtilis* von bitterem Geschmack, bei *B. megaterium* von Gasbildung und käsigem Geruch, und bei *B. stearothermophilus* und *B. coagulans* von käsigem Geschmack begleitet wird [40]. Im Gegensatz zu diesen lediglich zum Verderb führenden *Bacillus* Stämmen ist *B. cereus* aufgrund seiner Toxinproduktion ein potentieller Lebensmittelvergifter [8]. In Sterilmilchprodukten, die im Autoklaven auf mindestens 110 °C erhitzt wurden, ist *B. cereus* allerdings praktisch ohne Bedeutung [5].

Die Haltbarkeit von Sterilmilchprodukten ist nicht nur durch lebende Mikroorganismen gefährdet. Vor allem die hitzeresistenten Proteinasen psychrophiler Keime wie *Pseudomonas fluorescens* können zu sensorischen Fehlern und Gerinnung führen [12, 14, 35]. Allerdings ist für Sterilprodukte zu erwarten, daß durch die in der Richtlinie 46/92/EWG definierte Höchstgrenze der Rohmilchkeimzahl das Problem der hitzeresistenten Proteinasen ebenso wie auch das der Sporenbildner immer mehr in den Hintergrund tritt. Damit wird auch das Problem des Einflusses erhöhter Lagertemperaturen auf die Haltbarkeit (durch Vermehrung der Sporenbildner bzw. durch erhöhte Enzymaktivität) wesentlich an Bedeutung verlieren.

Für die Herstellung von Sterilmilch fallen einige der in Abb. 8.1 für Kondensmilch dargestellten Prozeßschritte fort und damit auch die für diese Schritte angezeigten mikrobiologischen Risiken. Die Herstellung von Sterilmilch stellt sich somit heutzutage als ein Prozeß dar, der weitgehend beherrscht ist. Voraussetzung ist aber die konsequente Durchführung der Reinigung und Desinfektion der Anlagen und die Einhaltung der korrekten Sterilisationstemperaturen und -zeiten.

Ein völlig anderes Problem stellen Undichtigkeiten der Behältnisse dar bzw. das Öffnen der Verpackungen durch den Verbraucher. Hier kann es natürlich zu Kontaminationen mit einer Vielfalt von Mikroorganismen kommen: Mikrokokken, Streptokokken, Laktokokken, Enterokokken, Pseudomonaden u. a. [22, 40]. Das Hineindiffundieren von Sauerstoff in die Milch kann zum Wachstum von Bazillen führen, die die Sterilisation überlebt haben. Besonders problematisch sind Beschädigungen der Behältnisse direkt nach dem Autoklavieren, da durch Ansaugen während der Abkühlphase Keime aus der Umgebung aufgenommen werden. Sterilisierte Produkte in geöffneten oder undichten Behältnissen weisen daher immer nur eine sehr begrenzte Haltbarkeit auch bei niedrigen Lagerungstemperaturen auf.

Für die Herstellung von Kondensmilch ist es der Konzentrierungsschritt, der besonders anfällig für Kontaminationen ist. Die angewandten Temperaturen erlauben eine schnelle Vermehrung thermophiler und fakultativ thermophiler Sporenbildner, die sich während der anschließenden Homogenisierung und Standardisierung der Trockenmasse fortsetzen kann. Überschreiten die Keimzahlen bestimmte Werte, kann die nachfolgende Sterilisation nur noch zu einer unvollständigen Sporenabtötung führen.

In jüngster Zeit sind Versuche unternommen worden, sowohl das Kontaminationsrisiko bei der Herstellung von Kondensmilch durch Verringerung der Anzahl der Prozeßschritte bzw. durch Verzicht auf Zusatz von Stabilisatoren zu verringern, als auch durch Vermeidung der zweifachen Erhitzung Energie zu sparen [24]. Essentieller Bestandteil des Verfahrens ist jedoch, daß auf die Sterilisation im Endbehältnis verzichtet und statt dessen eine aseptische Verpackung durchgefürt wird. Damit führt dieses Verfahren nicht zu einem Steril-, sondern zu einem UHT-Produkt.

8.3 Gezuckerte Kondensmilch

Definition und Herstellung

Gezuckerte Kondensmilch ist ein aus Milch oder Sahne hergestelltes und durch teilweisen Wasserentzug eingedicktes Milchprodukt, welches durch Zugabe von Saccharose haltbar gemacht ist. Das Fließschema der Herstellung mit den wichtigsten mikrobiologischen Einflußfaktoren ist in Abb. 8.2 dargestellt. Anders als ungezuckerte Kondensmilch wird gezuckerte Kondensmilch nicht im Endbehältnis sterilisiert. Die Wärmebehandlung, die mit geringerer Temperatur und für kürzere Zeit erfolgt, findet zu einem frühen Stadium des Herstellungsprozesses statt. Das Wachstum von Mikroorganismen, die die Wärmebehandlung überleben bzw. während der späteren Stadien der Herstellung in die Milch gelangen, wird durch die hohe Zuckerkonzentration unterdrückt.

Mikrobiologische Anforderungen

Im Gegensatz zu den Sterilprodukten werden für gezuckerte Kondensmilch keine spezifischen mikrobiologischen Anforderungen definiert. Es sind daher die in der Richtlinie 42/96/EWG, Anhang C, Kapitel I, Absatz B genannten Anforderungen an Werkmilch zu beachten. Danach muß die zur Wärmebehandlung eingesetzte Milch aus Rohmilch gewonnen sein, die, sofern sie nicht binnen 36 Stunden nach der Annahme bearbeitet wird, bei 30 °C eine Keimzahl von höchstens 300 000 pro ml aufweist. Weiterhin muß die Wärmebehandlung in einer Weise durchgeführt werden, daß unmittelbar nach der Behandlung eine negative Reaktion beim Phosphatasetest bewirkt wird. Obligatorische hygienische Kriterien nach Kapitel II des gleichen Anhangs sind, daß *Listeria monocytogenes* in 1 ml und *Salmonella spp.* in 25 ml nicht nachweisbar sind. Darüber hinaus dürfen Krankheitserreger

361

Gezuckerte Kondensmilch

Fließschema	Mikrobiologische Einflußfaktoren
Rohmilch ←	-vegetative MO -Sporen der Gattungen *Bacillus* und *Clostridium* -Enzyme von MO
⇓	
Reinigung (Zentrifugation) ←	Abtrennung eines Teils der vegetativen Zellen und Sporen
⇓	
Kühlung und Lagerung (4°C) ←	Wachstum psychrophiler MO
⇓	
Erste Standardisierung (Fett i. Tr.) ←	Rekontamination im Tank bei fehlerhafter Reinigung und Desinfektion
⇓	
Hitzebehandlung (100-120°C, einige s) ←	Abtötung der meisten vegetativen MO und der meisten *Clostridium*-Sporen, Überleben hitzeresistenter *Bacillus*-Sporen
⇓	
Konzentrierung (Vakuum-Verdampfung bei 45-70°C) ←	Wachstum thermophiler Sporenbildner und Nichtsporenbildner
⇓	
Zuckerzugabe (62,5-64,5 Gewichts%) ←	Rekontamination
⇓	
Zweite Standardisierung (Trockenmassegehalt) ←	Rekontamination im Tank bei fehlerhafter Reinigung und Desinfektion
⇓	
Kühlung und Laktose-Kristallisation (t_1: 30-32°C, t_2: 10°C) ←	Wachstum osmophiler MO
⇓	
Abfüllung in Dosen ←	Rekontamination bei fehlerhafter Reinigung und Desinfektion der Verpackungsmaterialien
⇓	
Lagerung bei 10°C ←	Verminderung des Wachstums osmophiler MO
⇓	
Gezuckerte Kondensmilch	

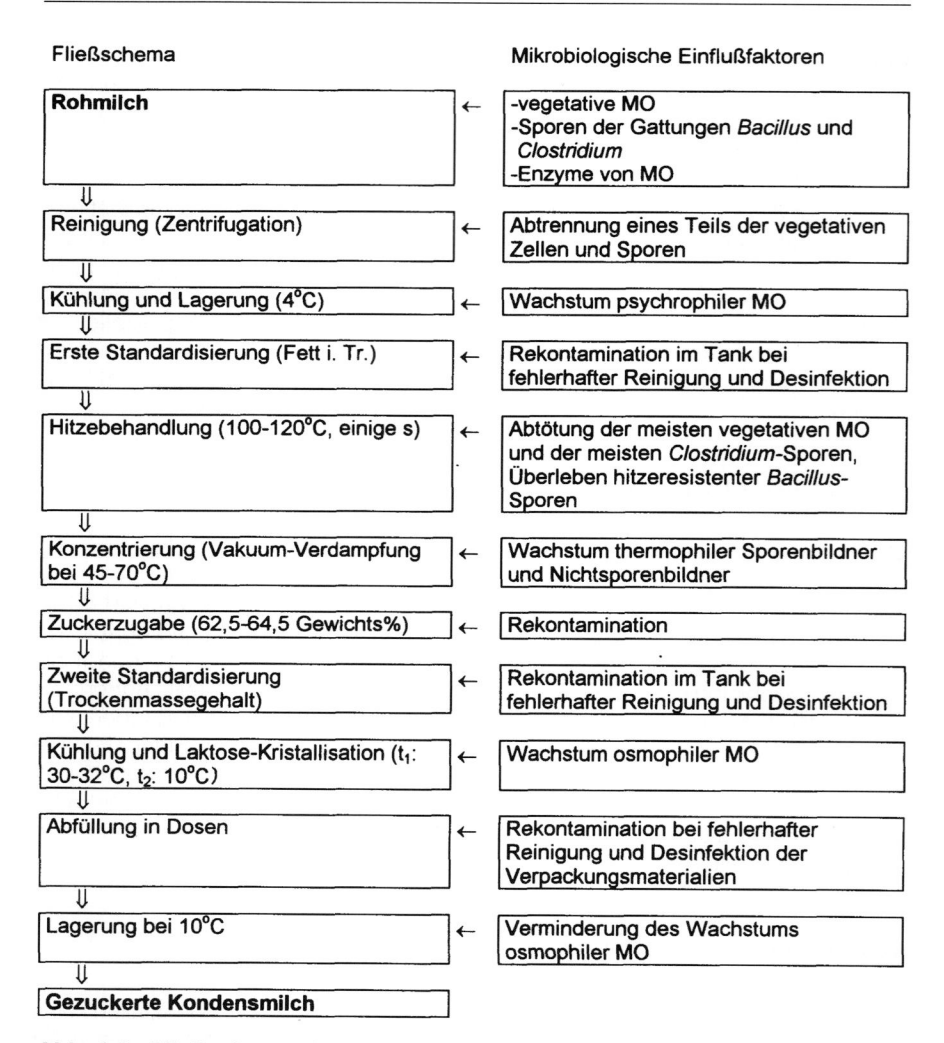

Abb. 8.2 Fließschema der Herstellung gezuckerter Kondensmilch mit den wichtigsten mikrobiologischen Einflußfaktoren

und ihre Toxine nicht in Mengen vorhanden sein, die die Gesundheit der Verbraucher beeinträchtigen. Bei Nichterfüllung der Kriterien dürfen die Lebensmittel nicht in den Verzehr gelangen. Als Indikatorkeime dürfen Coliforme bei 30 °C nur in maximal 2 von 5 Proben je 1 ml in Mengen von 1 bis 4 nachweisbar sein. Nach CARIC [7] sollten in 1 ml gezuckerter Kondensmilch weder Koagulase-positive Staphylokokken, noch Sulfit-reduzierende Clostridien, *Proteus spp.* oder *Escherichia coli* nachweisbar sein.

Beeinflussung der mikrobiologischen Qualität

Im Gegensatz zu ungezuckerter Kondensmilch handelt es sich bei gezuckerter Kondensmilch um ein nicht steriles Produkt. Die Hitzebehandlung (100–120 °C, einige s) führt zwar zur nahezu vollständigen Abtötung aller vegetativen Mikroorganismen. Allerdings werden *Clostridium*-Sporen nur unvollständig und *Bacillus*-Sporen praktisch nicht inaktiviert. Das Wachstum der überlebenden Organismen bzw. das Auskeimen der Sporen wird jedoch durch die im Endprodukt vorliegende sehr hohe Saccharosekonzentration von 62,5–64,5 % (bezogen auf die Wasserphase) effektiv unterbunden [7]. Noch höhere Konzentrationen führen zum Auskristallisieren der Saccharose.

Gezuckerte Kondensmilch weist ein breites Keimspektrum auf, in dem Bazillen aufgrund ihrer Thermoresistenz den Hauptanteil ausmachen. Weitere thermodure Keime aus der Rohmilchmikroflora können vertreten sein. Als Rekontaminanten sind vor allem Mikro- und Staphylokokken sowie Schimmelpilze und Hefen zu erwähnen [40]. Enterokokken, Anaerobier, Aspergillen, Cladosporien, Penicillien, Alternarien und Mucorales wurden ebenfalls nachgewiesen [1].

Die Haltbarkeit von gezuckerter Kondensmilch wird in erster Linie durch osmophile Mikroorganismen bestimmt, die bei hohem osmotischem Druck wachsen können. Die Gefahr besteht immer dann, wenn die Zuckerkonzentration 62,5 % unterschreitet. Das Wachstum von Schimmelpilzen ist von einem muffigen Fäulnisgeruch begleitet. Saccharose- oder Laktose-vergärende Mikroorganismen führen zu Gasbildung oder Blähung; hierbei handelt es sich vorwiegend um *Candida*- oder *Torulopsis*-Hefen. Mikrokokken können Dickwerden hervorrufen.

Einen wesentlichen Einfluß auf die Haltbarkeit hat die Lagerungstemperatur, da sie – neben der Verfügbarkeit von Sauerstoff – das Wachstum der Mikroorganismen bestimmt. Durch Lagerung bei Temperaturen von 10 °C und tiefer wird die Haltbarkeit deutlich verlängert.

8.4 UHT-Milcherzeugnisse

Definition und Herstellung

Ultrahocherhitzte Milch muß nach der Richtlinie 92/46/EWG, Anhang C, Kapitel I, Absatz 4b durch eine mindestens 1 Sekunde dauernde Erhitzung von Rohmilch auf mindestens 135 °C gewonnen werden. Die Umhüllung erfolgt danach unter aseptischen Bedingungen in lichtundurchlässigen Behältnissen in der Weise, daß keine nennenswerten chemischen, physikalischen und organoleptischen Veränderungen auftreten. Die Erhitzung kann indirekt – wie im Fließschema der Abb. 8.3 dargestellt – oder direkt durch Einblasen von aus Trinkwasser erzeugtem Dampf geschehen. Bei der Direkterhitzung dürfen jedoch weder Fremdstoffreste in der Milch verbleiben, noch darf diese nachteilig beeinflußt werden. Außerdem darf keine Veränderung des Wassergehalts der behandelten Milch bewirkt werden.

UHT-Milcherzeugnisse

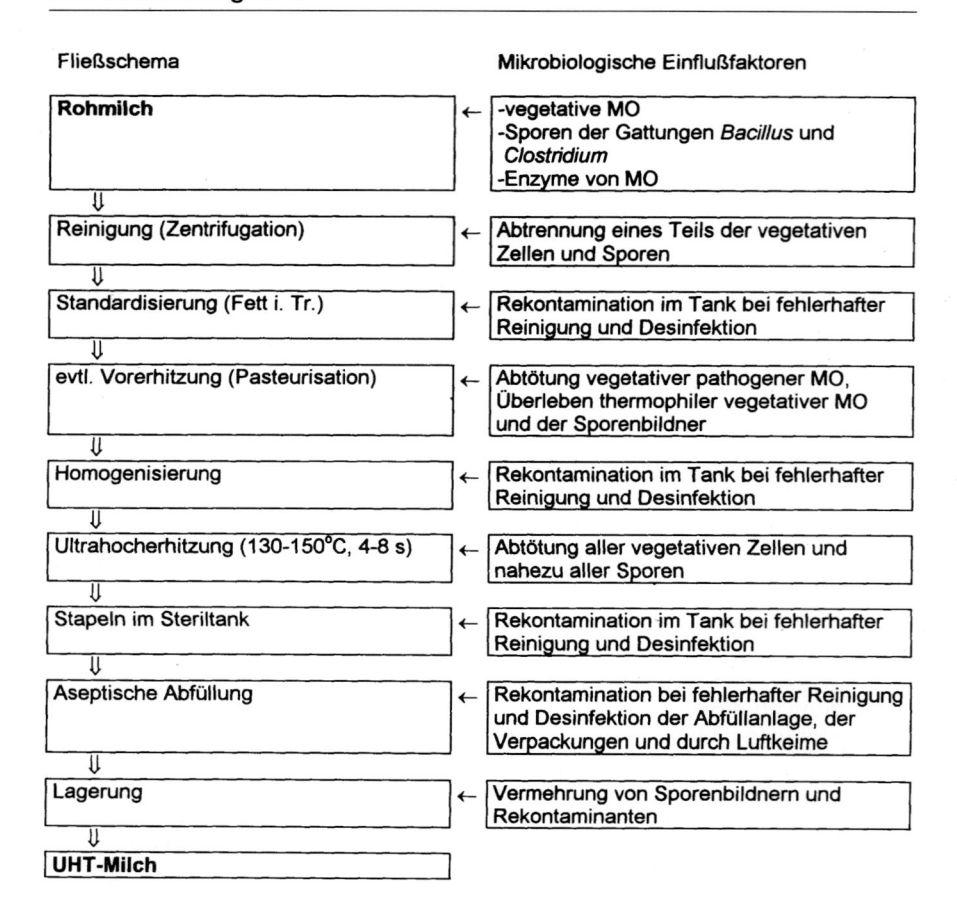

Fließschema	Mikrobiologische Einflußfaktoren
Rohmilch ←	-vegetative MO -Sporen der Gattungen *Bacillus* und *Clostridium* -Enzyme von MO
⇩	
Reinigung (Zentrifugation) ←	Abtrennung eines Teils der vegetativen Zellen und Sporen
⇩	
Standardisierung (Fett i. Tr.) ←	Rekontamination im Tank bei fehlerhafter Reinigung und Desinfektion
⇩	
evtl. Vorerhitzung (Pasteurisation) ←	Abtötung vegetativer pathogener MO, Überleben thermophiler vegetativer MO und der Sporenbildner
⇩	
Homogenisierung ←	Rekontamination im Tank bei fehlerhafter Reinigung und Desinfektion
⇩	
Ultrahocherhitzung (130-150°C, 4-8 s) ←	Abtötung aller vegetativen Zellen und nahezu aller Sporen
⇩	
Stapeln im Steriltank ←	Rekontamination im Tank bei fehlerhafter Reinigung und Desinfektion
⇩	
Aseptische Abfüllung ←	Rekontamination bei fehlerhafter Reinigung und Desinfektion der Abfüllanlage, der Verpackungen und durch Luftkeime
⇩	
Lagerung ←	Vermehrung von Sporenbildnern und Rekontaminanten
⇩	
UHT-Milch	

Abb. 8.3 Fließschema der Herstellung von UHT-Milch mit den wichtigsten mikrobiologischen Einflußfaktoren

Letzteres Kriterium wird dadurch sichergestellt, daß durch eine nach der Erhitzung angeschlossene Entspannungsverdampfung wieder genau die Menge an Wasser entzogen wird, die durch Kondensation bei der Erhitzung in der Milch verblieben war.

Die verlängerte Haltbarkeit von UHT- im Vergleich zu pasteurisierten Produkten ist auf die intensivere Wärmebehandlung und damit weitestgehende Abtötung vegetativer Zellen und Sporen zurückzuführen. Im Gegensatz zu Sterilprodukten findet jedoch aufgrund der geringeren Wärmebelastung eine weniger starke Beeinflussung der ursprünglichen Milcheigenschaften statt (Abb. 8.4). Dieser positive Effekt ist beim direkten UHT-Verfahren noch stärker ausgeprägt, da die thermische Belastung der Milch aufgrund der besseren Temperaturübergänge noch weiter reduziert werden kann [23].

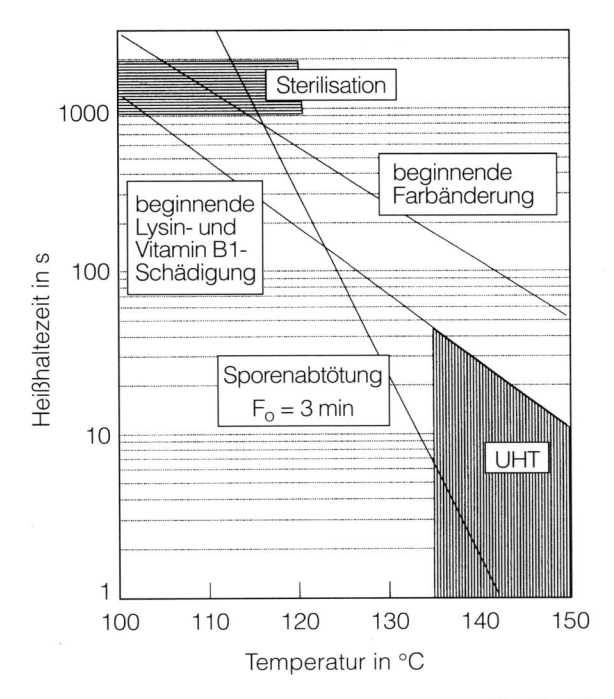

Abb. 8.4 Temperatur-Zeit-Diagramm für die Milcherhitzung. Die Daten stammen im wesentlichen von KESSLER [23] und SCHLIMME et al. [31]

Mikrobiologische Anforderungen

Für UHT-Milch gelten nach der Richtlinie 92/46/EWG die gleichen mikrobiologischen Kriterien wie für sterilisierte Milch. Danach darf die Keimzahl (bei 30 °C) nach fünfzehntägigem Bebrüten bei 30 °C den Wert 10 pro 0,1 ml nicht überschreiten, muß die organoleptische Prüfung normal sein, dürfen pharmakologisch wirksame Stoffe die in den Anhängen I und III der Verordnung (EWG) Nr. 2377/90 festgelegten Höchstmengen nicht überschreiten, und darf die Gesamtrückstandsmenge an Antibiotika nicht höher liegen als ein gemäß dem Verfahren der Verordnung (EWG) Nr. 2377/90 festzulegender Wert. Auch bezüglich der zu verwendenden Rohmilch gelten die bereits für Sterilmilch genannten Vorschriften.

UHT-Milcherzeugnisse

Beeinflussung der mikrobiologischen Qualität

Für die mikrobiologische Qualität der UHT-Milch sind zwei Verfahrensschritte von entscheidender Bedeutung: die Ultrahocherhitzung und die aseptische Abfüllung. Die für die Ultrahocherhitzung vorgeschriebenen Minimalbedingungen von mindestens 135 °C für mindestens 1 Sekunde können einzig von Sporen der Gattung *Bacillus* überlebt werden. Entsprechend sind in UHT-Milchproben, deren Verderb auf unzureichende Erhitzung zurückzuführen ist, die besonders hitzeresistenten *B. cereus*, *B. subtilis*, *B. macerans*, *B. licheniformis* und *B. stearothermophilus* nachzuweisen [5, 40]. *B. cereus* gilt heutzutage als der wichtigste Sporenbildner in der Milch. Verantwortlich dafür sind neben der Hitzeresistenz seine Fähigkeit, selbst bei tiefen Temperaturen zu wachsen und die Toxinproduktion [8, 38]. *B. stearothermophilus* kommt als extrem hitzeresistentem Keim besondere Bedeutung als Testkeim für Sicherheitsüberprüfungen von UHT-Anlagen zu [25]. Verderbnis durch diese Keime äußert sich in gleicher Weise wie bereits für Sterilmilch beschrieben. Seit einigen Jahren werden immer wieder extrem hitzeresistente Sporenbildner in UHT-Milch nachgewiesen [31]. Zur effektiven Abtötung dieser Keime ist eine Temperatur/Zeit-Relation von 150 °C/2,5 s notwendig. Wie die Abb. 8.4 zeigt, ist selbst diese Wärmebehandlung noch unter weitgehender Schonung der Milchinhaltsstoffe durchzuführen. Allerdings stellt sich die Frage, inwieweit Anlagen mit indirekter Erhitzung und den dadurch verzögerten Wärmeübergängen noch in der Lage sind, die zur Schonung der Milchinhaltsstoffe notwendigen sehr kurzen Heißhaltezeiten zu gewährleisten. Maßgeblich für die Wärmebelastung der Milch ist ja nicht die erzielte Temperaturspitze, sondern das Integral des Gesamttemperaturprofils.

Die Bedeutung hitzeresistenter Proteasen und Lipasen, die durch Wachstum psychrophiler Organismen in die Rohmilch gelangen [12, 14, 33, 35, 40], wird in Zukunft für den Verderb von UHT-Milch weniger von Bedeutung sein. Wie bereits für die anderen Dauermilchprodukte beschrieben, liegt der Grund in der Anwendung der Richtlinie 92/46/EWG, die die Höchstmenge an Keimen in der Rohmilch regelt. Ebenfalls ein rein enzymatischer Verderb kann durch Plasmin hervorgerufen werden. Allerdings ist ein Effekt durch Plasmin erst nach langer Lagerzeit bei erhöhter Temperatur zu beobachten [9, 37].

Kontamination nach der Erhitzung ist durch eine breite Palette von Mikroorganismen möglich. Wie auch bei Sterilmilch können Streptokokken, Mikrokokken, Enterobakterien, Pseudomonaden u. a. durch Bombage, Süßgerinnung, Säuerung, Bitterkeit und Fäulnis zum Verderb der Milch führen [40]. Das Wachstum dieser Mikroorganismen wird zum Teil auch dadurch begünstigt, daß die natürliche antibakterielle Aktivität von Lactoferrin durch die UHT-Behandlung zerstört wird [29]. Die Kontaminationen können entweder durch einen ungenügenden hygienischen Zustand des Stapeltanks, der Abfüllanlagen oder aber durch fehlerhaftes Verpackungsmaterial zustande kommen [22].

Auch bei Einhaltung sämtlicher Sicherheitsvorkehrungen läßt sich eine gewisse Kontaminationsrate nicht vollständig unterbinden. Dieses ist der Grund dafür, daß die Abgabe einer Charge in den Handel erst dann erfolgen darf, wenn nach fünfzehntägiger Bebrütung bei 30 °C bei Stichproben die Keimzahl in 0,1 ml maximal 10 beträgt. Der Stichprobenumfang beträgt meist etwa 0,1 % und bietet damit nur wenig statistische Sicherheit. Diese wäre nur bei einem wesentlich höheren Stichprobenumfang (ca. 1 %) gegeben. Ein solcher Aufwand mit zerstörender Prüfung ist für die Abnahme von Anlagen notwendig, unter Produktionsbedingungen aber nicht realistisch. Die Entwicklung zerstörungsfreier Prüfmethoden [13] könnte hier einen Beitrag zu noch größerer Produktsicherheit liefern.

8.5 Milchpulver

Definition und Herstellung

Als Milchpulver werden die Trockenbestandteile der Milch bezeichnet, die nach Vorkonzentrierung im Vakuumverdampfer durch Trocknung unter Hitzeeinwirkung gewonnen werden und einen Wassergehalt von höchstens 5 % aufweisen dürfen (MilcherzeugnisseVO). Milchpulver für die Ernährung wird heutzutage nahezu ausschließlich durch Sprühtrocknung hergestellt [7, 40]. Dabei wird die vorkonzentrierte Milch als feiner Nebel in einem trockenen Luftstrom einer Temperatur von bis zu 240 °C getrocknet (Abb. 8.5). Die bei der Wasserverdampfung entstehende Kälte führt dazu, daß die Temperatur der Milchpartikel nur ca. 65–75 °C erreicht. Da die Trocknung in der Regel in Sekundenbruchteilen beendet ist, muß eine zusätzliche Wärmebehandlung zur Keimreduktion durchgeführt werden, die vor der Vorkonzentrierung erfolgt.

Mikrobiologische Anforderungen

Nach der Richtlinie 92/46/EWG darf Milchpulver weder *Listeria monocytogenes* (in 1 g) noch *Salmonella spp.* (in 25 g) enthalten. Andere Krankheitserreger und ihre Toxine dürfen nicht in Mengen vorhanden sein, die die Gesundheit der Verbraucher beeinträchtigen. Bei Überschreiten der Werte müssen die Produkte vom Verzehr ausgeschlossen werden. *Staphylococcus aureus* darf als Nachweiskeim für mangelnde Hygiene nur in maximal 2 von 5 Proben je 1 g den Schwellenwert von 10 überschreiten, wenn der Höchstwert von 100 dabei nicht erreicht oder überschritten wird. Bei Überschreitung der Normen müssen die Überwachungs- und Kontrollverfahren überprüft und verbessert werden. Coliforme Bakterien dürfen als Indikatorkeime nur in maximal 2 von 5 Proben je 1 g in Mengen von 1–9 nachweisbar sein.

Beeinflussung der mikrobiologischen Qualität

Mikroorganismen im fertigen Produkt lassen sich ihrer Herkunft nach in zwei Gruppen unterteilen: solche, die den Herstellungsprozeß überleben, und solche,

Milchpulver

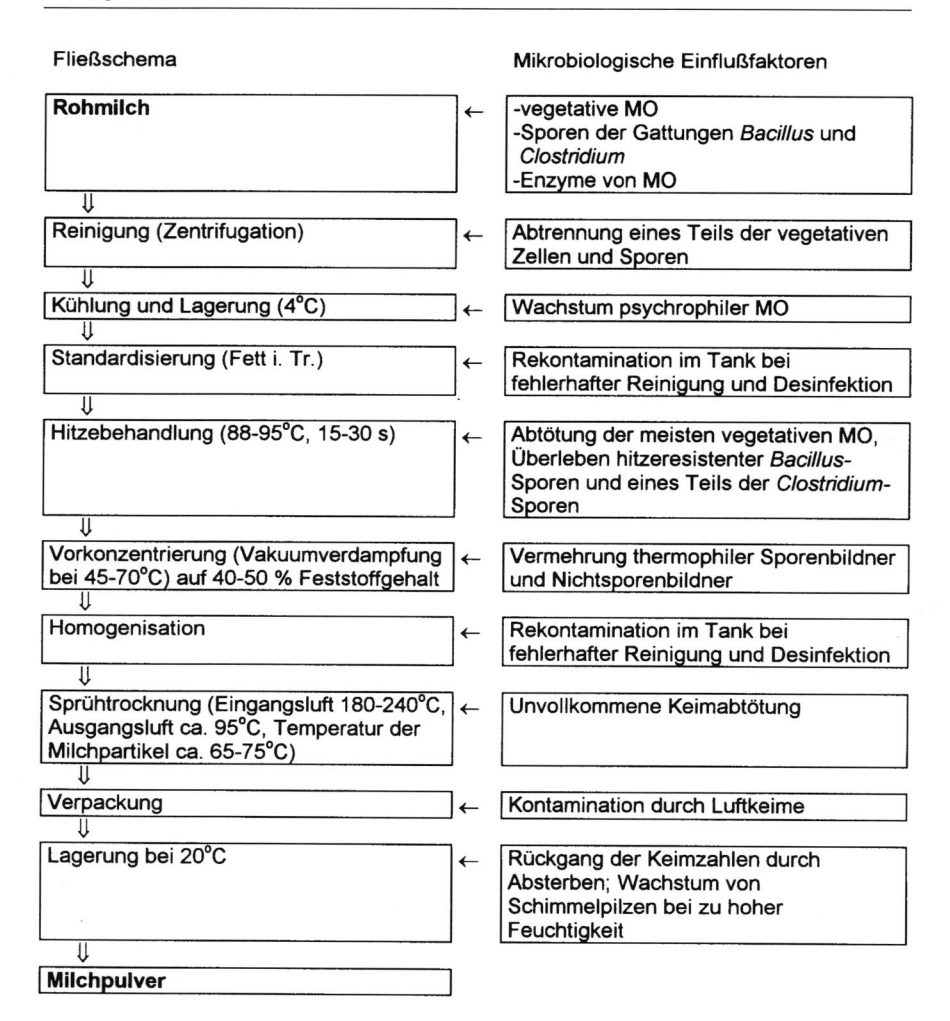

Fließschema	Mikrobiologische Einflußfaktoren
Rohmilch ⇓	-vegetative MO -Sporen der Gattungen *Bacillus* und *Clostridium* -Enzyme von MO
Reinigung (Zentrifugation) ⇓	Abtrennung eines Teils der vegetativen Zellen und Sporen
Kühlung und Lagerung (4°C) ⇓	Wachstum psychrophiler MO
Standardisierung (Fett i. Tr.) ⇓	Rekontamination im Tank bei fehlerhafter Reinigung und Desinfektion
Hitzebehandlung (88-95°C, 15-30 s) ⇓	Abtötung der meisten vegetativen MO, Überleben hitzeresistenter *Bacillus*-Sporen und eines Teils der *Clostridium*-Sporen
Vorkonzentrierung (Vakuumverdampfung bei 45-70°C) auf 40-50 % Feststoffgehalt ⇓	Vermehrung thermophiler Sporenbildner und Nichtsporenbildner
Homogenisation ⇓	Rekontamination im Tank bei fehlerhafter Reinigung und Desinfektion
Sprühtrocknung (Eingangsluft 180-240°C, Ausgangsluft ca. 95°C, Temperatur der Milchpartikel ca. 65-75°C) ⇓	Unvollkommene Keimabtötung
Verpackung ⇓	Kontamination durch Luftkeime
Lagerung bei 20°C ⇓	Rückgang der Keimzahlen durch Absterben; Wachstum von Schimmelpilzen bei zu hoher Feuchtigkeit
Milchpulver	

Abb 8.5 Fließschema der Herstellung von Sprühmilchpulver mit den wichtigsten mikrobiologischen Einflußfaktoren

die während oder nach der Herstellung als Kontaminanten in das Produkt gelangen.

Kontaminanten können dann eine Gefahr darstellen, wenn es sich bei ihnen um Krankheitserreger oder Toxinbildner handelt. Die Mikroorganismen können sich im trockenen Milchpulver zwar nicht mehr vermehren und stellen damit bei sachgemäßer Lagerung auch kein direktes Problem für die Haltbarkeit dar. Bei der Rekonstitution der Trockenmilch mit warmem Wasser kann es jedoch sehr schnell zu einer Vermehrung der pathogenen Keime über eine kritische Grenze hinaus und damit zu einer Gefährdung des Verbrauchers kommen. Daß eine solche Gefährdung real besteht, zeigen die Berichte über Lebensmittelvergiftungen, die durch mit Bakterien kontaminiertes Milchpulver hervorgerufen wurden. Die hierfür verantwortlichen Bakterien waren *Salmonella spp.*, *Staphylococcus spp.*, *Clostridium perfringens* [28, 34], *Yersinia spp.* [30] und *Enterobacter sakazakii* [6]. Darüber hinaus wurden potentielle Lebensmittelvergifter in Milchpulver nachgewiesen: *Listeria monocytogenes* [27]; Staphylokokken [34] und *B. cereus* [4]. Auch wenn im fertigen Produkt keine Krankheitserreger nachweisbar sind, schließt dieses die Gefahr einer Lebensmittelvergiftung nicht aus. Hitzestabile Toxine können die Trockungstemperaturen überstehen, während die Toxinproduzenten abgetötet werden. Beschrieben sind solche Fälle für die Staphylokokken Enterotoxine A und B [11].

Für die Anzahl der Mikroorganismen der Rohmilch, die den Herstellungsprozeß überleben, ist die Hitzebehandlung vor der Vorkonzentrierung maßgebend. Ziele der Erhitzung sind:

1) Abtötung aller pathogenen und der meisten saprophytären Mikroorganismen,

2) Inaktivierung von Enzymen, insbesondere Lipasen, die Lipolyse während der Lagerung des Milchpulvers bewirken können, und

3) Aktivierung der SH-Gruppen des ß-Laktoglobulins zur Erhöhung der Resistenz des Pulvers gegen oxidative Vorgänge [7]. Üblicherweise werden höhere Temperaturen als für die Pasteurisierung angewandt. Unter Bedingungen wie in Abb. 8.5 gezeigt, überleben praktisch nur noch Sporen der Gattungen *Clostridium* und *Bacillus*. Stämme der Gattung *Bacillus* stellen daher auch die am häufigsten im fertigen Milchpulver nachgewiesenen Mikroorganismen. Wird die Hitzebehandlung bei niedrigeren Temperaturen durchgeführt, so überleben auch Nichtsporenbildner wie *Microbacterium lactis*, *Alcaligenes tolerans*, *Streptococcus faecium*, *S. faecalis*, *S. thermophilus* u.a. den Prozeß [26, 40].

Psychrophile Keime, die die Erhitzung keinesfalls überstehen, können aufgrund ihrer thermoresistenten Enzyme dennoch zum Verderb des Milchpulvers beitragen. Allerdings muß die Keimbelastung der Rohmilch dann schon deutlich über den zukünftig in der Richtlinie 92/46/EWG geforderten Werten liegen [15].

Neben der Erhitzung stellt die Vorkonzentrierung einen unter mikrobiologischen Gesichtspunkten sehr wichtigen Verfahrensschritt dar. Bei den dort vorliegenden Temperaturen kann es zur Auskeimung und Vermehrung der Sporen kommen, die die Erhitzung überlebt haben. Bei entsprechend langer Betriebszeit des Eindampfers können daraus erhebliche Sporenbelastungen des Milchpulvers resultieren [18]. Kontaminationen mit pathogenen Mikroorganismen während der Eindampfungsphase sind sehr kritisch zu bewerten, da aufgrund der verringerten Wasseraktivität nach dem Eindampfen die Resistenz der Keime gegenüber Erhitzung erhöht wird [34].

Von besonderer Bedeutung für die Haltbarkeit ist die Lagerung von Milchpulver. Da es stark hygroskopisch ist, muß es vor Feuchtigkeit geschützt werden. Sinkt

Kasein

der Trockenmassegehalt auf unter 93 %, besteht bereits die Gefahr des Verschimmelns durch verschiedene Arten der Gattungen *Aspergillus*, *Mucor*, u. a. Auf der anderen Seite sterben Bakterien (mit Ausnahme von Sporen) bei Lagertemperaturen oberhalb 25 °C und etwas erhöhter Luftfeuchtigkeit innerhalb weniger Wochen ab [20, 36]. Daraus den Schluß ziehen zu wollen, daß Kontaminationsprobleme sich allein durch Lagern des Produkts von selbst erledigen, ist falsch. Milchpulver, welches nach der Rekonstitution sensorisch und hygienisch einwandfreie Produkte liefern soll, muß unter Bedingungen hergestellt werden, die zu jedem Prozeßschritt größtmögliche mikrobiologische Sicherheit unter gleichzeitiger Schonung der Milchinhaltsstoffe gewährleisten.

Säuglingsnahrung

Säuglingsnahrung besteht hauptsächlich aus Milchpulver, dem verschiedene pulverförmige Zusätze beigemischt wurden, um es an die besonderen Nahrungsbedürfnisse der Säuglinge anzupassen. An dieser Stelle soll nur darauf hingewiesen werden, daß an die Hygiene der Produktionsbedingungen noch strengere Maßstäbe als üblich angelegt werden müssen, da Säuglinge aufgrund ihres noch nicht vollständig entwickelten Immunsystems wesentlich anfälliger gegenüber Krankheitserregern oder Toxinen sind als dieses beim normalen Erwachsenen der Fall ist. Aus diesem Grunde sind Hinweise auf Kontamination von Säuglingsnahrung mit Krankheitserregern mit besonderer Aufmerksamkeit zu verfolgen [4, 32] und die Kontaminationsquellen so schnell wie möglich zu identifizieren und auszuschalten. Parallel dazu muß eine umfassende Aufklärung der Verbraucher erfolgen, wie Keimvermehrung bei der Rekonstitution der Säuglingsnahrung zu verhindern ist.

8.6 Kasein

Definition und Herstellung

Kasein gehört nach der MilchErzV zu den Milcheiweißerzeugnissen. Es wird überwiegend durch Säurepräzipitation aus Magermilch hergestellt (Abb. 8.6). Die Ansäuerung kann entweder durch direkte Zugabe von Säure (HCl, H_2SO_4, Milchsäure) erfolgen oder mit Hilfe von Milchsäurebakterien [7]. Im letzteren Fall entsprechen die ersten Produktionsschritte bis zur Abtrennung der Molke vom Quark denen der Frischkäseherstellung. Durch Waschen, Pressen und Trocknen des Quarks wird nach anschließender Vermahlung Säurekasein erhalten. Dieses kann zu Kaseinat weiterverarbeitet werden, welches aufgrund seiner funktionellen Eigenschaft als Fettemulgator und wegen seines Nährwertes zunehmend Verwendung in der Ernährungsindustrie findet [7]. Kaseinat darf höchstens 8 % (m/m) Wassergehalt aufweisen. Der Milchkaseingehalt in der Trockenmasse muß mindestens 88 % (m/m) betragen, und der pH-Wert muß zwischen 6 und 8 liegen.

Kasein

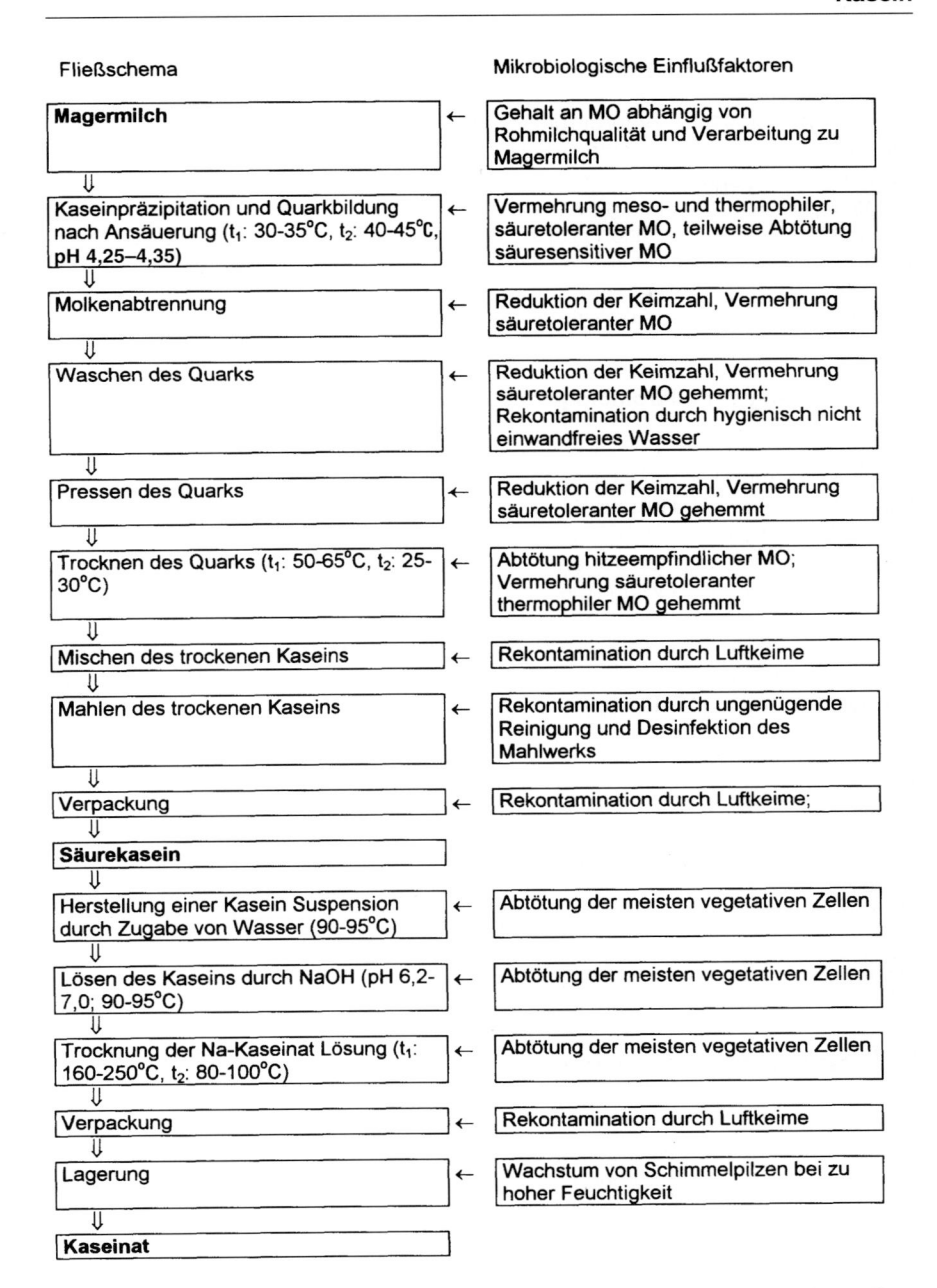

Fließschema	Mikrobiologische Einflußfaktoren
Magermilch ←	Gehalt an MO abhängig von Rohmilchqualität und Verarbeitung zu Magermilch
⇓	
Kaseinpräzipitation und Quarkbildung nach Ansäuerung (t_1: 30-35°C, t_2: 40-45°C, pH 4,25–4,35) ←	Vermehrung meso- und thermophiler, säuretoleranter MO, teilweise Abtötung säuresensitiver MO
⇓	
Molkenabtrennung ←	Reduktion der Keimzahl, Vermehrung säuretoleranter MO
⇓	
Waschen des Quarks ←	Reduktion der Keimzahl, Vermehrung säuretoleranter MO gehemmt; Rekontamination durch hygienisch nicht einwandfreies Wasser
⇓	
Pressen des Quarks ←	Reduktion der Keimzahl, Vermehrung säuretoleranter MO gehemmt
⇓	
Trocknen des Quarks (t_1: 50-65°C, t_2: 25-30°C) ←	Abtötung hitzeempfindlicher MO; Vermehrung säuretoleranter thermophiler MO gehemmt
⇓	
Mischen des trockenen Kaseins ←	Rekontamination durch Luftkeime
⇓	
Mahlen des trockenen Kaseins ←	Rekontamination durch ungenügende Reinigung und Desinfektion des Mahlwerks
⇓	
Verpackung ←	Rekontamination durch Luftkeime;
⇓	
Säurekasein	
⇓	
Herstellung einer Kasein Suspension durch Zugabe von Wasser (90-95°C) ←	Abtötung der meisten vegetativen Zellen
⇓	
Lösen des Kaseins durch NaOH (pH 6,2-7,0; 90-95°C) ←	Abtötung der meisten vegetativen Zellen
⇓	
Trocknung der Na-Kaseinat Lösung (t_1: 160-250°C, t_2: 80-100°C) ←	Abtötung der meisten vegetativen Zellen
⇓	
Verpackung ←	Rekontamination durch Luftkeime
⇓	
Lagerung ←	Wachstum von Schimmelpilzen bei zu hoher Feuchtigkeit
⇓	
Kaseinat	

Abb. 8.6 Fließschema der Herstellung von Kasein mit den wichtigsten mikrobiologischen Einflußfaktoren

Schlußbemerkungen

Mikrobiologische Anforderungen

Die mikrobiologischen Anforderungen entsprechen im wesentlichen denen des Milchpulvers, mit der Ausnahme, daß keine speziellen Vorschriften für Säurekasein bzw. Kaseinat hinsichtlich des Nachweises von *Salmonella spp.* und *Staphylococcus aureus* formuliert sind (Richtlinie 92/46/EWG). Nach dem Standard der International Dairy Federation [19] sollten an eßbares Kaseinat folgende Anforderungen gestellt werden: Gesamtkeimzahl (je nach Güte) zwischen 10 000 und 100 000 pro g; Coliforme nicht nachweisbar in 0,1 g; weniger als 50 Hefen und Pilze pro g; weniger als 5 000 thermophile MO pro g.

Beeinflussung der mikrobiologischen Qualität

Der Prozeßschritt, der wohl am wesentlichsten Einfluß auf die mikrobiologische Qualität von Säurekasein hat, ist der der Säurepräzipitation. Bei Verwendung einer Milchsäurebakterienkultur zur Säuerung gelangen erhebliche Mengen an mesophilen Milchsäurebakterien (*Lactococcus lactis* und/oder *L. cremoris*) in den Quark. Die nachfolgenden Verfahrensschritte reduzieren diese Zahl aufgrund der Abtrennung der Mikroorganismen mit der Molke und dem Waschwasser zwar beträchtlich, eine Abtötung durch Wärmebehandlung erfolgt jedoch nicht. Die beim Trocknen des Quarks angewandten Temperaturen von 50–65 °C sind allenfalls geeignet, in geringer Zahl vorkommende pathogene Rekontaminanten zu inaktivieren. Wichtig für ein stabiles Produkt ist ein durch das Waschen erreichter möglichst niedriger Mineralstoffgehalt, da hierdurch eine spätere Umsetzung von Laktose zu Milchsäure verhindert wird. Eine Hitzeinaktivierung der mesophilen Milchsäurebakterien (und eventuell vorhandener Rekontaminanten) erfolgt erst bei der Weiterverarbeitung des Säurekaseins zu Kaseinat.

Auch über die verwendete Magermilch kann ein wesentlicher Eintrag von Mikroorganismen in das Produkt erfolgen, da eine Erhitzung der Magermilch auf über 85 °C wegen der Möglichkeit der Kopräzipitatbildung nicht in Frage kommt [7].

Für die Lagerung von Kaseinat gelten ähnliche Bedingungen wie bereits für Milchpulver in Kapitel 8.5 genannt.

8.7 Schlußbemerkungen

Es ist abzusehen, daß die Richtlinie 92/46/EWG ganz wesentlich zur Sicherung der mikrobiologischen Qualität der Milchprodukte beitragen wird. Durch die in der Richtlinie genannten drastischen Obergrenzen der Keimbelastung von Roh-, Konsum- und Werkmilch entfällt einer der wichtigsten Faktoren, die zum Verderb der Milchprodukte führen können, nämlich der Eintrag von Mikroorganismen mit der zu verarbeitenden Milch. Es wird daher in Zukunft nicht mehr möglich sein, Milch mit sehr hoher Keimbelastung durch intensive Wärmebehandlung zu Dauermilchprodukten zu verarbeiten und in den menschlichen Verzehr zu geben.

Literatur

[1] AHMED, A. A. H., EL-BASSIONY, T. A., MOUSTAFA, M. K., EL-BASSIONY, T. A.: Microbial evaluation of condensed milk. Assiut Veterinary medical Journal, **20** (1988) H. 40, 98–102.
[2] ASHTON, T. R., ROMNEY A. J. D.: In container sterilization. Bulletin of the IDF (1981) H. 130, 55–70.
[3] BAIRD-PARKER, A. C.:The hazard analysis critical control points concept and principles. Bulletin of the IDF (1992) H. 276.
[4] BECKER, H., TERPLAN, G.: *B. cereus*: Vorkommen und Bedeutung in Milchtrockenprodukten. Molkereitechnik **82/83** (1989) 77–78.
[5] BERGÈRE, J.-L., CERF, O.: Heat resistance of *Bacillus cereus* spores. Bulletin of the IDF (1992) H. 275, 23–25.
[6] BIERING, G., KARLSSON, S., CLARK, N. C., JONSDOTTIR, K. E., LUDVIGSSON, P., STEINGRIMSSON, O.: Three cases of neotnatal meningitis caused by *Enterobacter sakazakii* in powdered milk. Journal of Clinical Microbiology. (1989) H. 27,9, 2054–2056.
[7] CARIC, M.: Concentrated and dried dairy products. VCH Publishers, New York 1994.
[8] CHRISTIANSSON, A.: The toxicology of *Bacillus cereus*. Bulletin of the IDF (1992) H. 275, 30–35.
[9] COLLINS, S. J., BESTER, B. H., MCGILL, A. E. J.: Influence of psychrotrophic bacterial growth in raw milk on the sensory acceptance of UHT skim milk. Journal of Food Protection (1993) H. 56,5, 418–425.
[10] COX, W. A.: Problems associated with bacterial spores in heat-treated milk and dairy products. Journal of the Society for Dairy Technology (1975) H. 28, 59–68.
[11] EL-DAIROUTY, K. R.: Staphylococcal intoxication traced to non-fat dried milk. Journal of Food Protection (1989) H. 52,12, 901–902.
[12] FRIAS, J. D., VILLAFAFILA, A., ABAD, P., RODRIGUEZ-FERNANDEZ, C.: Characterization of a thermoresistant metallo-proteinase from *Pseudomonas fluorescens* Biovar I. Milchwissenschaft, **49** (1994) H. 2, 81–84
[13] GESTRELIUS, H., HERTZ, T. G., NUAMU, M., PERSSON, H. W., LINDSTROM, K.: A non-destructive ultrasound method for microbial quality control of aseptically packaged milk. Lebensmittel-Wissenschaft und Technologie (1993) H. 26,4, 334–339.
[14] GRIFFITHS, M. W., PHILLIPS, J. D., WEST, I. G., MUIR, D. D.: The effect of extended low-temperature storage of raw milk on the quality of pasteurized and UHT milk. Food Microbiology (1988) H. 5,2, 75–87.
[15] GRIFFITHS, M. W., PHILLIPS, J. D., WEST, I. G., SWEETSUR, A. W. M., MUIR, D. D.: The quality of skim-milk powder produced from milk stored at 2 °C. Food Microbiology (1988a) H. 5, 2, 89–96.
[16] HAHN, G., HAMMER, P.: Die Analyse kritischer Punkte (HACCP-Konzept) als Werkzeug der Sicherung von Qualität und gesundheitlicher Unbedenklichkeit. dmz Lebensmittelindustrie und Milchwirtschaft (1993) H. 36, 1040–1048.
[17] HAHN, G.: Die Umsetzung der EG-Hygienerichtlinie für Milch und deren Auswirkung auf die Milchwirtschaft. Die Molkereizeitung WELT DER MILCH, **48** (1994) H. 6, 193–198.
[18] HUP, G.: Die mikrobiologische Qualität von Milchtrockenprodukten. Molkereitechnik (1989) Bd. 82/83; 47–52.
[19] International Standard (1974) FIL-IDF 72, Brüssel, Belgien.
[20] KAFEL, S., RADKOWSKI, M.: Survival of *salmonellae* in skimmilk powder during storage at 20–35 °C. Food Microbiology (1986) H. 3,4, 303–306.
[21] KALOGRIDOU-VASSILIADOU, D.: Biochemical activities of *Bacillus* species isolated from flat sour evaporated milk. Journal of Dairy Science, **75** (1992) H. 10, 2681–2686.
[22] KAMEI, T., SATO, J., NAKAI, Y., NATSUME, A., NODA, K.: Microbiological quality of aseptic packaging and the effect of pin-holes on sterility of aseptic products. Journal of Antibacterial and Antifungal Agents (1988) H. 16,5, 225–232.
[23] KESSLER, H. G.: Milcherhitzung – Verfahren und Effekte. In: Hetzner, E. (Hrsg.): Handbuch Milch, Hamburg: Behr's Verlag 1992.

Literatur

[24] KIESNER, E., EGGERS, R.: Konzeption eines sterilen Aufkonzentrierens von Milch durch mehrstufige Entspannungsverdampfung. Kieler Milchwirtschaftliche Forschungsberichte (1994) H. 46, 2, 151–166.

[25] KONIETZKO, M., REUTER, H.: Abtötung von Mikroorganismen während des UHT-Prozesses am Beispiel von *Bacillus stearothermophilus*. Milchwissenschaft, **35** (1980) H. 5, 274–275

[26] LUPPERTZ, K.: Microbiology of dried milk products with regard to the manufacturing process – a review. Thesis, München: Ludwig-Maximilians-Universität, 1990.

[27] MARTH, E. H., RYSER, E. T.: Occurence of *Listeria* in foods: milk and dairy foods. *In:* MILLER, A. H., SMITH, J. L., SOMKUTI, G. A. (Ed.): Foodborne Listeriosis: Topics in Industrial Microbiology, Vol. 2 (1990) 151–164.

[28] METTLER, A. E.: Pathogens in milk powders – have we learned the lessons? Journal of the Society of Dairy Technology, **42** (1989) H. 2, 48–55.

[29] PAULSSON, M. A., SVENSSON, U. KISHORE, A. R., NAIDU, A. S.: Thermal behaviour of bovine lactoferrin in water and its relation to bacterial interaction and antibacterial activity. Journal of Dairy Science, **76** (1993) H. 12, 3711–3720.

[30] SCHIEMANN, D. A.: *Yersinia enterocolitica* and *Yersinia pseudotuberculosis*. In: DOYLE, M. P. (Ed.): Foodborne bacterial pathogens, New York: Marcel Dekker Inc., 1989. 601–672

[31] SCHLIMME, E., BUCHHEIM, W., HEESCHEN, W.: Beurteilung verschiedener Erhitzungsverfahren und Hitzeindikatoren für Konsummilch. dmz Lebensmittelindustrie und Milchwirtschaft, **115** (1994) H. 2, 64–69.

[32] STADHOUDERS J., DRIESSEN, F. M.: 1992: Other milk products. Bulletin of the IDF (1992) H. 275, 40–45.

[33] SUHREN, G.: Zur bakteriologischen Beschaffenheit von wärmebehandelter Konsummilch: Eine Untersuchung von Handelsproben aus 10 europäischen Ländern. dmz Lebensmittelindustrie und Milchwirtschaft, **111** (1990) H. 15, 468–471.

[34] TERPLAN, G., BECKER, H.: Salmonellen, *E. coli*, Staphylokokken und Listerien in Trockenmilchprodukten.

[35] UPCLASH, V. K., MATHUR, D. K.: Heat resistance of psychrotrophic proteinases. Brief Communications of the XXIII International Dairy Congress, Montreal (1990) Vol. 2, 469.

[36] UZELAC, G.: Die Überlebensfähigkeit von Bakterien fäkalen Ursprungs in Trockenprodukten in Abhängigkeit von der Wasseraktivität. Deutsche Lebensmittel-Rundschau, **74** (1978) H. 6, 228–229.

[37] VENKATACHALAM, N., MCMAHON, D. J.: The effect of microbial quality on the storage stability of ultra-high temperature processed skim milk concentrate. Journal of Dairy Science (1992) H. 75, Suppl. 1, 97.

[38] VLAEMYNCK, G., VAN HEDDEGHEM, A.: Factors affecting the growth of *Bacillus cereus*. Bulletin of the IDF (1992) H. 275, 26–29.

[39] WALLHÄUSSER, K. H.: Lebensmittel und Mikroorganismen: Frischware – Konservierungsmethoden – Verderb. Darmstadt: Steinkopff Verlag, 1990.

[40] WEGNER, K.: Mikrobiologie der Dauermilcherzeugnisse, *In:* Zickrick, K. et al. (Hrsg.) Mikrobiologie tierischer Lebensmittel. 2. Aufl., Leipzig: VEB Fachbuchverlag 1986, 270–293.

9 Mikrobiologie von Speiseeis

9.1 Geschichte des Speiseeises
9.2 Sorten und Eigenschaften
9.3 Mikroflora und mikrobiologische Anforderungen
9.4 Rohstoffe und Zusatzstoffe
9.5 Fertigprodukte
9.6 Herstellung von Speiseeis, Transport, Verkauf
9.7 Mikrobiologische Untersuchung von Speiseeis
Literatur

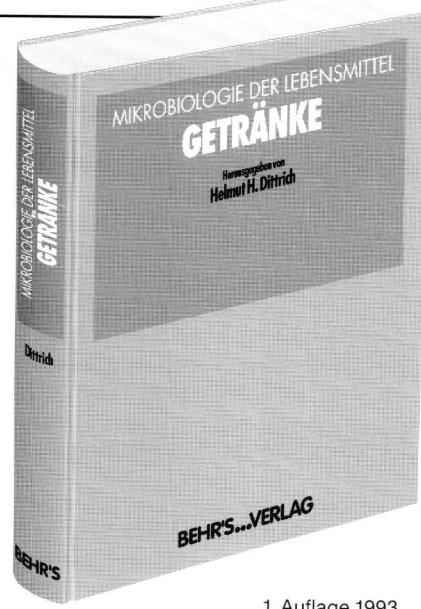

1. Auflage 1993
DIN A5 · 384 Seiten · Hardcover
DM 159,– inkl. MwSt. zzgl. Vertriebskosten
ISBN 3-86022-113-2

MIKROBIOLOGIE DER LEBENSMITTEL
Getränke

Getränke befriedigen die physiologische Notwendigkeit des Trinkens und damit ein elementares Lebensbedürfnis. Ein zweiter Aspekt ist nicht weniger wichtig. Sowohl alkoholfreie als auch alkoholhaltige Getränke haben aufgrund ihrer jeweiligen Inhaltsstoffe einen spezifischen Genußwert. Um auf dem stark umkämpften Markt zu bestehen, wird ein möglichst hoher Genußwert angestrebt. Dazu gehört, daß bis zum Zeitpunkt des Konsums eine hohe Qualität, nicht nur nach sensorischen Aspekten, besteht. Insbesondere mikrobiologische Aspekte müssen berücksichtigt werden, anderenfalls droht Qualitäts- und damit Wertminderung bis hin zum Verderb mit den damit verbundenen gesundheitlichen Risiken. Die Autoren vermitteln in diesem Werk das Fachwissen zu mikrobiologischen Fakten einschließlich der Qualitätssicherung, die unbedingte Voraussetzung für den hohen Qualitätsstandard bei Getränken sind. Mit dieser Darstellung werden aktuelle wissenschaftliche Kenntnisse für die praktische Anwendung zugänglich gemacht.

Der Herausgeber
Prof. Dr. Helmut H. Dittrich, unter Mitarbeit von fünf Autoren.

Interessenten
Mikrobiologen, Führungskräfte aus den Bereichen der Getränkeindustrie, Biotechnologen, Lebensmitteltechnologen, Lebensmittelchemiker, Ernährungswissenschaftler, Dozenten und Studenten der o. g. sowie angrenzenden Fachgebiete.

Aus dem Inhalt
Mikroorganismen in Getränken – eine Übersicht: Ernährungs- u. Vermehrungsfaktoren, Eigenschaften der Mikroorganismen
Mikrobiologie des Wassers: In Fertigpackungen abgepacktes Wasser, natürliches Mineralwasser, Heilwasser
Mikrobiologie der Frucht- und Gemüsesäfte: Infektionsmöglichkeiten im Betrieb, verderbnishindernde bzw. fördernde Faktoren, Veränderungen und Qualitätsminderungen der Säfte durch Mikroorganismen
Mikrobiologie der Fruchtsaft- und Erfrischungsgetränke: Mikrobiologische Anfälligkeit, Maßnahmen zur Vermeidung von Kontaminationen
Mikrobiologie des Bieres: Taxonomie der Hefen, Technologie der Unter- und Obergärung
Mikrobiologie des Weines und Schaumweines: Spontane Gärung – Reinhefegärung, primäre und sekundäre Nebenprodukte
Mikrobiologie der Brennmaischen und Spirituosen: Maischevorbereitung, Infektanten in Alkoholika
Haltbarmachung von Getränken: Füllverfahren, Einlagerungsverfahren
Reinigung und Desinfektion: Einflußfaktoren, Verfahren, Verschmutzungen in der Getränkeindustrie
Mikrobiologische Qualitätskontrolle von Wässern, alkoholfreien Getränken (AfG), Bier und Wein

BEHR'S...VERLAG

B. Behr's Verlag GmbH & Co. · Averhoffstraße 10 · D-22085 Hamburg
Telefon (040) 22 70 08/18-19 · Telefax (040) 220 10 91
E-Mail: Behrs@Behrs.de · Homepage: http://www.Behrs.de

9 Mikrobiologie von Speiseeis

R. ZSCHALER

9.1 Geschichte des Speiseeises

Gefrorenes, wie Speiseeis bis zum Anfang dieses Jahrhunderts genannt wurde, war schon im Altertum bekannt. So gibt es Berichte von Marco Polo, der 1292 nach Aufenthalten in Asien nach Venedig zurückkehrte und dort über die Gepflogenheiten der Chinesen berichtete, in der warmen Jahreszeit eine Art Speiseeis aus Milch und Fruchtsäften herzustellen. Auch in Israel und im antiken Rom wird von der Herstellung von Speiseeis berichtet. Kalifen in Damaskus und Bagdad sowie auch die Sultane in Kairo kannten Speiseeis als Gefrorenes aus Milch mit Früchten. Die Vorliebe der Araber für alles Süße hat die Entwicklung ganz verschiedener Sorten von Speiseeis in diesen Ländern bevorzugt. Auf welchem Weg das Speiseeis von Arabien nach Europa kam, ist unklar. Es könnte über Venedig gewesen sein oder über Sizilien. Auf jeden Fall bedeutet die Entdeckung von Kältemischungen, die in Rom durch einen spanischen Arzt erfolgte, einen Fortschritt für die Herstellung des echten Speiseeises. Am Hofe Ludwigs XIV. sowie in Paris und Wien wurden Rezepte für Gefrorenes, die auch Mandeln, Pistazien oder auch zerkleinerte Früchte mit Honig enthielten, entwickelt. Ab 1700 gelangte die Kenntnis über Gefrorenes durch Einwanderer nach Amerika. Die erste Anzeige für Eiscreme wurde in der „New Yorker Gazette and Weekly Mercury" 1777 gegeben. Die Entwicklung von ganz speziellen Speiseeisspezialitäten blieb dann dem Ende des 19. Jahrhunderts vorbehalten, z. B. auch das berühmte **Pfirsich-Melba**, welches während der Pariser Weltausstellung von Auguste Escoffier 1889 kreiert wurde. Es bekam den Namen der in Paris gastierenden „australischen Nachtigall" Nelle Melba. Viele solcher Eisspezialitäten sind heute über 100 Jahre alt.

Die Entwicklung der industriellen Speiseeisherstellung geht auf eine amerikanische Hausfrau, Nanny Johnson, zurück. Sie habe, so heißt es, 1846 eine Speiseeismaschine mit Handkurbelbetrieb erfunden. Zwei Jahre später erhielt ihr Landsmann W. Young ein Patent für eine Speiseeismaschine, die auf der Erfindung von Mrs. Johnson beruhte. 1848 werden zwei weitere US-Patente über Speiseeismaschinen erteilt. Maschinen zur Kälteherstellung fehlten zu dieser Zeit noch. Es gelang Carl von Linde 1876, eine Kompressionsmaschine zu einer wirklich sicheren Maschine zu entwickeln und damit die eigentliche industrielle Herstellung von Speiseeis einzuleiten. Die Entwicklung von Speiseeis zum Lebensmittel verlief in Deutschland, verglichen mit Amerika, um einige Jahre versetzt. Seit 1930 wird aber auch in Deutschland Speiseeis industriell hergestellt.

9.2 Sorten und Eigenschaften

Speiseeis ist ein süßschmeckendes Lebensmittel, das in gefrorenem Zustand verzehrt wird. Neben Wasser und Zucker enthält es vielfach Milchbestandteile, Obst und andere geschmackgebende Zutaten, Aromastoffe und Farbstoffe. Speiseeis wird im allgemeinen unter Zuhilfenahme von Dickungsmitteln oder Stabilisatoren bzw. Emulgatoren hergestellt. Im „Euroglaces Kodex für Speiseeis" wird Speiseeis definiert:

„Unter Speiseeis sind Lebensmittelerzeugnisse zu verstehen, in deren Zusammensetzung alle durch geltende Bestimmungen zugelassenen Lebensmittelbestandteile und -zusatzstoffe vorhanden sein können,

deren pasteuse oder feste Struktur durch Gefrieren erzielt wird, und

die in gefrorenem Zustand gelagert, transportiert, verkauft und verzehrt werden."

Speiseeis kann mit anderen Lebensmitteln zu Kombinationsprodukten verarbeitet werden; in diesem Fall bezieht sich der Kodex auf die Speiseeiskomponente.

Die Mischung der Zutaten vor dem Gefrieren wird auch als Eismix bezeichnet. Um eine cremige Konsistenz zu erzielen, wird in den Mix unmittelbar nach dem Gefrieren Luft als sogenannter Aufschlag oder Overrun eingearbeitet. Dadurch ergibt sich eine starke Volumenzunahme von Speiseeis, diese wird in Prozent angegeben. Qualitativ beschrieben wird Speiseeis durch die Angabe von Trockenmassegehalt, Fettgehalt, Gehalt an Milchfett, Gehalt an fettfreier Milchtrockenmasse. Die Speiseeissorten setzen sich in der Bundesrepublik Deutschland wie folgt zusammen:

Eiscreme – 10 % Milchfett,

Fruchteiscreme – 8 % Milchfett,

Einfacheiscreme – 3 % Milchfett,

Milchspeiseeis – 70 % Milch,

Fruchteis – 20 % Obstfruchtfleisch, Fruchtmark oder Fruchtsaft, 10 % Zitronenmark oder Zitronensaft,

Cremeeis – 270 g Vollei oder 100 g Eidotter auf 1 l Milch,

Sahneeis – 60 % Sahne,

Kunstspeiseeis – Speiseeis, das nicht den Anforderungen der vorgenannten Sorten entspricht.

In neuerer Zeit wird von fast allen Firmen in Deutschland mit Hilfe von Ausnahmeregelungen auch Speiseeis durch Zusatz von Pflanzenfett hergestellt, d. h., die Butter ist hier durch Pflanzenfett ersetzt. Neben den genannten Sorten gibt es spezielle Sorten wie **Diäteis**, **Joghurteis** und **Weicheis**. Bei Diäteis sind die Zuckeranteile durch Fructose oder Sorbit anstelle von Rohrzucker ersetzt. Bei Joghurteis wird fermentierte Milch, d. h. Joghurt anstelle von Milch zugesetzt. Weicheis stellt wiederum eine Besonderheit dar, da es bei –20 °C gut portionierbar ist. Neben den genannten Sorten gibt es noch **Speiseeishalberzeugnisse**, die aus Zubereitungen für die Weiterverarbeitung in der Speiseeisindustrie bestehen. Es sind Speiseeispulver oder auch Speiseeiskonserven.

Die Angebotsformen von Speiseeis im Handel bestehen aus Kleinpackungen, Haushaltspackungen und Gastronomieware. Die Kleinpackungen sind zu unterscheiden in: Eis am Stiel, wobei die Ausformung des Speiseeises heute maschinell sehr unterschiedlich erfolgen kann; eine weitere Gruppe sind hier die Waffelprodukte, wobei eine gegossene oder vom Strang geschnittene Eisportion zwischen zwei Flachwaffeln gelegt wird. Man kennt Becherprodukte, die abgefüllt sind in Bechern mit beschichtetem Karton oder aus Kunststoffen oder auch Sammelpackungen. Weiterhin bekannt sind Faltschachteln (Quaderform), die z. B. eine typische **Fürst-Pückler**-Packung darstellen können. Weiterhin besondere Aufmerksamkeit verlangen Eistorten, die in runder oder länglicher Form mit Garnierungen im Handel sind. Speiseeis für die Gastronomie wird im Betrieb selbst oder industriell hergestellt, wobei bei der industriellen Herstellung Großpackungen von 5 oder 6 l bekannt sind, aus denen der Gastronom die eigentliche Portionierung vornimmt. Eine weitere Spezialität ist Softeis. Ein Softeis wird in Eismaschinen direkt am Verkaufsort – an der Straße oder z. B. im Kaufhaus – hergestellt, in Waffeltüten oder Becher abgefüllt und sofort verkauft. Es unterscheidet sich vom Speiseeis, das über die Tiefkühlkette vertrieben wird, durch die Temperatur. Softeis wird mit einer Temperatur von ca. $-5\,°C$ und einem sehr hohen Aufschlag abgefüllt.

9.3 Mikroflora und mikrobiologische Anforderungen

Die große Zahl von Rohstoffen und Zusatzstoffen für die Herstellung des Eismixes als Ausgangsprodukt für die Speiseeisherstellung führt zu einer relativ hohen Ausgangsleistung mikrobiologischer Art mit zahlreichen Mikroorganismen. Durch die gesetzlich vorgeschriebene Erhitzung des Eiscrememixes werden jedoch alle temperaturempfindlichen Mikroorganismen mit Ausnahme von Sporenbildnern der aeroben Art abgetötet, so daß die Restkeimgehalte direkt nach der Eismixpasteurisation sehr gering sind. Jedoch können durch nachfolgende Lagerungs- und Herstellungsbedingungen wieder Rekontaminationen erfolgen, die auch zu Erkrankungen nach Genuß des Speiseeises geführt haben. Mikrobiologische Anforderungen an Speiseeis waren in Deutschland bisher nicht bundeseinheitlich geregelt. So wurden sehr unterschiedliche Anforderungen in den einzelnen Ländern gefordert. Durch die EG-Richtlinie 92/46 vom 16.6.1992 und ihre Umsetzung in nationales Recht im April 1995 ist eine einheitliche Beurteilung von Speiseeis gegeben, welches als Erzeugnis auf Milchbasis mit in der Milchhygiene-Richtlinie abgehandelt wird. Die Anforderungen heißen nunmehr wie folgt:

Mikroflora und mikrobiologische Anforderungen

1. Obligatorische Kriterien – pathogene Keime

Listeria monocytogenes – keine in 1 g   n = 5   c = 0
Salmonella – keine in 25 g   n = 5   c = 0

Ferner dürfen Krankheitserreger und ihre Toxine nicht in Mengen vorhanden sein, die die Gesundheit der Verbraucher beeinträchtigen.

2. Analytische Kriterien – Nachweis von Keimen für mangelnde Hygiene

Staphylococcus aureus – m = 10, M = 100, n = 5, c = $2^{1)}$

Escherichia coli – keine Angaben.

Werden enterotoxinbildende Staphylococcus aureus-Stämme oder vermutlich pathogene Escherichia coli-Stämme festgestellt, so müssen alle beanstandeten Lose vom Markt genommen werden.

3. Indikatorkeime

Coliforme 30 °C – m = 10, M = 100, n = 5, c = $2^{1)}$ (Angaben in g oder ml)
Keimgehalt m = 100 000, M = 500 000, n = 5, c = 2   (Angaben in g oder ml)

Die EG-Anforderungen stellen hinsichtlich des Nachweises der coliformen Keime eine deutliche Verschärfung dar, da in den einzelnen Bundesländern zum Teil Zahlen bis 100/g toleriert wurden. Dahingegen sind jedoch die Anforderungen an den allgemeinen Keimgehalt als sehr tolerant zu bezeichnen. Als Hauptinfektionsquellen für Speiseeis kommen Roh- und Zusatzstoffe, auch Rekontaminationen von und durch Anlagen und Gerätschaften, Wasser, Umfeldprobleme, Personal, Verpackung und die Verteilung in Frage. Die Eisherstellung erfordert deshalb eine besonders sorgfältige Betriebshygiene, die auch regelmäßig amtlich kontrolliert wird. Im Vergleich zur normalen Tiefkühlindustrie sind die Anforderungen und Umsetzungen der Hygienemaßnahmen in den Speiseeisbetrieben als sehr hoch zu bewerten.

Die EG-Richtlinie 92/46, aber auch der Entwurf von Euroglaces: Code of GMP, weisen auf die Einführung des HACCP-Konzepts als qualitätssichernde Maßnahme hin. Im Euroglaces-Entwurf wird darüber hinaus an einem Beispiel die Festlegung der **Kritischen Kontrollpunkte** (zur Vermeidung eines Hazards = Gefahr für die Gesundheit des Menschen durch biologische, chemische oder physikalische Risiken) und der Unterschied zu **QCP** (Qualitätskontrollpunkte) gegeben.

---

[1] n = Anzahl der zu untersuchenden Proben; M = Warnwert; m = GMP-Wert; c = Anzahl der Proben, die zwischen M und m liegen dürfen

9.4 Rohstoffe und Zusatzstoffe

Die meisten Rohstoffe, Zusatzstoffe und Halberzeugnisse enthalten eine Vielzahl von Mikroorganismen.

Milch- und Milcherzeugnisse bilden die Hauptgruppe unter den Speiseeisbestandteilen. Das Milchfett ist wichtigster Aromaträger im Speiseeis. Es beeinflußt damit deutlich den Geschmack. **Butter** ist somit die wichtigste Quelle für das Milchfett im Speiseeis. Vorteilhaft ist die gute Lagerfähigkeit der Butter, die zum Teil tiefgefroren eingekauft wird. Vor dem Anmischen des Mixes werden die Butterblöcke geschmolzen oder geschnitzelt. Geeignet ist Butter nur von einwandfreiem Geschmack und ohne Aromafehler, der sich sonst im Endprodukt deutlich nachweisen läßt. Butter ist aufgrund der Technologie der Herstellung heute als Rohstoff mit geringerer mikrobiologischer Problematik anzusehen. Sahne (Rahm) mit einem Fettgehalt von 28–30 % hat für die Eiscremezubereitung eine eher traditionelle Bedeutung. Für das Konditorengewerbe hat sie diese behalten, für die industrielle Herstellung nicht. Bei der Herstellung von Konditoreneis ist es daher sehr wichtig, daß auf H-Sahne zurückgegriffen wird, da Frischsahne bei längerer Lagerung und nicht ausreichender Kühlung einen hohen Eintrag von coliformen Keimen und *E. coli* hervorbringen kann. Um Milchspeiseeis herzustellen, muß **Vollmilch** verwendet werden. Sie wird meist in konzentrierter Form geliefert, außerdem kann auch auf **Vollmilchpulver** zurückgegriffen werden. Hier sind in letzter Zeit einige Probleme durch den Eintrag von Milchpulver mit höheren Anteilen an Coliformen oder auch vereinzelt mit Salmonellen festgestellt worden, daher ist die Pasteurisation des Speiseeismixes von ausschlaggebender Bedeutung. Durch das Milchpulver kann jedoch auch die Anzahl an aeroben Sporenbildnern, die wiederum die Pasteurisation überstehen, deutlich erhöht sein.

Zucker, Zuckerarten und Zuckeralkohole gehören zu den Hauptbestandteilen in Speiseeis. In Sorten ohne Milch ist ihr Gehalt praktisch identisch mit dem Trockenmassegehalt. Sie bestimmen den geschmackgebenden Teil „süß" und beeinflussen den Gefrierpunkt und entsprechend das Schmelzverhalten des Speiseeises. Je nach Art haben sie einen Einfluß auf die Konsistenz und auf den Aufschlag. In Frage kommt Saccharose aus Rüben- und Rohrzucker, der mit weitem Abstand die wichtigste Zuckerart für die Speiseeisherstellung darstellt. Geliefert wird dieses Produkt als Sack- oder Siloware mit einer mikrobiellen Belastung, die als äußerst gering zu bezeichnen ist. Als weiterer Süßanteil wird auch Honig eingesetzt oder **Glucosesirup**. Glucosesirup ist ein hochkonzentrierter Zucker, der mit einem Brixgehalt von über 70 % zur mikrobiologischen Verkeimung des Ausgangsstoffes daher nicht beiträgt. Die Zuckeralkohole werden im Diäteis eingesetzt, der wichtigste ist Sorbit. Auch hier ist der Anteil an Mikroorganismen relativ niedrig. Beim Einsatz von **Obst** und **Obsterzeugnissen** ist zu berücksichtigen, daß diese dem Produkt das Aroma und die Farbe geben und die Fruchtsäuren auf den Geschmack erfrischend wirken. Eingesetzt werden Beeren-, Stein- und Kernobst, wobei der **Erdbeere** die größte Bedeutung zukommt. Da frische Erdbeeren nur sehr begrenzt über das ganze Jahr zur Verfügung stehen, werden als Roh-

Rohstoffe und Zusatzstoffe

ware üblicherweise rollend tiefgefrorene Früchte eingesetzt, die meist einer Extrapasteurisation nach dem Auftauen unterzogen werden. Weiterhin bekannt ist der Einsatz von Heidelbeeren und Himbeeren, aber auch von Sauerkirschen, Äpfeln, Birnen und tropischen Früchten wie Bananen etc. Meist werden diese Fruchtbestandteile ebenfalls einer separaten Pasteurisation unterzogen, um den Eintrag von Schimmelpilzen und Hefen in das Endprodukt zu minimieren. Bei den tropischen Früchten sind es insbesondere Zitronensaftkonzentrate aber auch Ananassaftkonzentrate, Bananenmark, Kiwifruchtanteile oder Mango und Maracuja, die in letzter Zeit an Bedeutung gewonnen haben. Der Einsatz von kandierten Früchten, bei einer italienischen Spezialität wie **Cassata** bekannt, ist natürlich mikrobiell ein gewisses Risiko, da diese kandierten Früchte einer Pasteurisation nicht mehr unterworfen werden können. Als weitere Bestandteile werden in Speiseeis Haselnußteile, Mandeln, Walnußstückchen, Pistazien oder auch Kokosnußanteile verarbeitet. Insbesondere die Pistazie, aber auch die Kokosnuß können höher kontaminiert sein, was sich sowohl in der Keimzahl als auch in der Belastung mit Hefen und Schimmelpilzen ausdrückt, insbesondere, wenn diese Anteile nicht im Eiscrememix mit erhitzt, sondern zur Garnierung der Produkte verwendet werden. Die heutigen Anforderungen an die Speiseeisindustrie sind relativ scharf, da, unter Berücksichtigung der EG-Norm, schon die Auswahl dieser Rohstoffe hinsichtlich coliformer Keime erfolgen muß.

Andere geschmackgebende Zutaten sind **Kakao** und **Kakaoerzeugnisse**. Schokoladeneis enthält 10–12 % Kakaopulver oder 20–24 % Kakaobutter. Kakaohaltige Fettglasuren dienen als Überzugmasse für Eiscremeprodukte. Sie enthalten neben Kakao und Zucker pflanzliche Fette wie Kokosfett und Erdnußfett. Manchmal wird die Fettglasur oder kakaohaltige Nußcreme in Lamellen zwischen Eiscremeschichten eingezogen. Mit Schokoladensplittern, Schokoladenstreußeln oder geraspelter Schokolade werden die Produkte oftmals dekoriert. Eine Nachbehandlung dieser Rohwaren ist im Eiscremebetrieb nicht mehr möglich. Alle Schokoladenteile enthalten einen Wasseranteil von unter 1 %, so daß eine Pasteurisation nicht mehr möglich ist. Hier ist also eine besondere Aufmerksamkeit auf das Freisein von Salmonellen zu richten und, wenn möglich, das Freisein von Salmonellen in 750 g Produkt zu fordern und eine Abwesenheit von Coliformen/g. Diese Aussage bezieht sich insbesondere auf die Anlieferung in Tankzügen oder auch Containern von 500 kg bis 1 t; wobei der Reinigung und Desinfektion dieser Tankzüge oder Container eine besondere Aufmerksamkeit gewidmet werden muß.

Die **Emulgatoren** oder Stabilisatoren tragen ebenfalls zu einer Keimbelastung des Produktes bei, da sie größtenteils mesophile Bakterien, aerobe Sporenbildner aber auch Schimmelpilze und Hefen enthalten können. Einen Hilfsstoff stellen die **Waffeln** dar, die als Beigabe zum Eis gereicht werden oder der Formgebung der Produkte dienen. Sie werden meist nicht im Betrieb selbst hergestellt, sondern speziell angeliefert, wobei der mikrobielle Eintrag durch Waffeln als äußerst gering zu betrachten ist. Die eigentlichen **Verpackungsmittel** wie Kartonschachteln oder Schlauchpackungen sind als Kontaminationsquelle nicht von Bedeutung. Von Bedeutung sind dann noch Wasser und Luft. Das Wasser ist im Speiseeis in Form von Eiskristallen in einer Matrix verteilt, die daneben flüssiges Wasser enthält. Anzahl und Größe der Eiskristalle bestimmen wesentlich die Konsistenz von Speiseeis. Die Eiskristalle sollten keine Größe über 50 µm haben, damit die menschliche Zunge sie nicht als Kristalle und Sandigkeit empfindet.

Eine weitere Bedeutung hat das Wasser für die Reinigung der Anlagen. Bevor eine gereinigte und desinfizierte Anlage wieder in Betrieb genommen wird, muß sie mit Wasser von Trinkwasserqualität gespült worden sein, d. h. hier gilt als Anforderung die Trinkwasserverordnung vom 5. Dezember 1990.

Durch eingeschlagene **Luft** enthält Speiseeis das pastenartige, cremige Gefüge. Die Luft erhöht die Viskosität des Mixes. Beim Gefrieren und Schmelzen von Speiseeis verzögert sie den Wärmedurchgang. Die Volumenzunahme von Speiseeis durch das Einschlagen von Luft bezogen auf das Volumen des Speiseeismixes wird auch als Aufschlag bezeichnet, der in Prozent angegeben wird. Für den Aufschlag wird **gefilterte Umluft** oder gefilterte Druckluft in den Maschinen eingesetzt. Es gibt Patente, die anstelle von Luft Stickstoff oder Kohlendioxyd empfehlen. Praktische Bedeutung aber haben diese Patente bisher nicht.

Allgemein kann zu den Rohstoffen folgendes angemerkt werden:

Beim Eingang müssen alle Rohstoffe gegen die Einkaufsspezifikation geprüft werden. Schmutzige oder beschädigte Materialien und Materialien, die außerhalb der GMP-Codes liegen, müssen zurückgewiesen werden. Nach der Annahme werden die Materialien im allgemeinen zu den Lagern für feste oder flüssige Packstoffe transportiert.

Alle möglichen Zutaten für Speiseeis sollen unter den für sie angemessenen Bedingungen gelagert werden, und zwar so kurz wie möglich. Für jede Zutat ist die Mindesthaltbarkeit unterschiedlich.

Der Aufwand der mikrobiologischen Untersuchung kann durch Lieferung mit Untersuchungsbefund minimiert werden, so daß in Abhängigkeit von der Risikoklassifizierung nur noch Stichproben gezogen werden müssen.

9.5 Fertigprodukte

In den Speiseeisfertigprodukten sind Mikroorganismen enthalten, die die Pasteurisation überlebt haben oder durch Rekontamination nach dem Pasteurisieren in den Eismix gelangt sind oder sich nach der Hitzebehandlung bei der Stapelung darin vermehren. Unter dem Keimgehalt von Speiseeis wird somit immer die mesophile Keimflora verstanden. Wie im Kapitel 9.3 Mikroflora erwähnt, sind die Anforderungen an Speiseeis sehr unterschiedlich. Das industriell hergestellte Speiseeis zeigt im allgemeinen Keimzahlen um 1 000/g. Trotzalledem wird Speiseeis immer wieder als Verursacher von Krankheitsausbrüchen genannt, seien es Salmonellen oder Staphylokokken, s. auch „Deutscher Ernährungsbericht" 1990.

9.6 Herstellung von Speiseeis, Transport, Verkauf

Die Technologie der Speiseeisherstellung ist in den letzten Jahren stets komplizierter geworden. Rund 80 % des in Mitteleuropa verzehrten Speiseeises sind industrieller Herkunft, und die Technologie dieser Speiseeisherstellung, d. h. der Verfahren zur Behandlung der Rohwaren über die Herstellung des Speiseeisansatzes, des Mixes bis zum fertigen Speiseeis, ist eine industrielle Technologie. Die handwerkliche Herstellung von Speiseeis hat immer mehr an Bedeutung verloren.

Die Herstellung des Speiseeises gliedert sich in zwei grundsätzliche Arbeitsgänge

1. Die Herstellung des Mixes und der verschiedenen Soßen. Rohwaren werden zum Mix oder zu Saucen zusammengemischt.
2. Die eigentliche Herstellung von Speiseeis bei industrieller Produktion einschließlich Verpackung und Härtung.

Bei der Herstellung des Mixes und anderer zusammengesetzter Speiseeisbestandteile lassen sich folgende Aufgaben unterscheiden:
- Herstellung von fetthaltigen Mixen und Soßen,
- Herstellung von fettfreien Mixen (Wassereismix),
- Herstellung von homogenen und inhomogenen Fruchtsoßen,
- Bereitstellung von Glasurmassen,
- Verteilung der Mixe und Soßen an verschiedene Verbrauchsstellen in der Produktionsabteilung.

Die Mixherstellung in der Industrie erfordert folgende Anlagen:
- Einrichtungen zur Übernahme und Lagerung von Rohwaren, z. B. Silos für Zucker, Tiefkühlräume für tiefgefrorene Früchte etc.,
- Einrichtungen zum genauen Dosieren von trockenen und flüssigen Rohwaren. Dazu gibt es automatische Wiege- und Dosiereinrichtungen von verschiedenen Firmen.

Hieran anschließend erfolgt das Mischen. Das Mischen der Rohware muß in der flüssigen Phase beginnen und muß in besonderen sogenannten **Praemixern** erfolgen. Der Mix kann entweder im Praemixer selbst erhitzt werden, indem man einen Doppelmantelbehälter einsetzt oder aber durch Pasteure. Die Erhitzung des Eismixes ist gesetzlich vorgeschrieben. Hierbei wird unterschieden zwischen der sogenannten Dauererhitzung, 30 Minuten bei 65 °C, oder der Kurzzeithocherhitzung, die sich in der Speiseeisindustrie fast ausschließlich durchgesetzt hat. Die angewandte Temperatur liegt zwischen 78–80 °C für 20–40 Sekunden und somit etwas höher als die in den Molkereien für Milch angewandten Temperaturen (erforderlich durch die hohe Trockenmasse des Produktes). Eine weitere Erhöhung der Pasteurisations-Temperatur ist jedoch nicht möglich, da sonst ein sehr starker Kochgeschmack und eine Zuckerkaramelisation auftreten können. Die Mixerhitzung wird meist in sogenannten Plattenerhitzern vorgenommen (Plattenwärmeaustauscher). Die Temperatur wird im Pasteur über ein Thermostat geregelt, dem auch ein Schreibgerät angeschlossen sein sollte, um eine digitale Erfassung der Temperatur zu ermöglichen (im Sinne des HACCP-Konzepts ist die Pasteurisation ein CCP_1). Die durchschnittliche Verweildauer eines Mixteilchens im Pasteur beträgt ungefähr 3 Minuten. Davon entfallen auf die wirkliche Erhitzung ca. 18 Sekunden. Nach dem Erhitzen erfolgt das Homogenisieren des Mixes, um die im Wasser gelösten Stoffe wie Zucker und Salze und die kolloidal verteilten Eiweißmoleküle und die Stabilisatoren mit hohem Wasserbindungsvermögen zu durchmischen. Die Homogenisiermaschinen sind starke Kolbenpumpen mit 3 oder 5 Zylindern. Nach Austritt aus dem Pasteur, dessen letztes Plattenpaket meist der Kühler ist, erhöht sich die Eismixtemperatur auf 2–4 °C, hervorgerufen durch die hohen Drücke, die auf das Produkt in der Homogenisiermaschine einwirken. Nach Beendigung der Homogenisation wird die Lagerung des Mixes vorgenommen. Bei den großen Eiscremefabriken gibt es unter Umständen 40–50 Lagertanks, um die Vielfalt der Sorten nebeneinander produzieren zu können. Die Lagertanks sind üblicherweise zylindrisch geformte Behälter aus rostfreiem Stahl, die mit Doppelmantel zur Eiswasserkühlung und einer Außenisolierung versehen sind. Ist die Erhitzertemperaturkontrolle ein wichtiger Punkt (kritischer Kontrollpunkt nach HACCP), so ist die Eiscremelagerung eine Möglichkeit der Rekontamination (CCP_2). Daher wird Eiscrememix industriell nicht länger als 48 Stunden bei 4 °C gelagert. Bei längerer Lagerung kann es zu einem Anwachsen von Enterobacteriaceen kommen, wodurch insbesondere bei Vanille-Sorten Guajakohl-Bildung auftreten kann. Die früher vertretene Meinung, daß das Eiscrememix während der Lagerung einer Reifung unterzogen wird, hat sich als nicht plausibel gezeigt. Die Verwendung moderner Stabilisatoren hat diese sogenannte Reifung oder Quellung als unnötig erwiesen. Trotzalledem ist es notwendig, eine gewisse Pufferung des Speiseeismixes vorzunehmen, um alle Maschinen in der Fabrik gleichmäßig bedienen zu können. Zur Mixverteilung in der Fabrikation dienen entsprechende Ventile und sogenannte Ventilknoten, die vor den eigentlichen „Freezern" liegen. Das Gefrieren der Eiscreme erfolgt in den sogenannten „Freezern". Das sind kontinuierlich arbeitende sogenannte Rohrkratzkühler der Fa. Crepaco oder anderer Firmen. Das Gefrieren wird durch direkte Solekühlung erreicht oder durch Ammoniak. Gröbere Zusätze, z. B. Früchte o. a., werden dem Mix unter Beachtung der Erhitzungsvorschriften erst unmittelbar vor dem Einbringen in den Freezer zugesetzt. Die austretende schaumiggefrorene Masse hat mit Temperaturen von –4 bis –6 °C somit die notwendige Steifheit für das Formen des Eises, wobei unterschieden werden muß, ob das Eis auf den sogenannten Rundgefrierern oder Linienmaschinen für Stieleis hergestellt wird, oder im Prinzip auf Abfüllmaschinen, die in Waffeltüten oder in Becher portionieren. Andere Maschinen sind dann sogenannte Sandwich-Maschinen, die durch Schichtung die verschiedenen Eiscrememixe aufbringen. Härteeinrichtungen, die der eigentlichen Eiscremeabfüllung nachfolgen, sind die sogenannten **Härtetunnel**. Ein Beispiel stellt auch der sogenannte **Wendelfroster** dar, der von APV oder Frigoscandia gebaut wird. Er enthält zwei große Wendeltrommeln, d. h. ein endlos biegsames Transportband

Herstellung, Transport, Verkauf

läuft über die erste Wendeltrommel hinauf und über die zweite hinab. Auf diesem Drahtgeflechtband, das ungefähr 400 m lang sein kann, sind Reihe an Reihe bis zu 6 Produkthalter nebeneinander befestigt, in die die Eistüten nach Verlassen der Abfüllmaschine durch eine Eintaktvorrichtung eingeworfen werden. Die Durchlaufzeit beträgt bis zu ungefähr einer halben Stunde, die Auslauftemperatur der Eiscreme sinkt während der Härtung von −4 °C auf −30 °C. Andere Systeme sind die **Longtunnel**, in denen z. B. Eistortenstücke gehärtet werden, indem entsprechend geformte Teile von einem Speiseeisstrang abgeschnitten werden und sich auf dem Band langsam durch das System bewegen. In den Unterschieden zwischen den einzelnen Härtungstunneln liegt die Gefahr der sekundären Kontamination der Eiscremeteile entsprechend der Möglichkeit, ob sie schon verpackt oder offen durch den Tunnel fahren. Handelt es sich um noch unverpacktes Eis, welches durch den Härtetunnel läuft, so sind die Gefahren der sekundären Belastung, unter anderem an Listerien, gegeben, wenn die Härtetunnel nicht einer regelmäßigen Reinigung und Desinfektion unterzogen werden.

Die eigentliche Nachhärtung der Eiscreme erfolgt dann durch Lagerung der Produkte im eigentlichen Tiefkühllager bei −30 °C. Bei dieser Lagerung ist dafür zu sorgen, daß die Temperatur auch in den Randschichten der Verkaufspackungen nicht über −15 °C steigt, da dann leicht Sandigkeit der Produkte auftreten kann.

Ein besonderes Problem stellt das Bereitstellen von Tiefkühlmöbeln zum Verkauf von Speiseeis dar. Hier ist auf die Einhaltung der DIN für Tiefkühlmöbel zu achten. Es kann unterschieden werden zwischen geschlossenen Truhen, sogenannten Deckeltruhen, die mit stiller, unbewegter Kühlung arbeiten, aber auch Tiefkühlglastürschränken, in die die verpackten Speiseeisartikel übersichtlich und attraktiv zur Schau gestellt werden. Bei den Verkaufstruhen ist auf ein relativ häufiges Abtauen zu achten, damit die Temperatur in der Eiscreme nicht ansteigt, wenn die Verdampfereinheiten mit großem Eisbelag versehen sind. Haltbarkeiten von verpacktem Speiseeis sind heute als Mindesthaltbarkeit auf den Packungen angegeben. Die Gefahr der mikrobiellen Kontamination und das Anwachsen von Keimen im Produkt ist auszuschließen, wenn die Temperatur von −5 °C im Speiseeis ständig vorherrscht.

Bei der Hygiene der Speiseeisherstellung ist besonders auf **Personalhygiene** zu achten, und es sei darauf hingewiesen, daß im Bundesseuchengesetz das Personal, welches im Speiseeisbetrieb arbeitet, aufgeführt wird; d. h., es muß einen Gesundheitspaß besitzen, um auszuschließen, daß durch das Personal Eintrag von Salmonellen auf die Produkte erfolgt. Diese Maßnahme greift jedoch viel zu wenig, so daß intensive personalhygienische Schulungen, die das Verhalten der Mitarbeiter, insbesondere in der persönlichen Hygiene, fordern, gefragt sind. Weiterhin sind die Anforderungen an die Umfeldhygiene in der EG-Richtlinie für Milch 92/46 zu beachten.

Ein weiteres Kapitel bei der Speiseeisherstellung ist die Beachtung der **Reinigung** und **Desinfektion**, wobei sich gerade im Bereich der industriellen Speiseeisherstellung der Einsatz von Desinfektionsmitteln minimieren läßt, da die Anlagen In-Place durch chemisch-thermische Verfahren behandelt werden können, d. h., es wird mit Laugen bei hohen Temperaturen über 80 °C gearbeitet und einmal wöchentlich mit Säuren der Stahl passiviert. Die nachfolgende abschließende Spülung hat dann mit Trinkwasserqualität zu erfolgen, wobei die mikrobiologische Qualität der Reinigung und Desinfektion durch Eigenkontrollen zu belegen ist. Die offenen Anlagen, wie Packmaschinen etc., lassen sich mit Schaumreinigung sehr gut vorreinigen und eventuell durch nachfolgende Desinfektionen mit aktivchlorhaltigen, quaternären oder Peressigsäure-Behandlungen desinfizieren. Auch hier gilt ein anschließendes Nachspülen mit Wasser von Trinkwasserqualität.

Im Zuge der Einführung von GMP-Richtlinien für Speiseeisbetriebe ist der Ausarbeitung der Reinigungs- und Desinfektions-Hygienepläne, des Verhaltenscodex für Personalhygiene, d. h. Beachtung von Reinigung und Desinfektion der Hände, Tragen von Schutzkleidung, das Verbot von Schmuck etc., besondere Beachtung zu schenken. Darüber hinaus muß jedoch auch an die Maschinenherstellerseite gedacht werden, die durch Einhaltung des Hygienic Designs die Reinigung und Desinfektion der Anlagen einfacher und weniger kompliziert gestalten.

9.7 Mikrobiologische Untersuchung von Speiseeis

Die mikrobiologische Untersuchung von Speiseeis wird in § 35 LMBG-Methoden abgehandelt. L 4200-1 enthält das Kapitel für die Vorbereitung der Proben für mikrobiologische Untersuchungen. Die Bestimmung der Keimzahl in Speiseeis mit Hilfe des Guß- oder Ausstrichverfahrens ist in L 4200-2 und 3 enthalten. Der Nachweis der Salmonellen in Speiseeis und Speiseeishalberzeugnissen erfolgt nach der üblichen Methode für Lebensmittel, L 0020. Die Bestimmung der coliformen Keime in Speiseeis wird unterschieden in Verfahren mit flüssigen Nährmedien, L 4200-6, oder mit festem Nährboden, L 4200-7. Weiter ist festgelegt die Bestimmung koagulase-positiver Staphylokokken in Speiseeis mit Hilfe des Titerverfahrens, (L 4200-8), oder die Bestimmung koagulase-positiver Staphylokokken in Speiseeis mit Hilfe des Koloniezählverfahrens, (L 4200-9), Bestimmung der *Escherichia coli* in Speiseeis mit flüssigem, (L 4200-10), oder festem Membran-Agar-Verfahren, (L 4200-11). Weiterhin ist festgehalten der Nachweis von Staphylokokken Thermonuclease in Speiseeis, der in L 4200-12 beschrieben ist. Der Nachweis von *Listeria monocytogenes*, der nach EG-Norm gefordert wird, wird nach der allgemeinen Lebensmitteluntersuchung L 0022 durchgeführt.

Literatur

[1] Amtliche Sammlung von Untersuchungsvorgaben nach § 35 LMBG.
[2] Baumgart, J.: Mikrobiologische Untersuchung von Lebensmitteln, 3. aktualisierte und erw. Aufl., Hamburg: Behr's Verlag 1993.
[3] Ernährungsbericht 1992, Frankfurt, DGE, 1992.
[4] Euro-Glaces: Code of GMP, Mars 1994 (Entwurf).
[5] Milch-VO vom 24.04.1995. Verordnung über Hygiene- und Qualitätsanforderungen an Milch und Erzeugnisse auf Milchbasis.
[6] Krämer, J.: Lebensmittel-Mikrobiologie, 2. überarb. und erw. Aufl., Stuttgart: Ulmer 1992.
[7] Timm, F.: Speiseeis, Berlin u. Hamburg: Verlag Paul Parey 1985.
[8] Zickrick, K.; Wegner, K.; Schreiter, M.; Schiefer, G.; Saupe, Chr.; Münch, H.-D.: Mikrobiologie tierischer Lebensmittel, 2. verbesserte Aufl., Leipzig: VEB Fachbuchverlag 1986.

Sachwortverzeichnis

A

Abfüllung 76, 178
–, aseptisch 76
–, Heißabfüllung 77
–, Kopfraum 76
–, rekontaminationsfrei 54, 56 f.
Abholintervall 27, 30
Abstrich 5
Acetaldehyd 109, 123, 140, 181, 183 f.
Acetobacter pasteurianus 196
Acetoin 139 ff., 239 ff., 183 f., 242
Achromobacter 78
aerobe Sporenbildner 359, 360
Aeromonas 77, 82
Aflatoxin 333
Alcaligenes 77
Ameisensäure 117
Aminosäuren 270, 271, 273, 274, 298
Anpassungsphase 15
Antibiotikabehandlung, s. auch Hemmstoffe 17
Antibiotische Wirkung 207
Aromabildung 139 f., 173
Aromafehler 171 f.
Aromakultur, Butter 240
Aromen 202
Arthrobacter sp. 309
Aseptik 215, 217
aseptische Bedingungen 166
Asparaginsäure 276
Aspergillus 186, 332
– *flavus* 333
– *niger var. awamori* 339, 340
– *parasiticus* 333
Aufschäumen, Sahne 71
Aufschlag 378 f., 383
Aufschlagen, Sahne 85 f.
Aufschlagmaschinen, Sahne 85 f.
Azidophilus-Erzeugnisse 159, 207 f.

B

Bacillus 74, 77
– *cereus* 74, 78, 79, 81, 185, 248, 366
– *stearothermophilus* 366
– *subtilis* 74
Bacteriocine 109, 112, 140, 144 f., 245
Bactoscan-Zählung 30
Bakterien, pathogene 4, 23, 25 f., 29, 41, 44, 61 f.
–, mesophile aerobe 41
Bakteriophagen 116, 145 f., 161, 186
Baktofugation 53
Baktofugierung 264, 330
Bazillenkeimzahlen 244
Bebrütungstemperatur 176
Bebrütungszeit 177
Benzoesäure 142, 239
Bernsteinsäure 117
Betabakterien 108
ß-Carotin 233
ß-Lactoglobulin 39
Betriebskultur 113
Bifidin 129
Bifidobacterium 107, 108, 117, 126 ff., 141, 156, 164, 185, 208 f.
– *bifidum* 159, 209, 210
Bifidobakterien, Säurebildung 141
Bifidus-Milcherzeugnisse 159, 205, 208 f.
Bifighurt 210
Biofilmbildung 54
Biogarde 210
Biogene Amine 268, 273, 302
Bioghurt 159
Bitterpeptide 138, 139
Blähung 166
Brevibacterium 116, 305
– *ammoniagenes* 309
– *bruneum* 305, 319
– *erythrogenes* 305, 319
– *helvolum* 305, 319
– *linens* 109, 131 f., 277, 278, 305, 307, 309, 319
Brucella abortus 264
Butter 381
– -aroma 109, 139, 240
–, -Definitionen 233
– -fehler 242 ff.
–, -Haltbarkeit 239
– -herstellung 262, 310
– -kulturen 110
– -lagerung 246
– -milch 158, 168 ff.
– – -pulver 356
– reinfett 235
– säure 328, 329
– – -gärung 328
– schmalz 234
– textur 237
– untersuchung 250
– verordnung 233 f.
Butterung 236 f.
Butterungsvorgang 233
Byssochlamys nivea 323

389

Sachwortverzeichnis

C

Calcium 145
- -chlorid 339
- -lactat 295, 296
- -rescrption 155

Camembert 261, 280, 283, 289, 291, 310, 311, 313, 332, 334, 336
- -schimmel 134

Candida 196, 312
- *curvata* 323
- *famata* 323
- *guilliermondii* 322
- *holmii* 323
- *kefir* 110, 322, 323
- *krusei* 319, 322, 323
- *lambica* 323
- *lipolytica* 322, 323
- *robusta* 319
- *valida* 279, 319, 322, 323

Carbonylverbindungen 183
Casein 138, 166
- -Molkenprotein-Verhältnis 158
- -netzwerk 130

Caseinate 202
Caseobacter polymorphus 309
Cassata-Eis 382
Cheddar 260, 299
Chymosin 339, 340
Citratabbau 139
Citrobacter 82
- *freundii* 284

Citronensäure 278, 303
Cladosporium 332
Cleaning-in-place (CIP) 10
Clostridien 248, 261, 265, 321, 325, 326, 328, 329, 331
- -gehalt 261, 330, 342
- -sporen 262, 264, 329, 330

Clostridium butyricum 273, 329
- *tyrobutyricum* 273, 329, 332
- *sporogenes* 269, 329

Coliforme 77 f., 80, 84, 159 f., 166, 170 f., 182, 185, 194, 196, 203, 205 235, 264, 267, 282, 299, 307, 313, 327, 328, 330
Coryneforme Bakterien 74, 308, 309, 311
Crème fraîche 168
Cultura 210

D

Dahi 214
Darmperistaltik 155
Dauerausscheider 285
Dauermilchprodukte 355, 356
Debaryomyces 312, 315
- *hansenii* 307, 315

Delvocid 337
Desinfektionsmittel 7, 54
-, oxidierende 49
-, Zitzen 18, 22
Dezimale Reduktionszeit 45, 55
Diacetyl 109, 119, 139, 183 f., 239 ff., 242
- -reduktase 173

DIB-Methode 95 ff.
Dip-Behandlung 17
DIP-Kultur 115, 291
Diplococcin 144
DNA 111

E

Edamer 260, 266, 293, 300, 303, 328, 340
Edwardsiella 82
EG-Richtlinien 43, 58 f.
Eismix 378 f., 379, 383, 384
Eistruhen 386
Eiweißabbau 137 f.
Emmentaler 260, 264, 266, 270, 271, 274, 277, 286, 289, 295, 298, 305, 328
Emulgator 382
Endothia parasitica 328
Enterobacter 82
- *aerogenes* 284, 327

Enterobakteriazeen 77, 78, 82, 166, 245, 295
Enterococcus durans 271, 273, 274
Enterococcus faecalis 271, 273, 315
Enterococcus faecium 271, 273, 300
Enterokokken 77, 185, 245, 250, 271, 295, 297, 299, 302, 305, 307, 316, 321, 326
Enterotoxin 288
Entrahmung 69
Entsäuerung 142
Enzyme, milcheigene 47
-, hitzeresistente 47 f., 56
Epithelzellen 19
Erhitzung 165
Escherichia coli 82, 94, 95, 261, 262, 285, 339, 341
Essigsäure 109, 117, 186, 276, 289
- -bakterien 194, 196, 197
Ethanol 117, 194, 209
EU-Richtlinie 92/46 234
Euterhygiene 8

F

fehlerhafte Säuerung 171 f.
Fettabbau 315
Fettgehalt, Sahne 69, 72
Fetthydrolyse, Butter 245
Fettoxidation 239
Fettsäuren, freie 138

Sachwortverzeichnis

Fettzusammensetzung, Butter 236
Flockungsstabilität 76
Folienreifung 306, 337
Freezer 385
Fremdmikroflora 182
Fremdschimmelpilzbefall 313, 332, 333, 336
Fremdschimmelpilzkontamination 334, 336
Fremdschimmelpilzprophylaxe 334
Fruchtzubereitungen 206
Frühblähung 259, 269, 301, 307, 327

G
Galactosidase 136, 158
Gasbildung 138 f.
Generationszeit 55 f.
Geotrichum candidum 116, 211, 277, 279, 307, 309, 311 f., 315, 317, 319 ff., 335
gesäuerte Milch 155 ff.
Getreideprodukte 204
gezuckerte Kondensmilch 356
Glukoseabbau 119 f.
Glukosefermentierung 109
Glukosesirup 381
Glutaminsäure 274
Glycerol 138
Glycolyse 136
Gorgonzola 316
Gouda 260, 266, 283, 293, 300, 303, 328
Gram-negative Bakterien 41, 45, 60, 77
Gram-positive Bakterien 45
Grenzwert 82
Gruppenerzeugnisse 69
Guajakohl-Bildung 385
Güteprüfung, Butter 233

H
HACCP 61 f., 157, 249, 340, 341, 357, 380, 385
Haltbarkeit 50 f., 59 f.
Handelsklassen, Butter 233
Hansenula 279, 315
Hartkäse 261 ff., 266, 272, 283, 290, 293, 325 ff., 330 ff., 342
Harzer 277, 285, 318
Hefeflora 279
Hefekultur 279
Hefen 4, 46, 52, 159 f., 170, 164, 166, 170 f., 182, 186, 192, 194, 196, 203 ff., 210, 245, 279, 305 ff., 311 f., 315, 318 f., 321 f., 324, 327, 335
Hemmstoffe 161, 258, 342
Hemmstoffgehalt 17, 22, 61
Heterofermentation 120, 127, 139, 162 ff., 196
Hippursäure 142

Hocherhitzung 262
–, Sahne 78
Hochpasteurisierung, Sahne 74
Höchstwert 83
Holländer Käse 301, 303, 305
Homofermentation 119 f., 162 ff., 196, 240
Homogenisierung 76, 165
Hyphen 312

I
Immunglobuline 14
Immunologische Abwehr 19
Impedanzmethode 30
Impfmenge, Starter 176, 188
In-line-Probenahmetechnik 6, 14
Infrarotstrahlen 166
Inhibitionsphase 14
isoelektrischer Punkt 166

J
Jodzahl 236
Joghurt 158, 179 ff., 217
– -aroma 109, 130
– -eis 378
–, Fehler 191 f.
– -kulturen 110, 129 ff.
–, mild 129, 158
– -pulver 356
– -sorten 180
– -starter 183 ff.
– -zubereitungen 202

K
Kaffeesahne 70, 72
Kahmhefen 197
Kälberlab 338, 339, 340
Käse-Sahne-Torte 81
Käsefehler 327, 329
Kasein 356
Kaseinat 370
Käsereifungskultur 118, 131 f.
Käsereikulturen 288
Käsereitauglichkeit 258, 260, 262, 267, 293, 318
Käseschmiere 309
Käseschmierebakterien 277
Katalase 143
Kefir 159
– -herstellung 201
– -kulturen 110
–, mild 193
– -pulver 356
– -zubereitungen 202
Keime, pathogene 261
Keimschläuche 280

391

Sachwortverzeichnis

Keimzahlen, Butter 235
–, Sahne 79
Keratin 5
Kesselmilch 262, 264, 267, 272, 278, 284, 288, 296, 301, 306, 313
Klebsiella 82
Kluyveromyces 279, 307, 312, 315
– *lactis* 315, 339, 340
– *marxianus* 322, 323
– *unisporus* 315
Kochgeschmack, Butter 246
Kohlendioxid 109, 119, 138 ff., 276, 328
– -zusatz 47
Kohlenhydratabbau 125, 127
Kohlenhydratstoffwechsel 136
Kolostralmilch 259
Kondensmilch 356
Konidien 134, 280, 312, 313, 319
– -träger 281
Kontamination 324
–, Butter 244
Kontaminationsflora 174, 258, 295
Kontaminationsquellen 3 f., 282, 286, 321, 334
Kühlkette 283
Kühlung 77, 90, 177 f.
Kulturen 298, 303, 306, 310, 313
Kumys 159, 211
Kurzzeiterhitzung 262, 285, 287, 327

L

Labaustauschstoffe 338, 339
Labenzym 109
Labkäse 257, 317
Labmagen 124
Labwirkung 262
Lactasen 79
Lactat 274, 276, 302, 328, 329
– -dehydrogenase 136
– -gehalt 42
Lactobacillus 162 ff., 185, 186, 210, 212, 214
– *acidophilus* 117, 124 f., 156, 159, 163, 185, 210
– *bifermentans* 186
– *brevis* 108, 163
– *bulgaricus* 108
– *casei* 108, 117, 133, 163, 185, 214, 302, 304, 311, 317
– *delbrückii* 162 ff., 179, 182 f., 184, 185, 186, 188 f., 191 f., 205, 206
– – -ssp. *bulgaricus* 123
– – -ssp. *lactis* 124, 295
– *fermentum* 108
– *helveticus* 108, 124, 295

Lactobacillus kefir 163, 192 ff., 196
– *lactis* 108
– *plantarum* 108, 301, 304, 311
Lactococcus 107, 108, 110, 119, 143 f.
– *cremoris* 108
– *diacetylactis* 108, 239 f.
– *lactis* 108, 163, 170, 173, 196, 212,
– – -ssp. *cremoris* 120 f., 239 f., 270, 294, 295, 297, 300, 301
– – -ssp. *lactis* 120 f., 270, 294, 295, 297, 300
– – -ssp. *lactis biovar diacetylactis* 109, 120 f., 294, 300, 303
Lactose 19, 109, 301, 307, 312, 327, 327
Lactosespaltung 136
Lactulose 39
Lagerfähigkeit, Sahne 79
Laktobazillen 108, 129, 130, 141, 143, 159, 194, 196, 209, 210, 211, 271, 293, 297, 299, 300, 302, 304, 306, 317, 327
Laktokokken 137, 159, 210, 214, 239, 294, 297, 299 ff., 304, 306 f., 310 f, 315, 317, 321
Langfil 159, 212
Lebensmittelvergiftung 274, 275, 287
Leuconostoc 107, 108, 110, 119, 120, 122, 141, 156, 173, 194, 239 f., 294, 299, 300, 316
– *cremoris* 108
– *dextranicum* 108
– *mesenteroides* 163, 196, 239 f.
– – -subsp. *cremoris* 109, 294, 303
Leucozyten, s. auch somatische Zellen 19
Limburger 277, 284, 285, 309
Lipasen 74, 79, 261, 314
Lipidoxidation 246
Lipolyse 137 f., 139, 307, 314
Lipolyten, Butter 245
Listeria monocytogenes 81, 83, 145, 185, 234, 262, 285, 286, 287, 309
Listeria innocua 285, 286
Listerien 261, 285, 286, 287
Lochbildung im Käse 109
–, Emmentaler 132
Longtunnel 386
Luftdesinfektion 334
Luftkontamination 286
Luftmycel 134, 135
Lymphozyten 19
Lysozym 331, 332

M

Makrokoloniezahl 46
Margarine 235
Mastitiden 15 f.
–, klinische (infektiöse) 16 f., 22, 23

Sachwortverzeichnis

Mastitiden, Sommermastitis 16 f.
–, subklinische 20 f.
–, Umwelt- 17, 22
Melkhygiene 7
mesophile Bakterien 40, 41
Mesophile Kulturen 118 ff.
Methylketone 138, 314
Methylsulfid 278
Mikrobielles Lab 338, 339
Mikrobiologische Normen 82 f., 379
Mikrofiltrationsverfahren 330
Mikroflora, Gram-negative psychrotrophe 41, 43, 45, 52, 56
–, mesophile 40, 41, 43
–, psychrotrophe thermodure 52
–, Rekontaminations- 50, 53
–, Rohmilch- 4, 15, 47, 50
–, Thermoduren- (thermoresistente) 11, 42, 45, 50
–, Verderbnis- 26 f.
–, Zitzenkanal- 5
Mikrokokken 245, 250, 297, 299, 300, 304, 307, 315, 319, 321, 326
Mikroorganismen, Butter 244 ff., 250
–, Sahne 77 ff.
Mil-Mil 210
Milch, Anlieferungs- 23 f.
–, aseptisch gewonnene 15
– -erhitzung 365
– -erzeugnisse, Sahne 70
– -fett 235
– – -erzeugnisse 334 f.
– – -substitute 235
–, frisch ermolkene 15
– -güte-Verordnung 22, 27
– -hygiene-Richtlinie 379
– -mischerzeugnisse, saure 181
– -pulver 356, 367
– -säure 109, 117, 123, 134, 136, 139 ff., 155, 162 ff., 186, 194, 209, 233, 240, 244, 269, 312, 327, 328
– – -abbau 142
– – -bakterien 107, 109, 129, 141, 142, 155 ff., 159, 171, 192, 196, 203, 209 258, 266, 267, 271, 288, 305, 310
– – -, antimikrobielle Substanzen 140
–, D(-) 156, 181
– – -gärung 108, 155 ff., 292, 297, 300, 301, 307, 310
– – -konfiguration 108, 120, 125
–, L(+) 156
– – -menge 162 ff.
– – -streptokokken 77, 111
– -schimmel 161, 211
–, Trink- 39

Milch, Trinkverordnung 59, 83
–, Vorstapelebene 40 f.
–, Vorzugs- 29
– -zucker 109
mildgesäuerte Butter 241 f.
Mischkulturen 107
Molke 257, 284, 293, 298, 309
– -abscheidung 191
Molkenproteine 158, 202
Molkenpulver 202
Monascus ruber 323
Mucor 186, 332
– *miehei* 338
– *pusillus* 338
Müsli 204
Mykotoxine 332, 333

N
Nachgärung 274
NAD Oxidase 143
NAGase 19
Natamycin 337, 338
Neuinfektionsrate 18, 22
Nisin 144, 239, 245, 332
Nitrat 239, 144, 245, 264, 330, 331, 332
Nitrit 330, 331
Nitrosamine 264, 331

P
Packraum 334
Paragraph 35
– Methoden 387
Pasteurisation 39, 40, 43 f., 262, 263, 272, 381, 384, 385
–, Erhitzer 48 f.
–, Hochpasteurisation 47
–, Kurzzeiterhitzung 47, 50
Pathogene Keime 77, 182, 185, 248
Pediococcus acidilactici 185
Pediokokken 299, 300
Penicillin 187
Penicillium 186, 332
– *camemberti* 134 f., 280, 281, 288, 311, 312, 313, 319, 320
– *candidum* 280, 311 ff., 319, 320
– *roqueforti* 134 f., 281, 289, 313, 314, 315
Peptidaseaktivität 269, 289, 295, 298, 303
Peptidasen 270
Peptide 270, 276, 300
Peressigsäure 334
Peroxid-Katalase-Entkeimung 263
Peroxidase 74
– -Reaktion 39
Peroxidzahl 246
Personalhygiene 386 f., 387

Sachwortverzeichnis

Pestizide 259
Phagen 145 f., 303, 320
- -bekämpfung 146
Philiaden 134
Phosphatase, alkalische 44
-, Reaktion 39
Pichia 279, 315
- *fermentans* 315
- *membranaefaciens* 315, 322, 323
pigmentausscheidende Keime 247
pigmentierte Hefen 248
Pikieren 313, 314
Pilze 4, 10, 46, 52
Pimaricin 337
Plasmide 112, 109, 144, 284
Plasmin 260, 270
Praemixer 384
Preliminary incubation count 7 f.
Primärkontamination 282
Probiotika 117
probiotische Kulturen 118, 156
- Milchprodukte 117, 118
Proghurt 210
Prolin 276
Propionibacterium 130, 214
- *acidipropionici* 275
- *freudenreichii* 275, 277, 297
- *thoenii* 275
Propionikultur 118
Propionsäure 239, 276
- -bakterien 109, 132 f., 271, 274, 275, 277, 296, 299, 303, 305
- -gärung 269, 276, 295
Proteasen 79, 260, 270
Proteinasen 74, 137
Proteolyse 137 f., 139, 279, 302, 307, 314, 338, 339
Proteolyten 260, 261, 280
Proteus 82, 284
Providencia 82
Pseudomonaden 77, 78, 84, 245, 250, 299
Psychrotrophe Bakterien 5, 40, 41, 42, 60, 171, 186
Pyruvat 136, 143
- -gehalt 42
- -Oxidase 143

Q
Qualitätskontrolle 249 f.
Qualitätsmerkmal 169
Qualitätssicherung 259, 340
Quarkseparator 320, 321

R
Radioaktivität 249
Rahm 69 ff.
- -erzeugnisse 69 ff.
- -gewinnung 73
- -homogenisierung 76
- -pfropfenbildung 77
- -reifung 236
Reifungskultur 107
Reifungsprobe 317, 318
Reinigung und Desinfektion 85, 94 ff., 238, 327, 334, 341
Rekontaminanten, Sahne 78
Rekontamination 267
Rekontaminationsnachweis 57 f.
Relative Luftfeuchte 306, 320, 335
Rhizopus 186
Rhodococcus 277, 309
Rhodotorula 315
RIB-Methode 95 ff.
Richtlinie 92/46/EWG 357, 379
Rindenschmiere 307
Rohmilch 3 ff., 260, 266, 271, 274, 285, 287, 288, 295, 297, 327, 329 f., 357
- -käse 261, 262, 264, 287, 327, 341
Romadur 277, 284, 285, 309
Roquefortkäse 281, 313, 315, 316
Roquefortschimmel 135
Rotschmierebakterien 109, 306, 309
Rotschmierekulturen 131 f.
Rührjoghurt 181

S
Saccharomyces 211
- *cerevisiae* 311, 323
Sahneaufschlagmaschinen 85 ff.
Sahneerzeugnisse 69 ff.
-, Verderb 79
Sahnejoghurt 180
Salmonellen 80 f., 159, 185, 234
Salpeter 328, 330
Salzbad 304, 337
Saprophyten 74
Sauermilch 158, 168 ff., 173
- -erzeugnisse 155 ff.
-, Herstellung 177
-, imitierte 158
- -getränk 192
- -käse 278, 280, 317, 318, 319, 320
- -quark 261, 280, 317
- Spezialitäten 207
- -zubereitungen 202
Sauerrahmbutter 233 f, 238, 239, 241 f., 245
Säuerung 155 ff.
Säuerungsaktivität 136 f.

394

Sachwortverzeichnis

Säuerungskultur 107, 289
Säuglingsnahrung 356, 370
Saure Milchmischerzeugnisse 202
– Sahne 158, 168 ff., 173
– Milchprodukte 155
Säurebildung 141
Säurekasein 371
Säurekoagulation 46
Säurepräzipitation 372
Säureweckerkultur 107, 119
Schaumstabilität 73
Schimmelkulturen 118
Schimmelpilze 134 f., 159 f., 164, 166, 170 f., 182, 186, 197, 203, 204, 205, 245, 247 f.
Schimmelpilzwachstum 239
Schlagsahne 70 ff.
schleimbildende Stämme 215
Schmelzkäse 272, 299, 325, 326, 332, 337
Schmierekulturen 289
Schnittkäse 272, 292, 325, 327, 328, 330 ff., 336 f., 340, 342
Schockkühlung, Sahne 77
Schokoladeneis 382
Schwellenwert 83
Sensorik, Butter 242 ff., 248
sensorische Fehler 178
Shrikhand 214
Silage 261, 329, 330
Silomilch 329
Simplesse 234
Skyr 213
Somatische Zellen 15, 21, 22, 28, 162
Sommerbutter 246
Sorbate 336, 337
Sorbinsäure 239, 325, 336, 337
Spätblähung 145, 261, 326 ff., 330 ff.
Speiseeis 377
Speisequark 262, 320, 321, 324, 325
Sporen 75
Sporenbildner 24 f., 51 f., 56, 244
–, aerobe 47
–, anaerobe 24, 52
– psychrotrophe 53, 56
–, thermoresistente 4
Sporenhemmung 144 f.
Sprühmilchpulver 356
Sprühtrocknung 367
Spülprobe 11 f.
–, Melkzeug- 11
–, Milchleistungs- 12
–, Tank- 12
Stabilisatoren, Zubereitungen 202
Stallhygiene 6 f.
Stammkulturen 113

Standardsorte, Sahne 69
Standarduntersuchungsmethoden 60 f.
Staphylococcus aureus 81, 82, 83, 248, 250, 261, 262, 264, 287, 288, 341
Staphylokokken 77
Starterkulturen 107, 111, 112 ff., 129 ff., 139, 162 ff., 283, 288, 303, 332
–, Herstellung 146 f.
–, mesophile 117
–, Qualitätskriterien 115
–, thermophile 117
Steinbuscher 285
Sterilisation 359, 365
Sterilisierungstemperaturen 75
Sterilmilch 356
Streichfette 235
Streptococcus 108, 129, 130, 141, 173, 210
– *salivarius subsp. thermophilus* 122, 270, 295, 297, 316, 317
– *thermophilus* 108, 163, 179, 182, 184, 186, 187, 188, 205, 206
Streptomyces natalensis 337
Stutenmilch 211
Succinat 276, 289
Suparen 338
Süßgerinnung 53
–, Sahne 78
Süßrahmbutter 233 f., 241, 245
Synärese 190
Systematik, Milchstarter 108

T
Thermisation 263, 287, 327
Thermisieren 47, 53
Thermobakterien 108
Thermodure 74, 79
Thermophile Kulturen 118, 122
Tilsiter 260, 304, 340
Toleranzwert 82
Torulopsis 260, 312, 315, 319
– *candida* 315, 319
Toxine 284, 288
Transport 30
Trichosporon capitatum 315
– *cutaneum* 322, 323
– *pullulans* 319
Trockenraum 311, 325
Tröpfchendurchmesser, Butter 237
Tyramin 273, 274

U
Übersäuerung 171 f., 178, 206
UHT-Erhitzung
– -Milch 356, 363
– -Sahne 80

Sachwortverzeichnis

Ultrahocherhitzung, Sahne 73 f.
Umpumpen 30

V
Vakuumverpackung 335
Verpackung 166
–, Butter 238 f.
Viili 159, 211
Viskositätsmängel 171 f.
Vorgemelk 8
Vorreifung 257, 263, 266, 267, 283, 299, 328

W
Walzenmilchpulver 356
Wärmebehandlung, Sahne 71, 73, 78 ff.
Warnwert 84
Wasserfeinverteilung, Butter 237
Wasserstoffperoxid 109, 143
– -behandlung 166

Weichkäse 261, 262, 267, 272, 285, 287, 290, 306 f., 310, 327, 334 f.
Wendelfroster 385
Winterbutter 246

Y
Yakult 214
Yersinia enterocolitica 185
Ymer 159, 213

Z
Zellgehalt 258, 259, 260
Zentrifugalentkeimung 265
Zitratvergärung 108, 120
Zitzenreinigung 8
Zuckerabbau 125
Zuckeraustauschstoffe 202
Zweiterhitzung 216

Inserenten in dieser Ausgabe

Seite

Dr. Möller & Schmelz GmbH   129